수식이 보이는 공학수학 3판

지은이 **장윤석** jangys@pknu.ac.kr

부산대학교에서 전자공학과를 졸업한 후 부경대학교에서 석사 학위를, 일본 토호쿠대학(東北大学)에서 박사 학위를 취득하였다. 2001년에 일본 츠쿠바 산업종합기술연구소에서 객원 연구원을, 2008년에 미국 펜실베이니아주립대학교(PSU)에서 방문교수(visiting scholar)를 지냈다. 1996년부터 부경대학교 전기공학부 교수로 재직 중이다. 저서로는 『전기전자공학의 기초』(밴프레스, 2006), 『전공이 보이는 미분적분학』(한빛아카데미, 2015)이 있다.

수식이 보이는 공학수학 3판

초판발행 2024년 1월 8일
4 쇄발행 2026년 1월 19일

지은이 장윤석 / **펴낸이** 전태호
펴낸곳 한빛아카데미(주) / **주소** 서울시 서대문구 연희로2길 62 한빛아카데미(주) 2층
전화 02-336-7112 / **팩스** 02-336-7199
등록 2013년 1월 14일 제2017-000063호 / **ISBN** 979-11-5664-015-8 93560

총괄 · 책임편집 김은정 / **기획** 윤세은 / **편집** 윤세은, 임선진 / **교정** 김양규 / **진행** 윤세은
디자인 최연희 / **전산편집** 백지선 / **제작** 박성우, 김정우
영업 김성삼, 이정훈, 임현기, 이성훈, 김주성, 심지연

이 책에 대한 의견이나 오탈자 및 잘못된 내용은 출판사 홈페이지나 아래 이메일로 알려주십시오.
파본은 구매처에서 교환하실 수 있습니다. 책값은 뒤표지에 표시되어 있습니다.

홈페이지 www.hanbit.co.kr / 이메일 question@hanbit.co.kr

Published by HANBIT Academy, Inc. Printed in Korea

STEM@COOKBOOK

$$\mathcal{L}\left\{\frac{f(t)}{t}\right\} = \int_s^\infty F(\tilde{s})d\tilde{s}$$

$$\mathrm{A} = \begin{bmatrix} a_{11} & a_{12} \\ a_{21} & a_{22} \end{bmatrix}$$

$$du = \frac{\partial u}{\partial x}dx + \frac{\partial u}{\partial y}dy$$

$$f(x) = \sum_{n=1}^{\infty} b_n \sin\frac{n\pi x}{L}$$

수식이 보이는 공학수학

ENGINEERING MATHEMATICS 3판

장윤석 지음

한빛아카데미
Hanbit Academy, Inc.

지은이 머리말

수학은 공학의 언어다

수학은 공학에서 절대로 필요한 지식이다. '절대로 필요하다'라는 말조차 수학의 중요성을 나타내기엔 무언가 부족하게 느껴진다. 공학수학을 강의하면서 학생들에게 가장 많이 받았던 질문이 "도대체 공학수학을 왜 배워야 하는가?"였기 때문이다. 그것은 질문이라기보다는 일종의 투정에 가깝게 느껴졌다. 공학을 하는 데 수학이 뭐 그렇게 많이 필요하냐는 것이 골자인, 어떤 면에서는 난감하기 짝이 없는 물음이었다.

공학도에게 수학을 강의하려면 공학이라는 학문에서 수학의 역할이 중요한 이유를 설명하는 게 당연하지만, 자칫 잘못하면 수학의 중요성만 강조하는 것으로 비치지 않을까 염려되기도 했다. 그래서 고민을 거듭한 끝에 선택한 답변이 바로 '수학은 공학의 언어'라는 것이었다. 역사를 돌이켜봐도 수학은 고대에 천문관측, 달력제정, 토지측량 시 필요한 요소였을 뿐만 아니라 중세 시대에 자연을 이해하는 중요한 열쇠로 여겨졌다. 그만큼 수학은 '수학을 위한 수학'이라는 추상적인 형태만이 전부가 아님을 충분히 알 수 있다. 특히 공학의 역할이 과학적으로 시스템을 구현하고 분석하는 일임을 생각하면, 그것을 표현하는 도구인 수학이야말로 공학의 언어라고 할 수 있으며, 이러한 관점에서 접근해야 학생들이 공학수학을 공부할 당위성을 가질 수 있다고 생각했다.

공학수학은 공학에서 많이 사용되는 수학적 방법을 체계적으로 엮어놓은 수학으로서 한마디로 공학을 위해 정리된 수학이다. 지금까지 수없이 많은 공학수학 관련 도서가 출간되었고, 거기에 이어지는 새로운 판본도 계속 출간되고 있다. 이렇게 다양한 공학도서 중에서 수업에 사용할 교재를 선택하다 보니 한 권에 너무 많은 내용을 담지 않고, 수학적 설명에만 치중하지도 않으며 학생들이 이해하기 어려울 정도로 과정을 생략하지 않는 도서가 있으면 좋겠다는 욕심마저 생기게 되었다.

그런 이유로 나름 욕심을 내어 학생들이 쉽고 편하게 공학수학에 다가설 수 있으면 좋겠다는 생각에서 20여 년의 공학수학 강의 경험을 담아『수식이 보이는 공학수학』을 집필하게 되었다. 완성된 책을 처음 보고 부끄러움과 대견스러움을 동시에 느꼈던 기억이 어제 같은데 벌써 11년이 흘렀다. 볼수록 부족함을 느끼기에 더욱 단단한 체격을 갖춘 공학수학 도서를 만들 수 있도록 노력해야겠다는 생각이 든다.

3판 출간에 있어서

이번 3판에서 가장 새롭게 바뀐 점은 쉽게 풀어볼 수 있는 문제의 수를 늘린다는 생각으로 예제와 닮은 유제를 추가한 것이다. 아울러 개정판에서처럼 예제와 연습문제도 가능한 한 새로운 문제로 교체하였고, 강의 중에 필요하다고 느꼈던 내용은 본문에 새롭게 추가하였다. 초판과 개정판에서의 미흡한 점을 보완하려고 부단히 애썼지만, 아직 미비한 점이 있을 것이다. 앞으로도 더 나은 공학수학 책으로 거듭날 수 있도록 지속적으로 관심을 기울이겠다.

이 책의 학습법

이 책에서는 각 장을 '알아 두어야 할 개념과 공식'으로 시작한다. 각 장의 본문에 나오는 내용 중 미리 봐두면 도움이 될 공식이나 개념을 정리했으므로 숙지해 두면 도움이 될 것이다. 또한 예제에는 해당 문제를 푸는 공식이나 참고할 내용 등의 힌트를 'key point'로 구성하여, 해당 내용을 찾는 수고를 줄였다. 당연한 말이지만 풀이를 먼저 보지 말고 문제를 풀어본 다음에 '풀이'를 참고하는 것을 권한다. 아울러 예제와 동일한 형태의 문제를 유제에 제시하였으니 같은 유형의 문제에 익숙해지기 위해서는 꼭 유제를 풀어보기 바란다.

이 책에서는 수식의 의미와 전개 과정을 좀 더 쉽고 자세히 설명하려고 했다. 따라서 수학책이지만 본문의 내용 전체를 차근차근 읽어본다면 단순히 문제를 푸는 방법을 익히는 것뿐만이 아니라 수학적 원리를 이해하는 데 도움이 될 것이다.

감사의 글

항상 곁에서 격려해 주는 아내 수아, 두 딸 은영, 가영 그리고 아들 같은 사위 경서에게 감사의 마음을 전한다. 지도교수를 응원하며 도움을 아끼지 않은 연구실 학생 근형, 용준, 가은, 은빈, 혜정에게도 심심한 감사의 마음을 보낸다. 공학수학 강의를 들으면서 학습에 여념이 없는 부경대 전기공학과 학생들에게도 감사하며, 이 책으로 공학수학을 공부하는 독자 여러분에게는 응원의 말을 전하고 싶다. 마지막으로 이 책이 출간되도록 열정적으로 도와주신 윤세은 책임 에디터를 비롯한 한빛아카데미(주) 관계자분들과 전태호 대표님께 감사의 말씀을 드리고 싶다.

가온관 310에서
지은이 장윤석

미리보기

누구를 위한 책인가

공학을 전공하는 학생이 공학에서 자주 사용되는 수학을 학습하기 위한 책으로, 고등학교에서 배운 수학 지식을 갖추고 있다면 이 책의 전체적인 내용을 이해할 수 있을 것이다. 독학하는 학생이 봐도 무리가 없도록 쉽게 설명했으므로 강의를 듣지 않았거나 이해가 잘 안되는 부분을 보완하고 싶은 학생에게도 도움이 될 것이다.

이 책을 시작하려면

이 책을 학습하는 데 필요한 기초 수학을 1장에 실었다. 따라서 1장을 먼저 공부해서 그동안 잊고 있었거나 몰랐던 내용을 정리하기를 바란다. 아울러 장을 시작할 때마다 해당 장에서 사용될 개념과 공식을 정리해 두었으므로 반드시 숙지한 뒤에 본격적인 학습을 시작하기를 권한다.

이 책의 구성요소

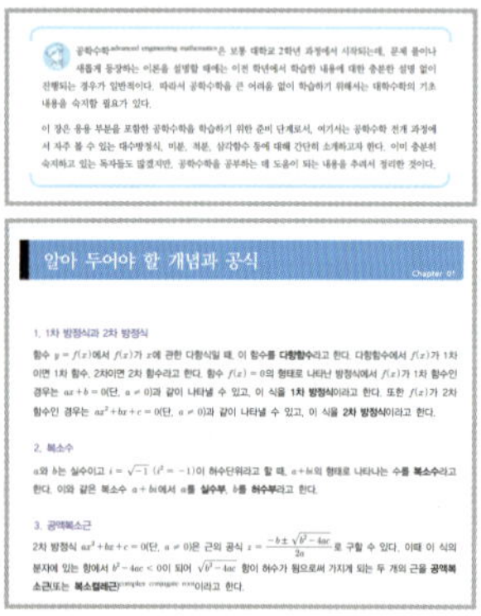

도입글 / 알아 두어야 할 개념과 공식

도입글에서는 해당 장의 내용을 배워야 하는 이유와 다른 장과의 연계성을 소개한다. **알아 두어야 할 개념과 공식**에서는 해당 장에서 다룰 개념과 공식을 간략히 소개한다.

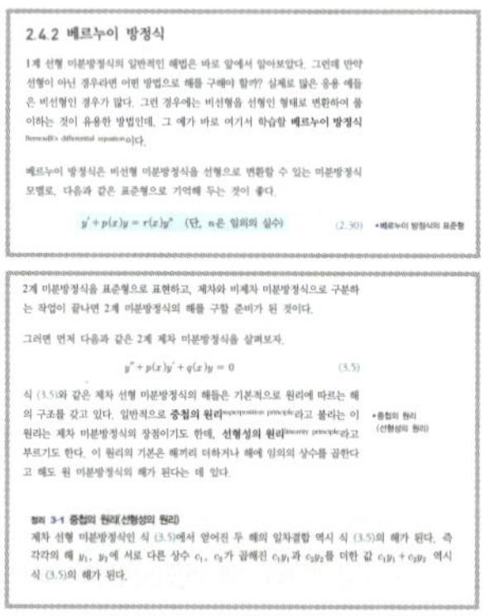

핵심 용어 / 주요 수식 / 정리

본문 내용 중 **핵심 용어**와 **주요 수식**은 쉽게 찾아볼 수 있도록 각각 키워드와 음영으로 표시하였다. 중요한 내용은 선별하여 **정리**로 소개한다.

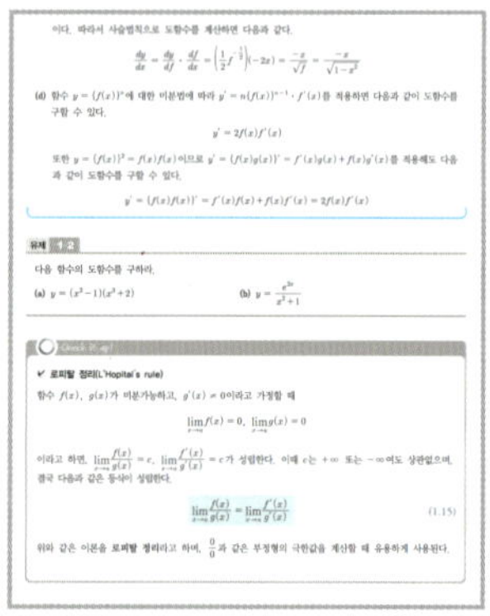

Check it up!

본문 내용 중에서 세부적으로 알아 두면 좋을 만한 내용을 따로 소개한다.

이 책의 구성

❶ 공학수학의 기초(1장)

공학수학을 학습하는 데 기초가 되는 개념을 담았으며, 대수방정식, 미분과 적분, 삼각함수 등을 간략히 소개한다.

❷ 미분방정식(2~6장)

2~4장은 1계 미분방정식에서 고계 미분방정식까지 일반적인 미분방정식을 푸는 방법을 다룬다. 5장은 고윳값과 고유벡터를 이용하여 연립 미분방정식을 푸는 방법을, 6장은 해를 급수로 두고 계수를 구함으로써 미분방정식의 해를 구하는 방법을 다룬다.

❸ 라플라스 변환(7장)

라플라스 변환에 대한 전반적인 내용을 담았다. 라플라스 변환을 구하는 법부터 라플라스 변환을 이용하여 미분방정식의 해를 구하는 법까지 설명한다.

❹ 선형대수학(8장)

행렬과 행렬식, 역행렬을 소개하고 행렬을 이용하여 선형 연립방정식을 푸는 방법을 다룬다.

❺ 벡터 미적분(9~10장)

9장은 벡터의 미분법을, 10장은 벡터의 적분법을 각각 설명한다.

❻ 푸리에 해석과 편미분방정식(11~13장)

11~12장은 푸리에 급수, 적분 및 변환 등 푸리에 해석에 대한 내용을, 13장은 편미분방정식의 해를 구하는 방법을 다룬다.

❼ 복소수 해석(14장)

복소수와 복소함수에 대한 내용을 담았다. 복소수를 정의하고, 복소변수로 표현되는 복소함수와 복소해석함수를 다룬다.

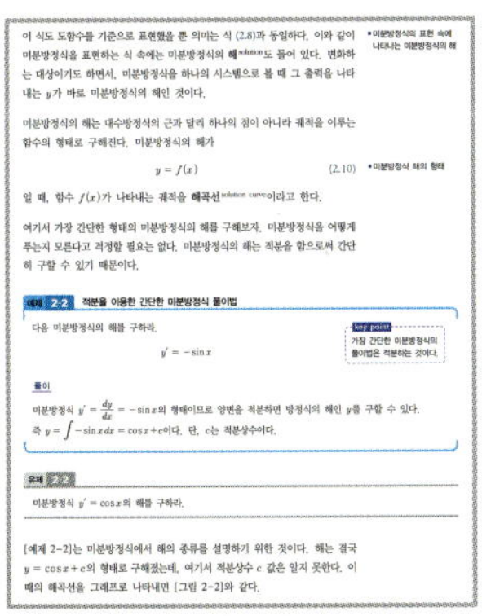

예제 / key point / 유제

본문 개념을 적용한 문제를 예제로 제시한다. 문제 풀이에 도움이 될 내용은 key point로 보여준다. 예제와 유사한 문제를 스스로 풀어볼 수 있는 유제를 추가하였다.

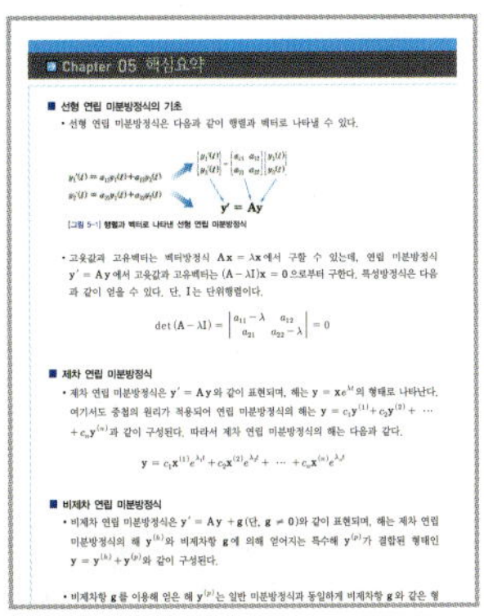

핵심요약

해당 장이 끝날 때마다 본문에서 다룬 주요 내용을 다시 한번 정리한다.

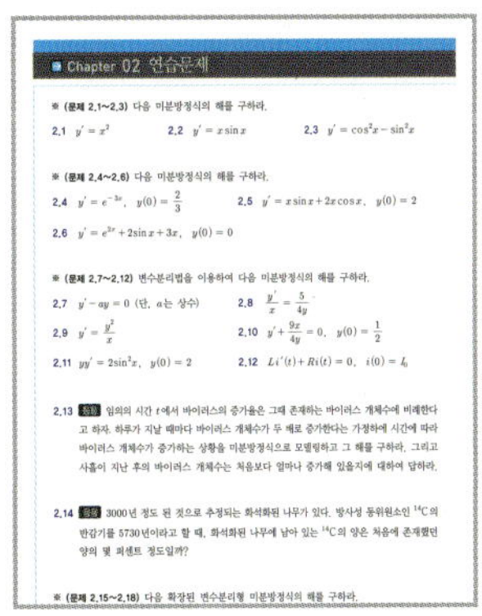

연습문제

해당 장이 끝날 때마다 본문 내용을 제대로 이해했는지 확인하는 문제를 소개한다. 공학적 소재를 다루는 문제는 응용으로 구분한다.

학습 로드맵

이 책에서 다룬 주제를 제대로 이해하는 데 필요한 선수 내용이 무엇이고, 각 주제가 어떤 연계성을 가지는지를 보여준다. 모든 장의 내용은 기본적으로 1장의 이해가 바탕이 되어야 한다. 일부 독립적인 장도 있지만, 대부분 기본적인 개념을 바탕으로 좀 더 고차원적인 주제를 다루고 있으므로 순서대로 학습하는 것을 권한다.

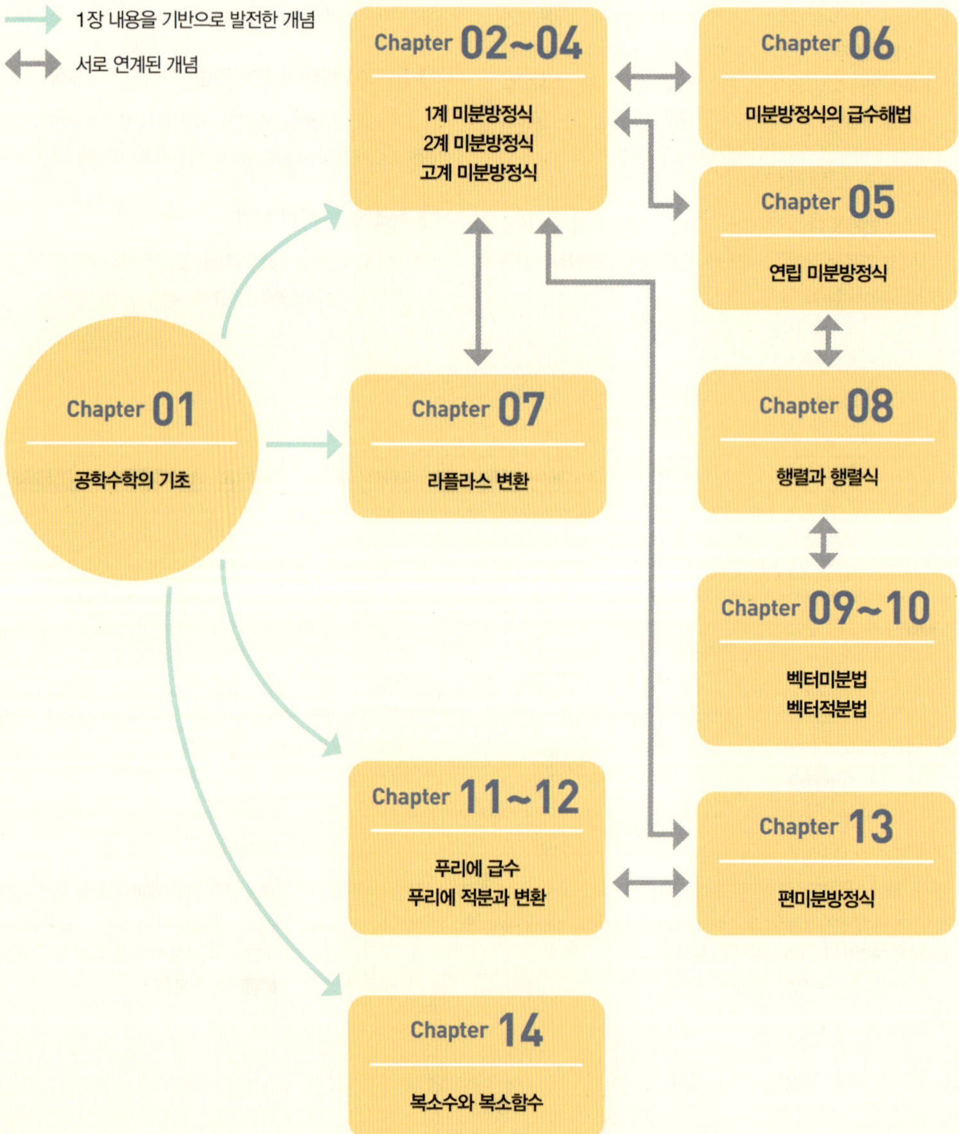

강의 계획

표준 스케줄 표(두 학기 강의)

1학기

주	내용	해당 장
1	1장	대수방정식, 미분법, 적분법
2	1장, 2장	삼각함수, 미분방정식의 정의
3	2장	변수분리형 미분방정식, 완전 미분방정식
4	2장	선형 미분방정식, 베르누이 방정식
5	3장	2계 제차 미분방정식, 상수계수를 갖는 제차 미분방정식
6	3장	오일러-코시 방정식, 2계 비제차 미분방정식
7	3장	(계속)2계 비제차 미분방정식, 미정계수법에 의한 해법
8		중간고사
9	4장	고계 선형 미분방정식, 상수계수를 갖는 고계 제차 미분방정식
10	4장, 5장	상수계수를 갖는 고계 비제차 미분방정식, 선형 연립 미분방정식의 기초
11	5장	제차 연립 미분방정식, 비제차 연립 미분방정식
12	6장	거듭제곱급수해법, 프로베니우스 해법
13	7장	라플라스 변환의 개념, 라플라스 변환의 선형성 및 제1평행이동
14	7장	도함수 및 적분의 라플라스 변환, 단위계단함수와 디락의 델타함수
15	7장	미분방정식과 부분분수 전개, 라플라스 변환의 미분과 적분, 합성곱과 라플라스 변환
16		기말고사

2학기

주	내용	해당 장
1	8장	행렬의 기본 개념, 행렬의 곱, 행렬과 선형 연립방정식
2	8장	행렬식, 역행렬
3	9장	벡터의 기본 개념, 벡터의 내적, 벡터의 외적
4	9장	벡터 및 스칼라함수와 곡선, 벡터의 미분법(그래디언트)
5	9장, 10장	벡터의 미분법(발산, 회전), 선적분에 의한 벡터적분법
6	10장	그린 정리, 가우스 발산정리
7	10장, 11장	스톡스 정리, 푸리에 급수와 주기함수, 삼각급수(주기 2π의 푸리에 급수)
8		중간고사
9	11장	푸리에 급수와 푸리에 계수, 우함수와 기함수의 푸리에 급수
10	11장, 12장	푸리에 코사인 및 사인 급수를 이용한 반구간 전개, 푸리에 적분
11	12장	복소 푸리에 적분, 푸리에 변환
12	13장	편미분방정식의 기본 개념, 1차원 파동방정식의 변수분리법 및 경계조건
13	13장, 14장	1차원 파동방정식의 초기조건, 복소수의 기본 개념
14	14장	복소함수, 코시-리만 방정식
15	14장	초등함수의 복소함수
16		기말고사

강의 및 학습 보조자료와 참고문헌

강의 및 학습 보조자료

- **강의자용** : **강의보조자료 다운로드**
  한빛출판네트워크(http://www.hanbit.co.kr) 접속 → [교수전용] 클릭 → [강의자료] 클릭 → 도서명 검색
- **학습자용** : **공개용 정답 다운로드**
  한빛출판네트워크(http://www.hanbit.co.kr) 접속 → [SUPPORT] 클릭 → [자료실] 클릭 → 도서명 검색

참고문헌

- 김찬중 (2008). 길잡이 공업수학(4판). 범한서적.
- 장윤석 (2006). 전기전자공학의 기초. 밴프레스.
- A. Croft, R. Davison and M. Hargreaves (2001). Engineering Mathematics. Prentice Hall.
- E. Kreyszig (2011). Advanced Engineering Mathematics(10th, ed.). Wiley.
- M.R. Spiegel (1997). Schaum's Outline of Fourier Analysis. McGraw-Hill.

목차

Chapter 08 행렬과 행렬식

Chapter 09 벡터미분법

Chapter 10 벡터적분법

Chapter 11 푸리에 급수

Chapter 12 푸리에 적분과 변환

Chapter 13 편미분방정식

Chapter 14 복소수와 복소함수

Chapter

01

공학수학의 기초

Foundation of Engineering Mathematics

학습목표

- 대수방정식의 해법을 이해하고 숙지한다.
- 함수의 형태에 따라 미분하는 방법을 숙지한다.
- 단번에 적분하기 힘든 함수를 적분하는 부분적분, 치환적분에 대해 숙지한다.
- 삼각함수와 관련된 기본적인 내용을 숙지하고, 오일러 공식과 쌍곡선함수에 대해 이해한다.

공학수학advanced engineering mathematics은 보통 대학교 2학년 과정에서 시작되는데, 문제 풀이나 새롭게 등장하는 이론을 설명할 때에는 이전 학년에서 학습한 내용에 대한 충분한 설명 없이 진행되는 경우가 일반적이다. 따라서 공학수학을 큰 어려움 없이 학습하기 위해서는 대학수학의 기초 내용을 숙지할 필요가 있다.

이 장은 응용 부분을 포함한 공학수학을 학습하기 위한 준비 단계로서, 여기서는 공학수학 전개 과정에서 자주 볼 수 있는 대수방정식, 미분, 적분, 삼각함수 등에 대해 간단히 소개하고자 한다. 이미 충분히 숙지하고 있는 독자들도 많겠지만, 공학수학을 공부하는 데 도움이 되는 내용을 추려서 정리한 것이다.

알아 두어야 할 개념과 공식

Chapter 01

1. 1차 방정식과 2차 방정식

함수 $y=f(x)$에서 $f(x)$가 x에 관한 다항식일 때, 이 함수를 **다항함수**라고 한다. 다항함수에서 $f(x)$가 1차이면 1차 함수, 2차이면 2차 함수라고 한다. 함수 $f(x)=0$의 형태로 나타난 방정식에서 $f(x)$가 1차 함수인 경우는 $ax+b=0$(단, $a \neq 0$)과 같이 나타낼 수 있고, 이 식을 **1차 방정식**이라고 한다. 또한 $f(x)$가 2차 함수인 경우는 $ax^2+bx+c=0$(단, $a \neq 0$)과 같이 나타낼 수 있고, 이 식을 **2차 방정식**이라고 한다.

2. 복소수

a와 b는 실수이고 $i=\sqrt{-1}$ $(i^2=-1)$이 허수단위라고 할 때, $a+bi$의 형태로 나타나는 수를 **복소수**라고 한다. 이와 같은 복소수 $a+bi$에서 a를 **실수부**, b를 **허수부**라고 한다.

3. 공액복소근

2차 방정식 $ax^2+bx+c=0$(단, $a \neq 0$)은 근의 공식 $z=\dfrac{-b\pm\sqrt{b^2-4ac}}{2a}$로 구할 수 있다. 이때 이 식의 분자에 있는 항에서 $b^2-4ac<0$이 되어 $\sqrt{b^2-4ac}$ 항이 허수가 됨으로써 가지게 되는 두 개의 근을 **공액복소근**(또는 **복소켤레근**)complex conjugate root이라고 한다.

4. 우함수와 기함수

함수 $f(x)$가 모든 x에 대하여 $f(-x)=f(x)$일 때를 **우함수**(또는 **짝함수**)even function라고 하고, $f(-x)=-f(x)$일 때를 **기함수**(또는 **홀함수**)odd function라고 한다.

1.1 대수방정식

방정식equation이란 문자를 포함한 등식이 있을 때, 그 문자에 특정한 값을 대입하여 그 등식이 성립하는 경우를 일컫는 용어이다. 이 절에서 소개할 대수방정식은 공학수학에서 많은 부분을 차지하는 미분방정식의 기초가 된다. 대수방정식의 근은 미분방정식에서 해를 찾아내는 과정에서 사용되기도 하지만, 서로 비교하여 충분히 참조될 수 있는 성질을 갖고 있기도 한다. 일반적으로 대수방정식은 다음과 같은 형태를 띤다.

▪ n차 대수방정식의 형태

$$a_n x^n + a_{n-1} x^{n-1} + \cdots + a_1 x + a_0 = 0 \tag{1.1}$$

위와 같은 대수방정식을 **n차 방정식**이라고 한다. n차 방정식에서 미리 알아두어야 할 성질은 다음과 같다.

❶ n차 방정식은 n개의 근을 갖는다.
❷ 중복되는 근의 수만큼 중근을 갖는다.
❸ $a+bi$라는 복소근을 가질 때에는 반드시 공액인 $a-bi$라는 근도 동시에 갖는다. 즉 복소근은 $a \pm bi$의 공액 형태로 나타난다.

1차 방정식

일반적으로 1차 방정식은 다음과 같이 표현할 수 있다.

$$a_1 x + a_0 = 0 \tag{1.2}$$

▪ 선형방정식

일반적인 대수방정식의 형태인 식 (1.1)에서 변수 x의 최고차수가 1차인 방정식을 생각하면 된다. 1차 방정식은 **선형방정식**linear equation이라고도 한다. 1차 방정식의 근은 다음과 같이 분류할 수 있다.

▪ 1차 방정식의 근

$$x = -\frac{a_0}{a_1} \quad (\text{단, } a_1 \neq 0) \tag{1.3}$$

괄호 안의 조건에 따라, 이 근은 $a_1 \neq 0$인 경우에 한해서 얻을 수 있는 값이다. $a_1 = 0$인 경우에는 a_0의 값에 따라 무한히 많은 근을 갖는 '**부정**($a_0 = 0$)'이 될 수도, 근이 아예 존재하지 않는 '**불능**($a_0 \neq 0$)'이 될 수도 있다.

2차 방정식

식 (1.1)을 사용하여 2차 방정식을 나타내면 $a_2x^2 + a_1x + a_0 = 0$과 같이 표현할 수 있다. 여기서는 편의를 위해 다음과 같은 형태로 생각하기로 하자.

$$ax^2 + bx + c = 0 \tag{1.4}$$

■ 2차 방정식

위 식도 2차 방정식이 되려면 반드시 $a \neq 0$이어야 한다. 식 (1.4)와 같은 2차 방정식의 근은 다음과 같으며, 우리에게는 '근의 공식'으로 잘 알려져 있다.

$$x = \frac{-b \pm \sqrt{b^2 - 4ac}}{2a} \tag{1.5}$$

■ 2차 방정식의 근

x가 2의 계수이면 2차 방정식은 $ax^2 + 2bx + c = 0$과 같은 형태이며, 이 2차 방정식의 근은 $x = \dfrac{-b \pm \sqrt{b^2 - ac}}{a}$와 같이 나타낸다. 식 (1.5)와 같은 2차 방정식의 근에서 $\sqrt{}$ 안에 들어 있는 $b^2 - 4ac$를 판별식이라고 한다. 판별식을 흔히 D로 표현하기도 하는데, 판별식 D의 부호에 따라 서로 다른 실근($D > 0$), 근이 겹쳐서 나타나는 중근($D = 0$), 허근을 포함하여 공액으로 나타나는 복소근($D < 0$)을 가질 수 있다.

고차 방정식

최고차수가 2차 이상인 대수방정식을 **고차 방정식** higher degree equation이라고 한다. 5차 이상의 방정식은 일반적인 대수적 해법으로는 근을 구할 수 없는 것으로 알려져 있다.

고차 방정식을 풀기 위해서는 치환을 이용하기도 하지만, 인수분해가 되거나 방정식이 풀릴 수 있는 조건이 주어지지 않는 한 고차 방정식의 해법을 찾기는 만만치 않다. 여기서는 고차 방정식을 푸는 기본적인 방법에 대해 알아보자.

고차 방정식을 풀 수 있는 가장 간단한 방법은 바로 인수분해를 이용하는 것이다. 하지만 지금까지 우리가 알고 있던 방법은 저차 방정식에서만 유효한 것이며, 고차 방정식을 위한 방법은 배운 적이 없었다. 여기서는 고차 방정식이 어떤 인수를 갖는지 검사하여 확인되는 대로 차수를 줄이며 인수분해를 하는 방법에 대해 살펴보자.

앞서 이야기한 방법의 예로, 다음 3차 방정식의 근을 찾아보자.

$$x^3 - 1 = 0$$

이 방정식이 $x = 1$이라는 근을 가질 것이라는 추정은 바로 할 수 있다. 따라서 위의 방정식을 $f(x) = x^3 - 1$이라고 두고, x 대신 1을 대입하여 $f(x)$가 0이 되는 사실을 다음과 같이 확인할 수 있다.

$$f(1) = (1)^3 - 1 = 0$$

그러므로 $(x-1)$이라는 인수를 갖는다는 사실에 기인하여

$$f(x) = (x-1)(x^2 + px + q) = 0$$

이라는 식이 성립함을 알 수 있다. 위 식을 정리하여 계수를 비교하면

$$f(x) = x^3 + (p-1)x^2 + (q-p)x - q = x^3 - 1$$
$$\rightarrow p - 1 = 0, \ q - p = 0, \ -q = -1$$

이 되어, $p = 1$, $q = 1$ 값을 얻을 수 있다. 이 값을 대입하면

■ $x^3 - 1$의 인수분해

$$f(x) = (x-1)(x^2 + x + 1) = 0$$

이 되어, $(x-1)$ 외에 $(x^2 + x + 1)$이라는 인수도 구할 수 있다. 여기서 $x^2 + x + 1 = 0$에 근의 공식을 대입하면, $x = 1$이라는 근 외에도 다음과 같은 공액복소근을 구할 수 있다.

$$x = \frac{-1 \pm \sqrt{1-4}}{2} = \frac{-1 \pm \sqrt{3}i}{2}$$

따라서 주어진 3차 방정식 $x^3 - 1 = 0$의 근은 다음과 같이 쓸 수 있다.

$$x_1 = 1, \ x_2 = -\frac{1}{2} + \frac{\sqrt{3}i}{2}, \ x_3 = -\frac{1}{2} - \frac{\sqrt{3}i}{2}$$

4차 방정식의 경우에는 $x^2 = \alpha$로 치환하는 방법을 이용한다. 즉 x에 대한 4차 방정식을 α에 대한 2차 방정식으로 푼 다음, 그 답에 대해 다시 x의 2차 방정식을 풀어 최종적으로 4개의 근을 찾는 방법이다.

예제 1-1 대수방정식의 근

다음과 같은 대수방정식을 풀어서 그 근을 구하라.

(a) $ax+b-c=0$ (단, a, b, c는 상수, $a \neq 0$)

(b) $3x^2-5x+2=0$

(c) $x^3-3x^2-7x+21=0$

(d) $x^4-3x^2-4=0$

key point

근의 공식

$$x = \frac{-b \pm \sqrt{b^2-4ac}}{2a}$$

풀이

(a) 주어진 식은 $ax=c-b$와 같이 쓸 수 있고, 이 1차 방정식의 근은

$$x = \frac{c-b}{a}$$

와 같이 구할 수 있다.

(b) 근의 공식을 주어진 방정식에 적용하면

$$x = \frac{6 \pm \sqrt{5^2-24}}{6} = \frac{5 \pm 1}{6}$$

이 되어, $x_1=1$, $x_2=\frac{2}{3}$가 근이 된다.

(c) 주어진 식을 $f(x)=x^3-3x^2-7x+21$로 두고 x 대신 숫자를 대입해보면, 다음과 같이 $x=3$에서 $f(x)=0$이 됨을 알 수 있다.

$$f(3) = (3)^3-3(3)^2-7(3)+21 = 27-27-21+21=0$$

그러므로 $(x-3)$이 인수가 되어 원식을 다음과 같이 나타낼 수 있다.

$$f(x) = x^3-3x^2-7x+21 = (x-3)(x^2+px+q)$$

위의 식을 정리하여 각 항(x^3, x^2, x, 상수)에 따라 계수를 비교하면

$$f(x) = x^3-3x^2-7x+21 = x^3+(p-3)x^2+(q-3p)x-3q$$

가 되어 $p-3=-3$, $q-3p=-7$, $-3q=21$이 성립해야 하므로 $p=0$, $q=-7$이 되는 것을 알 수 있다. 따라서 원식은

$$(x-3)(x^2-7)=0$$

과 같이 인수분해가 된다. $x^2-7=0$의 근을 구하면 $x=\pm\sqrt{7}$이다. 따라서 주어진 3차 방정식의 근은 $x_1=3$, $x_2=\sqrt{7}$, $x_3=-\sqrt{7}$이다.

(d) 먼저 $x^2 = \alpha$로 치환하여 원식을 다시 쓰면

$$x^4 - 3x^2 - 4 = \alpha^2 - 3\alpha - 4 = 0$$

이 되고, α에 대한 2차 방정식을 인수분해하면 $\alpha^2 - 3\alpha - 4 = (\alpha - 4)(\alpha + 1) = 0$이 된다. 다시 $\alpha = x^2$으로 돌려놓으면 $(x^2 - 4)(x^2 + 1) = 0$이 되어 두 식

$$x^2 - 4 = 0,\ \ x^2 + 1 = 0$$

이 성립하게 된다. 따라서 $x = \pm 2$, $x = \pm\sqrt{-1} = \pm i$가 되어 원식은 다음과 같은 근을 가진다.

$$x_{1,2} = \pm 2,\ x_{3,4} = \pm i \text{ 혹은 } x_1 = 2,\ x_2 = -2,\ x_3 = i,\ x_4 = -i$$

유제 1-1

다음 대수방정식을 풀어라.

(a) $3x^2 + 7x - 6 = 0$

(b) $y^2 - 6y + 4 = 0$

(c) $x^3 + 2x^2 - 37x + 52 = 0$

(d) $y^4 - 2y^2 - 3 = 0$

1.2 미분법

미적분이 수학에서 중요하다는 것은 누구나 아는 사실이며, 공학에서도 미적분을 많이 사용한다. 특히 공학수학에서 미분방정식은 매우 중요한 부분을 차지하는데, 미분방정식이라는 이름에서도 알 수 있듯이 이를 학습하기 위해서는 미분에 대한 이해가 필수적이다. 따라서 이 절에서는 미분에 대한 기본 이론과 연산법에 대해 정리할 것이다.

▪ 도함수의 표현과 정의

임의의 함수 $y = f(x)$의 **도함수**derivative는 y', $f'(x)$, $\dfrac{dy}{dx}$, $\dfrac{df(x)}{dx}$와 같이 나타낸다. 또한 도함수는 다음과 같은 식으로 정의한다.

$$y' = f'(x) = \lim_{\Delta x \to 0} \frac{f(x + \Delta x) - f(x)}{\Delta x} \tag{1.6}$$

"함수 $f(x)$의 도함수 $f'(x)$를 구한다."는 말은 "함수 $f(x)$를 x에 관하여 미분한다."는 의미가 된다.

지금부터 유용하게 사용할 수 있는 몇 가지 미분법을 정리해보자.

사슬법칙에 의한 미분

함수 $y = f(u)$이고 함수 $u = g(x)$라면, $y = f(g(x))$가 된다. 결국 y는 x에 대한 함수로 표현될 것이다. 이러한 함수를 미분하려면 다음과 같이 **사슬법칙** (또는 **연쇄법칙**)chain rule을 이용하면 된다.

$$y' = \frac{dy}{dx} = \frac{dy}{du} \cdot \frac{du}{dx} = f'(g(x)) \cdot g'(x) \tag{1.7}$$

▪ 사슬법칙(연쇄법칙)

두 개의 변수를 갖는 다변수함수 $f(x, y)$의 도함수를 구할 때의 사슬법칙은 다음과 같이 표현할 수 있다.

$$df(x, y) = \frac{\partial f(x, y)}{\partial x}dx + \frac{\partial f(x, y)}{\partial y}dy \tag{1.8}$$

이 식은 2.3절에서 완전 미분방정식을 학습할 때 활용된다.

함수 $f(x)g(x)$의 미분

함수 $y = f(x)g(x)$를 미분할 경우, 다음과 같이 계산한다.

$$\begin{aligned} y' &= \{f(x)g(x)\} \\ &= f'(x)g(x) + f(x)g'(x) \end{aligned} \tag{1.9}$$

세 함수가 곱해진 $y = f(x)g(x)h(x)$의 도함수는 다음과 같이 계산한다.

$$\begin{aligned} y' &= \{f(x)g(x)h(x)\}' \\ &= f'(x)g(x)h(x) + f(x)g'(x)h(x) + f(x)g(x)h'(x) \end{aligned} \tag{1.10}$$

함수 $\frac{g(x)}{f(x)}$의 미분

함수 $y = \frac{g(x)}{f(x)}$를 미분할 경우, 다음과 같이 계산한다.

$$y' = \frac{d}{dx}\left\{\frac{g(x)}{f(x)}\right\} = \frac{g'(x)f(x) - g(x)f'(x)}{\{f(x)\}^2} \tag{1.11}$$

따라서 $g(x) = 1$인 경우, $y = \frac{1}{f(x)} = \{f(x)\}^{-1}$의 도함수는 다음과 같다.

$$y' = \frac{d}{dx}\left\{\frac{1}{f(x)}\right\} = \frac{-f'(x)}{\{f(x)\}^2} \tag{1.12}$$

함수 $\{f(x)\}^n$의 미분

함수 $y = \{f(x)\}^n$을 미분할 경우, 다음과 같이 계산한다.

$$y' = \frac{d\{f(x)\}^n}{dx} = n\{f(x)\}^{n-1} \cdot f'(x) \tag{1.13}$$

따라서 $n = \frac{1}{2}$일 때 함수 $y = \sqrt{f(x)} = \{f(x)\}^{\frac{1}{2}}$의 도함수는 다음과 같다.

$$y' = \left[\{f(x)\}^{\frac{1}{2}}\right]' = \frac{1}{2}f(x)^{-\frac{1}{2}} \cdot f'(x) = \frac{1}{2}\frac{f'(x)}{\sqrt{f(x)}} \tag{1.14}$$

예제 1-2 여러 가지 함수의 미분

다음 함수를 미분하여 그 도함수를 구하라.

(a) $y = (x^2-3x+1)(x^2+1)$ (b) $y = \dfrac{x-3}{(x-1)(x-2)}$

(c) $y = \sqrt{1-x^2}$ (d) $y = \{f(x)\}^2$

key point

- $y = f(x)g(x)$이면 $y' = f'(x)g(x)+f(x)g'(x)$
- $y = \dfrac{g(x)}{f(x)}$이면 $y' = \dfrac{g'(x)f(x)-g(x)f'(x)}{\{f(x)\}^2}$
- $y = \{f(x)\}^n$이면 $y' = n\{f(x)\}^{n-1} \cdot f'(x)$

풀이

(a) $f(x) = x^2-3x+1$, $g(x) = x^2+1$로 두면, $y = f(x)g(x)$의 미분법에 따라

$$y' = f'(x)g(x)+f(x)g'(x)$$

로 도함수를 구할 수 있다.

$$f'(x) = (x^2-3x+1)' = 2x-3, \quad g'(x) = (x^2+1)' = 2x$$

를 대입하면 도함수는 다음과 같다.

$$y' = (2x-3)(x^2+1)+(x^2-3x+1)2x, \quad \text{즉 } y' = 4x^3-9x^2+4x-3$$

(b) $f(x) = (x-1)(x-2)$, $g(x) = x-3$으로 두면, $y = \dfrac{g(x)}{f(x)}$의 미분법에 따라

$$y' = \frac{g'(x)f(x)-g(x)f'(x)}{\{f(x)\}^2}$$

로 도함수를 구할 수 있다.

$$f'(x) = (x-1)'(x-2)+(x-1)(x-2)' = 2x-3, \quad g'(x) = (x-3)' = 1$$

이므로 도함수는 다음과 같다.

$$y' = \frac{1\cdot(x^2-3x+2)-(x-3)(2x-3)}{(x-1)^2(x-2)^2} = \frac{-x^2+6x-7}{(x-1)^2(x-2)^2}$$

(c) $f(x)=1-x^2$으로 두면 $y=\sqrt{f(x)}=f(x)^{\frac{1}{2}}$이므로

$$\frac{dy}{df}=\frac{1}{2}f^{-\frac{1}{2}},\quad \frac{df}{dx}=(1-x^2)'=-2x$$

이다. 따라서 사슬법칙으로 도함수를 계산하면 다음과 같다.

$$\frac{dy}{dx}=\frac{dy}{df}\cdot\frac{df}{dx}=\left(\frac{1}{2}f^{-\frac{1}{2}}\right)(-2x)=\frac{-x}{\sqrt{f}}=\frac{-x}{\sqrt{1-x^2}}$$

(d) 함수 $y=\{f(x)\}^n$에 대한 미분법에 따라 $y'=n\{f(x)\}^{n-1}\cdot f'(x)$를 적용하면 다음과 같이 도함수를 구할 수 있다.

$$y'=2f(x)f'(x)$$

또한 $y=\{f(x)\}^2=f(x)f(x)$이므로 $y'=\{f(x)g(x)\}'=f'(x)g(x)+f(x)g'(x)$를 적용해도 다음과 같이 도함수를 구할 수 있다.

$$y'=\{f(x)f(x)\}'=f'(x)f(x)+f(x)f'(x)=2f(x)f'(x)$$

유제 1-2

다음 함수의 도함수를 구하라.

(a) $y=(x^2-1)(x^3+2)$

(b) $y=\dfrac{e^{2x}}{x^2+1}$

Check it up!

✔ **로피탈 정리(L'Hopital's rule)**

함수 $f(x)$, $g(x)$가 미분가능하고, $g'(x)\neq 0$이라고 가정할 때

$$\lim_{x\to a}f(x)=0,\quad \lim_{x\to a}g(x)=0$$

이라고 하면, $\lim_{x\to a}\frac{f(x)}{g(x)}=c$, $\lim_{x\to a}\frac{f'(x)}{g'(x)}=c$가 성립한다. 이때 c는 $+\infty$ 또는 $-\infty$여도 상관없으며, 결국 다음과 같은 등식이 성립한다.

$$\lim_{x\to a}\frac{f(x)}{g(x)}=\lim_{x\to a}\frac{f'(x)}{g'(x)} \tag{1.15}$$

위와 같은 이론을 **로피탈 정리**라고 하며, $\frac{0}{0}$과 같은 부정형의 극한값을 계산할 때 유용하게 사용된다.

1.3 적분법

앞 절의 미분법에 이어 적분의 기본 이론과 연산법에 대해 정리해보자. 적분을 한마디로 표현하자면 덧셈이라고 할 수 있는데, 극한의 개념을 사용하여 빈틈이 전혀 없게 더하는 개념이다. 적분 기호로 사용하는 $\int$ 도 영어로 덧셈을 의미하는 sum의 첫 글자인 's'를 길게 늘어뜨려 사용한 것이다.

적분의 종류를 단순하게 나눈다면 부정적분과 정적분으로 분류할 수 있는데, 적분 구간을 정해 두느냐 그렇지 않느냐의 차이만 있을 뿐이다. 일반적으로 어떤 함수를 적분한다고 하면, **부정적분**을 구하는 것이라고 생각하면 된다. 따라서 우리도 부정적분을 기본으로 하여 적분의 개념과 적분 방법을 살펴보자.

도함수가 $F'(x)$로 나타나는 함수 $F(x)$가 있을 때, $F'(x)=f(x)$가 되는 함수 $f(x)$를 생각할 수 있다. 여기서 함수 $F(x)$와 $f(x)$와의 관계를 나타낼 수 있는 것이 바로 적분이며, 다음과 같은 등식으로 표현한다.

■ 적분의 표현

$$F(x) = \int f(x)dx + c \tag{1.16}$$

이때 $f(x)$를 **피적분함수**, x를 **적분변수**, c를 **적분상수**라고 한다.

지금부터 유용하게 사용할 수 있는 몇 가지 적분법을 정리해보자.

선형연산자로서의 적분

먼저 적분은 선형연산자 역할을 한다는 점을 염두에 두자. 적분이 선형연산자의 성질을 갖는다는 말은 다음과 같은 식으로 나타낼 수 있다는 뜻이다. 따라서 다음 식들이 의미하는 성질을 **선형성**이라고 한다.

$$\int \{f(x)+g(x)\}dx = \int f(x)dx + \int g(x)dx \tag{1.17}$$

$$\int af(x)dx = a\int f(x)dx \quad (\text{단, } a\text{는 상수}) \tag{1.18}$$

$$\int \{af(x)+bg(x)\}dx = a\int f(x)dx + b\int g(x)dx \tag{1.19}$$

(단, a, b는 상수)

위와 같은 선형성을 감안하면 적분 계산이 훨씬 간단해질 것이다.

함수 $\frac{f'(x)}{f(x)}$의 적분

피적분함수가 분수함수인 형태로, 분모에 있는 함수의 도함수가 분자에 위치해 있을 때의 적분은 다음과 같이 구한다.

$$\int \frac{f'(x)}{f(x)}dx = \ln|f(x)| + c \tag{1.20}$$

$f(x) = x$인 경우를 생각하면 다음과 같은 식도 성립함을 알 수 있다.

$$\int \frac{1}{x}dx = \ln|x| + c \tag{1.21}$$

부분적분

부분적분법은 두 개의 함수가 곱해진 형태의 적분에 사용되는 방법이다. 단, 두 함수 중 하나는 도함수라는 점에 유념하자. 두 함수를 각각 $f(x)$와 $g'(x)$라고 두면, 적분해야 할 피적분함수는 $f(x)g'(x)$가 된다. $f(x)g'(x)$의 적분은 다음과 같이 계산할 수 있는데, 이를 보통 **부분적분법**이라고 한다.

$$\int f(x)g'(x)dx = f(x)g(x) - \int f'(x)g(x)dx \tag{1.22}$$

▪ 부분적분법

$u = f(x)$, $v = g(x)$로 두면 식 (1.22)는 다음과 같이 나타낼 수 있다.

$$\int uv' = uv - \int u'v \tag{1.23}$$

식 (1.22)와 식 (1.23)은 동일한 식이지만, 식 (1.23)은 부분적분법의 구성을 한눈에 파악할 수 있어 자주 쓰인다.

치환적분

다음으로는 치환을 활용하여 적분하는 방법인 **치환적분법**을 살펴보자. 피적분함수를 바로 적분하기는 어렵지만, 적절한 치환을 통해 적분이 가능해지는 경우에 사용할 수 있는 방법이다.

함수 $f(x)$의 적분을 다음과 같이 $x = g(t)$로 치환하는 경우 $\frac{dx}{dt} = g'(t)$가 되고

$$\int f(x)dx = \int f(g(t))\frac{dx}{dt}dt = \int f(g(t))g'(t)dt \tag{1.24}$$

▪ 치환적분법

가 되며, $g(x)=t$로 치환하면

$$\int f(g(x))g'(x)dx = \int f(t)dt \qquad (1.25)$$

가 된다. 이처럼 치환을 이용하면 단번에 적분하기 어려운 함수를 적분할 수 있다.

예제 1-3 $f'(x)/f(x)$형 함수의 적분법

다음 함수들을 적분하라.

(a) $\dfrac{4x}{x^2+3}$ (b) $\dfrac{2x+1}{x^2+x+5}$

key point

$$\int \frac{f'(x)}{f(x)}dx = \ln|f(x)|+c$$

풀이

(a) $f(x)=x^2+3$으로 두면, $f'(x)=2x$이다. 그러므로 $\dfrac{f'(x)}{f(x)}=\dfrac{2x}{x^2+3}$가 된다. 결국 피적분함수는 $\dfrac{4x}{x^2+3}=\dfrac{2f'(x)}{f(x)}$의 형태이므로 적분하면 다음과 같다.

$$\begin{aligned}\int \frac{4x}{x^2+3}dx &= 2\int \frac{f'(x)}{f(x)}dx = 2\int \frac{2x}{x^2+3}dx \\ &= 2\ln|x^2+3|+c \\ &= \ln(x^2+3)^2+c\end{aligned}$$

(b) $x^2+x+5=t$라고 두고 미분하면 다음 식이 성립한다.

$$2x+1=\frac{dt}{dx},\quad dx=\frac{dt}{2x+1}$$

다음에 원식을 적분하면 다음과 같이 된다.

$$\begin{aligned}\int \frac{2x+1}{x^2+x+5}dx &= \int \frac{2x+1}{t}\cdot\frac{dt}{2x+1} \\ &= \int \frac{1}{t}dt = \ln|t|+c \\ &= \ln|x^2+x+5|+c\end{aligned}$$

유제 1-3

다음 함수를 적분하라.

(a) $\dfrac{8x}{2x^2+3}$ (b) $\dfrac{x+1}{x^2+2x+2}$

예제 1-4 부분적분법

부분적분법을 사용하여 다음 함수들을 적분하라.

(a) $x\sin x$ (b) $x\ln 2x$

key point

$$\int uv' = uv - \int u'v$$

풀이

(a) 식 (1.23)을 이용하기 위해 $u=x$, $v'=\sin x$로 두면, 다음과 같이 적분할 수 있다.

$$\begin{aligned}\int x\sin x\,dx &= x(-\cos x) - \left\{\int (x)'(-\cos x)\,dx\right\}\\ &= -x\cos x + \int \cos x\,dx\\ &= -x\cos x + \sin x + c\end{aligned}$$

(b) $u=\ln 2x$, $v'=x$라고 두면, 식 (1.23)에 의해 다음 식을 얻는다.

$$\begin{aligned}\int x\ln 2x\,dx &= \frac{x^2}{2}\ln 2x - \int \frac{x^2}{2}\cdot\frac{1}{x}\,dx = \frac{x^2}{2}\ln 2x - \frac{1}{2}\int x\,dx\\ &= \frac{1}{2}x^2\ln 2x - \frac{1}{4}x^2 + c\end{aligned}$$

유제 1-4

부분적분법을 사용하여 다음 함수를 적분하라.

(a) x^2e^x (b) $\ln x$

예제 1-5 치환적분법

다음 함수들을 치환을 이용하여 적분하라.

(a) $x\sqrt{1-x}$ (b) xe^{x^2}

key point

식을 간단하게 만들 수 있는 함수를 t로 치환한다.

풀이

(a) $\sqrt{1-x}=t$로 치환하고 미분하면 $x=-t^2+1$, $dx=-2t\,dt$가 성립한다. 이 값을 이용하여 원식을 적분하면 다음과 같은 값을 얻는다.

$$\begin{aligned}\int x\sqrt{1-x}\,dx &= \int (-t^2+1)t\cdot(-2t)dt\\ &= 2\int (t^4-t^2)dt\\ &= \frac{2}{5}(\sqrt{1-x})^5 - \frac{2}{3}(\sqrt{1-x})^3 + c\\ &= \frac{2}{5}(1-x)^2\sqrt{1-x} - \frac{2}{3}(1-x)\sqrt{1-x} + c\end{aligned}$$

(b) $x^2 = t$로 치환하고 미분하면

$$x^2 = t,\ 2x = \frac{dt}{dx},\ dx = \frac{1}{2x}dt$$

가 성립한다. 위의 값을 이용하여 원식을 적분하면 다음과 같은 값을 얻을 수 있다.

$$\begin{aligned}\int xe^{x^2}dx &= \int xe^t\left(\frac{1}{2x}dt\right)\\ &= \frac{1}{2}\int e^t dt\\ &= \frac{1}{2}e^t + c\\ &= \frac{1}{2}e^{x^2} + c\end{aligned}$$

유제 1-5

치환적분법을 이용하여 다음 함수를 적분하라.

(a) $(3x+1)^{10}$

(b) $\dfrac{e^x}{e^x+1}$

1.4 삼각함수

삼각함수 trigonometric function는 수학에서 매우 중요한 역할을 하는 함수 중 하나이다. 지수함수와 더불어 공학에서 진동하는 신호를 표현할 때 가장 자주 사용되는 함수이기도 하다.

1.4.1 삼각함수의 기초

먼저 삼각함수의 상호관계부터 정리해보자.

사인함수, 코사인함수, 탄젠트함수 간에는 다음과 같은 관계가 있다.

$$\begin{aligned} \sin\theta &= \cos\left(\frac{\pi}{2}-\theta\right) \\ \cos\theta &= \sin\left(\frac{\pi}{2}-\theta\right) \\ \tan\theta &= \frac{\sin\theta}{\cos\theta} \end{aligned} \tag{1.26}$$

사인함수, 코사인함수, 탄젠트함수의 역수는 각각 다음과 같이 정의한다.

$$\begin{aligned} \frac{1}{\sin\theta} &= \mathrm{cosec}\,\theta \\ \frac{1}{\cos\theta} &= \sec\theta \\ \frac{1}{\tan\theta} &= \cot\theta \end{aligned} \tag{1.27}$$

식 (1.27)로 표현한 기본 삼각함수의 역수와 **역삼각함수**inverse trigonometric function, 즉 삼각함수의 역함수는 서로 완전히 다른 개념이다. 예를 들어 사인함수와 사인함수의 역함수는 다음과 같은 관계를 갖는다는 의미이다.

$$y = \sin x,\ \ x = \sin^{-1} y \tag{1.28}$$

즉 $\sin x = 1$이라고 하면 $\sin^{-1}(1) = x = \frac{\pi}{2}$가 되는 것이다.

[그림 1-1]은 삼각함수 그래프를, [그림 1-2]는 사인함수와 사인함수의 역함수를 같이 나타낸 것이다.

삼각함수의 그래프를 살펴보면 삼각함수의 한 가지 성질에 대해서도 감이 올 것이다. 즉 각각의 함수가 우함수인지 기함수인지에 대한 것이다. [그림 1-1]의 코사인함수는 y축을 중심으로 대칭이지만, 사인함수와 탄젠트함수는 원점을 중심으로 180° 회전한 형태를 이루고 있다. 따라서 코사인함수는 우함수가 되고, 사인함수와 탄젠트함수는 기함수가 된다. 이 성질을 식으로 정리하면 다음과 같다.

$$\begin{aligned} \sin(-\theta) &= -\sin\theta \\ \cos(-\theta) &= \cos\theta \\ \tan(-\theta) &= -\tan\theta \end{aligned} \tag{1.29}$$

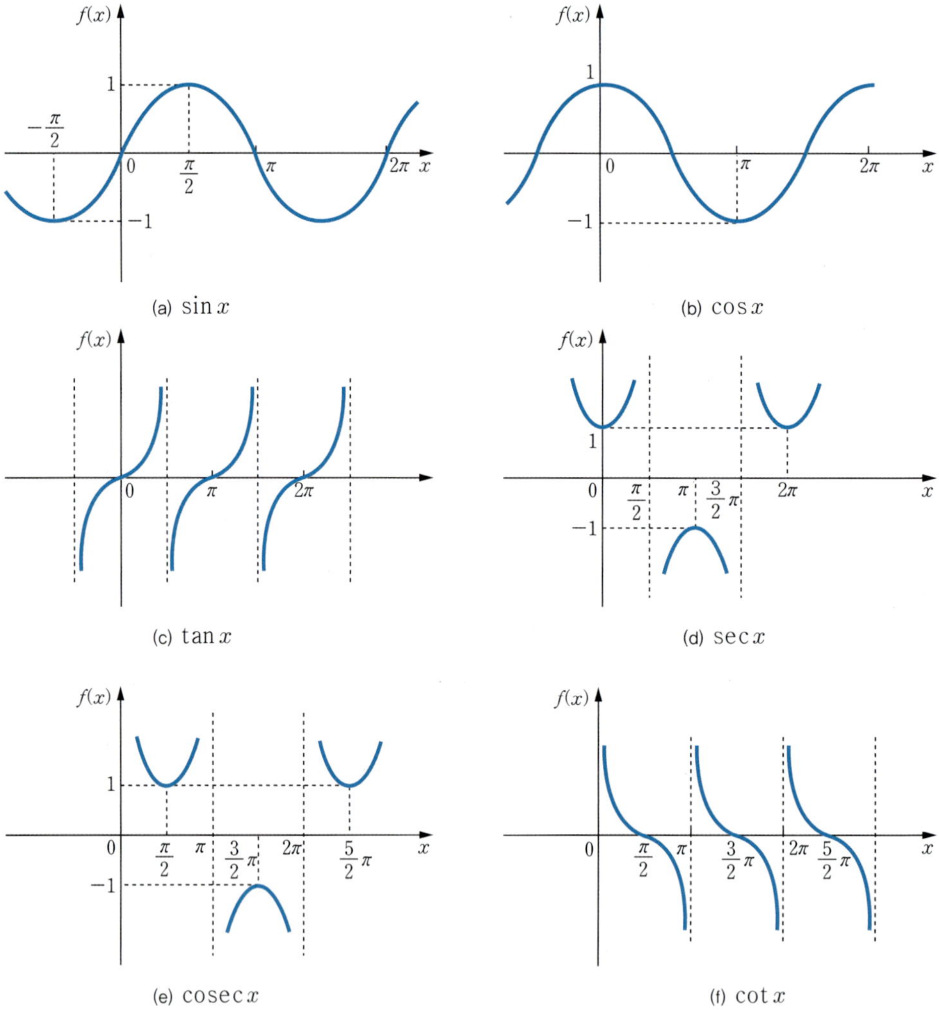

[그림 1-1] **삼각함수 그래프**

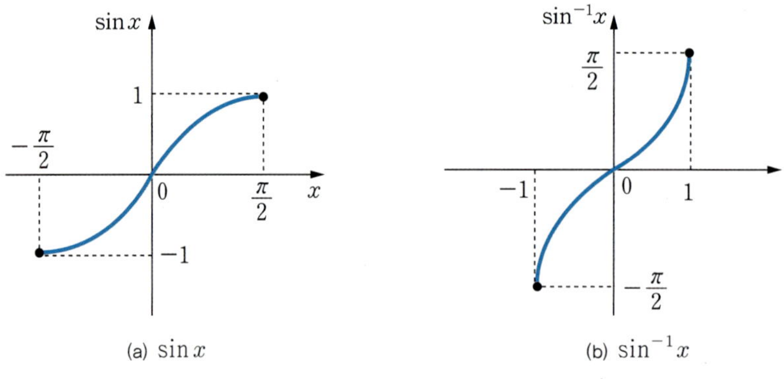

[그림 1-2] **사인함수와 사인함수의 역함수 그래프**

1.4.2 삼각함수의 공식

여기서는 유용하게 사용될 수 있는 몇 가지 삼각함수의 공식들을 소개하겠다. 먼저 삼각함수의 **덧셈 및 뺄셈 공식**은 다음과 같이 정리할 수 있다.

$$\begin{aligned} \sin(x+y) &= \sin x\cos y+\cos x\sin y \\ \sin(x-y) &= \sin x\cos y-\cos x\sin y \\ \cos(x+y) &= \cos x\cos y-\sin x\sin y \\ \cos(x-y) &= \cos x\cos y+\sin x\sin y \\ \tan(x+y) &= \frac{\tan x+\tan y}{1-\tan x\tan y} \\ \tan(x-y) &= \frac{\tan x-\tan y}{1+\tan x\tan y} \end{aligned} \tag{1.30}$$

▪ 삼각함수의 덧셈 및 뺄셈 공식

위의 덧셈 및 뺄셈 공식을 활용하면 다음과 같은 2배각 공식도 쉽게 구할 수 있다. 즉 y에 x를 대입하면 **2배각 공식**이 완성된다.

$$\begin{aligned} \sin 2x &= 2\sin x\cos x \\ \cos 2x &= \cos^2 x-\sin^2 x \\ &= 2\cos^2 x-1 \\ &= 1-2\sin^2 x \\ \tan 2x &= \frac{2\tan x}{1-\tan^2 x} \end{aligned} \tag{1.31}$$

▪ 삼각함수의 2배각 공식

사인함수와 코사인함수가 더해진 것을 하나의 사인함수 혹은 코사인함수로 나타내는 방법은 다음과 같다.

$$A\sin\theta+B\cos\theta = \sqrt{A^2+B^2}\sin(\theta+\alpha)$$
$$\left(\text{단, } \cos\alpha = \frac{A}{\sqrt{A^2+B^2}},\ \sin\alpha = \frac{B}{\sqrt{A^2+B^2}}\right) \tag{1.32}$$

▪ 삼각함수의 합성(사인함수)

$$A\sin\theta+B\cos\theta = \sqrt{A^2+B^2}\cos(\theta-\beta)$$
$$\left(\text{단, } \cos\beta = \frac{B}{\sqrt{A^2+B^2}},\ \sin\beta = \frac{A}{\sqrt{A^2+B^2}}\right) \tag{1.33}$$

▪ 삼각함수의 합성(코사인함수)

위 공식은 두 진동파를 합성하는 데 사용될 수 있다.

지금부터는 사인함수와 코사인함수 간의 곱을 합이나 차로 나타내는 공식에 대해 정리해보자. 이 공식은 푸리에 해석에서 푸리에 계수를 구할 때 사용된다.[1]

1 11장의 11.3절 참조

▪삼각함수의 곱을 합이나 차로 표현하는 공식

$$\begin{aligned} \sin x \cos y &= \frac{1}{2}\{\sin(x+y)+\sin(x-y)\} \\ \cos x \sin y &= \frac{1}{2}\{\sin(x+y)-\sin(x-y)\} \\ \cos x \cos y &= \frac{1}{2}\{\cos(x+y)+\cos(x-y)\} \\ \sin x \sin y &= -\frac{1}{2}\{\cos(x+y)-\cos(x-y)\} \end{aligned} \tag{1.34}$$

예제 1-6 진동파의 합성

다음 두 신호를 합성하여 코사인함수로 표현하라.

$$3\sin 2t,\ 2\cos 2t$$

key point
식 (1.33) 참조 $\left(\text{단, } \tan\beta = \frac{\sin\beta}{\cos\beta} = \frac{B}{A}\right)$

풀이

식 (1.32)를 이용하면 두 신호를 합성할 수 있다.
$A\sin\theta + B\cos\theta$를 $3\sin 2t + 2\cos 2t$로 생각하면, $A=3$, $B=2$, $\theta = 2t$를 대입하면 된다.

$$3\sin 2t + 2\cos 2t = \sqrt{3^2+2^2}\cos(2t-\beta) = \sqrt{13}\cos(2t-\beta)$$

즉 사인파로 표현한 합성파는 $\sqrt{13}\cos(2t-\beta)$이다.

위의 답에서 한 발 더 나아가 β에 대해 생각해보면

$$\cos\beta = \frac{2}{\sqrt{3^2+2^2}} = \frac{2}{\sqrt{13}},\quad \sin\beta = \frac{3}{\sqrt{3^2+2^2}} = \frac{3}{\sqrt{13}}$$

이므로, $\tan\beta = \frac{\sin\beta}{\cos\beta} = \frac{3}{2}$으로 표현해도 좋다. 그러므로

$$\beta = \cos^{-1}\left(\frac{2}{\sqrt{13}}\right) = \sin^{-1}\left(\frac{3}{\sqrt{13}}\right) = \tan^{-1}\left(\frac{3}{2}\right)$$

으로 계산하면 β 값을 구할 수 있다.

유제 1-6

다음 두 신호를 합성하여 사인함수로 표현하라.

$$2\sin\omega t,\ 3\cos\omega t$$

1.4.3 오일러 공식과 쌍곡선함수

공학에서 가장 많이 사용되는 공식 중 하나가 **오일러 공식**Euler's formula이다. 신호를 나타낼 때 지수함수를 사용하는 경우가 많은데, 오일러 공식은 지수함수와 삼각함수 간의 변환에 사용된다. 오일러 공식은 다음과 같이 나타낸다.

$$\begin{aligned} e^{i\theta} &= \cos\theta + i\sin\theta \\ e^{-i\theta} &= \cos\theta - i\sin\theta \end{aligned} \tag{1.35}$$

▪ 오일러 공식

위의 두 식을 이용하면 다음과 같은 값을 구할 수 있다. 이는 공학수학에서 제법 자주 만날 수 있는 복소지수함수의 값이기도 하다.[2]

[2] 14장의 14.4절 참조

$$\begin{aligned} &e^{i\pi} = \cos\pi + i\sin\pi = -1, \quad &&e^{-i\pi} = \cos\pi - i\sin\pi = -1 \\ &e^{i2\pi} = \cos 2\pi + i\sin 2\pi = 1, \quad &&e^{-i2\pi} = \cos 2\pi - i\sin 2\pi = 1 \\ &e^{i\frac{\pi}{2}} = \cos\frac{\pi}{2} + i\sin\frac{\pi}{2} = i, \quad &&e^{-i\frac{\pi}{2}} = \cos\frac{\pi}{2} - i\sin\frac{\pi}{2} = -i \end{aligned}$$

위에서 나온 값들을 정리하면 다음과 같다.

$$\begin{aligned} e^{i\pi} &= e^{-i\pi} = -1 \\ e^{i2\pi} &= e^{-i2\pi} = 1 \\ e^{i\frac{\pi}{2}} &= i \\ e^{-i\frac{\pi}{2}} &= -i \end{aligned} \tag{1.36}$$

식 (1.35)를 변형하면 다음과 같이 코사인함수와 사인함수를 복소지수함수로 나타낼 수도 있다.

$$\cos\theta = \frac{e^{i\theta} + e^{-i\theta}}{2}, \quad \sin\theta = \frac{e^{i\theta} - e^{-i\theta}}{2i} \tag{1.37}$$

쌍곡선함수hyperbolic function는 다음과 같이 지수함수 형태로 정의된다.

$$\cosh\theta = \frac{e^{\theta} + e^{-\theta}}{2}, \quad \sinh\theta = \frac{e^{\theta} - e^{-\theta}}{2} \tag{1.38}$$

▪ 쌍곡선함수의 정의식

식 (1.38)의 쌍곡선함수를 그래프로 나타내면 [그림 1-3]과 같다.

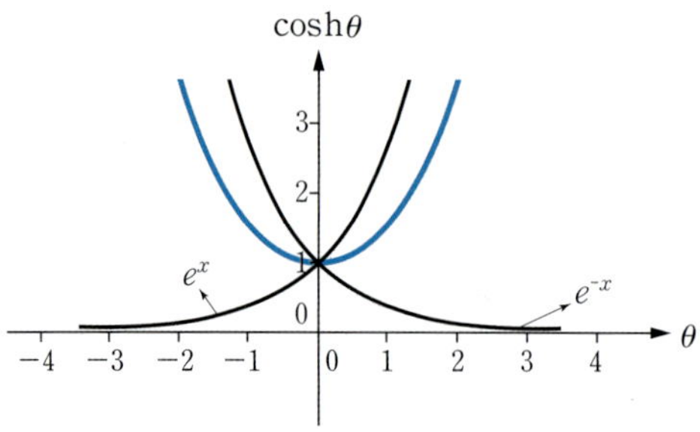

(a) $\cosh\theta$

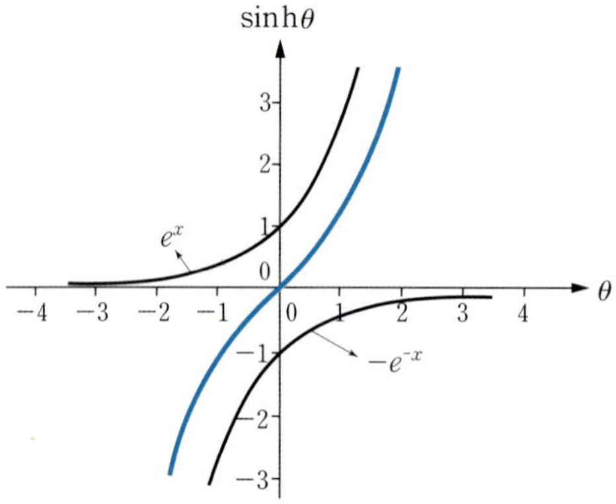

(b) $\sinh\theta$

[그림 1-3] **쌍곡선함수의 그래프**

식 (1.38)을 이용하여 지수함수를 쌍곡선함수로 나타내면 다음과 같다.

$$e^{\theta} = \cosh\theta + \sinh\theta, \quad e^{-\theta} = \cosh\theta - \sinh\theta \tag{1.39}$$

삼각함수와 쌍곡선함수의 관계는 다음과 같다.

■ 삼각함수와 쌍곡선함수의 관계

$$\begin{aligned} \cosh i\theta &= \cos\theta, \ \sinh i\theta = i\sin\theta \\ \cos i\theta &= \cosh\theta, \ \sin i\theta = i\sinh\theta \end{aligned} \tag{1.40}$$

쌍곡선함수에도 다음과 같이 삼각함수와 비슷한 기본 공식이 적용된다.

$$\cosh^2\theta - \sinh^2\theta = 1 \tag{1.41}$$

위 식은 삼각함수의 잘 알려진 공식인 $\cos^2\theta + \sin^2\theta = 1$을 이용하여 유도한 것이다. 위에서 제시한 식 외에도 쌍곡선함수의 공식이 많이 있으며, 모든 쌍곡선함수의 공식들은 유사한 삼각함수의 공식으로부터 유도할 수 있다.

예제 1-7 쌍곡선함수의 덧셈공식

쌍곡선함수 $\sinh(x+y)$를 전개하라.

key point
식 (1.30) 및 (1.40) 참조

풀이

식 (1.30)을 이용하여 유도한다. $\sin(x+y) = \sin x \cos y + \cos x \sin y$의 변수에 복소수 i를 곱하면 다음과 같이 되고,

$$\sin(ix+iy) = \sin i(x+y) = \sin ix \cos iy + \cos ix \sin iy$$

식 (1.40)의 $\sin i\theta = i\sinh\theta$, $\cos i\theta = \cosh\theta$를 사용하여 양변을 각각 변환하면

$$\sin i(x+y) = i\sinh(x+y)$$
$$\sin ix \cos iy + \cos ix \sin iy = i\sinh x \cosh y + i\cosh x \sinh y$$

가 되어 다음 식이 성립한다.

$$i\sinh(x+y) = i\sinh x \cosh y + i\cosh x \sinh y$$

위 식에서 복소수 i를 소거하면 다음과 같은 쌍곡선함수의 덧셈공식을 얻을 수 있다.

$$\sinh(x+y) = \sinh x \cosh y + \cosh x \sinh y$$

유제 1-7

쌍곡선함수 $\cosh(x+y)$와 $\tanh(x+y)$를 전개하라.

Chapter 01 핵심요약

대수방정식

- 대수방정식의 일반적인 성질

❶ n차 방정식은 n개의 근을 갖는다.

❷ 중복되는 근의 수만큼 중근을 갖는다.

❸ 복소근은 반드시 $a \pm bi$의 공액 형태로 나타난다.

- 1차 방정식의 형태와 근

$$a_1 x + a_0 = 0,\ x = -\frac{a_0}{a_1} \quad (\text{단, } a_1 \neq 0)$$

- 2차 방정식의 형태와 근

$$ax^2 + bx + c = 0,\ x = \frac{-b \pm \sqrt{b^2 - 4ac}}{2a} \quad (\text{단, } a \neq 0)$$

미분법

- 사슬법칙

$$y' = \frac{dy}{dx} = \frac{dy}{du} \cdot \frac{du}{dx} = f'(g(x)) \cdot g'(x)$$

$$df(x,\ y) = \frac{\partial f(x,\ y)}{\partial x}dx + \frac{\partial f(x,\ y)}{\partial y}dy$$

- 함수 형태에 따른 미분법

$$y' = \{f(x)g(x)\}' = f'(x)g(x) + f(x)g'(x)$$

$$y' = \left\{\frac{g(x)}{f(x)}\right\}' = \frac{g'(x)f(x) - g(x)f'(x)}{\{f(x)\}^2}$$

$$y' = [\{f(x)\}^n]' = n\{f(x)\}^{n-1} \cdot f'(x)$$

적분법

- $\int \frac{f'(x)}{f(x)}$의 적분

$$\int \frac{f'(x)}{f(x)}dx = \ln|f(x)| + c$$

• 부분적분법

$$\int f(x)g'(x)dx = f(x)g(x) - \int f'(x)g(x)dx$$

$$\int uv' = uv - \int u'v$$

• 치환적분법

함수 $f(x)$의 적분을 $x = g(t)$로 치환하여 계산한 후 다시 $g(x) = t$로 치환한다.

$$\int f(x)dx = \int f(g(t))\frac{dx}{dt}dt = \int f(g(t))g'(t)dt$$

$$\int f(g(x))g'(x)dx = \int f(t)dt$$

■ 삼각함수

• 기본 삼각함수의 역수

$$\frac{1}{\sin\theta} = \operatorname{cosec}\theta,\ \frac{1}{\cos\theta} = \sec\theta,\ \frac{1}{\tan\theta} = \cot\theta$$

• 삼각함수의 역함수

$$y = \sin x \iff x = \sin^{-1}y$$

• 삼각함수의 덧셈 및 뺄셈 공식

$$\sin(x \pm y) = \sin x\cos y \pm \cos x\sin y$$

$$\cos(x \pm y) = \cos x\cos y \mp \sin x\sin y$$

$$\tan(x \pm y) = \frac{\tan x \pm \tan y}{1 \mp \tan x\tan y}$$

• 삼각함수의 2배각 공식

$$\sin 2x = 2\sin x\cos x$$

$$\cos 2x = \cos^2 x - \sin^2 x = 2\cos^2 x - 1 = 1 - 2\sin^2 x$$

$$\tan 2x = \frac{2\tan x}{1 - \tan^2 x}$$

- 삼각함수의 합성

$$A\sin\theta + B\cos\theta = \sqrt{A^2+B^2}\sin(\theta+\alpha)$$

$$\left(\text{단, } \cos\alpha = \frac{A}{\sqrt{A^2+B^2}},\ \sin\alpha = \frac{B}{\sqrt{A^2+B^2}},\ \tan\alpha = \frac{B}{A}\right)$$

$$A\sin\theta + B\cos\theta = \sqrt{A^2+B^2}\cos(\theta-\beta)$$

$$\left(\text{단, } \cos\beta = \frac{B}{\sqrt{A^2+B^2}},\ \sin\beta = \frac{A}{\sqrt{A^2+B^2}},\ \tan\beta = \frac{A}{B}\right)$$

- 오일러 공식

$$e^{i\theta} = \cos\theta + i\sin\theta,\ e^{-i\theta} = \cos\theta - i\sin\theta$$

$$\cos\theta = \frac{e^{i\theta}+e^{-i\theta}}{2},\ \sin\theta = \frac{e^{i\theta}-e^{-i\theta}}{2i}$$

- 쌍곡선함수

$$\cosh\theta = \frac{e^{\theta}+e^{-\theta}}{2},\ \sinh\theta = \frac{e^{\theta}-e^{-\theta}}{2}$$

$$e^{\theta} = \cosh\theta + \sinh\theta,\ e^{-\theta} = \cosh\theta - \sinh\theta$$

Chapter 01 연습문제

※ **(문제 1.1~1.4)** 다음 대수방정식의 근을 구하라. 단, a, b, c는 실수이다.

1.1 $ax^2+bx+c=0$

1.2 $3y^2-7y-6=0$

1.3 $\dfrac{y+3}{4}-1=\dfrac{y+1}{2}-\dfrac{y+5}{6}$

1.4 $ax^2-(bc+ca+ab)x+bc(b+c)=0$

※ **(문제 1.5~1.8)** 다음 방정식의 근을 구하라.

1.5 $y^3+1=0$

1.6 $x^3-x^2+x-1=0$

1.7 $(y-1)(y-2)(y-3)(y-6)=3y^2$

1.8 $6x^4+5x^3-38x^2+5x+6=0$

※ **(문제 1.9~1.16)** 다음 함수를 미분하라.

1.9 $f(x)=(x-2)(x+1)(2x+1)$

1.10 $f(x)=\dfrac{x+3}{x^2+x+2}$

1.11 $f(x)=e^{-2x}\sin 3x$

1.12 $f(x)=(x^2+x+1)^4$

1.13 $f(x)=\dfrac{1}{x+\sqrt{x^2-1}}$

1.14 $f(x)=\cos^4\omega t$

1.15 $f(t)=\ln(x+\sqrt{x^2+a^2})$

1.16 $f(x)=\dfrac{\sin 2x}{x}$

※ **(문제 1.17~1.24)** 다음 함수를 적분하라.

1.17 $f(x) = x\cos 2x$

1.18 $f(x) = x^2 \sin\dfrac{x}{4}$

1.19 $f(x) = xe^x$

1.20 $f(x) = e^x \sin x$

1.21 $f(x) = (3x+1)^{2.7}$

1.22 $f(x) = x\sqrt{1-x^2}$

1.23 $f(x) = x^3(x^4+2)^4$

1.24 $f(x) = \dfrac{e^{\tan x}}{\cos^2 x}$

※ **(문제 1.25~1.28)** 다음을 증명하라.

1.25 $\dfrac{\cot\alpha}{\cos\alpha} = \dfrac{1}{\sin\alpha}$

1.26 $\sin 2\alpha(\tan\alpha + \cot\alpha) = 2$

1.27 $\sin x + \sin y = 2\sin\left(\dfrac{x+y}{2}\right)\cos\left(\dfrac{x-y}{2}\right)$

1.28 $\sin\left(\dfrac{\pi}{2}+\alpha\right) = \cos\alpha$

※ **(문제 1.29~1.32)** 다음의 신호를 합성하여 괄호에 표시한 삼각함수로 표현하라.

1.29 $\cos 3t - 2\sin 3t$ (사인함수)

1.30 $9\sin t + 6\cos t$ (코사인함수)

1.31 $4\sin 2t - 6\cos 2t$ (사인함수)

1.32 $-2\sin 3t + 2\cos 3t$ (코사인함수)

Chapter

02

1계 미분방정식

1st Order Differential Equations

학습목표

- 미분방정식과 미분방정식의 해에 대한 기본 개념을 이해한다.
- 1계 미분방정식의 여러 가지 형태를 살펴보고, 해를 구하는 과정을 이해한다.
- 변수분리형 미분방정식으로 해를 구할 수 있는 형태를 이해한다.
- 완전 미분방정식이 가능한 식의 형태를 충분히 이해하고, 해를 구하는 과정을 숙지한다.
- 미분방정식의 선형성에 대해 이해하고, 1계 선형 미분방정식의 해를 도출하는 방법을 이해한다.

자연계에서 벌어지는 물리적 현상은 미분방정식의 형태로 나타나는 것이 많다. 특히 물리적인 법칙을 응용하는 학문인 공학에서는 역학, 전자기학, 전기회로 등에 미분방정식이 쓰인다. 이는 곧 공학적인 문제를 해결하는 데 미분방정식이 널리 사용되고 있다는 의미이다. 예를 들어, 시간의 함수로 정의되는 거리에 대해 생각할 때 거리를 시간으로 미분한 도함수는 속도가 되고, 또 한 번 미분하면 가속도가 된다는 내용은 너무나 잘 알려진 사실이다. 이와 같이 임의의 함수를 미분한 도함수가 들어 있는 방정식이 바로 미분방정식이다. 결국 임의의 물리적 개념(예를 들어, 거리)이 그 도함수(예를 들어, 속도나 가속도)의 형태로 방정식에 포함되어 있다면, 물리적 현상의 거동을 이해하기 위해서는 그렇게 표현되어 있는 미분방정식을 해결해야만 한다.

이 장에서는 상미분방정식의 가장 간단한 형태인 1계 미분방정식을 살펴보기로 한다. 여기서는 미분방정식과 미분방정식 해의 개념을 알고, 각각을 유도하는 과정, 즉 미분방정식의 기본이라고 할 수 있는 내용이 제일 먼저 소개된다. 어떤 분야든 마찬가지겠지만, 미분방정식에 대한 이해 또한 기본적인 개념을 이해하는 데서부터 시작된다는 것을 염두에 두어야 한다.

알아 두어야 할 개념과 공식

Chapter 02

1. 변수와 함수

$y=f(x)$라는 식이 있다고 하자. 이때 x와 y는 주어진 집합의 한 요소를 나타내며, **변수**variable라고 한다. $f(x)$는 한 집합과 다른 집합의 요소를 관련짓는 역할을 하며, **함수**function라고 한다. x는 **독립변수**, y는 **종속변수**라고 하는데, 이는 x가 변함에 따라 y가 변하기 때문이다.

2. 도함수의 표현

y의 도함수를 표현할 때 흔히 미분한다는 의미로 프라임prime 기호(′)를 사용하여 y'과 같이 표현하지만, 도함수의 차수가 늘어날수록 사용하기가 불편해진다. 그럴 경우 $y^{(2)}$과 같이 괄호 안에 숫자를 사용하거나, y^{IV}, y^{iv}과 같이 로마 숫자를 사용하여 나타내기도 한다.

3. 선형과 비선형

선형linear이란 1차를 의미한다. 즉 변수를 x라고 할 때 그 1차 함수는 직선이 된다. 따라서 미분방정식에서도 y의 1차 함수를 변수로 하는 방정식을 선형방정식이라고 한다. **비선형**nonlinear이란 문자 그대로 선형이 아닌 것을 의미한다. 즉 1차가 아닌 어떤 차수의 함수라도 비선형함수인 것이다. 예를 들어, x^2이나 $\sqrt{x}$ 등은 직선의 형태로 표현되지 않는 비선형함수이다.

4. 타원의 방정식(표준형)

$\dfrac{x^2}{a^2}+\dfrac{y^2}{b^2}=1$ (단, a, $b>0$)

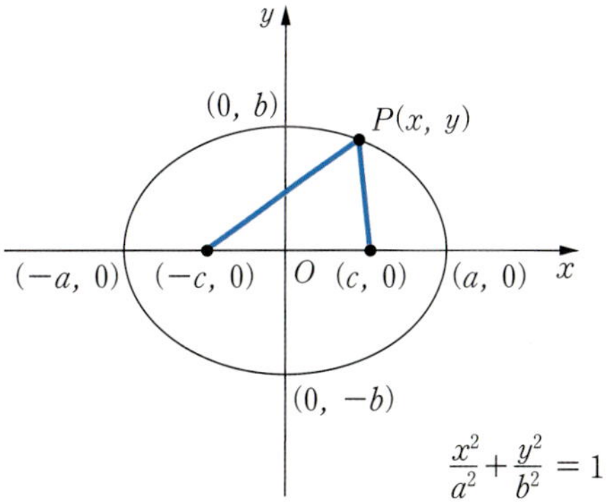

5. 기본 미분 공식

- $(x^n)'=nx^{n-1}$
- $(\sin x)'=\cos x$
- $(\cos x)'=-\sin x$
- $(e^{ax})'=ae^{ax}$
- $(\ln x)'=\dfrac{1}{x}$

6. 기본 적분 공식

- $\displaystyle\int x^n dx=\frac{x^{n+1}}{n+1}+c$ (단, $n\neq -1$)
- $\displaystyle\int e^{ax}dx=\frac{1}{a}e^{ax}+c$
- $\displaystyle\int \frac{1}{x}dx=\ln|x|+c$
- $\displaystyle\int \sin x\,dx=-\cos x+c$
- $\displaystyle\int \tan x\,dx=\ln|\sec x|+c$
- $\displaystyle\int \cos x\,dx=\sin x+c$

2.1 미분방정식이란?

2.1.1 미분방정식의 정의와 분류

▪ 미분방정식의 정의

우선 미분방정식이란 무엇인지에 대해 알아보자. 미분방정식은 하나 이상의 **도함수**derivative가 방정식에 포함되어 있는 경우에 사용되는 용어이다. 다시 말하자면, 다음 식들처럼 임의의 함수를 한 번 이상 미분한 도함수가 하나 이상 포함되어 있는 방정식을 **미분방정식**differential equation이라고 한다.

$$y'(x) = y(x) \tag{2.1}$$

$$y''(x) - 3y'(x) + 2y(x) = e^x \tag{2.2}$$

$$i'''(t) + 13i(t) = 220\cos\omega t \tag{2.3}$$

▪ 변수의 개수에 따른 분류

위 미분방정식의 형태를 살펴보면, 괄호 안에 포함되어 있는 변수의 개수가 하나임을 알 수 있다. 이 점이 미분방정식을 분류하는 한 가지 방법이 된다. 위에 표현된 세 미분방정식과 같이 변수가 오직 하나인 미분방정식을 **상미분방정식**ordinary differential equation이라고 한다. 이 책에서 주로 다룰 미분방정식의 형태이다.

괄호 안에 포함되어 있는 변수의 개수가 둘 이상인 형태의 미분방정식은 **편미분방정식**partial differential equation이라고 한다. 편미분방정식은 변수의 수가 많은 만큼 상미분방정식에서 다룰 수 있는 것보다 복잡한 현상을 수식화한 미분방정식이라고 생각할 수 있다. 편미분방정식의 대표적인 예로 다음과 같은 형태를 가진 라플라스 방정식을 들 수 있다.

$$\frac{\partial^2 u}{\partial x^2} + \frac{\partial^2 u}{\partial y^2} = 0 \qquad : \text{2차원 라플라스 방정식}$$

$$\frac{\partial^2 u}{\partial x^2} + \frac{\partial^2 u}{\partial y^2} + \frac{\partial^2 u}{\partial z^2} = 0 \qquad : \text{3차원 라플라스 방정식}$$

여기서 함수 u는 2차원 라플라스 방정식에서는 $u(x,\ y)$와 같이 2개의 변수를 가지며, 3차원 라플라스 방정식에서는 $u(x,\ y,\ z)$와 같이 3개의 변수를 가지는 함수로, 괄호를 생략하여 나타낸 것이다.

미분방정식은 편미분방정식의 예와 같이 괄호를 생략하여 사용하는 것이 일반적이다. 즉 상미분방정식의 예로 사용된 식 (2.1)~식 (2.3)을 다음과 같이 표현할 수도 있다는 것이다.

$$y' = y \tag{2.4}$$

$$y'' - 3y' + 2y = e^x \tag{2.5}$$

$$i''' + 13i = 220\cos\omega t \tag{2.6}$$

각 미분방정식에서 도함수를 살펴보면, 식 (2.4)는 1번 미분, 식 (2.5)는 2번 미분, 식 (2.6)에서는 3번 미분된 도함수가 가장 많이 미분된 도함수 항이다. 미분방정식은 가장 많이 미분된 도함수 항의 미분 횟수, 즉 도함수의 최대 미분 횟수에 '**계**order'라는 용어를 붙여 분류한다. 그러한 분류법에 따르면, 식 (2.4)는 1계 미분방정식, 식 (2.5)는 2계 미분방정식, 식 (2.6)은 3계 미분방정식이 된다. 즉 미분방정식의 계수는 미분방정식 내의 최대 미분 횟수에 의해 결정된다.

▪ 도함수의 미분 횟수에 따른 분류

다음으로는 미분방정식의 선형성에 대해 알아보자. 일반적으로 선형 미분방정식의 형태는 다음 식과 같다.

▪ 선형성에 따른 분류

$$a_n(x)y^{(n)} + a_{n-1}(x)y^{(n-1)} + \cdots + a_1(x)y' + a_0(x)y = r(x) \tag{2.7}$$

이 식에서 도함수를 살펴보면, 미분 횟수만 다를 뿐 미분된 변수는 항상 y에 대해 1차 함수인 y로만 이루어져 있음을 알 수 있다. 이와 같이 종속변수인 y가 1차로만 나타나 있는 미분방정식을 **선형**linear 미분방정식이라고 하고, 그렇지 않은 경우는 **비선형**nonlinear 미분방정식이라고 한다.

예제 2-1 미분방정식의 분류

다음 미분방정식의 계수와 선형성에 대해 설명하라.
단, a, b, c, A 및 B는 상수이다.

(a) $ax^3y''' + bxy'' + cxy' = 0$

(b) $xy' + x^2\sqrt{y} = 0$

(c) $x^{\frac{1}{2}}y'' + e^xy' + \cos x \cdot y = \ln x$

(d) $A\left(\dfrac{dy}{dx}\right)^2 + B\dfrac{d^2y}{dx^2} = \dfrac{dy}{dx}$

key point
계수 : 미분방정식에서 보이는 최대 미분 횟수 또는 미분방정식에서 도함수로 사용되는 변수의 차수

풀이

(a) 방정식에 나타나 있는 도함수의 최대 미분 횟수는 y''' 항의 3이고, 종속변수 y에 관한 항인 y''', y'', y' 항 어디에도 1차 이외의 차수는 없다. 따라서 3계 선형 미분방정식이다.

(b) 도함수의 최대 미분 횟수는 y' 항의 1이고, $x^2\sqrt{y} = x^2 y^{\frac{1}{2}}$ 항에 종속변수인 y의 $\frac{1}{2}$ 차식이 보인다. 따라서 1계 비선형 미분방정식이다.

(c) 도함수의 최대 미분 횟수는 y'' 항의 2이고, 종속변수 y에 관한 항 어디에도 1차 이외의 차수는 없다. 따라서 2계 선형 미분방정식이다.

(d) 제일 앞 항의 괄호 속 도함수는 $\frac{dy}{dx} = y'$ 이고, 그 뒤의 항 도함수는 $\frac{d^2y}{dx^2} = y''$ 이므로 도함수의 최대 미분 횟수는 2이다. $\left(\frac{dy}{dx}\right)^2 = (y')^2$항은 종속변수 y의 도함수의 제곱, 즉 도함수의 2차이므로 1차로 나타나는 선형이 아니다. 따라서 이 식은 2계 비선형 미분방정식이다.

유제 2-1

다음 미분방정식의 계수와 선형성에 대해 설명하라.

(a) $x^2y' + 2e^{2x}y + y^2y'' = e^{2x}\sin 2x\cos x$

(b) $x^2y'' + 2e^{2x}y' + (\sin x)y = \sin 2x\cos x$

(c) $x^{\frac{1}{2}}y''' + y^{\frac{1}{2}}y' = 0$

(d) $y'''y'' + (\log x)y' + 3x^3y = x^2y^2$

2.1.2 미분방정식에서 해의 개념

미분방정식의 해에 대해 논의하기 위해 우선 1계 선형 미분방정식을 대상으로 생각해보자. 일반적으로 1계 미분방정식은 다음과 같이 표현할 수도 있다.

$$F(x,\ y,\ y') = 0 \qquad (2.8)$$

■ 미분방정식에서 변수와 도함수의 역할

위와 같은 미분방정식에서 각 변수와 도함수의 역할을 [그림 2-1]과 같이 표현할 수 있다.

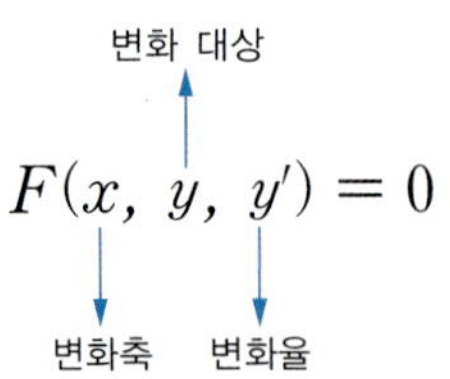

[그림 2-1] 1계 미분방정식에서 변수와 도함수의 역할

즉 미분방정식이란 'x 값에 따라 y' 비율로 y 값이 변하는 시스템'이라고 할 수 있다.

식 (2.8)을 다음과 같이 표현하기도 한다.

$$y' = F(x,\ y) \tag{2.9}$$

이 식도 도함수를 기준으로 표현했을 뿐 의미는 식 (2.8)과 동일하다. 이와 같이 미분방정식을 표현하는 식 속에는 미분방정식의 **해** solution 도 들어 있다. 변화하는 대상이기도 하면서, 미분방정식을 하나의 시스템으로 볼 때 그 출력을 나타내는 y가 바로 미분방정식의 해인 것이다.

▪ 미분방정식의 표현 속에 나타나는 미분방정식의 해

미분방정식의 해는 대수방정식의 근과 달리 하나의 점이 아니라 궤적을 이루는 함수의 형태로 구해진다. 미분방정식의 해가

$$y = f(x) \tag{2.10}$$

▪ 미분방정식 해의 형태

일 때, 함수 $f(x)$가 나타내는 궤적을 **해곡선** solution curve 이라고 한다.

여기서 가장 간단한 형태의 미분방정식의 해를 구해보자. 미분방정식을 어떻게 푸는지 모른다고 걱정할 필요는 없다. 미분방정식의 해는 적분을 함으로써 간단히 구할 수 있기 때문이다.

예제 2-2 적분을 이용한 간단한 미분방정식 풀이법

다음 미분방정식의 해를 구하라.

$$y' = -\sin x$$

key point
가장 간단한 미분방정식의 풀이법은 적분하는 것이다.

풀이

미분방정식 $y' = \dfrac{dy}{dx} = -\sin x$의 형태이므로 양변을 적분하면 방정식의 해인 y를 구할 수 있다.
즉 $y = \int -\sin x\, dx = \cos x + c$이다. 단, c는 적분상수이다.

유제 2-2

미분방정식 $y' = \cos x$의 해를 구하라.

[예제 2-2]는 미분방정식에서 해의 종류를 설명하기 위한 것이다. 해는 결국 $y = \cos x + c$의 형태로 구해졌는데, 여기서 적분상수 c 값은 알지 못한다. 이때의 해곡선을 그래프로 나타내면 [그림 2-2]와 같다.

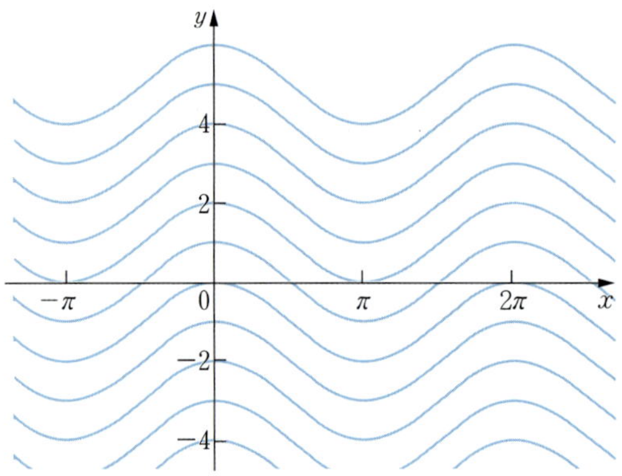

[그림 2-2] [예제 2-2]의 해 $y = \cos x + c$

[그림 2-2]를 미분방정식 $y' = -\sin x$의 **해의 모임** family of solution이라고 한다. $y = \cos x + c$의 그래프이지만 c 값이 정해진 상태가 아니기 때문에, 어떤 c에 대해서도 만족하는 해의 형태이다. 예를 들어, c는 1, 2, 1000, 3.141597 등 어떤 값이라도 상관없다. [그림 2-2]에서는 모든 값을 표현할 수 없으므로 c 값이 정수인 경우에 대해서만 도시했다. 이렇게 c와 같이 어떤 값이 되어도 상관없는 임의의 상수를 포함한 해를 미분방정식의 **일반해** general solution라고 한다. [예제 2-2]의 응용 문제를 하나 풀어보자.

▪ 일반해의 정의

예제 2-3 조건이 주어진 간단한 미분방정식

다음 조건을 가진 미분방정식의 해를 구하라.

$$y' = -\sin x,\ y(0) = 1$$

key point
조건은 임의의 상수를 구하는 데 사용된다.

풀이

[예제 2-2]와 동일한 미분방정식에 $y(0) = 1$이라는 조건만 붙어 있으므로 앞에서 구한 해를 그대로 사용하자. 즉 $y = \cos x + c$라는 해에 조건을 대입하면

$$y(0) = \cos 0 + c = 1 + c = 1$$

이 된다. 이때 조건이 없었던 방정식에서는 값이 정해지지 않았던 상수 c가 0이 된다는 사실을 알 수 있다. 그러므로 조건이 있으면 미분방정식의 해가 $y = \cos x$로 정해지므로 조건이 없는 경우보다 명확해지는 것을 알 수 있다.

유제 2-3

[유제 2-2]의 미분방정식에 $y(0) = 0$이라는 조건에 맞는 해를 구하라.

[예제 2-2]에서 구한 미분방정식의 해는 적분상수 c를 포함하고 있으므로 무한한 해를 가진 형태였고, 그러한 해를 일반해라고 하였다. 반면, [예제 2-3]과 같이 조건을 가진 미분방정식의 해는 하나의 곡선으로 정해지는데, 이와 같이 임의의 상수가 포함되지 않은 구체적인 해를 **특수해** particular solution 라고 한다.

■ 특수해의 정의

[그림 2-3]은 [예제 2-2]와 [예제 2-3]의 해인 일반해와 특수해를 나타낸 것이다.

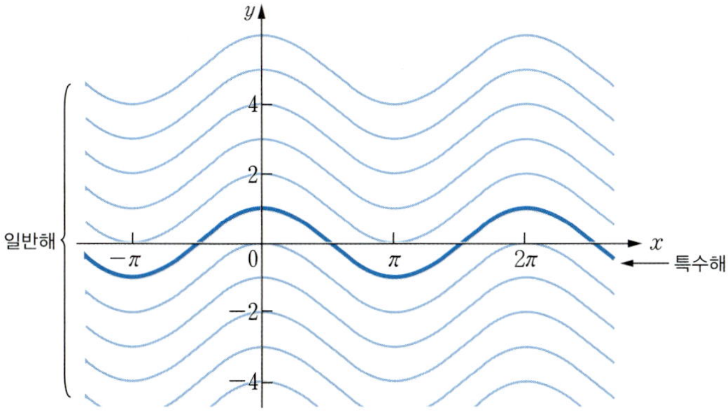

[그림 2-3] **미분방정식의 일반해와 특수해**

1계 미분방정식에 조건이 붙지 않은 문제의 해는 일반해로 구해지고, 조건이 붙은 문제의 해는 특수해로 구해진다는 사실을 알았다.

예제에서 언급된 조건을 **초기조건** initial condition 이라고 하며, $y(x_0) = y_0$의 형태로 주어진다. 이와 같이 초기조건이 주어진 미분방정식의 해를 구하는 문제를 **초깃값 문제** initial value problem 라고 한다.

■ 초기조건 및 초깃값 문제

예제 2-4 초깃값 문제

다음 초깃값을 가진 미분방정식의 해를 구하라.

$$y' = \frac{dy}{dx} = -2e^{-x}, \quad y(0) = 4$$

> **key point**
> 초깃값은 일반해에서 특수해를 구할 때 사용되는 조건이다.

풀이

상미분방정식 $y' = -2e^{-x}$의 양변을 적분하면 방정식의 일반해를 구할 수 있다. 즉

$$y = -\int 2e^{-x}dx = 2e^{-x} + c$$

이다. 여기에 초깃값을 대입하면 다음과 같다.

$$y(0) = 2e^{-0} + c = 2 + c = 4, \quad c = 2$$

그러므로 다음과 같은 특수해를 얻을 수 있다.

$$y(x) = 2e^{-x} + 2 = 2(e^{-x} + 1)$$

유제 2-4

다음 초깃값을 가진 미분방정식의 해를 구하라.

$$y' = \frac{dy}{dx} = e^{-2x}, \quad y(0) = 3.5$$

예제 2-5 응용 중력가속도의 법칙 응용

물체가 진공 중에서 낙하하면 그 가속도 g는 상수 $9.8\,\mathrm{m/sec^2}$으로 나타난다. 이와 같은 현상을 낙하하는 거리 $l(t)$에 관한 미분방정식으로 나타내고, 그 해를 구하라. 초기속도는 0으로 가정한다.

> **key point**
> 거리의 미분은 속도이고, 속도의 미분은 가속도이다.

풀이

낙하하는 거리를 $l(t)$라고 하면, 가속도 g는 다음과 같은 미분방정식으로 나타낼 수 있다.

$$\mathrm{g} = \frac{d^2 l(t)}{dt^2}$$

이때 속도는 가속도를 적분하면 되므로

$$v(t) = \int \frac{d^2 l(t)}{dt^2}\, dt = \int \mathrm{g}\, dt = \mathrm{g}t + c_1$$

이 되고, 낙하하는 거리는 속도를 적분하여

$$l(t) = \int (\mathrm{g}t + c_1)\, dt = \frac{1}{2}\mathrm{g}t^2 + c_1 t + c_0$$

가 된다. 초기속도를 0이라고 하면

$$v(0) = \mathrm{g}(0) \cdot 0 + c_1 = 0$$

이 되므로 $c_1 = 0$이다. 이것을 대입하면 낙하하는 거리는

$$l(t) = \frac{1}{2}\mathrm{g}t^2 + c_0$$

가 된다.

유제 2-5

정지해 있는 10kg의 물체를 5N의 힘으로 계속 미는 경우, 뉴턴의 제2법칙인 $F = ma$의 식을 이용하여 이 물체의 10초 후의 속도와 그때까지 이동한 거리를 계산하라.

Check it up!

✔ 양함수 형태와 음함수 형태

식 (2.8)과 식 (2.9)에서 미분방정식을 다음과 같은 형태로 표현한 것을 기억할 것이다.

$$F(x, y, y') = 0 \quad \text{혹은} \quad y' = F(x, y)$$

여기서 $F(x, y, y') = 0$에는 변수와 도함수가 섞여 있고, $y' = F(x, y)$는 도함수와 변수로 나타낸 함수 부분이 구분되어 있다. $y' = F(x, y)$와 같이 변수와 도함수가 분리되어 있는 형을 **양함수 형태**explicit form라고 하고, $F(x, y, y') = 0$과 같이 변수와 도함수가 분리되어 있지 않은 형을 **음함수 형태**implicit form라고 한다.

예를 들어, $x^2yy' + 2y^3 = 0$은 변수와 도함수가 분리되어 있지 않은 $F(x, y, y') = 0$의 형이므로 음함수 형태이고, $y' = 2x^2y^3$은 변수와 도함수가 분리되어 있는 $y' = F(x, y)$의 형이므로 양함수 형태이다.

미분방정식의 해 역시 다음과 같은 형으로 나타낼 수 있다.

$$f(x, y) = c \quad \text{혹은} \quad y = f(x)$$

이때 $x^2 + y^2 = 1$과 같이 해와 변수가 같은 항에 섞여서 나타나는 $f(x, y) = c$와 같은 형태의 해를 **음함수 해**implicit solution라고 하고, $y = x^2$과 같이 해가 독립변수의 함수로 나타나 있는 $y = f(x)$와 같은 형태의 해를 **양함수 해**explicit solution라고 한다.

✔ 특이해

상미분방정식의 해 중에는 일반해의 형태로 얻어지지 않는 해도 존재한다. 예를 들어 다음과 같은 방정식을 생각해보자.

$$(y')^2 - xy' + y = 0$$

위와 같은 상미분방정식의 일반해는

$$y = cx - c^2$$

이다. c는 상수이므로 이 해는 [그림 2-4]와 같이 한 무리의 직선(직선족)으로 나타난다.

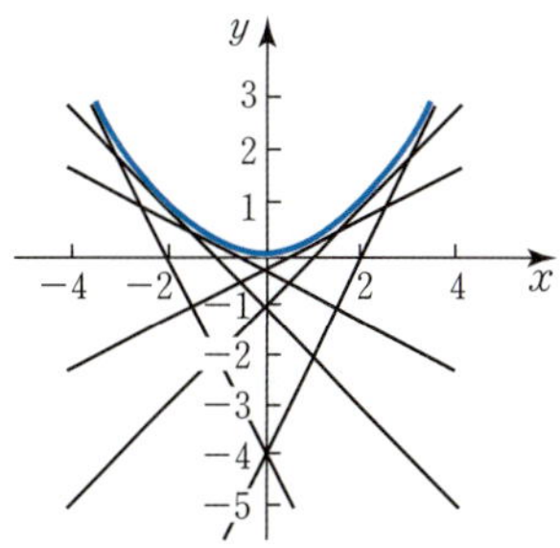

[그림 2-4] c 값에 따른 $y = cx - c^2$의 그래프

[그림 2-4]에서 보듯 일반해를 표현한 직선족의 모든 직선에 접하는 곡선

$$y = \frac{x^2}{4}$$

도 해가 된다. 위의 해는 그림에서 포물선(별도의 색)으로 표시되어 있는 부분이다. 이와 같이 일반해로는 얻어질 수 없는데도 상미분방정식을 만족하는 해를 **특이해**singular solution라고 한다.

2.2 변수분리형 미분방정식

앞 절에서 이야기한 바와 같이 미분방정식의 형태를 다음과 같이 나타낼 수 있다.

▪ 1계 미분방정식의 형태

$$y' = F(x,\ y) \tag{2.11}$$

위 식에서 보듯 미분방정식은 독립변수 x와 종속변수 y, 전체적으로 두 개의 변수를 가진 미분방정식이다. 그러므로 미분방정식을 풀 때 각각의 변수를 분리할 수 있는지를 먼저 관찰할 필요가 있다. 만약 위 식을 대수적으로 처리하여 변수분리가 가능하다면 다음과 같이 쓸 수 있다.

$$y' = \frac{dy}{dx} = g(x)H(y)$$

이 식을 각 변수에 따라 다음과 같이 양변으로 분리할 수 있다.

$$\frac{1}{H(y)}dy = g(x)dx$$

여기서 $\frac{1}{H(y)}$을 $h(y)$로 두면 다음과 같이 나타낼 수 있다.

$$h(y)dy = g(x)dx$$

이 식은 양변으로 완전히 변수가 분리된 형태이다. 양변을 적분하면

▪ 변수분리형 미분방정식의 정의

$$\int h(y)dy = \int g(x)dx + c \tag{2.12}$$

와 같이 두 개의 변수인 x와 y로 이루어진 함수, 즉 미분방정식의 일반해를 구할 수 있게 된다. 이와 같이 변수를 분리하여 해를 얻을 수 있는 형태의 미분방정식을 **변수분리형 미분방정식**separable differential equation이라고 한다.

예제 2-6 변수분리형 미분방정식

다음 미분방정식의 해를 구하라. 단, A는 상수이다.

(a) $y' - Ay = 0$ (b) $y' = 2xy$ (c) $3yy' + 2x = 0$

> **key point**
> 도함수를 독립변수 x가 나타나는 형태로 고치자.

풀이

(a) $\dfrac{dy}{dx} = Ay$의 형태이므로 변수를 분리하면 $\dfrac{1}{y}dy = A dx$이다. 양변을 적분하면 다음과 같이 해를 구할 수 있다.

$$\int \frac{1}{y}\,dy = \int A\,dx$$

$$\ln|y| = Ax + c^*$$

$$y = e^{Ax + c^*} = e^{Ax}e^{c^*} = ce^{Ax} \quad \cdots ①$$

① e^{c^*}항도 모르는 상수이므로 단순히 c라고 두어도 상관없다.

(b) $\dfrac{dy}{dx} = 2xy$의 형태이므로 변수를 분리하면 $\dfrac{1}{y}dy = 2x\,dx$가 된다. 양변을 적분하면 다음과 같이 해를 구할 수 있다.

$$\int \frac{1}{y}dy = \int 2x\,dx$$

$$\ln|y| = x^2 + c^*$$

$$y = e^{x^2 + c^*} = e^{x^2}e^{c^*} = ce^{x^2}$$

(c) $3y\dfrac{dy}{dx} = -2x$를 변수분리하면 $3y\,dy = -2x\,dx$가 된다. 양변을 적분하면

$$\int 3y\,dy = -\int 2x\,dx$$

$$\frac{3}{2}y^2 = -x^2 + c^*$$

와 같이 되며, 이 식을 정리하면

$$\frac{y^2}{2} + \frac{x^2}{3} = \frac{c^*}{3} = c \quad \cdots ②$$

와 같이 타원 형태의 궤적이 해곡선이 되는 해를 구할 수 있다.

② 타원의 방정식은 기본적으로 $\dfrac{x^2}{a^2} + \dfrac{y^2}{b^2} = 1$과 같이 나타나므로 이 해가 나타내는 궤적인 해곡선은 타원 형태라고 할 수 있다.

유제 2-6

다음 미분방정식의 해를 구하라.

(a) $4yy' + x = 0$ (b) $yy' = \sin^2 x$ (c) $y' = y^2 + 1$

예제 2-7 응용 방사능 물질의 붕괴에 대한 미분방정식

방사능 물질은 현재 존재하는 양에 비례하는 비율로 붕괴한다. 그렇다면 현재 방사능 물질이 $2\,\mathrm{g}$ 남아있다고 가정할 때, 시간이 경과함에 따라 방사능 물질이 얼마나 남아있을지에 대한 미분방정식을 세우고, 그 해를 구하라.

key point
'현존량에 비례하는 비율'이라는 말의 의미에 중점을 두자.

풀이

시각 t에서 방사능 물질의 양을 $y(t)$라고 하고, 현존량에 비례하는 비율로 붕괴한다는 이론에 따라 비례상수를 a라고 정하면, 다음과 같은 미분방정식을 세울 수 있다.

$$\frac{dy(t)}{dt} = ay(t)$$

즉 좌항은 방사능 물질의 변화(붕괴율)를 의미하고, 우항은 현재 양 y에 비례상수 a를 곱하여 현재 양에 비례함을 뜻한다. 따라서 변화율이 현존량에 비례한다는 물리적 현상을 반영한 미분방정식을 만들 수 있다.

위 식에서 변수를 분리하면 다음과 같은 형태로 나타낼 수 있고

$$\frac{dy}{y} = a\,dt$$

양변을 적분하면

$$\int \frac{1}{y}dy = \int a\,dt$$

$$\ln|y| = at + c^*$$

$$y = e^{at+c^*} = e^{at}e^{c^*} = ce^{at}$$

과 같이 일반해를 구할 수 있다.

그리고 문제에서 주어진 현재 존재하는 방사능 물질의 양이 $2\,\mathrm{g}$이라는 상황은, $t=0$인 시각에 방사능 물질이 $2\,\mathrm{g}$이 남아있는 것으로 생각하여 다음과 같이 초깃값으로 활용할 수 있다.

$$y(0) = 2$$

위의 초깃값을 대입하여 다음과 같이 특수해를 구할 수 있다.

$$y(0) = ce^0 = c = 2$$

$$\therefore\ y(t) = 2e^{at}$$

유제 2-7

[예제 2-7]의 방사능 물질의 반감기는 몇 년이 되겠는가? 여기서 반감기란 주어진 방사능 물질의 양이 반으로 줄어들기까지의 시간을 의미한다. 단, $a \approx -1.4\times10^{-11}/\mathrm{sec}$를 이용하여 계산하라. 또한, 소수점 아래 첫째 자리에서 반올림하라.

미분방정식 중에 단번에 변수가 분리되는 변수분리형 방정식은 아니지만, 변환을 통해 변수분리형 미분방정식 형태로 고쳐서 변수분리형과 동일한 풀이법을 적용할 수 있는 방정식이 있다. 바로 확장된 형태의 변수분리형 미분방정식이다. 여기서 그러한 미분방정식에 대해 논의해보자.

$$y' = F\left(\frac{y}{x}\right) \tag{2.13}$$

위 식은 **확장된 변수분리형 미분방정식**의 기본 형태이다. 여기서

■ 확장된 변수분리형 미분방정식 형태

$$\frac{y}{x} = u$$

로 변수를 변환하면, 다음과 같은 과정을 거쳐서 변수분리형 미분방정식의 형태로 만들 수 있다.

$$\frac{y}{x} = u, \text{ 즉 } y = ux$$

양변을 x로 미분하면 다음과 같다.

$$y' = (ux)' = u'x + u = \frac{du}{dx}x + u = F(u)$$

변수를 분리하여 적분하면 다음과 같은 형태로 나타낼 수 있다.

$$\int \frac{1}{F(u) - u}du = \int \frac{1}{x}dx \tag{2.14}$$

이처럼 식 (2.13)과 같은 형태의 미분방정식을 변환 과정을 거쳐 식 (2.14)와 같은 변수분리형으로 만들 수 있다. 또한 식 (2.14)를 계산한 후 변환된 변수(u)를 제자리(x, y)로 돌려놓으면 변수 x와 y로 표현되는 함수인 미분방정식의 해를 얻을 수 있다.

예제 2-8 확장된 변수분리형 미분방정식

다음 미분방정식의 해를 구하라.

$$xy' - 3x = 2y$$

key point

$\frac{y}{x} = u$로 치환 가능한 형태로 고치자.

풀이

원식을 다음과 같이 바꾼 다음

$$y' - \frac{2y}{x} = 3$$

$\dfrac{y}{x} = u$라고 두면 $y = ux$이다. 따라서 $y' = u'x + u$를 원식에 대입하면

$$y' - \frac{2y}{x} = u + xu' - 2u = 3$$
$$xu' = u + 3$$
$$\frac{1}{u+3}du = \frac{1}{x}dx$$

가 되며, 위 식을 적분하면 다음과 같다.

$$\int \frac{du}{u+3} = \int \frac{dx}{x}$$
$$\ln|u+3| = \ln|x| + c^* = \ln|x| + \ln c$$

변환 변수를 되돌리면

$$\ln\left|\frac{y}{x} + 3\right| = \ln c|x|$$

가 된다. 그러므로

$$y = cx^2 - 3x$$

이다.

유제 2-8

미분방정식 $y' = \dfrac{y}{x}(y+1)$의 해를 구하라.

2.3 완전 미분방정식

완전 미분방정식의 개념을 알기 위해서는 먼저 미적분학의 **전미분**total differential 개념부터 이해해야 한다. 함수 $u(x, y)$의 전미분은 다음과 같이 쓸 수 있다.

■ 전미분의 형태

$$du = \frac{\partial u}{\partial x}dx + \frac{\partial u}{\partial y}dy \tag{2.15}$$

여기서 함수 $u(x, y) = c =$ (상수)라면, 위 식은 $du = 0$의 형태가 된다. 이때 $du = 0$은 $u' = 0$이므로 미분방정식의 형태이다. 그 해를 구하는 것은 간단하다. 양변을 적분하면 $u = c$이고, 바로 미분방정식의 해가 되는 것이다. 이런 전제를 바탕으로 식 (2.15)를 미분방정식으로 만드는 것이 완전 미분방정식의 기본 개념이다.

지금부터 그 과정을 찬찬히 살펴보자. 앞에서 이야기한 것처럼 $du = 0$이라고 가정하면, 식 (2.15)는

$$\frac{\partial u}{\partial x}dx + \frac{\partial u}{\partial y}dy = 0 \tag{2.16}$$

이 되고, 이를 도함수 형태로 정리하면 다음과 같다.

$$\frac{dy}{dx} = y' = -\frac{\dfrac{\partial u}{\partial x}}{\dfrac{\partial u}{\partial y}} \tag{2.17}$$

여기서 $\frac{\partial u}{\partial x}$와 $\frac{\partial u}{\partial y}$는 $u(x, y)$를 각각의 변수로 편미분한 형태이므로 x와 y를 변수로 하는 임의의 함수임에 틀림없다. 그러므로 앞에서 미분방정식의 형태로 정의한 $y' = F(x, y)$와 동일한 형태가 되어 식 (2.17)이 미분방정식이라는 사실을 알 수 있다.

이와 같이 $du = 0$이라는 전제가 전미분식으로부터 완전 미분방정식을 세우는 역할을 한다.

그러면 다음과 같은 미분방정식을 한번 생각해보자.

$$M(x, y)dx + N(x, y)dy = 0 \tag{2.18}$$

위 식이 전미분을 만족하는 형태라면 미분 형태가 **완전하다**exact라고 하고, 완전한 미분 형태가 전제된 미분방정식을 **완전 미분방정식**exact differential equation이라고 한다.

■ 완전 미분방정식의 정의

식 (2.16)과 식 (2.18)을 비교해보면 완전 미분방정식이 될 수 있는 조건을 알 수 있다. 두 식이 동일한 식이 되기 위해서는

$$\frac{\partial u}{\partial x} = M(x, y), \quad \frac{\partial u}{\partial y} = N(x, y) \tag{2.19}$$

가 성립해야 하기 때문이다. 위 두 식을 현재 편미분한 변수가 아닌 나머지 변수로 각각 한 번 더 편미분하면, 다음과 같은 식으로 나타난다.

$$\frac{\partial^2 u}{\partial y \partial x} = \frac{\partial M}{\partial y}, \quad \frac{\partial^2 u}{\partial x \partial y} = \frac{\partial N}{\partial x} \tag{2.20}$$

연속성을 가정하면 식 (2.20)의 두 식은 서로 같다고 할 수 있다. 그러므로 다음 식이 바로 완전 미분방정식의 필요충분조건이 된다.

▪ 완전 미분방정식이 되기 위한 필요충분조건

$$\frac{\partial M}{\partial y} = \frac{\partial N}{\partial x} \tag{2.21}$$

임의의 미분방정식에서 식 (2.21)과 같은 완전 미분방정식의 필요충분조건을 만족하는 식이 성립한다면, 완전 미분방정식으로 해를 찾아낼 조건이 갖추어진 것이다. 완전 미분방정식의 해는 위 과정에서 출발점이었던 함수 $u(x,\ y)$이기에 찾기 어렵지 않다. 함수 $u(x,\ y)$가 '완전한' 형태로 미분되는 과정에서 탄생한 방정식이 완전 미분방정식이기 때문이다.

해가 되는 $u(x,\ y)$는 앞의 식 (2.19)를 이용하여 계산할 수 있는데, 두 식 중 어떤 식을 사용해도 무방하다. 어떤 변수로 미분되어 있는지에 따라 그 변수로 적분하면 $u(x,\ y)$를 얻을 수 있기 때문이다. 먼저 x로 편미분되어 있는 식에 대해 생각해보자. 이 식을 x에 대해 적분하면 다음과 같은 식이 구해진다.

▪ 완전 미분방정식의 해

$$u(x,\ y) = \int M dx + m(y) \tag{2.22}$$

여기서 $m(y)$는 적분상수이다. 원식인 $\frac{\partial u}{\partial x} = M$은 u를 x로 편미분한 식이었기 때문에 y는 상수로 취급될 수밖에 없다. 따라서 x로 적분하면 상수로 취급하여 사라졌던 y가 다시 적분상수로 나타나는 것이다.

식 $\frac{\partial u}{\partial y} = N$으로부터도 동일한 방식으로 다음과 같이 완전 미분방정식의 해인 $u(x,\ y)$를 얻을 수 있다.

$$u(x,\ y) = \int N dy + n(x) \tag{2.23}$$

이때 $n(x)$ 역시 적분상수로 되살아난 x의 함수이다.

그러면 완전 미분방정식의 해법에 대해 정리해보자. 가장 먼저 해야 할 일은 해당 미분방정식이 완전 미분방정식인지 아닌지 알아보는 것이다. 이때 사용되는 조건이 식 (2.21)이다. 식 (2.21)을 만족하면 완전 미분방정식이라는 사실이 확인된 것이고, 다음에는 식 (2.22)나 식 (2.23)을 사용하여 함수 u를 구한다. 함수 u를 구하는 것은 애초에 완전 미분방정식을 거론하게 된 이유인 미분방정식 $du = 0$의 해를 얻기 위한 것이고, 그 해가 곧 완전 미분방정식의 해이기 때문이다. 즉 $u(x,\ y) = c$가 바로 주어진 완전 미분방정식의 해가 된다.

예제 2-9 완전 미분방정식 구하기

다음에 주어진 $u(x, y)$를 이용하여 완전 미분방정식을 완성하라.

$$u(x, y) = xy$$

key point

완전 미분형

$$du = \frac{\partial u}{\partial x}dx + \frac{\partial u}{\partial y}dy$$

풀이

$$du = \frac{\partial u}{\partial x}dx + \frac{\partial u}{\partial y}dy = \frac{\partial(xy)}{\partial x}dx + \frac{\partial(xy)}{\partial y}dy = 0$$

$\therefore\ y\,dx + x\,dy = 0$ 또는 $y' = -\dfrac{y}{x}$

유제 2-9

다음에 주어진 $u(x, y)$를 이용하여 완전 미분방정식을 완성하라.

$$u(x, y) = x^2 y$$

예제 2-10 완전 미분방정식의 조건

다음 미분방정식이 완전 미분방정식임을 보여라.

$$y' = -\frac{y}{x}$$

key point

완전 미분방정식이 되기 위한 필요충분조건

$$\frac{\partial M}{\partial y} = \frac{\partial N}{\partial x}$$

풀이

$M(x, y)\,dx + N(x, y)\,dy = 0$의 형태로 정리하면 $y\,dx + x\,dy = 0$이므로 다음과 같다.

$$M(x, y) = y, \qquad N(x, y) = x$$

$$\frac{\partial M}{\partial y} = \frac{\partial(y)}{\partial y} = 1, \quad \frac{\partial N}{\partial x} = \frac{\partial(x)}{\partial x} = 1$$

$\dfrac{\partial M}{\partial y} = \dfrac{\partial N}{\partial x}$이 성립하므로 완전 미분방정식이다.

유제 2-10

다음 미분방정식이 완전 미분방정식임을 보여라.

$$y' = -\frac{2y}{x}$$

예제 2-11 완전 미분방정식의 풀이

다음 완전 미분방정식의 해를 구하라.

$$y\,dx + x\,dy = 0$$

key point

$u(x,\ y) = \int M dx + m(y)$

풀이

[예제 2-10]의 완전 미분방정식의 조건을 만족했으므로 이 식은 완전 미분방정식이다. 그러므로 $u(x,\ y) = \int M dx + m(y)$를 이용하여 해를 구하면 된다.

$M(x,\ y) = y$이므로

$$u = \int y\,dx + m(y) = yx + m(y)$$

가 된다. 위 식을 식 (2.19)의 $\frac{\partial u}{\partial y} = N$에 대입하면 $N(x,\ y) = x$이므로

$$\frac{\partial}{\partial y}\{yx + m(y)\} = x + m'(y) = N = x$$

$$m'(y) = 0, \quad \int m'(y)dy = m(y) = c_1$$

$$\therefore u = yx + m(y) = yx + c_1$$

과 같다. $u(x,\ y) = c$가 해이므로 $yx + c_1 = c$가 된다.

임의의 상수 c_1과 c를 모아서 정리하면 해는 $xy = c - c_1 = c^*$이다. 그러므로 $xy = c^*$도 해가 된다.

유제 2-11

완전 미분방정식 $2xy\,dx + x^2 dy = 0$의 해를 구하라.

예제 2-12 완전 미분방정식의 풀이

다음 완전 미분방정식의 해를 구하라.

$$\cos x\,dx + y\,dy = 0$$

key point

$u(x,\ y) = \int M dx + m(y)$

풀이

원식을 $M(x,\ y)\,dx + N(x,\ y)\,dy = 0$의 형태로 생각하면 다음과 같다.

$$M(x,\ y) = \cos x, \qquad N(x,\ y) = y$$

$$\frac{\partial M}{\partial y} = \frac{\partial(\cos x)}{\partial y} = 0, \qquad \frac{\partial N}{\partial x} = \frac{\partial(y)}{\partial x} = 0$$

조건 $\frac{\partial M}{\partial y} = \frac{\partial N}{\partial x}$이 성립하므로 완전 미분방정식임을 알 수 있다.

그러므로 $u(x, y) = \int M dx + m(y)$를 이용하여 해를 구해보자. $\frac{\partial u}{\partial x} = M(x, y) = \cos x$이므로

$$u = \int \cos x \, dx + m(y) = \sin x + m(y)$$

가 된다. 위 식을 $\frac{\partial u}{\partial y} = N$에 대입하면 $N(x, y) = y$이므로

$$\frac{\partial u}{\partial y} = \frac{\partial}{\partial y}\{\sin x + m(y)\} = m'(y) = y$$

$$m'(y) = y, \quad m(y) = \int m'(y) \, dy = \frac{1}{2}y^2 + c_1$$

$$\therefore \ u = \sin x + m(y) = \sin x + \frac{1}{2}y^2 + c_1$$

과 같다. $u(x, y) = c$가 해이므로 $u = \sin x + \frac{1}{2}y^2 + c_1 = c$이다.

임의의 상수 c_1과 c를 모아서 정리하면 $u = \sin x + \frac{1}{2}y^2 = c_1 - c = c^*$이므로 해는 $\sin x + \frac{1}{2}y^2 = c^*$이다.

유제 2-12

완전 미분방정식 $-\frac{y}{x^2}dx + \frac{1}{x}dy = 0$의 해를 구하라.

여기서 임의의 미분방정식이 완전 미분방정식 형태가 아닌 경우에 완전 미분방정식 형태로 만드는 방법에 대해 알아보자.

예를 들어 미분방정식 $2y\,dx + x\,dy = 0$을 완전 미분방정식의 조건에 대입하면

$$\frac{\partial M}{\partial y} = \frac{\partial(2y)}{\partial y} = 2 \neq \frac{\partial N}{\partial x} = \frac{\partial(x)}{\partial x} = 1$$

이 되므로 완전 미분방정식 형태가 아님을 알 수 있다. 위 식의 각 항에 x를 곱한 미분방정식 $2xy\,dx + x^2dy = 0$을 완전 미분방정식 조건에 대입해보면

$$\frac{\partial M}{\partial y} = \frac{\partial(2xy)}{\partial y} = 2x = \frac{\partial N}{\partial x} = \frac{\partial(x^2)}{\partial x}$$

이 되므로 이 식은 완전 미분방정식의 조건에 부합한다는 사실을 알 수 있다.

위 식에서 x와 같이 완전 미분방정식이 아닌 형태를 완전 미분방정식의 형태로 전환되게 하는 요소를 **적분인자**integrating factor라고 한다. 이제 적분인자를 구하는 방법에 대하여 알아보자.

$$P(x, y)dx + Q(x, y)dy = 0$$

위 미분방정식이 완전 미분방정식 조건을 만족하지 않을 때 완전 미분방정식이 되게 하는 적분인자를 F라고 하면 다음 식은 완전 미분방정식이 된다.

$$FP(x, y)dx + FQ(x, y)dy = 0$$

이 식을 완전 미분방정식의 조건에 대입하면 다음과 같은 식을 얻을 수 있다.

$$\frac{\partial}{\partial y}FP = \frac{\partial}{\partial x}FQ$$

$$\frac{\partial F}{\partial y}P + \frac{\partial P}{\partial y}F = \frac{\partial F}{\partial x}Q + \frac{\partial Q}{\partial x}F$$

여기서 좀 더 간단한 방법으로 적분인자를 구하기 위하여 두 변수 모두가 아닌 하나의 변수에 주목하는 방법을 사용한다. 즉 $F = F(x)$로 두는 것이다. 그러면 위 식은 다음과 같이 정리할 수 있다.

$$\frac{\partial P}{\partial y}F(x) = F'(x)Q + \frac{\partial Q}{\partial x}F(x)$$

위 식을 FQ로 나누어서 정리하면

$$\frac{F'(x)}{F(x)} = \frac{1}{Q}\left(\frac{\partial P}{\partial y} - \frac{\partial Q}{\partial x}\right) = R(x)$$

와 같이 되고, 이 식을 적분하여 적분인자를 구하면 다음과 같다.

$$F(x) = \exp\int R(x)\,dx$$
$$R(x) = \frac{1}{Q}\left(\frac{\partial P}{\partial y} - \frac{\partial Q}{\partial x}\right) \tag{2.24}$$

이와 같은 적분인자의 식을 활용하면 완전 미분방정식이 아닌 형태의 미분방정식을 완전 미분방정식 형태로 바꾸어 해를 구할 수 있다.

아울러 $F = F(y)$로 두면 적분인자를 아래의 식과 같이 구할 수도 있다.

$$F(y) = \exp\int R(y)dy$$
$$R(y) = \frac{1}{P}\left(\frac{\partial Q}{\partial x} - \frac{\partial P}{\partial y}\right) \tag{2.25}$$

예제 2-13 적분인자 구하기

미분방정식 $y\,dx - x\,dy = 0$의 적분인자를 구하라.

> **key point**
> 적분인자
> • $F(x) = \exp\int R(x)\,dx$
> • $R(x) = \dfrac{1}{Q}\left(\dfrac{\partial P}{\partial y} - \dfrac{\partial Q}{\partial x}\right)$

풀이

원식을 $P(x,\ y)\,dx + Q(x,\ y)\,dy = 0$의 형태로 생각하면 다음과 같이 된다.

$$P(x,\ y) = y,\quad Q(x,\ y) = -x$$

$$\frac{\partial P}{\partial y} = \frac{\partial (y)}{\partial y} = 1,\quad \frac{\partial Q}{\partial x} = \frac{\partial(-x)}{\partial x} = -1$$

위 식은 조건 $\dfrac{\partial P}{\partial y} = \dfrac{\partial Q}{\partial x}$가 성립하지 않으므로 완전 미분방정식이 아니다.
따라서 식 (2.24)를 이용하면

$$R(x) = \frac{1}{Q}\left(\frac{\partial P}{\partial y} - \frac{\partial Q}{\partial x}\right) = -\frac{2}{x}$$

$$\therefore\ F(x) = \exp(-2\ln x) = \frac{1}{x^2}$$

과 같이 적분인자를 구할 수 있다.

유제 2-13

미분방정식 $y\cos x\,dx + \dfrac{1}{y}dy = 0$의 적분인자를 구하라.

2.4 선형 미분방정식

2.4.1 1계 선형 미분방정식

2.1절에서 선형 미분방정식의 일반적인 형태를 다음 식과 같이 나타냈다.[1]

$$a_n(x)y^{(n)} + a_{n-1}(x)y^{(n-1)} + \cdots + a_1(x)y' + a_0(x)y = r^*(x) \quad (2.26)$$

1계 선형 미분방정식1st order linear ordinary differential equation을 알아보기 위해 위 식에 $n = 1$을 대입해보자.

$$a_1(x)y' + a_0(x)y = r^*(x)$$

위 식을 $a_1(x)$로 나누어 다음과 같이 보기 편한 형태로 바꿔보자.

1 식 (2.7) 참조

$$y' + \frac{a_0(x)}{a_1(x)}y = \frac{r^*(x)}{a_1(x)}$$

■ 1계 선형 미분방정식의 표준형

위 식에서 $\dfrac{a_0(x)}{a_1(x)} = p(x)$, $\dfrac{r^*(x)}{a_1(x)} = r(x)$로 두면, 다음과 같은 1계 선형 미분방정식의 **표준형**standard form을 얻는다.

$$y' + p(x)y = r(x) \tag{2.27}$$

식 (2.27)은 자연적인 또는 공학적인 시스템을 미분방정식으로 표현한 것이다. 이 식에서 $r(x)$는 시스템의 입력을 나타내며, 시스템의 출력을 나타내는 함수가 바로 미분방정식의 해인 $y(x)$라는 사실을 기억해 두자.

지금부터 식 (2.27)과 같이 표현되는 1계 선형 미분방정식의 일반해를 유도해 보자. 식 (2.27)을 미분형으로 나타내면 다음과 같다.

$$\{p(x)y - r(x)\}dx + dy = 0$$

이와 같은 형태는 앞의 완전 미분방정식에서 많이 보던 것이다. 앞선 식은 현재로는 완전 미분방정식의 형태로 볼 수 없으나, 적분인자를 곱하여 완전 미분방정식의 형태로 변환할 수 있다.

그러면 앞선 식을 완전 미분형으로 바꿀 수 있는 적분인자를 x만의 함수인 $F(x)$라고 가정하고 각 항에 곱하면

$$F(x)\{p(x)y - r(x)\}dx + F(x)dy = 0$$

이 되고, 완전 미분방정식이 되기 위한 필요충분조건인 $\dfrac{\partial M}{\partial y} = \dfrac{\partial N}{\partial x}$을 활용하면 다음과 같은 식을 얻는다.

$$\frac{\partial}{\partial y}F(py - r) = \frac{\partial F(x)}{\partial x} = \frac{dF}{dx}$$

$$Fp = \frac{dF}{dx}$$

위 식을 변수분리한 후 적분하면 다음과 같이 된다.

$$\frac{dF}{F} = p\,dx,\quad \ln|F| = \int p\,dx$$

그러므로 적분인자는 다음과 같이 구할 수 있다.

$$F(x) = e^{\int p(x)dx} = \exp\left[\int p(x)dx\right] \tag{2.28}$$

이제 본격적으로 1계 선형 미분방정식의 해인 $y(x)$를 구하는 단계로 들어가보자. 앞에서 구한 적분인자를 1계 선형 미분방정식의 표준형인 식 (2.27)의 양변에 곱하면

$$e^{\int p\,dx}(y' + py) = e^{\int p\,dx} r$$

이 된다. $\int p(x)dx = h(x)$로 두면 $p(x) = h'(x)$가 되고

$$e^{\int p\,dx} = e^h, \quad (e^h)' = h'e^h = pe^h$$

이 성립한다. 그러므로 위 식을 토대로 다음과 같이 식을 전개하면 미분방정식의 해인 y를 쉽게 도출할 수 있다.

$$\begin{aligned}(ye^h)' &= \frac{d}{dx}(ye^h) \\ &= y'e^h + y(e^h)' \\ &= y'e^h + y(pe^h) \\ &= e^h(y' + py) \\ &= e^h r\end{aligned}$$

위 식의 맨 첫 항과 마지막 항을 양변으로 하여 적분하면

$$ye^h = \int e^h r\,dx + c$$

가 되고, 위 식에서 다음과 같이 $y(x)$를 구할 수 있다.

$$y(x) = e^{-h(x)}\left\{\int e^{h(x)} r(x)dx + c\right\}, \quad h(x) = \int p(x)dx \tag{2.29}$$

■ 1계 선형 미분방정식의 해

이 식이 1계 선형 미분방정식인 식 (2.27)의 해이다.

이와 같이 조금 복잡한 과정을 거쳐서 1계 선형 미분방정식의 해를 식 (2.29)와 같이 유도해보았다. 일반적으로 1계 선형 미분방정식의 해를 구할 때에는 매번 위의 과정을 그대로 따라서 해를 구하지 말고, 선형 미분방정식의 표준형인 식 (2.27)과 그 일반해가 되는 식 (2.29)를 활용하는 것이 좋다. 아울러 적분상수 c는 일반해에서는 미지수로 남게 되지만, 초기조건이 주어지는 초깃값 문제에서는 구체적인 값이 정해진다는 사실을 다시 한번 강조한다.

예제 2-14 1계 선형 미분방정식

다음 미분방정식의 해를 구하라.

$$xy' + y = 2x$$

key point

1계 선형 미분방정식의 표준형

$y' + p(x)y = r(x)$

풀이

먼저 원식을 표준형으로 고치면 다음과 같다.

$$y' + \frac{1}{x}y = 2$$

1계 선형 미분방정식의 표준형과 계수를 비교하면

$$p(x) = \frac{1}{x}, \quad r(x) = 2$$

$$h(x) = \int p(x)dx = \int \frac{1}{x}dx = \ln x \quad \cdots ①$$

$$\therefore \; e^{h(x)} = e^{\ln x} = x$$

① $h(x) = \int p(x)dx$로 둔다.

와 같으므로, 식 (2.29)로부터 다음과 같은 일반해를 얻을 수 있다.

$$y(x) = e^{-h(x)}\left\{\int e^{h(x)}r(x)dx + c\right\}$$

$$= e^{-\ln x}\left(\int x \cdot 2dx + c\right) = \frac{1}{x}(x^2 + c) = x + \frac{c}{x}$$

유제 2-14

미분방정식 $y' + 3y + 2 = 0$의 해를 구하라.

예제 2-15 1계 선형 미분방정식(초깃값 문제)

다음 미분방정식의 해를 구하라.

$$y' - 2(y - x) - 1 = 0, \; y(0) = 1$$

key point

초깃값은 일반해를 구한 다음에 적용한다.

풀이

원식을 정리하면 다음과 같다.

$$y' - 2y = -2x + 1$$

위 식을 1계 선형 미분방정식의 표준형과 비교하면

$$p(x) = -2$$
$$r(x) = -2x+1$$
$$h(x) = \int p(x)dx = -\int 2\,dx = -2x$$
$$\therefore\ e^{h(x)} = e^{-2x}$$

과 같으므로 식 (2.29)로부터 다음과 같은 일반해를 얻을 수 있다.

$$\begin{aligned} y(x) &= e^{-h(x)}\left\{\int e^{h(x)} r(x)dx + c\right\} \\ &= e^{2x}\left\{\int e^{-2x}(1-2x)\,dx + c\right\} \\ &= e^{2x}\left\{-\frac{1}{2}(1-2x)e^{-2x} - \int e^{-2x}\,dx + c\right\} \\ &= x + ce^{2x} \end{aligned}$$

여기에 초기조건을 대입하면

$$y(0) = 0+c = 1,\quad c = 1$$

이 되고, 다음과 같은 특수해를 얻을 수 있다.

$$y(x) = x + e^{2x}$$

유제 2-15

미분방정식 $y' + y = e^x$의 해를 구하라. 초기조건은 $y(0) = 1$이다.

2.4.2 베르누이 방정식

1계 선형 미분방정식의 일반적인 해법은 바로 앞에서 알아보았다. 그런데 만약 선형이 아닌 경우라면 어떤 방법으로 해를 구해야 할까? 실제로 많은 응용 예들은 비선형인 경우가 많다. 그런 경우에는 비선형을 선형인 형태로 변환하여 풀이하는 것이 유용한 방법인데, 그 예가 바로 여기서 학습할 **베르누이 방정식** Bernoulli's differential equation이다.

베르누이 방정식은 비선형 미분방정식을 선형으로 변환할 수 있는 미분방정식 모델로, 다음과 같은 표준형으로 기억해 두는 것이 좋다.

$$y' + p(x)y = r(x)y^n \quad (\text{단, } n\text{은 임의의 실수}) \tag{2.30}$$

■ 베르누이 방정식의 표준형

방정식을 잘 살펴보면 알 수 있겠지만, 베르누이 방정식과 일반 선형 미분방정식과의 차이점은 $r(x)$에 곱한 y^n에 있다. 만약 $n=0$, 1인 경우라면 다음과 같이 일반 선형 미분방정식의 형태와 전혀 차이가 없다.

$$n=0: \quad y' + p(x)y = r(x)$$

$$n=1: \quad y' + p(x)y = r(x)y \rightarrow y' + \{p(x) - r(x)\}y = 0$$

하지만 그 외의 경우에는 비선형 미분방정식이 되기 때문에, 2.3절에서 언급한 1계 선형 미분방정식의 해를 구하는 방법은 사용할 수 없다. 그러므로 여기서는 베르누이 방정식이 비선형인 경우에 치환을 통해 선형 미분방정식의 형태로 변환하는 방법에 대해 알아본다. 선형 미분방정식으로 변환한 후에는 1계 선형 미분방정식에서 해를 구하는 과정과 동일하게 식 (2.29)로 해를 구할 수 있고, 치환한 변수를 원래대로 되돌리는 수식 처리만 하면 원방정식에서 구하려던 해를 구할 수 있다.

우선 비선형 베르누이 방정식을 선형으로 변환하는 방법에 대해 알아보자. 식 (2.30)이 비선형인 경우에는 다음과 같이 치환하여 식을 전개한다.

■ 베르누이 방정식의 치환

$$u(x) = \{y(x)\}^{1-n} \tag{2.31}$$

위 식을 미분하면 다음과 같다.

$$\begin{aligned} u' &= (1-n)y^{-n}y' = (1-n)y^{-n}(ry^n - py) \\ &= (1-n)(r - py^{1-n}) = (1-n)(r-pu) \end{aligned}$$

이 식을 u에 대한 식으로 정리하면 다음과 같다.

$$u' + (1-n)pu = (1-n)r \tag{2.32}$$

식 (2.32)는 변수만 다르게 사용했을 뿐, 1계 선형 미분방정식인 식 (2.27)과 동일한 형태의 식이다. 즉 치환한 변수인 u에 대해서는 선형 미분방정식의 형태를 띠고 있다는 의미이다. 따라서 식 (2.32)는 1계 선형 미분방정식의 해를 구하는 것과 같은 식으로 해를 구할 수 있다.

이처럼 원래 비선형이었던 미분방정식도 적절한 치환을 통해 선형 미분방정식의 형태로 변환할 수 있다면 해를 쉽게 구할 수 있으며, 그 유용한 예가 바로 이 절에서 설명한 베르누이 방정식이다.

예제 2-16 응용 로지스틱 방정식 logistic equation

벨기에의 통계학자 P.F. 베르헐스트[P.F. Verhulst]는 인구 증가에 대한 모델로 다음과 같은 식(로지스틱 방정식)을 소개하였다. 이 방정식의 해를 구하라.

$$y' - Ay = -By^2$$

> **key point**
> **로지스틱 방정식** : 인구의 증가 속도를 미분방정식으로 나타내어 인구성장의 법칙을 정식화한 것

풀이

식 (2.30)과 비교하면 $n=2$, $p(x)=-A$, $r(x)=-B$인 경우이고, 다음과 같이 치환할 식을 설정한다.

$$u = y^{1-n} = y^{-1}$$

위 식을 미분하면

$$u' = -y^{-2}y' = -y^{-2}(Ay - By^2) = -Ay^{-1} + B$$

가 되며, 위 식을 변수 u에 대해서 정리하면 다음과 같다.

$$u' + Au = B$$

위 식을 1계 선형 미분방정식의 형태로 풀면

$$u = e^{-Ax}\left(\int e^{Ax}B\,dx + c\right) = \frac{B}{A} + ce^{-Ax}$$

이 되며, 치환한 변수 u를 원변수 y로 되돌리면 다음과 같은 해를 얻는다.

$$y = u^{-1} = \frac{1}{\dfrac{B}{A} + ce^{-Ax}}$$

이 해는 인구성장에 대한 로지스틱 법칙을 나타내는 식이다.

예제 2-17 베르누이 방정식

다음 베르누이 방정식의 해를 구하라.

$$y' + y = \frac{x}{y}$$

> **key point**
> 베르누이 방정식의 표준형
> $y' + p(x)y = r(x)y^n$

풀이

먼저 베르누이 방정식의 모델인 식 (2.30)과 비교하면 $n=-1$, $p(x)=1$, $r(x)=x$인 경우이고, 다음과 같이 치환할 식을 설정한다.

$$u = y^{1-n} = y^2$$

앞선 식을 미분하면

$$u' = 2yy' = 2x - 2y^2 = 2x - 2u$$

가 되고, 위 식을 변수 u에 대해서 정리하면 다음과 같다.

$$u' + 2u = 2x$$

위 식을 1계 선형 미분방정식의 형태로 풀면

$$u = e^{-2x}\left(\int e^{2x} \cdot 2x\,dx + c\right) = x - \frac{1}{2} + ce^{-2x}$$

이 되며, 치환한 변수 u를 원변수 y로 되돌리면 다음과 같은 해를 얻는다.

$$y^2 = x + ce^{-2x} - \frac{1}{2}$$

유제 2-16

베르누이 방정식 $y' + \dfrac{y}{x} = xy^2$의 해를 구하라.

여기까지 미분방정식 풀이에서 가장 기본이 되는 1계 선형 미분방정식에 대해 알아보았다. 앞에서 설명한 변수분리형이나 완전 미분형 미분방정식은 식의 구조적 이해에 따른 풀이였지만, 선형 미분방정식의 표준형은 해를 그 식에서 직접 구할 수 있는 형태라고 할 수 있다. 이러한 방식의 미분방정식 풀이에 대한 내용은 다음 장인 3장에서도 확장되어 나타날 것이다. 그러므로 이 장에서 학습한 선형 미분방정식의 기본 개념과 구조에 대해 확실히 이해해 두기를 바란다.

Chapter 02 핵심요약

미분방정식이란?

- 변수의 개수에 따라 상미분방정식, 편미분방정식으로 분류된다.
- 1계 미분방정식은 $F(x, y, y') = 0$ 혹은 $y' = F(x, y)$형으로 표현한다.
- 미분방정식의 해는 함수의 형태로 나타나며, $f(x, y) = c$ 혹은 $y = f(x)$형으로 표현한다.

변수분리형 미분방정식

미분방정식 $y' = F(x, y)$를 독립변수 x와 해이자 종속변수인 y에 대해 $h(y)dy = g(x)dx$와 같이 양변으로 분리한 다음, 적분하여 해를 구하는 형태의 미분방정식을 말한다.

완전 미분방정식

미분방정식 $M(x, y)dx + N(x, y)dy = 0$이 $du = \frac{\partial u}{\partial x}dx + \frac{\partial u}{\partial y}dy$와 같은 전미분인 경우, $u(x, y) = \int M dx + m(y)$ 혹은 $u(x, y) = \int N dy + n(x)$와 같은 해를 구할 수 있는 형태의 미분방정식을 완전 미분방정식이라 한다. 단, 완전 미분방정식이 되는 필요충분조건은 $\frac{\partial M}{\partial y} = \frac{\partial N}{\partial x}$이다.

선형 미분방정식

- 1계 선형 미분방정식의 표준형 : $y' + p(x)y = r(x)$
- 1계 선형 미분방정식의 해 : $y(x) = e^{-h(x)}\left\{\int e^{h(x)}r(x)dx + c\right\}$, $h(x) = \int p(x)dx$

베르누이 방정식

- 베르누이 방정식의 표준형 : $y' + p(x)y = r(x)y^n$ (단, n은 임의의 실수)
- 베르누이 방정식의 치환식 : $u(x) = \{y(x)\}^{1-n}$

Chapter 02 연습문제

※ **(문제 2.1~2.3)** 다음 미분방정식의 해를 구하라.

2.1 $y' = x^2$

2.2 $y' = x\sin x$

2.3 $y' = \cos^2 x - \sin^2 x$

※ **(문제 2.4~2.6)** 다음 미분방정식의 해를 구하라.

2.4 $y' = e^{-3x}, \quad y(0) = \dfrac{2}{3}$

2.5 $y' = x\sin x + 2x\cos x, \quad y(0) = 2$

2.6 $y' = e^{2x} + 2\sin x + 3x, \quad y(0) = 0$

※ **(문제 2.7~2.12)** 변수분리법을 이용하여 다음 미분방정식의 해를 구하라.

2.7 $y' - ay = 0$ (단, a는 상수)

2.8 $\dfrac{y'}{x} = \dfrac{5}{4y}$

2.9 $y' = \dfrac{y^2}{x}$

2.10 $y' + \dfrac{9x}{4y} = 0, \quad y(0) = \dfrac{1}{2}$

2.11 $yy' = 2\sin^2 x, \quad y(0) = 2$

2.12 $Li'(t) + Ri(t) = 0, \quad i(0) = I_0$

2.13 응용 임의의 시간 t에서 바이러스의 증가율은 그때 존재하는 바이러스 개체수에 비례한다고 하자. 하루가 지날 때마다 바이러스 개체수가 두 배로 증가한다는 가정하에 시간에 따라 바이러스 개체수가 증가하는 상황을 미분방정식으로 모델링하고 그 해를 구하라. 그리고 사흘이 지난 후의 바이러스 개체수는 처음보다 얼마나 증가해 있을지에 대하여 답하라.

2.14 응용 3000년 정도 된 것으로 추정되는 화석화된 나무가 있다. 방사성 동위원소인 ^{14}C의 반감기를 5730년이라고 할 때, 화석화된 나무에 남아 있는 ^{14}C의 양은 처음에 존재했던 양의 몇 퍼센트 정도일까?

※ **(문제 2.15~2.18)** 다음 확장된 변수분리형 미분방정식의 해를 구하라.

2.15 $(y' - 1)x = y$

2.16 $xy' = y(y+1)$

2.17 $xy' - y = \dfrac{x^5 e^x}{4y^3}$

2.18 $y'(x - y) = -(x + y)$

※ **(문제 2.19~2.24)** 다음 완전 미분방정식의 해를 구하라. 단, 완전 미분방정식이 아닌 경우 적분인자를 구하여 완전 미분방정식으로 만든 다음에 그 해를 구하라.

2.19 $e^x \sin y\,dx + e^x \cos y\,dy = 0$

2.20 $2x^2y^2\,dx + \frac{4}{3}x^3y\,dy = 0$

2.21 $(x\,dy - y\,dx)/x^2 = 0$

2.22 $\left\{\frac{3y^2}{x} + (x+1)^2\right\}dx + (6y\ln x + y + 8)dy = 0,\quad y(1) = 0$

2.23 $2\,dx - e^{y-x}\,dy = 0,\quad y(0) = 1$

2.24 $2\sin y^2\,dx + xy\cos y^2\,dy = 0,\quad y(2) = \sqrt{\frac{\pi}{2}}$

※ **(문제 2.25~2.30)** 다음 1계 미분방정식의 해를 구하라.

2.25 $xy' + y = 2x$

2.26 $y' - 8y = 6e^{3x}$

2.27 $y' + 4y = e^{2x}(\sin 3x + 3\cos 3x)$

2.28 $y' + y\tan x = 2\sin x\cos x,\ y(0) = 2$

2.29 $y' + 2y = \cos x,\quad y(0) = -\frac{3}{5}$

2.30 $xy' - xy = y,\quad y(2) = 10e^2$

※ **(문제 2.31~2.33)** 다음 베르누이 방정식의 해를 구하라.

2.31 $y' + xy = \frac{2x}{y^2}$

2.32 $y' + \frac{y}{x} = xy^2 + 3y$

2.33 $3y' + y = (1-2x)y^4$

2.34 미분방정식 $4y' - y = (3x+2)y^5$을 풀어서 y^4 값을 구하라.

2.35 응용 저항과 커패시터로 이루어진 전기회로의 식은 $R\dfrac{dQ}{dt}+\dfrac{1}{C}Q=E(t)$와 같이 나타난다.

(a) $Q(0)=Q_0$이고, $E(t)=\dfrac{Q(t)}{R}$를 사용하는 경우의 해를 구하라.

(b) 커패시터가 초기 충전값의 99%를 잃게 되기까지의 시간을 구하라.

2.36 응용 저항과 코일로 이루어진 전기회로의 식은 $L\dfrac{dI}{dt}+RI=E(t)$와 같이 나타난다. 여기서 $E(t)$는 전원을 나타내는 함수이다.

(a) 전원이 일정한 값을 갖는 직류전원 $E(t)=E_0$인 경우, 전기회로에 흐르는 전류 $I(t)$와 $Q(t)$를 구하라. 이때 $Q(0)=\dfrac{E_0L}{R^2}$이다.

(b) 시간에 따라 전원 값이 변하는 교류전원 $E(t)=E_0\sin\omega t$인 경우, 전기회로에 흐르는 전류 $I(t)$와 $Q(t)$를 구하라. 이때 $Q(0)=0$이다.

2.37 응용 저항과 커패시터로 이루어진 전기회로의 식은 $R\dfrac{dI}{dt}+\dfrac{1}{C}I=\dfrac{dE}{dt}$와 같이 나타난다. 여기서 $E(t)$는 전원을 나타내는 함수이다.

(a) 전원이 일정한 값을 갖는 직류전원 $E(t)=E_0$인 경우, 전기회로에 흐르는 전류 $I(t)$와 $Q(t)$를 구하라.

(b) 시간에 따라 전원 값이 변하는 교류전원 $E(t)=E_0\cos\omega t$인 경우, 전기회로에 흐르는 전류 $I(t)$를 구하라.

Chapter

03

2계 미분방정식

2nd Order Differential Equations

학습목표

- 2계 미분방정식의 형태와 해의 개념을 분명히 이해한다.
- 상수계수를 갖는 2계 제차 미분방정식에 대한 특성방정식의 유도 과정과 해의 구성에 대해 이해한다.
- 오일러-코시 방정식의 형태와 해의 성립 과정을 이해하고, 특성방정식의 형태를 숙지한다.
- 비제차 미분방정식이 제차 미분방정식과 무엇이 다른지, 그 차이와 해의 구성 방법을 이해한다.
- 비제차 미분방정식의 해법인 미정계수법의 원리를 이해하고, 다양한 경우의 특수해 설정법을 학습한다.
- 실제적인 입출력 신호를 갖춘 시스템을 미분방정식으로 어떻게 표현할 수 있는지 학습한다.

이 장에서는 2계 미분방정식에 대해 알아본다. 1계 미분방정식에서 해를 구할 수 있는 여러 가지 방법에 대해 생각해봤지만, 이는 단순한 적분법부터가 해의 풀이법에 속할 정도로 비교적 쉽게 해결할 수 있는 형태의 방정식이다.

일반적인 미분방정식 형태 중에서 가장 쉬운 단계의 풀이법을 익힐 수 있는 형태가 바로 2계 미분방정식이다. 이는 곧 2계 미분방정식의 해를 구하는 방법을 알면 더 이상의 계, 즉 고계 미분방정식의 해를 구하는 방법까지 이해할 수 있다는 이야기이기도 하다. 여기서 다루는 미분방정식의 기본 형태는 상수계수를 갖는 미분방정식인데, 상수계수를 갖는 미분방정식에서 특성방정식을 구하는 방법은 2계 이상의 방정식에서 동일하기 때문이다.

2계 미분방정식은 공학에서 자주 응용되는 형태의 미분방정식이기 때문에 쓰임새가 큰 미분방정식이라고 할 수 있다. 아울러 제차와 비제차 미분방정식으로 구분하여 해를 구하는 미분방정식이라는 사실도 잘 이해해야 한다.

알아 두어야 할 개념과 공식

Chapter 03

1. 2차 방정식의 근의 공식과 판별식

$ax^2+bx+c=0$(단, $a \neq 0$)으로 표현되는 **2차 방정식**은 $x=\dfrac{-b\pm\sqrt{b^2-4ac}}{2a}$를 이용하여 근을 구한다. 이때 $D=b^2-4ac$를 **판별식**이라고 하는데, 판별식이 $D>0$이면 서로 다른 실근, $D=0$이면 중근, $D<0$이면 공액복소근을 갖는다.

2. 복소수의 정의

$i=\sqrt{-1}$을 **허수단위**라고 하고, $a+bi$(a, b는 실수)와 같은 형태를 **복소수**라고 한다. a를 **실수부**, b를 **허수부**라고 한다. $b=0$이면 실수 a가 되고, $a=0$이 되면 순허수 bi만 남는다.

3. 오일러 공식

오일러 공식 Euler's formula은 공학에서 많이 사용되는 공식으로, 지수함수와 삼각함수 간의 변환공식이라고 볼 수 있다. 복소지수함수 $e^{i\theta}$을 삼각함수 $\cos\theta$와 $\sin\theta$로 나타낸 공식이며, 다음과 같이 정리해서 사용하면 편리하다.

- $e^{i\theta}=\cos\theta+i\sin\theta$, $\quad e^{-i\theta}=\cos\theta-i\sin\theta$
- $\cos\theta=\dfrac{e^{i\theta}+e^{-i\theta}}{2}$, $\quad \sin\theta=\dfrac{e^{i\theta}-e^{-i\theta}}{2i}$

4. 신호와 시스템

입력신호가 시스템에서 처리되어 출력신호가 얻어지는 것이 신호와 시스템의 관계이다. 미분방정식은 하나의 시스템이라고 할 수 있고, 그 변수들은 입출력 역할을 한다.

5. 두 함수의 곱의 미분법

$y'=(uv)'=u'v+uv'$

3.1 2계 제차 미분방정식

먼저 2계 선형 미분방정식의 형태부터 짚어보기로 하자. 이를 위해 2장에서 사용한 선형 미분방정식의 일반형[1]을 바탕으로 다음과 같이 생각해보자.

1 2장의 식 (2.26) 참조

$$a_n(x)y^{(n)} + a_{n-1}(x)y^{(n-1)} + \cdots + a_1(x)y' + a_0(x)y = r^*(x) \quad (3.1)$$

위와 같은 선형 미분방정식의 일반형에서 2차 도함수를 가진 2계 미분방정식의 형태는 $n=2$인 경우에 해당한다.

$$a_2(x)y'' + a_1(x)y' + a_0(x)y = r^*(x) \quad (3.2)$$

식 (3.2)의 일반형을 2차 도함수의 계수가 1이 되도록 다음과 같이 정리하고

$$y'' + \frac{a_1(x)}{a_2(x)}y' + \frac{a_0(x)}{a_2(x)}y = \frac{r^*(x)}{a_2(x)}$$

$\dfrac{a_1(x)}{a_2(x)} = p(x)$, $\dfrac{a_0(x)}{a_2(x)} = q(x)$, $\dfrac{r^*(x)}{a_2(x)} = r(x)$로 두면 다음과 같은 식이 성립한다.

■ 2계 미분방정식의 표준형

$$y'' + p(x)y' + q(x)y = r(x) \quad (3.3)$$

식 (3.3)은 **2계 선형 미분방정식**의 **표준형**에 해당되는 식이다. 이 식에서 $r(x)$는 미분방정식이 임의의 시스템을 표현하고 있을 경우에 시스템의 입력을 나타내는 부분으로, 구동력 혹은 **구동함수**driving function라고도 한다. 이 $r(x)$ 값에 따라 미분방정식을 제차와 비제차로 나눌 수 있다. $r(x)=0$인 경우를 **제차**homogeneous, $r(x) \neq 0$인 경우를 **비제차**nonhomogeneous 미분방정식이라고 한다.

■ 제차와 비제차 미분방정식의 구분

$$y'' + p(x)y' + q(x)y \begin{cases} = 0 & \text{제차 미분방정식} \\ \neq 0 & \text{비제차 미분방정식} \end{cases} \quad (3.4)$$

예제 3-1 2계 선형 미분방정식의 형태

다음 2계 미분방정식의 표준형을 구하고, 제차와 비제차로 구분하라.

(a) $xy'' + 2x^2y' + x^3y + x^4 = 0$

(b) $e^xy'' + x^2y' + 5xe^xy = 0$

key point
2계 미분방정식의 표준형
$y'' + p(x)y' + q(x)y = r(x)$

풀이

(a) 먼저 원식을 x로 나누면

$$y'' + 2xy' + x^2 y = -x^3$$

이 되어, $p(x) = 2x$, $q(x) = x^2$인 2계 선형 미분방정식의 표준형이 된다. 이때 $r(x) = -x^3 \neq 0$이므로 원식은 비제차 미분방정식이다.

(b) 원식을 e^x으로 나누면 다음과 같은 식이 된다.

$$y'' + \frac{x^2}{e^x}y' + 5xy = 0$$

위 식을 표준형인 $y'' + p(x)y' + q(x)y = r(x)$와 비교하면 $p(x) = \frac{x^2}{e^x}$, $q(x) = 5x$이다. 그러므로 2계 선형 미분방정식이다. 그리고 $r(x) = 0$이므로 원식은 제차 미분방정식이다.

유제 3-1

다음 2계 미분방정식의 표준형을 구하고, 제차와 비제차로 구분하라.

(a) $2xy'' + x^2y' - xy + e^{2x} = 0$ (b) $e^x y'' - 2x^5 y' + 4y\ln x = 0$

2계 미분방정식을 표준형으로 표현하고, 제차와 비제차 미분방정식으로 구분하는 작업이 끝나면 2계 미분방정식의 해를 구할 준비가 된 것이다.

그러면 먼저 다음과 같은 2계 제차 미분방정식을 살펴보자.

$$y'' + p(x)y' + q(x)y = 0 \tag{3.5}$$

식 (3.5)와 같은 제차 선형 미분방정식의 해들은 기본적으로 원리에 따르는 해의 구조를 갖고 있다. 일반적으로 **중첩의 원리**superposition principle라고 불리는 이 원리는 제차 미분방정식의 장점이기도 한데, **선형성의 원리**linearity principle라고 부르기도 한다. 이 원리의 기본은 해끼리 더하거나 해에 임의의 상수를 곱한다고 해도 원 미분방정식의 해가 된다는 데 있다.

▪ 중첩의 원리 (선형성의 원리)

정리 3-1 중첩의 원리(선형성의 원리)

제차 선형 미분방정식인 식 (3.5)에서 얻어진 두 해의 일차결합 역시 식 (3.5)의 해가 된다. 즉 각각의 해 y_1, y_2에 서로 다른 상수 c_1, c_2가 곱해진 c_1y_1과 c_2y_2를 더한 값 $c_1y_1 + c_2y_2$ 역시 식 (3.5)의 해가 된다.

중첩의 원리 증명

▪ 중첩의 원리 증명

[정리 3-1]을 증명하기 위해 2계 제차 미분방정식의 표준형인 식 (3.5)에 두 해의 일차결합인 $c_1y_1+c_2y_2$를 대입해보자. 여기서 가장 먼저 생각할 것은 y_1, y_2가 식 (3.5)의 해라는 사실이다. 즉 $y''+p(x)y'+q(x)y=0$에 y_1, y_2를 대입한 식이 다음과 같이 성립한다는 것이다.

$$y''+p(x)y'+q(x)y=(y_1)''+p(y_1)'+q(y_1)=y_1''+py_1'+qy_1=0$$
$$y''+p(x)y'+q(x)y=(y_2)''+p(y_2)'+q(y_2)=y_2''+py_2'+qy_2=0$$

그러고 난 후 각각의 해에 서로 다른 상수를 곱한 c_1y_1과 c_2y_2를 식 (3.5)에 대입해도 성립하는지 알아보자.

$$\begin{aligned}y''+p(x)y'+q(x)y &= (c_1y_1)''+p(c_1y_1)'+q(c_1y_1)\\ &= c_1y_1''+pc_1y_1'+qc_1y_1\\ &= c_1(y_1''+py_1'+qy_1)\\ &= c_1\cdot 0=0\\ y''+p(x)y'+q(x)y &= (c_2y_2)''+p(c_2y_2)'+q(c_2y_2)\\ &= c_2y_2''+pc_2y_2'+qc_2y_2\\ &= c_2(y_2''+py_2'+qy_2)\\ &= c_2\cdot 0=0\end{aligned}$$

위의 계산에서 보듯 c_1y_1과 c_2y_2 역시 식 (3.5)의 해가 됨을 알 수 있다. 마지막으로 두 해의 일차결합인 $c_1y_1+c_2y_2$를 식 (3.5)에 대입하면

$$\begin{aligned}y''+p(x)y'+q(x)y &= (c_1y_1+c_2y_2)''+p(c_1y_1+c_2y_2)'+q(c_1y_1+c_2y_2)\\ &= c_1(y_1''+py_1'+qy_1)+c_2(y_2''+py_2'+qy_2)\\ &= c_1\cdot 0+c_2\cdot 0=0+0=0\end{aligned}$$

이 되므로 이 역시 식 (3.5)의 해가 된다는 사실을 알 수 있다.

결국 2계 제차 미분방정식의 두 해가 y_1, y_2인 경우, 각각의 해에 서로 다른 상수를 곱하여 더한 값 $c_1y_1+c_2y_2$가 새로운 해가 된다는 사실을 확인한 셈이다. 여기서 주의할 점은 중첩의 원리는 어디까지나 제차 선형 미분방정식에서의 해에서만 성립할 뿐, 비제차 혹은 비선형 미분방정식에서는 성립하지 않는다는 사실이다.

기본적으로 제차 미분방정식의 일반해를 이루는 해의 개수는 그 미분방정식의 도함수의 최대 미분 횟수, 즉 **계**order에 달려 있다. 따라서 1계 제차 미분방정식의 일반해는 1개의 해로, 2계 제차 미분방정식의 일반해는 2개의 해로 이루어진다. 앞에서 논의한 중첩의 원리에서 2계 제차 미분방정식의 일반해는 다음 식과 같이 2개의 해를 더한 형태로 나타난다는 것을 알았다.

$$y = c_1 y_1 + c_2 y_2 \quad (\text{단, } c_1,\ c_2\text{는 상수}) \tag{3.6}$$

위 식에서 각각의 해를 나타내는 y_1과 y_2를 일반해 y의 **기저**basis라고 한다.

이제 2계 제차 미분방정식의 해에 대해 정리해보자. 2계 제차 미분방정식의 일반해는 각각의 해인 기저에 임의의 상수를 곱한 형태인 $y = c_1 y_1 + c_2 y_2$로 나타나고, 임의의 상수인 c_1과 c_2의 특정한 값을 구하여 대입하면 2계 재차 미분방정식의 특수해가 된다. 그러므로 2계 제차 미분방정식의 **초깃값 문제**initial value problem는 $y(x_0) = y_0$, $y'(x_0) = y_1$과 같이 주어지는 **초기조건**intial condition에 의해 구성된다. 즉 위에서 이야기한 특수해는 초깃값 문제의 해가 되는 것이다.

예제 3-2 미분방정식의 기저, 일반해, 특수해의 관계

미분방정식 $y'' - 3y' + 2y = 0$의 일반해가 $y = c_1 e^x + c_2 e^{2x}$으로 구해졌다.

(a) 위 미분방정식의 해의 기저는 무엇인가?

(b) 초기조건이 $y(0) = 1$, $y'(0) = 2$인 경우의 특수해를 구하라.

key point

미분방정식의 일반해는 도함수의 차수만큼 기저를 갖는다.

풀이

(a) 미분방정식의 각각의 해인 $y_1 = e^x$과 $y_2 = e^{2x}$이 기저가 된다.

(b) 일반해 $y = c_1 e^x + c_2 e^{2x}$에 초기조건 $y(0) = 1$을 대입하면 $y(0) = c_1 + c_2 = 1$이 되고, $y' = c_1 e^x + 2c_2 e^{2x}$이므로

$$y'(0) = c_1 + 2c_2 = 2$$

가 된다. 두 식 $c_1 + c_2 = 1$, $c_1 + 2c_2 = 2$를 연립하여 풀면 $c_1 = 0$, $c_2 = 1$을 얻을 수 있다. 이 값을 일반해에 대입하면

$$y = c_1 e^x + c_2 e^{2x} = e^{2x}$$

과 같은 특수해를 구할 수 있다.

유제 3-2

미분방정식 $y'' - y = 0$의 일반해가 $y = c_1e^x + c_2e^{-x}$으로 구해졌다.

(a) 위 미분방정식의 해의 기저는 무엇인가?

(b) 초기조건이 $y(0) = 5,\ y'(0) = -1$인 경우의 특수해를 구하라.

3.2 상수계수를 갖는 제차 미분방정식

3.1절에서 소개한 일반 제차 미분방정식의 형태는 다음과 같다.

$$y'' + p(x)y' + q(x)y = 0 \tag{3.7}$$

위 식에서 x의 함수로 나타낸 계수 $p(x)$와 $q(x)$를 상수라고 가정하면, 다음과 같은 식을 얻을 수 있다.

■ 상수계수를 가진 2계 제차 미분방정식의 표준형

$$y'' + ay' + by = 0 \quad (\text{단, } a,\ b\text{는 상수}) \tag{3.8}$$

이 절에서는 상수계수를 가진 2계 제차 미분방정식인 식 (3.8)에 대해 살펴볼 것이다. 식 (3.8)에서 해를 구하기 전에 우선 그와 구조가 비슷한 1계 미분방정식의 해에 대하여 생각해보자.

상수계수를 가진 1계 선형 미분방정식

$$y' - py = 0 \quad (\text{단, } p\text{는 상수}) \tag{3.9}$$

의 해를 변수분리형 미분방정식으로 생각하고 구하면 다음과 같다.

$$\begin{aligned}
\frac{dy}{dx} &= py \\
\frac{1}{y}dy &= p\,dx \\
\int \frac{1}{y}dy &= \int p\,dx \\
\ln|y| &= px + c^* \\
y &= e^{px+c^*} = e^{px}e^{c^*} = ce^{px}
\end{aligned}$$

즉 해는 $y = ce^{px}$과 같이 지수함수 형태를 갖는다.

앞선 사실을 감안하면, 상수계수를 갖는 2계 미분방정식에서도 해의 수만 다를 뿐 똑같은 형태의 해를 얻으리라는 것을 예상할 수 있다. 그러므로

$$y = e^{\lambda x} \quad (\text{단, } \lambda\text{는 상수}) \tag{3.10}$$

과 같은 형태의 해를 가정하여 2계 제차 미분방정식인 식 (3.8)에 대입해보면 다음과 같이 된다.

$$\begin{aligned} y'' + ay' + by &= (e^{\lambda x})'' + a(e^{\lambda x})' + b(e^{\lambda x}) \\ &= \lambda^2 e^{\lambda x} + a\lambda e^{\lambda x} + be^{\lambda x} \\ &= e^{\lambda x}(\lambda^2 + a\lambda + b) \\ &= 0 \end{aligned}$$

여기서 해로 가정한 $e^{\lambda x}$은 0이 아니어야 하므로

$$\lambda^2 + a\lambda + b = 0 \tag{3.11}$$

■ 미분방정식의 특성방정식

이 되는 것을 알 수 있다. 이렇게 얻어지는 식 (3.11)을 가지고 상수계수를 갖는 2계 제차 미분방정식의 해를 구성하는 기저를 결정할 수 있는데, 이 식을 미분방정식의 **특성방정식**characteristic equation이라고 한다.

그러면 식 (3.11)과 같은 특성방정식에 의해 해를 얻는 과정을 살펴보자. 먼저 식 (3.11)은 2차 대수방정식이므로 근의 공식에 의해 다음과 같이 근을 얻을 수 있다.

$$\lambda = \frac{-a \pm \sqrt{a^2 - 4b}}{2} \tag{3.12}$$

위 근은 $a^2 - 4b$의 상태에 따라 다음과 같이 세 가지 유형으로 나뉜다.

■ 특성방정식의 근의 유형

1. $a^2 - 4b > 0$이면, 서로 다른 두 실근 λ_1, λ_2
2. $a^2 - 4b = 0$이면, 중근 $\lambda_1 = \lambda_2 = \lambda$
3. $a^2 - 4b < 0$이면, 공액복소근 λ_1, λ_2

그럼 각각의 경우에 대한 해를 구해보자.

3.2.1 특성방정식이 서로 다른 두 실근을 갖는 경우

특성방정식이 서로 다른 두 실근 λ_1, λ_2를 갖는 경우, 두 개의 근을 미분방정식의 해인 $y = e^{\lambda x}$에 각각 대입해보면

$$y_1 = e^{\lambda_1 x}, \quad y_2 = e^{\lambda_2 x} \tag{3.13}$$

과 같이 두 개의 해를 구할 수 있다. 이 두 해에 중첩의 원리를 적용하면 다음과 같이 일반해를 구할 수 있다.

▪ 특성방정식의 일반해(서로 다른 두 실근을 갖는 경우)

$$y = c_1 y_1 + c_2 y_2 = c_1 e^{\lambda_1 x} + c_2 e^{\lambda_2 x} \tag{3.14}$$

예제 3-3 특성방정식이 서로 다른 두 실근을 갖는 경우 ①

미분방정식 $y'' - 3y' + 2y = 0$의 해를 구하라.

key point
특성방정식이 서로 다른 두 실근을 가질 때의 일반해
$y = c_1 e^{\lambda_1 x} + c_2 e^{\lambda_2 x}$

풀이

먼저 해 $y = e^{\lambda x}$을 원식에 대입하면 다음과 같이 특성방정식을 얻을 수 있다.

$$\begin{aligned} y'' - 3y' + 2y &= (e^{\lambda x})'' - 3(e^{\lambda x})' + 2(e^{\lambda x}) \\ &= \lambda^2 e^{\lambda x} - 3\lambda e^{\lambda x} + 2e^{\lambda x} \\ &= e^{\lambda x}(\lambda^2 - 3\lambda + 2) = 0 \\ \therefore\ & \lambda^2 - 3\lambda + 2 = 0 \end{aligned}$$

위의 특성방정식을 인수분해하면

$$(\lambda - 1)(\lambda - 2) = 0$$

이 된다. 원식은 특성방정식이 $\lambda_1 = 1$, $\lambda_2 = 2$의 서로 다른 두 실근을 갖는 경우의 미분방정식이고, 다음과 같은 두 개의 기저를 갖는다.

$$y_1 = e^x, \quad y_2 = e^{2x}$$

그런 다음 중첩의 원리를 이용하면 다음과 같은 일반해를 구할 수 있다.

$$y = c_1 y_1 + c_2 y_2 = c_1 e^x + c_2 e^{2x}$$

유제 3-3

미분방정식 $y'' - 9y = 0$의 해를 구하라.

예제 3-4 특성방정식이 서로 다른 두 실근을 갖는 경우 ②

미분방정식 $y'' - 2y' - 3y = 0$의 일반해를 구하고, 이 미분방정식이 초기조건 $y(0) = 3$, $y'(0) = 5$를 가질 때의 특수해를 구하라.

> **key point**
> $y = e^{\lambda x}$을 미분방정식에 대입하면 도함수의 차수, 즉 미분되어 있는 만큼 λ가 계수로 나온다는 사실을 기억해 두면 계산이 편리하다.

풀이

$y = e^{\lambda x}$을 원식에 대입하면 다음과 같이 특성방정식을 얻을 수 있다.

$$\begin{aligned} y'' - 2y' - 3y &= (e^{\lambda x})'' - 2(e^{\lambda x})' - 3(e^{\lambda x}) \\ &= \lambda^2 e^{\lambda x} - 2\lambda e^{\lambda x} - 3e^{\lambda x} \\ &= e^{\lambda x}(\lambda^2 - 2\lambda - 3) = 0 \\ \therefore\ \lambda^2 - 2\lambda - 3 &= 0 \end{aligned}$$

위의 특성방정식을 인수분해하면

$$(\lambda - 3)(\lambda + 1) = 0$$

이 된다. 원식은 특성방정식이 $\lambda_1 = 3$, $\lambda_2 = -1$의 서로 다른 두 실근을 갖는 경우의 미분방정식이고, 다음과 같은 두 개의 기저를 갖는다.

$$y_1 = e^{3x},\quad y_2 = e^{-x}$$

그런 다음 중첩의 원리를 이용하면 다음과 같은 일반해를 구할 수 있다.

$$y = c_1 y_1 + c_2 y_2 = c_1 e^{3x} + c_2 e^{-x}$$

위의 식을 미분하면

$$y' = 3c_1 e^{3x} - c_2 e^{-x}$$

이 된다. 여기에 초기조건 $y(0) = 3$, $y'(0) = 5$를 대입하면

$$c_1 + c_2 = 3,\quad 3c_1 - c_2 = 5$$

와 같은 연립방정식을 얻을 수 있다. 연립방정식을 풀면 $c_1 = 2$, $c_2 = 1$이므로 특수해는 다음과 같다.

$$y = 2e^{3x} + e^{-x}$$

유제 3-4

미분방정식 $y'' + 2y' - 8y = 0$의 일반해를 구하고, 이 미분방정식이 초기조건 $y(0) = 7$, $y'(0) = 8$을 가질 때의 특수해를 구하라.

3.2.2 특성방정식이 중근을 갖는 경우

특성방정식이 중근 $\lambda_1 = \lambda_2 = \lambda$를 갖는 경우를 살펴보기 위해 근의 공식으로부터 얻은 특성방정식의 근의 식을 먼저 살펴보자.

$$\lambda = \frac{-a \pm \sqrt{a^2 - 4b}}{2}$$

여기서 $a^2 - 4b = 0$이면 $\lambda = \lambda_1 = \lambda_2 = -\dfrac{a}{2}$와 같은 중근을 얻는다. 그러면 $y_1 = y_2 = e^{-\frac{a}{2}x}$이 된다는 것인데, 미분방정식에서는 해가 겹치는 것이 허용되지 않으므로 중근에 따라 정해진 해인

■ 미분방정식의 중근

$$y_1 = e^{-\frac{a}{2}x} \tag{3.15}$$

만 해로 인정된다. 즉 미분방정식은 근이 겹치는 것을 허용하는 대수방정식과는 다른 특성을 갖는다. 따라서 인정받을 수 있는 해인 $y_1 = e^{-\frac{a}{2}x}$과는 다른, 두 번째 해인 y_2를 구해야 한다. 결국 숙제는 두 번째 해인 y_2를 구하는 것인데, 그것은 소위 **차수축소법**reduction of order을 이용하여 해결할 수 있다.

■ 차수축소법

지금부터 첫 번째 해인 y_1을 알고 있는 경우에 차수축소법을 이용하여 두 번째 해 y_2를 구하는 방법에 대해 살펴보자.

y_1이 2계 제차 미분방정식 $y'' + ay' + by = 0$의 해라고 하면, 우선 원식에 y_1을 대입하여 다음 식이 성립함을 알 수 있다.

$$y_1'' + ay_1' + by_1 = 0$$

이제 다른 해, 즉 두 번째 해를 구해야 하는데, 차수축소법을 이용하기 위해서는 먼저 두 번째 해를 다음과 같이 가정해야 한다.

■ 차수축소법에서의 가정

$$y_2(x) = u(x)y_1(x) \tag{3.16}$$

식 (3.16)을 미분하여 y_2'과 y_2''을 구하면

$$y_2' = u'y_1 + uy_1', \quad y_2'' = u''y_1 + 2u'y_1' + uy_1''$$

이 되고, y_2, y_2'과 y_2''을 2계 제차 미분방정식에 대입하면 다음과 같은 식을 얻을 수 있다.

$$y_2'' + ay_2' + by_2 = 0$$
$$(u''y_1 + 2u'y_1' + uy_1'') + a(u'y_1 + uy_1') + b(uy_1) = 0$$

위 식을 u에 대하여 정리하면

$$u''y_1 + u'\underbrace{(2y_1' + ay_1)}_{\text{(a)}} + u\underbrace{(y_1'' + ay_1' + by_1)}_{\text{(b)}} = 0$$

이 된다. 위 식에서 (b)는 $y_1'' + ay_1' + by_1 = 0$에 의해 0이 되고, (a)는 다음과 같이 계산된다.

$$\text{(a)} = 2y_1' + ay_1 = 2\left(-\frac{a}{2}e^{-\frac{a}{2}x}\right) + ae^{-\frac{a}{2}x} = 0$$

그러므로 두 번째 해를 구하기 위해 정의된 함수 $u(x)$는

$$u''y_1 = 0$$

에서 구해야 한다는 사실을 알 수 있다. 위 식에서 y_1은 0이 아니므로 결국 $u'' = 0$에서 적분 과정을 거쳐 다음과 같이 u를 구할 수 있다.

$$u'' = 0, \quad u' = c_1, \quad u = c_1x + c_2$$

이처럼 $u = c_1x + c_2$의 형태로 얻어졌지만, y_2 값을 정하기 위해 u와 y_1이 곱해지는 과정을 거치면 $u = c_1x + c_2$로 두지 않고 $u = x$로 두어도 동일한 y_2 값을 얻을 수 있다(계산하여 확인해보라). 따라서 두 번째 해는 다음과 같이 둘 수 있다.

$$u = x$$
$$y_2 = uy_1 = xy_1 = xe^{-\frac{a}{2}x}$$

여기서 중첩의 원리를 적용하면

$$\begin{aligned} y &= c_1y_1 + c_2y_2 \\ &= c_1e^{-\frac{a}{2}x} + c_2xe^{-\frac{a}{2}x} \\ &= (c_1 + c_2x)e^{-\frac{a}{2}x} \end{aligned} \tag{3.17}$$

■ 특성방정식의 일반해 (중근을 갖는 경우)

과 같이 일반해를 구할 수 있다.

예제 3-5 특성방정식이 중근을 갖는 경우 ①

2계 제차 미분방정식의 특성방정식이 중근 $\lambda = 1$을 가질 때의 일반해를 구하라.

> **key point**
> 특성방정식이 중근을 가질 때의 일반해
> $$y = (c_1 + c_2 x)e^{-\frac{a}{2}x}$$

풀이

먼저 특성방정식의 중근 $\lambda = 1$로 첫 번째 해를 구하면

$$y_1 = e^{\lambda x} = e^x$$

임을 알 수 있다. 식 $y_2 = uy_1$으로 두 번째 해를 구하면

$$y_2 = uy_1 = xy_1 = xe^x$$

이 되므로 중첩의 원리를 적용하여 다음과 같은 일반해를 구할 수 있다.

$$y = c_1 y_1 + c_2 y_2 = c_1 e^x + c_2 x e^x = (c_1 + c_2 x)e^x$$

유제 3-5

2계 제차 미분방정식의 특성방정식이 중근 $\lambda = a$(상수)를 가질 때의 일반해를 구하라.

예제 3-6 특성방정식이 중근을 갖는 경우 ②

미분방정식 $y'' - 2y' + y = 0$의 해를 구하라.

> **key point**
> 먼저 미분방정식을 특성방정식의 형태로 바꾼다.

풀이

먼저 특성방정식을 구하면

$$y'' - 2y' + y = 0 \rightarrow \lambda^2 - 2\lambda + 1 = (\lambda - 1)^2 = 0$$

과 같이 되어, $\lambda = 1$이라는 중근을 얻는다. 그러면 중근으로 인한 해는 각각

$$y_1 = e^x, \quad y_2 = uy_1 = xy_1 = xe^x$$

이 되므로 중첩의 원리를 적용하여 다음과 같은 일반해를 구할 수 있다.

$$\begin{aligned} y &= c_1 y_1 + c_2 y_2 = c_1 e^x + c_2 x e^x \\ &= (c_1 + c_2 x)e^x \end{aligned}$$

유제 3-6

미분방정식 $y'' - 6y' + 9y = 0$의 해를 구하라.

3.2.3 특성방정식이 공액복소근을 갖는 경우

특성방정식이 공액복소근 λ_1, λ_2를 갖는 경우는 식 (3.12)에서 $a^2-4b<0$인 경우이다. 그러므로 다음과 같이 정리하여 생각할 수 있다.

$$\lambda = \frac{-a \pm \sqrt{a^2-4b}}{2} = -\frac{a}{2} \pm \frac{\omega}{2}i$$

위 식은 $a^2-4b=-\omega^2$이라고 가정했을 때의 식이다. 여기서 위 식을 공액복소근을 갖는다는 사실에만 초점을 맞춰 다음과 같이 실수부와 허수부를 보다 간단한 값을 갖는 경우로 가정한다.

$$\lambda = -\frac{a}{2} \pm \frac{\omega}{2}i = \alpha \pm \beta i$$

위 근을 각각 $\lambda_1=\alpha+\beta i$, $\lambda_2=\alpha-\beta i$로 하여 특성방정식이 공액복소근을 갖는 경우의 해를 생각해보자. 특성방정식의 근에 따라 두 해는 다음과 같이 정해진다.

$$y_1 = e^{\lambda_1 x} = e^{(\alpha+\beta i)x} = e^{\alpha x}e^{i\beta x},$$
$$y_2 = e^{\lambda_2 x} = e^{(\alpha-\beta i)x} = e^{\alpha x}e^{-i\beta x}$$

여기서 복소지수함수와 삼각함수 간의 변환이 가능한 **오일러 공식**Euler's formula을 적용하면

■ 오일러 공식

$$y_1 = e^{\alpha x}e^{i\beta x} = e^{\alpha x}(\cos\beta x + i\sin\beta x),$$
$$y_2 = e^{\alpha x}e^{-i\beta x} = e^{\alpha x}(\cos\beta x - i\sin\beta x)$$

와 같은 식을 얻을 수 있다. 이 두 식은 복소지수함수 형태로 되어 있던 두 해가 지수함수와 삼각함수가 곱해져서 더해진 형태로 바뀐 것이다. 그러므로 복소지수함수 형태의 기저 y_1, y_2로부터 지수함수와 삼각함수가 결합된 형태의 새로운 기저 $y_1{}^*$, $y_2{}^*$가 만들어졌음을 유추할 수 있다. 이는 다음과 같은 수식적 과정을 거친다.

$$y_1+y_2 = 2e^{\alpha x}\cos\beta x\,,$$
$$y_1-y_2 = 2ie^{\alpha x}\sin\beta x$$

y_1+y_2, y_1-y_2에서 새로운 기저인 $e^{\alpha x}\cos\beta x$, $e^{\alpha x}\sin\beta x$를 얻을 수 있고, 각 결과식 앞에 붙어 있는 2와 $2i$는 상수이므로 함수로 구성되는 기저에서는 제외해도 된다.

결국 새로운 기저 y_1^*, y_2^*는

$$y_1^* = e^{\alpha x}\cos\beta x,\ y_2^* = e^{\alpha x}\sin\beta x$$

라고 생각할 수 있으므로 중첩의 원리를 적용하여 다음과 같은 일반해를 구성할 수 있다.

■ 특성방정식의 일반해 (공액복소근을 갖는 경우)

$$\begin{aligned} y &= c_1 y_1 + c_2 y_2 \\ &= A y_1^* + B y_2^* \\ &= e^{\alpha x}(A\cos\beta x + B\sin\beta x) \end{aligned} \tag{3.18}$$

예제 3-7 특성방정식이 공액복소근을 갖는 경우 ①

다음 미분방정식의 해를 구하라.

$$a^2 y'' + y = 0 \quad (\text{단, } a\text{는 상수})$$

> **key point**
> 특성방정식이 공액복소근을 가질 때의 일반해
> $y = e^{\alpha x}(A\cos\beta x + B\sin\beta x)$

풀이

먼저 특성방정식을 구하여 그 근을 구하면

$$a^2 y'' + y = 0 \rightarrow a^2\lambda^2 + 1 = 0$$

$$\lambda = \pm\sqrt{-\frac{1}{a^2}} = \pm\frac{1}{a}i$$

와 같이 공액복소근을 얻는다. 그러므로

$$\lambda = \alpha \pm \beta i$$

$$y = e^{\alpha x}(A\cos\beta x + B\sin\beta x)$$

에서 $\alpha = 0$, $\beta = \dfrac{1}{a}$이므로 다음과 같이 미분방정식의 해를 구할 수 있다.

$$y = A\cos\frac{1}{a}x + B\sin\frac{1}{a}x$$

유제 3-7

다음 미분방정식의 해를 구하라.

$$y'' + a^2 y = 0 \quad (\text{단, } a\text{는 상수})$$

예제 3-8 특성방정식이 공액복소근을 갖는 경우 ②

다음 미분방정식의 해를 구하라.

$$y'' + 2y' + 2y = 0,\ \ y(0) = \pi,\ \ y'(0) = \pi$$

> **key point**
> 특성방정식이 공액복소근을 가질 때는 실수부와 허수부를 정확히 구분하여 해를 구성하는 것이 필요하다.

풀이

특성방정식을 구하여 그 근을 구하면

$$y'' + 2y' + 2y = 0 \rightarrow \lambda^2 + 2\lambda + 2 = 0$$
$$\lambda = -1 \pm \sqrt{1-2} = -1 \pm i$$

와 같이 공액복소근을 얻는다.

$$\lambda = \alpha \pm \beta i$$
$$y = e^{\alpha x}(A\cos\beta x + B\sin\beta x)$$

위의 두 식에 특성방정식의 근을 대입하면, 다음과 같이 일반해를 구할 수 있다.

$$\lambda = -1 \pm i \rightarrow \alpha = -1,\ \ \beta = 1$$
$$\therefore\ y = e^{-x}(A\cos x + B\sin x)$$

위의 일반해에 초기조건을 대입하면

$$y(0) = e^{-0}\{A\cos(0) + B\sin(0)\} = A = \pi$$
$$y' = e^{-x}\{(-A+B)\cos x + (-B-A)\sin x\}$$
$$\therefore\ y'(0) = -A + B = -\pi + B = \pi,$$
$$B = 2\pi$$

와 같이 A와 B 값을 알 수 있고, 이 값을 대입하면 다음과 같은 특수해를 얻을 수 있다.

$$y = e^{-x}(\pi\cos x + 2\pi\sin x) = \pi e^{-x}(\cos x + 2\sin x)$$

유제 3-8

다음 미분방정식의 해를 구하라.

$$y'' + 6y' + 13y = 0,\ \ y(0) = 2,\ \ y'(0) = 0$$

지금까지 특성방정식이 어떤 근을 갖느냐에 따라 미분방정식의 해가 어떤 형태로 구해지는지 알아보았다. 여기까지의 결과를 정리하면 2계 제차 미분방정식의 일반해가 특성방정식의 근에 따라 구해지는 과정을 [표 3-1]과 같이 요약할 수 있다.

[표 3-1] 특성방정식의 근의 종류에 따른 기저 및 일반해의 형태

	특성방정식의 근	해의 기저	2계 제차 미분방정식의 일반해
A	서로 다른 두 실근 $\lambda_1,\ \lambda_2$	$e^{\lambda_1 x}$ $e^{\lambda_2 x}$	$y = c_1 e^{\lambda_1 x} + c_2 e^{\lambda_2 x}$
B	중근 $\lambda = -\frac{a}{2}$	$e^{\lambda x} = e^{-\frac{a}{2}x}$ $xe^{\lambda x} = xe^{-\frac{a}{2}x}$	$y = (c_1 + c_2 x)e^{\lambda x}$ $= (c_1 + c_2 x)e^{-\frac{a}{2}x}$
C	공액복소근 $\lambda_{1,\,2} = \alpha \pm \beta i$	$e^{\alpha x}\cos\beta x$ $e^{\alpha x}\sin\beta x$	$y = e^{\alpha x}(A\cos\beta x + B\sin\beta x)$

3.3 오일러-코시 방정식

1계 미분방정식에서 소개한 베르누이 방정식과 같이 특별한 형태의 미분방정식이 있다. 여기서 소개할 **오일러-코시 방정식**Euler-Cauchy equation 역시 그러한 방정식 중 하나이다.

오일러-코시 방정식은 다음과 같은 형태의 미분방정식이다.

■ 오일러-코시 방정식의 표준형

$$x^2y'' + axy' + by = 0 \quad (\text{단, } a,\ b\text{는 상수}) \tag{3.19}$$

식 (3.19)에서 보듯이 오일러-코시 방정식은 3.2절에서 학습한 상수계수를 가진 미분방정식과 달리 x의 함수를 계수로 둔 미분방정식이다. 일반적으로는 상수계수를 갖지 않는 경우, 해를 구하기가 쉽지 않다. 오일러-코시 방정식은 계수가 x의 함수로 되어 있으나, 일정한 규칙을 따르므로 해의 형태를 알맞게 정하여 쉽게 해를 구할 수 있는 미분방정식이다.

오일러-코시 방정식의 계수로 되어 있는 x의 함수를 잘 살펴보면, 해의 형태를 어떻게 정해야 할지 판단할 수 있다. 즉 x^2이 계수인 도함수는 2차, x가 계수인 도함수는 1차, 상수이긴 하지만 x^0으로 볼 수 있는 계수가 곱해져 있는 곳은 미분되지 않은 y의 함수이다. 이러한 규칙을 적용하면, 오일러-코시 방정식은 y가 미분된 횟수만큼 그 항의 계수로 x가 곱해진 형태의 방정식임을 알 수 있다. 결국 미분하면 x의 차수가 1차 낮아지는 점과 미분된 횟수만큼 계수로 x가 곱해지는 점을 고려한다면, 해를 x의 함수로 정할 수 있다고 추정할 수 있다. 이는 미분하여 차수가 낮아진 만큼 계수로 보상할 수 있다는 사실에 근거한다. 따라서 해의 형태를 다음과 같이 가정하여 방정식을 풀어보자.

$$y = x^m \tag{3.20}$$

▪ 오일러–코시 방정식에서의 해의 형태

먼저 해의 형태인 식 (3.20)을 미분한 도함수인 y', y''의 형태를 다음과 같이 구한다.

$$\begin{aligned} y' &= mx^{m-1}, \\ y'' &= m(m-1)x^{m-2} \end{aligned}$$

이를 오일러–코시 방정식인 식 (3.19)에 대입하면 다음과 같은 식을 얻는다.

$$\begin{aligned} x^2y'' + axy' + by &= x^2 \cdot m(m-1)x^{m-2} + ax \cdot mx^{m-1} + b \cdot x^m \\ &= m(m-1)x^m + amx^m + bx^m \\ &= x^m\{m(m-1) + am + b\} \\ &= 0 \end{aligned}$$

위 식에서는 오일러–코시 방정식의 해로 가정한 x^m은 0이 아니어야 하므로 결과적으로 다음 식이 성립해야만 한다.

$$m(m-1) + am + b = 0$$

혹은 변수 m으로 정리하여 다음과 같이 나타낼 수 있다.

$$m^2 + (a-1)m + b = 0 \tag{3.21}$$

▪ 오일러–코시 방정식의 보조방정식

식 (3.21)을 **오일러–코시 방정식의 보조방정식**이라고 하는데, 이 방정식의 근의 형태에 따라 오일러–코시 방정식의 해의 형태도 다르게 나타난다.

여기서도 상수계수를 가진 제차 미분방정식의 경우와 마찬가지로 보조방정식의 근의 형태에 따른 오일러–코시 방정식의 일반해를 구해보자.

3.3.1 보조방정식이 서로 다른 두 실근을 갖는 경우

보조방정식이 서로 다른 두 실근 m_1, m_2를 갖는 경우, 두 개의 근을 해인 $y = x^m$에 각각 대입하여 다음과 같은 기저를 구할 수 있다.

$$y_1 = x^{m_1},\ y_2 = x^{m_2}$$

여기에 중첩의 원리를 적용하면 다음과 같이 일반해를 구할 수 있다.

$$y = c_1x^{m_1} + c_2x^{m_2} \tag{3.22}$$

▪ 보조방정식의 일반해 (서로 다른 두 실근을 갖는 경우)

예제 3-9 보조방정식이 서로 다른 실근을 갖는 경우

미분방정식 $x^2y'' + 5xy' + 3y = 0$의 해를 구하라.

> **key point**
> 보조방정식이 서로 다른 실근을 갖는 경우
> $y = c_1x^{m_1} + c_2x^{m_2}$

풀이

식 (3.19)의 오일러-코시 방정식의 계수를 이용하여 보조방정식을 구한다.

$$a = 5,\ \ b = 3 \ \rightarrow\ m^2 + (a-1)m + b = m^2 + 4m + 3 = 0$$

보조방정식의 근을 구하면 $m_1 = -1$, $m_2 = -3$과 같이 서로 다른 두 실근이 구해지므로 이를 식 (3.22)에 대입하여 오일러-코시 방정식의 일반해를 다음과 같이 구할 수 있다.

$$y = c_1x^{m_1} + c_2x^{m_2} = c_1x^{-1} + c_2x^{-3} = \frac{1}{x}\left(c_1 + \frac{c_2}{x^2}\right)$$

유제 3-9

미분방정식 $x^2y'' - 20y = 0$, $y(1) = 0$, $y'(1) = 9$의 해를 구하라.

3.3.2 보조방정식이 중근을 갖는 경우

보조방정식이 중근 $m_1 = m_2 = m$을 갖는 경우도 상수계수를 갖는 제차 미분방정식의 경우처럼 해가 겹치는 형태에 해당한다. 미분방정식의 해는 겹쳐서 나타낼 수 없으므로 여기서도 역시 상수계수를 갖는 제차 미분방정식의 경우처럼 차수축소법을 이용하여 두 번째 해를 구해야 한다.

먼저 보조방정식에 근의 공식을 적용하면 다음과 같은 근을 얻는다.

$$m = \frac{-(a-1) \pm \sqrt{(a-1)^2 - 4b}}{2} \tag{3.23}$$

이때 $(a-1)^2 - 4b = 0$이면, $m = m_1 = m_2 = \frac{1-a}{2}$와 같이 중근을 얻는다. 중근에 따라 정해진 첫 번째 해는

$$y_1 = x^{\frac{1-a}{2}} \tag{3.24}$$

이고, 차수축소법을 이용하여 두 번째 해 y_2를 구해보자.

우선 y_1이 오일러-코시 방정식 $x^2y'' + axy' + by = 0$의 해라고 하면, 원식에 y_1을 대입하여 다음 식이 성립함을 알 수 있다.

$$x^2 y_1'' + axy_1' + by_1 = 0 \tag{3.25}$$

다음에 차수축소법을 사용하기 위해 $y_2 = uy_1$과 같이 두 번째 해를 가정하여 원식에 대입하면

$$\begin{aligned} &x^2y_2'' + axy_2' + by_2 \\ &\quad = x^2(u''y_1 + 2u'y_1' + uy_1'') + ax(u'y_1 + uy_1') + b(uy_1) = 0 \end{aligned}$$

이 되고, 이를 u에 대하여 정리하면

$$u''x^2y_1 + u'\underbrace{(2x^2y_1' + axy_1)}_{\text{(a)}} + u\underbrace{(x^2y_1'' + axy_1' + by_1)}_{\text{(b)}} = 0$$

과 같이 된다. 위 식에서 (b)는 식 (3.25)에 의하여 0임을 알 수 있으므로 남은 식인 (a)에 대하여 계산하면 다음과 같다.

$$\text{(a)} = 2x^2y_1' + axy_1 = 2x^2(x^{\frac{1-a}{2}})' + ax(x^{\frac{1-a}{2}}) = x^{\frac{3-a}{2}}$$

결과적으로 오일러-코시 방정식은

$$\begin{aligned} u''x^2y_1 + u'(x^{\frac{3-a}{2}}) &= u''x^2(x^{\frac{1-a}{2}}) + u'(x^{\frac{3-a}{2}}) \\ &= x^{\frac{3-a}{2}}(u''x + u') = 0 \end{aligned}$$

이 된다. 결국 $u''x + u' = 0$에서 u를 구해야 한다. 그러므로 변수분리법을 이용하여 구하면 다음과 같다.

$$\frac{u''}{u'} = -\frac{1}{x}, \quad \text{적분하면 } \ln|u'| = -\ln x$$

$$\therefore\ u' = \frac{1}{x}, \quad \text{적분하면 } u = \ln x$$

따라서 두 번째 해는 $y_2 = uy_1 = x^{\frac{1-a}{2}} \ln x$로 구해지고, 중첩의 원리에 따라 일반해는 다음과 같이 쓸 수 있다.

$$y = c_1 x^{\frac{1-a}{2}} + c_2 x^{\frac{1-a}{2}} \ln x = x^{\frac{1-a}{2}}(c_1 + c_2 \ln x) \tag{3.26}$$

■ 보조방정식의 일반해 (중근을 갖는 경우)

예제 3-10 보조방정식이 중근을 갖는 경우

다음 미분방정식의 해를 구하라.

$$x^2y'' - 3xy' + 4y = 0$$

> **key point**
> 보조방정식이 중근을 갖는 경우
> $y = x^m(c_1 + c_2 \ln x)$

풀이

오일러-코시 방정식의 계수를 이용하여 보조방정식을 구한다.

$$a = -3,\ b = 4 \rightarrow m^2 + (a-1)m + b = m^2 - 4m + 4 = (m-2)^2 = 0$$

보조방정식은 $m_1 = m_2 = m = 2$인 중근을 갖는다. 따라서 식 (3.26)에 대입하여 다음과 같이 일반해를 구할 수 있다.

$$y = x^m(c_1 + c_2 \ln x) = x^2(c_1 + c_2 \ln x)$$

유제 3-10

다음 미분방정식의 해를 구하라.

$$x^2y'' - 7xy' + 16y = 0,\ y(1) = 1,\ y'(1) = 5$$

3.3.3 보조방정식이 공액복소근을 갖는 경우

보조방정식이 $m = p \pm qi$와 같은 형태의 공액복소근을 갖는 경우는 상수계수를 갖는 경우처럼 삼각함수의 형태로 해를 변환한다. 단, 오일러-코시 방정식의 경우 해의 형태가 지수함수가 아닌 x의 거듭제곱급수 형태이기 때문에 먼저 거듭제곱급수 형태를 지수함수 형태로 표현할 수 있는 수식적 처리가 필요하다. 지금부터 그 과정을 살펴보자.

보조방정식의 공액복소근을

$$m_1 = p + qi,\ m_2 = p - qi$$

와 같이 얻었을 때, 두 근을 해에 대입하면

$$y_1 = x^{m_1} = x^{p+qi} = x^p x^{qi},$$
$$y_2 = x^{m_2} = x^{p-qi} = x^p x^{-qi}$$

과 같이 해의 기저를 구할 수 있다.

여기서 복소함수인 x^{qi}과 x^{-qi}을 복소지수함수 형태로 나타내기 위해 수식적 처리를 해야 한다. 수식적 처리란 $x = e^{\ln x}$으로 표현하는 것을 의미한다. 그러면 위에서 구한 기저들을

$$y_1 = x^p x^{qi} = x^p e^{iq\ln x}, \quad y_2 = x^p x^{-qi} = x^p e^{-iq\ln x}$$

으로 나타낼 수 있고, 이 식에 오일러 공식을 적용하면

$$\begin{aligned} y_1 &= x^p e^{iq\ln x} &&= x^p\{\cos(q\ln x) + i\sin(q\ln x)\}, \\ y_2 &= x^p e^{-iq\ln x} &&= x^p\{\cos(q\ln x) - i\sin(q\ln x)\} \end{aligned}$$

가 된다. 따라서 상수계수를 갖는 경우처럼 새로운 기저를 도출하기 위해 기존의 기저들을 다음과 같이 서로 더하고 빼는 계산을 한다.

$$y_1 + y_2 = 2x^p\cos(q\ln x), \quad y_1 - y_2 = 2ix^p\sin(q\ln x)$$

위 식에서 2와 $2i$는 상수이므로 상수를 제외한 함수 부분이 새로운 기저 역할을 담당하게 된다. 따라서 다음과 같은 새로운 기저를 구성할 수 있다.

$$y_1{}^* = x^p\cos(q\ln x), \quad y_2{}^* = x^p\sin(q\ln x)$$

위의 두 기저에 중첩의 원리를 적용하면 다음과 같은 일반해를 구할 수 있다.

$$\begin{aligned} y &= Ay_1{}^* + By_2{}^* \\ &= Ax^p\cos(q\ln x) + Bx^p\sin(q\ln x) \\ &= x^p\{A\cos(q\ln x) + B\sin(q\ln x)\} \end{aligned} \tag{3.27}$$

■ 보조방정식의 일반해 (공액복소근을 갖는 경우)

예제 3-11 보조방정식이 공액복소근을 갖는 경우

다음 미분방정식의 해를 구하라.

$$x^2y'' + xy' + y = 0$$

key point

보조방정식이 공액복소근을 갖는 경우
$y = Ax^p\cos(q\ln x) + Bx^p\sin(q\ln x)$

풀이

오일러-코시 방정식의 계수를 이용하여 보조방정식을 구한다.

$$a = 1,\ b = 1 \rightarrow m^2 + (1-1)m + 1 = m^2 + 1 = 0$$

보조방정식은 $m_{1,2} = \pm i$인 공액복소근을 갖는다.
일반해는 $p = 0$, $q = 1$을 식 (3.27)에 대입하여 구할 수 있다.

$$y = x^0\{A\cos(\ln x) + B\sin(\ln x)\} = A\cos(\ln x) + B\sin(\ln x)$$

유제 3-11

다음 미분방정식의 해를 구하라.

$$x^2y'' + xy' + 9y = 0,\ \ y(1) = 2,\ \ y'(1) = 0$$

3.4 2계 비제차 미분방정식

지금까지 2계 미분방정식을 학습한 내용들은 모두 제차 미분방정식에 대한 것이었다. 지금부터는 비제차 미분방정식의 해를 구하는 방법에 대해 살펴보자. 먼저 2계 미분방정식의 표준형을 표현하면 다음과 같다.[2]

2 식 (3.3) 참조

$$y'' + p(x)y' + q(x)y = r(x) \tag{3.28}$$

위 식에서 제차 미분방정식과 비제차 미분방정식을 구분할 수 있는 항은 $r(x)$이다. 즉 $r(x)$가 0이면 제차 미분방정식이고, 0이 아닌 값을 가지면 비제차 미분방정식이다. 실제적인 모델링이라고 생각하면 $r(x)$는 절대 빠질 수 없는 항이다. $r(x)$는 구동력이나 입력에 해당되는 항이기 때문이다. 입력 없이 출력이 얻어지는 시스템은 생각할 수 없으므로 미분방정식이라는 시스템의 입력 또한 없어서는 안 되는 것이다. 미분방정식의 해는 출력에 대응되는 것이기 때문에 미분방정식을 하나의 시스템으로 생각한다면, 비제차항 $r(x)$는 입력, 미분방정식의 해 $y(x)$는 출력에 해당된다.

■ 미분방정식에서의 입력과 출력

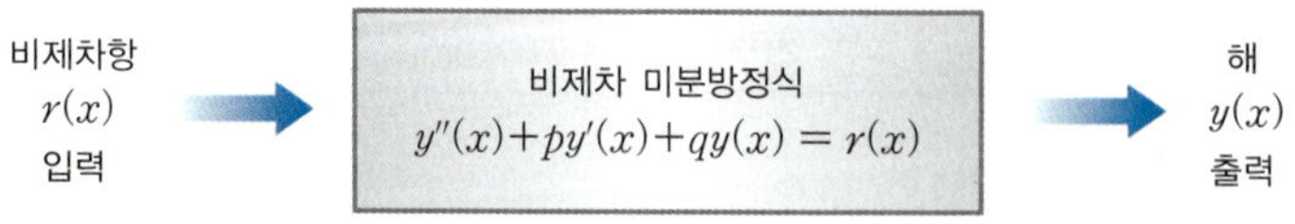

[그림 3-1] **비제차 미분방정식 시스템의 입출력 관계**

이제 비제차 미분방정식의 해에 대해 생각해보자. 비제차 미분방정식의 해는 두 부분으로 구성되어 있다. 그 한 부분은 이미 구하는 법을 알고 있는 제차 미분방정식의 일반해이다. 즉 제차 미분방정식의 일반해는 비제차 미분방정식의 일반해의 일부라는 의미이다. 나머지 한 부분은 비제차항(특정 구동력 또는 특정 입력) $r(x)$로 인한 특수해이다.

이와 같이 미분방정식을 시스템으로 볼 수 있으므로 입력이 있는 것은 당연하다. 따라서 입력 $r(x)$가 0인 제차 미분방정식으로는 제대로 된 시스템의 형태라고 할 수 없고, $r(x)$가 0이 아닌 비제차 미분방정식이어야 시스템의 형태를 갖춘 것이라고 볼 수 있다. 출력인 해는 입력이 0인 경우와 0이 아닌 경우로 나눠서 구하지만, 최종 출력, 즉 비제차 미분방정식의 일반해는 두 가지 경우의 해를 합친 형태로 구성되어야 한다.

여기서 비제차 미분방정식의 일반해에 대한 논의를 정리해보겠다. 식 (3.28)에서 $r(x)=0$인 경우, 즉 제차 미분방정식의 일반해를 $y_h(x)$로 두고, $r(x)$가 0이 아닌 값을 갖는 경우의 해를 $y_p(x)$로 두면, 비제차 미분방정식의 **일반해**는 다음 식과 같이 구성된다.

$$y(x) = y_h(x) + y_p(x) \tag{3.29}$$

▪ 비제차 미분방정식의 일반해

이제 비제차 미분방정식의 일반해는 제차 미분방정식의 일반해와 비제차항으로 인한 특수해로 구성된다는 사실을 확인하고, 비제차항으로 인한 특수해 $y_p(x)$를 구하는 방법을 알면 비제차 미분방정식의 일반해를 구할 수 있다.

먼저 비제차 미분방정식의 일반해의 구성이 식 (3.29)와 같다는 사실을 증명해 보자.

정리 3-2 비제차 미분방정식의 일반해의 구성

비제차 미분방정식 $y'' + p(x)y' + q(x)y = r(x) \neq 0$의 일반해 $y(x)$는 제차 미분방정식 $y'' + p(x)y' + q(x)y = 0$의 일반해 $y_h(x)$와 비제차항 $r(x)$로 인해 얻어지는 특수해 $y_p(x)$가 더해진 $y(x) = y_h(x) + y_p(x)$ 형태로 나타난다.

정리의 증명

먼저 다음과 같은 연산자를 생각해 두자.

$$L[y] = y'' + p(x)y' + q(x)y$$

이 연산자에서 y에 어떤 값을 대입하여 0이 된다는 것은 $y'' + p(x)y' + q(x)y = 0$을 만족한다는 것이므로 곧 제차 미분방정식의 해가 된다는 의미이다. 그러므로 $y_h(x)$가 제차 미분방정식의 일반해라는 사실은 다음과 같은 식으로 나타낼 수 있다.

$$L[y_h] = y_h'' + p(x)y_h' + q(x)y_h = 0$$

마찬가지로 $r(x)$로 인한 특수해란, 위의 연산자에 임의의 값을 대입했을 때 원식이 $r(x)$가 된다는 의미이므로 $y_p(x)$가 특수해라는 사실은 다음 식으로 정의할 수 있다.

$$L[y_p] = y_p'' + p(x)y_p' + q(x)y_p = r(x)$$

연산자 $L[y]$에 $y(x) = y_h(x) + y_p(x)$를 대입하면 다음과 같은 결과를 얻는다.

$$\begin{aligned} L[y_h + y_p] &= (y_h + y_p)'' + p(y_h + y_p)' + q(y_h + y_p) \\ &= (y_h'' + py_h' + qy_h) + (y_p'' + py_p' + qy_p) \\ &= 0 + r(x) = r(x) \end{aligned}$$

위의 계산 결과가 $r(x)$가 되는 것은 $y = y_h + y_p$가 비제차 미분방정식인 $y'' + p(x)y' + q(x)y = r(x)$의 일반해가 된다는 의미이다.

[그림 3-2]는 비제차 미분방정식의 일반해를 구하는 과정을 도식으로 나타낸 것이다.

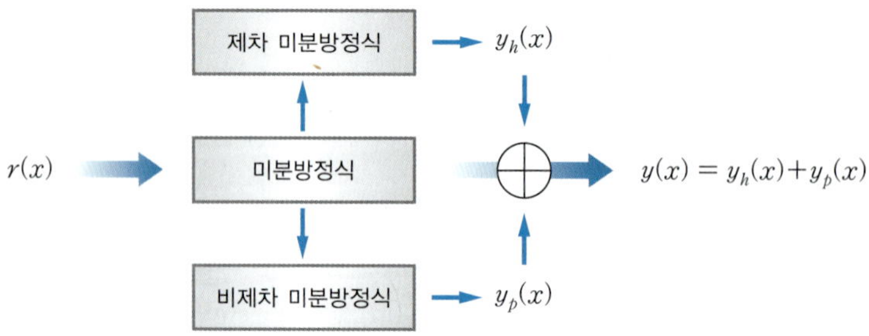

[그림 3-2] 비제차 미분방정식의 해의 구성

예제 3-12 비제차 미분방정식의 일반해

주어진 y_p가 다음 비제차 미분방정식의 특수해가 되는지 확인한 후 일반해를 구하라.

$$y'' - 2y' + 5y = 5x^4 - 8x^3 + 2x^2 + 8x - 4,$$
$$y_p = x^4 - 2x^2$$

key point
비제차 미분방정식에 y_p를 대입하여 $r(x)$가 얻어지면 y_p는 특수해이다.

풀이

특수해 y_p의 도함수 y_p'과 y_p''을 구하여 원식에 대입한다.

$$y_p' = 4x^3 - 4x, \quad y_p'' = 12x^2 - 4,$$
$$y_p'' - 2y_p' + 5y_p = (12x^2 - 4) - 2(4x^3 - 4x) + 5(x^4 - 2x^2)$$
$$= 5x^4 - 8x^3 + 2x^2 + 8x - 4$$

따라서 주어진 y_p는 원식의 특수해가 된다.

그 다음에 제차 미분방정식의 해를 구한다.

$$y'' - 2y' + 5y = 0 \rightarrow \lambda^2 - 2\lambda + 5 = 0$$

특성방정식이 $\lambda_{1,2} = 1 \pm 2i$인 공액복소근을 가지므로 제차 미분방정식의 일반해는 $y_h = e^x(A\cos 2x + B\sin 2x)$와 같이 구해진다.

비제차 미분방정식의 일반해는 $y(x) = y_h(x) + y_p(x)$이므로 다음과 같은 일반해를 구할 수 있다.

$$y = y_h + y_p = e^x(A\cos 2x + B\sin 2x) + x^4 - 2x^2$$

유제 3-12

주어진 y_p가 다음 비제차 미분방정식의 특수해가 되는지 확인한 후 일반해를 구하라.

$$y'' - 4y' + 3y = e^x(2\sin x - \cos x), \quad y_p = e^x \cos x$$

3.5 미정계수법에 의한 해법

3.4절에서는 비제차 미분방정식의 일반해가 어떻게 구성되는지 알아보았다. 결론적으로 비제차 미분방정식의 일반해는 제차 미분방정식의 해와 비제차 미분방정식의 특수해로 구성된다는 사실을 알았다. 제차 미분방정식의 해를 구하는 방법은 이미 알고 있으므로 비제차 미분방정식의 특수해 $y_p(x)$를 구하는 방법을 알아보자.

이 절에서는 비제차 미분방정식의 특수해 $y_p(x)$를 구하는 데 가장 일반적으로 사용되는 **미정계수법**method of undetermined coefficients에 대해 살펴볼 것이다. 미정계수법은 상수계수를 갖는 선형 미분방정식에 유용하게 활용할 수 있는 해법이다.

우선 상수계수를 가진 2계 비제차 미분방정식의 표준형을 다음과 같이 정의할 수 있다.

$$y''(x) + ay'(x) + by(x) = r(x) \quad (\text{단, } a, \ b\text{는 상수}) \tag{3.30}$$

미정계수법의 기본은 비제차항 $r(x)$와 동일한 형태의 함수를 특수해 $y_p(x)$로 가정하는 것이다. 해법의 기본을 이해할 수 있도록 미정계수법의 간단한 예를 살펴보자.

다음과 같은 비제차 미분방정식이 있다.

$$y'' + 2y' + y = 3e^{2x}$$

이는 비제차항 $r(x)$를 지수함수 e^{2x} 형태로 나타낸 식이다. 그러므로 비제차 미분방정식의 특수해 $y_p(x)$의 형태를 다음과 같이 동일 형태로 가정한다.

$$y_p(x) = Ke^{2x}$$

다음에 이 특수해를 원식에 대입하여

$$y_p{}'' + 2y_p{}' + y_p = 3e^{2x}$$

이 성립할 수 있는 상수 K를 구하면 특수해 y_p를 구할 수 있다.

$$\begin{aligned} y_p{}'' + 2y_p{}' + y_p &= 4Ke^{2x} + 4Ke^{2x} + Ke^{2x} \\ &= 9Ke^{2x} = 3e^{2x} \end{aligned}$$

$$K = \frac{1}{3}, \quad y_p(x) = \frac{1}{3}e^{2x}$$

이렇게 구한 y_p 값을 원식에 대입해보면 해가 된다는 사실을 확인할 수 있다.

이처럼 미정계수법이란 비제차항과 동일한 형태의 함수를 특수해의 형태로 가정해 두고, 특수해의 계수에 해당되는 미정계수를 구해 특수해를 구하는 방법을 말한다. 이 방법을 이용하면 간단하게 특수해를 구할 수는 있으나, 경우에 따라 특수해로 가정해야 하는 함수가 다양하다. 따라서 특수해가 여러 가지 함수 형태로 표현되어 있는 문제를 풀어보는 것이 미정계수법을 익힐 수 있는 가장 좋은 방법이다.

3.5.1 다항함수의 경우

먼저 비제차항이 다항함수인 경우, 즉 $r(x)$의 형태가 x의 함수로 표현되는 경우를 살펴보자. 우선 $r(x)$의 형태에 따라 특수해를 설정하는 형태를 [표 3-2]와 같이 정리할 수 있다.

[표 3-2] 비제차항이 다항함수인 경우, 비제차 미분방정식의 특수해 형태 설정

$r(x)$의 형태	$y_p(x)$ 형태의 설정
k	K
k_1x+k_0	K_1x+K_0
$k_2x^2+k_1x+k_0$	$K_2x^2+K_1x+K_0$
$\vdots$	$\vdots$
$k_nx^n+k_{n-1}x^{n-1}+\cdots+k_1x+k_0$	$K_nx^n+K_{n-1}x^{n-1}+\cdots+K_1x+K_0$

[표 3-2]에서 볼 수 있듯이, 다항함수의 경우에는 비제차항 $r(x)$와 특수해 $y_p(x)$의 형태를 동일하게 설정하는 것이 기본 방법이다. 단, $r(x)$의 형태에서 우선적으로 생각해야 할 항은 x의 함수의 최고차항이다. 예를 들어, 2차인 경우 $k_2x^2+k_1x+k_0$와 같은 $r(x)$를 갖는데, 이때 k_1이나 k_0 값이 0이더라도 $y_p(x)$의 형태를 K_2x^2이 아니라 $K_2x^2+K_1x+K_0$와 같이 설정해야 한다는 것이다. 이는 비록 $r(x)$의 형태에서 1차나 상수계수의 값이 0이더라도 $y_p(x)$의 형태를 미분방정식에 대입하여 계산하는 과정에서는 $y_p(x)$가 미분되어 1차나 상수 형태가 나타날 수 있기 때문이다. 따라서 $y_p(x)$의 형태를 설정할 때는 이 점을 고려하여 어떤 항을 제외하고 설정해서는 안 된다. 이러한 사실을 확인하기 위해 다음과 같은 예제를 풀어보자.

예제 3-13 미정계수법의 예 : 다항함수

다음 미분방정식의 해를 구하라.

$$y''+2y=x^2+x$$

key point
$r(x)=x^2+x$
$y_p=K_2x^2+K_1x+K_0$

풀이

먼저 제차 미분방정식의 일반해부터 구하면 다음과 같다.

$$y''+2y=0 \rightarrow \lambda^2+2=0,\ \lambda=\pm\sqrt{2}i$$
$$y_h=A\cos\sqrt{2}x+B\sin\sqrt{2}x$$

특수해 y_p의 형태를 다음과 같이 설정한다. 비제차항에는 x^2항과 x항만 존재하지만, 2차 도함수까지 구해야 하기 때문에 y_p의 형태를 설정할 때는 상수항도 필요하다. 즉 다음과 같이 설정해야 한다.

$$y_p = K_2 x^2 + K_1 x + K_0$$

원식에 y_p와 그 도함수들을 대입하면 다음과 같다.

$$y_p' = 2K_2 x + K_1,\ y_p'' = 2K_2$$

$$y_p'' + 2y_p = 2K_2 + 2(K_2 x^2 + K_1 x + K_0) = x^2 + x$$

여기서 x^2과 x의 계수, 상수항을 비교하면 다음과 같다.

$$2K_2 = 1,\ 2K_1 = 1,\ 2K_2 + 2K_0 = 0$$

각각의 계수를 구해 비제차 미분방정식의 특수해 y_p를 구하면 다음과 같다.

$$K_2 = \frac{1}{2},\ K_1 = \frac{1}{2},\ K_0 = -\frac{1}{2}$$

$$\therefore\ y_p = K_2 x^2 + K_1 x + K_0 = \frac{1}{2}x^2 + \frac{1}{2}x - \frac{1}{2}$$

그러므로 다음과 같이 비제차 미분방정식의 일반해를 구할 수 있다.

$$y = y_h + y_p = A\cos\sqrt{2}\,x + B\sin\sqrt{2}\,x + \frac{1}{2}(x^2 + x - 1)$$

유제 3-13

다음 미분방정식의 해를 구하라.

$$y'' + 4y = 4x^2 + 10$$

3.5.2 지수함수의 경우

비제차항이 지수함수인 경우는 이 절의 도입부에서 미정계수법을 설명하면서 예로 든 것이 그 기본적인 해법이다. 즉 $r(x)$의 형태가 지수함수 형태인 경우, 그와 동일하게 $y_p(x)$의 형태를 설정하는 것이다. 단, 여기에는 한 가지 조건이 있다. 제차 미분방정식의 일반해를 구성하고 있는 기저의 형태와 $r(x)$의 형태가 중복되면 안 된다는 것이다. 일반해의 기저와 $r(x)$의 형태가 같지 않다면, $r(x)$와 동일한 형태로 특수해 $y_p(x)$를 설정하면 된다. 이와 같은 내용을 [표 3-3]으로 정리할 수 있다.

[표 3-3] 비제차항이 지수함수인 경우, 비제차 미분방정식의 특수해 형태 설정

$r(x)$의 형태	$y_p(x)$ 형태의 설정
$ke^{\lambda x}$	$Ke^{\lambda x}$

비제차항이 지수함수이긴 하지만, 앞에서 설명한 기본적인 경우에서 조금 변형된 $y_p(x)$의 설정방법에 대해 알아보자. 이는 비제차항 $r(x)$의 형태가 해당 미분방정식의 제차 미분방정식의 일반해에 이미 포함되어 있는 경우이다. 이러한 경우에는 기존 $r(x)$의 형태에 x를 곱하여 $y_p(x)$를 설정해야 한다. 나아가서 제차 미분방정식의 일반해가 특성방정식이 중근을 갖는 경우에 해당하여 이미 x를 곱한 형태마저 일반해의 기저에 포함되어 있다면, x를 한 번 더 곱하여 x^2을 곱한 형태로 특수해 $y_p(x)$를 설정해야 한다. 이와 같은 내용을 [표 3-4]로 정리할 수 있다.

[표 3-4] 제차 미분방정식의 해에 비제차항의 형태가 이미 나타나 있는 경우, 비제차 미분방정식의 특수해 형태 설정

제차 미분방정식의 해	$r(x)$의 형태	$y_p(x)$ 형태의 설정
$c_1e^{\lambda_1 x}+c_2e^{\lambda_2 x}$	$ke^{\lambda_1 x}$	$Kxe^{\lambda_1 x}$
$c_1e^{\lambda_1 x}+c_2xe^{\lambda_1 x}$		$Kx^2e^{\lambda_1 x}$

예제 3-14 미정계수법의 예 : 지수함수 ①

다음 미분방정식의 일반해를 구하라.

$$y''-4y'+3y=10e^{-2x}$$

key point
비제차 미분방정식의 특수해 형태
$y_p=Ke^{-2x}$

풀이

제차 미분방정식의 일반해부터 구하면 다음과 같다.

$$y''-4y'+3y=0 \rightarrow \lambda^2-4\lambda+3=(\lambda-1)(\lambda-3)=0$$
$$\therefore\ y_h=c_1e^x+c_2e^{3x}$$

이때 제차 미분방정식의 해에 $r(x)=e^{-2x}$과 같은 형태가 보이지 않으므로 비제차 미분방정식의 y_p의 형태를 $y_p=Ke^{-2x}$으로 정할 수 있다.

y_p와 그 도함수를 구하여 원 미분방정식에 대입하면 다음과 같이 비제차 미분방정식의 일반해를 구할 수 있다.

$$y_p'' - 4y_p' + 3y_p = (Ke^{-2x})'' - 4(Ke^{-2x})' + 3(Ke^{-2x})$$
$$= 4Ke^{-2x} + 8Ke^{-2x} + 3Ke^{-2x} = 15Ke^{-2x} = 10e^{-2x}$$
$$K = \frac{2}{3} \rightarrow y_p = Ke^{-2x} = \frac{2}{3}e^{-2x}$$
$$\therefore\ y = c_1e^x + c_2e^{3x} + \frac{2}{3}e^{-2x}$$

유제 3-14

다음 미분방정식의 해를 구하라.

$$y'' + 2y' - 3y = 4e^{-x},\quad y(0) = 1,\quad y'(0) = -1$$

예제 3-15 미정계수법의 예 : 지수함수 ②

다음 미분방정식의 일반해를 구하라.

$$y'' - 3y' - 4y = e^{4x}$$

key point

- $r(x) = e^{ax}$
- $y_h = \cdots + c_2e^{ax}$
- $y_p = Kxe^{ax}$

풀이

제차 미분방정식의 해부터 구하면 다음과 같다.

$$y'' - 3y' - 4y = 0 \rightarrow \lambda^2 - 3\lambda - 4 = (\lambda - 4)(\lambda + 1) = 0$$
$$\therefore\ y_h = c_1e^{4x} + c_2e^{-x}$$

여기서 제차 미분방정식의 해에 $r(x)$와 같은 형태인 e^{4x}항이 들어있음을 알았기 때문에 다음과 같이 $r(x)$의 형태에 x를 곱해 y_p의 형태로 설정하는 방법을 사용한다.

$$y_p = Kxe^{4x}$$

위의 형태와 그 도함수를 다음과 같이 구하여

$$y_p' = Ke^{4x} + 4Kxe^{4x},\quad y_p'' = 8Ke^{4x} + 16Kxe^{4x}$$

원식에 대입하면 다음과 같다.

$$y_p'' - 3y_p' - 4y_p = (8Ke^{4x} + 16Kxe^{4x}) - 3(Ke^{4x} + 4Kxe^{4x}) - 4(Kxe^{4x})$$
$$= 5Ke^{4x} = e^{4x}$$
$$K = \frac{1}{5} \rightarrow y_p = \frac{1}{5}xe^{4x}$$

따라서 다음과 같은 비제차 미분방정식의 일반해를 구할 수 있다.

$$y = y_h + y_p = c_1e^{4x} + c_2e^{-x} + \frac{1}{5}xe^{4x}$$

유제 3-15

다음 미분방정식의 해를 구하라.

$$y'' + 2y' - 3y = -8e^x,\ y(0) = 0,\ y'(0) = 2$$

여기서 한 가지 언급해 두고 싶은 것이 있다. 동일한 함수 형태의 해가 이미 나타나 있는 경우에는, 지수함수의 경우가 아니더라도 x를 곱하여 y_p의 형태로 설정하는 것이 일반적인 방법이라는 사실이다. 비제차 미분방정식의 특수해 형태를 설정할 때는 이 점을 기억해 두기를 바란다.

3.5.3 삼각함수의 경우

다음에는 $r(x)$의 형태가 삼각함수인 경우를 살펴보자. $r(x)$의 형태가 삼각함수인 경우, 유의해야 할 점이 한 가지 있다. 그것은 $r(x)$가 사인함수 혹은 코사인함수 중 어느 한쪽의 함수로만 표현되어 있더라도 y_p는 두 함수 모두로 구성되어 있는 $A\cos(x) + B\sin(x)$의 형태로 설정해야 한다는 것이다. 왜냐하면 y_p를 원식에 대입하면 2계 미분방정식이므로 각각의 사인함수 혹은 코사인함수의 미분된 형태도 계산 결과에 포함되기 때문이다. 즉 원래 $r(x)$로 나타나 있는 어느 한쪽의 함수뿐만 아니라 미분된 상태인 다른 함수 형태까지 비제차 미분방정식의 y_p 계산 과정에 포함된다는 것이다. 이와 같은 내용을 [표 3-5]로 정리할 수 있다.

[표 3-5] 비제차항이 삼각함수인 경우, 비제차 미분방정식의 특수해 형태 설정

$r(x)$의 형태	$y_p(x)$ 형태의 설정
$a\cos\alpha x$	$A\cos\alpha x + B\sin\alpha x$
$b\sin\alpha x$	
$a\cos\alpha x + b\sin\alpha x$	

예제 3-16 미정계수법의 예 : 삼각함수

다음 미분방정식의 해를 구하라.

$$y'' - y' - 6y = 50\cos x$$

key point
비제차 미분방정식의 특수해 형태
$y_p = A\cos\alpha x + B\sin\alpha x$

풀이

제차 미분방정식의 일반해부터 구해보자.

$$y''-y'-6y=0 \rightarrow \lambda^2-\lambda-6=(\lambda-3)(\lambda+2)=0$$
$$\therefore\ y_h=c_1e^{3x}+c_2e^{-2x}$$

이 경우, $r(x)=50\cos x$와 같이 비제차항이 코사인함수로만 나타나지만, 앞서 설명한 대로 미분하면 사인함수도 나타난다. 따라서 y_p의 형태는 다음과 같이 사인함수와 코사인함수 모두가 존재하는 형태로 정해야 한다.

$$y_p=A\cos x+B\sin x$$

위 식에서 2차 도함수까지 구하면 다음과 같다.

$$y_p'=(A\cos x)'+(B\sin x)'=-A\sin x+B\cos x$$
$$y_p''=(-A\sin x)'+(B\cos x)'=-A\cos x-B\sin x$$

이 식들을 원 미분방정식에 대입하여 계수를 비교하면, 다음과 같이 A, B 값을 구할 수 있다.

$$\begin{aligned} y_p''-y_p'-6y_p &= (-A\cos x-B\sin x)-(-A\sin x+B\cos x)-6(A\cos x+B\sin x) \\ &= \cos x(-7A-B)+\sin x(A-7B)=50\cos x \\ &\therefore\ A-7B=0,\ -7A-B=50 \rightarrow A=-7,\ B=-1 \end{aligned}$$

그러므로 $y_p=-7\cos x-\sin x$이고, 다음과 같이 비제차 미분방정식의 일반해를 구할 수 있다.

$$y=y_h+y_p=c_1e^{3x}+c_2e^{-2x}-7\cos x-\sin x$$

유제 3-16

다음 미분방정식의 해를 구하라.

$$y''-6y'+9y=\sin 2x,\ y(0)=-\frac{157}{169},\ y'(0)=\frac{10}{169}$$

3.5.4 여러 종류의 함수가 결합된 경우

마지막으로 앞에서 설명한 여러 종류의 기본 함수들이 결합된 형태의 $r(x)$에 대해 생각해보자. 이때의 해결 방법은 간단하다. 여태까지 우리가 학습한 각각의 경우는 다른 경우와는 상관없이 독립적으로 사용될 수 있다는 성질을 활용하면 된다.

여러 종류의 함수들이 결합된 형태의 $r(x)$라면, y_p의 형태도 $r(x)$와 똑같은 함수들이 결합된 형태로 설정하면 되기 때문이다. 이와 같은 내용을 [표 3-6]으로 정리할 수 있다.

[표 3-6] 비제차항이 함수의 결합으로 구성된 경우, 비제차 미분방정식의 특수해 설정

$r(x)$의 형태	$y_p(x)$ 형태의 설정
$kf(x)+lg(x)+mh(x)+\cdots$	$Kf(x)+Lg(x)+Mh(x)+\cdots$

예를 들어, 지수함수와 다항함수가 결합된 형태인 $r(x)=2e^x+5x^2$의 경우, $f(x)=e^x$이고 $g(x)=x^2$에 해당된다. 이 경우에 y_p는 각 함수의 설정형을 더한 형태로 설정하면 된다. $f(x)$에 대응되는 y_p를 y_{fp}라고 두고, $g(x)$에 대응되는 y_p를 y_{gp}라고 두면, y_{fp} 및 y_{gp}는 다음과 같이 정해진다.

$$y_{fp}=Ke^x,\ \ y_{gp}=L_2x^2+L_1x+L_0$$

따라서 최종적인 y_p의 형태는 이들 함수를 결합한 형태인

$$y_p=y_{fp}+y_{gp}=Ke^x+L_2x^2+L_1x+L_0$$

와 같이 설정하면 된다는 것이다.

예제 3-17 미정계수법의 예 : 함수의 결합된 형태

다음 미분방정식의 해를 구하라.

$$y''+4y=8e^{-2x}+4x^2+2$$

> **key point**
> 비제차 미분방정식의 특수해 형태
> $y_p=K_2x^2+K_1x+K_0+Ce^{ax}$

풀이

제차 미분방정식의 해부터 구하면 다음과 같다.

$$y''+4y=0 \ \rightarrow\ \lambda^2+4=0$$
$$\therefore\ \lambda=\pm 2i \ \rightarrow\ y_h=(A\cos 2x+B\sin 2x)$$

제차 미분방정식의 해에 e^x 혹은 x^2과 같이 $r(x)$에 포함되어 있는 함수의 형태는 보이지 않는다. 그러므로 다음과 같이 $r(x)$에 포함되어 있는 함수들을 결합한 형태로 y_p를 설정할 수 있다.

$$y_p=K_2x^2+K_1x+K_0+Ce^{-2x}$$

y_p의 2차 도함수까지 구하면

$$y_p{}' = 2K_2x + K_1 - 2Ce^{-2x},$$
$$y_p{}'' = 2K_2 + 4Ce^{-2x}$$

이 나오며, 이 함수들을 원 미분방정식에 대입하면

$$\begin{aligned} y_p{}'' + 4y_p &= (2K_2 + 4Ce^{-2x}) + 4(K_2x^2 + K_1x + K_0 + Ce^{-2x}) \\ &= 8e^{-2x} + 4x^2 + 2 \end{aligned}$$

와 같은 등식이 성립한다. 위 식에서 미정계수인 C, K_1, K_2, K_0 값을 구하여 y_p 값을 정하면 다음과 같은 결과를 얻는다.

$$4C + 4C = 8 \quad \rightarrow \quad C = 1$$

$$\begin{cases} 4K_2 = 4 \\ 4K_1 = 0 \\ 2K_2 + 4K_0 = 2 \end{cases} \quad \rightarrow \quad K_2 = 1,\ K_1 = 0,\ K_0 = 0$$

$$\therefore\ y_p = x^2 + e^{-2x}$$

따라서 다음과 같은 비제차 미분방정식의 일반해를 구할 수 있다.

$$y = y_h + y_p = A\cos 2x + B\sin 2x + x^2 + e^{-2x}$$

유제 3-17

다음 미분방정식의 해를 구하라.

$$y'' - 4y' + 8y = 12(e^{2x} + \sin 2x),\ y(0) = \frac{1}{5},\ y'(0) = \frac{6}{5}$$

지금까지 다항함수, 지수함수, 삼각함수 등 다양한 함수로 표현된 $r(x)$의 형태에 따라 비제차 미분방정식의 특수해 y_p를 구하는 방법에 대해 살펴보았다. 또한 각각의 함수들이 결합된 형태의 $r(x)$에 대응하는 방법에 대해서도 알아보았다. 이 절에서 학습한 경우에 대해서는 충분히 이해했을 것으로 생각되지만, 훨씬 다양한 경우가 있으므로 미정계수법에 대해 충분히 숙지하기 위해서는 가능한 한 많은 문제를 풀어보는 것이 좋다.

Chapter 03 핵심요약

2계 제차 미분방정식

- 2계 제차 미분방정식의 표준형 : $y'' + p(x)y' + q(x)y = 0$
- 2계 제차 미분방정식의 해 : $y = c_1y_1 + c_2y_2$ (단, c_1, c_2는 상수)
- 2계 제차 미분방정식의 해가 $y = c_1y_1 + c_2y_2$와 같이 구성되는 것은 기저의 일차결합 역시 해가 된다는 중첩의 원리를 따른 것이다.

상수계수를 갖는 제차 미분방정식

상수계수를 갖는 2계 제차 미분방정식은 $y'' + ay' + by = 0$의 형태를 갖는다(단, a, b는 상수). 이때 해를 $y = e^{\lambda x}$으로 두면 특성방정식은 $\lambda^2 + a\lambda + b = 0$이 된다. 특성방정식의 근의 종류에 따라 해는 다음과 같이 구성된다.

근의 종류	해
두 실근 λ_1, λ_2	$y = c_1e^{\lambda_1 x} + c_2e^{\lambda_2 x}$
중근 $\lambda = -\frac{a}{2}$	$y = (c_1 + c_2x)e^{-\frac{a}{2}x}$
공액복소근 $\lambda_{1,2} = \alpha \pm \beta i$	$y = e^{\alpha x}(A\cos\beta x + B\sin\beta x)$

오일러-코시 방정식

오일러-코시 방정식은 $x^2y'' + axy' + by = 0$의 형태를 갖는다. 이때 해를 $y = x^m$으로 두면 특성방정식은 $m^2 + (a-1)m + b = 0$이 된다. 특성방정식의 근의 종류에 따라 해는 다음과 같이 구성된다.

근의 종류	해
두 실근 m_1, m_2	$y = c_1x^{m_1} + c_2x^{m_2}$
중근 $m = \frac{1-a}{2}$	$y = x^{\frac{1-a}{2}}(c_1 + c_2\ln x)$
공액복소근 $m_{1,2} = p \pm qi$	$y = x^p\{A\cos(q\ln x) + B\sin(q\ln x)\}$

2계 비제차 미분방정식

- 2계 비제차 미분방정식의 표준형 : $y'' + p(x)y' + q(x)y = r(x)$
- 2계 비제차 미분방정식의 해 : $y(x) = y_h(x) + y_p(x)$
- y_h는 제차 미분방정식의 일반해, y_p는 비제차항으로 인한 특수해이다.

미정계수법에 의한 해법

상수계수를 갖는 2계 비제차 미분방정식의 특수해인 y_p 값을 구하기 위해서는 비제차항 $r(x)$의 형태에 따라 y_p의 형태를 먼저 설정해야 한다. $r(x)$의 형태에 따라서 y_p의 형태를 설정하는 방법은 다음과 같다.

$r(x)$의 형태	$y_p(x)$ 형태의 설정
$k_n x^n + k_{n-1}x^{n-1} + \cdots + k_1 x + k_0$	$K_n x^n + K_{n-1}x^{n-1} + \cdots + K_1 x + K_0$
$ke^{\lambda x}$	$Ke^{\lambda x}$
$a\cos\alpha x$ 또는 $b\sin\alpha x$ 또는 $a\cos\alpha x + b\sin\alpha x$	$A\cos\alpha x + B\sin\alpha x$
$kf(x) + lg(x) + mh(x) + \cdots$	$Kf(x) + Lg(x) + Mh(x) + \cdots$

이때 한 가지 주의할 점이 있다. 제차 미분방정식의 해에 이미 $r(x)$와 같은 형태가 포함된 경우에는, 원래 설정해야 할 y_p의 형태에 x를 곱한 형태로 설정해야 한다.

Chapter 03 연습문제

※ **(문제 3.1~3.6)** 다음 2계 제차 미분방정식의 일반해를 구하라.

3.1 $y'' + y' - 20y = 0$

3.2 $y'' - 11y' + 28y = 0$

3.3 $y'' - 10y' + 25y = 0$

3.4 $y'' + 7y' + 12.25y = 0$

3.5 $y'' - 4y' + 9y = 0$

3.6 $y'' + 8y' + 17y = 0$

※ **(문제 3.7~3.10)** 특성방정식의 근이 다음과 같이 얻어지는 미분방정식을 구하라.

3.7 $\lambda_1 = \dfrac{2}{3},\ \lambda_2 = \dfrac{3}{2}$

3.8 $\lambda_1 = \lambda_2 = \pi$

3.9 $\lambda_1 = 5i,\ \lambda_2 = -5i$

3.10 $\lambda_{1,2} = -\gamma \pm \delta i$

※ **(문제 3.11~3.18)** 다음 초기조건을 갖는 2계 제차 미분방정식의 특수해를 구하라.

3.11 $y'' + 1.9y' + 0.84y = 0,\quad y(0) = 0,\ y'(0) = 1.5$

3.12 $y'' - y' + \dfrac{1}{4}y = 0,\quad y(0) = \dfrac{1}{2},\ y'(0) = \dfrac{3}{4}$

3.13 $y'' + 0.6y' + 4.09y = 0,\quad y(0) = 0,\ y'(0) = 2$

3.14 $2y'' - 7y' + 6y = 0,\quad y(0) = 4,\ y'(0) = 4$

3.15 $y'' + 7y' + 12.25y = 0,\quad y(0) = 2,\ y'(0) = -5$

3.16 $y'' + 2y' + (1+\pi^2)y = 0, \quad y(0) = 1,\ y'(0) = \pi - 1$

3.17 $16y'' + 8y' + y = 0, \quad y(0) = 2,\ y'(0) = \dfrac{1}{2}$

3.18 $y'' - 0.2y' + 100.01y = 0, \quad y(0) = 1,\ y'(0) = -9.9$

※ **(문제 3.19~3.24)** 다음 오일러-코시 방정식의 일반해를 구하라.

3.19 $x^2y'' - 4xy' + 6y = 0$

3.20 $x^2y'' - 7xy' + 16y = 0$

3.21 $x^2y'' - 3xy' + 7y = 0$

3.22 $x^2y'' + xy' - y = 0$

3.23 $x^2y'' - \dfrac{2}{5}xy' + \dfrac{49}{100}y = 0$

3.24 $x^2y'' + 9.25y = 0$

※ **(문제 3.25~3.28)** 다음 초기조건을 갖는 오일러-코시 방정식의 특수해를 구하라.

3.25 $x^2y'' + 5.75xy' - 1.25y = 0, \quad y(1) = 11,\ y'(1) = -2.5$

3.26 $x^2y'' + 6.2xy' + 6.76y = 0, \quad y(1) = 1,\ y'(1) = 1.4$

3.27 $x^2y'' + xy' + 16y = 0, \quad y(1) = 3,\ y'(1) = 4$

3.28 $4x^2y'' + 12xy' + 3y = 0, \quad y(4) = \dfrac{3}{4},\ y'(4) = -\dfrac{5}{32}$

3.29 오일러-코시 방정식 $x^2y'' + axy' + by = 0$에서 $b = \frac{1}{4}(1-a)^2$인 경우의 해를 구하라.

※ **(문제 3.30~3.33)** 다음 2계 비제차 미분방정식의 일반해를 구하라.

3.30 $y'' - 4y' + 6y = 14e^{-3x}$

3.31 $y'' - 3y' - 4y = e^{4x}$

3.32 $y'' + y = 2\sin x$

3.33 $y'' + 4y = 8e^{-2x} + 4x^2 + 2$

※ **(문제 3.34~3.37)** 다음 초기조건을 갖는 2계 비제차 미분방정식의 해를 구하라.

3.34 $y'' - y = x,\quad y(2) = e^2 - 2,\ y'(2) = e^2 - 1$

3.35 $y'' + 2y' + y = e^{-x},\quad y(0) = -1,\ y'(0) = 1$

3.36 $y'' + 4y = 8e^{-2x} + 4x^2 + 2,\quad y(0) = y'(0) = 2$

3.37 $y'' + 0.5y' - 0.5y = 3\cos x + \sin x + e^x,\quad y(0) = 0,\ y'(0) = 1.5$

3.38 응용 질량이 m인 공이 탄성계수가 k인 스프링에 매달려서 진동하는 자유진동 상황을 모델링한 미분방정식은 $my'' + ky = 0$의 형태로 표현된다.

(a) 물체의 운동을 나타내는 물리법칙 $F = ma$에서 미분방정식 $my'' + ky = 0$을 유도해 보자.

(b) (a)에서 유도한 미분방정식의 해를 구하라.

3.39 응용 [연습문제 3.38]의 자유진동 상황에서 운동을 방해하는 저항력을 저항계수(혹은 감쇠상수) c라고 하자.

(a) 운동방정식은 어떤 형태의 미분방정식으로 나타나겠는가?

(b) 유도한 운동방정식에서 구동력을 $F_0 \cos \omega t$라고 가정할 때, 그 특수해인 $y_p(t)$를 구하라.

3.40 응용 저항 R, 코일 L, 커패시터 C가 연결되어 있는 전기회로의 전원이 $E(t)$인 경우의 미분방정식은 $L\dfrac{dI(t)}{dt} + RI(t) + \dfrac{1}{C}\displaystyle\int I(t)\,dt = E(t)$의 형태로 표현된다.

$R = 6\Omega$, $L = 1\text{H}$, $C = 40\text{mF}$, $E(t) = 24\cos 5t\text{V}$ 값을 갖는 경우, 이 회로에 흐르는 전류를 구하라. 단, $t = 0$일 때 전류 값을 0이라고 가정한다.

3.41 응용 [연습문제 3.40]과 같은 RLC 회로에서 $R = 160\Omega$, $L = 20\text{H}$, $C = 2\text{mF}$, $E(t) = 481\sin 10t\text{V}$ 값을 갖는 경우, 이 회로에 흐르는 전류를 구하라. 단, $t = 0$일 때 전류와 전하 값을 0이라고 가정한다.

Chapter

04

고계 미분방정식

Higher Order Differential Equations

학습목표

- 고계 선형 미분방정식의 형태와 해의 구성을 이해한다.
- 2계 미분방정식의 개념을 고계 미분방정식에 적용하는 방법을 숙지한다.
- 고계 제차 미분방정식에서 특성방정식의 근에 따른 해의 구성을 이해한다.
- 고계 비제차 미분방정식에서 비제차항에 따라 특수해를 어떻게 설정할 것인지 이해하고, 그 방법을 숙지한다.
- 특성방정식이 다중복소근을 갖는 것과 같이 고계 미분방정식에서만 나타날 수 있는 해의 구성을 이해한다.

3장에서 학습한 2계 미분방정식의 개념을 확장한 것이 이 장에서 공부할 고계 미분방정식이다. 그러므로 2계 미분방정식에서 사용되었던 개념과 방법을 고계 미분방정식에도 고스란히 적용할 수 있다. 2계 이상의 고계 미분방정식이라고 해서 새로운 개념이나 해석방법이 있는 것은 아니기 때문에, 해를 구하는 방법이 더욱 복잡하고 어렵지 않을까 걱정하지 않아도 된다는 뜻이다.

고계 미분방정식에서도 상수계수를 갖는 경우 특성방정식을 먼저 세워야 하는데, 바로 여기에 해법이 있다. 2계에서 2차 대수방정식이 특성방정식이었듯이 고계를 임의로 n계라고 하면 n계 미분방정식에서는 특성방정식이 n차 대수방정식으로 나타난다. 그러므로 2계와 고계의 해법은 특성방정식이 더욱 고차로 나타난다는 것 외에는 별 차이가 없다고 할 수 있을 정도이다. 따라서 고계 미분방정식의 풀이는 더 높은 차수의 대수방정식의 근을 찾아내는 것에 달려있는 셈이다.

고계 미분방정식의 해법에서 가장 중요한 것은 새로운 것이 아니라 여태까지 학습한 미분방정식의 기본 개념을 잘 적용하는 것이라는 사실을 우선 이야기해 두고 싶다.

알아 두어야 할 개념과 공식

Chapter 04

1. 2차 방정식의 근의 공식

$ax^2+bx+c=0$으로 표현되는 2차 방정식은 $x=\dfrac{-b\pm\sqrt{b^2-4ac}}{2a}$를 이용하여 근을 구한다.

2. 연산자

수식을 처리하기 위해 일정한 계산규칙을 가진 기호를 **연산자**라고 한다. 예를 들어 $L[x]=x^2+x+1$이라는 연산자가 있다면, $L[x]$는 x에 어떤 값을 대입하든 항상 x^2+x+1 값만 계산해서 내놓는 연산자인 것이다.

3. 3차식의 인수분해 공식

- $x^3+y^3=(x+y)(x^2-xy+y^2)$
- $x^3-y^3=(x-y)(x^2+xy+y^2)$
- $x^3+3x^2y+3xy^2+y^3=(x+y)^3$
- $x^3-3x^2y+3xy^2-y^3=(x-y)^3$

4. 1차 연립방정식

차수가 1차만으로 되어 있는 연립방정식을 **1차 연립방정식**이라고 하는데, 미지수의 개수에 따라 2원 1차, 3원 1차 등으로 부르기도 한다. 즉 미지수가 두 개인 1차 연립방정식을 2원 1차 연립방정식이라고 하며, 미지수가 세 개인 1차 연립방정식을 3원 1차 연립방정식이라고 한다. 미분방정식에서도 고계로 갈수록 특수해를 구할 때 연립방정식 형태가 많이 나타난다.

- 2원 1차 연립방정식 $\begin{cases} A_1x+B_1y=C_1 \\ A_2x+B_2y=C_2 \end{cases}$
- 3원 1차 연립방정식 $\begin{cases} A_1x+B_1y+C_1z=D_1 \\ A_2x+B_2y+C_2z=D_2 \\ A_3x+B_3y+C_3z=D_3 \end{cases}$

5. 쌍곡선함수의 미분법

- $(\cosh ax)'=a\sinh ax$
- $(\sinh ax)'=a\cosh ax$

4.1 고계 선형 미분방정식

4.1.1 고계 선형 미분방정식의 형태

1 2장의 식 (2.8) 참조

고계 선형 미분방정식의 형태는 이미 2장에서도 언급했다. $F(x,\ y,\ y') = 0$[1]과 같은 형태로 나타낸 1계 미분방정식을 2계 이상인 임의의 고계를 n계로 설정하여 다음과 같이 표현할 수도 있다.

$$F(x,\ y,\ y',\ y'',\ \cdots,\ y^{(n)}) = 0 \tag{4.1}$$

2 2장의 식 (2.26) 참조

또한 2장에서는 일반적인 선형 미분방정식의 형태를 다음과 같이 나타냈다.[2]

$$a_n(x)y^{(n)} + a_{n-1}(x)y^{(n-1)} + \cdots + a_1(x)y' + a_0(x)y = r^*(x) \tag{4.2}$$

▪ 고계 선형미분방정식의 일반형과 표준형

고계 선형 미분방정식의 **일반형**이라고 할 수 있는 위 식을 기본으로 하여, 고계 선형 미분방정식의 **표준형**을 나타내면 다음과 같다.

$$y^{(n)} + p_{n-1}(x)y^{(n-1)} + \cdots + p_1(x)y' + p_0(x)y = r(x) \tag{4.3}$$

여기서 각 차수의 도함수 앞에 붙은 계수는 다음과 같이 계산된 것이다.

$$\frac{a_{n-1}(x)}{a_n(x)} = p_{n-1}(x),\quad \frac{a_{n-2}(x)}{a_n(x)} = p_{n-2}(x),\ \cdots,$$
$$\frac{a_1(x)}{a_n(x)} = p_1(x),\qquad \frac{a_0(x)}{a_n(x)} = p_0(x)$$

즉 제일 높은 차수의 도함수인 $y^{(n)}$의 계수가 1이 되도록 각각의 계수를 $a_n(x)$로 나눈 식이 바로 고계 선형 미분방정식의 표준형이 된다. 표준형 식은 일반형 식보다 실용적인 형태이므로 고계 미분방정식의 해법을 찾을 때는 표준형 식을 사용하는 것이 유리하다.

고계 미분방정식에서도 비제차항인 $r(x)$의 상태에 따라 제차와 비제차 미분방정식으로 나뉜다. 이는 지금까지 논의한 1, 2계 미분방정식과 동일하다. 따라서 $r(x)$가 0인 다음 식이 **고계 제차 미분방정식**이 된다.

▪ 고계 제차 미분방정식의 형태

$$y^{(n)} + p_{n-1}(x)y^{(n-1)} + \cdots + p_1(x)y' + p_0(x)y = 0 \tag{4.4}$$

$r(x)$가 0이 아닌 경우인 **고계 비제차 미분방정식**은 다음과 같이 쓸 수 있다.

$$y^{(n)} + p_{n-1}(x)y^{(n-1)} + \cdots + p_1(x)y' + p_0(x)y = r(x) \tag{4.5}$$

▪고계 비제차 미분방정식의 형태

Check it up!

✔ **미분연산자**

미분방정식에서 각각의 도함수는 y''과 같이 $'$(프라임 기호)으로 나타내거나 $y^{(2)}$과 같이 괄호 안의 숫자로 표현해왔다. 이는 각각의 도함수들을 따로 나타내는 방식이다. 이와는 달리 변수에 미분 횟수를 나타내지 않고도 미분을 의미하는 연산자를 정해서 도함수를 나타낼 수도 있다. 바로 **미분연산자**differential operator를 사용하는 방법이다.

미분연산자로는 일반적으로 D를 사용하며, 미분하는 변수를 x로 가정할 때 함수 f의 1차 도함수를 다음과 같이 나타낸다.

$$f' = \frac{df}{dx} = Df$$

즉 미분연산자 D는 'x로 f를 미분한다'는 의미의 연산자 역할을 한다. 위 식을 확장하면 다음과 같이 미분연산자를 사용하여 도함수를 나타낼 수 있다.

$$\begin{aligned} D^2 f &= f'' \\ D^3 f &= f''' \\ D^4 f &= f^{(4)} \\ &\vdots \\ D^n f &= f^{(n)} \end{aligned}$$

미분연산자는 다음과 같이 분배법칙과 결합법칙을 만족하므로 선형연산자의 특징을 갖는다.

$$\begin{aligned} D(fg) &= gDf + fDg \\ D(af + bg) &= aDf + bDg \end{aligned}$$

그러므로 계수가 붙은 도함수들의 조합인 미분방정식을 다음과 같이 표현할 수 있다.

$$af'' + bf' + cf = (aD^2 + bD + c)f$$

한편, 미분연산자는 **도함수 연산자**derivative operator라고도 부른다.

미분연산자를 사용하여 식 (4.4)의 고계 제차 및 비제차 미분방정식을 표현하면 다음과 같이 나타낼 수 있다.

$$\left\{D^{(n)} + p_{n-1}(x)D^{(n-1)} + \cdots + p_1(x)D + p_0(x)\right\}y = \begin{cases} 0 \\ r(x) \neq 0 \end{cases} \tag{4.6}$$

예제 4-1 미분연산자를 사용한 미분방정식의 표현

다음 미분방정식을 미분연산자를 사용하여 표현하라. 단, a, b, c, d는 상수이다.

(a) $a\dfrac{d^3y}{dx^3}+b\dfrac{d^2y}{dx^2}+c\dfrac{dy}{dx}+dy=0$

(b) $ax^2y''' - dy = be^xy'' - c\cos xy'$

key point

- $Df(x) = f'(x) = \dfrac{df(x)}{dx}$
- $D^2f(x) = f''(x) = \dfrac{d^2f(x)}{dx^2}$
- $D^3f(x) = f'''(x) = \dfrac{d^3f(x)}{dx^3}$

풀이

(a) 원식에 $\dfrac{d^3}{dx^3} = D^3$, $\dfrac{d^2}{dx^2} = D^2$, $\dfrac{d}{dx} = D$와 같이 미분연산자를 적용하면, 다음과 같은 식으로 나타낼 수 있다.

$$(aD^3 + bD^2 + cD + d)y = 0$$

(b) 원식을 y에 대해 정리하면 다음과 같다.

$$ax^2y''' - be^xy'' + c\cos xy' - dy = 0$$

여기에 $y''' = D^3y$, $y'' = D^2y$, $y' = Dy$와 같이 미분연산자를 적용하면

$$(ax^2D^3 - be^xD^2 + c\cos xD - d)y = 0$$

과 같은 식으로 표현할 수 있다.

유제 4-1

다음 미분방정식을 미분연산자를 사용하여 표현하라.

(a) $3x^2y'' + 5xy' - 6y = 0$ (b) $2x^2y'' - 4xy' - 7y = 0$

예제 4-2 미분연산자를 사용한 계산

다음 미분방정식을 미분연산자를 사용하여 표현하라.

(a) $(3D+1)(2D+5)f(x)$, $f(x) = 2x$

(b) $(aD^2+bD+c)f(x)$, $f(x) = x^2+x+1$

key point

- $D(fg) = gDf + fDg$
- $D(af+bg) = aDf + bDg$

풀이

(a) 원식에 $f(x) = 2x$를 대입하여 계산해보자.

$$\begin{aligned}(3D+1)(2D+5)2x &= (3D+1)\{2D(2x)+5(2x)\}\\ &= (3D+1)(4+10x)\\ &= 3D(4+10x)+(4+10x)\\ &= 30+4+10x\\ &= 10x+34\end{aligned}$$

(b) 원식에 $f(x)=x^2+x+1$을 대입하여 계산해보자.

$$\begin{aligned}(aD^2+bD+c)f(x) &= aD^2(x^2+x+1)+bD(x^2+x+1)+c(x^2+x+1)\\ &= aD(2x+1)+b(2x+1)+c(x^2+x+1)\\ &= a(2)+2bx+b+cx^2+cx+c\\ &= cx^2+(2b+c)x+2a+b+c\end{aligned}$$

유제 4-2

다음 미분방정식을 미분연산자를 사용하여 표현하라.

(a) $(2D^2+5D-4)f(x)$, $f(x)=x^2$

(b) $(3D^2+7D-1)f(x)$, $f(x)=2x^2+3x+1$

4.1.2 고계 선형 미분방정식의 해

이제 고계 선형 미분방정식의 해에 대해 살펴보자. 앞서 말했듯이 고계 선형 미분방정식의 기본적인 내용은 3장에서 학습한 2계 미분방정식에 있다고 할 수 있다. 따라서 고계 미분방정식의 해도 2계 미분방정식의 해와 동일한 구조라고 생각하면 된다.

2계 미분방정식의 경우 2개의 기저 y_1과 y_2를 가질 때, 중첩의 원리에 따라 $c_1y_1+c_2y_2$와 같은 형태의 해를 갖는다는 사실은 이미 알고 있다.[3] 따라서 고계 선형 미분방정식에 있어서도 다음과 같은 중첩의 원리를 적용할 수 있다.

3 3장의 [정리 3-1] 참조

■ n계 미분방정식에서의 중첩의 원리

정리 4-1 중첩의 원리(선형성의 원리)

고계 제차 미분방정식인 식 (4.4)에서 얻은 n개의 해의 일차결합 역시 식 (4.4)의 해가 된다. 즉 각각의 해 y_1, y_2, $\cdots$, y_n에 서로 다른 상수 c_1, c_2, $\cdots$, c_n을 각각 곱하여 더한 값인 $c_1y_1+c_2y_2+\cdots+c_ny_n$ 역시 식 (4.4)의 해가 된다.

위의 정리에 따라 고계(n계) 제차 미분방정식의 **일반해**는 다음과 같이 구성됨을 알 수 있다.

■ n계 제차 미분방정식의 일반해와 특수해

$$y(x)=c_1y_1(x)+c_2y_2(x)+\cdots+c_ny_n(x) \qquad (4.7)$$
(단, c_1, $\cdots$, c_n은 임의의 상수)

임의의 상수인 $c_1, \cdots, c_n$에 특정 값이 주어지면 고계(n계) 제차 미분방정식의 **특수해**가 된다. n계 미분방정식에서 특수해를 얻기 위해서는

$$y(x_0) = k_0,\ y'(x_0) = k_1,\ \cdots,\ y^{(n-1)}(x_0) = k_{n-1} \tag{4.8}$$

과 같이 n개의 초기조건이 필요하다.

이제 고계 비제차 미분방정식의 일반해에 대하여 생각해보자. 비제차 미분방정식의 일반해에 대해서는 3장의 [정리 3-2]를 고계의 경우로 바꾸면 그대로 적용할 수 있다. 그 내용을 정리하면 다음과 같다.

정리 4-2 고계 비제차 미분방정식의 일반해의 구성

고계 비제차 미분방정식 $y^{(n)} + p_{n-1}(x)y^{(n-1)} + \cdots + p_0(x)y = r(x) \neq 0$의 일반해 $y(x)$는 제차 미분방정식 $y^{(n)} + p_{n-1}(x)y^{(n-1)} + \cdots + p_0(x)y = 0$의 일반해 $y_h(x)$와 비제차항 $r(x)$로 인해 얻어지는 특수해 $y_p(x)$가 더해진 $y(x) = y_h(x) + y_p(x)$ 형태로 나타난다.

예제 4-3 고계 미분방정식의 일반해와 특수해

다음 (a)에서 제시한 함수들이 고계 미분방정식의 기저일 때 일반해를 구하고, (b)와 같은 초기조건을 가질 때의 특수해를 구하라.

(a) $e^x,\ e^{2x},\ e^{3x}$

(b) $y(0) = 1,\ y'(0) = 2,\ y''(0) = 3$

key point
[정리 4-1]을 적용하고, 초기조건을 대입한다.

풀이

(a)에서 제시한 함수들을 기저로 생각하면 다음과 같이 정의할 수 있다.

$$y_1 = e^x,\ y_2 = e^{2x},\ y_3 = e^{3x}$$

그러므로 [정리 4-1]을 이용하여 일반해를 다음과 같이 구성할 수 있다.

$$\begin{aligned} y &= c_1y_1 + c_2y_2 + c_3y_3 \\ &= c_1e^x + c_2e^{2x} + c_3e^{3x} \end{aligned}$$

위의 일반해에 (b)의 초기조건을 대입하기 위해 도함수를 먼저 계산하면 다음과 같다.

$$\begin{aligned} y' &= c_1e^x + 2c_2e^{2x} + 3c_3e^{3x} \\ y'' &= c_1e^x + 4c_2e^{2x} + 9c_3e^{3x} \end{aligned}$$

여기에 각각의 초기조건을 대입하면 다음과 같은 식을 얻을 수 있다.

$$y(0) = c_1 + c_2 + c_3 = 1$$
$$y'(0) = c_1 + 2c_2 + 3c_3 = 2$$
$$y''(0) = c_1 + 4c_2 + 9c_3 = 3$$

위의 연립방정식을 풀면 다음과 같이 일반해의 계수 값을 알 수 있다.

$$c_1 = -\frac{1}{2},\ c_2 = 2,\ c_3 = -\frac{1}{2}$$

그러므로 위의 계수를 일반해에 대입하면 다음과 같이 특수해를 구할 수 있다.

$$y = -e^x + 2e^{2x} - \frac{1}{2}e^{3x}$$

유제 4-3

다음 (a)에서 제시한 함수들이 고계 미분방정식의 기저일 때 일반해를 구하고, (b)와 같은 초기조건을 가질 때의 특수해를 구하라.

(a) $e^{-x},\ e^x,\ e^{2x}$

(b) $y(0) = 1,\ y'(0) = 2,\ y''(0) = 7$

4.2 상수계수를 갖는 고계 제차 미분방정식

앞에서 우리는 고계 제차 미분방정식을 다음 식과 같이 정의했다.[4]

4 식 (4.4) 참조

$$y^{(n)} + p_{n-1}(x)y^{(n-1)} + \cdots + p_1(x)y' + p_0(x)y = 0$$

위 식에서 각 도함수에 곱해진 함수 $p_{n-1}(x),\ \cdots,\ p_0(x)$를 상수인 $a_{n-1},\ \cdots,\ a_0$로 대치하면 다음과 같은 식으로 나타낼 수 있다.

$$y^{(n)} + a_{n-1}y^{(n-1)} + \cdots + a_1y' + a_0y = 0 \qquad (4.9)$$

■ 상수계수를 갖는 고계 제차 미분방정식의 표준형

식 (4.9)가 바로 이 절에서 학습할 **상수계수를 갖는 고계 제차 미분방정식**의 **표준형**이다.

위 식의 형태만 보더라도 도함수의 항들만 늘어났을 뿐 2계 제차 미분방정식의 구조와 동일하다는 사실을 금방 알 수 있을 것이다. 따라서 해를 구하는 과정도 2계 제차 미분방정식과 같다. 2계 제차 미분방정식을 다루면서 이미 배운 과정이지만, 그 과정을 고계로 확장하여 다시 생각해보자.

미분방정식의 계order에 따라 도함수의 최고차가 달라진다. 주어진 미분방정식에 존재하는 도함수의 최고차에 따라 도출해내야 할 특성방정식의 차수가 정해질 것이다. 특성방정식의 차수에 따라 근의 수가 정해질 것이고, 근의 수가 정해지면 일반해를 구성할 기저의 수도 정해진다. 결국 특성방정식의 근을 구하여 각각의 기저를 정하면, 중첩의 원리를 적용하여 고계 제차 미분방정식의 일반해를 구하는 과정이 마무리된다.

그러면 위의 과정을 식을 통해 다시 한번 살펴보자. 먼저 2계 제차 미분방정식에서와 마찬가지로, 상수계수를 갖는 고계 미분방정식의 해도 $y = e^{\lambda x}$과 같이 지수함수 형태로 가정하여 특성방정식을 구한다.[5]

5 3장의 3.2절 참조

고계 제차 미분방정식의 표준형인 식 (4.9)에 $y = e^{\lambda x}$을 대입하기 위해 각각의 도함수를 구해보면 다음과 같다.

$$
\begin{aligned}
y' &= \lambda e^{\lambda x} \\
y'' &= \lambda^2 e^{\lambda x} \\
y''' &= \lambda^3 e^{\lambda x} \\
&\vdots \\
y^{(n)} &= \lambda^n e^{\lambda x}
\end{aligned}
$$

위에서 계산한 도함수들을 식 (4.9)에 대입하면

$$
\begin{aligned}
&y^{(n)} + a_{n-1}y^{(n-1)} + \cdots + a_1 y' + a_0 y \\
&= \lambda^n e^{\lambda x} + a_{n-1}\lambda^{n-1}e^{\lambda x} + \cdots + a_1 \lambda e^{\lambda x} + a_0 e^{\lambda x} \\
&= e^{\lambda x}(\lambda^n + a_{n-1}\lambda^{n-1} + \cdots + a_1\lambda + a_0) = 0
\end{aligned}
$$

과 같은 식을 얻을 수 있고, 애초에 해로 가정한 $e^{\lambda x}$이 0이 아니어야 하므로 위의 마지막 방정식이 성립하기 위해서는 괄호 안의 식이 0이 되어야 한다. 따라서 아래와 같은 식을 얻는다.

■ 고계 제차 미분방정식의 특성방정식

$$
\lambda^n + a_{n-1}\lambda^{n-1} + \cdots + a_1\lambda + a_0 = 0 \tag{4.10}
$$

이 식이 바로 고계 제차 미분방정식의 **특성방정식**이다. 식 (4.10)의 특성방정식은 n차 대수방정식인데, 이 방정식에서 얻어지는 근의 형태에 따라 고계 제차 미분방정식의 해의 형태도 달라진다.

4.2.1 특성방정식이 서로 다른 실근을 갖는 경우

먼저 특성방정식이 서로 다른 실근 λ_1, λ_2, $\cdots$, λ_n을 갖는 경우를 살펴보자. 서로 다른 실근이라면 n개의 근이 모두 다르다는 의미이다. 그렇다면 모든 실근 λ_1, λ_2, $\cdots$, λ_n을 해로 가정한 $y = e^{\lambda x}$에 각각 대입해도 해가 겹치는 일은 벌어지지 않으므로 다음과 같은 기저를 얻을 수 있다.

$$y_1 = e^{\lambda_1 x},\ y_2 = e^{\lambda_2 x},\ \cdots,\ y_{n-1} = e^{\lambda_{n-1} x},\ y_n = e^{\lambda_n x}$$

해를 $y = c_1y_1 + c_2y_2 + \ \cdots\ + c_ny_n$과 같이 구성하는 중첩의 원리를 적용하여 다음과 같은 일반해를 얻을 수 있다.

$$y = c_1e^{\lambda_1 x} + c_2e^{\lambda_2 x} + \ \cdots\ + c_ne^{\lambda_n x} \tag{4.11}$$

예제 4-4 특성방정식이 서로 다른 실근을 갖는 경우 ①

특성방정식이 다음과 같은 식으로 나타날 때, 일반해를 구하라. 여기서 a, b, c는 0이 아닌 상수이다.

$$(\lambda - a)(\lambda - b)(\lambda - c) = 0$$

> **key point**
> 기저를 먼저 구하자.

풀이

특성방정식이 $\lambda_1 = a$, $\lambda_2 = b$, $\lambda_3 = c$와 같이 서로 다른 세 개의 실근을 가지므로 $y_1 = e^{ax}$, $y_2 = e^{bx}$, $y_3 = e^{cx}$과 같은 세 개의 기저를 갖는다. 따라서 중첩의 원리를 적용하여 다음과 같은 일반해를 구할 수 있다.

$$y = c_1y_1 + c_2y_2 + c_3y_3 = c_1e^{ax} + c_2e^{bx} + c_3e^{cx}$$

유제 4-4

특성방정식이 다음과 같은 식으로 나타날 때, 일반해를 구하라. 여기서 a, b, c, d, e, f는 0이 아닌 상수이다.

$$(a\lambda - b)(c\lambda - d)(e\lambda - f) = 0$$

예제 4-5 특성방정식이 서로 다른 실근을 갖는 경우 ②

다음 미분방정식의 일반해를 구하라.

$$y''' - 2y'' - y' + 2y = 0$$

> **key point**
> 특성방정식의 근이 서로 다른 실근을 가질 때의 해의 형태
> $y = c_1e^{\lambda_1 x} + c_2e^{\lambda_2 x} + \ \cdots\ + c_ne^{\lambda_n x}$

풀이

먼저 미분방정식에 $y=e^{\lambda x}$을 대입하여 특성방정식을 구하면

$$\lambda^3-2\lambda^2-\lambda+2=0$$

과 같이 되고, 위 식을 인수분해하면

$$\lambda^2(\lambda-2)-(\lambda-2)=(\lambda^2-1)(\lambda-2)=(\lambda-1)(\lambda-2)(\lambda+1)=0$$

과 같다. 그러므로 $\lambda_1=1$, $\lambda_2=2$, $\lambda_3=-1$과 같이 서로 다른 실근을 갖는다. 따라서 $y_1=e^x$, $y_2=e^{2x}$, $y_3=e^{-x}$과 같은 기저를 갖고, 중첩의 원리에 따라 다음과 같은 일반해를 구성할 수 있다.

$$y=c_1y_1+c_2y_2+c_3y_3=c_1e^x+c_2e^{2x}+c_3e^{-x}$$

유제 4-5

미분방정식 $3y'''+y''-3y'-y=0$의 일반해를 구하라.

4.2.2 특성방정식이 다중실근을 갖는 경우

지금부터 특성방정식이 다중실근을 갖는 경우에 대해 생각해보자. 이는 2계 미분방정식에서 중근을 갖는 경우를 확장한 형태라고 보면 된다. 2계 미분방정식의 특성방정식이 중근을 갖는 경우, 차수축소법을 사용하여 또 다른 해를 찾아본 결과, 이미 얻어진 해에 x를 곱한 형태로 나타난다는 사실을 알고 있다.[6]

6 3장의 3.2.2절 참조

고계 미분방정식의 특성방정식에서는 더 많은 근이 겹쳐진 다중실근이 나타날 수 있다. 그럴 경우에는 근이 겹쳐진 횟수만큼 x를 곱한 후 더하는 방법을 사용한다. 다음 예제를 통해 특성방정식이 다중실근을 갖는 경우를 살펴보자.

예제 4-6 특성방정식이 다중실근을 갖는 경우

특성방정식이 다음과 같은 식으로 나타날 때, 일반해를 구하라.

$$(\lambda-a)^3=0$$

> **key point**
> $y_1=e^{\lambda_1 x}$, $y_2=xe^{\lambda_1 x}$, $y_3=x^2e^{\lambda_1 x}$

풀이

특성방정식이 $\lambda_1=\lambda_2=\lambda_3=a$와 같이 3중근을 갖는 경우이다. 이와 같이 3차 대수방정식이 특성방정식으로 얻어지는 미분방정식은 3계 미분방정식이라는 사실을 알 수 있다.

3계 미분방정식은 기본적으로 세 개의 기저를 가져야 한다. 우선 근의 형태에 따라 $y_1 = e^{ax}$과 같은 해를 갖는다는 것을 알 수 있다. 미분방정식에서는 동일한 해를 인정하지 않으므로 두 번째 해는 첫 번째 해인 y_1에 x를 곱한 $y_2 = xe^{ax}$의 형태로 설정할 수 있다. 이는 2계 미분방정식을 학습하면서 이미 알고 있는 사실이다. 그리고 세 번째 해는 앞의 경우를 확장하여 적용하면 된다. 즉 두 번째 해인 y_2에 다시 x를 곱하여 $y_3 = x^2e^{ax}$과 같은 형태의 해로 둘 수 있다. 따라서 구해진 세 개의 해, 즉 세 개의 기저를 가지며, 여기에 중첩의 원리를 적용하여 다음과 같은 일반해를 구성할 수 있다.

$$\begin{aligned} y &= c_1y_1 + c_2y_2 + c_3y_3 \\ &= c_1e^{ax} + c_2xe^{ax} + c_3x^2e^{ax} \\ &= (c_1 + c_2x + c_3x^2)e^{ax} \end{aligned}$$

유제 4-6

특성방정식이 $\lambda^3 = 0$과 같은 식으로 나타날 때, 일반해를 구하라.

특성방정식이 다중실근으로만 이루어지지 않고, 특성방정식의 근에 다중실근이 포함되어 있는 경우에도 위와 같은 해법을 적용하여 일반해를 구성할 수 있다. 즉 다중실근과 나머지 근들에 대해 각각의 기저를 구한 뒤 모든 기저에 중첩의 원리를 적용하면 일반해를 구할 수 있다.

예제 4-7 특성방정식의 근에 다중실근이 포함된 경우

미분방정식 $y''' + y'' - y' - y = 0$의 일반해를 구하라.

key point

- $y_1 = e^{\lambda_1 x}$,
- $y_2 = e^{\lambda_2 x}$, $y_3 = xe^{\lambda_2 x}$

풀이

먼저 원 미분방정식의 특성방정식을 구하여 인수분해하면 다음과 같다.

$$\lambda^3 + \lambda^2 - \lambda - 1 = (\lambda - 1)(\lambda + 1)^2 = 0$$

단일실근 $\lambda_1 = 1$과 중근(다중실근) $\lambda_2 = \lambda_3 = -1$로 특성방정식의 근이 이루어지는 경우이다.

실근 $\lambda_1 = 1$의 경우에는 $y_1 = e^x$과 같은 해를 가지고, 동일한 근이 겹치는 중근 $\lambda_2 = \lambda_3 = -1$의 경우는 기본적으로 $y_2 = e^{-x}$과 같은 해와 이 해에 x를 곱한 $y_3 = xe^{-x}$이라는 해로 구성되므로 다음과 같은 기저를 구할 수 있다.

$$y_1 = e^x, \quad y_2 = e^{-x}, \quad y_3 = xe^{-x}$$

위와 같이 구해진 기저에 중첩의 원리를 적용하면 다음과 같은 일반해를 얻을 수 있다.

$$y = c_1y_1 + c_2y_2 + c_3y_3 = c_1e^x + c_2e^{-x} + c_3xe^{-x} = c_1e^x + (c_2 + c_3x)e^{-x}$$

유제 4-7

미분방정식 $y^{(5)} + 5y^{(4)} = 0$의 일반해를 구하라.

4.2.3 특성방정식이 단일복소근을 포함하는 경우

고계 미분방정식의 특성방정식에 단일복소근 $\alpha \pm \beta i$가 포함된 경우에도 그 근들이 차지하는 부분만큼은 2계 미분방정식의 경우와 동일한 해를 얻는다.[7] 즉 특성방정식의 근이 $\alpha \pm \beta i$가 되는 경우, 일반해는 다음과 같이 구할 수 있다.

7 3장의 식 (3.18) 참조

$$y = e^{\alpha x}(A\cos\beta x + B\sin\beta x) \tag{4.12}$$

이러한 경우를 다음 예제를 통해 살펴보자.

예제 4-8 특성방정식이 단일복소근을 포함하는 경우

미분방정식 $y^{(4)} + 3y'' - 4y = 0$의 일반해를 구하라.

> **key point**
> $\lambda_{1,2} = \alpha \pm \beta i$
> $y_{1,2} = e^{\alpha x}(A\cos\beta x + B\sin\beta x)$

풀이

미분방정식의 특성방정식을 구하면 $\lambda^4 + 3\lambda^2 - 4 = 0$이다. 이 특성방정식을 인수분해하여 근을 구하면

$$(\lambda^2 - 1)(\lambda^2 + 4) = (\lambda - 1)(\lambda + 1)(\lambda^2 + 4) = 0$$
$$\therefore \lambda_1 = 1, \ \lambda_2 = -1, \ \lambda_{3,4} = \pm 2i$$

와 같이 두 개의 실근과 단일복소근($\alpha = 0$, $\beta = 2$)의 형태를 얻는다. 이들 근에서 기저를 구하면 $y_1 = e^x$, $y_2 = e^{-x}$, $y_{3,4} = A\cos 2x + B\sin 2x$이고, 이와 같은 기저로 일반해를 구성하면 다음과 같이 표현할 수 있다.

$$y = c_1e^x + c_2e^{-x} + A\cos 2x + B\sin 2x$$

유제 4-8

미분방정식 $y''' - 2y'' + 9y' - 18y = 0$의 일반해를 구하라.

4.2.4 특성방정식이 복소다중근을 포함하는 경우

마지막으로 고계 미분방정식의 특성방정식에 복소다중근이 포함되는 경우에 대해 살펴보자. 복소다중근은 단일복소근이 나타나는 형태의 식이 제곱 이상으로 겹쳐져 있을 때 나타난다.

예를 들어 $\lambda^2 - 2\lambda + 2 = 0$이 특성방정식이라면, 근의 공식에 의해 $\lambda = 1 \pm i$라는 단일복소근을 구할 수 있다. 이와 같은 단일복소근이 중복되어 있는 복소다중근이 되려면 위 식의 제곱인 $(\lambda^2 - 2\lambda + 2)^2 = 0$의 형태가 되어야 한다. 물론 제곱뿐만 아니라 세제곱인 $(\lambda^2 - 2\lambda + 2)^3 = 0$, 네제곱인 $(\lambda^2 - 2\lambda + 2)^4 = 0$ 등 단일복소근을 얻을 수 있는 방정식 $\lambda^2 - 2\lambda + 2 = 0$을 두 번 이상 곱한 형태가 특성방정식에 포함되어야 한다는 것이다.

여기서는 그중 가장 간단한 경우인 특성방정식이 **복소이중근**complex double root을 갖는 경우에 대해 살펴볼 것이다.

먼저 단일복소근 $\alpha \pm \beta i$를 갖는 경우부터 생각해보면, 미분방정식의 일반해는 식 (4.12)와 같이 구성될 것이고, 그 해를 구성하고 있는 기저는 다음과 같이 나타낼 수 있다.

$$y_1 = e^{\alpha x} \cos \beta x, \quad y_2 = e^{\alpha x} \sin \beta x \tag{4.13}$$

식 (4.13)과 같은 일반해 및 기저를 갖는 미분방정식의 특성방정식이 $\lambda^2 + p\lambda + q = 0$과 같을 때, $(\lambda^2 + p\lambda + q)^2 = 0$과 같은 형태의 특성방정식에서 해를 구하면 단일복소근으로 구한 해인 식 (4.12)가 겹쳐진 형태가 된다. 그렇게 되면 식 (4.13)에서 나타낸 단일복소근으로 구한 기저가 겹쳐지는 형태이므로 앞에서 시종일관 설명한 바와 같이 동일한 해에 대해서는 겹치지 않도록 x를 곱하여 또 하나의 해를 구하는 방법을 사용하면 된다. 즉 다음과 같은 기저를 사용할 수 있다는 것이다.

$$y_3 = xe^{\alpha x} \cos \beta x, \quad y_4 = xe^{\alpha x} \sin \beta x \tag{4.14}$$

결국 식 (4.13)과 식 (4.14)의 기저를 사용하여 특성방정식이 복소이중근을 갖는 경우의 일반해를 다음과 같이 구성할 수 있다.

$$\begin{aligned} y &= A_1 y_1 + B_1 y_2 + A_2 y_3 + B_2 y_4 \\ &= A_1 e^{\alpha x} \cos \beta x + B_1 e^{\alpha x} \sin \beta x + A_2 x e^{\alpha x} \cos \beta x + B_2 x e^{\alpha x} \sin \beta x \end{aligned}$$

위 식을 정리하면 특성방정식이 복소이중근을 갖는 경우의 일반해를 다음과 같이 간결하게 나타낼 수 있다.

$$y = e^{\alpha x}[(A_1 + A_2 x)\cos\beta x + (B_1 + B_2 x)\sin\beta x] \tag{4.15}$$

예제 4-9 특성방정식이 복소이중근을 갖는 경우

미분방정식의 특성방정식이 다음과 같을 때, 이 방정식의 일반해를 구하라.

$$(\lambda^2+6\lambda+10)^2 = 0$$

> **key point**
> 두 개의 기저에 각각 x를 곱한 것이 복소이중근의 세 번째와 네 번째 기저가 된다.

풀이

위의 특성방정식에서 $\lambda^2+6\lambda+10=0$의 근을 구하면 근의 공식에 의해 단일복소근인 $\lambda_{1,2} = -3 \pm i$를 구할 수 있다. 이 단일복소근으로 얻는 해는 $y = e^{-3x}(A\cos x + B\sin x)$와 같은 형태이며, 여기서 기저는 다음과 같이 나타낼 수 있다.

$$y_1 = e^{-3x}\cos x,\ \ y_2 = e^{-3x}\sin x$$

원 특성방정식은 이와 같은 기저를 갖는 특성방정식을 두 번 곱한 형태인

$$(\lambda^2+6\lambda+10)^2 = (\lambda^2+6\lambda+10)\ (\lambda^2+6\lambda+10) = 0$$

이므로 위의 기저에 x를 곱한 형태의 기저를 사용할 수 있다. 따라서

$$y_3 = xe^{-3x}\cos x,\ \ y_4 = xe^{-3x}\sin x$$

가 되어 다음과 같은 일반해를 구성할 수 있다.

$$\begin{aligned} y &= Ay_1 + By_2 + Cy_3 + Dy_4 \\ &= Ae^{-3x}\cos x + Be^{-3x}\sin x + Cxe^{-3x}\cos x + Dxe^{-3x}\sin x \\ \therefore\ y &= e^{-3x}\{(A+Cx)\cos x + (B+Dx)\sin x\} \end{aligned}$$

유제 4-9

미분방정식의 특성방정식이 다음과 같을 때, 이 방정식의 일반해를 구하라.

$$(\lambda^2-2\lambda+5)^2 = 0$$

여기서 한 가지 일러두고 싶은 것은 특성방정식의 차수와 기저의 수가 항상 일치해야 한다는 사실이다. 우선 기저가 무엇인지부터 잘 확인해 두어야 고계 미분방정식의 해를 구할 때 생기는 실수를 줄일 수 있다.

4.3 상수계수를 갖는 고계 비제차 미분방정식

지금까지 고계 미분방정식의 기본적인 이론과 제차 미분방정식의 해법에 대해 살펴보았다. 마지막으로 고계 비제차 미분방정식에 대해 살펴보겠다.

일반적인 고계 비제차 미분방정식의 형태에 대해서는 4.1절에서 이미 정의했다.[8] 그 식을 다시 한번 살펴보자.

8 식 (4.3) 참조

$$y^{(n)} + p_{n-1}(x)y^{(n-1)} + \cdots + p_1(x)y' + p_0(x)y = r(x) \tag{4.16}$$

위 식이 상수계수를 가지려면 각 도함수 앞에 계수로 붙어 있는 $p_{n-1}(x)$, $\cdots$, $p_0(x)$를 상수인 a_{n-1}, $\cdots$, a_0로 대치하면 된다. 다음과 같은 식을 **상수계수를 갖는 고계 비제차 미분방정식**의 **표준형**이라 한다.

$$y^{(n)} + a_{n-1}y^{(n-1)} + \cdots + a_1y' + a_0y = r(x) \tag{4.17}$$

▪ 고계 비제차 미분방정식의 표준형

이제 고계 비제차 미분방정식의 해법에 대해 알아보자. 고계 제차 미분방정식의 경우와 마찬가지로 고계 비제차 미분방정식의 경우에도 2계 비제차 미분방정식의 정리와 해법을 동일하게 적용하여 구할 수 있다.

우선 고계 비제차 미분방정식의 일반해에 대해서는 [정리 4-2]에서 설명했는데, 이는 상수계수를 갖는 고계 비제차 미분방정식의 일반해에 대해서도 동일하게 적용할 수 있다.

따라서 고계 제차 미분방정식의 해가 $y_h(x)$이고, 고계 비제차 미분방정식에서 $r(x)$에 따라 구할 수 있는 고계 비제차 미분방정식의 특수해가 $y_p(x)$일 때, 다음과 같이 고계 비제차 미분방정식의 일반해를 구성할 수 있다는 사실을 기억해 두어야 한다.

$$y(x) = y_h(x) + y_p(x) \tag{4.18}$$

아울러 고계 비제차 미분방정식을 풀 때도 3장에서 비제차 미분방정식을 풀 때 사용한 미정계수법을 똑같이 사용한다.[9]

9 3장의 3.5절 참조

고계 비제차 미분방정식에서 $r(x)$의 형태에 따라 $y_p(x)$의 형태를 어떻게 둘 것인지를 [표 4-1]에 정리했다. $y_p(x)$의 설정방법을 기본으로 두고, 필요에 따라 조금씩 응용하면 고계 비제차 미분방정식의 해를 충분히 구할 수 있을 것이다.

[표 4-1] 비제차항의 함수 종류에 따른 비제차 미분방정식의 특수해 형태 설정

종류	$r(x)$의 형태	$y_p(x)$ 형태의 설정
다항함수	k k_1x+k_0 $k_2x^2+k_1x+k_0$ $\vdots$ $k_nx^n+k_{n-1}x^{n-1}+\cdots+k_1x+k_0$	K K_1x+K_0 $K_2x^2+K_1x+K_0$ $\vdots$ $K_nx^n+K_{n-1}x^{n-1}+\cdots+K_1x+K_0$
지수함수	$ke^{\lambda x}$	$Ke^{\lambda x}$
삼각함수	$a\cos\alpha x$ $b\sin\beta x$ $a\cos\alpha x+b\sin\beta x$	$A\cos\alpha x+B\sin\beta x$
제차 미분방정식의 해에 같은 지수함수가 있는 경우	$ke^{\lambda_1 x}$	$Kxe^{\lambda_1 x}$ ($e^{\lambda_1 x}$이 있는 경우) $Kx^2e^{\lambda_1 x}$ ($xe^{\lambda_1 x}$까지 있는 경우) $\vdots$ $Kx^ne^{\lambda_1 x}$ ($x^{n-1}e^{\lambda_1 x}$까지 있는 경우)
여러 함수의 합	$kf(x)+lg(x)+mh(x)+\cdots$	$Kf(x)+Lg(x)+Mh(x)+\cdots$

예제 4-10 고계 비제차 미분방정식의 해법 ①

다음 미분방정식의 일반해를 구하라.

$$y'''+2y''-y'-2y=-4x^3+1$$

key point

고계 비제차 미분방정식의 일반해 : $y(x)=y_h(x)+y_p(x)$

- $y_h(x)$: 해
- $y_p(x)$: 특수해

풀이

제차 미분방정식의 일반해를 구하기 위해 특성방정식을 구하면

$$\lambda^3+2\lambda^2-\lambda-2=(\lambda-1)(\lambda+1)(\lambda+2)=0$$

이 된다. 따라서 $\lambda_1=1$, $\lambda_2=-1$, $\lambda_3=-2$와 같이 근이 구해진다. 특성방정식의 근에 따른 각각의 기저를 구하면 다음과 같다.

$$\lambda_1=1 \rightarrow y_1=e^{\lambda_1 x}=e^x$$
$$\lambda_2=-1 \rightarrow y_2=e^{\lambda_2 x}=e^{-x}$$
$$\lambda_3=-2 \rightarrow y_3=e^{\lambda_3 x}=e^{-2x}$$

위의 기저들에 중첩의 원리를 적용하여 제차 미분방정식의 해를 구성하면

$$y_h=c_1e^x+c_2e^{-x}+c_3e^{-2x}$$

이 된다. 앞선 일반해에서는 비제차항 $r(x) = -4x^3+1$과 중복되는 항이 없으므로 비제차 미분방정식의 특수해는 다음과 같이 설정할 수 있다.

$$y_p = k_3x^3 + k_2x^2 + k_1x + k_0$$

위의 y_p를 비제차 미분방정식에 대입하기 위해 y_p의 도함수들을 구하면

$$\begin{aligned} y_p' &= 3k_3x^2 + 2k_2x + k_1, \\ y_p'' &= 6k_3x + 2k_2, \\ y_p''' &= 6k_3 \end{aligned}$$

와 같다. 위 식들을 $y''' + 2y'' - y' - 2y = -4x^3+1$에 대입하면

$$y_p''' + 2y_p'' - y_p' - 2y_p = x^3(-2k_3) + x^2(-3k_3 - 2k_2) + x(12k_3 - 2k_2 - 2k_1) + (6k_3 + 4k_2 - k_1 - 2k_0)$$

가 되고, 원식의 비제차항과 비교하여 y_p의 계수 k_3, k_2, k_1 및 k_0 값을 구하면 다음과 같다.

$$k_3 = 2,\ k_2 = -3,\ k_1 = 15,\ k_0 = -8$$

결국 비제차 미분방정식의 특수해는

$$y_p = 2x^3 - 3x^2 + 15x - 8$$

이 됨을 알 수 있다. 따라서 앞에서 구한 제차 미분방정식의 해와 더하여 다음과 같이 비제차 미분방정식의 일반해를 구성할 수 있다.

$$y = y_h + y_p = c_1e^x + c_2e^{-x} + c_3e^{-2x} + 2x^3 - 3x^2 + 15x - 8$$

유제 4-10

다음 미분방정식의 일반해를 구하라.

$$y''' + 2y'' + y' = 2x^3 + 4$$

예제 4-11 고계 비제차 미분방정식의 해법 ②

다음 미분방정식의 일반해를 구하라.

$$y^{(4)} - 2y''' + y'' = 2(\cos x - \sin x)$$

key point

고계 비제차 미분방정식의 일반해 : $y(x) = y_h(x) + y_p(x)$

- $y_h(x)$: 해
- $y_p(x)$: 특수해

풀이

제차 미분방정식의 일반해를 구하기 위해 특성방정식을 구하면

$$\lambda^4 - 2\lambda^3 + \lambda^2 = \lambda^2(\lambda^2 - 2\lambda + 1) = \lambda^2(\lambda - 1)^2 = 0$$

이 된다. 따라서 $\lambda_1 = \lambda_2 = 0$, $\lambda_3 = \lambda_4 = 1$과 같이 근이 구해진다. 특성방정식의 근에 따른 각각의 기저를 구하면 다음과 같다.

$$\lambda_1 = 0 \rightarrow y_1 = e^{\lambda_1 x} = e^0 = 1$$
$$\lambda_2 = 0 \rightarrow y_2 = xe^{\lambda_2 x} = xe^0 = x$$
$$\lambda_3 = 1 \rightarrow y_3 = e^{\lambda_3 x} = e^x$$
$$\lambda_4 = 1 \rightarrow y_4 = e^{\lambda_4 x} = xe^x$$

위의 기저들에 중첩의 원리를 적용하여 제차 미분방정식의 해를 구성하면

$$y_h = c_1 + c_2 x + c_3 e^x + c_4 x e^x$$

이 된다. 위의 일반해에서는 비제차항 $r(x) = 2\cos x - 2\sin x$와 중복되는 항이 없으므로 비제차 미분방정식의 특수해는 다음과 같이 설정할 수 있다.

$$y_p = A\cos x + B\sin x$$

위의 y_p를 비제차 미분방정식에 대입하기 위해 y_p의 도함수들을 구하면

$$y_p{}' = -A\sin x + B\cos x,\quad y_p{}'' = -A\cos x - B\sin x,$$
$$y_p{}''' = A\sin x - B\cos x,\qquad y_p^{(4)} = A\cos x + B\sin x$$

와 같다. 위 식들을 $y^{(4)} - 2y''' + y'' = 2\cos x - 2\sin x$에 대입하면

$$y_p^{(4)} - 2y_p{}''' + y_p{}'' = (2B)\cos x + (-2A)\sin x$$

가 되고, 원식과 비교하면

$$2B = 2,\quad -2A = -2$$

가 되므로 $A = 1$, $B = 1$을 얻는다. 결국 비제차 미분방정식의 특수해는

$$y_p = \cos x + \sin x$$

가 됨을 알 수 있다. 따라서 이미 알고 있는 제차 미분방정식의 해와 더하여 다음과 같이 비제차 미분방정식의 일반해를 구성할 수 있다.

$$\begin{aligned} y &= y_h + y_p \\ &= c_1 + c_2 x + c_3 e^x + c_4 x e^x + \cos x + \sin x \end{aligned}$$

유제 4-11

다음 미분방정식의 일반해를 구하라.

$$y^{(4)} - 5y''' + 4y'' = 3\cos x + 5\sin x$$

예제 4-12 고계 비제차 미분방정식의 해법 ③

다음 미분방정식의 특수해를 구하라.

$$(D-1)^3 y = 6e^x,\ \ y(0)=1,\ \ y'(0)=1,\ \ y''(0)=3$$

key point
비제차 미분방정식의 특수해는 제차 미분방정식의 해의 항과 중복되지 않도록 구성한다.

풀이

제차 미분방정식의 일반해를 구하기 위해 특성방정식을 구하면

$$(\lambda-1)^3 = 0$$

이 되고, $\lambda_1=\lambda_2=\lambda_3=1$과 같은 3중근이 특성방정식의 근이 된다. 그러므로 특성방정식의 근에 따른 기저를 구하여 제차 미분방정식의 해를 구성해보면 다음과 같다.

$$\lambda_1 = 1 \rightarrow y_1 = e^{\lambda_1 x} = e^x$$

$$\lambda_2 = 1 \rightarrow y_2 = xy_1 = xe^x$$

$$\lambda_3 = 1 \rightarrow y_3 = xy_2 = x(xe^x) = x^2e^x$$

$$y_h = c_1y_1 + c_2y_2 + c_3y_3 = c_1e^x + c_2xe^x + c_3x^2e^x$$

$$\therefore\ y_h = (c_1 + c_2x + c_3x^2)e^x$$

이제 비제차항에 따른 특수해 y_p를 구해보자. 비제차항 $r(x)=e^x$만 생각하면 $y_p = ce^x$과 같이 설정할 수 있지만, 제차 미분방정식의 해에서 이미 x^2이 곱해진 e^x의 함수까지 나타나 있으므로 중복되지 않게 다음과 같이 y_p를 설정해야 한다.

$$y_p = cx^3e^x$$

원식에 대입하기 위해 y_p의 도함수들을 구하면 다음과 같다.

$$y_p' = 3cx^2e^x + cx^3e^x,$$

$$y_p'' = 6cxe^x + 6cx^2e^x + cx^3e^x,$$

$$y_p''' = 6ce^x + 18cxe^x + 9cx^2e^x + cx^3e^x$$

위 식들을 $(D-1)^3y = (D^3-3D^2+3D-1)y = y''' - 3y'' + 3y' - y = 6e^x$에 대입하여 정리하면

$$(6c)e^x + (18c-18c)xe^x + (9c-18c+9c)x^2e^x + (c-3c+3c-c)x^3e^x = 6e^x$$

이 된다. 결국 e^x 항만 남아 다음과 같이 c 값을 구할 수 있다.

$$6c = 6 \qquad \therefore\ c = 1$$

따라서 비제차 미분방정식의 특수해는

$$y_p = cx^3e^x = x^3e^x$$

이 되므로 이미 알고 있는 제차 미분방정식의 해와 더하여 다음과 같이 비제차 미분방정식의 일반해를 구할 수 있다.

$$\begin{aligned} y &= y_h + y_p \\ &= (c_1 + c_2 x + c_3 x^2)e^x + x^3 e^x \end{aligned}$$

여기에 초기조건을 대입하면

$$\begin{aligned} y(0) &= c_1 = 1 \\ y' &= (c_2 + 2c_3 x)e^x + (c_1 + c_2 x + c_3 x^2)e^x + 3x^2 e^x + x^3 e^x \\ y'(0) &= c_2 + 1 = 1 \\ \therefore\ c_2 &= 0 \\ y'' &= 2c_3 e^x + 4c_3 x e^x + (1 + c_3 x^2)e^x + 6x e^x + 6x^2 e^x + x^3 e^x \\ y''(0) &= 2c_3 + 1 = 3 \\ \therefore\ c_3 &= 1 \end{aligned}$$

과 같이 계산되어 $c_1 = 1$, $c_2 = 0$, $c_3 = 1$ 값을 얻을 수 있다. 그러므로 예제에 주어진 비제차 미분방정식의 특수해는 다음과 같이 나타낼 수 있다.

$$y = (1 + x^2 + x^3)e^x$$

유제 4-12

다음 미분방정식의 특수해를 구하라.

$$(D^3 - 3D^2 + 3D - 1)y = 18e^x,\ y(0) = 1,\ y'(0) = 2,\ y''(0) = 5$$

Chapter 04 핵심요약

고계 선형 미분방정식

- 고계 선형 미분방정식의 표준형은 다음과 같다.

$$y^{(n)} + p_{n-1}(x)y^{(n-1)} + \cdots + p_1(x)y' + p_0(x)y = r(x)$$

여기서 $r(x) = 0$이면 제차 미분방정식, $r(x) \neq 0$이면 비제차 미분방정식이 된다.

- 미분연산자를 이용한 고계 미분방정식의 표준형은 다음과 같다.

$$D^{(n)} + p_{n-1}(x)D^{(n-1)} + \cdots + p_1(x)D' + p_0(x)y = \begin{cases} 0 \\ r(x) \neq 0 \end{cases}$$

- 고계 제차 미분방정식의 해는 중첩의 원리를 적용하여 구성한다.

$$y(x) = c_1y_1(x) + c_2y_2(x) + \cdots + c_ny_n(x)$$ (단, $c_1, \cdots, c_n$은 임의의 상수)

상수계수를 갖는 고계 제차 미분방정식

- 상수계수를 갖는 고계 제차 미분방정식과 그 특성방정식은 다음과 같이 표현된다.

$$y^{(n)} + a_{n-1}y^{(n-1)} + \cdots + a_1y' + a_0y = 0$$

$$\lambda^n + a_{n-1}\lambda^{n-1} + \cdots + a_1\lambda + a_0 = 0$$

- 고계 제차 미분방정식의 특성방정식의 근의 종류에 따른 일반해는 다음과 같이 구성된다.

근의 종류	일반해
서로 다른 실근	$y = c_1e^{\lambda_1 x} + c_2e^{\lambda_2 x} + \cdots + c_ne^{\lambda_n x}$
다중실근	겹쳐진 횟수만큼 x를 곱한다.
단일복소근	$y = e^{\alpha x}(A\cos\beta x + B\sin\beta x)$
복소다중근	$y = e^{\alpha x}\{(A_1 + A_2x)\cos\beta x + (B_1 + B_2x)\sin\beta x\}$

상수계수를 갖는 고계 비제차 미분방정식

- 상수계수를 갖는 고계 비제차 미분방정식은 다음과 같이 표현된다.

$$y^{(n)} + a_{n-1}y^{(n-1)} + \cdots + a_1y' + a_0y = r(x)$$

- 상수계수를 갖는 고계 비제차 미분방정식의 일반해

$$y(x) = y_h(x) + y_p(x)$$

❶ $y_h(x)$: 비제차 미분방정식의 해

❷ $y_p(x)$: 비제차 미분방정식의 특수해

- 비제차항으로 인한 특수해 $y_p(x)$는 비제차항 $r(x)$와 동일한 형태로 설정하는 것이 기본이다. 하지만 상황에 따라 다양한 형태로 설정될 수밖에 없는데, 기본적인 방법은 다음과 같이 정리할 수 있다.

종류	$r(x)$의 형태	$y_p(x)$ 형태의 설정
다항함수	k $k_1x + k_0$ $k_2x^2 + k_1x + k_0$ $\vdots$ $k_nx^n + k_{n-1}x^{n-1} + \cdots + k_1x + k_0$	K $K_1x + K_0$ $K_2x^2 + K_1x + K_0$ $\vdots$ $K_nx^n + K_{n-1}x^{n-1} + \cdots + K_1x + K_0$
지수함수	$ke^{\lambda x}$	$Ke^{\lambda x}$
삼각함수	$a\cos\alpha x$ $b\sin\beta x$ $a\cos\alpha x + b\sin\beta x$	$A\cos\alpha x + B\sin\beta x$
제차 미분방정식의 해에 같은 지수함수가 있는 경우	$ke^{\lambda_1 x}$	$Kxe^{\lambda_1 x}$ ($e^{\lambda_1 x}$이 있는 경우) $Kx^2e^{\lambda_1 x}$ ($xe^{\lambda_1 x}$까지 있는 경우) $\vdots$ $Kx^ne^{\lambda_1 x}$ ($x^{n-1}e^{\lambda_1 x}$까지 있는 경우)
여러 함수의 합	$kf(x) + lg(x) + mh(x) + \cdots$	$Kf(x) + Lg(x) + Mh(x) + \cdots$

Chapter 04 연습문제

※ **(문제 4.1~4.4)** 다음 함수들이 해의 기저를 구성하게 되는 고계 미분방정식을 유도하라. 단, a, b, c는 상수이다.

4.1 $1,\ e^{-ax},\ e^{-bx},\ e^{-cx}$

4.2 $e^{ax},\ \cos bx,\ \sin bx$

4.3 $\cos ax,\ \sin ax,\ x\cos ax,\ x\sin ax$

4.4 $e^{-bx},\ e^{-cx},\ xe^{-cx}$

※ **(문제 4.5~4.8)** 다음과 같은 특성방정식 또는 특성방정식의 근이 나타날 때, 원 미분방정식의 형태를 구하고 그 미분방정식의 해를 구하라. 단, a, b, c는 상수이다.

4.5 $(\lambda-a)(\lambda-b)(\lambda-c)=0$

4.6 $(\lambda+a)(\lambda^2+b\lambda+c)=0$ (단, $b^2-4c<0$)

4.7 $\lambda_1=ai,\ \lambda_2=-ai,\ \lambda_3=bi,\ \lambda_4=-bi$

4.8 $\lambda_1=\lambda_2=\lambda_3=c$

4.9 특성방정식이 $(\lambda-a)(\lambda-b)^2\{(\lambda-p-qi)(\lambda-p+qi)\}^2=0$으로 나타날 때, 원미분방정식의 해를 구하라. 단, a, b, p, q는 상수이다.

※ **(문제 4.10~4.14)** 다음 고계 제차 미분방정식의 일반해를 구하라.

4.10 $y^{(4)}=0$

4.11 $y^{(4)}+y''=0$

4.12 $y^{(4)}-6y''-27y=0$

4.13 $y^{(4)}+8y''+16y=0$

4.14 $y^{(4)}+8\pi^2y''+16\pi^4y=0$

※ **(문제 4.15~4.19)** 다음 고계 제차 미분방정식의 특수해를 구하라.

4.15 $(D^3 - D^2 + 100D - 100)y = 0$, $y(0) = 4$, $y'(0) = 11$, $y''(0) = -299$

4.16 $(D^3 + 3D^2 - 4)y = 0$, $y(0) = 0$, $y'(0) = 0$, $y''(0) = 1$

4.17 $(D^4 + 2D^2 + 1)y = 0$, $y(0) = -1$, $y'(0) = 1$, $y''(0) = 0$, $y'''(0) = 1$

4.18 $(D^4 - 16)y = 0$, $y(0) = 0$, $y'(0) = 2$, $y''(0) = 16$, $y'''(0) = 0$

4.19 $(D^4 - 2D^3 - D^2 + 2D)y = 0$, $y(0) = -1$, $y'(0) = 0$, $y''(0) = 1$, $y'''(0) = 2$

※ **(문제 4.20~4.24)** 다음 고계 비제차 미분방정식의 일반해를 구하라.

4.20 $y''' + 2y'' + y' = 2x + 4$

4.21 $y''' + 3y'' + 3y' + y = 30e^{-x}$

4.22 $y^{(4)} - 625y = 39\sinh x$

4.23 $y^{(4)} + 1.75y'' - 9y = e^{2x} - \sin\pi x$

4.24 $y^{(4)} - 16y = \dfrac{24}{x^5} - \dfrac{16}{x}$

※ **(문제 4.25~4.28)** 다음 고계 비제차 미분방정식의 특수해를 구하라.

4.25 $(D^3 + 4D)y = 3\cos x$, $y(0) = 0$, $y'(0) = 3$, $y''(0) = 4$

4.26 $(D^4 - 1)y = 30(e^{2x} - e^{-2x})$, $y(0) = 1$, $y'(0) = 8$, $y''(0) = -1$, $y'''(0) = 30$

4.27 $(D^3 + 3D^2 + 3D + 1)y = x^2$, $y(2) = \dfrac{6}{e^2} + 4$, $y'(2) = -\dfrac{3}{e^2} - 2$, $y''(2) = 2$

4.28 $(D^4 - 5D^2 + 4)y = 20\cos x$, $y(0) = 1$, $y'(0) = 14$, $y''(0) = -6$, $y'''(0) = 56$

Chapter

05

연립 미분방정식

Systems of Differential Equations

학습목표

- 연립 미분방정식의 기초가 되는 벡터와 행렬의 개념을 이해한다.
- 연립 미분방정식이 행렬 및 벡터 형식으로 표현된다는 사실을 이해한다.
- 고윳값 및 고유벡터의 개념을 이해하고 이를 구하는 방법을 학습한다.
- 연립 미분방정식으로부터 특성방정식을 구하는 식을 숙지한다.
- 연립 미분방정식의 제차 및 비제차 미분방정식의 해법을 여러 가지 예를 통해 학습한다.
- 연립 미분방정식이 실제적으로 어떤 시스템을 나타내고 있는지를 이론적으로 이해한다.

미분방정식은 기본적으로 자연계의 물리적 현상과 공학적인 문제를 나타내는 식이다. 지금까지는 단일식의 형태를 띤 미분방정식의 개념을 익히고 해석하는 방법에 대해 학습했다. 2장의 예에서도 보았듯이 하나의 미분방정식으로 표현된 것을 가지고도 실제 모델링에 활용할 수도 있다. 하지만 실제적으로는 더욱 복잡한 시스템을 모델링해야 하는 경우가 많다. 예를 들어 여러 개의 시스템이 합쳐져서 하나의 시스템을 구성하는 형태가 있다. 전기회로를 예로 들었을 때, 단일회로가 아니고 여러 개의 회로가 연결되어 있는 다중회로망과 같은 경우를 생각해볼 수 있다. 그러한 시스템은 연립 미분방정식의 형태로 주어진다.

이 장에서는 연립 미분방정식을 행렬과 벡터 형식으로 표현하는 법과 상수계수를 갖는 제차 및 비제차 연립 미분방정식의 해법을 소개한다. 이 장의 내용을 확실히 이해하기 위해서는 제일 먼저 소개되는 행렬 및 벡터의 개념, 그리고 고윳값과 고유벡터에 대해 제대로 알아야 한다. 필요하다면 8장도 참고하라.

알아 두어야 할 개념과 공식

Chapter 05

1. 벡터, 스칼라

길이, 무게 등 크기만으로 정해지는 양을 **스칼라** scalar라고 하는데, 이에 반해 힘, 속도 등과 같이 크기와 방향까지 동시에 생각해야 하는 양을 **벡터** vector라고 한다. 벡터는 흔히 $\vec{A}$와 같이 화살표를 이용하여 나타내거나 A와 같이 굵은 정자체로 나타낸다. 이 책에서는 굵은 정자체를 사용한다.

2. 행렬, 행렬의 상등, 행렬식

수 또는 수를 나타내는 문자를 괄호 안에 배열한 것을 **행렬** matrix이라고 한다. 다음과 같은 식이 성립할 때 우리는 행렬 A와 행렬 B가 같다고 한다.

$$\mathrm{A} = \begin{bmatrix} a_{11} & a_{12} \\ a_{21} & a_{22} \end{bmatrix}, \ \mathrm{B} = \begin{bmatrix} b_{11} & b_{12} \\ b_{21} & b_{22} \end{bmatrix}$$

$$\mathrm{A} = \mathrm{B} \leftrightarrow \begin{bmatrix} a_{11} & a_{12} \\ a_{21} & a_{22} \end{bmatrix} = \begin{bmatrix} b_{11} & b_{12} \\ b_{21} & b_{22} \end{bmatrix} \leftrightarrow a_{11} = b_{11},\ a_{12} = b_{12},\ a_{21} = b_{21},\ a_{22} = b_{22}$$

정방행렬을 선분 안에 표시한 것을 **행렬식** determinant이라고 한다. 행렬이 값을 갖지 않는다는 사실과 달리 행렬식에는 값이 존재한다는 사실에 유의해야 한다. 행렬 A의 행렬식은 detA 또는 |A|로 표현한다. 2×2 행렬의 행렬식은 다음과 같이 계산한다.

$$\det \mathrm{A} = \begin{vmatrix} a_{11} & a_{12} \\ a_{21} & a_{22} \end{vmatrix} = a_{11}a_{22} - a_{12}a_{21}$$

3. 단위행렬

정방행렬에서 주대각 원소들이 1 값을 갖고 나머지 원소들이 0 값을 갖는 행렬을 **단위행렬** identity matrix이라고 하고, 보통 I로 나타낸다.

$$\text{단위행렬 } \mathrm{I} = \begin{bmatrix} 1 & 0 & \cdots & 0 \\ 0 & 1 & \cdots & 0 \\ \vdots & \vdots & \ddots & \vdots \\ 0 & 0 & \cdots & 1 \end{bmatrix}$$

4. 전치행렬

A라는 행렬이 있을 때, 행과 열이 전환된 행렬을 **전치행렬** transpose이라 하고, A^T로 표시한다. 정방행렬의 경우, 주대각선을 기준으로 대칭을 이루는 성분들이 바뀐 행렬을 말한다.

- 행렬 $\mathrm{A} = \begin{bmatrix} \mathrm{a}_{11} & \mathrm{a}_{12} & \cdots & \mathrm{a}_{1n} \\ \mathrm{a}_{21} & \mathrm{a}_{22} & \cdots & \mathrm{a}_{2n} \\ \vdots & \vdots & \ddots & \vdots \\ \mathrm{a}_{n1} & \mathrm{a}_{n2} & \cdots & \mathrm{a}_{nn} \end{bmatrix}$
- 전치행렬 $\mathrm{A}^T = \begin{bmatrix} a_{11} & a_{21} & \cdots & a_{n1} \\ a_{12} & a_{22} & \cdots & a_{n2} \\ \vdots & \vdots & \ddots & \vdots \\ a_{1n} & a_{2n} & \cdots & a_{nn} \end{bmatrix}$

5.1 선형 연립 미분방정식의 기초

5.1.1 행렬과 벡터의 표현

■ 선형 연립 미분방정식의 표현

선형 연립 미분방정식을 이해하기 위해서는 먼저 행렬matrix과 벡터vector의 개념부터 알아야 한다. 선형 연립 미분방정식은 행렬과 벡터로 표현되는데, 이렇게 표현하면 수식이 간단해지고 개념도 더욱 분명해진다. 먼저 행렬에 대한 정의부터 시작해보자.

간단한 예로 다음과 같은 형태로 수를 배열한 것을 2×2 행렬이라고 한다.

$$\begin{bmatrix} 1 & 2 \\ 3 & 4 \end{bmatrix}, \begin{bmatrix} a & b \\ c & d \end{bmatrix}, \begin{bmatrix} 4 & 3 \\ 2 & 1 \end{bmatrix}, \begin{bmatrix} d & c \\ b & a \end{bmatrix}, \cdots$$

위 배열은 순서와는 상관없이 숫자나 문자를 가로로 2개, 세로로 2개 배열한 형태이다. 두 줄의 가로 배열과 두 줄의 세로 배열이라는 의미로 '2(가로)×2(세로)'로 표현한다. 이러한 생각을 기초로 행렬의 정의를 다음과 같은 형태로 나타낼 수 있다.

■ 2×2 행렬의 정의

$$\mathrm{A} = [a_{jk}] = \begin{bmatrix} a_{11} & a_{12} \\ a_{21} & a_{22} \end{bmatrix} \tag{5.1}$$

■ 요소(원소), 행, 열의 정의

위의 식 (5.1)을 2×2 **행렬** A 라고 한다. 여기서 각각의 문자인 $a_{11}, \cdots, a_{22}$를 행렬의 **요소**element 또는 **원소**entry라고 하고, 가로로 되어 있는 배열인 $[a_{11} \ \ a_{12}]$나 $[a_{21} \ \ a_{22}]$를 **행**row, 세로로 되어 있는 배열인 $\begin{bmatrix} a_{11} \\ a_{21} \end{bmatrix}$이나 $\begin{bmatrix} a_{12} \\ a_{22} \end{bmatrix}$를 **열**column이라고 한다. $[a_{jk}]$에서 j는 행을 의미하고, k는 열을 의미하는 문자이다.

■ $n \times n$ 행렬의 정의

위 행렬을 일반화하면 행과 열의 수를 임의로 설정할 수 있는 $\boldsymbol{n \times n}$ **행렬** A 도 다음과 같이 정의할 수 있다.

$$\mathrm{A} = [a_{jk}] = \begin{bmatrix} a_{11} & a_{12} & \cdots & a_{1n} \\ a_{21} & a_{22} & \cdots & a_{2n} \\ \vdots & \vdots & \ddots & \vdots \\ a_{n1} & a_{n2} & \cdots & a_{nn} \end{bmatrix} \tag{5.2}$$

■ 정방행렬의 정의

행렬에서는 행과 열의 수가 같지 않아도 되지만, 식 (5.2)와 같이 행과 열의 수가 같은 경우의 행렬을 **정방행렬**square matrix이라고 한다.

다음은 벡터의 정의로 넘어가는데, 여기서 행렬과 벡터를 굳이 나누어서 생각할 필요는 없다. 왜냐하면 앞에서 행렬을 표현할 때 이미 벡터 표현을 사용했을 정도로 벡터는 곧 행렬을 나타나는 개념이기도 하기 때문이다.

벡터로 표현했다는 것은 바로, 굵은 정자체로 표현한 $\mathbf{A}$ 를 말한다. 식 (5.2)를 기준으로 이야기하자면, $n \times n$ 행렬을 $\mathbf{A}$ 라는 벡터로 나타냈다는 의미이다. 즉 벡터 $\mathbf{A}$ 는 n개의 행과 n개의 열을 가진 행렬로 표현할 수 있다는 것이다. 이때 한 줄의 행은 하나의 **행벡터**row vector로, 한 줄의 열은 하나의 **열벡터**column vector로 나타낼 수 있다. 즉 $n \times n$ 행렬 $\mathbf{A}$ 에서 제일 첫 행은 다음과 같이 행벡터 $\mathbf{u}$ 로 나타낼 수 있고

■ 행벡터와 열벡터의 표현

$$\mathbf{u} = \begin{bmatrix} a_{11} & a_{12} & \cdots & a_{1n} \end{bmatrix} \tag{5.3}$$

제일 첫 열은 다음과 같이 열벡터 $\mathbf{v}$ 로 나타낼 수 있다.

$$\mathbf{v} = \begin{bmatrix} a_{11} \\ a_{21} \\ \vdots \\ a_{n1} \end{bmatrix} \tag{5.4}$$

이와 같이 행렬을 벡터로 간단하게 표현할 수 있다는 점을 기억해 두자.

이제 두 개의 미분방정식으로 이루어진 연립 미분방정식을 행렬과 벡터로 표현하는 방법에 대해 알아보자. 우선 다음과 같은 두 개의 미분방정식이 있다고 가정한다.

$$\begin{aligned} y_1{}'(t) &= a_{11}y_1(t) + a_{12}y_2(t) \\ y_2{}'(t) &= a_{21}y_1(t) + a_{22}y_2(t) \end{aligned} \tag{5.5}$$

위 식에 행렬의 개념을 적용하여 다음과 같이 바꿔 쓸 수 있다.[1]

$$\begin{bmatrix} y_1{}'(t) \\ y_2{}'(t) \end{bmatrix} = \begin{bmatrix} a_{11} & a_{12} \\ a_{21} & a_{22} \end{bmatrix} \begin{bmatrix} y_1(t) \\ y_2(t) \end{bmatrix} \tag{5.6}$$

식 (5.6)에서 행렬을 벡터로 바꿔 쓰면 다음과 같이 **벡터 형식**으로 표현할 수도 있다.

$$\mathbf{y}' = \mathbf{A}\,\mathbf{y} \tag{5.7}$$

식 (5.7)에서 $\mathbf{y}'$은 열벡터 $\begin{bmatrix} y_1{}'(t) \\ y_2{}'(t) \end{bmatrix}$, $\mathbf{A}$ 는 2×2 행렬 $\begin{bmatrix} a_{11} & a_{12} \\ a_{21} & a_{22} \end{bmatrix}$, $\mathbf{y}$ 는 열벡터 $\begin{bmatrix} y_1(t) \\ y_2(t) \end{bmatrix}$ 를 나타내는 벡터이다.

1 8장 8.3.1절 참고

앞선 식들을 좀 더 일반화하기 위해 n개의 미분방정식에 대한 식으로 고쳐 쓰면 다음과 같이 $n \times n$ 행렬을 이용하여 나타낼 수 있다. 먼저 n개의 미분방정식이 다음과 같다고 하자.

$$\begin{aligned} y_1'(t) &= a_{11}y_1(t) + a_{12}y_2(t) + \cdots + a_{1n}y_n(t) \\ y_2'(t) &= a_{21}y_1(t) + a_{22}y_2(t) + \cdots + a_{2n}y_n(t) \\ &\vdots \\ y_n'(t) &= a_{n1}y_1(t) + a_{n2}y_2(t) + \cdots + a_{nn}y_n(t) \end{aligned} \tag{5.8}$$

위의 연립 미분방정식을 다음과 같이 행렬로 표현할 수 있고

■ 연립 미분방정식의 행렬 표현

$$\begin{bmatrix} y_1'(t) \\ y_2'(t) \\ \vdots \\ y_n'(t) \end{bmatrix} = \begin{bmatrix} a_{11} & a_{12} & \cdots & a_{1n} \\ a_{21} & a_{22} & \cdots & a_{2n} \\ \vdots & \vdots & \ddots & \vdots \\ a_{n1} & a_{n2} & \cdots & a_{nn} \end{bmatrix} \begin{bmatrix} y_1(t) \\ y_2(t) \\ \vdots \\ y_n(t) \end{bmatrix} \tag{5.9}$$

식 (5.9)를 벡터로 표현해도 식 (5.7)과 같은 형태일 수밖에 없다. 행이나 열을 이루는 성분의 수가 다를 뿐 벡터로 표현하는 방법에는 차이가 없기 때문이다.

5.1.2 고윳값과 고유벡터

이제 선형 연립 미분방정식을 해결하는 열쇠라고 해도 과언이 아닌 **고윳값**eigen value과 **고유벡터**eigenvector에 대해 알아보자.

고윳값은 공학적 응용에 있어서 행렬과 가장 관련이 깊은 개념 중 하나이다. 특히 연립 미분방정식의 해법에는 고윳값과 고유벡터를 구하는 과정이 꼭 필요하기 때문에 반드시 알아 두어야 한다.

고윳값과 고유벡터의 기본 개념을 파악하기 위해 우선 $n \times n$ 행렬을 기본으로 한 다음과 같은 **벡터방정식**을 고려한다.

■ 고윳값과 고유벡터를 포함한 벡터방정식

$$\mathrm{A}\mathbf{x} = \lambda\mathbf{x} \tag{5.10}$$

식 (5.10)에서는 벡터 $\mathbf{x}$와 스칼라 λ가 각각 **고유벡터**와 **고윳값**을 나타내는데, 이는 우리가 구해야 할 값이기도 하다.

식 (5.10)이 성립되게 하는 가장 쉬운 방법은 벡터 $\mathbf{x}$를 $\mathbf{0}$으로 두는 것이지만, 벡터가 아무런 값을 가질 수 없으므로 전혀 의미가 없다. 그러므로 $\mathbf{x} \neq \mathbf{0}$이면서

식이 성립하는 해 $\mathbf{x}$를 갖도록 하는 λ 값을 구해야 한다. 이것이 곧 고윳값 λ를 구하는 문제가 되는 것이다. 이렇게 구한 고윳값 λ에 따라서 얻는 해 $\mathbf{x}$(0이 아닌)가 바로 고유벡터이다.

그러면 고윳값과 고유벡터를 구하기 위해 식 (5.10)으로 돌아가보자. 식 (5.10)은 다음과 같이 고쳐서 나타낼 수 있다.

$$(\mathrm{A}-\lambda \mathrm{I})\mathbf{x} = \mathbf{0} \tag{5.11}$$

▪ 고윳값과 고유벡터를 구하기 위한 조건식

앞에서 $\mathbf{x} \neq \mathbf{0}$이라는 조건이 있었으므로 결국 $\mathrm{A}-\lambda\mathrm{I} = \mathbf{0}$이 되어야 한다는 사실을 알 수 있다. 결과적으로 식 $\mathrm{A}-\lambda\mathrm{I} = \mathbf{0}$에서 고윳값 λ를 구해야 하는 문제가 된 것이다.

우선 이 장에서는 2×2 행렬을 기준으로 하여 연립 미분방정식의 해법을 구하고 있으므로 식 (5.11)을 다음과 같이 2×2 행렬 형태로 바꿔서 생각해보자.

$$\begin{bmatrix} a_{11}-\lambda & a_{12} \\ a_{21} & a_{22}-\lambda \end{bmatrix}\begin{bmatrix} x_1 \\ x_2 \end{bmatrix} = \begin{bmatrix} 0 \\ 0 \end{bmatrix} \tag{5.12}$$

위와 같이 표현된 식에서 $\mathbf{x} \neq \mathbf{0}$인 고윳값 λ를 구하려면 **행렬식**determinant과 **역행렬**inverse matrix의 계산이 필요하므로 우선 이 두 문제를 짚고 넘어가자. 물론 2×2 행렬에 한정해서 설명하겠다.

먼저 행렬 A가 식 (5.1)과 같은 2×2 행렬일 때, 그 행렬식은 다음과 같이 계산된다.

$$\det \mathrm{A} = \begin{vmatrix} a_{11} & a_{12} \\ a_{21} & a_{22} \end{vmatrix} = a_{11}a_{22} - a_{12}a_{21}$$

▪ 2×2 행렬식의 계산

또한 2×2 행렬 A의 역행렬은 다음과 같이 계산할 수 있다. 물론 모든 행렬에 대해 역행렬이 존재하지는 않으므로 이 식은 A의 역행렬이 존재하는 경우에 한해서만 성립할 수 있다.

$$\mathrm{A}^{-1} = \frac{1}{\det \mathrm{A}}\begin{bmatrix} a_{22} & -a_{12} \\ -a_{21} & a_{11} \end{bmatrix} = \frac{1}{a_{11}a_{22}-a_{12}a_{21}}\begin{bmatrix} a_{22} & -a_{12} \\ -a_{21} & a_{11} \end{bmatrix} \tag{5.13}$$

▪ 2×2 역행렬의 계산

이제 식 (5.11)에서 파생된 식 $\mathrm{A}-\lambda\mathrm{I} = \mathbf{0}$이 성립해야 한다는 부분으로 다시 돌아가보자. 식 $\mathrm{A}-\lambda\mathrm{I} = \mathbf{0}$이 성립하면서 $\mathbf{x} \neq \mathbf{0}$인 해를 구하려면 $\mathrm{A}-\lambda\mathrm{I}$의 행렬식이 0이 되어야만 한다.[2] 그것을 식으로 정리하면 다음과 같이 나타낼 수 있다.

2 크라메르 법칙에서 비롯된 것으로 역행렬이 존재하지 않아야 한다는 것을 기본으로 한 이론

$$\det(\mathrm{A}-\lambda\mathrm{I}) = \begin{vmatrix} a_{11}-\lambda & a_{12} \\ a_{21} & a_{22}-\lambda \end{vmatrix} = 0 \tag{5.14}$$

식 (5.14)를 풀어서 정리하면 다음과 같은 식을 얻을 수 있다.

▪ 행렬 A의 특성방정식

$$\lambda^2 - (a_{11}+a_{22})\lambda + a_{11}a_{22} - a_{12}a_{21} = 0 \tag{5.15}$$

식 (5.15)를 행렬 A 의 **특성방정식**characteristic equation이라고 한다. 특성방정식은 λ에 대한 2차 대수방정식의 형태로 되어 있으므로 방정식을 풀면 두 개의 근 λ_1, λ_2를 구할 수 있다. 이렇게 구한 근이 행렬 A 의 고윳값이 되고, 고윳값 λ_1, λ_2를 각각 대입하여 얻는 벡터 $\mathbf{x}^{(1)}$, $\mathbf{x}^{(2)}$가 행렬 A 의 고유벡터가 된다.

예제 5-1 연립 미분방정식의 행렬 표현

다음 연립 미분방정식을 $\mathbf{y}' = \mathrm{A}\mathbf{y}$ 형식으로 나타낼 때, 행렬 A를 구하라.

$$ay_1' - by_1 - cy_2 = 0$$
$$Ay_2' + By_1 + Cy_2 = 0$$

key point

$\mathbf{y}' = \mathrm{A}\mathbf{y}$ 에서

- $\mathbf{y}' = \begin{bmatrix} y_1' \\ y_2' \end{bmatrix}$
- $\mathrm{A} = \begin{bmatrix} a_{11} & a_{12} \\ a_{21} & a_{22} \end{bmatrix}$
- $\mathbf{y} = \begin{bmatrix} y_1 \\ y_2 \end{bmatrix}$

풀이

연립 미분방정식을 y_1'과 y_2'을 기준으로 정리하면 다음과 같다.

$$y_1' = \frac{b}{a}y_1 + \frac{c}{a}y_2$$
$$y_2' = -\frac{B}{A}y_1 - \frac{C}{A}y_2$$

위 식을 식 (5.6)의 형식에 맞춰 정리하면 다음과 같다.

$$\begin{bmatrix} y_1' \\ y_2' \end{bmatrix} = \begin{bmatrix} a_{11} & a_{12} \\ a_{21} & a_{22} \end{bmatrix}\begin{bmatrix} y_1 \\ y_2 \end{bmatrix} = \begin{bmatrix} \frac{b}{a} & \frac{c}{a} \\ -\frac{B}{A} & -\frac{C}{A} \end{bmatrix}\begin{bmatrix} y_1 \\ y_2 \end{bmatrix}$$

위 식은 $\mathbf{y}' = \begin{bmatrix} y_1' \\ y_2' \end{bmatrix} = \begin{bmatrix} \frac{b}{a} & \frac{c}{a} \\ -\frac{B}{A} & -\frac{C}{A} \end{bmatrix}\begin{bmatrix} y_1 \\ y_2 \end{bmatrix} = \mathrm{A}\mathbf{y}$와 같은 형태이므로 행렬 A 는 다음과 같이 나타낼 수 있다.

$$\mathrm{A} = \begin{bmatrix} \frac{b}{a} & \frac{c}{a} \\ -\frac{B}{A} & -\frac{C}{A} \end{bmatrix}$$

유제 5-1

다음 연립 미분방정식을 $\mathbf{y}' = \mathbf{A}\mathbf{y}$ 형식으로 나타낼 때, 행렬 $\mathbf{A}$를 구하라.

$$y_1' - 2y_1 + 4y_2 = 0$$
$$-2y_2' + 3y_1 - 3y_2 = 0$$

예제 5-2 고윳값과 고유벡터 구하기

다음 행렬 $\mathbf{A}$에서 고윳값과 고유벡터를 구하라.

$$\mathbf{A} = \begin{bmatrix} 0 & 2 \\ 2 & 0 \end{bmatrix}$$

key point
- $(\mathbf{A} - \lambda\mathbf{I})\mathbf{x} = \mathbf{0}$
- $\det(\mathbf{A} - \lambda\mathbf{I}) = 0$

풀이

고윳값과 고유벡터를 구하려면 다음 식을 사용한다.

$$(\mathbf{A} - \lambda\mathbf{I})\mathbf{x} = \mathbf{0}$$

위 식이 성립하려면 다음 식이 성립해야 한다.

$$\det(\mathbf{A} - \lambda\mathbf{I}) = \begin{vmatrix} a_{11} - \lambda & a_{12} \\ a_{21} & a_{22} - \lambda \end{vmatrix} = \begin{vmatrix} -\lambda & 2 \\ 2 & -\lambda \end{vmatrix} = 0$$

그러므로 위 식에서 특성방정식을 구하면 다음과 같다.

$$\lambda^2 - 4 = (\lambda - 2)(\lambda + 2) = 0$$

따라서 고윳값은 다음과 같이 구해진다.

$$\lambda_1 = 2, \quad \lambda_2 = -2$$

위의 각 고윳값에 대해 고유벡터를 구하려면 다음 식에 고윳값을 대입해야 한다.

$$(\mathbf{A} - \lambda\mathbf{I})\mathbf{x} = \begin{bmatrix} a_{11} - \lambda & a_{12} \\ a_{21} & a_{22} - \lambda \end{bmatrix} \begin{bmatrix} x_1 \\ x_2 \end{bmatrix} = \begin{bmatrix} 0 \\ 0 \end{bmatrix} = \mathbf{0}$$

먼저 고윳값 $\lambda_1 = 2$를 대입하면

$$\begin{bmatrix} -\lambda_1 & 2 \\ 2 & -\lambda_1 \end{bmatrix} \begin{bmatrix} x_1 \\ x_2 \end{bmatrix} = \begin{bmatrix} -2 & 2 \\ 2 & -2 \end{bmatrix} \begin{bmatrix} x_1 \\ x_2 \end{bmatrix} = \mathbf{0}$$
$$\therefore \ -2x_1 + 2x_2 = 0, \quad 2x_1 - 2x_2 = 0$$

과 같이 동일한 두 식을 얻는다. 첫 번째 식에 따라 고유벡터를 구하면

$$x_1 = x_2 \ \rightarrow \ x_1 = 1, \quad x_2 = 1$$
$$\mathbf{x}^{(1)} = \begin{bmatrix} 1 \\ 1 \end{bmatrix}$$

이 된다. 고유벡터는 비율로 구해지므로 앞선 식 $x_1 = x_2$를 만족시키는 다른 값도 고유벡터가 된다. 다음에 고윳값 $\lambda_2 = -2$를 대입하면

$$\begin{bmatrix} -\lambda_2 & 2 \\ 2 & -\lambda_2 \end{bmatrix}\begin{bmatrix} x_1 \\ x_2 \end{bmatrix} = \begin{bmatrix} 2 & 2 \\ 2 & 2 \end{bmatrix}\begin{bmatrix} x_1 \\ x_2 \end{bmatrix} = 0$$

$$\therefore\ 2x_1 + 2x_2 = 0,\ 2x_1 + 2x_2 = 0$$

과 같이 동일한 두 식을 얻는다. 첫 번째 식에 따라 다음과 같이 고유벡터를 구할 수 있다.

$$x_1 = -x_2 \rightarrow x_1 = 1,\ x_2 = -1$$

$$\mathbf{x}^{(2)} = \begin{bmatrix} 1 \\ -1 \end{bmatrix}$$

유제 5-2

다음 행렬 A에서 고윳값과 고유벡터를 구하라.

$$\mathrm{A} = \begin{bmatrix} -4 & 1 \\ 3 & -2 \end{bmatrix}$$

5.1.3 선형 연립 미분방정식

선형 연립 미분방정식을 배우기 위한 준비는 이미 마쳤다. 이제 선형 연립 미분방정식의 기본 개념과 이론에 대해서 알아보자. 이 책에서 소개하는 연립 미분방정식의 형태는 1계로 한정되어 있으므로 먼저 1계 연립 미분방정식의 일반적인 형태를 살펴보자.

$$\begin{aligned} y_1{}' &= s_1(t,\ y_1,\ \cdots,\ y_n) \\ y_2{}' &= s_2(t,\ y_1,\ \cdots,\ y_n) \\ &\vdots \\ y_n{}' &= s_n(t,\ y_1,\ \cdots,\ y_n) \end{aligned} \tag{5.16}$$

위 식을 벡터로 표현하면 다음과 같다.

$$\mathbf{y}' = \mathbf{s}(t,\ \mathbf{y}) \tag{5.17}$$

식 (5.16)과 같은 연립 미분방정식의 해는 다음과 같은 형태로 나타난다.

$$y_1(t) = L_1(t),\ y_2(t) = L_2(t),\ \cdots,\ y_n(t) = L_n(t) \tag{5.18}$$

즉 각각의 미분방정식마다 한 개의 해가 주어지는 형식을 띤다. 따라서 식 (5.18)과 같은 각각의 해들을 다음과 같이 행렬 및 벡터 형식으로 묶어서 나타낼 수 있다.

$$\mathbf{y}(t)=\begin{bmatrix} y_1(t) \\ y_2(t) \\ \vdots \\ y_n(t) \end{bmatrix}=\begin{bmatrix} L_1(t) \\ L_2(t) \\ \vdots \\ L_n(t) \end{bmatrix}=\mathbf{L}(t) \tag{5.19}$$

또한 미분방정식의 특수해를 구하는 초깃값 문제를 만들기 위해서는 초기조건이 필요한데, 그 n개의 초기조건은 다음과 같이 나타낼 수 있다.

$$y_1(t_0)=k_1,\ y_2(t_0)=k_2,\ \cdots,\ y_n(t_0)=k_n \tag{5.20}$$

위 초기조건들을 행렬 및 벡터 형식으로 나타내면 다음과 같다.

$$\mathbf{y}(t_0)=\begin{bmatrix} y_1(t_0) \\ y_2(t_0) \\ \vdots \\ y_n(t_0) \end{bmatrix}=\begin{bmatrix} k_1 \\ k_2 \\ \vdots \\ k_n \end{bmatrix}=\mathbf{k} \tag{5.21}$$

이제 일반적인 선형 연립 미분방정식의 형태와 그 해에 대해 알아보자. 먼저 **선형 연립 미분방정식**은 다음과 같이 표현할 수 있다.

$$\begin{aligned} y_1{}'(t) &= a_{11}y_1(t)+a_{12}y_2(t)+\ \cdots\ +a_{1n}y_n(t)+g_1(t) \\ y_2{}'(t) &= a_{21}y_1(t)+a_{22}y_2(t)+\ \cdots\ +a_{2n}y_n(t)+g_2(t) \\ &\vdots \\ y_n{}'(t) &= a_{n1}y_1(t)+a_{n2}y_2(t)+\ \cdots\ +a_{nn}y_n(t)+g_n(t) \end{aligned} \tag{5.22}$$

▪ 선형 연립 미분방정식의 형태

위 식을 행렬 및 벡터 형식으로 고치면 다음과 같이 나타낼 수 있다.

$$\begin{bmatrix} y_1{}'(t) \\ y_2{}'(t) \\ \vdots \\ y_n{}'(t) \end{bmatrix}=\begin{bmatrix} a_{11} & a_{12} & \cdots & a_{1n} \\ a_{21} & a_{22} & \cdots & a_{2n} \\ \vdots & \vdots & \ddots & \vdots \\ a_{n1} & a_{n2} & \cdots & a_{nn} \end{bmatrix}\begin{bmatrix} y_1(t) \\ y_2(t) \\ \vdots \\ y_n(t) \end{bmatrix}+\begin{bmatrix} g_1(t) \\ g_2(t) \\ \vdots \\ g_n(t) \end{bmatrix} \tag{5.23}$$

$$\mathbf{y}'=\mathbf{A}\mathbf{y}+\mathbf{g} \tag{5.24}$$

식 (5.24)에서 $\mathbf{g}=0$이면 **제차 연립 미분방정식**이 되고, $\mathbf{g}\neq 0$이면 **비제차 연립 미분방정식**이 된다.

▪ 제차 연립 미분방정식과 비제차 연립 미분방정식의 정의

정리 5-1 연립 미분방정식에서의 중첩의 원리

제차 연립 미분방정식 $\mathbf{y}' = \mathbf{A}\mathbf{y}$의 해가 $\mathbf{y}^{(1)}$과 $\mathbf{y}^{(2)}$일 때, 그 해들을 선형결합한 형태인 $\mathbf{y} = c_1\mathbf{y}^{(1)} + c_2\mathbf{y}^{(2)}$ 역시 같은 제차 연립 미분방정식의 해가 된다.

예제 5-3 중첩의 원리의 증명

$\mathbf{y}^{(1)}$과 $\mathbf{y}^{(2)}$가 제차 연립 미분방정식 $\mathbf{y}' = \mathbf{A}\mathbf{y}$의 해일 때, $\mathbf{y} = c_1\mathbf{y}^{(1)} + c_2\mathbf{y}^{(2)}$ 역시 $\mathbf{y}' = \mathbf{A}\mathbf{y}$의 해가 됨을 증명하라.

> **key point**
> $\mathbf{y}^{(1)}$, $\mathbf{y}^{(2)}$ 및 $\mathbf{y} = c_1\mathbf{y}^{(1)} + c_2\mathbf{y}^{(2)}$를 $\mathbf{y}' = \mathbf{A}\mathbf{y}$에 대입하여 확인한다.

풀이

$\mathbf{y}^{(1)}$과 $\mathbf{y}^{(2)}$가 제차 연립 미분방정식 $\mathbf{y}' = \mathbf{A}\mathbf{y}$의 해이므로 다음 식이 성립한다.

$$\mathbf{y}^{(1)\prime} = \mathbf{A}\mathbf{y}^{(1)}, \quad \mathbf{y}^{(2)\prime} = \mathbf{A}\mathbf{y}^{(2)}$$

그 다음에 $\mathbf{y} = c_1\mathbf{y}^{(1)} + c_2\mathbf{y}^{(2)}$를 $\mathbf{y}' = \mathbf{A}\mathbf{y}$에 대입해보면 다음과 같다.

$$\begin{aligned}\mathbf{y}' &= \left\{c_1\mathbf{y}^{(1)} + c_2\mathbf{y}^{(2)}\right\}' = c_1\mathbf{y}^{(1)\prime} + c_2\mathbf{y}^{(2)\prime}\\ &= c_1\mathbf{A}\mathbf{y}^{(1)} + c_2\mathbf{A}\mathbf{y}^{(2)} = \mathbf{A}\left\{c_1\mathbf{y}^{(1)} + c_2\mathbf{y}^{(2)}\right\}\\ &= \mathbf{A}\mathbf{y}\end{aligned}$$

$\mathbf{y}' = \mathbf{A}\mathbf{y}$가 성립하므로 해가 됨을 알 수 있다.

5.2 제차 연립 미분방정식

이 절에서는 5.1절에서 정의한 제차 연립 미분방정식의 해법에 대해 살펴보자. 식 (5.24)에서 $\mathbf{g} = \mathbf{0}$일 때 제차 연립 미분방정식이 되므로 이를 식 (5.25)와 같이 표현할 수 있다.

$$\mathbf{y}' = \mathbf{A}\mathbf{y} \tag{5.25}$$

위 식이 상수계수를 갖는다고 가정하고 그 해를 찾아보자. 이를 위해 앞에서 학습한 상수계수를 갖는 1계 미분방정식 $y' = ky$의 해가 $y = ce^{kx}$의 형태였음을 떠올려보자.[3] 식 (5.25)와 같은 제차 연립 미분방정식도 벡터로 표현되어 있을 뿐, 형태는 1계 미분방정식과 다를 바가 없으므로 그 해 역시 1계 미분방정식의 해의 형태를 보고 다음과 같이 추정할 수 있다.

3 2장의 [예제 2-4] 참조

$$\mathbf{y} = \mathbf{x}e^{\lambda t} \tag{5.26}$$

만약 제차 연립 미분방정식인 식 (5.25)의 A가 n개의 고윳값과 n개의 고유벡터를 갖는다고 가정하면 다음과 같은 해를 갖는다고 할 수 있고, 각각의 해들은 연립 미분방정식의 **기저**basis가 된다.

$$\mathbf{y}^{(1)} = \mathbf{x}^{(1)}e^{\lambda_1 t},\ \mathbf{y}^{(2)} = \mathbf{x}^{(2)}e^{\lambda_2 t},\ \cdots,\ \mathbf{y}^{(n)} = \mathbf{x}^{(n)}e^{\lambda_n t} \tag{5.27}$$

중첩의 원리를 적용하여 연립 미분방정식의 해를 나타내면

$$\mathbf{y} = c_1\mathbf{y}^{(1)} + c_2\mathbf{y}^{(2)} + \cdots + c_n\mathbf{y}^{(n)}$$

과 같이 표현할 수 있다. 이 식에 식 (5.27)을 대입하면

$$\mathbf{y} = c_1\mathbf{x}^{(1)}e^{\lambda_1 t} + c_2\mathbf{x}^{(2)}e^{\lambda_2 t} + \cdots + c_n\mathbf{x}^{(n)}e^{\lambda_n t} \tag{5.28}$$

▪ 제차 연립 미분방정식의 일반해

과 같이 제차 연립 미분방정식의 일반해의 형태를 알 수 있다.

예제 5-4 제차 연립 미분방정식의 해의 구성

제차 연립 미분방정식 $\mathbf{y}' = \mathrm{A}\mathbf{y}$를 이루는 행렬 A에서 고윳값 λ와 고유벡터 $\mathbf{x}$가 다음과 같이 주어졌을 때, 일반해를 구하라.

$$\lambda_1 = \alpha,\ \ \lambda_2 = \beta$$
$$\mathbf{x}^{(1)} = \begin{bmatrix} a \\ b \end{bmatrix},\ \mathbf{x}^{(2)} = \begin{bmatrix} c \\ d \end{bmatrix}$$

key point
고윳값과 고유벡터를 먼저 구하고, 중첩의 원리를 적용한다.

풀이

주어진 고윳값과 고유벡터를 이용하여 다음과 같은 기저를 구할 수 있다.

$$\mathbf{y}^{(1)} = \mathbf{x}^{(1)}e^{\lambda_1 t} = \begin{bmatrix} a \\ b \end{bmatrix}e^{\alpha t}$$
$$\mathbf{y}^{(2)} = \mathbf{x}^{(2)}e^{\lambda_2 t} = \begin{bmatrix} c \\ d \end{bmatrix}e^{\beta t}$$

위의 기저에 중첩의 원리를 적용하면 다음과 같이 일반해를 구할 수 있다.

$$\begin{aligned}\mathbf{y} &= c_1\mathbf{x}^{(1)}e^{\lambda_1 t} + c_2\mathbf{x}^{(2)}e^{\lambda_2 t} \\ &= c_1\begin{bmatrix} a \\ b \end{bmatrix}e^{\alpha t} + c_2\begin{bmatrix} c \\ d \end{bmatrix}e^{\beta t}\end{aligned}$$

유제 5-3

제차 연립 미분방정식 $\mathbf{y}' = \mathbf{A}\mathbf{y}$를 이루는 행렬 $\mathbf{A}$에서 고윳값 λ와 고유벡터 $\mathbf{x}$가 다음과 같이 주어졌을 때, 일반해를 구하라.

$$\lambda_1 = 1, \ \lambda_2 = -1$$

$$\mathbf{x}^{(1)} = \begin{bmatrix} 2 \\ 3 \end{bmatrix}, \ \mathbf{x}^{(2)} = \begin{bmatrix} -3 \\ 4 \end{bmatrix}$$

예제 5-5 제차 연립 미분방정식의 해법

다음 제차 연립 미분방정식에 대해 물음에 답하라.

$$\mathbf{y}' = \mathbf{A}\mathbf{y} = \begin{bmatrix} -3 & 1 \\ 1 & -3 \end{bmatrix}\mathbf{y}$$

key point
고윳값과 고유벡터를 먼저 구하고, 중첩의 원리를 적용하여 일반해를 구성한다.

(a) 일반해를 구하라.

(b) 초기조건이 $y_1(0) = -3, \ y_2(0) = 5$일 때, 특수해를 구하라.

풀이

(a) 연립 미분방정식을 풀기 위해 먼저 행렬 $\mathbf{A}$의 고윳값과 고유벡터를 구해야 한다. 먼저 고윳값을 구하기 위해 다음과 같은 식을 사용하여 특성방정식을 구한다.

$$\det(\mathbf{A}-\lambda\mathbf{I}) = \begin{vmatrix} a_{11}-\lambda & a_{12} \\ a_{21} & a_{22}-\lambda \end{vmatrix} = \begin{vmatrix} -3-\lambda & 1 \\ 1 & -3-\lambda \end{vmatrix} = 0$$

$$(-3-\lambda)^2 - 1 = \lambda^2 + 6\lambda + 8 = (\lambda+2)(\lambda+4) = 0$$

위 식에서 근을 구하면 고윳값은 다음과 같이 정해진다.

$$\lambda_1 = -2, \ \lambda_2 = -4$$

이렇게 구한 고윳값을 다음 식에 대입하여 고유벡터를 구해보자.

$$(\mathbf{A}-\lambda\mathbf{I})\mathbf{x} = \begin{bmatrix} -3-\lambda & 1 \\ 1 & -3-\lambda \end{bmatrix}\begin{bmatrix} x_1 \\ x_2 \end{bmatrix} = 0$$

먼저 고윳값 $\lambda_1 = -2$를 대입하면

$$\begin{bmatrix} -3-\lambda_1 & 1 \\ 1 & -3-\lambda_1 \end{bmatrix}\begin{bmatrix} x_1 \\ x_2 \end{bmatrix} = \begin{bmatrix} -1 & 1 \\ 1 & -1 \end{bmatrix}\begin{bmatrix} x_1 \\ x_2 \end{bmatrix} = 0$$

$$\therefore \ -x_1 + x_2 = 0, \ x_1 - x_2 = 0$$

과 같이 동일한 두 식을 얻는다. 위 식에 따라 첫 번째 고유벡터를 구하면 다음과 같다.

$$x_1 = x_2 \rightarrow x_1 = 1, \ x_2 = 1$$

$$\mathbf{x}^{(1)} = \begin{bmatrix} 1 \\ 1 \end{bmatrix}$$

다음에 고윳값 $\lambda_2 = -4$를 대입하면

$$\begin{bmatrix} -3-\lambda_2 & 1 \\ 1 & -3-\lambda_2 \end{bmatrix}\begin{bmatrix} x_1 \\ x_2 \end{bmatrix} = \begin{bmatrix} 1 & 1 \\ 1 & 1 \end{bmatrix}\begin{bmatrix} x_1 \\ x_2 \end{bmatrix} = 0$$

$$\therefore\ x_1 + x_2 = 0,\ \ x_1 + x_2 = 0$$

과 같이 동일한 두 식을 얻는다. 두 번째 고유벡터를 구하면 다음과 같다.

$$x_1 = -x_2 \ \rightarrow\ x_1 = 1,\ \ x_2 = -1$$

$$\mathbf{x}^{(2)} = \begin{bmatrix} 1 \\ -1 \end{bmatrix}$$

앞에서 구한 고윳값과 고유벡터를 사용하여 다음과 같이 기저를 구할 수 있다.

$$\mathbf{y}^{(1)} = \mathbf{x}^{(1)} e^{\lambda_1 t} = \begin{bmatrix} 1 \\ 1 \end{bmatrix} e^{-2t}$$

$$\mathbf{y}^{(2)} = \mathbf{x}^{(2)} e^{\lambda_2 t} = \begin{bmatrix} 1 \\ -1 \end{bmatrix} e^{-4t}$$

위의 기저에 중첩의 원리를 이용하면, 다음과 같은 제차 연립 미분방정식의 일반해를 구할 수 있다.

$$\begin{aligned} \mathbf{y} &= c_1 \mathbf{x}^{(1)} e^{\lambda_1 t} + c_2 \mathbf{x}^{(2)} e^{\lambda_2 t} \\ &= c_1 \begin{bmatrix} 1 \\ 1 \end{bmatrix} e^{-2t} + c_2 \begin{bmatrix} 1 \\ -1 \end{bmatrix} e^{-4t} \end{aligned}$$

(b) 앞에서 구한 일반해에 초기조건을 대입하면 다음과 같은 식을 구할 수 있다.

$$y_1(t) = c_1 e^{-2t} + c_2 e^{-4t} \ \rightarrow\ y_1(0) = c_1 + c_2 = -3$$

$$y_2(t) = c_1 e^{-2t} - c_2 e^{-4t} \ \rightarrow\ y_2(0) = c_1 - c_2 = 5$$

연립방정식 $c_1 + c_2 = -3$, $c_1 - c_2 = 5$를 풀면 $c_1 = 1$, $c_2 = -4$를 얻을 수 있고, 이 값을 대입하면 다음과 같은 특수해를 구할 수 있다.

$$\mathbf{y} = c_1 \mathbf{x}^{(1)} e^{-2t} + c_2 \mathbf{x}^{(2)} e^{-4t} = \begin{bmatrix} 1 \\ 1 \end{bmatrix} e^{-2t} - 4 \begin{bmatrix} 1 \\ -1 \end{bmatrix} e^{-4t}$$

유제 5-4

연립 미분방정식

$$\mathbf{y}' = \mathrm{A}\mathbf{y} = \begin{bmatrix} 4 & -2 \\ 1 & 1 \end{bmatrix} \mathbf{y}$$

의 일반해를 구하고, $y_1(0) = 5$, $y_2(0) = 1$과 같은 초기조건을 가질 때의 특수해를 구하라.

5.3 비제차 연립 미분방정식

비제차 연립 미분방정식은 일반적으로 연립 미분방정식을 나타내는 식 (5.24)에서 $\mathbf{g} \neq 0$인 경우에 해당된다. 그 식을 나타내면 다음과 같다.

$$\mathbf{y}' = \mathbf{A}\mathbf{y} + \mathbf{g} \quad (\text{단, } \mathbf{g} \neq 0) \tag{5.29}$$

식 (5.29)와 같은 비제차 연립 미분방정식의 해도 2계 비제차 미분방정식의 경우와 동일하게 생각하면 된다. 즉 비제차 미분방정식의 해는 제차 미분방정식의 해에 비제차항을 이용해 얻은 해를 더하면 된다.[4]

4 3장 3.4절 참조

연립 미분방정식에 위에서 언급한 해에 대한 논의를 적용하기 위해 제차 연립 미분방정식 $\mathbf{y}' = \mathbf{A}\mathbf{y}$의 해를 $\mathbf{y}^{(h)}$, 비제차 연립 미분방정식의 $\mathbf{g}(t)$에 의해 얻어지는 특수해를 $\mathbf{y}^{(p)}$라고 하면, 비제차 연립 미분방정식의 **일반해**는 다음과 같이 구성된다.

■ 비제차 연립 미분방정식의 일반해

$$\mathbf{y} = \mathbf{y}^{(h)} + \mathbf{y}^{(p)} \tag{5.30}$$

식 (5.30)과 같은 비제차 연립 미분방정식의 일반해를 구하기 위해 남은 일은 비제차 연립 미분방정식의 $\mathbf{g}(t)$에 의해 얻어지는 특수해 $\mathbf{y}^{(p)}$를 구하는 것이다. 이 역시 단일 미분방정식에서 비제차항으로 얻어지는 특수해를 구할 때와 마찬가지로 미정계수법을 사용하기로 한다.[5]

5 3장 3.5절 참조

미정계수법을 사용하기 위해서는 먼저 $\mathbf{g}(t)$에 의한 특수해의 형태부터 설정해야 하는데, 이것도 단일 비제차 미분방정식에서 사용되었던 경우와 동일하게 설정하되 연립 미분방정식의 구조에 맞춰 행렬 및 벡터 형식으로 설정하면 된다.

그러면 $\mathbf{g}(t)$에 의한 특수해를 설정하고 비제차 연립 미분방정식의 해를 구하는 방법을 예제로 학습해보자.

예제 5-6 비제차항 $\mathbf{g}$가 상수인 경우

다음과 같은 비제차 연립 미분방정식이 있다.

$$\mathbf{y}' = \mathbf{A}\mathbf{y} + \mathbf{g} = \begin{bmatrix} -4 & 5 \\ -1 & 2 \end{bmatrix}\mathbf{y} + \begin{bmatrix} 12 \\ 6 \end{bmatrix}$$

제차 미분방정식으로 인한 해는 $\mathbf{y}^{(h)} = c_1\begin{bmatrix} 1 \\ 1 \end{bmatrix}e^{t} + c_2\begin{bmatrix} 5 \\ 1 \end{bmatrix}e^{-3t}$이다.

(a) 주어진 연립 미분방정식에서 $\mathbf{g}$에 의한 특수해를 구하라.

(b) 초기조건이 $\mathbf{y}(0) = 0$과 같을 때, 비제차 연립 미분방정식의 특수해를 구하라.

key point

특수해의 형태를 $\mathbf{y}^{(p)} = \mathbf{a}$(상수)로 설정한다.

풀이

(a) 주어진 미분방정식에서 $\mathbf{g}$는 상수이므로 $\mathbf{g}$로 인한 특수해 역시 다음과 같이 상수로 설정하면 된다.

$$\mathbf{y}^{(p)} = \mathbf{a} = \begin{bmatrix} a_1 \\ a_2 \end{bmatrix}$$

위 식을 원식에 대입하면 다음과 같다.

$$\mathbf{y}^{(p)\prime} = A\mathbf{y}^{(p)} + \mathbf{g} = \begin{bmatrix} -4 & 5 \\ -1 & 2 \end{bmatrix}\mathbf{a} + \begin{bmatrix} 12 \\ 6 \end{bmatrix} = \begin{bmatrix} -4 & 5 \\ -1 & 2 \end{bmatrix}\begin{bmatrix} a_1 \\ a_2 \end{bmatrix} + \begin{bmatrix} 12 \\ 6 \end{bmatrix}$$

$$\mathbf{y}^{(p)\prime} = (\mathbf{a})' = \mathbf{0}$$

$$\therefore \begin{bmatrix} -4 & 5 \\ -1 & 2 \end{bmatrix}\begin{bmatrix} a_1 \\ a_2 \end{bmatrix} + \begin{bmatrix} 12 \\ 6 \end{bmatrix} = \begin{bmatrix} 0 \\ 0 \end{bmatrix}$$

마지막 행렬을 단일방정식으로 풀어 쓰면

$$-4a_1 + 5a_2 + 12 = 0, \quad -a_1 + 2a_2 + 6 = 0$$

과 같은 연립방정식을 얻고, 이 방정식을 풀면 $a_1 = -2$, $a_2 = -4$ 값을 얻을 수 있다. 따라서 $\mathbf{g}$에 의한 특수해는 다음과 같다.

$$\mathbf{y}^{(p)} = \mathbf{a} = -\begin{bmatrix} 2 \\ 4 \end{bmatrix}$$

(b) $\mathbf{g}$에 의한 특수해를 제차 미분방정식의 해에 더하면, 다음과 같이 비제차 연립 미분방정식의 일반해를 구할 수 있다.

$$\mathbf{y} = \mathbf{y}^{(h)} + \mathbf{y}^{(p)} = \mathbf{y}^{(h)} + \mathbf{a} = c_1\begin{bmatrix} 1 \\ 1 \end{bmatrix}e^{t} + c_2\begin{bmatrix} 5 \\ 1 \end{bmatrix}e^{-3t} - \begin{bmatrix} 2 \\ 4 \end{bmatrix}$$

위의 일반해에 초기조건 $\mathbf{y}(0) = \begin{bmatrix} y_1(0) \\ y_2(0) \end{bmatrix} = \mathbf{0} = \begin{bmatrix} 0 \\ 0 \end{bmatrix}$을 대입하면

$$c_1 + 5c_2 - 2 = 0, \quad c_1 + c_2 - 4 = 0$$

과 같은 연립방정식을 얻고, 이 방정식을 풀면 $c_1 = \frac{9}{2}$, $c_2 = -\frac{1}{2}$ 값을 얻을 수 있다. c_1, c_2 값을 일반해에 대입하면 다음과 같은 비제차 연립 미분방정식의 특수해를 구할 수 있다.

$$\mathbf{y} = \frac{9}{2}\begin{bmatrix} 1 \\ 1 \end{bmatrix}e^{t} - \frac{1}{2}\begin{bmatrix} 5 \\ 1 \end{bmatrix}e^{-3t} - \begin{bmatrix} 2 \\ 4 \end{bmatrix}$$

유제 5-5

비제차 연립 미분방정식 $\mathbf{y}' = A\mathbf{y} + \mathbf{g} = \begin{bmatrix} -4 & 4 \\ -1.6 & 1.2 \end{bmatrix}\mathbf{y} + \begin{bmatrix} 12 \\ 4.8 \end{bmatrix}$이 있다. 제차 미분방정식으로 인한 해는 $\mathbf{y}^{(h)} = c_1\begin{bmatrix} 2 \\ 1 \end{bmatrix}e^{-2t} + c_2\begin{bmatrix} 1 \\ 0.8 \end{bmatrix}e^{-0.8t}$이다. 위의 비제차 연립 방정식에서 $\mathbf{g}$에 의한 특수해를 구하고, 초기조건이 $\mathbf{y}(0) = \mathbf{0}$과 같을 때, 비제차 연립 미분방정식의 특수해를 구하라.

예제 5-7 비제차항 $\mathbf{g}$가 지수함수인 경우

다음과 같은 비제차 연립 미분방정식이 있다.

$$\mathbf{y}' = A\mathbf{y} + \mathbf{g} = \begin{bmatrix} 2 & 3 \\ 1 & 4 \end{bmatrix}\mathbf{y} + \begin{bmatrix} 2 \\ 3 \end{bmatrix}e^{2t}$$

key point
특수해의 형태를
$\mathbf{y}^{(p)} = \mathbf{u}e^{2t}$
으로 설정한다.

제차 미분방정식으로 인한 해는 $\mathbf{y}^{(h)} = c_1\begin{bmatrix} 3 \\ -1 \end{bmatrix}e^{t} + c_2\begin{bmatrix} 1 \\ 1 \end{bmatrix}e^{5t}$이다. 위의 비제차 연립 미분방정식에서 $\mathbf{g}$에 의한 특수해를 구하여 비제차 연립 미분방정식의 일반해를 구성하라.

풀이

주어진 비제차 연립 미분방정식에서 $\mathbf{g}$는 지수함수 e^{2t}의 함수인데, 제차 미분방정식의 해에는 e^{2t}의 함수가 보이지 않는다. 그러므로 $\mathbf{g}$에 의한 특수해는 다음과 같이 동일한 지수함수 형태로 설정하면 된다.

$$\mathbf{y}^{(p)} = \mathbf{u}e^{2t} = \begin{bmatrix} u_1 \\ u_2 \end{bmatrix}e^{2t}$$

위 식을 원식에 대입하면 다음과 같다.

$$\begin{aligned} \mathbf{y}^{(p)\prime} &= A\mathbf{y}^{(p)} + \mathbf{g} = \begin{bmatrix} 2 & 3 \\ 1 & 4 \end{bmatrix}\mathbf{u}e^{2t} + \begin{bmatrix} 2 \\ 3 \end{bmatrix}e^{2t} \\ &= \begin{bmatrix} 2 & 3 \\ 1 & 4 \end{bmatrix}\begin{bmatrix} u_1 \\ u_2 \end{bmatrix}e^{2t} + \begin{bmatrix} 2 \\ 3 \end{bmatrix}e^{2t} \\ \mathbf{y}^{(p)\prime} &= (\mathbf{u}e^{2t})' = 2\mathbf{u}e^{2t} = \begin{bmatrix} 2u_1 \\ 2u_2 \end{bmatrix}e^{2t} \end{aligned}$$

$$\therefore \begin{bmatrix} 2 & 3 \\ 1 & 4 \end{bmatrix}\begin{bmatrix} u_1 \\ u_2 \end{bmatrix}e^{2t} + \begin{bmatrix} 2 \\ 3 \end{bmatrix}e^{2t} = \begin{bmatrix} 2u_1 \\ 2u_2 \end{bmatrix}e^{2t}$$

맨 마지막 식에서 양변에 동일하게 존재하는 e^{2t}을 소거하고, 단일방정식으로 풀어 쓰면 다음과 같은 연립방정식이 된다.

$$2u_1 + 3u_2 + 2 = 2u_1, \quad u_1 + 4u_2 + 3 = 2u_2$$

이 방정식을 풀면 $u_1 = -\frac{5}{3}$, $u_2 = -\frac{2}{3}$ 값을 얻을 수 있다. 따라서 $\mathbf{g}$에 의한 특수해는 다음과 같다.

$$\mathbf{y}^{(p)} = \begin{bmatrix} u_1 \\ u_2 \end{bmatrix}e^{2t} = -\frac{1}{3}\begin{bmatrix} 5 \\ 2 \end{bmatrix}e^{2t}$$

따라서 위의 특수해와 제차 미분방정식의 해를 더하면 다음과 같은 비제차 연립 미분방정식의 일반해를 구할 수 있다.

$$\begin{aligned} \mathbf{y} &= \mathbf{y}^{(h)} + \mathbf{y}^{(p)} = \mathbf{y}^{(h)} + \mathbf{u}e^{2t} \\ &= c_1\begin{bmatrix} 3 \\ -1 \end{bmatrix}e^{t} + c_2\begin{bmatrix} 1 \\ 1 \end{bmatrix}e^{5t} - \frac{1}{3}\begin{bmatrix} 5 \\ 2 \end{bmatrix}e^{2t} \end{aligned}$$

유제 5-6

다음과 같은 비제차 연립 미분방정식이 있다.

$$\mathbf{y}' = A\mathbf{y} + \mathbf{g} = \begin{bmatrix} -2 & 1 \\ 1 & -2 \end{bmatrix}\mathbf{y} - \begin{bmatrix} 4 \\ 8 \end{bmatrix} e^{-2t}$$

제차 미분방정식으로 인한 해는 $\mathbf{y}^{(h)} = c_1\begin{bmatrix} 1 \\ -1 \end{bmatrix} e^{-3t} + c_2\begin{bmatrix} 1 \\ 1 \end{bmatrix} e^{-t}$이다. 위의 비제차 연립 미분방정식에서 $\mathbf{g}$에 의한 특수해를 구하여 비제차 연립 미분방정식의 일반해를 구성하라.

예제 5-8 비제차항 g가 다항함수인 경우

비제차 연립 미분방정식 $\mathbf{y}' = A\mathbf{y} + \mathbf{g}$에서 행렬 A와 비제차항 $\mathbf{g}$가 다음과 같을 때, $\mathbf{g}$에 의한 특수해를 구하라.

$$A = \begin{bmatrix} 2 & -4 \\ 1 & -3 \end{bmatrix}, \quad \mathbf{g} = \begin{bmatrix} 4t(t+1) \\ 2t^2+3t+3 \end{bmatrix}$$

key point

특수해의 형태를

$$\mathbf{y}^{(p)} = \mathbf{u} + \mathbf{v}t + \mathbf{w}t^2$$

으로 설정한다.

풀이

비제차항 $\mathbf{g}$가 다항함수이므로 $\mathbf{g}$에 의한 특수해는 다음과 같은 다항함수 형태로 설정하면 된다.

$$\mathbf{y}^{(p)} = \mathbf{u} + \mathbf{v}t + \mathbf{w}t^2 = \begin{bmatrix} u_1 \\ u_2 \end{bmatrix} + \begin{bmatrix} v_1 \\ v_2 \end{bmatrix} t + \begin{bmatrix} w_1 \\ w_2 \end{bmatrix} t^2$$

앞선 식을 원식에 대입하면 다음과 같다.

$$\begin{aligned} \mathbf{y}^{(p)\prime} = A\mathbf{y}^{(p)} + \mathbf{g} &= \begin{bmatrix} 2 & -4 \\ 1 & -3 \end{bmatrix}(\mathbf{u}+\mathbf{v}t+\mathbf{w}t^2) + \begin{bmatrix} 4t(t+1) \\ 2t^2+3t+3 \end{bmatrix} \\ &= \begin{bmatrix} 2 & -4 \\ 1 & -3 \end{bmatrix}\left(\begin{bmatrix} u_1 \\ u_2 \end{bmatrix} + \begin{bmatrix} v_1 \\ v_2 \end{bmatrix} t + \begin{bmatrix} w_1 \\ w_2 \end{bmatrix} t^2\right) + \begin{bmatrix} 4t(t+1) \\ 2t^2+3t+3 \end{bmatrix} \\ \mathbf{y}^{(p)\prime} = (\mathbf{u} + \mathbf{v}t + \mathbf{w}t^2)' &= \mathbf{v} + 2\mathbf{w}t = \begin{bmatrix} v_1 + 2w_1 t \\ v_2 + 2w_2 t \end{bmatrix} \\ \therefore \begin{bmatrix} 2 & -4 \\ 1 & -3 \end{bmatrix}\left(\begin{bmatrix} u_1 \\ u_2 \end{bmatrix} + \begin{bmatrix} v_1 \\ v_2 \end{bmatrix} t + \begin{bmatrix} w_1 \\ w_2 \end{bmatrix} t^2\right) &+ \begin{bmatrix} 4t^2+4t \\ 2t^2+3t+3 \end{bmatrix} = \begin{bmatrix} v_1 + 2w_1 t \\ v_2 + 2w_2 t \end{bmatrix} \end{aligned}$$

위 식에서 상수항, t항 및 t^2항을 양변으로 나눠서 계수를 비교하면 미정계수 값을 알 수 있다. 먼저 양변의 t^2항 계수를 비교하면 다음과 같은 연립방정식을 얻을 수 있다.

$$2w_1 - 4w_2 + 4 = 0, \quad w_1 - 3w_2 + 2 = 0$$

이 방정식을 풀면 $w_1 = -2$, $w_2 = 0$ 값을 얻을 수 있다.

그런 다음 양변의 t항 계수를 비교하면

$$\begin{aligned} 2v_1 - 4v_2 + 4 = 2w_1 &\rightarrow 2v_1 - 4v_2 + 8 = 0 \\ v_1 - 3v_2 + 3 = 2w_2 &\rightarrow v_1 - 3v_2 + 3 = 0 \end{aligned}$$

과 같은 연립방정식을 얻을 수 있고, 이 방정식을 풀면 $v_1 = -6$, $v_2 = -1$ 값을 얻을 수 있다.

그런 다음 양변의 상수항 계수를 비교하면

$$\begin{aligned} 2u_1 - 4u_2 \quad &= v_1 \rightarrow 2u_1 - 4u_2 = -6 \\ u_1 - 3u_2 + 3 &= v_2 \rightarrow u_1 - 3u_2 = -4 \end{aligned}$$

와 같은 연립방정식을 얻을 수 있고, 이 방정식을 풀면 $u_1 = -1$, $u_2 = 1$ 값을 얻을 수 있다. 따라서 비제차항 $\mathbf{g}$에 의한 특수해를 다음과 같이 구할 수 있다.

$$\mathbf{y}^{(p)} = \mathbf{u} + \mathbf{v}t + \mathbf{w}t^2 = \begin{bmatrix} -1 \\ 1 \end{bmatrix} - \begin{bmatrix} 6 \\ 1 \end{bmatrix} t + \begin{bmatrix} -2 \\ 0 \end{bmatrix} t^2$$

유제 5-7

비제차 연립 미분방정식 $\mathbf{y}' = A\mathbf{y} + \mathbf{g}$에서 행렬 A와 비제차항 $\mathbf{g}$가 다음과 같을 때, $\mathbf{g}$에 의한 특수해를 구하라.

$$A = \begin{bmatrix} 4 & 3 \\ -2 & -1 \end{bmatrix} \mathbf{y}, \quad \mathbf{g} = \begin{bmatrix} t \\ -2t \end{bmatrix}$$

Chapter 05 핵심요약

■ 선형 연립 미분방정식의 기초

• 선형 연립 미분방정식은 다음과 같이 행렬과 벡터로 나타낼 수 있다.

$$y_1'(t) = a_{11}y_1(t)+a_{12}y_2(t)$$
$$y_2'(t) = a_{21}y_1(t)+a_{22}y_2(t)$$

$$\begin{bmatrix} y_1'(t) \\ y_2'(t) \end{bmatrix} = \begin{bmatrix} a_{11} & a_{12} \\ a_{21} & a_{22} \end{bmatrix} \begin{bmatrix} y_1(t) \\ y_2(t) \end{bmatrix}$$

$$\mathbf{y}' = \mathbf{A}\mathbf{y}$$

[그림 5-1] 행렬과 벡터로 나타낸 선형 연립 미분방정식

• 고윳값과 고유벡터는 벡터방정식 $\mathbf{A}\mathbf{x} = \lambda\mathbf{x}$에서 구할 수 있는데, 연립 미분방정식 $\mathbf{y}' = \mathbf{A}\mathbf{y}$에서 고윳값과 고유벡터는 $(\mathbf{A}-\lambda\mathbf{I})\mathbf{x} = \mathbf{0}$으로부터 구한다. 특성방정식은 다음과 같이 얻을 수 있다. 단, $\mathbf{I}$는 단위행렬이다.

$$\det(\mathbf{A}-\lambda\mathbf{I}) = \begin{vmatrix} a_{11}-\lambda & a_{12} \\ a_{21} & a_{22}-\lambda \end{vmatrix} = 0$$

■ 제차 연립 미분방정식

• 제차 연립 미분방정식은 $\mathbf{y}' = \mathbf{A}\mathbf{y}$와 같이 표현되며, 해는 $\mathbf{y} = \mathbf{x}e^{\lambda t}$의 형태로 나타난다. 여기서도 중첩의 원리가 적용되어 연립 미분방정식의 해는 $\mathbf{y} = c_1\mathbf{y}^{(1)}+c_2\mathbf{y}^{(2)}+\cdots+c_n\mathbf{y}^{(n)}$과 같이 구성된다. 따라서 제차 연립 미분방정식의 해는 다음과 같다.

$$\mathbf{y} = c_1\mathbf{x}^{(1)}e^{\lambda_1 t}+c_2\mathbf{x}^{(2)}e^{\lambda_2 t}+\cdots+c_n\mathbf{x}^{(n)}e^{\lambda_n t}$$

■ 비제차 연립 미분방정식

• 비제차 연립 미분방정식은 $\mathbf{y}' = \mathbf{A}\mathbf{y}+\mathbf{g}$(단, $\mathbf{g} \neq \mathbf{0}$)와 같이 표현되며, 해는 제차 연립 미분방정식의 해 $\mathbf{y}^{(h)}$와 비제차항 $\mathbf{g}$에 의해 얻어지는 특수해 $\mathbf{y}^{(p)}$가 결합된 형태인 $\mathbf{y} = \mathbf{y}^{(h)}+\mathbf{y}^{(p)}$와 같이 구성된다.

• 비제차항 $\mathbf{g}$를 이용해 얻은 해 $\mathbf{y}^{(p)}$는 일반 미분방정식과 동일하게 비제차항 $\mathbf{g}$와 같은 형태로 설정하는 것이 기본이다. 아울러 비제차 연립 미분방정식에서도 일반 비제차 미분방정식에서와 같이 여러 가지 상황을 고려하여 $\mathbf{y}^{(p)}$의 형태를 설정해야 한다. 설정 방법은 일반 비제차 미분방정식과 거의 같다고 생각하면 된다.

Chapter 05 연습문제

※ **(문제 5.1~5.5)** 다음 행렬의 고윳값과 고유벡터를 구하라.

5.1 $A = \begin{bmatrix} 0 & 1 \\ 1 & 0 \end{bmatrix}$

5.2 $A = \begin{bmatrix} -2 & 1 \\ 1 & -2 \end{bmatrix}$

5.3 $A = \begin{bmatrix} -2a & a \\ 2a & -a \end{bmatrix}$

5.4 $A = \begin{bmatrix} -0.03 & 0.006 \\ 0.03 & -0.006 \end{bmatrix}$

5.5 $A = \begin{bmatrix} 2 & 2 \\ 5 & -1 \end{bmatrix}$

※ **(문제 5.6~5.10)** 다음 제차 연립 미분방정식의 해를 구하라.

5.6 $y_1{}' = 2y_2$
$y_2{}' = 2y_1$

5.7 $y_1{}' = -4y_1 + y_2$
$y_2{}' = 3y_1 - 2y_2$

5.8 $y_1{}' = 2y_1 + 5y_2$
$2y_2{}' = -y_1 - 3y_2$

5.9 $(D-6)y_1 - 9y_2 = 0$
$(D-6)y_2 - y_1 = 0$

5.10 $(2D+4)y_1 + 3y_2 = 0$
$(D-3)y_2 + 4y_1 = 0$

※ **(문제 5.11~5.15)** 초기조건이 다음과 같을 때, 제차 연립 미분방정식의 해를 구하라.

5.11 $y_1{}' = 2y_2$
$y_2{}' = -2y_1$
$y_1\left(\frac{\pi}{2}\right) = -4.5,\ y_2\left(\frac{\pi}{2}\right) = 0.8$

5.12 $y_1{}' = y_1 + 3y_2$
$y_2{}' = \frac{1}{3}y_1 + y_2$
$y_1(0) = 12,\ y_2(0) = 2$

5.13 $y_1{}' = y_1 + y_2$
$y_2{}' = 4y_1 + y_2$
$y_1(0) = \frac{5}{2},\ y_2(0) = 3$

5.14 $(3D-6)y_1 - y_2 = 0$
$(D-2)y_2 - 3y_1 = 0$
$y_1(0) = 2,\ y_2(0) = 6$

5.15 $(D-1)y_1 = 2y_2$
$(D-11)y_2 = -8y_1$
$y_1(0) = 1,\ y_2(0) = 7$

※ **(문제 5.16~5.20)** 다음 비제차 연립 미분방정식의 해를 구하라.

5.16 $y_1' + y_2 = \cos t - \sin t$

$y_2' + y_1 = \cos t + \sin t$

5.17 $y_1' = y_1 + y_2$

$y_2' = y_1 - y_2 + e^t$

5.18 $y_1' + 6y_1 + y_2 = 162$

$y_2' + 9y_1 + 6y_2 = -324t$

5.19 $y_1' + y_1 + y_2 = 5t^2 - 5t - 25$

$y_2' + 4y_1 - 2y_2 = 2t^2 - 2t + 3$

5.20 $y_1' = 4y_1 + 8y_2 + 2\cos t - 16\sin t$

$y_2' = 6y_1 + 2y_2 + \cos t - 14\sin t$

※ **(문제 5.21~5.25)** 초기조건이 다음과 같을 때, 비제차 연립 미분방정식의 해를 구하라.

5.21 $\mathbf{y}' = \begin{bmatrix} 0 & 2 \\ 2 & -3 \end{bmatrix}\mathbf{y} + \begin{bmatrix} -6 \\ 4 \end{bmatrix} + \begin{bmatrix} 12 \\ 9 \end{bmatrix} e^{2t}$

$y_1(0) = \dfrac{7}{2},\ y_2(0) = 10$

5.22 $\mathbf{y}' = \begin{bmatrix} 1 & 1 \\ -2 & -1 \end{bmatrix}\mathbf{y} + \begin{bmatrix} 0 \\ t+1 \end{bmatrix}$

$y_1(0) = -1,\ y_2(0) = 3$

5.23 $\mathbf{y}' = \begin{bmatrix} 3 & -4 \\ 1 & -2 \end{bmatrix}\mathbf{y} + \begin{bmatrix} 10 \\ 0 \end{bmatrix} \cos t$

$y_1(0) = -7,\ y_2(0) = -6$

5.24 $D(y_1 + 2y_2) = 2y_1 + 2 - 4e^{2t}$

$D(2y_1 + 3y_2) = 3y_1 + y_2$

$y_1(0) = -1,\ y_2(0) = 1$

5.25 $(D+1)y_1 + y_2 = e^{-t} + 3t + 2$

$(D-2)y_2 + 4y_1 = 2e^{-t} + t + 3$

$y_1(0) = \dfrac{17}{36},\ y_2(0) = \dfrac{13}{36}$

※ **(문제 5.26~5.27)** 다음 전기회로 시스템을 연립 미분방정식의 형태로 구성하여 물음에 답하라.

5.26 응용 [그림 5-2]와 같은 전기회로에서 키르히호프 법칙에 따라 회로방정식을 유도하면 다음과 같은 연립 미분방정식으로 나타낼 수 있다.

$$\frac{1}{C}\int (I_1 - I_2)dt + R_1 I_1 = E$$
$$\frac{1}{C}\int (I_2 - I_1)dt + R_2 I_2 = 0$$

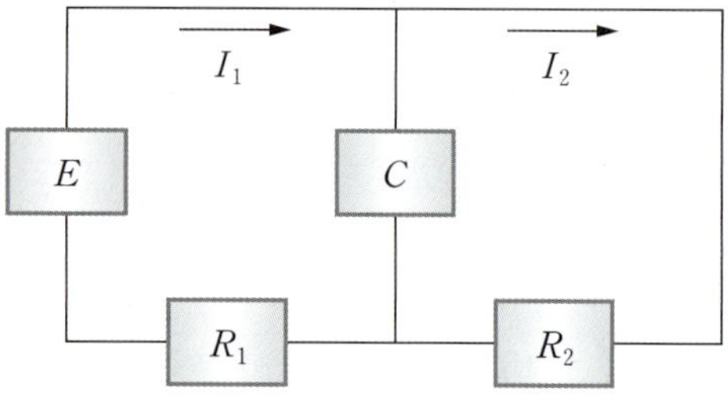

[그림 5-2] RC 전기회로

$E = 100\,\text{V}$, $C = 10^{-1}\,\text{F}$, $R_1 = 5\,\Omega$, $R_2 = 10\,\Omega$ 인 경우의 전류 $I_1(t)$, $I_2(t)$를 구하라. 아울러 $I_1(0) = 0$, $I_2(0) = 6$일 때의 전류를 구하라.

5.27 응용 [그림 5-3]과 같은 전기회로에서 키르히호프 법칙에 따라 회로방정식을 유도하면 다음과 같은 연립 미분방정식으로 나타낼 수 있다.

$$LI_1' + R_1(I_1 - I_2) = E$$
$$R_1(I_2 - I_1) + \frac{1}{C}\int I_2\,dt + R_2 I_2 = 0$$

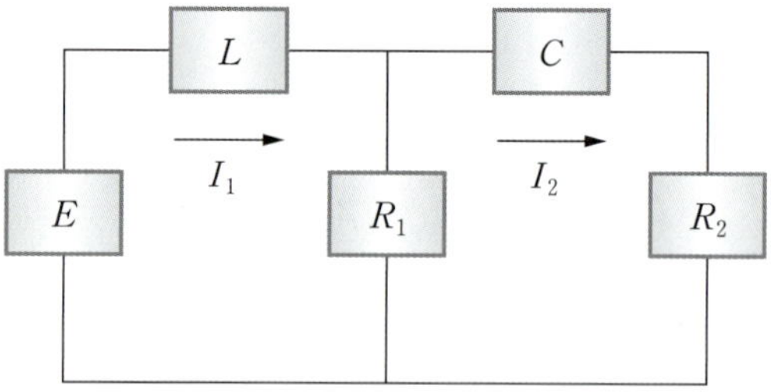

[그림 5-3] RLC 전기회로

$E = 100\,\text{V}$, $L = 1\,\text{H}$, $C = 0.25\,\text{F}$, $R_1 = 4\,\Omega$, $R_2 = 6\,\Omega$ 인 경우의 전류 $I_1(t)$, $I_2(t)$를 구하라. 아울러 $I_1(0) = 0$, $I_2(0) = 0$일 때의 전류를 구하라.

Chapter

06

미분방정식의 급수해법

Series Solutions of Differential Equations

알아 두어야 할 개념과 공식

학습목표

- 급수해법이 필요한 이유에 대해 분명히 이해한다.
- 거듭제곱급수의 형태를 숙지하고 거듭제곱급수해법의 개념을 이해한다.
- 거듭제곱급수해를 구하는 과정을 통해 급수해의 구성에 대해 이해한다.
- 일반 해법과 급수해법을 비교하여 그 차이점을 이해한다.
- 거듭제곱급수해법의 확장형인 프로베니우스 해법의 개념과 해의 형태에 대해 숙지한다.
- 프로베니우스 해법과 오일러-코시 방정식을 비교하여 그 차이를 이해한다.

지금까지는 주로 상수계수를 갖는 미분방정식의 해법을 다뤘다. 하지만 일반적인 미분방정식은 변수를 계수로 갖는 형태를 띤다. 이 장에서는 변수계수를 갖는 미분방정식의 해법을 다룰 것이다. 간단히 말하면, 해의 형태를 급수로 두고 미분방정식에 대입한 후, 나열되는 항의 계수를 구해 미분방정식의 해를 구하는 것이다. 이는 급수해를 구하는 가장 일반적인 방법으로, 거듭제곱급수해법이라고 한다.

대칭 구좌표계를 이용하는 문제에 적용하는 르장드르 방정식과 다항식은 거듭제곱급수해법의 대표적인 예이다. 한편, 대칭 원통좌표계를 이용하는 문제에 적용하는 베셀 방정식과 베셀 함수는 거듭제곱 급수해법의 확장형인 프로베니우스 해법을 통해 해를 얻을 수 있다.

이 장에서는 거듭제곱급수해법과 프로베니우스 해법에 대해 소개할 것이다. 급수해법에서는 계수 간의 관계를 나타내는 식을 유도하는 것이 중요하다는 사실을 미리 일러두고 싶다.

알아 두어야 할 개념과 공식

Chapter 06

1. 급수

수가 차례로 나열되어 있는 수열 $\{a_n\} = \{a_0,\ a_1,\ a_2,\ \cdots,\ a_n,\ \cdots\}$이 있을 때, 이 수열의 각 항을 차례대로 더하여 얻어지는 식을 **급수** series라고 한다. 여기서 a_n을 **일반항**이라고 하는데, 어떤 규칙을 가지고 수열이 진행되는 경우 그 일반적인 규칙을 보여주는 항이기도 하다. 또한 항의 개수가 유한개인 급수를 **유한급수** finite series라고 하고, 무한개인 급수를 **무한급수** infinite series라고 한다. 급수는 시그마 기호(Σ)로 표현하는 경우가 많다. 예를 들어 $a_0 + a_1 + a_2 + \cdots + a_n + \cdots$ 과 같이 무한한 항이 더해지는 식은 $\sum_{n=0}^{\infty} a_n$과 같이 나타낸다.

2. 거듭제곱

거듭제곱 power이란 똑같은 수나 변수를 나타내는 문자를 곱한 것을 의미한다. 거듭제곱 대신 **멱** 또는 **누승**이라고도 한다. 변수 x를 n(자연수)번 곱한 경우 'x의 n제곱' 혹은 'x의 n승'이라고 하고, x^n으로 나타낸다. 이와 같이 거듭제곱을 나타내는 경우의 n을 거듭제곱의 **지수** exponent라고 한다.

3. 매클로린 급수

- $1 + x + \dfrac{x^2}{2!} + \dfrac{x^3}{3!} + \cdots = \sum_{m=0}^{\infty} \dfrac{x^m}{m!} = e^x$
- $1 - \dfrac{x^2}{2!} + \dfrac{x^4}{4!} - \dfrac{x^6}{6!} + \cdots = \sum_{m=0}^{\infty} (-1)^m \dfrac{x^{2m}}{(2m)!} = \cos x$
- $x - \dfrac{x^3}{3!} + \dfrac{x^5}{5!} - \dfrac{x^7}{7!} + \cdots = \sum_{m=0}^{\infty} (-1)^m \dfrac{x^{2m+1}}{(2m+1)!} = \sin x$
- $1 + x + x^2 + x^3 + \cdots = \sum_{m=0}^{\infty} x^m = \dfrac{1}{1-x}$ (단, $-1 < x < 1$)

6.1 거듭제곱급수해법

앞서 3.3절의 오일러-코시 방정식을 제외하고는 주로 상수계수를 갖는 미분방정식의 해를 구하는 과정을 살펴보았다. 오일러-코시 방정식은 일정한 형태를 띠고 있지만, 미분방정식의 계수로 변수가 사용되는 형태였다.[1] 사실 오일러-코시 방정식을 제외하고는 변수계수를 가진 미분방정식의 해를 구하기는 어렵다. 이 장에서는 독립변수 x에 의존하는 변수를 가진 미분방정식의 해를 구하는 방법에 대해 알아보자.

1 3장의 3.3절 참조

변수계수를 가진 미분방정식의 해를 구하는 가장 일반적인 방법은 **거듭제곱급수**power series를 사용하는 것이다. 거듭제곱급수해법을 사용하기 위해서는 먼저 거듭제곱급수가 무엇인지부터 알아야 한다.

▪ 거듭제곱과 거듭제곱급수

변수 x의 **거듭제곱**power은 x^m과 같이 표현하고, x_0가 **중심**center이 된 거듭제곱을 $(x-x_0)^m$과 같이 표현할 수 있다. 이와 같은 거듭제곱의 항을 무한히 더한 형태가 바로 **거듭제곱급수**이다.

x_0를 중심으로 하는 거듭제곱급수는 다음과 같이 나타낼 수 있다.

$$\sum_{m=0}^{\infty} a_m (x-x_0)^m = a_0 + a_1(x-x_0) + a_2(x-x_0)^2 + \cdots \tag{6.1}$$

식 (6.1)에서 중심이 $x_0=0$인 경우, 이 장에서 주로 사용하게 될 다음과 같은 거듭제곱급수를 얻을 수 있다.

$$\sum_{m=0}^{\infty} a_m x^m = a_0 + a_1 x + a_2 x^2 + a_3 x^3 + \cdots \tag{6.2}$$

▪ 거듭제곱급수해

식 (6.2)와 같은 거듭제곱급수 형태의 해를 **거듭제곱급수해**라고 하고, 미분방정식의 해를 거듭제곱급수해로 나타내는 방법을 **거듭제곱급수해법**power series method이라고 한다.

먼저 변수계수를 갖는 일반적인 2계 제차 미분방정식을 생각해보자.[2]

2 3장의 3.1절 참조

$$y'' + p(x)y' + q(x)y = 0 \tag{6.3}$$

식 (6.3)에서 변수계수인 $p(x)$와 $q(x)$도 x에 대한 거듭제곱급수로 나타낼 수 있다. 앞선 미분방정식의 해를 거듭제곱급수로 나타낸다고 생각하면 다음과 같은 형태의 해를 생각할 수 있다.

$$y = \sum_{m=0}^{\infty} a_m x^m = a_0 + a_1 x + a_2 x^2 + a_3 x^3 + \cdots \tag{6.4}$$

식 (6.4)와 같은 형태의 해를 2계 미분방정식에 대입한다고 생각하면, 도함수인 y'과 y''의 형태도 다음과 같은 식으로 나타낼 수 있다.

■ 거듭제곱급수해의 미분

$$y' = \sum_{m=1}^{\infty} m a_m x^{m-1} = a_1 + 2a_2 x + 3a_3 x^2 + 4a_4 x^3 + \cdots \tag{6.5}$$

$$y'' = \sum_{m=2}^{\infty} m(m-1) a_m x^{m-2} = 2a_2 + 3 \cdot 2a_3 x + 4 \cdot 3a_4 x^2 + \cdots \tag{6.6}$$

식 (6.4), 식 (6.5), 식 (6.6)을 2계 미분방정식인 식 (6.3)에 대입하면

$$\begin{aligned} & y'' + p(x)y' + q(x)y \\ &= \sum_{m=2}^{\infty} m(m-1) a_m x^{m-2} + p(x) \sum_{m=1}^{\infty} m a_m x^{m-1} + q(x) \sum_{m=0}^{\infty} a_m x^m \\ &= 2a_2 + 3 \cdot 2a_3 x + 4 \cdot 3a_4 x^2 + \cdots + p(x)(a_1 + 2a_2 x + 3a_3 x^2 + \cdots) \\ &\qquad + q(x)(a_0 + a_1 x + a_2 x^2 + \cdots) \\ &= (\text{상수}) + (x\text{의 계수})x + (x^2\text{의 계수})x^2 + (x^3\text{의 계수})x^3 + \cdots \\ &= 0 \end{aligned}$$

이 된다. 결과적으로 $p(x)$와 $q(x)$는 임의의 x의 함수이기 때문에 각 항의 계수가 얼마가 될지 위 식으로는 알 수 없다. 하지만 x의 지수에 따른 각 항의 계수가 0이 되어야 한다는 사실은 $y'' + p(x)y' + q(x)y = 0$에서 확인할 수 있다. 그러므로 미분방정식의 계수를 정리한 후 각 항의 계수를 0으로 두고 풀면, 해로 가정한 식 (6.4)의 계수인 a_0, a_1, a_2, $\cdots$ 간의 관계식을 얻을 수 있고 최종적으로 각각의 값을 정할 수 있게 된다.

다음 예제로 실제 풀이과정을 진행해보자.

예제 6-1 거듭제곱급수해법 : 1계 미분방정식 ①

다음 미분방정식을 거듭제곱급수해법으로 풀어라.

$$y' = y$$

key point

$$y = \sum_{m=0}^{\infty} a_m x^m,\ y' = \sum_{m=1}^{\infty} m a_m x^{m-1}$$

풀이

원식 $y' - y = 0$에 식 (6.4)와 식 (6.5)를 대입한다. 그러면

$$y' - y = \sum_{m=1}^{\infty} m a_m x^{m-1} - \sum_{m=0}^{\infty} a_m x^m$$

$$= (a_1 + 2a_2 x + 3a_3 x^2 + \cdots) - (a_0 + a_1 x + a_2 x^2 + \cdots) = 0$$

이 되므로, x의 지수가 같은 항을 모아서 정리하면 다음과 같이 된다.

$$y' - y = (a_1 - a_0) + (2a_2 - a_1)x + (3a_3 - a_2)x^2 + \cdots = 0$$

위 식에서 각 항의 계수는 0이 되어야 하므로 다음 식들이 성립한다.

$$a_1 - a_0 = 0,\ 2a_2 - a_1 = 0,\ 3a_3 - a_2 = 0,\ \cdots$$

위 식을 정리하면 $a_1 = a_0$, $2a_2 = a_1$, $3a_3 = a_2$, $\cdots$가 되므로

$$\begin{aligned} a_1 &= a_0 \\ a_2 &= \frac{1}{2}a_1 = \frac{1}{2}\cdot a_0 = \frac{1^2}{2!}a_0 \\ a_3 &= \frac{1}{3}a_2 = \frac{1}{3}\cdot\frac{1^2}{2!}a_0 = \frac{1^3}{3!}a_0 \\ &\vdots \end{aligned}$$

와 같이 계수들의 형태가 정해진다. 이 계수들을 해로 가정한 식 (6.4)에 대입하면 다음과 같다.

$$y = \sum_{m=0}^{\infty} a_m x^m = a_0 + a_1 x + a_2 x^2 + \cdots = a_0 + a_0 x + a_0 \cdot \frac{1}{2!}x^2 + \cdots$$

따라서 $y = a_0\left(1 + x + \frac{1}{2!}x^2 + \frac{1}{3!}x^3 + \cdots\right)$이 됨을 알 수 있다. 거듭제곱급수로 잘 알려진 매클로린 급수 Maclaurin series를 적용하면 $y = a_0\left(1 + x + \frac{1}{2!}x^2 + \frac{1}{3!}x^3 + \cdots\right) = a_0 e^x$임을 알 수 있다.

유제 6-1

다음 미분방정식을 거듭제곱급수해법으로 풀어라.

$$y' - \pi y = 0$$

[예제 6-1]과 같이 모든 항을 전개한 후 각 항의 계수들을 모아서 처리하는 방법도 있지만, 시그마 기호(Σ)를 통합하여 처리하는 방법도 있다. 이러한 방법으로 다음과 같은 문제를 풀어보자.

식 (6.4)와 식 (6.5)를 $y' - y = 0$에 대입하면 다음과 같은 식을 얻는다.

$$y' - y = \sum_{m=1}^{\infty} m a_m x^{m-1} - \sum_{m=0}^{\infty} a_m x^m$$

[예제 6-1]에서는 위 식의 Σ를 풀어서 각 항의 계수들을 모았지만, 이제는 x의 지수가 같아지게 m을 $m-1$로 바꾼 뒤 Σ로 식을 묶는다.

$$y' - y = \sum_{m=1}^{\infty} m a_m x^{m-1} - \underbrace{\sum_{m=0}^{\infty} a_m x^m}$$

$$\rightarrow \sum_{m=1}^{\infty} a_{m-1} x^{m-1}$$

위 식을 원식에 대입하면 다음과 같은 식이 된다.

$$\begin{aligned} y' - y &= \sum_{m=1}^{\infty} m a_m x^{m-1} - \sum_{m=1}^{\infty} a_{m-1} x^{m-1} \\ &= \sum_{m=1}^{\infty} (m a_m - a_{m-1}) x^{m-1} \qquad (\text{단, } m \geq 1) \\ &= 0 \end{aligned}$$

위 식을 만족하려면 괄호 안의 식이 0이 되어야 한다. 그러므로

$$m a_m - a_{m-1} = 0$$

$$a_m = \frac{a_{m-1}}{m}$$

과 같이 항들 간의 관계식을 얻을 수 있는데, 이 식을 **순환관계식** recurrence relation 이라고 한다. 순환관계식에 m 값을 1부터 차례대로 대입하면

▪ 순환관계식

$$\begin{aligned} a_1 &= a_0 \\ a_2 &= \frac{a_1}{2} = \frac{a_0}{2} = \frac{a_0}{2!} \\ a_3 &= \frac{a_2}{3} = \frac{1}{3} \times \frac{a_0}{2!} = \frac{a_0}{3!} \\ &\vdots \end{aligned}$$

와 같이 전개되므로 각 계수들을 대입하여 다음과 같이 해를 구할 수 있다.

$$
\begin{aligned}
y &= \sum_{m=0}^{\infty} a_m x^m = a_0 + a_1 x + a_2 x^2 + \cdots \\
&= a_0 + a_0 x + \frac{a_0}{2!}x^2 + \frac{a_0}{3!}x^3 + \cdots \\
&= a_0\left(1 + x + \frac{x^2}{2!} + \frac{x^3}{3!} + \cdots\right)
\end{aligned}
$$

또는 $a_m = \dfrac{a_{m-1}}{m}$의 관계식을 정리하여 일반항으로 나타낼 수도 있다. 먼저 다음과 같이 각 계수들의 관계를 차례대로 나열한다.

$$
\begin{aligned}
a_1 &= a_0, \\
a_2 &= \frac{a_1}{2}, \\
a_3 &= \frac{a_2}{3}, \\
&\cdots, \\
a_k &= \frac{a_{k-1}}{k}
\end{aligned}
$$

그런 다음, 좌변의 항은 좌변끼리 우변의 항은 우변끼리 곱하면 다음과 같은 식이 성립한다.

$$
a_1 a_2 a_3 \cdots a_k = a_0 \times \frac{a_1}{2} \times \frac{a_2}{3} \times \cdots \times \frac{a_{k-1}}{k}
$$

좌변과 우변에 있는 같은 항을 소거하면 다음과 같이 된다.

$$
\cancel{a_1}\cancel{a_2}\cancel{a_3} \cdots a_k = a_0 \times \frac{\cancel{a_1}}{2} \times \frac{\cancel{a_2}}{3} \times \cdots \times \frac{\cancel{a_{k-1}}}{k}
$$

이후 남은 항들을 정리하면 다음 식을 얻는다.

$$
a_k = a_0 \times \frac{1}{2} \times \frac{1}{3} \times \cdots \times \frac{1}{k} = \frac{a_0}{k!}
$$

위 식을 거듭제곱급수의 해인 식 (6.4)에 대입하면

$$
y = \sum_{m=0}^{\infty} a_m x^m = \sum_{k=0}^{\infty} a_k x^k = \sum_{k=0}^{\infty} \frac{a_0}{k!} x^k = a_0 \sum_{k=0}^{\infty} \frac{x^k}{k!}
$$

과 같이 나타낼 수 있다.

예제 6-2 거듭제곱급수해법 : 1계 미분방정식 ②

다음 미분방정식을 거듭제곱급수해법으로 풀어라.

$$y' = xy$$

key point

$$y = \sum_{m=0}^{\infty} a_m x^m,\ y' = \sum_{m=1}^{\infty} m a_m x^{m-1}$$

풀이

원식에 식 (6.4)와 식 (6.5)를 대입하면 다음과 같다.

$$\begin{aligned} y' - xy &= \sum_{m=1}^{\infty} m a_m x^{m-1} - x\sum_{m=0}^{\infty} a_m x^m \\ &= \sum_{m=1}^{\infty} m a_m x^{m-1} - \sum_{m=0}^{\infty} a_m x^{m+1} = 0 \end{aligned}$$

우항의 마지막 급수에 m 대신 $m-2$를 대입하면 다음 식이 된다.

$$\begin{aligned} y' - xy &= \sum_{m=1}^{\infty} m a_m x^{m-1} - \sum_{m=2}^{\infty} a_{m-2} x^{m-1} \\ &= \sum_{m=2}^{\infty} (m a_m - a_{m-2}) x^{m-1} + a_1 = 0 \end{aligned}$$

$m=2$부터 시작하는 급수를 기준으로 하기 때문에 앞의 급수에서 $m=1$일 때의 항인 a_1을 더했다. 모든 계수는 0이므로 $a_1 = 0$, $m a_m - a_{m-2} = 0$이다. 그러므로 $a_m = \dfrac{a_{m-2}}{m}$(단, $m \geq 2$)가 되어 다음과 같은 식을 얻는다.

- 짝수 항 : $a_2 = \dfrac{a_0}{2}$, $a_4 = \dfrac{a_2}{4}$, $a_6 = \dfrac{a_4}{6}$, $\cdots$, $a_{2k} = \dfrac{a_{2k-2}}{2k}$
- 홀수 항 : $a_3 = \dfrac{a_1}{3}$, $a_5 = \dfrac{a_3}{5}$, $a_7 = \dfrac{a_5}{7}$, $\cdots$, $a_{2k+1} = \dfrac{a_{2k-1}}{2k+1}$

이제 짝수 항의 좌우변을 각각 곱하면

$$a_2 a_4 a_6 \cdots a_{2k} = \frac{a_0}{2} \times \frac{a_2}{4} \times \frac{a_4}{6} \times \cdots \times \frac{a_{2k-2}}{2k}$$

이고, 좌우변에서 같은 항을 소거하면

$$a_{2k} = \frac{a_0}{2} \times \frac{1}{4} \times \frac{1}{6} \times \cdots \times \frac{1}{2k} = \frac{a_0}{2^k k!}$$

가 된다. 한편, 홀수 항은 $a_1 = 0$이기 때문에 모두 0이 되므로 $a_{2k+1} = 0$이다. 앞에서 구한 $a_{2k} = \dfrac{a_0}{2^k k!}$를 급수해에 대입하면

$$
\begin{aligned}
y &= \sum_{m=0}^{\infty} a_m x^m = \sum_{k=0}^{\infty} a_{2k} x^{2k} + \sum_{k=0}^{\infty} a_{2k+1} x^{2k+1} \\
&= \sum_{k=0}^{\infty} \frac{a_0}{2^k k!} x^{2k} + \sum_{k=0}^{\infty} 0 \cdot x^{2k+1} \\
&= a_0 \sum_{k=0}^{\infty} \frac{1}{2^k k!} x^{2k} = a_0 \sum_{k=0}^{\infty} \frac{1}{k!} \left(\frac{x^2}{2} \right)^k \\
&= a_0 \left(1 + \frac{1}{2 \cdot 1!} x^2 + \frac{1}{2^2 \cdot 2!} x^4 + \frac{1}{2^3 \cdot 3!} x^6 + \cdots \right)
\end{aligned}
$$

과 같고, 여기에 매클로린 급수를 적용하면 $y = a_0 \sum_{k=0}^{\infty} \frac{1}{k!} \left(\frac{x^2}{2} \right)^k = a_0 e^{\frac{x^2}{2}}$ 이 된다.

유제 6-2

다음 미분방정식을 거듭제곱급수해법으로 풀어라.

$$y' + 4xy = 0$$

예제 6-3 거듭제곱급수해법 : 1계 미분방정식 ③

다음 미분방정식을 거듭제곱급수해법으로 풀어라.

$$(1 - x)y' = y$$

key point

$y = \sum_{m=0}^{\infty} a_m x^m, \ y' = \sum_{m=1}^{\infty} m a_m x^{m-1}$

풀이

원식에 식 (6.4)와 식 (6.5)를 대입하면 다음과 같다.

$$(1 - x)y' - y = \sum_{m=1}^{\infty} m a_m x^{m-1} - \sum_{m=1}^{\infty} m a_m x^m - \sum_{m=0}^{\infty} a_m x^m = 0$$

위 식을 정리하면 다음 식이 된다.

$$
\begin{aligned}
y' - xy' - y &= \sum_{m=1}^{\infty} m a_m x^{m-1} - \sum_{m=2}^{\infty} (m-1) a_{m-1} x^{m-1} - \sum_{m=1}^{\infty} a_{m-1} x^{m-1} \\
&= \sum_{m=2}^{\infty} \{ m a_m - (m-1) a_{m-1} - a_{m-1} \} x^{m-1} + a_1 - a_0 = 0
\end{aligned}
$$

$m = 2$부터 시작하는 급수를 기준으로 하기 때문에 앞의 급수에서 $m = 1$일 때의 항인 $a_1 - a_0$를 더했다. 모든 계수는 0이므로 $a_0 - a_1 = 0$이 되어 $a_0 = a_1$이고, $a_m - a_{m-1} = 0$이다. 그러므로 $a_m = a_{m-1}$(단, $m \geq 2$)가 되어 계수들 간의 관계가 다음과 같이 된다.

$$a_m = a_{m-1} = \cdots = a_1 = a_0$$

앞선 계수들을 해인 식 (6.4)에 대입하면

$$y = \sum_{m=0}^{\infty} a_m x^m = a_0 \sum_{m=0}^{\infty} x^m = a_0(1 + x + x^2 + \cdots)$$

이고, 여기에 매클로린 급수를 적용하면

$$y = a_0 \sum_{m=0}^{\infty} x^m = \frac{a_0}{1-x}$$

와 같이 표현할 수 있다.

유제 6-3

다음과 같은 미분방정식을 거듭제곱급수해법으로 풀어라.

$$y' - 2xy = 0$$

예제 6-4 거듭제곱급수해법 : 2계 미분방정식

다음과 같은 미분방정식을 거듭제곱급수해법으로 풀어라.

$$y'' = y$$

key point

$$y = \sum_{m=0}^{\infty} a_m x^m,\ y'' = \sum_{m=2}^{\infty} m(m-1) a_m x^{m-2}$$

풀이

원식에 식 (6.4)와 식 (6.6)을 대입하면 다음과 같다.

$$y'' - y = \sum_{m=2}^{\infty} m(m-1) a_m x^{m-2} - \sum_{m=0}^{\infty} a_m x^m = 0$$

우항의 마지막 급수에 m 대신 $m-2$를 대입하면 다음과 같은 식이 된다.

$$\begin{aligned} y'' - y &= \sum_{m=2}^{\infty} m(m-1) a_m x^{m-2} - \sum_{m=2}^{\infty} a_{m-2} x^{m-2} \\ &= \sum_{m=2}^{\infty} \{m(m-1) a_m - a_{m-2}\} x^{m-2} = 0 \end{aligned}$$

위 식에서 $m(m-1)a_m - a_{m-2} = 0$이 되어야 하므로 순환관계식 $a_m = \dfrac{a_{m-2}}{m(m-1)}$(단, $m \geq 2$)가 되어, 다음과 같은 식을 얻는다.

- 짝수 항 : $a_2 = \dfrac{a_0}{2},\ a_4 = \dfrac{a_2}{4 \cdot 3},\ \cdots,\ a_{2k} = \dfrac{a_{2k-2}}{2k(2k-1)}$
- 홀수 항 : $a_3 = \dfrac{a_1}{3 \cdot 2},\ a_5 = \dfrac{a_3}{5 \cdot 4},\ \cdots,\ a_{2k+1} = \dfrac{a_{2k-1}}{(2k+1)2k}$

이제 짝수 항의 좌우변을 각각 곱하면

$$a_2a_4 \cdots a_{2k} = \frac{a_0}{2} \times \frac{a_2}{4 \cdot 3} \times \cdots \times \frac{a_{2k-2}}{2k(2k-1)}$$

이고, 좌우변에서 같은 항을 소거하면

$$a_{2k} = \frac{a_0}{(2k)!}$$

가 된다. 한편, 홀수 항의 좌우변을 각각 곱하면

$$a_3a_5 \cdots a_{2k+1} = \frac{a_1}{3 \cdot 2} \times \frac{a_3}{5 \cdot 4} \times \cdots \times \frac{a_{2k-1}}{(2k+1)2k}$$

이고, 좌우변에서 같은 항을 소거하면

$$a_{2k+1} = \frac{a_1}{(2k+1)!}$$

이 된다. 앞에서 구한 a_{2k}와 a_{2k+1}을 급수해에 대입하면

$$\begin{aligned} y &= \sum_{m=0}^{\infty} a_m x^m \\ &= \sum_{k=0}^{\infty} a_{2k}x^{2k} + \sum_{k=0}^{\infty} a_{2k+1}x^{2k+1} \\ &= \sum_{k=0}^{\infty} \frac{a_0}{(2k)!}x^{2k} + \sum_{k=0}^{\infty} \frac{a_1}{(2k+1)!}x^{2k+1} \\ &= a_0\sum_{k=0}^{\infty} \frac{1}{(2k)!}x^{2k} + a_1\sum_{k=0}^{\infty} \frac{1}{(2k+1)!}x^{2k+1} \\ &= a_0\left(1 + \frac{1}{2!}x^2 + \frac{1}{4!}x^4 + \cdots\right) + a_1\left(x + \frac{1}{3!}x^3 + \frac{1}{5!}x^5 + \cdots\right) \end{aligned}$$

과 같고, 여기에 매클로린 급수를 적용하면

$$y = C_1e^x + C_2e^{-x}$$

이 된다.

유제 6-4

다음과 같은 미분방정식을 거듭제곱급수해법으로 풀어라.

$$y'' - 4y = 0$$

모든 미분방정식에 거듭제곱급수해법을 적용할 필요는 없다. 그러나 거듭제곱급수로 구한 해는 새로운 형태의 함수가 된다. 이때 주어진 방정식과 그로부터 얻은 해가 실용적이거나 이론적으로 중요한 의미를 갖기도 한다. 그렇게 해서

유명해진 방정식이나 해에는 고유한 이름이 붙는데, 그 예로 르장드르 방정식 Legendre's differential equation이나 베셀 방정식Bessel's differential equation을 들 수 있다. 하지만 기본적인 거듭제곱급수해법만 알아서는 이와 같은 방정식을 모두 이해할 수 없다는 사실도 알아 두기를 바란다.

Check it up!

✔ **해석함수란 무엇인가?**

임의의 함수 $f(x)$가 x_0 근처에서 수렴반지름 $R>0$인 $(x-x_0)$의 거듭제곱급수인

$$f(x)=\sum_{s=0}^{\infty}a_s(x-x_0)^s$$

으로 표현할 수 있을 때, 함수 $f(x)$는 $x=x_0$에서 **해석적**analytic이라고 한다.

✔ **거듭제곱급수해는 어떤 경우에 존재하는가?**

다음과 같은 미분방정식이 있을 때

$$y''+p(x)y'+q(x)y=r(x)$$

$p(x)$, $q(x)$, $r(x)$가 $x=x_0$에서 해석적이면, 위와 같은 미분방정식의 모든 해는 다음과 같은 형태로 나타낼 수 있다.

$$y(x)=\sum_{m=0}^{\infty}a_m(x-x_0)^m$$

6.2 프로베니우스 해법

6.1절에서 소개한 거듭제곱급수해법을 확장한 개념으로 **프로베니우스 해법** Frobenius method이 있다. 거듭제곱급수해법은 방정식의 계수가 해석함수일 때만 적용할 수 있다. 하지만 계수가 해석적이지 않은 함수인 경우도 있기 마련인데, 그런 경우에 프로베니우스 해법을 적용한다. 즉 거듭제곱급수해법을 적용할 수 없을 때 사용하는 방법이다.

프로베니우스 해법은 다음과 같이 정리할 수 있다. ▪ 프로베니우스 해법 정리

정리 6-1 프로베니우스 해법 정리

다음과 같이 미분방정식이 있을 때

$$y'' + \frac{b(x)}{x}y' + \frac{c(x)}{x^2}y = 0 \tag{6.7}$$

에서 $b(x)$와 $c(x)$가 $x=0$에서 해석적이면, 다음과 같은 해를 얻는다. 거듭제곱의 지수 r은 실수 또는 복소수이다.

$$y(x) = x^r \sum_{m=0}^{\infty} a_m x^m = \sum_{m=0}^{\infty} a_m x^{m+r} \tag{6.8}$$

식 (6.8)을 프로베니우스 해법으로 풀기 위해 먼저 x^2을 곱하면

$$x^2 y'' + xb(x)y' + c(x)y = 0 \tag{6.9}$$

이 되는데, 여기서 $b(x)$와 $c(x)$는 다음과 같이 거듭제곱급수로 전개할 수 있다.

$$b(x) = \sum_{m=0}^{\infty} b_m x^m = b_0 + b_1 x + b_2 x^2 + b_3 x^3 + \cdots \tag{6.10}$$

$$c(x) = \sum_{m=0}^{\infty} c_m x^m = c_0 + c_1 x + c_2 x^2 + c_3 x^3 + \cdots \tag{6.11}$$

식 (6.8)의 프로베니우스의 해를 미분하면

$$y'(x) = \sum_{m=0}^{\infty} (m+r) a_m x^{m+r-1} \tag{6.12}$$

$$y''(x) = \sum_{m=0}^{\infty} (m+r)(m+r-1) a_m x^{m+r-2} \tag{6.13}$$

이 되고, 식 (6.9)에 모든 계수와 함수를 대입하면

$$\begin{aligned} x^2 \sum_{m=0}^{\infty} &(m+r)(m+r-1) a_m x^{m+r-2} \\ &+ x \sum_{m=0}^{\infty} b_m x^m \sum_{m=0}^{\infty} (m+r) a_m x^{m+r-1} \\ &+ \sum_{m=0}^{\infty} c_m x^m \sum_{m=0}^{\infty} a_m x^{m+r} = 0 \end{aligned}$$

이 된다. 이제 앞선 식에 사용된 모든 급수를 풀어서 정리하면

$$x^r\{r(r-1)a_0+\cdots\}$$
$$+(b_0+b_1x+\cdots)x^r\{ra_0+(1+r)a_1x+\cdots\}$$
$$+(c_0+c_1x+\cdots)x^r(a_0+a_1x+\cdots)=0$$

이 되는데, 위 식은 모든 계수들의 합이 0이 되어야 성립한다. 따라서 x^r의 계수를 모아서 정리하면 다음과 같은 식을 얻을 수 있다.

$$r(r-1)a_0+b_0ra_0+c_0a_0=a_0\{r(r-1)+b_0r+c_0\}=0$$

위 식에서 $a_0\neq 0$임을 전제하면 다음과 같은 방정식이 성립해야 한다.

$$r(r-1)+b_0r+c_0=0 \tag{6.14}$$

▪ 프로베니우스 해법의 결정방정식

식 (6.14)를 식 (6.7)의 **결정방정식**indicial equation이라고 한다. 식 (6.14)의 근은 r로 나타나는데, 프로베니우스 해법의 해는 결정방정식의 근이 어떤 상태인가에 따라 달라진다.

결정방정식의 근은 다음 세 가지 상태가 될 수 있다.

❶ 서로 다른 두 근의 차가 정수가 아닌 경우
❷ 중근인 경우
❸ 서로 다른 두 근의 차가 정수인 경우

서로 다른 두 근 r_1, r_2를 갖고 $|r_1-r_2|\neq$(정수)인 경우

식 (6.9)에서 얻은 결정방정식이 서로 다른 두 근 r_1, r_2를 갖고 두 근의 차가 정수가 아닌 경우, 다음과 같은 해를 갖는다.

$$\begin{aligned}y_1(x)&=x^{r_1}\sum_{m=0}^{\infty}a_mx^m\\&=x^{r_1}(a_0+a_1x+a_2x^2+\cdots)\end{aligned} \tag{6.15}$$

$$\begin{aligned}y_2(x)&=x^{r_2}\sum_{m=0}^{\infty}A_mx^m\\&=x^{r_2}(A_0+A_1x+A_2x^2+\cdots)\end{aligned} \tag{6.16}$$

중근 $r = r_1 = r_2$를 갖는 경우

결정방정식이 중근 $r = r_1 = r_2$를 갖는 경우, 식 (6.9)의 해는 다음과 같다.

$$\begin{aligned} y_1(x) &= x^r \sum_{m=0}^{\infty} a_m x^m \\ &= x^r (a_0 + a_1 x + a_2 x^2 + \cdots) \end{aligned} \tag{6.17}$$

$$\begin{aligned} y_2(x) &= y_1(x)\ln x + x^r \sum_{m=1}^{\infty} A_m x^m \\ &= y_1(x)\ln x + x^r (A_1 x + A_2 x^2 + \cdots) \end{aligned} \tag{6.18}$$

서로 다른 두 근 r_1, r_2를 갖고 $|r_1 - r_2|$=(정수)인 경우

결정방정식이 서로 다른 두 근 r_1, r_2를 갖고 두 근의 차가 정수인 경우, 다음과 같은 해를 갖는다. 단, $r_1 > r_2$이어야 하고 k는 0이 될 수도 있다.

$$\begin{aligned} y_1(x) &= x^{r_1} \sum_{m=0}^{\infty} a_m x^m \\ &= x^{r_1} (a_0 + a_1 x + a_2 x^2 + \cdots) \end{aligned} \tag{6.19}$$

$$\begin{aligned} y_2(x) &= k y_1(x)\ln x + x^{r_2} \sum_{m=1}^{\infty} A_m x^m \\ &= k y_1(x)\ln x + x^{r_2} (A_1 x + A_2 x^2 + \cdots) \end{aligned} \tag{6.20}$$

앞에서 소개한 세 가지 경우 모두 해가 두 개의 급수로 이루어져 있다. 이는 프로베니우스 해법을 적용한 식 (6.9)의 해가 두 개의 기저를 갖는다는 의미이다.

일반적인 미분방정식의 해를 구할 때도 2계 미분방정식의 기저가 두 개였다는 사실을 떠올려보면,[3] 프로베니우스 해법으로 급수해를 구한 모든 경우에서 해가 두 개의 기저로 나타나는 결과는 쉽게 이해할 수 있다.

3 3장의 3.2절 참조

예제 6-5 프로베니우스 해법 : $|r_1 - r_2| \neq$ (정수)인 경우

다음 미분방정식을 프로베니우스 해법으로 풀어라.

$$2x^2y'' - x(x-1)y' - y = 0$$

풀이

원식에 프로베니우스 해법의 해가 되는 식 (6.8)을 대입하면

$$\begin{aligned}
&2x^2\sum_{m=0}^{\infty}(m+r)(m+r-1)a_m x^{m+r-2} - x^2\sum_{m=0}^{\infty}(m+r)a_m x^{m+r-1} \\
&\qquad + x\sum_{m=0}^{\infty}(m+r)a_m x^{m+r-1} - \sum_{m=0}^{\infty}a_m x^{m+r} \\
&= 2\sum_{m=0}^{\infty}(m+r)(m+r-1)a_m x^{m+r} - \sum_{m=0}^{\infty}(m+r)a_m x^{m+r+1} \\
&\qquad + \sum_{m=0}^{\infty}(m+r)a_m x^{m+r} - \sum_{m=0}^{\infty}a_m x^{m+r} = 0
\end{aligned}$$

이 된다. 위 식을 전개하여 각 항의 x^r의 계수를 모아서 더하면

$$2r(r-1)a_0 + 0 + ra_0 - a_0 = (r-1)(2r+1)a_0 = 0$$

이므로 $a_0 \neq 0$임을 전제하면

$$r_1 = 1,\ \ r_2 = -\frac{1}{2}$$

이다. 따라서

$$|r_1 - r_2| = \left|1 + \frac{1}{2}\right| = \frac{3}{2} \neq (\text{정수})$$

이므로 서로 다른 두 근의 차가 정수가 아닌 경우에 해당된다는 사실을 확인할 수 있다.

그런 다음 각 항에서 x^{r+s}의 계수를 구하면 다음과 같다.

$$\begin{aligned}
&2(s+r)(s+r-1)a_s - (s+r-1)a_{s-1} + (s+r)a_s - a_s \\
&= (s+r-1)\{2(s+r)a_s - a_{s-1} + a_s\} = 0
\end{aligned}$$

위 식을 정리하면 다음과 같은 식을 얻을 수 있다.

$$2(s+r)a_s - a_{s-1} + a_s = 0$$

$$a_s = \frac{a_{s-1}}{2s+2r+1}$$

이제부터 결정방정식의 근에 따른 해(기저)를 구하면 된다.

❶ $r_1 = 1$에 대응하는 해

$a_s = \dfrac{a_{s-1}}{2s+2r_1+1} = \dfrac{a_{s-1}}{2s+3}$이 되므로 다음과 같이 s 값을 대입하여 각 항의 계수를 구한다.

$$s=1 \rightarrow a_1 = \frac{a_0}{2+3} = \frac{a_0}{5}$$

$$s=2 \rightarrow a_2 = \frac{a_1}{4+3} = \frac{a_1}{7}$$

$$s=3 \rightarrow a_3 = \frac{a_2}{6+3} = \frac{a_2}{9}$$

$$\vdots$$

$$s=m \rightarrow a_m = \frac{a_{m-1}}{2m+3}$$

위에서 구한 각 항의 계수를 곱하여 정리하면

$$a_1 a_2 a_3 \cdots a_{m-1} a_m = \frac{a_0}{5} \times \frac{a_1}{7} \times \frac{a_2}{9} \times \cdots \times \frac{a_{m-1}}{2m+3}$$

이고 다음과 같이 일반항의 계수를 구할 수 있다.

$$a_m = \frac{a_0 \times 1 \times 2 \times 3 \times 4 \times 6 \times 8 \times \cdots \times (2m+2)}{(2m+3)!} = \frac{3 \times 2^{m+1}(m+1)!}{(2m+3)!} a_0$$

따라서 다음과 같이 첫 번째 급수해(기저)를 구할 수 있다.

$$y_1(x) = x^{r_1} \sum_{m=0}^{\infty} a_m x^m = a_0 x \sum_{m=0}^{\infty} \frac{3 \times 2^{m+1}(m+1)!}{(2m+3)!} x^m$$

❷ $r_2 = -\dfrac{1}{2}$에 대응하는 해

$A_s = \dfrac{A_{s-1}}{2s+2r_2+1} = \dfrac{A_{s-1}}{2s}$이 되므로 다음과 같이 s 값을 대입하여 각 항의 계수를 구한다.

$$s=1 \rightarrow A_1 = \frac{A_0}{2}$$

$$s=2 \rightarrow A_2 = \frac{A_1}{4}$$

$$s=3 \rightarrow A_3 = \frac{A_2}{6}$$

$$\vdots$$

$$s=m \rightarrow A_m = \frac{A_{m-1}}{2m}$$

위에서 구한 각 항의 계수를 곱하여 정리하면

$$A_1 A_2 A_3 \cdots A_m = \frac{A_0}{2} \times \frac{A_1}{4} \times \frac{A_2}{6} \times \cdots \times \frac{A_{m-1}}{2m}$$

이고 다음과 같이 일반항의 계수를 구할 수 있다.

$$A_m = \frac{A_0}{2^m m!}$$

따라서 다음과 같이 두 번째 급수해(기저)를 구할 수 있다.

$$y_2(x) = x^{r_2}\sum_{m=0}^{\infty} A_m x^m = x^{-\frac{1}{2}}\sum_{m=0}^{\infty}\frac{A_0}{2^m m!}x^m = \frac{A_0}{\sqrt{x}}\sum_{m=0}^{\infty}\frac{1}{2^m m!}x^m$$

유제 6-5

미분방정식 $x(1-x)y'' + \frac{1}{2}(x+1)y' - \frac{1}{2}y = 0$을 프로베니우스 해법으로 풀어라.

예제 6-6 프로베니우스 해법 : $r_1 = r_2 = r$인 경우

다음 미분방정식의 첫 번째 급수해 $y_1(x)$를 프로베니우스 해법을 사용하여 구하라.

$$xy'' + (1-2x)y' + (x-1)y = 0$$

풀이

원식에 프로베니우스 해법의 해가 되는 식 (6.8)을 대입하면

$$\begin{aligned}
&x\sum_{m=0}^{\infty}(m+r)(m+r-1)a_m x^{m+r-2} + (1-2x)\sum_{m=0}^{\infty}(m+r)a_m x^{m+r-1} + (x-1)\sum_{m=0}^{\infty}a_m x^{m+r} \\
&= \sum_{m=0}^{\infty}(m+r)(m+r-1)a_m x^{m+r-1} + \sum_{m=0}^{\infty}(m+r)a_m x^{m+r-1} - 2\sum_{m=0}^{\infty}(m+r)a_m x^{m+r} \\
&\qquad + \sum_{m=0}^{\infty}a_m x^{m+r+1} - \sum_{m=0}^{\infty}a_m x^{m+r} \\
&= 0
\end{aligned}$$

이 된다. 위 식을 전개하여 각 항의 x^r의 계수를 모아서 더하면

$$(1+r)ra_1 + (1+r)a_1 - 2ra_0 - a_0 = (1+r)^2 a_1 - (2r+1)a_0 = 0$$

이다. 여기서 $(1+r)^2 a_1 = (2r+1)a_0$가 되므로 $a_0 = a_1$이 될 때, $r^2 = 0$이 되어 중근 $r = 0$을 가진다. 다음에 각 항에서 x^s의 계수를 구해보면

$$\{(s+1)s + (s+1)\}a_{s+1} - (2s+1)a_s + a_{s-1} = 0$$

이기 때문에 다음과 같은 식을 얻을 수 있다.

$$a_{s+1} = \frac{(2s+1)a_s - a_{s-1}}{(s+1)^2}$$

앞선 식에 다음과 같이 s 값을 대입하면

$$s=1 \rightarrow a_2 = \frac{3a_1 - a_0}{2^2} = \frac{2a_0}{2^2} = \frac{a_0}{2!}$$

$$s=2 \rightarrow a_3 = \frac{5a_2 - a_1}{3^2} = \frac{5 \cdot \frac{a_0}{2!} - a_0}{3^2} = \frac{a_0}{3!}$$

$$s=3 \rightarrow a_4 = \frac{7a_3 - a_2}{4^2} = \frac{7 \cdot \frac{a_0}{3!} - \frac{a_0}{2!}}{4^2} = \frac{a_0}{4!}$$

$$\vdots$$

와 같이 각 항의 계수를 구할 수 있다. 따라서 다음과 같이 첫 번째 급수해를 구할 수 있다.

$$\begin{aligned} y_1(x) &= x^r \sum_{m=0}^{\infty} a_m x^m \\ &= a_0\left(1 + x + \frac{x^2}{2!} + \frac{x^3}{3!} + \cdots\right) \end{aligned}$$

유제 6-6

[예제 6-6]의 미분방정식인 $xy'' + (1-2x)y' + (x-1)y = 0$에서 두 번째 급수해 $y_2(x)$의 형태를 나타내라.

예제 6-7 프로베니우스 해법 : $|r_1 - r_2| =$ (정수)인 경우

다음 미분방정식의 첫 번째 급수해 $y_1(x)$를 프로베니우스 해법을 사용하여 구하라. 단, $r_1 > r_2$이다.

$$xy'' + 2y' + xy = 0$$

풀이

원식에 프로베니우스 해법의 해가 되는 식 (6.8)을 대입하면

$$\begin{aligned} & x\sum_{m=0}^{\infty}(m+r)(m+r-1)a_m x^{m+r-2} + 2\sum_{m=0}^{\infty}(m+r)a_m x^{m+r-1} + x\sum_{m=0}^{\infty} a_m x^{m+r} \\ &= \sum_{m=0}^{\infty}(m+r)(m+r-1)a_m x^{m+r-1} + \sum_{m=0}^{\infty} 2(m+r)a_m x^{m+r-1} + \sum_{m=0}^{\infty} a_m x^{m+r+1} \\ &= 0 \end{aligned}$$

이 된다. 위 식을 전개하여 각 항의 x^{r-1}의 계수를 구하면

$$r(r-1)a_0 + 2ra_0 = r(r+1)a_0 = 0$$

이다. 여기서 $a_0 \neq 0$, $r_1 > r_2$이므로 $r_1 = 0$, $r_2 = -1$이다. 이때 $|r_1 - r_2| = 1$이기 때문에 두 근의 차가 정수인 경우이다.

다음에 각 항에서 x^r의 계수를 구해보면

$$(1+r)ra_1+2(1+r)a_1=(r+1)(r+2)a_1=0$$

이다. $r_1=0$인 경우, $a_1=0$이 된다. 다음에 x^s의 계수를 구하면

$$(s+1)sa_{s+1}+2(s+1)a_{s+1}+a_{s-1}=0$$

이므로

$$a_{s+1}=-\frac{a_{s-1}}{(s+1)(s+2)}$$

과 같은 식을 얻을 수 있다.

$a_1=0$이기 때문에 다음과 같이 홀수항은 모두 0이 된다.

$$a_3=-\frac{a_1}{3\cdot4}=0,\quad a_5=-\frac{a_3}{5\cdot6}=0,\quad a_7=-\frac{a_5}{7\cdot8}=0,\ \cdots$$

그리고 다음과 같이 짝수항의 경우

$$s=1 \rightarrow a_2=-\frac{a_0}{2\cdot3}=-\frac{a_0}{3!}$$

$$s=3 \rightarrow a_4=-\frac{a_2}{4\cdot5}=\frac{a_0}{5!}$$

$$s=5 \rightarrow a_6=-\frac{a_4}{6\cdot7}=-\frac{a_0}{7!}$$

$$\vdots$$

와 같이 각 항의 값을 구할 수 있다. 따라서

$$a_m=a_{2p}=(-1)^p\frac{a_0}{(2p+1)!}\qquad (\text{단, } p=1,\ 2,\ 3,\ \cdots)$$

가 되므로 다음과 같이 첫 번째 급수해를 구할 수 있다.

$$\begin{aligned}y_1(x)&=x^r\sum_{m=0}^{\infty}a_m x^m=x^{r_1}\sum_{p=0}^{\infty}a_{2p}x^{2p}\\&=a_0\left(1-\frac{x^2}{3!}+\frac{x^4}{5!}-\frac{x^6}{7!}+\cdots\right)\end{aligned}$$

유제 6-7

[예제 6-7]인 미분방정식 $xy''+2y'+xy=0$에서 두 번째 급수해 $y_2(x)$의 형태를 나타내라.

급수해를 구하는 방법 중 하나인 프로베니우스 해법을 3장에서 언급한 오일러-코시 방정식[4]과 비교해보는 것도 재미있다. 우선 이 절에서 프로베니우스 해법을 위해 소개한 방정식과 오일러-코시 방정식의 형태부터 비교해보자.

4 3장의 3.3절 참조

- 프로베니우스 해법 : $x^2y'' + xb(x)y' + c(x)y = 0$
- 오일러-코시 방정식 : $x^2y'' + axy' + by = 0$

두 방정식의 차이점을 살펴보면, 프로베니우스 해법에서 계수로 사용된 것은 $b(x)$와 $c(x)$와 같이 독립변수에 대한 함수 형태이고 오일러-코시 방정식에서 사용된 계수는 a, b와 같은 상수라는 점을 알 수 있다. 그런데 프로베니우스 해법에서 계수로 사용된 $b(x)$와 $c(x)$는 각각

$$b(x) = \sum_{m=0}^{\infty} b_m x^m = b_0 + b_1 x + b_2 x^2 + b_3 x^3 + \cdots$$

$$c(x) = \sum_{m=0}^{\infty} c_m x^m = c_0 + c_1 x + c_2 x^2 + c_3 x^3 + \cdots$$

과 같은 급수 형태를 띠므로 각각의 급수에서 b_0, c_0로 표현된 상수항만 남기고 다른 항들은 모두 0이 된다. 즉

$$b_1 = b_2 = b_3 = \cdots = 0$$

$$c_1 = c_2 = c_3 = \cdots = 0$$

인 경우에는 두 미분방정식의 형태가 동일하게 된다. 이때 $a = b_0$, $b = c_0$가 된다. 위 사실을 정리하면, 프로베니우스 해법을 가장 간단하게 나타낸 형태가 오일러-코시 방정식이라는 결론을 얻을 수 있다.

이 장에서 학습한 거듭제곱급수해법은 기본적으로 상수가 아닌 함수를 계수로 하는 미분방정식에 쓰이는 해법이라는 사실을 다시 한번 기억해 두자. 또한 일반적인 거듭제곱급수해법으로 해결하지 못하는 경우에는 프로베니우스 해법을 사용한다는 점도 기억하기 바란다.

Chapter 06 핵심요약

거듭제곱급수해법

• 거듭제곱급수해는 다음과 같은 형태로 구성된다.

$$y = \sum_{m=0}^{\infty} a_m x^m = a_0 + a_1 x + a_2 x^2 + a_3 x^3 + \cdots$$

미분방정식 $y'' + p(x)y' + q(x)y = 0$에 대입하여 각 항의 계수를 구하면 거듭제곱급수해를 완성할 수 있다. 이때 y'과 y''은 다음과 같다.

$$y' = \sum_{m=1}^{\infty} m a_m x^{m-1} = a_1 + 2a_2 x + 3a_3 x^2 + 4a_4 x^3 + \cdots$$

$$y'' = \sum_{m=2}^{\infty} m(m-1) a_m x^{m-2} = 2a_2 + 3 \cdot 2a_3 x + 4 \cdot 3a_4 x^2 + \cdots$$

프로베니우스 해법

• $y'' + \dfrac{b(x)}{x} y' + \dfrac{c(x)}{x^2} y = 0$ 혹은 $x^2 y'' + x b(x) y' + c(x) y = 0$ 형태의 미분방정식에는 프로베니우스 해법을 적용한다.

• 프로베니우스 해법에서의 해는 다음과 같은 형태로 구성된다.

$$y(x) = x^r \sum_{m=0}^{\infty} a_m x^m = \sum_{m=0}^{\infty} a_m x^{m+r}$$

이때 y'과 y''은 다음과 같다.

$$y'(x) = \sum_{m=0}^{\infty} (m+r) a_m x^{m+r-1}$$

$$y''(x) = \sum_{m=0}^{\infty} (m+r)(m+r-1) a_m x^{m+r-2}$$

• 프로베니우스 해법에서의 결정방정식 $r(r-1)+b_0 r+c_0=0$에 따른 해는 다음과 같다.

❶ **서로 다른 두 근의 차가 정수가 아닌 경우**

$$y_1(x)=x^{r_1}\sum_{m=0}^{\infty}a_m x^m=x^{r_1}(a_0+a_1x+a_2x^2+\cdots)$$

$$y_2(x)=x^{r_2}\sum_{m=0}^{\infty}A_m x^m=x^{r_2}(A_0+A_1x+A_2x^2+\cdots)$$

❷ **중근인 경우 :** $y_1(x)$는 동일

$$y_2(x)=y_1(x)\ln x+x^r\sum_{m=1}^{\infty}A_m x^m$$

$$=y_1(x)\ln x+x^r(A_1x+A_2x^2+\cdots)$$

❸ **서로 다른 두 근($r_1>r_2$)의 차가 정수인 경우 :** $y_1(x)$는 동일, k는 0이 될 수 있음

$$y_2(x)=ky_1(x)\ln x+x^{r_2}\sum_{m=1}^{\infty}A_m x^m$$

$$=ky_1(x)\ln x+x^{r_2}(A_1x+A_2x^2+\cdots)$$

Chapter 06 연습문제

※ **(문제 6.1~6.10)** 다음 미분방정식의 거듭제곱급수해를 구하라.

6.1 $y' + ay = 0$ (단, a는 상수)

6.2 $xy' - 3y - 6 = 0$

6.3 $y'' + 9y = 0$

6.4 $xy' + y' - y = 0$

6.5 $(1+x)y' + y = 3x^2 - 1$

6.6 $y' - x^2y' - y = 0$

6.7 $y'' + y' = 0$

6.8 $y'' + xy = 0$

6.9 $y'' + xy' + y = 0$

6.10 $y'' - 3y' + 2y = 0$ (단, $a_0 = a_1 = 1$)

※ **(문제 6.11~6.14)** 다음과 같은 식을 르장드르 방정식이라 한다. 이 방정식은 거듭제곱급수해법을 사용하여 해를 구할 수 있다.

$$(1-x^2)y'' - 2xy' + n(n+1)y = 0 \quad (\text{단, } n\text{은 실수})$$

6.11 르장드르 방정식 급수해의 상수항으로부터 a_2와 a_0의 관계식을 나타내라.

6.12 르장드르 방정식 급수해의 x의 계수로부터 a_3와 a_1의 관계식을 나타내라.

6.13 르장드르 방정식 급수해의 x^s의 계수로부터 a_{s+2}와 a_s의 관계식을 나타내라.

6.14 르장드르 방정식의 급수해를 $y(x) = a_0y_1(x) + a_1y_2(x)$ 형태로 나타낼 때, $y_1(x)$와 $y_2(x)$를 구하라.

※ **(문제 6.15~6.22)** 다음 미분방정식을 프로베니우스 해법으로 급수해를 구하라. 단, 결정방정식의 근이 중근인 경우와 서로 다른 두 근의 차가 정수인 경우는 첫 번째 급수해 $y_1(x)$만을 구하라.

6.15 $x^2y'' + x\left(\frac{1}{2} + 2x\right)y' + \left(x - \frac{1}{2}\right)y = 0$

6.16 $36x^2y'' + (36x^2 + 5)y = 0$

6.17 $y'' + xy' + \left(1 - \frac{2}{x^2}\right)y = 0$ (단, $r_1 > r_2$)

6.18 $x^2y'' + 6xy' + (6 - 4x^2)y = 0$ (단, $r_1 > r_2$)

6.19 $y'' + \frac{y'}{x} - y = 0$

6.20 $x^2y'' - 2xy' + 2y = 0$ (단, $r_1 > r_2$, $a_0 = 1$)

6.21 $x(1-x)y'' + \frac{1}{2}(x+1)y' - \frac{1}{2}y = 0$

6.22 $x(x-1)y'' - xy' + y = 0$ (단, $r_1 > r_2$, $a_0 = 1$)

Chapter

07

라플라스 변환

Laplace Transformation

학습목표

- 라플라스 변환의 정의와 기본 개념을 확실히 익힌다.
- 선형성, 제1평행이동, 제2평행이동 등 라플라스 변환의 특성을 숙지한다.
- 도함수와 적분의 라플라스 변환, 라플라스 변환의 미분과 적분 등 라플라스 변환과 미적분과의 관계를 학습한다.
- 공학적 함수인 단위계단함수 및 디락의 델타함수 개념을 익혀 응용할 수 있도록 한다.
- 라플라스 변환을 사용하여 미분방정식의 해를 구하는 방법을 숙지한다.
- 라플라스 변환으로 미분방정식을 풀기 위해서 부분분수로 전개하는 법을 익힌다.
- 합성곱과 라플라스 변환과의 관계를 이해하여 응용할 수 있도록 한다.

라플라스 변환은 전기학자 헤비사이드가 전기회로의 과도현상을 해석하면서 $\dfrac{d}{dt}$를 p로 두는 일종의 연산자법에서 기인하였다. 회로의 상태를 나타내는 방정식이 주로 미분방정식으로 나타나기 때문에 그것을 대수방정식과 같이 풀려는 의도에서 비롯된 것이다. 그만큼 라플라스 변환의 궁극적인 목표는 미분방정식을 풀기 위한 것이라고 해도 과언이 아니다. 따라서 라플라스 변환을 시간함수를 주파수함수로 변환하는 도구 정도로 생각해서는 곤란하다. 기본적으로 모든 변환은 변환 자체가 목적이 아니라 변환을 시도한 다음 이루려는 목적이 있음을 기억해 두기 바란다.

라플라스 변환을 제대로 사용하려면 라플라스 변환의 성질을 분명히 익혀 두는 것이 우선이다. 라플라스 변환의 특성에 대한 정리를 이용하면 라플라스 변환의 정의식인 적분식으로 계산하기 어려운 함수의 변환 값을 쉽게 얻을 수 있기 때문이다. 아울러 미분방정식의 해를 구하는 이유는 공학적인 문제를 해결하기 위한 것이므로 미분방정식의 비제차항, 즉 입력으로 사용되는 공학적 함수인 단위계단함수와 디락의 델타함수의 의미를 알고 응용하는 것도 중요하다.

알아 두어야 할 개념과 공식

Chapter 07

1. 변환

한 집합과 다른 집합의 요소를 관련짓는 역할을 하는 것을 **함수** function라고 한다. 비슷한 개념으로 어떤 규칙에 따라 임의의 한 집합의 원소를 다른 집합의 원소로 대응시키는 것을 **변환** transformation이라고 한다. 집합 A의 원소를 집합 B의 원소로 대응시키는 것을 변환이라고 할 때, 역으로 집합 B의 원소를 집합 A의 원소로 대응시키는 것을 **역변환** inverse transformation이라고 한다.

2. 부정적분과 정적분의 표현

- 부정적분 : $\int f(t)dt = F(t) + c$
- 정적분 : $\int_a^b f(t)dt = F(t)\,|_a^b = F(b) - F(a)$

3. 오일러 공식

- 삼각함수 : $\begin{cases} e^{i\theta} = \cos\theta + i\sin\theta \\ e^{-i\theta} = \cos\theta - i\sin\theta \end{cases}$ $\begin{cases} \cos\theta = \dfrac{e^{i\theta} + e^{-i\theta}}{2} \\ \sin\theta = \dfrac{e^{i\theta} - e^{-i\theta}}{2i} \end{cases}$

- 쌍곡선함수 : $\begin{cases} e^{\theta} = \cosh\theta + \sinh\theta \\ e^{-\theta} = \cosh\theta - \sinh\theta \end{cases}$ $\begin{cases} \cosh\theta = \dfrac{e^{\theta} + e^{-\theta}}{2} \\ \sinh\theta = \dfrac{e^{\theta} - e^{-\theta}}{2} \end{cases}$

4. 복소수

$i = \sqrt{-1}$ 값을 갖는 i를 **허수단위**라고 한다. $a + bi$로 표현되는 수를 **복소수**라고 하고, a를 **실수부** real part, b를 **허수부** imaginary part라고 한다. 단, a, b는 실수이다.

5. 감쇠진동 $e^{at}\cos bt$, $e^{at}\sin bt$

$e^{at}\cos bt$나 $e^{at}\sin bt$와 같이 지수함수에 코사인함수 또는 사인함수를 곱한 함수는 감쇠진동을 하는 파형으로 나타난다.

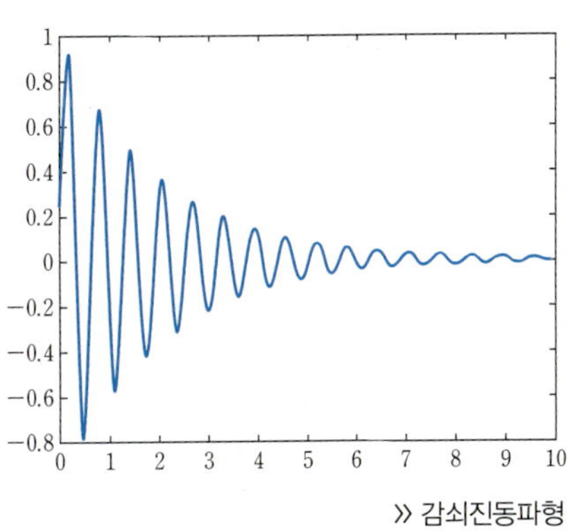

≫ 감쇠진동파형

6. 펄스와 구형파

파형의 크기가 급격히 바뀌었다가 잠시 뒤 원래 크기로 돌아오는 파형을 **펄스** pulse라고 한다. 상승/하강시간이 0인 이상적인 펄스 파형을 **구형파** square wave라고 한다.

7.1 라플라스 변환의 개념

먼저 라플라스 변환을 나타내는 식부터 알아보자. 라플라스 변환을 한다는 의미로 쓰이는 연산자는 $\mathcal{L}$ 로서 이를 '라플라스'라고 읽는다. 예를 들어 시간함수 $f(t)$를 '라플라스 변환한 함수'라고 쓰고, $\mathcal{L}\{f(t)\}$로 표현할 수 있다. 또한 함수 $f(t)$를 라플라스 변환하면, 그 결과는 t의 함수가 아닌 s의 함수로 나타나므로 $f(t)$를 라플라스 변환한 값은 $F(s)$로 나타낸다.

▪ 라플라스 변환에 대한 정의식

이제 $t \geq 0$에서 정의된 함수 $f(t)$를 **라플라스 변환**Laplace transform한 결과에 대해 정의하면 다음과 같이 나타낼 수 있다.

$$\mathcal{L}\{f(t)\} = \int_0^\infty e^{-st} f(t)dt = F(s) \tag{7.1}$$

식 (7.1)의 라플라스 변환식을 독립변수의 관점에서 보면, 그 변환 과정은 t를 독립변수로 하는 함수공간에서 s를 독립변수로 하는 함수공간으로 옮기는 작업으로 생각할 수 있다. 즉 라플라스 변환은 t에 대한 함수를 s에 대한 함수로 투영시키는 도구라고 할 수 있다.

식 (7.1)과 같은 정의식으로 라플라스 변환을 하여 s를 독립변수로 하는 공간으로 옮기는 작업이 가능하다면, 다시 t를 독립변수로 하는 공간으로 되돌아오게 하는 **역변환**inverse transform도 생각해야 한다. 그런 점에서 라플라스 변환을 다음과 같은 식으로 나타낼 때

$$\mathcal{L}\{f(t)\} = F(s) \tag{7.2}$$

역변환 과정은 다음과 같은 식으로 나타낼 수 있다.

$$\mathcal{L}^{-1}\{F(s)\} = f(t) \tag{7.3}$$

▪ 라플라스 변환 및 역변환 과정

위와 같은 **라플라스 변환 및 역변환 과정**은 다음과 같이 정리할 수 있다.

$$f(t) \xrightarrow{\mathcal{L}} F(s)$$
$$F(s) \xrightarrow{\mathcal{L}^{-1}} f(t)$$

▪ 라플라스 변환에 따른 함수 표기법

여기서 원함수와 **라플라스 변환에 따른 함수 표기법**에 대해 정리하고 넘어가자. 앞에서 예로 든 것처럼, 라플라스 변환을 하기 전의 함수는 소문자를 사용해 $f(t)$로 나타내고, 라플라스 변환을 한 후의 함수는 대문자를 사용해 $F(s)$로

나타낸다. 전류의 경우를 예로 들면, 시간을 변수로 정해 $i(t)$로 표현할 때 라플라스 변환을 한 값은 $I(s)$로 나타낸다. 또한 미분방정식에서 종속변수로 많이 사용한 y는 라플라스 변환을 한 후의 상태를 Y로 표현한다.

예제 7-1 정의식에 따른 라플라스 변환 : 상수

다음 함수의 라플라스 변환 값을 구하라.

(a) $f(t)=1$　　　　(b) $f(t)=a$ (단, a는 상수)

> **key point**
> - $F(s)=\int_0^\infty e^{-st}f(t)dt$
> - $e^{-\infty}=\dfrac{1}{e^\infty}=\dfrac{1}{\infty}\rightarrow 0$

풀이

(a) 라플라스 변환식인 식 (7.1)을 사용하여 다음과 같이 계산할 수 있다.

$$\begin{aligned}F(s)&=\mathcal{L}\{f(t)\}=\mathcal{L}(1)=\int_0^\infty e^{-st}\cdot 1dt\\&=-\frac{1}{s}e^{-st}\bigg|_0^\infty=-\frac{1}{s}\left(\frac{1}{e^{s\cdot\infty}}-e^0\right)\\&=-\frac{1}{s}(0-1)=\frac{1}{s}\end{aligned}$$

따라서 $\mathcal{L}(1)=\dfrac{1}{s}$이라는 라플라스 변환 값을 얻을 수 있다.

(b) 라플라스 변환식인 식 (7.1)에 따라 다음과 같이 계산할 수 있다.

$$\begin{aligned}F(s)&=\mathcal{L}\{f(t)\}=\mathcal{L}(a)=\int_0^\infty e^{-st}\cdot a\,dt\\&=-\frac{a}{s}e^{-st}\bigg|_0^\infty=-\frac{a}{s}\left(\frac{1}{e^{s\cdot\infty}}-e^0\right)\\&=-\frac{a}{s}(0-1)=\frac{a}{s}\end{aligned}$$

따라서 $\mathcal{L}(\pi)=\dfrac{a}{s}$라는 라플라스 변환 값을 얻을 수 있다.

유제 7-1

$f(t)=\pi$의 라플라스 변환 값을 구하라.

예제 7-2 정의식에 따른 라플라스 변환 : 지수함수

다음 함수의 라플라스 변환 값을 구하라.

(a) $f(t)=e^t$　　　　(b) $f(t)=e^{-t}$

> **key point**
> - $F(s)=\int_0^\infty e^{-st}f(t)dt$
> - $e^{-\infty}=\dfrac{1}{e^\infty}=\dfrac{1}{\infty}\rightarrow 0$

풀이

(a) 식 (7.1)에 따라 라플라스 변환 값 $F(s)$를 계산하면

$$F(s) = \mathcal{L}(e^t) = \int_0^\infty e^{-st} \cdot e^t dt = \int_0^\infty e^{-(s-1)t} dt = \frac{1}{1-s} e^{-(s-1)t} \Big|_0^\infty$$
$$= \frac{1}{1-s}\left\{\frac{1}{e^{(s-1)\cdot\infty}} - e^{-(s-1)0}\right\} = \frac{1}{1-s}(0-1) = \frac{1}{s-1}$$

과 같이 된다. 따라서 $\mathcal{L}(e^t) = \dfrac{1}{s-1}$이라는 라플라스 변환 값을 얻을 수 있다.

(b) 정의식에 따라 $f(t) = e^{-t}$의 라플라스 변환은

$$F(s) = \mathcal{L}(e^{-t}) = \int_0^\infty e^{-st} \cdot e^{-t} dt = \int_0^\infty e^{-(s+1)t} dt = -\frac{1}{s+1} e^{-(s+1)t} \Big|_0^\infty$$
$$= -\frac{1}{s+1}\left\{\frac{1}{e^{(s+1)\cdot\infty}} - e^{-(s+1)0}\right\} = -\frac{1}{s+1}(0-1) = \frac{1}{s+1}$$

과 같이 된다. 따라서 $\mathcal{L}(e^{-t}) = \dfrac{1}{s+1}$이라는 라플라스 변환 값을 얻을 수 있다.

유제 7-2

$f_1(t) = e^{at}$과 $f_2(t) = e^{-bt}$의 라플라스 변환 값을 구하라. 단, a와 b는 상수이다.

예제 7-3 정의식에 따른 라플라스 변환 : t의 함수

$f(t) = t$의 라플라스 변환 값을 구하라.

> **key point**
> 부분적분법
> $$\int uv' = uv - \int u'v$$

풀이

식 (7.1)에 $f(t) = t$를 대입하면

$$F(s) = \mathcal{L}(t) = \int_0^\infty e^{-st} \cdot t\,dt$$

가 된다. 적분 계산을 위해 부분적분법을 사용하면

$$F(s) = \int_0^\infty te^{-st} dt = -\frac{t}{s} e^{-st}\Big|_0^\infty + \frac{1}{s}\int_0^\infty e^{-st} dt$$
$$= 0 + \frac{1}{s} \cdot -\frac{1}{s} e^{-st}\Big|_0^\infty = -\frac{1}{s^2}(0-1) = \frac{1}{s^2}$$

과 같이 계산된다. 따라서 $\mathcal{L}(t) = \dfrac{1}{s^2}$이라는 라플라스 변환 값을 얻을 수 있다.

유제 7-3

$f(t)=t^2$의 라플라스 변환 값을 구하라.

라플라스 변환의 정의식을 사용하여 [예제 7-1]~[예제 7-3]을 풀어본 결과, $\mathcal{L}(a)=\frac{a}{s}$, $\mathcal{L}(e^{at})=\frac{1}{s-a}$, $\mathcal{L}(e^{-at})=\frac{1}{s+a}$, $\mathcal{L}(t)=\frac{1}{s^2}$과 같이 정리할 수 있다. 이 값들을 참조하여 앞에서 알게 된 라플라스 변환 및 역변환 관계를 다음과 같이 표현할 수 있다. 여기서 a는 상수이다.

■ 기본적인 함수들의 라플라스 변환 및 역변환 관계

$$f(t)=1 \quad \underset{\mathcal{L}^{-1}}{\overset{\mathcal{L}}{\rightleftarrows}} \quad F(s)=\frac{1}{s}$$

$$f(t)=t \quad \underset{\mathcal{L}^{-1}}{\overset{\mathcal{L}}{\rightleftarrows}} \quad F(s)=\frac{1}{s^2}$$

$$f(t)=e^{at} \quad \underset{\mathcal{L}^{-1}}{\overset{\mathcal{L}}{\rightleftarrows}} \quad F(s)=\frac{1}{s-a}$$

$$f(t)=e^{-at} \quad \underset{\mathcal{L}^{-1}}{\overset{\mathcal{L}}{\rightleftarrows}} \quad F(s)=\frac{1}{s+a}$$

라플라스 역변환식도 있긴 하지만, 복잡하기 때문에 그다지 사용하지는 않는다. 따라서 위와 같은 변환/역변환 관계를 정리하여 사용하는 것을 기본적으로 생각해 두는 것이 편리하다.

라플라스 변환은 이 절에서 소개한 것처럼 식 (7.1)의 정의식으로 구할 수도 있다. 하지만 라플라스 변환의 정의식은 적분 계산이기 때문에 부분적분을 해야 할 때가 있고, 계산이 어려울 수 있다. 그러나 라플라스 변환의 성질을 이용하면 복잡한 계산 과정을 거치지 않고 훨씬 쉽게 라플라스 변환을 구할 수 있다. 다음 절에서는 라플라스 변환의 성질에 대해 살펴보자.

7.2 라플라스 변환의 선형성 및 제1평행이동

지금부터는 라플라스 변환의 특성 중에서 선형성과 제1평행이동에 대해 다룰 것이다. 이와 같은 라플라스 변환 성질들은 앞에서 이야기한 바와 같이 복잡한 계산을 하지 않고도 라플라스 변환 및 역변환 값을 구하는 데 쓰인다. 따라서 단순하게 라플라스 변환과 관련한 정리로 볼 것이 아니라 활용하는 방법을 익히는 것이 중요하다.

7.2.1 선형성 정리

▪ 라플라스 변환의 선형성 정리

라플라스 변환의 성질 중 가장 먼저 선형성[linearity]에 대해 살펴보자. 라플라스 변환은 적분식으로 표현되는데, 적분은 기본적으로 선형성을 띠고 있으므로 라플라스 변환도 선형적으로 연산될 수 있다. 그 내용은 다음과 같다.

정리 7-1 라플라스 변환의 선형성 정리

함수 $f(t)$와 $g(t)$의 라플라스 변환이 존재한다면, $f(t)$와 $g(t)$의 선형결합으로 이루어진 함수의 라플라스 변환은 다음과 같은 성질을 띤다. 여기서 a와 b는 상수이다.

$$\mathcal{L}\{af(t)+bg(t)\} = a\mathcal{L}\{f(t)\}+b\mathcal{L}\{g(t)\}$$

라플라스 변환의 선형성 정리의 증명

[정리 7-1]을 증명하기 위해 라플라스 변환의 정의식을 이용하면

$$\begin{aligned}\mathcal{L}\{af(t)+bg(t)\} &= \int_0^\infty e^{-st}\{af(t)+bg(t)\}dt \\ &= a\int_0^\infty e^{-st}f(t)dt + b\int_0^\infty e^{-st}g(t)dt \\ &= a\mathcal{L}\{f(t)\} + b\mathcal{L}\{g(t)\}\end{aligned}$$

와 같이 전개되어 [정리 7-1]이 성립함을 알 수 있다.

예제 7-4 선형성을 이용한 쌍곡선함수의 라플라스 변환

오일러 공식을 이용하여 쌍곡선함수 $f_1(t)=\cosh at$와 $f_2(t)=\sinh at$의 라플라스 변환 값을 구하라.

key point

- $\mathcal{L}(1)=\dfrac{1}{s}$
- $\mathcal{L}(e^{at})=\dfrac{1}{s-a}$
- $\mathcal{L}(e^{-at})=\dfrac{1}{s+a}$

풀이

오일러 공식을 이용하여 쌍곡선함수를 지수함수로 나타내면

$$f_1(t)=\cosh at=\frac{e^{at}+e^{-at}}{2},\quad f_2(t)=\sinh at=\frac{e^{at}-e^{-at}}{2}$$

이 된다. 선형성을 이용하여 각각의 라플라스 변환을 구하면

$$\begin{aligned}F_1(s)&=\mathcal{L}\{f_1(t)\}=\mathcal{L}\left\{\frac{1}{2}(e^{at}+e^{-at})\right\}=\frac{1}{2}\mathcal{L}(e^{at}+e^{-at}) \\ &=\frac{1}{2}\{\mathcal{L}(e^{at})+\mathcal{L}(e^{-at})\}=\frac{1}{2}\left(\frac{1}{s-a}+\frac{1}{s+a}\right)=\frac{s}{s^2-a^2}\end{aligned}$$

$$F_2(s) = \mathcal{L}\{f_2(t)\} = \mathcal{L}\left\{\frac{1}{2}(e^{at} - e^{-at})\right\} = \frac{1}{2}\mathcal{L}(e^{at} - e^{-at})$$
$$= \frac{1}{2}\{\mathcal{L}(e^{at}) - \mathcal{L}(e^{-at})\} = \frac{1}{2}\left(\frac{1}{s-a} - \frac{1}{s+a}\right) = \frac{a}{s^2 - a^2}$$

가 되어

$$\mathcal{L}(\cosh at) = \frac{s}{s^2 - a^2}, \quad \mathcal{L}(\sinh at) = \frac{a}{s^2 - a^2}$$

와 같이 쌍곡선함수의 라플라스 변환을 구할 수 있다.

유제 7-4

다음 함수의 라플라스 변환 값을 구하라.

(a) $f(t) = \cosh \omega t + \sinh \omega t$ **(b)** $f(t) = 3e^t + 2t$

예제 7-5 선형성을 이용한 삼각함수의 라플라스 변환

오일러 공식을 이용하면 지수함수를 $e^{ibt} = \cos bt + i\sin bt$와 같이 삼각함수의 합으로 나타낼 수 있다. 이 공식을 이용하여 삼각함수 $\cos bt$와 $\sin bt$의 라플라스 변환 값을 구하라.

key point

- $i = \sqrt{-1}$
- $i^2 = -1$
- $\mathcal{L}(e^{at}) = \dfrac{1}{s-a}$

풀이

오일러 공식 $e^{ibt} = \cos bt + i\sin bt$에 라플라스 변환식을 적용하고, [정리 7-1]의 선형성을 이용하면 다음과 같은 식을 얻을 수 있다.

$$\mathcal{L}(e^{ibt}) = \mathcal{L}(\cos bt + i\sin bt) = \mathcal{L}(\cos bt) + i\mathcal{L}(\sin bt)$$

앞에서 구한 지수함수 e^{at}의 라플라스 변환을 이용하는데, $\mathcal{L}(e^{ibt})$을 알아야 하므로 $a = ib$를 대입하여 다음과 같이 계산할 수 있다.

$$\mathcal{L}(e^{ibt}) = \frac{1}{s-ib} = \frac{s+ib}{(s-ib)(s+ib)} = \frac{s+ib}{s^2+b^2} = \frac{s}{s^2+b^2} + i\frac{b}{s^2+b^2}$$

이 결과는 복소지수함수 $e^{i\omega t}$의 허수부와 실수부를 각각 라플라스 변환하여 합한 것과 같으므로 처음에 오일러 공식에 라플라스 변환을 적용한 식과 비교할 수 있다.

$$\mathcal{L}(e^{ibt}) = \mathcal{L}\{\mathrm{Re}(e^{ibt})\} + i\mathcal{L}\{\mathrm{Im}(e^{ibt})\} = \mathcal{L}(\cos bt) + i\mathcal{L}(\sin bt) = \frac{s}{s^2+b^2} + i\frac{b}{s^2+b^2}$$

그러므로 삼각함수의 라플라스 변환은 각각 다음과 같이 구할 수 있다.

$$\mathcal{L}(\cos bt) = \frac{s}{s^2+b^2}, \quad \mathcal{L}(\sin bt) = \frac{b}{s^2+b^2}$$

유제 7-5

다음 함수의 라플라스 변환 값을 구하라.

(a) $f(t)=e^{\pi t}+e^{-\pi t}$ (b) $f(t)=e^{-5t}-5$

라플라스 변환의 선형성만 이용해도 [예제 7-5]와 같이 라플라스 변환 값을 훨씬 효율적으로 구할 수 있다.

7.2.2 제1평행이동 정리

선형성에 이어 라플라스 변환의 유용한 성질인 평행이동shifting에 대해 살펴보자. 이후에도 평행이동에 관한 정리가 또 있으므로 여기서는 첫 번째에 해당한다는 의미로 **제1평행이동 정리**1st shifting theorem라고 부른다. 이 정리를 간단히 설명하면, 원함수 $f(t)$ 측에 지수함수 e^{at}이 곱해진 것이 라플라스 변환된 함수 $F(s)$ 측에서는 a만큼 평행이동한 것으로 나타난다는 것이다.

▪ 제1평행이동 정리

정리 7-2 제1평행이동 정리

함수 $f(t)$에 대한 라플라스 변환 $F(s)$가 존재할 때, 함수 $f(t)$에 지수함수 e^{at}이 곱해진 $e^{at}f(t)$의 라플라스 변환은, 함수 $f(t)$의 라플라스 변환인 $F(s)$가 s축으로 a만큼 평행이동한 $F(s-a)$로 구해진다. 그 관계를 변환과 역변환 식으로 나타내면 다음과 같이 표현할 수 있다.

$$\mathcal{L}\{e^{at}f(t)\}=F(s-a) \tag{7.4}$$

$$e^{at}f(t)=\mathcal{L}^{-1}\{F(s-a)\} \tag{7.5}$$

제1평행이동 정리의 증명

▪ 제1평행이동 정리 증명

식 (7.1)의 정의식 $F(s)=\int_0^\infty e^{-st}f(t)dt$에서 s 대신 $s-a$를 대입하면

$$\begin{aligned} F(s)|_{s\to s-a}=F(s-a)&=\int_0^\infty e^{-(s-a)t}f(t)dt \\ &=\int_0^\infty e^{-st}e^{at}f(t)dt=\int_0^\infty e^{-st}\{e^{at}f(t)\}dt \\ &=\mathcal{L}\{e^{at}f(t)\} \end{aligned}$$

와 같이 되어, 결과적으로 $e^{at}f(t)$를 라플라스 변환한 결과와 같음을 알 수 있다.

제1평행이동 정리의 결과는 지수함수 e^{at}이 곱해진 함수의 라플라스 변환에 활용하면 손쉽게 얻을 수 있다. 반대로 a만큼 평행이동 되어 있는 s의 함수를 역변환할 때에도 활용할 수 있다. 즉 제1평행이동 정리는 라플라스 변환을 직접 계산하지 않고도 이미 알고 있는 라플라스 변환 관계 $f(t) \leftrightarrow F(s)$를 이용하여 변환과 역변환 값을 구할 수 있는 유용한 정리이다.

예제 7-6 감쇠진동함수의 라플라스 변환

감쇠진동damped vibration으로 나타나는 함수인 $e^{at}\cos bt$와 $e^{at}\sin bt$의 라플라스 변환 값을 구하라.

key point

- $\mathcal{L}\{e^{at}f(t)\} = F(s-a)$
- $\mathcal{L}(\cos at) = \dfrac{s}{s^2+a^2}$
- $\mathcal{L}(\sin at) = \dfrac{a}{s^2+a^2}$

풀이

먼저 라플라스 변환을 구할 함수를 $e^{at}\cos bt = e^{at}f(t)$라고 두면

$$f(t) = \cos bt \xrightarrow{\mathcal{L}} F(s) = \frac{s}{s^2+b^2}$$

가 된다. 제1평행이동 정리 $\mathcal{L}\{e^{at}f(t)\} = F(s-a)$를 이용하면

$$\mathcal{L}(e^{at}\cos bt) = F(s-a) = F(s)\big|_{s \to s-a} = \frac{s}{s^2+b^2}\bigg|_{s \to s-a} = \frac{s-a}{(s-a)^2+b^2}$$

와 같이 라플라스 변환 값을 구할 수 있다.

$e^{at}\sin bt$의 경우도 마찬가지이다. 먼저 $e^{at}\sin bt = e^{at}g(t)$로 두면

$$g(t) = \sin bt \xrightarrow{\mathcal{L}} G(s) = \frac{b}{s^2+b^2}$$

가 된다. 제1평행이동 정리를 이용하면

$$\mathcal{L}(e^{at}\sin bt) = G(s-a) = G(s)\big|_{s \to s-a} = \frac{b}{s^2+b^2}\bigg|_{s \to s-a} = \frac{b}{(s-a)^2+b^2}$$

와 같이 라플라스 변환 값을 구할 수 있다.

유제 7-6

$f(t) = e^{2t}\cos 3t + e^{3t}\sin 2t$의 라플라스 변환 값을 구하라.

여기서 선형성과 제1평행이동 정리를 통해 구한 라플라스 변환 및 역변환 관계를 정리해 두자.

■ 쌍곡선함수의 라플라스 변환 관계

먼저 **쌍곡선함수의 라플라스 변환 관계**는 다음과 같다.

$$f(t) = \cosh at \underset{\mathcal{L}^{-1}}{\overset{\mathcal{L}}{\rightleftarrows}} F(s) = \frac{s}{s^2 - a^2}$$

$$f(t) = \sinh at \underset{\mathcal{L}^{-1}}{\overset{\mathcal{L}}{\rightleftarrows}} F(s) = \frac{a}{s^2 - a^2}$$

■ 삼각함수의 라플라스 변환 관계

또한 **삼각함수의 라플라스 변환 관계**는 다음과 같다.

$$f(t) = \cos at \underset{\mathcal{L}^{-1}}{\overset{\mathcal{L}}{\rightleftarrows}} F(s) = \frac{s}{s^2 + a^2}$$

$$f(t) = \sin at \underset{\mathcal{L}^{-1}}{\overset{\mathcal{L}}{\rightleftarrows}} F(s) = \frac{a}{s^2 + a^2}$$

■ 감쇠진동함수의 라플라스 변환 관계

그리고 삼각함수에 지수함수가 곱해진 감쇠진동함수의 라플라스 변환 관계는 다음과 같이 정리할 수 있다.

$$f(t) = e^{at}\cos bt \underset{\mathcal{L}^{-1}}{\overset{\mathcal{L}}{\rightleftarrows}} F(s) = \frac{s-a}{(s-a)^2 + b^2}$$

$$f(t) = e^{at}\sin bt \underset{\mathcal{L}^{-1}}{\overset{\mathcal{L}}{\rightleftarrows}} F(s) = \frac{b}{(s-a)^2 + b^2}$$

예제 7-7 제1평행이동 정리를 이용한 라플라스 변환

t^n을 라플라스 변환한 값이 $\frac{n!}{s^{n+1}}$일 때, $t^n e^{mt}$의 라플라스 변환 값을 구하라. 단, $n = 0,\ 1,\ 2,\ \cdots$이다.

key point
$\mathcal{L}\{e^{at}f(t)\} = F(s-a)$

풀이

$t^n e^{mt} = f(t)e^{mt}$이라고 두면

$$f(t) = t^n \xrightarrow{\mathcal{L}} F(s) = \frac{n!}{s^{n+1}}$$

이므로 제1평행이동 정리인 식 (7.4)를 이용하여

$$\mathcal{L}\,(t^n e^{mt}) = F(s-m) = F(s)\big|_{s\to s-m} = \left.\frac{n!}{s^{n+1}}\right|_{s\to s-m} = \frac{n!}{(s-m)^{n+1}}$$

과 같이 라플라스 변환 값을 구할 수 있다.

유제 7-7

$f(t) = 100t^2e^t$의 라플라스 변환 값을 구하라.

[예제 7-7]의 결과를 정리하면 다음과 같이 쓸 수 있다.

$$f(t)=t^{n}e^{mt} \underset{\mathcal{L}^{-1}}{\overset{\mathcal{L}}{\rightleftarrows}} F(s)=\frac{n!}{(s-m)^{n+1}}$$

이와 같이 라플라스 변환에 관련된 성질을 이용하면 복잡한 함수의 라플라스 변환을 좀 더 쉽게 구할 수 있다는 사실을 기억해 두자. 아울러 이미 라플라스 변환 및 역변환 값을 알고 있는 기본적인 함수들의 라플라스 변환 관계는 계속 정리해가며 사용하는 것이 편리할 것이다.

7.3 도함수 및 적분의 라플라스 변환

라플라스 변환의 발상은 미분방정식을 푸는 데서 비롯되었다고 해도 과언이 아니다. 미분과 적분 연산을 대수적으로 변화시킬 수 있는 방법이 바로 라플라스 변환이었기 때문이다. 이 절에서는 임의의 함수를 미분한 상태인 도함수 혹은 적분한 함수를 라플라스 변환했을 때 어떤 함수로 표현되는지를 다룰 것이다.

7.3.1 도함수의 라플라스 변환

먼저 도함수의 라플라스 변환에 대해 알아보자. 함수 $f(t)$의 도함수를 $f'(t)$라고 할 때, 도함수의 라플라스 변환을 정의식에 의해 다음과 같이 나타낼 수 있다.

$$\mathcal{L}\{f'(t)\}=\int_{0}^{\infty}e^{-st}f'(t)\,dt$$

위 식을 부분적분법으로 적분하면

$$\begin{aligned}\mathcal{L}\{f'(t)\}&=e^{-st}f(t)\Big|_{0}^{\infty}+\int_{0}^{\infty}se^{-st}f(t)dt\\&=-f(0)+s\int_{0}^{\infty}e^{-st}f(t)dt\end{aligned}$$

가 되어 최종적으로 다음과 같은 식을 얻을 수 있다.

$$\mathcal{L}\{f'(t)\}=s\mathcal{L}\{f(t)\}-f(0) \qquad (7.6)$$

■ 1계 도함수의 라플라스 변환

식 (7.6)이 함수 $f(t)$의 1계 도함수를 라플라스 변환한 값이 된다. 이 식을 이용하면 2계 도함수의 라플라스 변환도 구할 수 있다. 식 (7.6)의 함수들을 한 번 더 미분해보자.

$$\begin{aligned}\mathcal{L}\{f''(t)\} &= s\mathcal{L}\{f'(t)\} - f'(0) \\ &= s[s\mathcal{L}\{f(t)\} - f(0)] - f'(0)\end{aligned}$$

이를 전개하면 다음과 같은 2계 도함수의 라플라스 변환식을 얻는다.

▪ 2계 도함수의 라플라스 변환

$$\mathcal{L}\{f''(t)\} = s^2\mathcal{L}\{f(t)\} - sf(0) - f'(0) \qquad (7.7)$$

▪ n계 도함수의 라플라스 변환

같은 방식으로 전개하면 함수 $f(t)$의 n계 도함수 $f^{(n)}(t)$의 라플라스 변환까지 구할 수 있다. 이와 같은 도함수의 라플라스 변환에 대해 정리하면 다음과 같다.

정리 7-3 n계 도함수의 라플라스 변환

함수 $f(t)$, $f'(t)$, $\cdots$, $f^{(n-1)}(t)$가 $t \geq 0$에서 연속이고, 함수 $f^{(n)}(t)$가 부분연속이라 하자. 이때 모든 함수 및 도함수의 라플라스 변환이 존재하면 n계 도함수의 라플라스 변환은 다음 식과 같이 구해진다.

$$\mathcal{L}\{f^{(n)}(t)\} = s^n\mathcal{L}\{f(t)\} - s^{n-1}f(0) - s^{n-2}f'(0) - \cdots - f^{(n-1)}(0) \qquad (7.8)$$

도함수의 라플라스 변환을 이용하는 간단한 예로, $f(t)=t$를 라플라스 변환한 값을 구해보자. 먼저 함수 $f(t)$를 미분하여 양변을 라플라스 변환한 후, 1계 도함수의 라플라스 변환식을 이용하면 다음 식이 성립한다.

$$f'(t) = 1 \xrightarrow{\mathcal{L}} \mathcal{L}(f') = \frac{1}{s} = s\mathcal{L}(f) - f(0)$$

$f(t)=t$이므로 $f(0)=0$을 위 식에 대입하면

$$\frac{1}{s} = s\mathcal{L}(f) - 0 = s\mathcal{L}(f) \rightarrow \mathcal{L}(f) = \frac{1}{s^2}$$

이 되어, 최종적으로 $f(t)=t$라는 라플라스 변환 값을 구할 수 있다. 계산 과정을 보면 [예제 7-3]에서 정의식을 이용하여 계산할 때보다 훨씬 간단하게 결과를 얻을 수 있음을 알 수 있다. 따라서 정의식으로 직접 계산하는 것보다 유용한 정리를 활용하는 편이 라플라스 변환 및 역변환 값을 좀 더 효율적으로 구할 수 있음을 다시 한번 강조하고 싶다.

예제 7-8 2계 도함수의 라플라스 변환 ①

함수 $f(t)=t^2$의 라플라스 변환 값을 구하라.

> **key point**
> $\mathcal{L}(1)=\frac{1}{s}$

풀이

$f(t)=t^2$의 양변을 두 번 미분하여 라플라스 변환하면 다음과 같다.

$$f'(t)=2t,\ \ f''(t)=2$$
$$\mathcal{L}(f'')=\mathcal{L}(2)=2\mathcal{L}(1)=\frac{2}{s}$$

2계 도함수의 라플라스 변환을 적용하면 다음과 같다.

$$\mathcal{L}(f'')=s^2\mathcal{L}(f)-sf(0)-f'(0)=\frac{2}{s}$$

위 식에 $f(0)=0,\ f'(0)=0$을 대입하여 정리하면

$$s^2\mathcal{L}(f)=\frac{2}{s}$$

가 된다. 따라서 $\mathcal{L}(t^2)=\frac{2}{s^3}$가 됨을 알 수 있다.

예제 7-9 2계 도함수의 라플라스 변환 ②

함수 $f(t)=\cos\omega t$의 라플라스 변환 값을 구하라.

> **key point**
> 풀이과정 중에 $\cos\omega t=f(t)$를 대입한다.

풀이

$f(t)=\cos\omega t$의 양변을 두 번 미분하여 라플라스 변환하면 다음과 같다.

$$f'(t)=-\omega\sin\omega t,\ \ f''(t)=-\omega^2\cos\omega t=-\omega^2 f(t)$$
$$\mathcal{L}(f'')=s^2\mathcal{L}(f)-sf(0)-f'(0)=-\omega^2\mathcal{L}(f)$$

위 식에 $f(0)=1,\ f'(0)=0$을 대입하면

$$\mathcal{L}(f'')=-\omega^2\mathcal{L}(f)=s^2\mathcal{L}(f)-s$$
$$(s^2+\omega^2)\mathcal{L}(f)=s$$

가 된다. 따라서 $\mathcal{L}(f)=\mathcal{L}(\cos\omega t)=\frac{s}{s^2+\omega^2}$이다.

유제 7-8

함수 $f(t)=\sin\omega t$의 라플라스 변환 값을 구하라.

예제 7-10 2계 도함수의 라플라스 변환 ③

함수 $f(t)=t\sin\omega t$의 라플라스 변환 값을 구하라.

key point

- $\mathcal{L}(\cos\omega t)=\dfrac{s}{s^2+\omega^2}$
- 풀이과정 중에 $t\sin\omega t=f(t)$를 대입한다.

풀이

$f(t)=t\sin\omega t$이기 때문에 $f(0)=0$이 된다. 양변을 두 번 미분하여 라플라스 변환을 하면

$$f'(t)=\sin\omega t+\omega t\cos\omega t \rightarrow f'(0)=0$$
$$f''(t)=2\omega\cos\omega t-\omega^2 t\sin\omega t=2\omega\cos\omega t-\omega^2 f(t)$$
$$\mathcal{L}(f'')=s^2\mathcal{L}(f)-sf(0)-f'(0)=s^2\mathcal{L}(f)$$

가 된다. 위 식에 [정리 7-3]의 2계 도함수의 라플라스 변환을 적용하고, $f(0)=0$, $f'(0)=0$을 대입하여 정리하면 다음과 같다.

$$\begin{aligned}\mathcal{L}(f'')&=2\omega\mathcal{L}(\cos\omega t)-\omega^2\mathcal{L}(f)\\&=s^2\mathcal{L}(f)-sf(0)-f'(0)\\&=2\omega\cdot\frac{s}{s^2+\omega^2}-\omega^2\mathcal{L}(f)\\&=s^2\mathcal{L}(f)\end{aligned}$$

따라서 $\mathcal{L}(f)=\mathcal{L}(t\sin\omega t)=\dfrac{2\omega s}{(s^2+\omega^2)^2}$가 된다.

유제 7-9

다음 함수의 라플라스 변환 값을 구하라.

(a) $f(t)=t\cosh t$ (b) $f(t)=t\cos t$

7.3.2 적분의 라플라스 변환

도함수의 라플라스 변환에 이어 적분의 라플라스 변환에 대해 알아보자. 먼저 앞서 다룬 도함수의 라플라스 변환식을 살펴보면

$$\mathcal{L}(f')=s\,\mathcal{L}(f)-f(0)$$
$$\mathcal{L}(f'')=s^2\,\mathcal{L}(f)-sf(0)-f'(0)$$
$$\vdots$$
$$\mathcal{L}(f^{(n)})=s^n\,\mathcal{L}(f)-s^{n-1}f(0)-s^{n-2}f'(0)-\cdots-f^{(n-1)}(0)$$

이므로 미분한 횟수만큼 s를 곱한 것을 알 수 있다. 이와 같이 미분한 횟수만큼 변수를 곱하는 상황은, 거듭제곱자리에 있는 수가 미분한 횟수만큼 계수로 나와 곱해지는 일반적인 미분의 경우와 유사하다.

적분의 경우도 이와 유사하다. 즉 일반적으로 미분은 곱해지고 적분은 나눠지므로 미분의 라플라스 변환에서 s가 곱해진 것처럼 적분의 라플라스 변환에서는 s로 나뉜다. 이와 같은 적분함수의 라플라스 변환에 대해 정리하면 다음과 같다.

정리 7-4 적분의 라플라스 변환

함수 $f(t)$의 라플라스 변환이 존재할 때, 임의의 함수가 적분된 형태를 라플라스 변환하면 다음 식과 같이 구해진다.

$$\mathcal{L}\left\{\int_0^t f(\tau)d\tau\right\} = \frac{1}{s}\mathcal{L}\{f(t)\} = \frac{F(s)}{s} \tag{7.9}$$

위 식의 양변에 역변환을 취하면 다음과 같은 식이 성립한다.

$$\int_0^t f(\tau)d\tau = \mathcal{L}^{-1}\left\{\frac{F(s)}{s}\right\} \tag{7.10}$$

적분의 라플라스 변환식인 식 (7.9)는 다음과 같이 유도할 수도 있다. 먼저 함수 $f(t)$를 적분한 식을 $g(t)$라고 두면

$$g(t) = \int_0^t f(\tau)d\tau$$

가 되고, 위 식을 미분하면 다음과 같은 식을 얻을 수 있다.

$$g'(t) = \frac{d}{dt}\left\{\int_0^t f(\tau)d\tau\right\} = f(t)$$

위 식을 라플라스 변환하면 다음과 같다.

$$\mathcal{L}\{g'(t)\} = \mathcal{L}\{f(t)\} = F(s)$$

여기에 도함수의 라플라스 변환을 적용하면 다음과 같다.

$$\mathcal{L}\{g'(t)\} = s\mathcal{L}\{g(t)\} - g(0) = F(s)$$

이때 $g(0)=0$이라고 두고, 앞선 식을 정리하면

$$\mathcal{L}\{g(t)\}=\mathcal{L}\left\{\int_0^t f(\tau)d\tau\right\}=\frac{F(s)}{s}$$

가 되어, 결과적으로 [정리 7-4]의 식 (7.9)를 얻는다.

예제 7-11 적분의 라플라스 변환 ①

$\mathcal{L}(f)=\dfrac{9}{s(s^2+9)}$ 를 라플라스 역변환한 값 $f(t)$를 구하라.

key point

- $\int_0^t f(\tau)d\tau=\mathcal{L}^{-1}\left\{\frac{F(s)}{s}\right\}$
- $\mathcal{L}^{-1}\left(\frac{a}{s^2+a^2}\right)=\sin at$

풀이

$\dfrac{9}{s^2+9}=\dfrac{9}{s^2+3^2}=G(s)$라고 두고 역변환하면

$$\mathcal{L}^{-1}\{G(s)\}=3\mathcal{L}^{-1}\left(\frac{3}{s^2+3^2}\right)=g(t)=3\sin 3t$$

가 된다. 여기에 적분의 라플라스 변환에 관한 식 (7.10)을 적용하면

$$\begin{aligned}\mathcal{L}^{-1}\left\{\frac{1}{s}\left(\frac{9}{s^2+9}\right)\right\}&=\mathcal{L}^{-1}\left\{\frac{1}{s}G(s)\right\}\\&=\int_0^t g(\tau)d\tau\\&=\int_0^t 3\sin 3\tau d\tau\end{aligned}$$

가 된다. 이제 위 식을 계산하면 다음과 같다.

$$\begin{aligned}f(t)=\mathcal{L}^{-1}\left\{\frac{9}{s(s^2+9)}\right\}&=\int_0^t 3\sin 3\tau d\tau\\&=3\left(-\frac{1}{3}\right)\cos 3\tau\Big|_0^t\\&=1-\cos 3t\end{aligned}$$

유제 7-10

$\mathcal{L}(f)=\dfrac{2}{s(s^2+4)}$ 를 라플라스 역변환한 값 $f(t)$를 구하라.

예제 7-12 적분의 라플라스 변환 ②

[예제 7-11]을 이용하여 $\mathcal{L}(f) = \dfrac{9}{s^2(s^2+9)}$ 를 라플라스 역변환한 값 $f(t)$를 구하라.

풀이

[예제 7-11]의 풀이를 통해 $\mathcal{L}^{-1}\left\{\dfrac{9}{s(s^2+9)}\right\} = 1-\cos 3t$를 얻었으므로 $G(s) = \dfrac{9}{s(s^2+9)}$ 라고 두면, $f(t)$는 다음과 같이 구할 수 있다.

$$
\begin{aligned}
f(t) = \mathcal{L}^{-1}\left\{\frac{9}{s^2(s^2+9)}\right\} &= \mathcal{L}^{-1}\left\{\frac{1}{s}G(s)\right\} \\
&= \int_0^t (1-\cos 3\tau)\,d\tau \\
&= \left(\tau - \frac{1}{3}\sin 3\tau\right)\Bigg|_0^t = t - \frac{1}{3}\sin 3t
\end{aligned}
$$

유제 7-11

[유제 7-10]을 이용하여 $\mathcal{L}(f) = \dfrac{2}{s^2(s^2+4)}$ 를 라플라스 역변환한 값 $f(t)$를 구하라.

7.4 단위계단함수와 디락의 델타함수

지금까지 라플라스 변환에 관련된 여러 가지 성질을 알아보았다. 이 절에서는 공학적으로 중요하게 다뤄지는 두 가지 함수를 소개할 것이다. 이 함수를 소개하는 이유는 라플라스 변환을 이용하여 미분방정식을 풀 때 반드시 필요한 함수이기 때문이다.

7.4.1 단위계단함수

단위계단함수unit step function는 다음과 같이 정의한다.

$$
u(t) = \begin{cases} 0 & (t < 0) \\ 1 & (t > 0) \end{cases} \tag{7.11}
$$

정의한 바와 같이 $t<0$ 범위에서는 0 값을, $t>0$ 범위에서는 1 값을 갖는 함수이다. 이 함수는 공학적인 응용을 위해 만든 함수인데, 간단히 'On-Off' 함수라고 생각하면 된다. 즉 원점을 기준으로 해서 '+'쪽은 켜져 있는 쪽(On)이고, '−'쪽은 꺼져 있는 쪽(Off)이라고 생각하면 된다. 식 (7.11)의 함수를 그림으로 나타내면 [그림 7-1]과 같다.

식 (7.11)은 원점을 기준으로 한 경우이다. 이 식을 좀 더 일반화하여 어떤 시점을 기준으로 해도 성립할 수 있는 일반적인 단위계단함수는 다음과 같이 정의할 수 있다.

$$u(t-a)=\begin{cases}0 & (t<a)\\ 1 & (t>a)\end{cases} \tag{7.12}$$

여기서는 원점과 같이 0을 기준으로 하지 않고, 임의의 시점인 a를 기준으로 삼았다. 식 (7.12)의 함수를 그림으로 나타내면 [그림 7-2]와 같다.

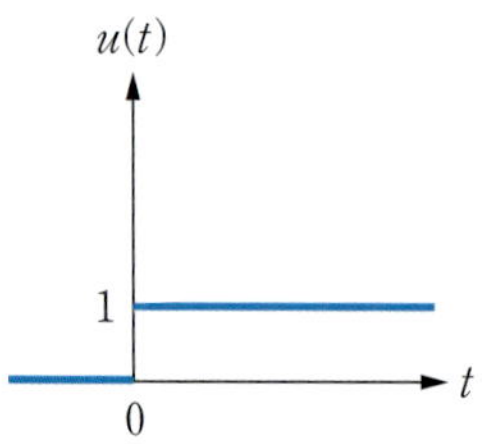

[그림 7-1] 원점을 기준으로 한 단위계단함수 $u(t)$

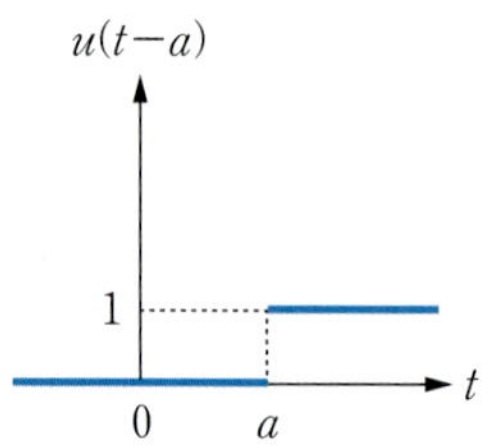

[그림 7-2] 일반 형태의 단위계단함수 $u(t-a)$

임의의 함수 $f(t)$에 단위계단함수를 곱하면 여러 가지 형태의 신호를 얻을 수 있다. 예를 들어 신호 $f(t)$에 2초 간격으로 On-Off 되는 구형파square wave $f(t)$가 주어졌다고 하자. 여기에 시각 1초에서 켜진다는 의미의 단위계단함수인 $u(t-1)$이 곱해지는 상황을 그림으로 나타내면 [그림 7-3]과 같다.

▪ 주어진 신호와 단위계단함수의 곱

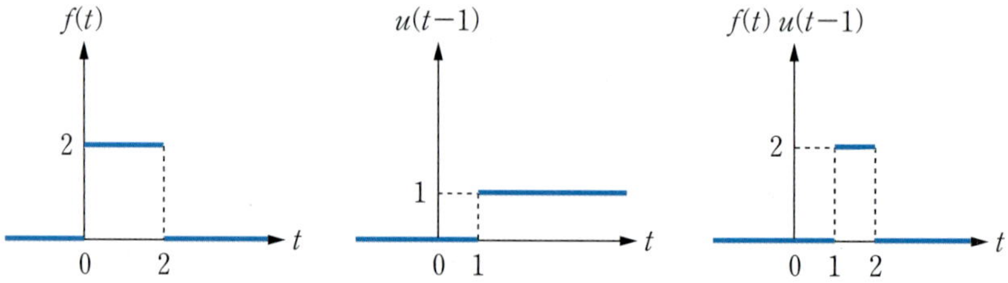

[그림 7-3] 주어진 함수에 단위계단함수가 곱해진 함수

[그림 7-3]은 단위계단함수를 이용하여 신호의 스위치를 1초 후에 켜는 상황을 나타낸 것이다. 즉 1초 동안은 스위치를 켜지 않고 Off 상태로 두었다가 1초가

지난 뒤에 스위치를 켜서 On 상태로 만드는 것이다. 그러므로 1초 후부터 주어진 신호대로 동작되는 상태를 나타낸 것이다.

다음으로, 주어진 신호와 단위계단함수를 사용해 신호를 이동시키는 상황을 만들어보자. 주어진 신호는 앞의 예와 동일하게 구형파를 사용했다. [그림 7-4]에서 보듯이 주어진 신호를 단위계단함수의 On 시각에 맞게 1초 늦게 시작하게 조절해 두면, 동일한 형태의 신호를 유지하면서 단위계단함수와 같은 시각에 동작한다.

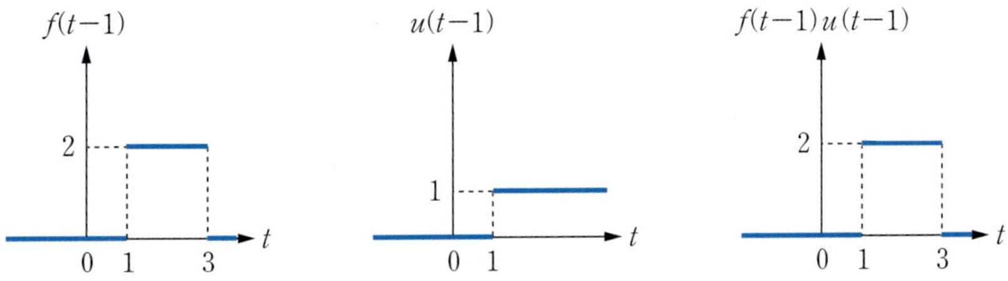

▪ 단위계단함수를 이용한 신호의 이동

[그림 7-4] 주어진 함수와 단위계단함수를 이용한 신호의 이동

제2평행이동 정리

단위계단함수 이론과 관련된 라플라스 변환의 정리로 **제2평행이동 정리**2nd shifting theorem가 있다. 제1평행이동 정리는 시간함수 영역에서의 지수함수 곱이 라플라스 변환된 영역에서는 평행이동한 결과로 나타나는 것이다.[1] 제2평행이동 정리는 그와 반대로, 시간함수 영역에서의 평행이동 결과가 라플라스 변환된 영역에서는 지수함수의 곱으로 나타나는 것을 말한다.

1 7.2절 참조

정리 7-5 제2평행이동 정리

함수 $f(t)$에 대한 라플라스 변환 $F(s)$가 존재할 때, 다음과 같은 $f(t)$의 이동함수shifted function

$$f_a(t) = f(t-a)u(t-a) = \begin{cases} 0 & (t < a) \\ f(t-a) & (t > a) \end{cases} \tag{7.13}$$

에 대한 라플라스 변환은 지수함수 e^{-as}이 곱해진 형태로 나타난다. 이와 같은 성질과 그 역변환에 대해 정리하면 다음과 같이 표현할 수 있다.

$$\mathcal{L}\{f(t-a)u(t-a)\} = e^{-as}F(s) \tag{7.14}$$

$$f(t-a)u(t-a) = \mathcal{L}^{-1}\{e^{-as}F(s)\} \tag{7.15}$$

제2평행이동 정리의 증명

■ 제2평행이동 정리 증명

식 (7.14)를 라플라스 변환의 정의식에 따라 계산하면 다음과 같다.

$$\mathcal{L}\{f(t-a)u(t-a)\} = \int_0^\infty f(t-a)u(t-a)e^{-st}dt$$

여기서 $f(t-a)u(t-a) = \begin{cases} 0 & (t<a) \\ f(t-a) & (t>a) \end{cases}$ 이므로 값은 a보다 큰 적분구간에서만 존재한다. 따라서

$$\mathcal{L}\{f(t-a)u(t-a)\} = \int_a^\infty f(t-a)e^{-st}dt$$

가 된다. 이때 $t-a$를 p로 치환하면 $dt = dp$이고, 위 식을 적분하면 다음과 같다.

$$\begin{aligned}\int_a^\infty f(t-a)e^{-st}dt &= \int_0^\infty f(p)e^{-s(p+a)}dp \\ &= e^{-sa}\int_0^\infty f(p)e^{-sp}dp\end{aligned}$$

$\int_0^\infty f(p)e^{-sp}dp$항은 변수를 p로 생각하면 라플라스 변환의 정의식과 같으므로 $\int_0^\infty f(p)e^{-sp}dp = F(s)$로 나타낼 수 있다. 결과적으로

$$\begin{aligned}\mathcal{L}\{f(t-a)u(t-a)\} &= e^{-sa}\int_0^\infty f(p)e^{-sp}dp \\ &= e^{-sa}F(s)\end{aligned}$$

가 되어, [정리 7-5]의 식 (7.14)를 증명할 수 있다.

[정리 7-5]의 식 (7.14)는 임의의 함수 $f(t-a)$에 단위계단함수가 곱해진 형태에 대한 라플라스 변환식이다. 임의의 함수가 곱해지지 않은 단위계단함수 $u(t-a)$의 라플라스 변환 값은 라플라스 변환의 정의에 따라 다음과 같이 계산할 수 있다.

■ 단위계단함수의 라플라스 변환

$$\mathcal{L}\{u(t-a)\} = \frac{e^{-as}}{s} \tag{7.16}$$

식 (7.16)을 라플라스 역변환하면 다음 식이 성립한다.

$$u(t-a) = \mathcal{L}^{-1}\left(\frac{e^{-as}}{s}\right) \tag{7.17}$$

예제 7-13 단위계단함수의 라플라스 변환

$\mathcal{L}\{u(t-a)\} = \dfrac{e^{-as}}{s}$ 을 증명하라.

> **key point**
> a를 기준으로 적분구간을 둘로 나눈다.
> $$u(t-a) = \begin{cases} 0 & (0<t<a) \\ 1 & (a<t<\infty) \end{cases}$$

풀이

라플라스 변환의 정의식 $\mathcal{L}\{f(t)\} = \int_0^\infty e^{-st}f(t)dt$에 $f(t)=u(t-a)$를 대입하면

$$\mathcal{L}\{u(t-a)\} = \int_0^\infty e^{-st}u(t-a)dt$$

가 된다. 이 식을 계산하면

$$\begin{aligned}\mathcal{L}\{u(t-a)\} &= \int_0^a e^{-st}\cdot 0dt + \int_a^\infty e^{-st}\cdot 1dt \\ &= -\frac{1}{s}e^{-st}\Big|_a^\infty = 0-\left(-\frac{1}{s}e^{-as}\right) \\ &= \frac{e^{-as}}{s}\end{aligned}$$

이 되어 원식이 성립함을 증명할 수 있다.

예제 7-14 단위계단함수와 제2평행이동 정리

다음 함수 $f(t)$의 라플라스 변환 값을 구하라.

(a) $f(t-\pi)u(t-\pi) = u(t-2\pi)$

(b) $f(t) = \sin t \cdot u(t-2\pi)$

> **key point**
> - $\mathcal{L}\{u(t-a)\} = \dfrac{e^{-as}}{s}$
> - $\mathcal{L}\{f(t-a)u(t-a)\} = e^{-as}F(s)$
> - $\mathcal{L}(\sin at) = \dfrac{a}{s^2+a^2}$

풀이

(a) 주어진 식을 라플라스 변환하면 다음과 같다.

$$\mathcal{L}\{f(t-\pi)u(t-\pi)\} = \mathcal{L}\{u(t-2\pi)\}$$
$$e^{-\pi s}F(s) = \frac{e^{-2\pi s}}{s}$$

따라서 다음과 같이 $f(t)$의 라플라스 변환 값을 구할 수 있다.

$$\mathcal{L}\{f(t)\} = F(s) = \frac{e^{-2\pi s}}{se^{-\pi s}} = \frac{e^{-\pi s}}{s}$$

(b) 주어진 식을 라플라스 변환하면 다음과 같다.

$$\mathcal{L}\{f(t)\} = \mathcal{L}\{\sin t \cdot u(t-2\pi)\}$$

$\sin t = \sin(t-2\pi)$이므로 다음과 같다.

$$\mathcal{L}\{f(t)\} = \mathcal{L}\{\sin(t-2\pi) \cdot u(t-2\pi)\}$$

$g(t) = \sin t$를 $g(t-2\pi) = \sin(t-2\pi)$로 변환하여 식 (7.14)에 대입하면

$$\mathcal{L}\{g(t-2\pi)u(t-2\pi)\} = \mathcal{L}\{\sin(t-2\pi) \cdot u(t-2\pi)\} = e^{-2\pi s}G(s)$$

이고

$$G(s) = \mathcal{L}\{g(t)\} = \mathcal{L}(\sin t) = \frac{1}{s^2+1}$$

이므로 다음과 같이 $f(t)$의 라플라스 변환 값을 구할 수 있다.

$$\begin{aligned}\mathcal{L}\{f(t)\} = \mathcal{L}\{f(t)\} &= \mathcal{L}\{\sin t \cdot u(t-2\pi)\} \\ &= \mathcal{L}\{\sin(t-2\pi) \cdot u(t-2\pi)\} \\ &= e^{-2\pi s}G(s) = \frac{e^{-2\pi s}}{s^2+1}\end{aligned}$$

유제 7-12

다음 함수 $f(t)$의 라플라스 변환 값을 구하라.

(a) $f(t) = k\{u(t-a) - u(t-b)\}$ (단, k는 상수)

(b) $f(t) = u(t-2\pi)\cos t$

단위계단함수의 응용

지금까지 단위계단함수와 제2평행이동 정리를 이용한 라플라스 변환에 대해 알아보았다. 이제 단위계단함수를 보다 폭넓게 이용하기 위해 단위계단함수를 응용하여 함수를 표현하는 방법에 대해 알아보자.

단위계단함수는 정의로만 보면, 어느 순간 이후에는 켜진 상태가 지속되는 성질을 띤다. 그렇다면 적당한 순간에 끄는 동작을 표현할 수는 없을까? 물론 가능하다. 지금부터 단위계단함수를 이용하여 이런 동작을 표현해보자.

최종적으로 2라는 크기를 갖고, 시각 1에서 동작을 시작해 시각 2에서 동작을 멈추는 신호를 표현해보자. 그러한 신호를 표현하려면 $u(t-1)$과 $u(t-2)$라는 단위계단함수를 이용해야 한다. 두 단위계단함수를 이용해 원하는 신호를 얻는 과정을 [그림 7-5]에 나타냈다.

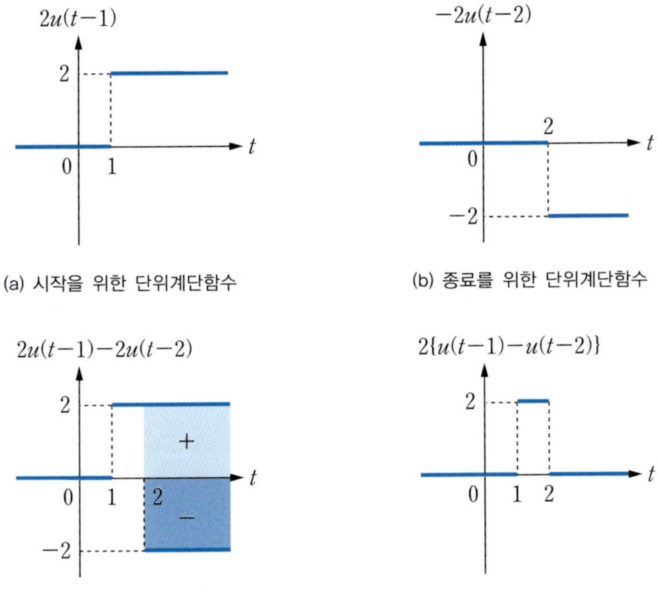

(a) 시작을 위한 단위계단함수 (b) 종료를 위한 단위계단함수

(c) 단위계단함수의 계산 과정 (d) 결과적으로 얻은 함수

[그림 7-5] **단위계단함수의 응용 예**

[그림 7-5]와 같이 원하는 크기를 얻으려면 그만큼 상수를 곱하고, 시작과 종료 시각을 정하려면 단위계단함수를 이용하면 된다. 시작 시간은 정의된 단위계단함수를 그대로 사용하고, 종료 시간은 시작 시간으로부터 지속되고 있는 함수의 값을 어느 시각부터 소거한다고 생각하면 된다. 즉 동일한 크기를 가진 단위계단함수를 종료 시간으로 생각해 둔 시각에서 빼면 [그림 7-5(c)]에서처럼 +부분과 −부분이 상쇄된다. 결국 [그림 7-5(d)]와 같이 시작과 종료 시각이 정해져서 일정 시간 동안만 켜지는 함수가 된다.

예제 7-15 단위계단함수의 응용 및 라플라스 변환

[그림 7-6]과 같이 표현되는 함수가 있다. 다음 물음에 답하라.

(a) 단위계단함수를 이용하여 $f(t)$를 표현하라.

(b) $f(t)$의 라플라스 변환을 구하라.

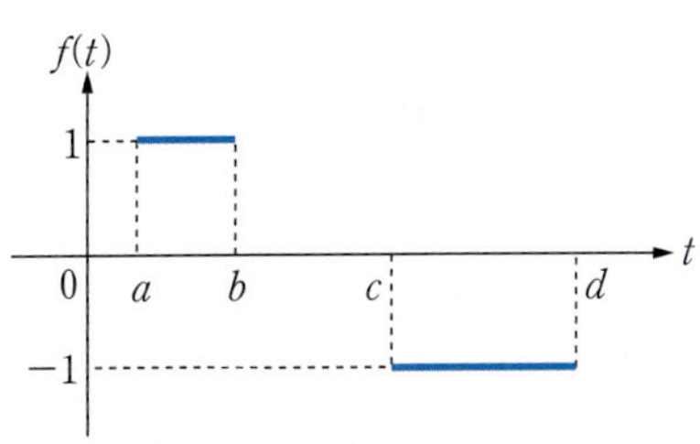

[그림 7-6] **[예제 7-15]의 그림**

key point

- $\mathcal{L}\{u(t-a)\} = \dfrac{e^{-as}}{s}$
- $\mathcal{L}\{f(t-a)u(t-a)\} = e^{-as}F(s)$

풀이

(a) [그림 7-6]과 같이 단위계단함수를 이용하여 $a<t<b$ 범위에서의 펄스 $f_1(t)$와 $c<t<d$ 범위에서의 펄스 $f_2(t)$를 표현하면 다음과 같이 나타낼 수 있다.

$$f_1(t) = u(t-a) - u(t-b)$$
$$f_2(t) = -\{u(t-c) - u(t-d)\}$$

따라서 [그림 7-6]에서 표현한 함수는 위의 두 함수를 더하면 된다.

$$\begin{aligned} f(t) &= f_1(t) + f_2(t) \\ &= u(t-a) - u(t-b) - u(t-c) + u(t-d) \end{aligned}$$

(b) $f(t) = u(t-a) - u(t-b) - u(t-c) + u(t-d)$의 라플라스 변환을 위해 식 (7.16)을 사용하면

$$\mathcal{L}\{u(t-a)\} = \frac{e^{-as}}{s}, \quad \mathcal{L}\{u(t-b)\} = \frac{e^{-bs}}{s},$$

$$\mathcal{L}\{u(t-c)\} = \frac{e^{-cs}}{s}, \quad \mathcal{L}\{u(t-d)\} = \frac{e^{-ds}}{s}$$

이 되므로 다음과 같은 결과를 얻는다.

$$\begin{aligned} \mathcal{L}\{f(t)\} &= \frac{e^{-as}}{s} - \frac{e^{-bs}}{s} - \frac{e^{-cs}}{s} + \frac{e^{-ds}}{s} \\ &= \frac{1}{s}(e^{-as} - e^{-bs} - e^{-cs} + e^{-ds}) \end{aligned}$$

유제 7-13

아래와 같이 표현되는 함수가 있다. 다음 물음에 답하라.

$$f(t) = \begin{cases} 0 & (0 < t < \pi) \\ 2 & (\pi < t < 2\pi) \\ \sin t & (t > 2\pi) \end{cases}$$

(a) 단위계단함수를 이용하여 $f(t)$를 표현하라.

(b) $f(t)$의 라플라스 변환을 구하라.

예제 7-16 제2평행이동 정리를 이용한 라플라스 변환

다음 함수의 라플라스 역변환을 구하라.

$$F(s) = \frac{3e^{-3s}}{s} + \frac{4e^{-4s}}{s-4} + \frac{5e^{-5s}}{s^2} + \frac{6se^{-6s}}{s^2+25}$$

key point

- $f(t-a)u(t-a) = \mathcal{L}^{-1}\{e^{-as}F(s)\}$
- $\mathcal{L}^{-1}\left(\frac{1}{s}\right) = 1$
- $\mathcal{L}^{-1}\left(\frac{1}{s-a}\right) = e^{at}$
- $\mathcal{L}^{-1}\left(\frac{1}{s^2}\right) = t$
- $\mathcal{L}^{-1}\left(\frac{s}{s^2+a^2}\right) = \cos at$

풀이

우선 $F_1(s) = \frac{3}{s}$, $F_2(s) = \frac{4}{s-4}$, $F_3(s) = \frac{5}{s^2}$, $F_4(s) = \frac{6s}{s^2+25}$라 하면

$$\begin{aligned} F(s) &= \frac{3e^{-3s}}{s} + \frac{4e^{-4s}}{s-4} + \frac{5e^{-5s}}{s^2} + \frac{6se^{-6s}}{s^2+25} \\ &= F_1(s)e^{-3s} + F_2(s)e^{-4s} + F_3(s)e^{-5s} + F_4(s)e^{-6s} \end{aligned}$$

이 된다. 위 함수들을 각각 라플라스 역변환하면

$$f_1(t) = \mathcal{L}^{-1}\left(\frac{3}{s}\right) = 3\mathcal{L}^{-1}\left(\frac{1}{s}\right) = 3,$$
$$f_2(t) = \mathcal{L}^{-1}\left(\frac{4}{s-4}\right) = 4\mathcal{L}^{-1}\left(\frac{1}{s-4}\right) = 4e^{4t},$$
$$f_3(t) = \mathcal{L}^{-1}\left(\frac{5}{s^2}\right) = 5\mathcal{L}^{-1}\left(\frac{1}{s^2}\right) = 5t,$$
$$f_4(t) = \mathcal{L}^{-1}\left(\frac{6s}{s^2+25}\right) = 6\mathcal{L}^{-1}\left(\frac{s}{s^2+5^2}\right) = 6\cos 5t$$

가 된다. 위의 각 함수들에 제2평행이동 정리의 식 (7.15)를 적용하면

$$\mathcal{L}^{-1}\left\{e^{-3s}F_1(s)\right\} = f_1(t-3)u(t-3) = 3u(t-3),$$
$$\mathcal{L}^{-1}\left\{e^{-4s}F_2(s)\right\} = f_2(t-4)u(t-4) = 4e^{4(t-4)}u(t-4),$$
$$\mathcal{L}^{-1}\left\{e^{-5s}F_3(s)\right\} = f_3(t-5)u(t-5) = 5(t-5)u(t-5),$$
$$\mathcal{L}^{-1}\left\{e^{-6s}F_4(s)\right\} = f_4(t-6)u(t-6) = 6\cos 5(t-6)\cdot u(t-6)$$

이 되어, 원식인 $F(s)$의 라플라스 역변환을 다음과 같이 구할 수 있다.

$$\begin{aligned}\mathcal{L}^{-1}\{F(s)\} &= \mathcal{L}^{-1}\left\{e^{-3s}F_1(s)\right\} + \mathcal{L}^{-1}\left\{e^{-4s}F_2(s)\right\} + \mathcal{L}^{-1}\left\{e^{-5s}F_3(s)\right\} + \mathcal{L}^{-1}\left\{e^{-6s}F_4(s)\right\} \\ &= 3u(t-3) + 4e^{4(t-4)}u(t-4) + 5(t-5)u(t-5) + 6\cos 5(t-6)\cdot u(t-6)\end{aligned}$$

유제 7-14

함수 $F(s) = \dfrac{e^{-2s}}{s} + \dfrac{e^{-3s}}{s-3} - \dfrac{2e^{-4s}}{s^2+4} - \dfrac{se^{-5s}}{s^2-4}$의 라플라스 역변환을 구하라.

7.4.2 디락의 델타함수

■ 디락의 델타함수 정의식

단위계단함수와 더불어 공학적으로 많이 쓰이는 함수가 **디락의 델타함수**Dirac's delta function이다. 디락의 델타함수는 다음과 같이 정의한다.

$$\delta(t-a) = \begin{cases}\infty & (t=a) \\ 0 & (t \neq a)\end{cases} \qquad (7.18)$$

$$\int_0^\infty \delta(t-a)dt = 1 \qquad (7.19)$$

즉 한 시점에서만 값이 존재하고 나머지 시점에서는 0 값을 가지면서, 그 시점에 대해 적분한 결과가 1이 되는 함수이다. 그래서 디락의 델타함수는 일반적인 함수가 아니다. 일반적으로 한 시점에서만 값을 갖는 경우 적분하면 0이 되어야 하는데, 1이라는 값을 갖고 있기 때문이다. 그런 점에서 **초함수** generalized function 라고 부르기도 한다.

그러면 식 (7.18)과 식 (7.19)와 같이 극단적으로 정의하고 있는 디락의 델타함수를 단시간의 충격 impulse 으로부터 유도해보자. 함수 $f(t)$를 힘이라고 할 때, 일정 시간 $a \le t \le a+\Delta$ 동안 가해진 충격은 $f(t)$를 그 시간 간격만큼 적분하면 구할 수 있다. 임의의 시각 a에 시간 간격인 Δ만큼 가해지는 힘을 다음과 같이 쓸 수 있다.

$$f_{\Delta}(t-a)=\begin{cases} \dfrac{1}{\Delta} & (a \le t \le a+\Delta) \\ 0 & (\text{그 외}) \end{cases} \tag{7.20}$$

식 (7.20)의 함수는 [그림 7-7]로 나타낼 수 있다.

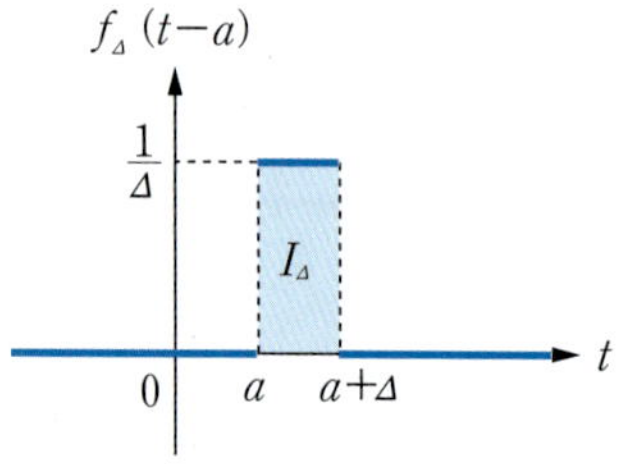

[그림 7-7] 시간 간격 Δ 동안의 힘 $f_{\Delta}(t-a)$

식 (7.20)과 같은 힘의 함수를 적분하면 다음과 같이 충격량을 구할 수 있는데, [그림 7-7]에서 그래프 아래의 면적이 바로 충격량 I_{Δ}가 된다.

$$I_{\Delta}=\int_{0}^{\infty} f_{\Delta}(t-a)dt = \int_{a}^{a+\Delta}\frac{1}{\Delta}dt = \frac{1}{\Delta}\cdot t\Big|_{a}^{a+\Delta} = 1$$

[그림 7-7]을 보면 함수 $f_{\Delta}(t-a)$는 단위계단함수를 이용하여 다음과 같이 나타낼 수 있음을 금방 알 수 있을 것이다.

$$f_{\Delta}(t-a)=\frac{1}{\Delta}\{u(t-a)-u(t-(a+\Delta))\} \tag{7.21}$$

식 (7.21)을 제2평행이동 정리를 이용하여 라플라스 변환을 하면

$$\mathcal{L}\{f_{\Delta}(t-a)\} = \frac{1}{\Delta}\left\{\frac{e^{-as}}{s}-\frac{e^{-(a+\Delta)s}}{s}\right\} = \frac{1}{s\Delta}\{e^{-as}-e^{-(a+\Delta)s}\}$$

이 되고, 결과적으로 다음과 같은 식으로 정리할 수 있다.

$$\mathcal{L}\{f_{\Delta}(t-a)\} = e^{-as}\left\{\frac{1-e^{-s\Delta}}{s\Delta}\right\} \tag{7.22}$$

여기서 충격이 발생한 시간 간격을 $\Delta \to 0$으로 두면, 다음과 같이 디락의 델타 함수로 나타나는 것이다.

$$\delta(t-a) = \lim_{\Delta\to 0} f_{\Delta}(t-a) \tag{7.23}$$

디락의 델타함수를 라플라스 변환할 때는 식 (7.22)와 로피탈 정리[2]를 사용하면 된다. 따라서

2 1장 1.2절의 [Check it up!] 참조

$$\begin{aligned}\mathcal{L}\{\delta(t-a)\} &= \mathcal{L}\left\{\lim_{\Delta\to 0} f_{\Delta}(t-a)\right\} \\ &= \lim_{\Delta\to 0} e^{-as}\left\{\frac{\frac{d}{d\Delta}(1-e^{-s\Delta})}{\frac{d}{d\Delta}(s\Delta)}\right\} = \lim_{\Delta\to 0} e^{-as}\left(\frac{se^{-s\Delta}}{s}\right)\end{aligned}$$

이 되므로 결과적으로 다음 식이 성립한다.

$$\mathcal{L}\{\delta(t-a)\} = e^{-as} \tag{7.24}$$

■ 디락의 델타함수의 라플라스 변환식

예제 7-17 디락의 델타함수 표현 및 라플라스 변환

원점에서 정의되는 디락의 델타함수를 표현하고, 그 함수의 라플라스 변환을 구하라.

key point
식 (7.18), 식 (7.19), 식 (7.24)에서 $a=0$인 경우이다.

풀이

식 (7.18)과 식 (7.19)는 임의의 시각 a에서 정의된 함수이다.

$$\delta(t-a) = \begin{cases}\infty & (t=a) \\ 0 & (t\neq a)\end{cases}, \quad \int_0^{\infty} \delta(t-a)dt = 1$$

위의 식에서 $a=0$으로 두면 원점에 대해 정의하는 함수가 된다.

$$\delta(t) = \begin{cases}\infty & (t=0) \\ 0 & (t\neq 0)\end{cases} \tag{7.25}$$

$$\int_0^{\infty} \delta(t)dt = 1 \tag{7.26}$$

식 (7.24)에서 $a=0$으로 두면

$$\mathcal{L}\{\delta(t)\} = 1 \tag{7.27}$$

이 되어, 식 (7.25)의 라플라스 변환 값으로 사용할 수 있다.

7.5 미분방정식과 부분분수 전개

지금까지 미분과 적분의 라플라스 변환과 여러 가지 정리 및 공학적 함수에 대해 배웠다. 앞서 언급했듯이, 라플라스 변환은 미분방정식의 해를 구할 때 유용한 변환법이다. 따라서 이 절에서는 지금까지 배운 라플라스 변환 지식을 활용하여 미분방정식의 해를 구하는 방법을 살펴볼 것이다.

7.5.1 라플라스 변환을 이용한 미분방정식 풀이

지금부터 라플라스 변환을 이용하여 미분방정식을 푸는 방법을 살펴보자. 먼저 다음과 같은 초깃값을 가진 미분방정식에서 시작한다.

$$y''(t)+ay'(t)+by(t)=r(t),\ \ y(0)=y_0,\ \ y'(0)=y_1 \tag{7.28}$$

3 식 (7.6)과 식 (7.7) 참조

여기서 a, b는 상수이다. 도함수의 라플라스 변환을 이용하여[3] 식 (7.28)의 미분방정식을 라플라스 변환하면 다음 식과 같다.

$$\{s^2Y(s)-sy(0)-y'(0)\}+a\{sY(s)-y(0)\}+bY(s)=R(s)$$

위 식에서 $Y(s)$는 $y(t)$, $R(s)$는 $r(t)$의 라플라스 변환이다. 간편하게 사용하기 위해 $Y(s)=Y$, $R(s)=R$이라고 표현하기로 하고, 위 식을 Y항에 대해 정리하면 다음과 같다.

$$\begin{aligned}(s^2+as+b)Y&=(s+a)y(0)+y'(0)+R\\&=(s+a)y_0+y_1+R\end{aligned}$$

여기서 한 가지 함수를 정의하고 넘어가자. Y에 곱해져 있는 함수의 역수이며, 식은 다음과 같다.

▪ 미분방정식의 전달함수

$$Q(s)=\frac{1}{s^2+as+b} \tag{7.29}$$

식 (7.29)의 함수를 **전달함수**transfer function라고 한다.

전달함수 $Q(s)=Q$를 이용하면 Y를 다음과 같이 얻을 수 있다.

$$Y=\{(s+a)y_0+y_1\}Q+RQ$$

초깃값을 $y(0)=y_0=0$, $y'(0)=y_1=0$이라고 가정하면 $Y=RQ$가 되므로 미분방정식의 해인 $y(t)$는 다음과 같이 구할 수 있고

$$y(t)=\mathcal{L}^{-1}\{Y(s)\}=\mathcal{L}^{-1}\{R(s)Q(s)\} \tag{7.30}$$

전달함수를 다음과 같이 정의할 수 있다.

$$Q(s)=\frac{Y(s)}{R(s)}=\frac{\mathcal{L}\{\text{미분방정식의 해(출력)}\}}{\mathcal{L}\{\text{미분방정식의 비제차항(입력)}\}} \tag{7.31}$$

▪ 전달함수의 정의

예제 7-18 미분방정식의 라플라스 변환 ①

라플라스 변환을 이용하여 다음 미분방정식의 해를 구하라.

$$y''+4y=0,\ \ y(0)=0,\ \ y'(0)=7$$

key point

- $\mathcal{L}(y'')=s^2Y-sy(0)-y'(0)$
- $\mathcal{L}^{-1}\left(\frac{a}{s^2+a^2}\right)=\sin at$

풀이

주어진 미분방정식을 라플라스 변환하면

$$\mathcal{L}(y'')+4\mathcal{L}(y)=0$$
$$s^2Y-sy(0)-y'(0)+4Y=0$$

이 되고, 초깃값을 대입하여 정리하면 다음과 같이 된다.

$$(s^2+4)Y=7$$

이를 Y에 대해 나타내면

$$Y=\frac{7}{s^2+4}=\frac{7}{2}\cdot\frac{2}{s^2+2^2}$$

가 된다. 미분방정식의 해는 $y(t)=\mathcal{L}^{-1}(Y)$로 구할 수 있으므로 다음과 같이 정리할 수 있다.

$$y(t)=\frac{7}{2}\mathcal{L}^{-1}\left(\frac{2}{s^2+2^2}\right)$$
$$=\frac{7}{2}\sin 2t$$

유제 7-15

라플라스 변환을 이용하여 다음 미분방정식의 해를 구하라.

$$4y''+y=0,\ \ y(0)=2,\ \ y'(0)=0$$

예제 7-19 미분방정식의 라플라스 변환 ②

라플라스 변환을 이용하여 다음 미분방정식의 해를 구하라.

$$y''+y'-2y=1,\ y(0)=1,\ y'(0)=2$$

key point

- $\mathcal{L}(y'')=s^2Y-sy(0)-y'(0)$
- $\mathcal{L}^{-1}\left(\dfrac{1}{s-a}\right)=e^{at}$

풀이

주어진 미분방정식을 라플라스 변환하면

$$\mathcal{L}(y'')+\mathcal{L}(y')-2\mathcal{L}(y)=\mathcal{L}(1)$$
$$\{s^2Y-sy(0)-y'(0)\}+\{sY-y(0)\}-2Y=\frac{1}{s}$$

이 되고, 초깃값을 대입하여 정리하면 다음과 같이 된다.

$$(s^2+s-2)Y=\frac{1}{s}+s+3$$

Y에 대해서는 다음과 같이 부분분수로 나타낼 수 있다.

$$Y=\frac{s^2+3s+1}{s(s-1)(s+2)}=\frac{A}{s}+\frac{B}{s-1}+\frac{C}{s+2}$$

여기서 A, B, C 값을 구하면 $A=-\frac{1}{2}$, $B=\frac{5}{3}$, $C=-\frac{1}{6}$이 되므로

$$Y=-\frac{1}{2}\cdot\frac{1}{s}+\frac{5}{3}\cdot\frac{1}{s-1}-\frac{1}{6}\cdot\frac{1}{s+2}$$

이 된다. $y(t)=\mathcal{L}^{-1}(Y)$이므로 다음과 같이 미분방정식의 해를 구할 수 있다.

$$\begin{aligned}y(t)&=-\frac{1}{2}\mathcal{L}^{-1}\left(\frac{1}{s}\right)+\frac{5}{3}\mathcal{L}^{-1}\left(\frac{1}{s-1}\right)-\frac{1}{6}\mathcal{L}^{-1}\left(\frac{1}{s+2}\right)\\&=-\frac{1}{2}+\frac{5}{3}e^{t}-\frac{1}{6}e^{-2t}\end{aligned}$$

유제 7-16

라플라스 변환을 이용하여 다음 미분방정식의 해를 구하라.

$$y''-2y'-3y=0,\ y(0)=1,\ y'(0)=7$$

예제 7-20 미분방정식의 라플라스 변환 ③

라플라스 변환을 이용하여 다음 미분방정식의 해를 구하라.

$$y'' + y = \delta(t-2),\ y(0) = \frac{5}{2},\ y'(0) = 0$$

key point

- $\mathcal{L}(y'') = s^2Y - sy(0) - y'(0)$
- $\mathcal{L}\{\delta(t-a)\} = e^{-as}$
- $f(t-a)u(t-a) = \mathcal{L}^{-1}\{e^{-as}F(s)\}$

풀이

미분방정식을 라플라스 변환하면

$$\mathcal{L}(y'') + \mathcal{L}(y) = \mathcal{L}\{\delta(t-2)\}$$

가 되고, 초깃값 $y(0) = \frac{5}{2}$, $y'(0) = 0$을 대입하여 정리하면

$$(s^2+1)Y = e^{-2s} + \frac{5}{2}s \rightarrow Y = \frac{e^{-2s}}{s^2+1} + \frac{5}{2}\cdot\frac{s}{s^2+1}$$

가 된다. 여기서 $Y_1 = \frac{e^{-2s}}{s^2+1}$, $Y_2 = \frac{5}{2}\cdot\frac{s}{s^2+1}$로 두면 $Y = Y_1 + Y_2$가 되므로

$$\mathcal{L}^{-1}(Y) = \mathcal{L}^{-1}(Y_1) + \mathcal{L}^{-1}(Y_2) = y_1(t) + y_2(t)$$

가 된다. Y_1의 항에서 $F = \frac{1}{s^2+1}$로 두면 $Y_1 = Fe^{-2s}$이 된다. 그리고

$$f(t) = \mathcal{L}^{-1}(F) = \mathcal{L}^{-1}\left(\frac{1}{s^2+1}\right) = \sin t$$

이다. 이제 제2평행이동 정리의 식 (7.15)를 Y_1에 적용하면

$$\mathcal{L}^{-1}(Y_1) = \mathcal{L}^{-1}(Fe^{-2s}) = f(t-2)u(t-2)$$

가 되므로

$$y_1(t) = f(t-2)u(t-2) = \sin(t-2)u(t-2)$$

이다. Y_2의 항을 라플라스 역변환하면

$$y_2(t) = \mathcal{L}^{-1}(Y_2) = \frac{5}{2}\mathcal{L}^{-1}\left(\frac{s}{s^2+1^2}\right) = \frac{5}{2}\cos t$$

이며, 따라서

$$y(t) = y_1(t) + y_2(t) = \sin(t-2)u(t-2) + \frac{5}{2}\cos t$$

와 같이 되므로 구하고자 하는 해는 다음과 같다.

$$\begin{aligned} y(t) &= \sin(t-2)u(t-2) + \frac{5}{2}\cos t \\ &= \begin{cases} \frac{5}{2}\cos t & (0 < t < 2) \\ \frac{5}{2}\cos t + \sin(t-2) & (t > 2) \end{cases} \end{aligned}$$

유제 7-17

라플라스 변환을 이용하여 미분방정식 $y'' + 4y' + 3y = \delta(t-3)$, $y(0) = y'(0) = 0$의 해를 구하라.

예제 7-21 미분방정식의 라플라스 변환 ④

라플라스 변환을 이용하여 다음 미분방정식의 해를 구하라.

$$y'' + 4y' + 3y = u(t-1) - u(t-2), \quad y(0) = y'(0) = 0$$

key point

- $\mathcal{L}(y'') = s^2 Y - sy(0) - y'(0)$
- $\mathcal{L}(y') = sY - y(0)$
- $\mathcal{L}\{u(t-a)\} = \dfrac{e^{-as}}{s}$
- $f(t-a)u(t-a) = \mathcal{L}^{-1}\{e^{-as}F(s)\}$

풀이

주어진 미분방정식을 라플라스 변환하면

$$\mathcal{L}(y'') + 4\mathcal{L}(y') + 3\mathcal{L}(y) = \mathcal{L}\{u(t-1)\} - \mathcal{L}\{u(t-2)\}$$

가 되고, 초깃값 $y(0) = y'(0) = 0$이므로 대입하여 y에 대해 정리하면

$$(s^2 + 4s + 3)Y = \frac{1}{s}e^{-s} - \frac{1}{s}e^{-2s} = \frac{1}{s}(e^{-s} - e^{-2s})$$

$$Y = \frac{1}{s(s+1)(s+3)}(e^{-s} - e^{-2s})$$

이 된다. 여기서 $F(s) = \dfrac{1}{s(s+1)(s+3)}$이라고 두면, $Y = F(e^{-s} - e^{-2s})$이 된다. 이때

$$F = \frac{1}{s(s+1)(s+3)} = \frac{A}{s} + \frac{B}{s+1} + \frac{C}{s+3}$$

로 두고 풀면, $A = \dfrac{1}{3}$, $B = -\dfrac{1}{2}$, $C = \dfrac{1}{6}$을 얻을 수 있으므로

$$F = \frac{\frac{1}{3}}{s} - \frac{\frac{1}{2}}{s+1} + \frac{\frac{1}{6}}{s+3}$$

이 된다. 제2평행이동 정리의 식 (7.15)를 적용하면

$$\mathcal{L}^{-1}(Fe^{-s}) = f(t-1)u(t-1), \quad \mathcal{L}^{-1}(Fe^{-2s}) = f(t-2)u(t-2)$$

이다. 이제 $Y = F(e^{-s} - e^{-2s})$에 위 식을 적용하여 라플라스 역변환을 하면

$$\begin{aligned} y(t) &= \mathcal{L}^{-1}(Fe^{-s}) - \mathcal{L}^{-1}(Fe^{-2s}) \\ &= f(t-1)u(t-1) - f(t-2)u(t-2) \end{aligned}$$

가 된다. 여기서 $f(t)$는 위에서 구한 $F = \dfrac{\frac{1}{3}}{s} - \dfrac{\frac{1}{2}}{s+1} + \dfrac{\frac{1}{6}}{s+3}$ 로부터

$$f(t)=\mathcal{L}^{-1}(F)=\frac{1}{3}\mathcal{L}^{-1}\left(\frac{1}{s}\right)-\frac{1}{2}\mathcal{L}^{-1}\left(\frac{1}{s+1}\right)+\frac{1}{6}\mathcal{L}^{-1}\left(\frac{1}{s+3}\right)$$
$$=\frac{1}{3}-\frac{1}{2}e^{-t}+\frac{1}{6}e^{-3t}$$

이므로 구하고자 하는 해는 다음과 같다.

$$y(t)=f(t-1)u(t-1)-f(t-2)u(t-2)$$
$$=\begin{cases}0 & (t<1)\\ f(t-1) & (1<t<2)\\ f(t-1)-f(t-2) & (t>2)\end{cases}$$
$$=\begin{cases}0 & (t<1)\\ \dfrac{1}{3}-\dfrac{1}{2}e^{-(t-1)}+\dfrac{1}{6}e^{-3(t-1)} & (1<t<2)\\ \dfrac{1}{2}\{e^{-(t-2)}-e^{-(t-1)}\}-\dfrac{1}{6}\{e^{-3(t-2)}-e^{-3(t-1)}\} & (t>2)\end{cases}$$

유제 7-18

라플라스 변환을 이용하여 다음 미분방정식의 해를 구하라.

$$y''+9y=\delta(t-\pi)-\delta(t-2\pi),\ y(0)=0,\ y'(0)=3$$

7.5.2 부분분수 전개

앞에서 라플라스 변환을 이용하여 미분방정식의 해를 구하는 기본적인 방법에 대해 알아보았다. 그런데 그 풀이과정에서 항상 해결해야 하는 문제가 있다. 바로 부분분수를 분해해야 한다는 것이다. 즉 높은 차수로 구성된 분모를 보다 낮은 차수를 가진 인수로 분해해야 라플라스 역변환을 할 수 있다. 앞의 예제에서는 부분분수로 전개할 때 가장 기본적인 계산만 하면 되는 문제를 다뤘으나, 여기에서는 부분분수 전개에 대해 좀 더 자세히 살펴보기로 하자.

우선 라플라스 변환을 이용해 미분방정식을 풀 때 부분분수 전개가 필요하게 되는 단계부터 이야기하기 위해, 다음과 같은 초깃값을 가진 2계 미분방정식에서부터 설명을 시작하기로 하자.

$$\begin{aligned}y''(t)+ay'(t)+by(t)=r(t),&\\ y(0)=y_0,&\\ y'(0)=y_1&\end{aligned} \tag{7.32}$$

식 (7.32)를 라플라스 변환하면

$$\{s^2 Y(s) - sy(0) - y'(0)\} + a\{sY(s) - y(0)\} + bY(s) = R(s)$$

이고, 위 식을 Y항에 대해 정리하면 다음 식을 얻을 수 있다.

$$(s^2 + as + b)Y = (s+a)y(0) + y'(0) + R$$

여기서 미분방정식의 해 $y(t)$의 라플라스 변환 $Y(s)$는

$$Y(s) = \frac{(s+a)y(0) + y'(0) + R}{s^2 + as + b}$$

이 되어 결과적으로

■ 미분방정식의 라플라스 변환 형태

$$Y(s) = \frac{F(s)}{G(s)} \tag{7.33}$$

와 같은 형태로 나타난다. 이때 R도 분수 형태로 나타날 수 있기 때문에, $G(s) = s^2 + as + b$가 되는 것은 아니다.

$G(s)$의 인수가 모두 1차인 경우

먼저 미분방정식의 해를 라플라스 변환한 식인 식 (7.33)에서 분모인 $G(s)$의 인수가 모두 1차로 이루어져 있는 경우에 대해 살펴보자. 식 (7.33)은 다음과 같이 표현할 수 있다.

$$Y(s) = \frac{F(s)}{(s-a_1)(s-a_2)\cdots(s-a_n)} \tag{7.34}$$

식 (7.34)에서 우리가 구해야 할 것은 각 인수를 분모로 하는 각각의 부분분수의 계수이다. 즉 A_1, A_2, $\cdots$, A_n을 구해야 한다.

■ $G(s)$ 인수가 모두 1차인 경우의 부분분수 전개

$$\frac{F(s)}{(s-a_1)(s-a_2)\cdots(s-a_n)} = \frac{A_1}{s-a_1} + \frac{A_2}{s-a_2} + \cdots + \frac{A_n}{s-a_n} \tag{7.35}$$

다음 예제를 통해 A_1, A_2, $\cdots$, A_n을 구하는 방법에 대해 알아보자.

예제 7-22 부분분수 전개 : $G(s)$의 인수가 모두 1차인 경우

$Y(s)=\dfrac{s^2-6s+4}{s(s-1)(s-2)}$ 를 부분분수로 전개하고, 라플라스 역변환을 구하라.

> **key point**
>
> $$\frac{F(s)}{(s-a)(s-b)(s-c)}=\frac{A}{s-a}+\frac{B}{s-b}+\frac{C}{s-c}$$

풀이

첫 번째 방법

$Y(s)$를 부분분수로 전개하면

$$Y(s)=\frac{s^2-6s+4}{s(s-1)(s-2)}=\frac{A}{s}+\frac{B}{s-1}+\frac{C}{s-2}$$

이다. 이 식은

$$\frac{A}{s}+\frac{B}{s-1}+\frac{C}{s-2}=\frac{A(s-1)(s-2)+Bs(s-2)+Cs(s-1)}{s(s-1)(s-2)}$$

과 같이 계산할 수 있으므로 분자만 정리하면

$$s^2-6s+4=A(s-1)(s-2)+Bs(s-2)+Cs(s-1)$$

이 된다. 따라서 위 식의 양변에서 같은 지수를 비교하면 다음 식을 얻을 수 있다.

$$\begin{aligned}1&=A+B+C\ (s^2\text{항}),\\-6&=-3A-2B-C(s\text{항}),\\4&=2A(\text{상수항})\end{aligned}$$

이제 위의 연립방정식을 풀면

$$A=2,\quad B=1,\quad C=-2$$

값을 얻으므로

$$Y(s)=\frac{s^2-6s+4}{s(s-1)(s-2)}=\frac{2}{s}+\frac{1}{s-1}-\frac{2}{s-2}$$

가 된다. 따라서 $Y(s)$를 라플라스 역변환하면

$$y(t)=2+e^t-2e^{2t}$$

이 된다. 이와 같이 부분분수로 전개하는 것이 라플라스 역변환을 구하는 기본적인 방법이 될 수 있다.

두 번째 방법

$Y(s)$를 부분분수로 전개하면 다음과 같다.

$$Y(s)=\frac{s^2-6s+4}{s(s-1)(s-2)}=\frac{A}{s}+\frac{B}{s-1}+\frac{C}{s-2}$$

각 계수는 다음과 같은 방법으로 구한다.

$$A = \left.\frac{s^2-6s+4}{(s-1)(s-2)}\right|_{s=0} = \frac{4}{2} = 2$$

$$B = \left.\frac{s^2-6s+4}{s(s-2)}\right|_{s=1} = \frac{-1}{-1} = 1$$

$$C = \left.\frac{s^2-6s+4}{s(s-1)}\right|_{s=2} = \frac{-4}{2} = -2$$

즉 구할 계수가 포함되어 있는 부분분수의 분모가 0이 되는 값을 $Y(s)$에 대입하되, 분모가 0이 되지 않도록 $G(s)$에서 같은 인수를 제거한 후 대입하는 방법을 사용해야 한다.

유제 7-19

$Y(s) = \dfrac{s^2+9s-9}{s(s-3)(s+3)}$를 부분분수로 전개하고, 라플라스 역변환을 구하라.

$G(s)$가 중복된 인수를 갖는 경우

이번에는 다음과 같이 다중 인수를 갖는 경우를 살펴보자.

$$Y(s) = \frac{F(s)}{(s-a)^n} \tag{7.36}$$

식 (7.36)은 $(s-a)$라는 인수가 n번 중복되어 있는 경우이다. 이때의 부분분수는 다음과 같이 전개된다.

■ $G(s)$ 인수가 중복된 경우의 부분분수 전개

$$\frac{F(s)}{(s-a)^n} = \frac{A_n}{(s-a)^n} + \frac{A_{n-1}}{(s-a)^{n-1}} + \cdots + \frac{A_1}{s-a} \tag{7.37}$$

여기서 $F(s)$는 다음과 같이 나타낼 수 있으므로

$$F(s) = F(a) + F'(a)(s-a) + \frac{1}{2!}F''(a)(s-a)^2 + \frac{1}{3!}F^{(3)}(a)(s-a)^3 + \cdots$$

식 (7.37)은 다음과 같이 나타낼 수도 있다.

$$\frac{F(s)}{(s-a)^n} = \frac{F(a)}{(s-a)^n} + \frac{F'(a)}{(s-a)^{n-1}} + \frac{F''(a)}{2!(s-a)^{n-2}} + \frac{F^{(3)}(a)}{3!(s-a)^{n-3}} + \cdots \tag{7.38}$$

예제 7-23 부분분수 전개 : $G(s)$가 중복된 인수를 갖는 경우

$Y(s)=\dfrac{s^3-4s^2+3}{s^2(s-1)(s+1)}$을 부분분수로 전개하고, 라플라스 역변환을 구하라.

key point

$$\frac{F(s)}{(s-a)^2}=\frac{A_2}{(s-a)^2}+\frac{A_1}{s-a}$$

풀이

첫 번째 방법

$Y(s)$는 다음과 같이 부분분수로 전개할 수 있다.

$$Y(s)=\frac{s^3-4s^2+3}{s^2(s-1)(s+1)}=\frac{A}{s^2}+\frac{B}{s}+\frac{C}{s-1}+\frac{D}{s+1}$$

위 식은 다음과 같이 정리할 수 있다.

$$\frac{A}{s^2}+\frac{B}{s}+\frac{C}{s-1}+\frac{D}{s+1}=\frac{F(s)}{s^2(s-1)(s+1)}$$

위 식을 $F(s)$에 대해 정리하면

$$\begin{aligned}F(s)&=A(s-1)(s+1)+Bs(s-1)(s+1)+Cs^2(s+1)+Ds^2(s-1)\\&=(B+C+D)s^3+(A+C-D)s^2-Bs-A\\&=s^3-4s^2+3\end{aligned}$$

이므로 계수를 비교하면 $A=-3$, $B=0$, $C=0$, $D=1$이 된다. 따라서

$$Y(s)=-\frac{3}{s^2}+\frac{1}{s+1}$$

이다. 따라서 $Y(s)$를 역변환하면 $y(t)=-3t+e^{-t}$을 구할 수 있다.

두 번째 방법

$Y(s)$는 다음과 같이 전개할 수 있다.

$$Y(s)=\frac{s^3-4s^2+3}{s^2(s-1)(s+1)}=\frac{F(a)}{s^2}+\frac{F'(a)}{s}+\frac{C}{s-1}+\frac{D}{s+1}$$

위에서 각 계수는 식 (7.38)을 이용하여 다음과 같이 구할 수 있다.

$$F(a)=\left.\frac{s^3-4s^2+3}{(s-1)(s+1)}\right|_{s=0}=\frac{3}{-1}=-3$$

$$F'(a)=\left.\frac{(3s^2-8s)(s^2-1)-2s(s^3-4s^2+3)}{\{(s-1)(s+1)\}^2}\right|_{s=0}=0$$

$$C = \left. \frac{s^3-4s^2+3}{s^2(s+1)} \right|_{s=1} = 0$$

$$D = \left. \frac{s^3-4s^2+3}{s^2(s-1)} \right|_{s=-1} = \frac{-2}{-2} = 1$$

첫 번째 방법과 비교하면 $F(a)=A$, $F'(a)=B$이므로 답이 같다는 사실을 알 수 있다. 어떤 방법이 특별히 좋다고 할 수는 없기 때문에, 자신이 이해하기 쉽고 계산하기 편한 방법을 선택하는 것이 좋다.

유제 7-20

$Y(s) = \dfrac{(s-1)(s+2)}{(s+1)^3}$ 를 부분분수로 전개하고, 라플라스 역변환을 구하라.

여기서 다루지는 않았지만, 부분분수 전개에는 $G(s)$가 복소인수나 다중복소인수를 갖는 좀 더 복잡한 경우도 있다.

7.6 라플라스 변환의 미분과 적분

7.3절에서는 함수 $f(t)$를 미분 또는 적분한 상태에서 라플라스 변환을 하는 내용을 다뤘다. 이 절에서는 7.3절에서 논의한 도함수와 적분의 라플라스 변환에 대응되는 내용인 라플라스 변환의 미분과 적분에 대해 살펴볼 것이다. 또한, 라플라스 변환이 된 상태인 $F(s)$를 미분하거나 적분한 모습은 어떤지, 이 식을 어떻게 이용할 수 있는지에 대한 내용을 다룰 것이다.

7.6.1 라플라스 변환의 미분

먼저 라플라스 변환의 미분에 대해 알아보자. 함수 $f(t)$의 라플라스 변환이 존재한다고 가정할 때, 그 라플라스 변환은 다음과 같이 쓸 수 있다.

$$F(s) = \int_0^{\infty} e^{-st} f(t)\,dt \tag{7.39}$$

위 식과 같이 라플라스 변환된 함수 $F(s)$는 s를 변수로 하고 있다. 그러면 변수 s로 미분한 결과를 구해보자.

$$\frac{d}{ds}F(s) = \int_0^\infty (e^{-st})' f(t) dt$$
$$= \int_0^\infty (-te^{-st}) f(t) dt$$
$$= -\int_0^\infty e^{-st}\{tf(t)\} dt$$

마지막 식의 형태를 보면, 식 (7.39)에서 제시한 라플라스 변환의 정의식과 부호가 다르고 $f(t)$가 $tf(t)$로 바뀌어 있다. 즉 부호는 반대이고, $tf(t)$가 라플라스 변환이 되어 있는 형태인 것이다. 위 식을 정리하여 나타내보자.

$$\mathcal{L}\{tf(t)\} = -F'(s) \tag{7.40}$$

라플라스 변환한 상태의 미분이란, 부호는 다르지만 원함수 $f(t)$에 t가 곱해진 함수를 라플라스 변환한 결과와 같다는 것이다. 식 (7.40)을 역으로 생각하면 다음과 같은 식을 구할 수 있다.

▪ 라플라스 변환의 미분에 대한 식

$$\mathcal{L}^{-1}\{F'(s)\} = -tf(t) \tag{7.41}$$

식 (7.40)과 식 (7.41)로 정리되는 라플라스 변환의 미분에 대한 성질을 잘 이용하면 변환/역변환이 가능한 방법을 얻을 수 있다.

예제 7-24 라플라스 변환의 미분 ①

라플라스 변환의 미분을 이용하여 $\mathcal{L}(te^t)$과 $\mathcal{L}(t^2e^t)$을 구하라.

key point

$$\left(\frac{v}{u}\right)' = \frac{v'u - vu'}{u^2}$$

풀이

$f(t) = e^t$으로 두면 $tf(t) = te^t$이다. $f(t)$의 라플라스 변환은 $F(s) = \frac{1}{s-1}$이다. 이제 $F(s)$를 미분하면

$$F'(s) = \frac{(1)'(s-1) - (1)(s-1)'}{(s-1)^2} = -\frac{1}{(s-1)^2}$$

이 된다. 따라서

$$\mathcal{L}\{tf(t)\} = \mathcal{L}(te^t), \quad -F'(s) = \frac{1}{(s-1)^2}$$

이 되므로 식 (7.40)을 적용하면 다음과 같은 결과를 얻는다.

$$\mathcal{L}(te^t) = \frac{1}{(s-1)^2}$$

그 다음으로 $g(t)=te^t$으로 두면 $tg(t)=t^2e^t$이다. $g(t)$의 라플라스 변환은 앞에서 $G(s)=\dfrac{1}{(s-1)^2}$임을 알고 있다. 이제 $G(s)$를 미분하면

$$G'(s)=\frac{(1)'(s-1)^2-(1)\{(s-1)^2\}'}{((s-1)^2)^2}=-\frac{2}{(s-1)^3}$$

가 된다. 따라서

$$\mathcal{L}\{tg(t)\}=\mathcal{L}(t^2e^t),\quad -G'(s)=\frac{2}{(s-1)^3}$$

가 되므로 식 (7.40)을 적용하면 다음과 같은 결과를 얻는다.

$$\mathcal{L}(t^2e^t)=\frac{2}{(s-1)^3}$$

유제 7-21

라플라스 변환의 미분을 이용하여 $\mathcal{L}(t\sin at)$와 $\mathcal{L}(t\cos bt)$를 구하라.

예제 7-25 라플라스 변환의 미분 ②

라플라스 변환의 미분을 이용하여 $\mathcal{L}^{-1}\left(\dfrac{1}{s}\right)$을 구하라.

key point

$\mathcal{L}^{-1}\{F'(s)\}=-tf(t)$

풀이

$F(s)=\dfrac{1}{s}$을 미분하면

$$F'(s)=\frac{d}{ds}\left(\frac{1}{s}\right)=-\frac{1}{s^2}$$

이므로 $\mathcal{L}^{-1}\{F'(s)\}=\mathcal{L}^{-1}\left(-\dfrac{1}{s^2}\right)=-t$이다. 따라서 식 (7.41)을 적용하면

$$\mathcal{L}^{-1}\{F'(s)\}=-tf(t)=-t$$

가 되므로 다음과 같은 결과를 얻는다.

$$f(t)=1$$

유제 7-22

라플라스 변환의 미분을 이용하여 $\mathcal{L}^{-1}\left\{\ln\left(1+\dfrac{\omega^2}{s^2}\right)\right\}$을 구하라.

7.6.2 라플라스 변환의 적분

이제 라플라스 변환의 적분에 대해 알아보자. 함수 $f(t)$의 라플라스 변환이 존재한다고 가정할 때, 다음과 같은 라플라스 변환을 생각할 수 있다.

$$F(\tilde{s}) = \int_0^{\infty} f(t)e^{-\tilde{s}t}dt \tag{7.42}$$

그러면 다음과 같은 적분은

$$\int_s^{\infty} F(\tilde{s})d\tilde{s} = \int_s^{\infty}\left\{\int_0^{\infty} f(t)e^{-\tilde{s}t}dt\right\}d\tilde{s}$$

가 되는데, 적분의 순서를 바꿔서 계산하면

$$\begin{aligned}\int_0^{\infty}\left\{\int_s^{\infty} f(t)e^{-\tilde{s}t}d\tilde{s}\right\}dt &= \int_0^{\infty} f(t)\left(\int_s^{\infty} e^{-\tilde{s}t}d\tilde{s}\right)dt \\ &= \int_0^{\infty} f(t)\left(-\frac{1}{t}e^{-\tilde{s}t}\Big|_s^{\infty}\right)dt \\ &= \int_0^{\infty} f(t)\left(\frac{1}{t}e^{-st}\right)dt \\ &= \int_0^{\infty} e^{-st}\left\{\frac{f(t)}{t}\right\}dt\end{aligned}$$

가 된다. 마지막 식은 $\dfrac{f(t)}{t}$를 라플라스 변환하는 것을 의미하므로 다음과 같이 정리할 수 있다.

$$\mathcal{L}\left\{\frac{f(t)}{t}\right\} = \int_s^{\infty} F(\tilde{s})d\tilde{s} \tag{7.43}$$

식 (7.43)을 역변환하면

$$\mathcal{L}^{-1}\left\{\int_s^{\infty} F(\tilde{s})d\tilde{s}\right\} = \frac{f(t)}{t} \tag{7.44}$$

▪ 라플라스 변환의 적분에 대한 식

가 되어서, 식 (7.43)과 식 (7.44)로 라플라스 변환의 적분에 대한 내용을 정리할 수 있다.

예제 7-26 라플라스 변환의 적분

라플라스 변환의 적분을 이용하여 $\mathcal{L}\left\{\frac{1}{t}(e^t-1)\right\}$을 구하라.

key point

$$\int \frac{f'(x)}{f(x)}dx = \ln|f(x)| + c$$

풀이

$f(t)=e^t-1$로 두면 $\dfrac{f(t)}{t}=\dfrac{1}{t}(e^t-1)$이 된다.

$\mathcal{L}\{f(t)\}=F(\tilde{s})$로 두면 $F(\tilde{s})=\dfrac{1}{\tilde{s}-1}-\dfrac{1}{\tilde{s}}$이 된다. 따라서 식 (7.43)을 적용하면

$$\mathcal{L}\left\{\frac{f(t)}{t}\right\}=\int_s^\infty F(\tilde{s})d\tilde{s}=\int_s^\infty\left(\frac{1}{\tilde{s}-1}-\frac{1}{\tilde{s}}\right)d\tilde{s}$$

이므로

$$\int_s^\infty\left(\frac{1}{\tilde{s}-1}-\frac{1}{\tilde{s}}\right)d\tilde{s}=\{\ln(\tilde{s}-1)-\ln\tilde{s}\}\Big|_s^\infty=-\ln\left(\frac{s-1}{s}\right)$$

이다. 따라서 구하고자 하는 결과는 다음과 같다.

$$\mathcal{L}\left\{\frac{1}{t}(e^t-1)\right\}=\mathcal{L}\left\{\frac{f(t)}{t}\right\}=-\ln\left(\frac{s-1}{s}\right)=\ln\left(\frac{s}{s-1}\right)$$

유제 7-23

라플라스 변환의 적분을 이용하여 $\mathcal{L}\left\{\frac{2}{t}(1-\cos\omega t)\right\}$를 구하라.

Check it up!

✔ **라플라스 변환의 적분식으로부터 $\int_0^\infty \frac{f(t)}{t}dt=\int_0^\infty F(s)ds$ 의 유도**

식 (7.43)의 라플라스 변환의 적분식

$$\mathcal{L}\left\{\frac{f(t)}{t}\right\}=\int_s^\infty F(\tilde{s})d\tilde{s}$$

에서, $s=0$이라고 두면

$$\int_{s=0}^\infty F(\tilde{s})d\tilde{s}=\mathcal{L}\left\{\frac{f(t)}{t}\right\}_{s=0}=\int_0^\infty (e^{-st})_{s=0}\left\{\frac{f(t)}{t}\right\}dt=\int_0^\infty\frac{f(t)}{t}dt$$

가 된다. $\tilde{s}$를 s로 바꿔 써도 되기 때문에 다음 식이 성립한다.

$$\int_0^\infty \frac{f(t)}{t}dt=\int_0^\infty F(s)ds$$

7.7 합성곱과 라플라스 변환

라플라스 변환이 미분방정식을 좀 더 편하게 풀기 위한 데서 비롯되었다는 것은 익히 알려진 사실이다. 임의의 한 영역에서 해결하기 힘들거나 복잡한 부분이 있을 때, 라플라스 변환을 해서 살펴보면 문제를 훨씬 간단하게 해결할 수 있다. 이 절에서 소개하는 내용도 그런 예 중 하나이다. 먼저 라플라스 변환된 영역에서 두 함수가 곱해져 있는 식을 생각해보자.

$$H(s) = F(s)G(s)$$

각각의 함수들은 $F(s) = \mathcal{L}\{f(t)\}$, $G(s) = \mathcal{L}\{g(t)\}$ 이므로

$$H(s) = F(s)G(s) = \mathcal{L}\{f(t)\}\mathcal{L}\{g(t)\}$$

는 성립하지만, 다음 식은 성립하지 않는다.

$$H(s) = \mathcal{L}\{f(t)\}\mathcal{L}\{g(t)\} \neq \mathcal{L}\{f(t)g(t)\}$$

그러므로 $h(t) \neq f(t)g(t)$임은 분명한 사실이다. 따라서 라플라스 변환을 하면 $H(s) = F(s)G(s)$가 되는 $h(t)$를 $f(t)$와 $g(t)$로 나타내는 식이 필요한 것이다.

이와 같이 라플라스 변환의 곱 $H(s) = F(s)G(s)$의 역변환을 $F(s)$와 $G(s)$의 역변환 $f(t)$와 $g(t)$를 사용해서 구한 것이 바로 **합성곱** convolution 이다. 합성곱의 정의식은 다음과 같다.

$$h(t) = f(t) * g(t) = \int_0^t f(\tau)g(t-\tau)d\tau \qquad (7.45)$$

■ 합성곱의 정의식

식 (7.45)는 다음과 같이 표현하기도 한다.

$$f(t) * g(t) = (f * g)(t) \qquad (7.46)$$

즉 $f(t)$와 $g(t)$를 각각 변환한 후의 곱은 $f(t)$와 $g(t)$의 합성곱을 변환한 것과 같다는 결론이다. 이를 정리하면 다음과 같이 표현할 수 있다.

$$F(s)G(s) = \mathcal{L}\{f(t) * g(t)\} \qquad (7.47)$$

예제 7-27 합성곱을 이용한 라플라스 역변환 ①

합성곱을 이용하여 $H(s)=\dfrac{1}{(s-a)(s+b)}$의 라플라스 역변환을 구하라. 단, a, b는 상수이고 $a\neq b$이다.

key point

$\mathcal{L}^{-1}\left(\dfrac{1}{s-a}\right)=e^{at}$, $\mathcal{L}^{-1}\left(\dfrac{1}{s+a}\right)=e^{-at}$

풀이

$H(s)$는 다음과 같이 생각할 수 있다.

$$H(s)=\frac{1}{(s-a)(s+b)}=\frac{1}{s-a}\cdot\frac{1}{s+b}=F(s)G(s)$$

그러면 $F(s)=\dfrac{1}{s-a}$, $G(s)=\dfrac{1}{s+b}$이므로 위 식의 $F(s)$와 $G(s)$를 라플라스 역변환하면

$$f(t)=e^{at},\ \ g(t)=e^{-bt}$$

이 된다. 식 (7.47)에 따라

$$H(s)=F(s)G(s)=\mathcal{L}\{f(t)*g(t)\}=\mathcal{L}\{h(t)\}$$

가 되고,

$$h(t)=f(t)*g(t)=e^{at}*e^{-bt}$$

이므로 구하고자 하는 값은 다음과 같다.

$$h(t)=\int_0^t e^{a\tau}e^{-b(t-\tau)}d\tau=\frac{e^{-bt}}{a+b}\cdot e^{(a+b)\tau}\Big|_0^t=\frac{1}{a+b}(e^{at}-e^{-bt})$$

유제 7-24

합성곱을 이용하여 $H(s)=\dfrac{1}{s(s^2+1)}$의 라플라스 역변환을 구하라.

예제 7-28 합성곱을 이용한 라플라스 역변환 ②

합성곱을 이용하여 $H(s)=\dfrac{1}{(s+a)^2}$의 라플라스 역변환을 구하라. 단, a는 상수이다.

key point

$\mathcal{L}^{-1}\left(\dfrac{1}{s+a}\right)=e^{-at}$

풀이

$H(s)$는 다음과 같이 생각할 수 있다.

$$H(s)=\frac{1}{(s+a)^2}=\frac{1}{s+a}\cdot\frac{1}{s+a}=F(s)F(s)$$

그러면 $F(s)=\dfrac{1}{s+a}$ 이므로 $F(s)$를 라플라스 역변환하면

$$f(t)=e^{-at}$$

이 된다. 식 (7.47)에 따라

$$\begin{aligned} H(s) &= F(s)F(s) \\ &= \mathcal{L}\{f(t) * f(t)\} \\ &= \mathcal{L}\{h(t)\} \end{aligned}$$

가 되고,

$$\begin{aligned} h(t) &= f(t) * f(t) \\ &= e^{-at} * e^{-at} \end{aligned}$$

이므로 구하고자 하는 값은 다음과 같다.

$$\begin{aligned} h(t) &= \int_0^t e^{-a\tau} e^{-a(t-\tau)} d\tau \\ &= e^{-at} \int_0^t d\tau \\ &= te^{-at} \end{aligned}$$

유제 7-25

합성곱을 이용하여 $H(s)=\dfrac{1}{(s^2+1)^2}$ 의 라플라스 역변환을 구하라.

합성곱 역시 수식에서 보았던 다음과 같은 성질을 갖고 있으므로 이런 성질을 잘 활용하면 좀 더 간편하게 계산할 수 있을 것이다.

❶ $f * g = g * f$

❷ $f * (g+h) = f * g + f * h$

❸ $f * (g * h) = f * g * h$

❹ $f * 0 = 0 * f = 0$

지금까지 라플라스 변환에 대한 전반적인 내용들을 살펴보았다. 다시 한번 말해두지만, 변환의 목적은 편의를 위한 것이다. 그러므로 단순히 변환을 위한 변환이 아니라 응용을 목적으로 한 변환이란 점을 염두에 두자.

Check it up!

✔ **합성곱과 미분방정식의 관계**

2계 선형 미분방정식 $y'' + ay + by = r(t)$ 와 합성곱에 대해 생각해보자.
미분방정식을 라플라스 변환한 후 Y를 구하면 다음과 같다.

$$Y = \{(s+a)y(0) + y'(0)\}Q + RQ$$

여기서 $Q = \dfrac{1}{s^2 + as + b}$ 인데, 이 Q는 소위 전달함수라고 하는 파라미터이다.
초깃값 $y(0) = y'(0) = 0$ 인 경우 $Y = RQ$가 된다. 이 값을 역변환하면 미분방정식의 해인 $y(t)$를 구할 수 있다.

$$y(t) = \mathcal{L}^{-1}\{Y(s)\} = \mathcal{L}^{-1}\{R(s)Q(s)\}$$

위 식에 합성곱을 이용하면 다음과 같이 미분방정식의 해를 구할 수 있다.

$$y(t) = \int_0^t r(\tau)q(t-\tau)d\tau = \int_0^t q(t-\tau)r(\tau)d\tau$$

Chapter 07 핵심요약

라플라스 변환의 정의식과 변환/역변환의 표현

- 라플라스 변환의 정의식

$$\mathcal{L}\{f(t)\} = \int_0^{\infty} e^{-st} f(t)dt = F(s)$$

- 변환 : $f(t) \xrightarrow{\mathcal{L}} F(s)$
- 역변환 : $F(s) \xrightarrow{\mathcal{L}^{-1}} f(t)$

라플라스 변환의 선형성 및 제1평행이동 정리

- 라플라스 변환의 선형성 정리

$$\mathcal{L}\{af(t)+bg(t)\} = a\mathcal{L}\{f(t)\}+b\mathcal{L}\{g(t)\}$$

- 제1평행이동 정리

$$\mathcal{L}\{e^{at}f(t)\} = F(s-a)$$

$$e^{at}f(t) = \mathcal{L}^{-1}\{F(s-a)\}$$

도함수 및 적분의 라플라스 변환

- 도함수의 라플라스 변환

1계 : $\mathcal{L}\{f'(t)\} = s\mathcal{L}\{f(t)\}-f(0)$

2계 : $\mathcal{L}\{f''(t)\} = s^2\mathcal{L}\{f(t)\}-sf(0)-f'(0)$

n계 : $\mathcal{L}\{f^{(n)}(t)\} = s^n\mathcal{L}\{f(t)\}-s^{n-1}f(0)-s^{n-2}f'(0)- \cdots -f^{(n-1)}(0)$

- 적분의 라플라스 변환

$$\mathcal{L}\left\{\int_0^t f(\tau)d\tau\right\} = \frac{1}{s}\mathcal{L}\{f(t)\} = \frac{F(s)}{s}$$

$$\int_0^t f(\tau)d\tau = \mathcal{L}^{-1}\left\{\frac{F(s)}{s}\right\}$$

단위계단함수

- 단위계단함수

$$u(t) = \begin{cases} 0 & (t<0) \\ 1 & (t>0) \end{cases}$$

$$u(t-a) = \begin{cases} 0 & (t<a) \\ 1 & (t>a) \end{cases}$$

- 제2평행이동 정리

$$\mathcal{L}\{f(t-a)u(t-a)\} = e^{-as}F(s)$$

$$f(t-a)u(t-a) = \mathcal{L}^{-1}\{e^{-as}F(s)\}$$

디락의 델타함수

$$\delta(t-a)=\begin{cases}\infty & (t=a)\\ 0 & (t\neq a)\end{cases}$$

$$\int_0^\infty \delta(t-a)dt=1$$

미분방정식과 부분분수 전개

• 전달함수

$$Q(s)=\frac{1}{s^2+as+b}$$

$$Q(s)=\frac{Y(s)}{R(s)}=\frac{\mathcal{L}\{\text{미분방정식의 해(출력)}\}}{\mathcal{L}\{\text{미분방정식의 비제차항(입력)}\}}$$

• 부분분수 전개 : $Y(s)=\dfrac{F(s)}{G(s)}$

❶ $G(s)$의 인수가 모두 1차인 경우

$$\frac{F(s)}{(s-a_1)(s-a_2)\cdots(s-a_n)}=\frac{A_1}{s-a_1}+\frac{A_2}{s-a_2}+\cdots+\frac{A_n}{s-a_n}$$

❷ $G(s)$가 중복된 인수를 갖는 경우

$$\frac{F(s)}{(s-a)^n}=\frac{A_n}{(s-a)^n}+\frac{A_{n-1}}{(s-a)^{n-1}}+\cdots+\frac{A_1}{s-a}$$

라플라스 변환의 미분과 적분

• 라플라스 변환의 미분

$$\mathcal{L}\{tf(t)\}=-F'(s)$$

$$\mathcal{L}^{-1}\{F'(s)\}=-tf(t)$$

• 라플라스 변환의 적분

$$\mathcal{L}\left\{\frac{f(t)}{t}\right\}=\int_s^\infty F(\tilde{s})d\tilde{s}$$

$$\mathcal{L}^{-1}\left\{\int_s^\infty F(\tilde{s})d\tilde{s}\right\}=\frac{f(t)}{t}$$

합성곱과 라플라스 변환

$$h(t)=f(t)*g(t)=\int_0^t f(\tau)g(t-\tau)d\tau$$

Chapter 07 연습문제

※ **(문제 7.1~7.10)** 다음 함수의 라플라스 변환을 구하라. 단, A, B, a, b는 상수이다.

7.1 $At+B$

7.2 $(at^2+b)^2$

7.3 $A\sin Bt + a\cos bt$

7.4 $\cos(t+a)+\sin(t+a)$

7.5 $\cos^2 At + \sin^2 Bt$

7.6 $\sinh^2 t + \cosh^2 2t$

7.7

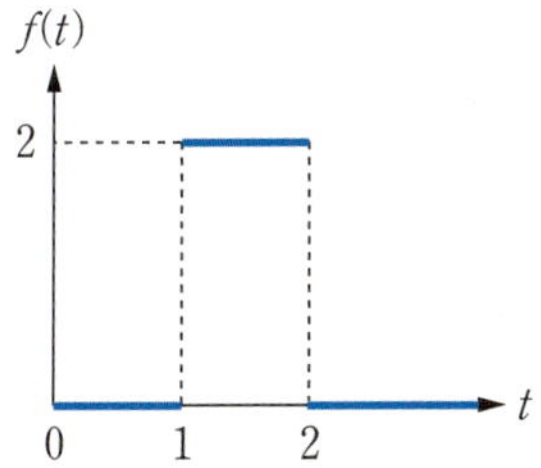

[그림 7-8] $f(t)$의 그래프

7.8

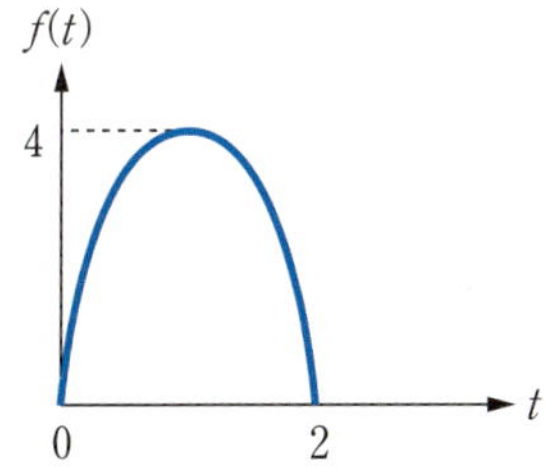

[그림 7-9] $f(t)$의 그래프

7.9

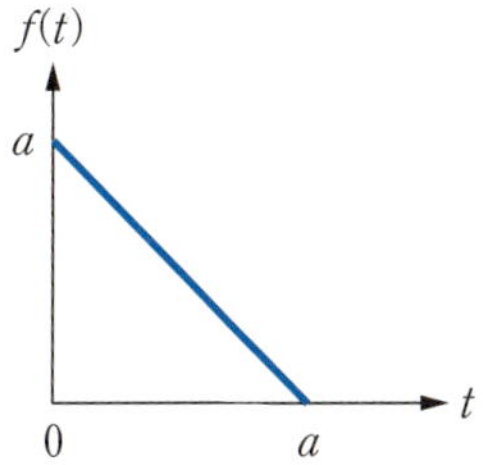

[그림 7-10] $f(t)$의 그래프

7.10

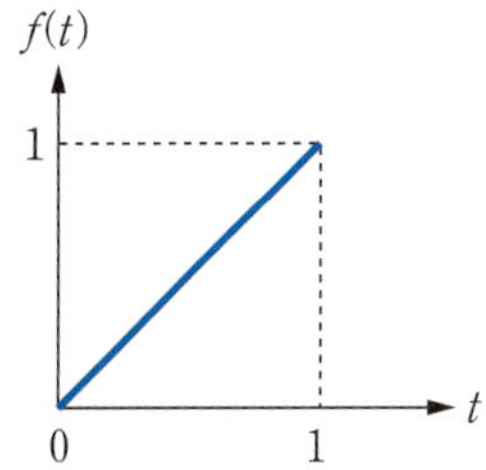

[그림 7-11] $f(t)$의 그래프

※ **(문제 7.11~7.16)** 다음 함수의 라플라스 역변환을 구하라. 단, A, B, a, b, c는 상수이다.

7.11 $\dfrac{A^2}{s^2+A^2}$

7.12 $\dfrac{a}{s^3}+\dfrac{b}{s^2}+\dfrac{c}{s}$

7.13 $\dfrac{4s+7}{s^2+16}$

7.14 $\dfrac{3(s-1)}{s^2-9}$

7.15 $\dfrac{1}{(s-A)(s-B)}$, $A \neq B$

7.16 $\dfrac{ab\pi}{a^2s^2+b^2\pi^2}$

7.17 라플라스 역변환 $\mathcal{L}^{-1}$가 선형성을 가진다는 사실을 증명하라.

7.18 $e^{at} = \cosh at + \sinh at$를 이용하여, $\mathcal{L}(e^{at}) = \dfrac{1}{s-a}$ 임을 증명하라. 단, a는 상수이다.

※ **(문제 7.19~7.22)** 도함수의 라플라스 변환을 이용하여 다음 함수의 라플라스 변환을 구하라. 단, A, B, a, b는 상수이다.

7.19 $\sin^2 At$

7.20 $\cosh^2 at$

7.21 te^{Bt}

7.22 $t\sinh bt$

※ **(문제 7.23~7.24)** $\mathcal{L}(t\cos at) = \dfrac{s^2-a^2}{(s^2+a^2)^2}$, $\mathcal{L}(t\sin at) = \dfrac{2as}{(s^2+a^2)^2}$ 를 이용하여 다음을 증명하라. 단, a, b는 상수이다.

7.23 $\mathcal{L}^{-1}\left\{\dfrac{2}{(s^2+a^2)^2}\right\} = \dfrac{\sin at - at\cos at}{a^3}$

7.24 $\mathcal{L}^{-1}\left\{\dfrac{2s^2}{(s^2+b^2)^2}\right\} = \dfrac{\sin bt + bt\cos bt}{b}$

※ **(문제 7.25~7.28)** 적분의 라플라스 변환을 이용하여 다음 함수의 라플라스 역변환을 구하라.

7.25 $\dfrac{1}{2s+s^2}$

7.26 $\dfrac{s-1}{s^2(s+2)}$

7.27 $\dfrac{18}{s(s^2+81)}$

7.28 $\dfrac{1}{s^3+2s^2}$

※ **(문제 7.29~7.34)** 제1평행이동 정리를 이용하여 다음 함수의 라플라스 변환이나 라플라스 역변환을 구하라. 단, a, b, ω는 상수이다.

7.29 $\dfrac{1}{4}t^3e^{-5t}$

7.30 $e^{-t}\sin(at+b)$

7.31 $e^{-4t}(3\sin 3t-\cos 3t)$

7.32 $\dfrac{3s}{(s-6)^2}$

7.33 $\dfrac{1}{s^2+s+\dfrac{1}{2}}$

7.34 $\dfrac{2(s+\omega)}{s^2+2\omega s+\omega^2-16}$

※ **(문제 7.35~7.40)** 라플라스 변환을 이용하여 다음 미분방정식의 해를 구하라.

7.35 $y''+4y'+4y=0,\quad y(0)=2,\ y'(0)=-3$

7.36 $y''+2y'+10y=0,\quad y(0)=0,\ y'(0)=5$

7.37 $y''-4y=t,\quad y(0)=1,\ y'(0)=2$

7.38 $y''+y=\delta(t-1),\quad y(0)=0,\ y'(0)=0$

7.39 $y''+4y'+8y=\delta(t-2\pi),\quad y(0)=1,\ y'(0)=-2$

7.40 $y''+5y'+6y=u(t-1)+\delta(t-2),\quad y(0)=0,\ y'(0)=1$

7.41 **응용** [그림 7-12]와 같은 RC 회로에 전압 $E(t)$가 입력으로 들어올 때의 전류 $i(t)$를 구하라.

$$E(t)=\begin{cases}E_0 & (a<t<b)\\ 0 & (\text{그 외})\end{cases}$$

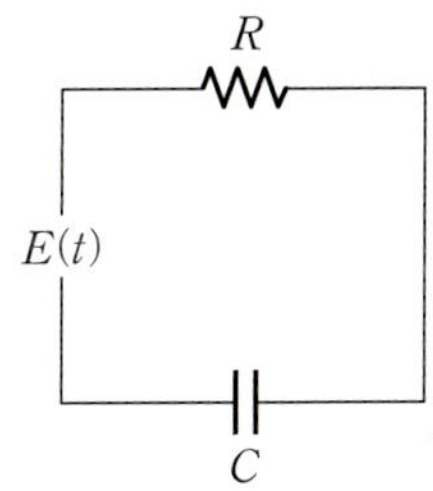

[그림 7-12] RC 회로

7.42 응용 [그림 7-13]과 같은 RL 회로에 전압 $E(t)$가 입력으로 들어올 때의 전류 $i(t)$를 구하라. 단, $R=10\Omega$, $L=1\text{H}$ 이다.

$$E(t)=\begin{cases}0 & (0<t<\pi)\\ 10\sin t & (t>\pi)\end{cases}$$

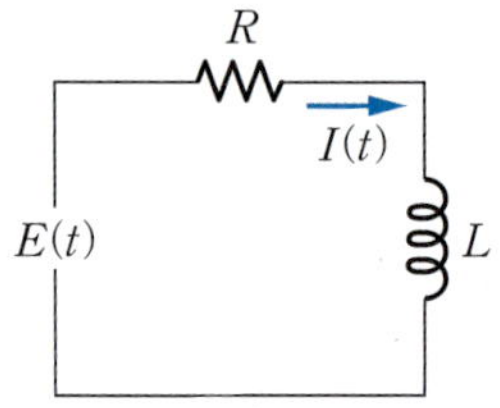

[그림 7-13] RL 회로

7.43 응용 [그림 7-14]와 같은 LC 회로에 전압 $E(t)$가 입력으로 들어올 때의 전류 $i(t)$를 구하라. 단, $L=1\text{H}$, $C=1\text{F}$ 이고 초기전류와 전하는 0이다.

$$E(t)=\begin{cases}1 & (0<t<a)\\ 0 & (\text{그 외})\end{cases}$$

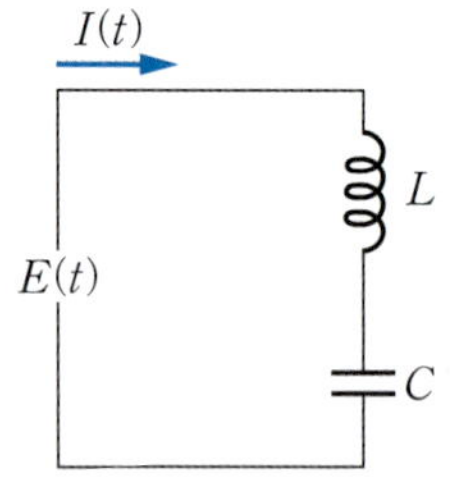

[그림 7-14] LC 회로

※ **(문제 7.44~7.47)** 제2평행이동 정리를 이용하여 다음 함수의 라플라스 변환을 구하라.

7.44 $tu(t-1)$

7.45 $t^3u(t-2)$

7.46 $\sin t\,u\left(t-\dfrac{\pi}{2}\right)$

7.47 $e^{at}u(t-b)$ (단, a, b는 상수)

※ **(문제 7.48~7.51)** 합성곱을 이용하여 다음 함수의 라플라스 역변환을 구하라. 단, a는 상수이다.

7.48 $\dfrac{1}{s(s-1)}$

7.49 $\dfrac{1}{s(s^2+a^2)}$

7.50 $\dfrac{1}{s^2(s-a)}$

7.51 $\dfrac{1}{s^2(s^2+a^2)}$

Chapter

08

행렬과 행렬식

Matrices and Determinant

알아 두어야 할 개념과 공식

학습목표

- 행렬과 행렬식의 정의 및 개념을 명확히 이해한다.
- 행렬 간의 연산 방법과 그 성질에 대해 이해한다.
- 선형 연립방정식의 해를 구하는 데 행렬을 이용하는 방법을 익힌다.
- 행렬식의 정의와 성질을 이해하고, 그 계산법을 숙지한다.
- 역행렬의 성질을 이해하고, 그 계산법을 숙지한다.

선형대수학에서 다루는 선형 연립방정식은 전기회로, 진동시스템의 해석 등 공학적 문제뿐만 아니라 경제 모델 등을 다룰 때도 등장하는 중요한 도구이다. 그런 선형 연립방정식을 다루기 위해 꼭 필요한 개념이 바로 행렬이다. 수나 함수를 직사각형 모양으로 배열한 행렬이나 행렬과 같은 의미를 가진 벡터를 하나의 기호로 표현하여 수식적으로 처리하는 방법은 문제를 처리하는 연산 과정을 간단하게 만들어준다.

이 장에서는 선형 연립방정식을 해결할 수 있는 직접적인 방법은 물론이고, 그 과정에 도구로 사용되는 행렬과 행렬식에 관한 전반적인 내용을 살펴볼 것이다.

알아 두어야 할 개념과 공식

Chapter 08

1. 벡터, 스칼라

길이, 무게 등 크기만으로 정해지는 물리량을 **스칼라** scalar라고 한다. 이에 반해 힘, 속도 등과 같이 크기와 동시에 방향까지 생각해야 하는 물리량을 **벡터** vector라고 한다. 벡터는 흔히 화살표를 사용해 $\vec{A}$와 같이 표현하거나 굵은 정자체로 하여 $\mathbf{A}$와 같이 표현한다.

2. 행렬의 상등

다음 식이 성립하는 경우에 행렬 A와 행렬 B가 **같다**고 한다.

$$\mathrm{A} = \begin{bmatrix} a_{11} & a_{12} \\ a_{21} & a_{22} \end{bmatrix}, \ \mathrm{B} = \begin{bmatrix} b_{11} & b_{12} \\ b_{21} & b_{22} \end{bmatrix}$$

$$\mathrm{A} = \mathrm{B} \ \Leftrightarrow \ \begin{bmatrix} a_{11} & a_{12} \\ a_{21} & a_{22} \end{bmatrix} = \begin{bmatrix} b_{11} & b_{12} \\ b_{21} & b_{22} \end{bmatrix} \ \Leftrightarrow \ a_{11} = b_{11}, \ a_{12} = b_{12}, \ a_{21} = b_{21}, \ a_{22} = b_{22}$$

3. 영행렬, 정방행렬, 단위행렬, 스칼라행렬, 대각행렬, 삼각행렬

모든 원소가 0 값을 갖는 행렬을 **영행렬** zero matrix이라고 하고, 보통 **0**으로 나타낸다. 같은 수의 행과 열을 가진 행렬을 **정방행렬** square matrix이라고 한다. 정방행렬에서 주대각 원소들은 1 값을 갖고, 나머지 원소들은 0 값을 갖는 행렬을 **단위행렬** unit matrix이라고 하고, 보통 I로 나타낸다. 또한 주대각 원소들이 같은 값으로 이루어져 있으면 **스칼라 행렬** scalar matrix이라고 한다. 주대각 원소만 0이 아닌 행렬을 **대각행렬** diagonal matrix이라고 하며, 주대각선 아래쪽의 모든 원소들이 0인 경우를 **위삼각행렬** upper triangular matrix, 위쪽의 모든 원소들이 0인 경우를 **아래삼각행렬** lower triangular matrix이라고 한다.

- 영행렬 $\mathbf{0} = \begin{bmatrix} 0 & 0 & \cdots & 0 \\ 0 & 0 & \cdots & 0 \\ \vdots & \vdots & \ddots & \vdots \\ 0 & 0 & \cdots & 0 \end{bmatrix}$
- 정방행렬 $\mathrm{A} = \begin{bmatrix} a_{11} & a_{12} & \cdots & a_{1n} \\ a_{21} & a_{22} & \cdots & a_{2n} \\ \vdots & \vdots & \ddots & \vdots \\ a_{n1} & a_{n2} & \cdots & a_{nn} \end{bmatrix}$
- 단위행렬 $\mathrm{I} = \begin{bmatrix} 1 & 0 & \cdots & 0 \\ 0 & 1 & \cdots & 0 \\ \vdots & \vdots & \ddots & \vdots \\ 0 & 0 & \cdots & 1 \end{bmatrix}$
- 스칼라행렬 $\mathrm{S} = \begin{bmatrix} a & 0 & \cdots & 0 \\ 0 & a & \cdots & 0 \\ \vdots & \vdots & \ddots & \vdots \\ 0 & 0 & \cdots & a \end{bmatrix}$
- 대각행렬 $\mathrm{D} = \begin{bmatrix} a_1 & 0 & \cdots & 0 \\ 0 & a_2 & \cdots & 0 \\ \vdots & \vdots & \ddots & \vdots \\ 0 & 0 & \cdots & a_n \end{bmatrix}$
- 위삼각행렬 $\mathrm{U} = \begin{bmatrix} a_{11} & a_{12} & a_{12} \\ 0 & a_{22} & a_{23} \\ 0 & 0 & a_{33} \end{bmatrix}$
- 아래삼각행렬 $\mathrm{L} = \begin{bmatrix} a_{11} & 0 & 0 \\ a_{21} & a_{22} & 0 \\ a_{31} & a_{23} & a_{33} \end{bmatrix}$

8.1 행렬의 기본 개념

8.1.1 행렬이란?

■ 행렬의 정의

행렬[matrix]이란 다음에 나타낸 식처럼 수나 함수들을 괄호 안에 직사각형 모양으로 배열해놓은 것을 말한다.

$$\begin{bmatrix} 1 & 2 & 3 \\ 6 & 5 & 6 \end{bmatrix},\ \begin{bmatrix} a & b \\ c & d \end{bmatrix},\ \begin{bmatrix} 3 \\ 1 \end{bmatrix},\ \begin{bmatrix} f(x) & g(x) & h(x) \end{bmatrix} \tag{8.1}$$

식 (8.1)에서 괄호 안에 배열되어 있는 수나 함수들을 그 행렬의 **요소**[element] 또는 **원소**[entry]라고 하며, 이와 같은 형태의 행렬을 일반적으로 다음과 같이 표기한다.

■ 행렬의 일반적인 표기법

$$\mathrm{A} = \begin{bmatrix} a_{11} & a_{12} & \cdots & a_{1n} \\ a_{21} & a_{22} & \cdots & a_{2n} \\ \vdots & \vdots & \ddots & \vdots \\ a_{m1} & a_{m2} & \cdots & a_{mn} \end{bmatrix} \tag{8.2}$$

식 (8.2)의 경우, 원소 a_{11}에서 a_{1n}까지 가로로 나열되어 있는 배열을 **행**[row]이라고 하고, 원소 a_{11}에서 a_{m1}까지 세로로 나열되어 있는 배열을 **열**[column]이라고 한다. 식 (8.2)는 m개의 행과 n개의 열로 이루어져 있는 행렬인데, 이와 같은 행렬의 크기를 $m \times n$으로 표현하고, 'm by n'이라고 읽는다.

하나의 행이나 하나의 열로 표현되는 행렬을 벡터라고 부르기도 한다. 즉

$$\mathrm{a} = \begin{bmatrix} a_1 & a_2 & \cdots & a_n \end{bmatrix} \tag{8.3}$$

■ 행벡터의 정의

과 같이 하나의 행으로 표현되어 있는 행렬을 **행벡터**[row vector]라고 하고

$$\mathrm{b} = \begin{bmatrix} b_1 \\ b_2 \\ \vdots \\ b_n \end{bmatrix} \tag{8.4}$$

■ 열벡터의 정의

과 같이 하나의 열로 표현되어 있는 행렬을 **열벡터**[column vector]라고 한다.

한편 식 (8.2)는 다음과 같이 나타낼 수도 있다.

$$A = [a_{jk}] = \begin{bmatrix} a_{11} & a_{12} & \cdots & a_{1n} \\ a_{21} & a_{22} & \cdots & a_{2n} \\ \vdots & \vdots & \ddots & \vdots \\ a_{m1} & a_{m2} & \cdots & a_{mn} \end{bmatrix} \tag{8.5}$$

$[a_{jk}]$에서 사용한 아래첨자인 j와 k는 각각 행과 열을 나타낸다. [그림 8-1]은 식 (8.5)에서 두 번째 행을 가리키는 $j=2$와 두 번째 열을 가리키는 $k=2$인 경우, 즉 원소 a_{22}를 표시한 것이다.

$k = 2$(열)

$$j = 2(\text{행}) \quad \begin{bmatrix} a_{11} & a_{12} & \cdots & a_{1n} \\ a_{21} & a_{22} & \cdots & a_{2n} \\ \vdots & \vdots & \ddots & \vdots \\ a_{m1} & a_{m2} & \cdots & a_{mn} \end{bmatrix}$$

[그림 8-1] 행과 열의 표현

임의의 행렬에서의 대각선을 **주대각선**principal diagonal이라고 한다. [그림 8-2]에 식 (8.5)의 주대각선을 나타냈다. 주대각선에 있는 원소 a_{11}, a_{22}, $\cdots$, a_{nn}을 대각원소라고 한다.

■ 행렬에서의 주대각선

$$\begin{bmatrix} a_{11} & a_{12} & \cdots & a_{1n} \\ a_{21} & a_{22} & \cdots & a_{2n} \\ \vdots & \vdots & \ddots & \vdots \\ a_{n1} & a_{n2} & \cdots & a_{nn} \end{bmatrix}$$

[그림 8-2] 주대각선

8.1.2 행렬의 기본 연산

지금부터 행렬의 합과 차를 구하는 연산과 행렬에 스칼라 값을 곱하는 연산에 대해 살펴보자. 이를 위해서는 먼저 행렬의 상등에 대해 살펴볼 필요가 있다.

행렬의 상등

행렬의 상등이란 두 행렬이 같다는 의미이다. 다음과 같은 행렬 A와 행렬 B가 존재할 경우

$$\begin{gathered} A = [a_{jk}] = (m \times n \text{ 행렬}),\ B = [b_{jk}] = (p \times q \text{ 행렬}) \\ m = p,\ n = q,\ a_{jk} = b_{jk} \text{ (모든 } j,\ k\text{에 대해)} \end{gathered} \tag{8.6}$$

▪ 행렬의 상등 조건

▪ 행렬의 크기

를 만족할 때, 두 행렬 A와 B는 **상등**equal이라 하고, A = B로 나타낸다. 이때 $m = p$, $n = q$이므로 두 행렬은 같은 **크기**size를 갖는다고 한다. 따라서 행렬의 크기가 같아야만 행렬이 상등할 수 있다.

행렬 간의 합과 차

행렬의 상등과 마찬가지로 행렬 간의 합과 차도 행렬의 크기가 같을 때에만 계산할 수 있다. 즉 크기가 2×3으로 똑같은 행렬

$$A = \begin{bmatrix} a_{11} & a_{12} & a_{13} \\ a_{21} & a_{22} & a_{23} \end{bmatrix},\ B = \begin{bmatrix} b_{11} & b_{12} & b_{13} \\ b_{21} & b_{22} & b_{23} \end{bmatrix}$$

가 있을 때, 두 행렬의 합 A+B와 차 A−B는

▪ 행렬의 합

$$A + B = \begin{bmatrix} a_{11} & a_{12} & a_{13} \\ a_{21} & a_{22} & a_{23} \end{bmatrix} + \begin{bmatrix} b_{11} & b_{12} & b_{13} \\ b_{21} & b_{22} & b_{23} \end{bmatrix} = \begin{bmatrix} a_{11}+b_{11} & a_{12}+b_{12} & a_{13}+b_{13} \\ a_{21}+b_{21} & a_{22}+b_{22} & a_{23}+b_{23} \end{bmatrix}$$

▪ 행렬의 차

$$A - B = \begin{bmatrix} a_{11} & a_{12} & a_{13} \\ a_{21} & a_{22} & a_{23} \end{bmatrix} - \begin{bmatrix} b_{11} & b_{12} & b_{13} \\ b_{21} & b_{22} & b_{23} \end{bmatrix} = \begin{bmatrix} a_{11}-b_{11} & a_{12}-b_{12} & a_{13}-b_{13} \\ a_{21}-b_{21} & a_{22}-b_{22} & a_{23}-b_{23} \end{bmatrix}$$

와 같이 정의할 수 있다.

행렬과 스칼라의 곱

행렬에 스칼라(상수)를 곱하는 것은 다음과 같이 정의할 수 있다. 크기가 $m \times n$인 행렬 A와 스칼라 c의 곱은 cA로 나타내며, 행렬 A의 각 원소에 스칼라 c를 곱한 것이 cA의 원소가 된다. 행렬과 스칼라의 곱을 식으로 나타내면 다음과 같다.

$$cA = c[a_{jk}] = [ca_{jk}] \tag{8.7}$$

즉 다음과 같이 계산된다.

$$cA = c\begin{bmatrix} a_{11} & a_{12} & a_{13} \\ a_{21} & a_{22} & a_{23} \end{bmatrix} = \begin{bmatrix} ca_{11} & ca_{12} & ca_{13} \\ ca_{21} & ca_{22} & ca_{23} \end{bmatrix}$$

8.1.3 행렬의 전치

행렬의 **전치**transposition란 임의의 행렬의 열과 행을 바꿔 새로운 행렬을 구성한다는 의미이다. 즉 $m \times n$ 행렬 $\mathrm{A} = [a_{jk}]$를

$$\mathrm{A} = [a_{jk}] = \begin{bmatrix} a_{11} & a_{12} & \cdots & a_{1n} \\ a_{21} & a_{22} & \cdots & a_{2n} \\ \vdots & \vdots & \ddots & \vdots \\ a_{m1} & a_{m2} & \cdots & a_{mn} \end{bmatrix}$$

과 같이 나타낼 때, 열과 행을 서로 바꾼 새로운 행렬

$$\mathrm{A}^T = [a_{kj}] = \begin{bmatrix} a_{11} & a_{21} & \cdots & a_{m1} \\ a_{12} & a_{22} & \cdots & a_{m2} \\ \vdots & \vdots & \ddots & \vdots \\ a_{1n} & a_{2n} & \cdots & a_{mn} \end{bmatrix} \tag{8.8}$$

을 행렬 $\mathrm{A} = [a_{jk}]$의 **전치행렬**transposed matrix이라 하고, $\mathrm{A}^T = [a_{kj}]$로 나타낸다. 행렬이 전치되는 과정에서 행과 열을 표시하는 아래첨자 jk가 kj로 바뀐 것을 보면 행과 열이 바뀌었음을 확인할 수 있다. 즉 행렬 A 에서 'j행 k열'이었던 원소가 전치행렬 A^T에서는 'k행 j열'에 있는 원소가 되는 것이다.

■ 전치행렬

대칭행렬과 반대칭행렬

전치행렬과 함께 생각할 수밖에 없는 행렬로 대칭행렬과 반대칭행렬이 있다. 먼저 다음 식과 같이

$$\mathrm{A}^T(a_{kj}) = \mathrm{A}(a_{jk}) \tag{8.9}$$

■ 대칭행렬

를 만족하는 정방행렬을 **대칭행렬** symmetric matrix이라 한다. 한편, 다음과 같은 식

$$\mathrm{A}^T(a_{kj}) = -\mathrm{A}(-a_{jk}) \tag{8.10}$$

■ 반대칭행렬

와 같이 전치행렬이 원래 행렬의 음negative이 되는 정방행렬을 **반대칭행렬**skew-symmetric matrix이라고 한다. 식 (8.10)의 괄호 안의 내용을 비교하면 $a_{kj} = -a_{jk}$가 되므로 $k = j$인 경우에 $a_{jj} = -a_{jj}$가 성립한다. 결과적으로 $2a_{jj} = 0$, 즉 $a_{jj} = 0$이 되기 때문에 반대칭행렬은 주대각선에 위치하는 원소들이 모두 0이 되는 성질을 갖는다.

예제 8-1 행렬의 행과 열

다음 행렬에서 원소 a_{23}, a_{35}, a_{42}를 나열하라.

$$\begin{bmatrix} a & b & c & d & e & f \\ g & h & i & j & k & l \\ m & n & o & p & q & r \\ s & t & u & v & w & x \end{bmatrix}$$

key point
행은 가로로, 열은 세로로 나열되어 있다.

풀이

위 행렬의 2, 3, 4행과 2, 3, 5열은 다음과 같이 정해진다.

행↓ 열→		$k=2$	$k=3$		$k=5$	
	a	b	c	d	e	f
$j=2$	g	h	$\boldsymbol{i}$	j	k	l
$j=3$	m	n	o	p	$\boldsymbol{q}$	r
$j=4$	s	$\boldsymbol{t}$	u	v	w	x

2행과 3열에 있는 원소 a_{23}는 i, 3행과 5열에 있는 원소 a_{35}는 q, 4행과 2열에 있는 원소 a_{42}는 t이다.

유제 8-1

[예제 8-1]의 행렬에서 3행과 2열의 원소를 나열하라.

예제 8-2 행렬의 상등

다음의 행렬 A와 B가 상등이 되도록 a, b, c, d 값을 구하라.

$$\mathrm{A} = \begin{bmatrix} -2a & 2a-1 \\ 3c & 2d-c \end{bmatrix}, \quad \mathrm{B} = \begin{bmatrix} -2 & b \\ a+b & a-b \end{bmatrix}$$

key point
행렬이 같아지려면 각 자리에 위치한 원소의 값이 같아야 한다.

풀이

행렬 A와 행렬 B가 같기 위해서는 각 행렬의 원소가 같아야 하므로

$$-2a = -2, \quad 2a-1 = b, \quad 3c = a+b, \quad 2d-c = a-b$$

가 성립해야 한다. 그러므로 위의 연립방정식을 풀면 다음 값을 얻을 수 있다.

$$a = 1, \quad b = 1, \quad c = \frac{2}{3}, \quad d = \frac{1}{3}$$

유제 8-2

다음의 행렬 A와 B가 상등이 되도록 x, y 값을 구하라.

$$A=\begin{bmatrix}3x+2 & 1\\ 0 & 2y+1\end{bmatrix},\quad B=\begin{bmatrix}-y-1 & 1\\ 0 & -x\end{bmatrix}$$

예제 8-3 행렬의 합과 차

다음 행렬 A와 B의 (a) 합, (b) 차를 구하라.

$$A=\begin{bmatrix}a & b & c\\ d & e & f\end{bmatrix},\quad B=\begin{bmatrix}2a & b & 3c\\ \frac{1}{2}d & 5e & \frac{3}{4}f\end{bmatrix}$$

> **key point**
> 행렬의 합이나 차를 구하려면 각 원소들을 합하거나 원소들의 차를 구하면 된다.

풀이

(a) 행렬 A와 행렬 B의 합은 다음과 같이 계산할 수 있다.

$$A+B=\begin{bmatrix}a & b & c\\ d & e & f\end{bmatrix}+\begin{bmatrix}2a & b & 3c\\ \frac{1}{2}d & 5e & \frac{3}{4}f\end{bmatrix}=\begin{bmatrix}3a & 2b & 4c\\ \frac{3}{2}d & 6e & \frac{5}{4}f\end{bmatrix}$$

(b) 행렬 A와 행렬 B의 차는 다음과 같이 계산할 수 있다.

$$A-B=\begin{bmatrix}a & b & c\\ d & e & f\end{bmatrix}-\begin{bmatrix}2a & b & 3c\\ \frac{1}{2}d & 5e & \frac{3}{4}f\end{bmatrix}=\begin{bmatrix}-a & 0 & -2c\\ \frac{1}{2}d & 4e & \frac{1}{4}f\end{bmatrix}$$

유제 8-3

다음 행렬 A와 B의 (a) 합, (b) 차를 구하라.

$$A=\begin{bmatrix}1 & 2 & 3\\ 4 & 5 & 6\end{bmatrix},\quad B=\begin{bmatrix}6 & 3 & 2\\ 5 & 4 & 1\end{bmatrix}$$

예제 8-4 행렬의 전치

다음 행렬의 전치행렬을 구하라.

(a) $A=\begin{bmatrix}5 & 1 & 6\\ \frac{3}{4} & \frac{1}{4} & 9\end{bmatrix}$ (b) $B=\begin{bmatrix}a & x\\ b & y\\ c & z\end{bmatrix}$

> **key point**
> 전치행렬은 원래 행렬의 열과 행을 바꿔 배열한 것이다.

풀이

주어진 행렬의 행과 열을 바꿔 배열하면 전치행렬을 구할 수 있다.

(a) $A^T=\begin{bmatrix}5 & \frac{3}{4}\\ 1 & \frac{1}{4}\\ 6 & 9\end{bmatrix}$ (b) $B^T=\begin{bmatrix}a & b & c\\ x & y & z\end{bmatrix}$

유제 8-4

다음 행렬들의 전치행렬을 구하라.

(a) $A = \begin{bmatrix} \alpha & \beta & \gamma \\ d & e & f \end{bmatrix}$ (b) $B = \begin{bmatrix} 2 \\ 4 \\ 5 \end{bmatrix}$

8.2 행렬의 곱

8.1절에서는 행렬의 연산에서 행렬끼리의 합과 차, 행렬과 스칼라의 곱에 대해 알아보았다. 이 절에서는 행렬의 곱matrix multiplication에 대해 알아볼 것이다. 하지만 임의의 두 행렬의 곱이 항상 정의될 수 있는 것은 아니다. 그러므로 먼저 두 행렬 간의 곱이 정의될 수 있는 조건에 대해 살펴보자.

8.2.1 두 행렬 간의 곱

$m\times n$ 행렬 $A=[a_{jk}]$와 $p\times q$ 행렬 $B=[b_{jk}]$의 곱이 되는 행렬 $C=AB$가 정의되기 위해서는 $n=p$가 되어야 한다. 각각의 행렬 측에서 보면, 첫 번째 행렬인 A의 열의 개수와 두 번째 행렬인 B의 행의 개수가 같아야 한다는 것이다. 그런 조건이 성립할 때 두 행렬의 곱인 C가 정의될 수 있고, 그때 행렬 C의 크기는 행렬 A의 크기인 $m\times n$과 행렬 B의 크기인 $p\times q(=n\times q)$가 곱해진 크기인 $m\times q$가 된다. 즉 $m\times n$ 행렬 $A=[a_{jk}]$와 $n\times q$ 행렬 $B=[b_{jk}]$의 곱이 되는 $m\times q$ 행렬 $C=AB$는 다음과 같이 정의된다.

■ 두 행렬의 곱

$$c_{jk} = \sum_{l=1}^{n} a_{jl}b_{lk} = a_{j1}b_{1k} + a_{j2}b_{2k} + \cdots + a_{jn}b_{nk}$$
$$(\text{단, } j=1,\ 2,\ \cdots,\ m \text{ 그리고 } k=1,\ 2,\ \cdots,\ q) \tag{8.11}$$

행렬의 곱 $AB=C$에 대해 원소들의 관계를 살펴보자.

$$\underset{(m\times n)}{\overset{A}{\begin{bmatrix} a_{11} & a_{12} & \cdots & a_{1n} \\ a_{21} & a_{22} & \cdots & a_{2n} \\ \vdots & \vdots & \vdots & \vdots \\ a_{j1} & a_{j2} & \cdots & a_{jn} \\ \vdots & \vdots & \vdots & \vdots \\ a_{m1} & a_{m2} & \cdots & a_{mn} \end{bmatrix}}} \underset{(n\times q)}{\overset{B}{\begin{bmatrix} b_{11} & b_{12} & \cdots & b_{1k} & \cdots & b_{1q} \\ b_{21} & b_{22} & \cdots & b_{2k} & \cdots & b_{2q} \\ \vdots & \vdots & \vdots & \vdots & \vdots & \vdots \\ b_{n1} & b_{n2} & \cdots & b_{nk} & \cdots & b_{nq} \end{bmatrix}}} = \underset{(m\times q)}{\overset{C}{\begin{bmatrix} c_{11} & c_{12} & \cdots & c_{1k} & \cdots & c_{1q} \\ c_{21} & c_{22} & \cdots & c_{2k} & \cdots & c_{2q} \\ \vdots & \vdots & \vdots & \vdots & \vdots & \vdots \\ c_{j1} & c_{j2} & \cdots & c_{jk} & \cdots & c_{jq} \\ \vdots & \vdots & \vdots & \vdots & \vdots & \vdots \\ c_{m1} & c_{m2} & \cdots & c_{mk} & \cdots & c_{mq} \end{bmatrix}}}$$

앞선 식을 보면 행렬 A에 표시되어 있는 j행과 행렬 B에 표시되어 있는 k열의 원소들을 각각 곱하여 합한 결과가 행렬 C의 원소 c_{jk}로 나타난다. 이와 같은 결과를 식으로 표현하면 다음과 같다.

$$c_{jk} = a_{j1}b_{1k} + a_{j2}b_{2k} + \cdots + a_{jn}b_{nk} \tag{8.12}$$

식 (8.12)는 식 (8.11)에 속하는 부분이긴 하지만, 행렬 간의 곱으로 이루어진 행렬의 원소와 곱해지기 전의 원소와의 관계를 이해하는 데 도움이 될 것이다.

예제 8-5 행렬의 크기와 곱

아래 행렬에 대해 다음을 구하라.

$$A = \begin{bmatrix} a & b \end{bmatrix}, \quad B = \begin{bmatrix} a & b \\ c & d \end{bmatrix}, \quad C = \begin{bmatrix} a & b & c \\ d & e & f \end{bmatrix}$$

(a) 행렬 A, 행렬 B, 행렬 C의 크기

(b) AB　　(c) AC　　(d) BC　　(e) CB

> **key point**
> $m \times n$ 행렬 A와 $p \times q$ 행렬 B의 곱인 AB가 정의되려면 $n = p$가 되어야 한다.

풀이

(a) 행렬 A는 1행과 2열로 이루어져 있으므로 크기는 1×2이다. 같은 방식으로 2행과 2열로 이루어진 행렬 B의 크기는 2×2, 2행과 3열로 이루어진 행렬 C의 크기는 2×3이다.

(b) $$AB = \begin{bmatrix} a & b \end{bmatrix}\begin{bmatrix} a & b \\ c & d \end{bmatrix} = \begin{bmatrix} a \cdot a + b \cdot c & a \cdot b + b \cdot d \end{bmatrix} = \begin{bmatrix} a^2 + bc & b(a+d) \end{bmatrix}$$

(c) $$AC = \begin{bmatrix} a & b \end{bmatrix}\begin{bmatrix} a & b & c \\ d & e & f \end{bmatrix} = \begin{bmatrix} a \cdot a + b \cdot d & a \cdot b + b \cdot e & a \cdot c + b \cdot f \end{bmatrix} = \begin{bmatrix} a^2 + bd & b(a+e) & ac + bf \end{bmatrix}$$

(d) $$BC = \begin{bmatrix} a & b \\ c & d \end{bmatrix}\begin{bmatrix} a & b & c \\ d & e & f \end{bmatrix} = \begin{bmatrix} a \cdot a + b \cdot d & a \cdot b + b \cdot e & a \cdot c + b \cdot f \\ c \cdot a + d \cdot d & c \cdot b + d \cdot e & c \cdot c + d \cdot f \end{bmatrix} = \begin{bmatrix} a^2 + bd & b(a+e) & ac + bf \\ ac + d^2 & bc + de & c^2 + df \end{bmatrix}$$

(e) CB의 경우는 앞 행렬(2×3)의 열의 수(3)와 뒤 행렬(2×2)의 행의 수(2)가 다르기 때문에 행렬의 곱을 구할 수 없다.

유제 8-5

아래 행렬에 대해 다음을 구하라.

$$A = \begin{bmatrix} 2 & -1 \\ 3 & 1 \\ -2 & 0 \end{bmatrix}, \quad B = \begin{bmatrix} 1 & 2 \\ 3 & 4 \end{bmatrix}, \quad C = \begin{bmatrix} 2 & 3 & -2 \\ -1 & 1 & 0 \end{bmatrix}$$

(a) 행렬 A, 행렬 B, 행렬 C의 크기

(b) AB (c) AC (d) CB

벡터의 내적

벡터 a와 b의 **내적**inner product은 다음과 같이 정의된다.

■ 벡터의 내적

$$\begin{aligned} \mathrm{a} \cdot \mathrm{b} &= a_1 b_1 + a_2 b_2 + \cdots + a_n b_n \\ &= \sum_{l=1}^{n} a_l b_l \end{aligned} \tag{8.13}$$

식 (8.13)과 같은 벡터의 내적을 행렬의 관점으로 보면, 다음과 같이 행벡터 a와 열벡터 b의 곱으로 볼 수 있다.

$$\begin{aligned} \mathrm{a} \cdot \mathrm{b} &= \begin{bmatrix} a_1 & \cdots\cdots & a_n \end{bmatrix} \begin{bmatrix} b_1 \\ \vdots \\ b_n \end{bmatrix} \\ &= a_1 b_1 + a_2 b_2 + \cdots + a_n b_n \\ &= \sum_{l=1}^{n} a_l b_l \end{aligned} \tag{8.14}$$

예제 8-6 행벡터와 열벡터의 곱

다음과 같은 두 벡터 A와 B의 내적을 구하라.

$$A = \begin{bmatrix} 1 \\ 3 \\ 5 \\ 7 \\ 9 \end{bmatrix}, \quad B = \begin{bmatrix} 2 & 4 & 6 & 8 & 10 \end{bmatrix}$$

key point

$$\mathrm{a} \cdot \mathrm{b} = \sum_{l=1}^{n} a_l b_l$$

풀이

식 (8.14)에 의해 벡터의 내적은 다음과 같이 계산한다.

$$A \cdot B = \begin{bmatrix} 1 \\ 3 \\ 5 \\ 7 \\ 9 \end{bmatrix} \begin{bmatrix} 2 & 4 & 6 & 8 & 10 \end{bmatrix} = 1 \cdot 2 + 3 \cdot 4 + 5 \cdot 6 + 7 \cdot 8 + 9 \cdot 10 = 190$$

유제 8-6

다음과 같은 두 벡터 A와 B의 내적을 구하라.

$$\mathrm{A}=\begin{bmatrix} a \\ b \\ c \\ d \\ e \end{bmatrix}, \quad \mathrm{B}=[a \ \ b \ \ c \ \ d \ \ e]$$

8.2.2 행렬의 곱의 성질

행렬의 곱은 일반적인 수의 곱과 성질이 비슷하지만, 전혀 다른 성질을 보이기도 한다. 이 절에서는 행렬의 곱과 관련한 여러 가지 성질에 대해 알아보자.

행렬의 곱이 수와 유사한 성질을 갖는 경우

행렬의 곱이 수와 비슷한 성질을 갖는 경우는 다음 식으로 나타낼 수 있다.

$$c\mathrm{AB} = c(\mathrm{AB}) = (c\mathrm{A})\mathrm{B} = \mathrm{A}(c\mathrm{B}) \quad (\text{단, } c\text{는 상수}) \tag{8.15}$$

$$\mathrm{ABC} = \mathrm{A}(\mathrm{BC}) = (\mathrm{AB})\mathrm{C} \tag{8.16}$$

$$(\mathrm{A}+\mathrm{B})\mathrm{C} = \mathrm{AC}+\mathrm{BC} \tag{8.17}$$

$$\mathrm{C}(\mathrm{A}+\mathrm{B}) = \mathrm{CA}+\mathrm{CB} \tag{8.18}$$

$$\mathrm{AI} = \mathrm{IA} = \mathrm{A} \tag{8.19}$$

행렬의 곱이 수와 다른 성질을 갖는 경우

행렬의 곱이 수와 다른 성질을 갖는 경우는 다음과 같다.

❶ 일반적으로 $\mathrm{AB} \neq \mathrm{BA}$이다. 이러한 성질에 대해 행렬의 곱은 비가환적非可換的, not commutative이라고 한다. 즉 행렬의 곱은 교환법칙이 성립하지 않는다.
❷ $\mathrm{AB} = \mathbf{0}$이 반드시 $\mathrm{A} = \mathbf{0}$, $\mathrm{B} = \mathbf{0}$이나 $\mathrm{BA} = \mathbf{0}$을 의미하는 것은 아니다.
❸ $\mathrm{AC} = \mathrm{AD}$가 반드시 $\mathrm{C} = \mathrm{D}$를 의미하는 것은 아니다($\mathrm{A} \neq \mathbf{0}$인 경우 포함).

행렬의 곱의 전치

행렬의 곱이 전치되는 경우는 다음과 같이 각 행렬의 전치행렬을 구하여 순서를 바꿔서 곱한 것과 같은 결과를 얻는다.

$$(\mathrm{AB})^T = \mathrm{B}^T\mathrm{A}^T \tag{8.20}$$

■ 행렬의 곱의 전치

예제 8-7 행렬의 성질

(a) $A = \begin{bmatrix} 1 & 2 \\ 3 & 4 \end{bmatrix}$, $B = \begin{bmatrix} 5 & 6 \\ 7 & 8 \end{bmatrix}$을 사용하여 행렬의 곱이 비가환적($AB \neq BA$)인 성질을 가짐을 보여라.

(b) $A = \begin{bmatrix} a & a \\ b & b \end{bmatrix}$, $B = \begin{bmatrix} -a & a \\ a & -a \end{bmatrix}$를 사용하여 $AB = 0$이 $BA = 0$을 의미하는 것은 아님을 보여라.

풀이

(a) $AB = \begin{bmatrix} 1 & 2 \\ 3 & 4 \end{bmatrix}\begin{bmatrix} 5 & 6 \\ 7 & 8 \end{bmatrix} = \begin{bmatrix} 1 \cdot 5 + 2 \cdot 7 & 1 \cdot 6 + 2 \cdot 8 \\ 3 \cdot 5 + 4 \cdot 7 & 3 \cdot 6 + 4 \cdot 8 \end{bmatrix} = \begin{bmatrix} 19 & 22 \\ 43 & 50 \end{bmatrix}$

$BA = \begin{bmatrix} 5 & 6 \\ 7 & 8 \end{bmatrix}\begin{bmatrix} 1 & 2 \\ 3 & 4 \end{bmatrix} = \begin{bmatrix} 5 \cdot 1 + 6 \cdot 3 & 5 \cdot 2 + 6 \cdot 4 \\ 7 \cdot 1 + 8 \cdot 3 & 7 \cdot 2 + 8 \cdot 4 \end{bmatrix} = \begin{bmatrix} 23 & 34 \\ 31 & 46 \end{bmatrix}$

그러므로 $AB = \begin{bmatrix} 19 & 22 \\ 43 & 50 \end{bmatrix} \neq \begin{bmatrix} 23 & 34 \\ 31 & 46 \end{bmatrix} = BA$, 즉 $AB \neq BA$임을 알 수 있다.

(b) $AB = \begin{bmatrix} a & a \\ b & b \end{bmatrix}\begin{bmatrix} -a & a \\ a & -a \end{bmatrix} = \begin{bmatrix} a \cdot (-a) + a \cdot a & a \cdot a + a \cdot (-a) \\ b \cdot (-a) + b \cdot a & b \cdot a + b \cdot (-a) \end{bmatrix} = \begin{bmatrix} 0 & 0 \\ 0 & 0 \end{bmatrix}$

$BA = \begin{bmatrix} -a & a \\ a & -a \end{bmatrix}\begin{bmatrix} a & a \\ b & b \end{bmatrix} = \begin{bmatrix} (-a) \cdot a + a \cdot b & (-a) \cdot a + a \cdot b \\ a \cdot a + (-a) \cdot b & a \cdot a + (-a) \cdot b \end{bmatrix} = \begin{bmatrix} -a^2 + ab & -a^2 + ab \\ a^2 - ab & a^2 - ab \end{bmatrix}$

그러므로 $AB = \begin{bmatrix} 0 & 0 \\ 0 & 0 \end{bmatrix} = 0 \neq \begin{bmatrix} -a^2 + ab & -a^2 + ab \\ a^2 - ab & a^2 - ab \end{bmatrix}$, 즉 $AB = 0 \neq BA$임을 알 수 있다.

유제 8-7

$A = \begin{bmatrix} 1 & 2 \\ 2 & 3 \end{bmatrix}$, $B = \begin{bmatrix} 3 & 2 \\ 2 & 1 \end{bmatrix}$, $C = \begin{bmatrix} 1 & 1 \\ 2 & 2 \end{bmatrix}$, $D = \begin{bmatrix} -1 & 1 \\ 1 & -1 \end{bmatrix}$에 대하여 AB, BA, CD, DC를 계산하여 $AB \neq BA$, $CD \neq DC$임을 보여라.

예제 8-8 행렬의 곱의 전치

$A = \begin{bmatrix} a & b \\ c & d \end{bmatrix}$, $B = \begin{bmatrix} 1 & 2 \\ 3 & 4 \end{bmatrix}$를 사용하여 $(AB)^T = B^T A^T$임을 증명하라.

풀이

먼저 AB를 계산하면

$$AB = \begin{bmatrix} a & b \\ c & d \end{bmatrix}\begin{bmatrix} 1 & 2 \\ 3 & 4 \end{bmatrix} = \begin{bmatrix} a+3b & 2a+4b \\ c+3d & 2c+4d \end{bmatrix} = \begin{bmatrix} a+3b & 2(a+2b) \\ c+3d & 2(c+2d) \end{bmatrix}$$

가 되고, 행렬 AB의 전치행렬은 $(AB)^T = \begin{bmatrix} a+3b & c+3d \\ 2(a+2b) & 2(c+2d) \end{bmatrix}$와 같이 구해진다.

다음에 A^T와 B^T는 $A^T = \begin{bmatrix} a & c \\ b & d \end{bmatrix}$, $B^T = \begin{bmatrix} 1 & 3 \\ 2 & 4 \end{bmatrix}$와 같이 구해지므로

$$B^T A^T = \begin{bmatrix} 1 & 3 \\ 2 & 4 \end{bmatrix}\begin{bmatrix} a & c \\ b & d \end{bmatrix} = \begin{bmatrix} a+3b & c+3d \\ 2a+4b & 2c+4d \end{bmatrix} = \begin{bmatrix} a+3b & c+3d \\ 2(a+2b) & 2(c+2d) \end{bmatrix}$$

가 된다. 따라서 $(AB)^T = \begin{bmatrix} a+3b & c+3d \\ 2(a+2b) & 2(c+2d) \end{bmatrix} = B^T A^T$가 됨을 알 수 있다.

유제 8-8

다음 두 행렬을 사용하여 $(AB)^T$와 B^TA^T를 계산하라.

$$A = \begin{bmatrix} 1 & 0 \\ 2 & -1 \end{bmatrix},\ B = \begin{bmatrix} 3 & 1 \\ -1 & 2 \end{bmatrix}$$

8.3 행렬과 선형 연립방정식

8.3.1 선형 연립방정식

앞서 배운 행렬은 선형 연립방정식의 해를 구할 때 사용한다. 먼저 선형 연립방정식의 개념부터 살펴보고, 행렬로 선형 연립방정식을 표현하는 방법을 살펴보자.

▪ 선형 연립방정식의 정의

n개의 변수 $x_1,\ x_2,\ \cdots,\ x_n$을 갖는 m개의 방정식으로 이루어진 **선형 연립방정식** linear system은 다음과 같이 나타낼 수 있다.

$$\begin{aligned} a_{11}x_1 + a_{12}x_2 + \cdots + a_{1n}x_n &= r_1 \\ a_{21}x_1 + a_{22}x_2 + \cdots + a_{2n}x_n &= r_2 \\ &\vdots \\ a_{m1}x_1 + a_{m2}x_2 + \cdots + a_{mn}x_n &= r_m \end{aligned} \tag{8.21}$$

여기서 $a_{11},\ a_{12},\ \cdots,\ a_{mn}$은 주어진 상수로, 선형 연립방정식의 계수이다. $r_1,\ \cdots,\ r_m$ 역시 주어진 상수이며, $r_1,\ \cdots,\ r_m$ 모두가 0이면 제차 연립방정식 homogeneous linear system이라고 하고, 그중 하나라도 0이 아니면 비제차 연립방정식 non-homogeneous linear system이라고 한다. 선형 연립방정식의 변수인 $x_1,\ x_2,\ \cdots,\ x_n$이 m개의 방정식을 모두 만족할 수 있는 수의 집합으로 얻어질 때, 그 수의 집합을 선형 연립방정식의 **해** solution라고 한다. 또 선형 연립방정식의 해가 되는 수의 집합을 원소로 하여 이루어진 벡터를 **해벡터** solution vector라고 한다.

▪ 선형 연립방정식의 해벡터

그러면 행렬의 곱과 행렬의 상등을 이용하여 식 (8.21)의 선형 연립방정식을 (8.22)와 같은 행렬로 표현할 수 있다.

$$\begin{bmatrix} a_{11} & a_{12} & \cdots & a_{1n} \\ a_{21} & a_{22} & \cdots & a_{2n} \\ \vdots & \vdots & \ddots & \vdots \\ a_{m1} & a_{m2} & \cdots & a_{mn} \end{bmatrix} \begin{bmatrix} x_1 \\ x_2 \\ \vdots \\ x_n \end{bmatrix} = \begin{bmatrix} r_1 \\ r_2 \\ \vdots \\ r_m \end{bmatrix} \tag{8.22}$$

식 (8.22)의 각각의 행렬을 다음과 같이 둘 수 있다.

$$\mathrm{A} = \begin{bmatrix} a_{11} & a_{12} & \cdots & a_{1n} \\ a_{21} & a_{22} & \cdots & a_{2n} \\ \vdots & \vdots & \ddots & \vdots \\ a_{m1} & a_{m2} & \cdots & a_{mn} \end{bmatrix}, \ \mathrm{x} = \begin{bmatrix} x_1 \\ x_2 \\ \vdots \\ x_n \end{bmatrix}, \ \mathrm{r} = \begin{bmatrix} r_1 \\ r_2 \\ \vdots \\ r_m \end{bmatrix} \tag{8.23}$$

$$\mathrm{Ax} = \mathrm{r} \tag{8.24}$$

▪ 계수행렬

이때 A를 **계수행렬**이라고 하는데, 계수행렬은 영행렬이 되어서는 안 되며, x는 n개, r은 m개의 원소를 가진 행렬이라는 점에 유의해야 한다. 또 계수행렬 A의 마지막 열에 열벡터 r의 원소를 추가하여 이루어진

▪ 첨가행렬

$$\widetilde{\mathrm{A}} = \begin{bmatrix} a_{11} & a_{12} & \cdots & a_{1n} & r_1 \\ a_{21} & a_{22} & \cdots & a_{2n} & r_2 \\ \vdots & \vdots & \ddots & \vdots & \vdots \\ a_{m1} & a_{m2} & \cdots & a_{mn} & r_m \end{bmatrix} \tag{8.25}$$

과 같은 형태의 행렬을 **첨가행렬**augmented matrix이라고 한다. 첨가행렬은 선형 연립방정식이 가진 모든 수를 포함한 행렬을 말한다.

예제 8-9 선형 연립방정식의 행렬 표현

크기가 3×2인 계수행렬을 갖는 선형 연립방정식을 구하고, 그에 따른 첨가행렬을 표현하라.

key point

$m \times n$ 계수행렬

$$\begin{bmatrix} a_{11} & a_{12} & \cdots & a_{1n} \\ a_{21} & a_{22} & \cdots & a_{2n} \\ \vdots & \vdots & \ddots & \vdots \\ a_{m1} & a_{m2} & \cdots & a_{mn} \end{bmatrix}$$

풀이

크기가 3×2이면 3행과 2열로 이루어진 행렬이다. 따라서 식 (8.23)의 크기 $m \times n$의 계수행렬에서 $m = 3$, $n = 2$인 경우를 생각하면 다음과 같은 계수행렬을 얻을 수 있다.

$$\mathrm{A} = \begin{bmatrix} a_{11} & a_{12} \\ a_{21} & a_{22} \\ a_{31} & a_{32} \end{bmatrix}$$

같은 식에서 열벡터 x와 r은 각각 2개와 3개의 원소를 가지므로 다음과 같이 표현할 수 있다.

$$\mathrm{x} = \begin{bmatrix} x_1 \\ x_2 \end{bmatrix}, \ \mathrm{r} = \begin{bmatrix} r_1 \\ r_2 \\ r_3 \end{bmatrix}$$

식 (8.24)에 따라 선형 연립방정식의 형태는 다음과 같이 표현할 수 있다.

$$\mathrm{Ax} = \begin{bmatrix} a_{11} & a_{12} \\ a_{21} & a_{22} \\ a_{31} & a_{32} \end{bmatrix} \begin{bmatrix} x_1 \\ x_2 \end{bmatrix} = \begin{bmatrix} r_1 \\ r_2 \\ r_3 \end{bmatrix} = \mathrm{r}$$

선형 연립방정식과 첨가행렬 $\widetilde{\mathrm{A}}$는 다음과 같이 나타낼 수 있다.

$$\begin{aligned} a_{11}x_1 + a_{12}x_2 &= r_1 \\ a_{21}x_1 + a_{22}x_2 &= r_2 \\ a_{31}x_1 + a_{32}x_2 &= r_3 \end{aligned} \quad \rightarrow \quad \widetilde{\mathrm{A}} = \begin{bmatrix} a_{11} & a_{12} & r_1 \\ a_{21} & a_{22} & r_2 \\ a_{31} & a_{32} & r_3 \end{bmatrix}$$

유제 8-9

크기가 2×3인 계수행렬을 갖는 선형 연립방정식을 구하고, 그에 따른 첨가행렬을 표현하라.

8.3.2 가우스 소거법

가우스 소거법Gauss elimination은 선형 연립방정식으로부터 첨가행렬을 추출하여 소거과정을 되풀이하면서 해를 구하는 방법이다. 여기에서는 한 가지 예로 가우스 소거법을 사용하여 선형 연립방정식의 해를 구하는 과정을 살펴볼 것이다.

그러면 다음과 같은 선형 연립방정식과 그로부터 얻어진 첨가행렬을 나열한 후 가우스 소거법에 대해 논의하기로 하자.

$$\begin{aligned} x_1 - x_2 - 2x_3 &= 3 \\ 2x_1 - x_2 + x_3 &= 5 \\ -3x_1 + 2x_2 - 5x_3 &= 4 \end{aligned} \qquad \begin{bmatrix} 1 & -1 & -2 & 3 \\ 2 & -1 & 1 & 5 \\ -3 & 2 & -5 & 4 \end{bmatrix}$$

위의 연립방정식에서 첫 번째 방정식을 **추축방정식**pivot equation이라고 하고, 이때 x_1의 계수를 **추축**pivot이라고 한다.

▪ 가우스 소거법에서의 추축방정식과 추축

$$\begin{aligned} &\text{(a)} & x_1 - x_2 - 2x_3 &= 3 \\ &\text{(b)} & 2x_1 - x_2 + x_3 &= 5 \\ &\text{(c)} & -3x_1 + 2x_2 - 5x_3 &= 4 \end{aligned} \qquad \begin{bmatrix} \textcircled{1} & -1 & -2 & 3 \\ \boxed{2} & -1 & 1 & 5 \\ \boxed{-3} & 2 & -5 & 4 \end{bmatrix}$$

위의 첨가행렬에 원으로 표시한 부분이 추축에 해당한다. 즉 x_1의 계수가 1이란 의미이다. 이때 먼저 해야 할 일은 추축의 아래에 사각형으로 표시한 나머지 방정식의 x_1항을 소거하는 것이다.

그렇게 하기 위해 다음과 같은 연산을 행하면

$$\begin{aligned}(\text{b})-2(\text{a}) &= (2x_1-x_2+x_3)-2(x_1-x_2-2x_3)=5-2\times3\\ &= x_2+5x_3=-1\\ (\text{c})+3(\text{a}) &= (-3x_1+2x_2-5x_3)+3(x_1-x_2-2x_3)=4+3\times3\\ &= -x_2-11x_2=13\end{aligned}$$

과 같이 되고, (b)-2(a)와 (c)$+3$(a)로 계산한 식은 새로운 (b)와 (c)가 된다. 이와 같은 결과를 연립방정식과 첨가행렬에 반영하면 다음과 같이 된다.

$$\begin{aligned}&(\text{a})\ x_1-x_2-2x_3=3\\ &(\text{b})\qquad x_2+5x_3=-1\\ &(\text{c})\quad\ -x_2-11x_3=13\end{aligned}\qquad \begin{bmatrix}1&-1&-2&3\\0&\textcircled{1}&5&-1\\0&\boxed{-1}&-11&13\end{bmatrix}$$

위 식에서 새로운 추축은 첨가행렬에서 원으로 표시한 1, 즉 x_2의 계수가 되고, 이를 기준으로 다음 식의 x_2를 소거하려면

$$\begin{aligned}(\text{c})+(\text{b}) &= (-x_2-11x_3)+(x_2+5x_3)=13-1\\ &= -6x_2=12\end{aligned}$$

와 같이 계산해야 하고, 이를 반영하면 다음과 같은 결과를 얻는다.

$$\begin{aligned}&(\text{a})\ x_1-x_2-2x_3=3\\ &(\text{b})\qquad x_2+5x_3=-1\\ &(\text{c})\qquad\quad -6x_3=12\end{aligned}\qquad \begin{bmatrix}1&-1&-2&3\\0&1&5&-1\\0&0&-6&12\end{bmatrix}$$

위의 연립방정식에서 (c)에서 (a)로 거슬러 올라가며 계산하면 x_3, x_2, x_1 값을 순서대로 구할 수 있다. 즉 다음과 같이 된다.

(c) $-6x_3=12$를 풀면, $x_3=-2$

(b) $x_2+5(-2)=-1$을 풀면, $x_2=9$

(a) $x_1-9-2(-2)=3$을 풀면, $x_1=8$

이와 같이 가우스 소거법은 추축방정식과 추축을 정하고 소거를 통해 변수의 개수를 줄여가는 방법이다. 마지막으로 변수가 하나 남게 되면, 그 변수의 값을 알 수 있으므로 나머지 변수들의 값도 차례로 알 수 있다. 사실 앞에서 풀어본 연립방정식은 전통적인 방법으로 계산해도 풀 수 있을 정도로 규모가 작다.

하지만 변수가 상당히 많은 큰 규모의 방정식이라면 변수를 소거하는 체계가 잡혀 있는 가우스 소거법으로 해를 구하는 것이 훨씬 간편할 것이다.

가우스 소거법에서 가능한 기본 연산에 대해 정리하면 다음과 같다.

❶ 한 방정식에 0이 아닌 상수를 곱하는 것
❷ 한 방정식의 상수배를 다른 방정식에 더하는 것
❸ 두 방정식을 교환하는 것

■ 가우스 소거법에서의 기본 연산법

위의 항목에서 ❸은 앞의 예에서 보지 못한 것이다. 그러므로 가우스 소거법을 사용할 때 방정식의 순서를 교환하더라도 아무 상관이 없다는 점을 기억해 두는 것이 좋겠다.

예제 8-10 가우스 소거법 : 유일한 해를 갖는 경우

가우스 소거법을 이용하여 다음 선형 연립방정식의 해를 구하라.

key point
첨가행렬을 이용하여 변수를 차례차례 소거한다.

$$\begin{aligned} x_1 - x_2 + x_3 &= 0 \\ -x_1 + x_2 - x_3 &= 0 \\ 2x_2 + 5x_3 &= -1 \\ 2x_1 + x_2 &= 8 \end{aligned}$$

풀이

먼저 선형 연립방정식과 그 첨가행렬을 나열하고 추축방정식과 추축을 결정한다.

$$\begin{aligned} &\text{(a)} & x_1 - x_2 + x_3 &= 0 \\ &\text{(b)} & -x_1 + x_2 - x_3 &= 0 \\ &\text{(c)} & 2x_2 + 5x_3 &= -1 \\ &\text{(d)} & 2x_1 + x_2 &= 8 \end{aligned} \qquad \begin{bmatrix} 1 & -1 & 1 & 0 \\ -1 & 1 & -1 & 0 \\ 0 & 2 & 5 & -1 \\ 2 & 1 & 0 & 8 \end{bmatrix}$$

다음에 추축방정식 (a)를 기준으로 다음 방정식들에서 x_1을 소거한다.

$$\text{(b)}+\text{(a)} = -x_1+x_2-x_3+(x_1-x_2+x_3) = 0$$
$$\text{(d)}-2\text{(a)} = 2x_1+x_2-2(x_1-x_2+x_3) = 3x_2-2x_3 = 8$$

위에서 x_1을 소거하여 얻은 (b)와 (d)를 방정식과 첨가행렬에 반영하면 다음과 같이 된다.

$$\begin{aligned} &\text{(a)} & x_1 - x_2 + x_3 &= 0 \\ &\text{(b)} & 0 &= 0 \\ &\text{(c)} & 2x_2 + 5x_3 &= -1 \\ &\text{(d)} & 3x_2 - 2x_3 &= 8 \end{aligned} \qquad \begin{bmatrix} 1 & -1 & 1 & 0 \\ 0 & 0 & 0 & 0 \\ 0 & 2 & 5 & -1 \\ 0 & 3 & -2 & 8 \end{bmatrix}$$

여기서 가우스 소거법에서의 기본 연산법 ❸에 따라 방정식의 순서를 교환하기로 한다. 모두 0으로 표현되어 있는 (b)를 맨 밑으로 보내고 (c)와 (d)를 한 행씩 올리는 것이다. 즉 (b) → (d), (c) → (b), (d) → (c)와 같이 식을 교환하는 것을 말한다. 그러면

$$
\begin{array}{ll}
\text{(a)} & x_1 - x_2 + x_3 = 0 \\
\text{(b)} & 2x_2 + 5x_3 = -1 \\
\text{(c)} & 3x_2 - 2x_3 = 8 \\
\text{(d)} & 0 = 0
\end{array}
\qquad
\begin{bmatrix} 1 & -1 & 1 & 0 \\ 0 & \textcircled{2} & 5 & -1 \\ 0 & \boxed{3} & -2 & 8 \\ 0 & 0 & 0 & 0 \end{bmatrix}
$$

이 된다. 위 식의 (b)를 추축방정식으로 정해 다음과 같이 x_2를 소거한다.

$$
\begin{aligned}
2(\text{c}) - 3(\text{b}) &= (6x_2 - 4x_3) - (6x_2 + 15x_3) = 16 + 3 \\
&= -19x_3 = 19
\end{aligned}
$$

위 식을 연립방정식과 첨가행렬에 반영하면 다음과 같이 된다.

$$
\begin{array}{ll}
\text{(a)} & x_1 + x_2 - x_3 = 0 \\
\text{(b)} & 2x_2 + 5x_3 = -1 \\
\text{(c)} & -19x_3 = 19 \\
\text{(d)} & 0 = 0
\end{array}
\qquad
\begin{bmatrix} 1 & -1 & 1 & 0 \\ 0 & 2 & 5 & -1 \\ 0 & 0 & -19 & 19 \\ 0 & 0 & 0 & 0 \end{bmatrix}
$$

다음과 같이 (c)에서 (a)로 거슬러 올라가며 계산하면 x_3, x_2, x_1 값을 순서대로 구할 수 있다.

$$
\begin{array}{llll}
\text{(c)} & -19x_3 = 19 & \rightarrow & x_3 = -1 \\
\text{(b)} & 2x_2 + 5(-1) = -1 & \rightarrow & x_2 = 2 \\
\text{(a)} & x_1 - 2 + (-1) = 0 & \rightarrow & x_1 = 3
\end{array}
$$

주어진 연립방정식의 해는 $x_1 = 3$, $x_2 = 2$, $x_3 = -1$임을 알 수 있다.

유제 8-10

가우스 소거법을 이용하여 다음 선형 연립방정식의 해를 구하라.

$$
\begin{aligned}
x_1 + x_2 + x_3 &= 0 \\
-x_1 - x_2 - x_3 &= 0 \\
x_2 + 3x_3 &= 1 \\
3x_1 + 2x_2 - x_3 &= 3
\end{aligned}
$$

예제 8-11 가우스 소거법 : 해가 존재하지 않는 경우

가우스 소거법을 이용하여 다음 선형 연립방정식의 해를 구하라.

$$\begin{aligned} x_1 + x_2 + x_3 &= 3 \\ 2x_1 + x_2 - x_3 &= 1 \\ x_1 + 2x_2 + 4x_3 &= 5 \end{aligned}$$

key point
첨가행렬에서 모순된 결과가 발생하면 해가 존재하지 않는 경우이다.

풀이

연립방정식과 첨가행렬을 나열하고 추축방정식과 추축을 결정한다.

$$\begin{array}{ll} \text{(a)} & x_1 + x_2 + x_3 = 3 \\ \text{(b)} & 2x_1 + x_2 - x_3 = 1 \\ \text{(c)} & x_1 + 2x_2 + 4x_3 = 5 \end{array} \qquad \begin{bmatrix} 1 & 1 & 1 & 3 \\ 2 & 1 & -1 & 1 \\ 1 & 2 & 4 & 5 \end{bmatrix}$$

추축방정식 (a)를 기준으로 (b)와 (c)에서 x_1을 소거한다.

$$\text{(b)}-2\text{(a)} = 2x_1 + x_2 - x_3 - 2(x_1 + x_2 + x_3) = -x_2 - 3x_3 = -5$$

$$\text{(c)}-\text{(a)} = x_1 + 2x_2 + 4x_3 - (x_1 + x_2 + x_3) = x_2 + 3x_3 = 2$$

위 식을 연립방정식과 첨가행렬에 반영하면 다음과 같이 된다.

$$\begin{array}{ll} \text{(a)} & x_1 + x_2 + x_3 = 3 \\ \text{(b)} & -x_2 - 3x_3 = -5 \\ \text{(c)} & x_2 + 3x_3 = 2 \end{array} \qquad \begin{bmatrix} 1 & 1 & 1 & 3 \\ 0 & -1 & -3 & -5 \\ 0 & 1 & 3 & 2 \end{bmatrix}$$

그 다음으로 x_2를 소거하기 위해 다음과 같이 계산한다.

$$\text{(c)}+\text{(b)} = x_2 + 3x_3 + (-x_2 - 3x_3) = 0 = 2 + (-5) = -3$$

위 식을 연립방정식과 첨가행렬에 반영하면 다음과 같이 된다.

$$\begin{array}{ll} \text{(a)} & x_1 + x_2 + x_3 = 3 \\ \text{(b)} & -x_2 - 3x_3 = -5 \\ \text{(c)} & 0 = -3 \end{array} \qquad \begin{bmatrix} 1 & 1 & 1 & 3 \\ 0 & -1 & -3 & -5 \\ 0 & 0 & 0 & -3 \end{bmatrix}$$

위의 (c)를 보면 $0 = -3$이라는 모순된 결과가 나타난다. 이것은 주어진 연립방정식이 해를 갖지 못한다는 사실이 나타난 것이다. 그러므로 가우스 소거법을 수행하는 과정에서 위와 같은 모순이 발생하면, 주어진 연립방정식의 해가 존재하지 않는 경우에 해당한다.

유제 8-11

가우스 소거법을 이용하여 다음 선형 연립방정식의 해를 구하라.

$$\begin{aligned} 3x_1 + 2x_2 + \ \ x_3 &= 3 \\ 2x_1 + \ \ x_2 + \ \ x_3 &= 0 \\ 3x_1 + \ \ x_2 + 2x_3 &= 4 \end{aligned}$$

8.4 행렬식

이 절에서는 고윳값 문제나 미분방정식과 같은 공학적 응용 문제를 해결하기 위해 사용하는 도구인 행렬식에 대해 살펴보기로 하자.

8.4.1 행렬식의 정의

행렬식은 정방행렬로만 정의할 수 있는 스칼라량이다. 여기서는 우선 가장 간단한 정방행렬인 2×2 행렬에 대한 정의부터 시작해 $n\times n$ 행렬로 표현되는 일반적인 행렬식으로 개념을 확장해나갈 것이다.

2차 행렬식

2×2 행렬에 대한 행렬식을 **2차 행렬식**determinant이라고 하고, 다음과 같이 정의한다. 행렬식을 나타낼 때는 앞 절에서 다룬 행렬과 달리 선분 | |을 사용한다.

■ 2차 행렬식의 정의

$$D = \det \mathrm{A} = \begin{vmatrix} a_{11} & a_{12} \\ a_{21} & a_{22} \end{vmatrix} = a_{11}a_{22} - a_{12}a_{21} \qquad (8.26)$$

3차 행렬식

3×3 행렬에 대한 행렬식을 **3차 행렬식**이라 하고, 다음과 같이 정의한다.

■ 3차 행렬식의 정의

$$D = \begin{vmatrix} a_{11} & a_{12} & a_{13} \\ a_{21} & a_{22} & a_{23} \\ a_{31} & a_{32} & a_{33} \end{vmatrix} = a_{11}\begin{vmatrix} a_{22} & a_{23} \\ a_{32} & a_{33} \end{vmatrix} - a_{21}\begin{vmatrix} a_{12} & a_{13} \\ a_{32} & a_{33} \end{vmatrix} + a_{31}\begin{vmatrix} a_{12} & a_{13} \\ a_{22} & a_{23} \end{vmatrix} \qquad (8.27)$$

3차 행렬식을 기억하려면 ❶ 부호가 +, −, + 순이라는 것과 ❷ 각각의 2차 행렬식과 그 앞에 곱해진 원소와의 관계를 알아야 한다. 다음 행렬식을 보면 원소와 2차 행렬식의 관계에 대해 알 수 있다.

$$\begin{vmatrix} a_{11} & a_{12} & a_{13} \\ a_{21} & a_{22} & a_{23} \\ a_{31} & a_{32} & a_{33} \end{vmatrix}, \quad \begin{vmatrix} a_{11} & a_{12} & a_{13} \\ a_{21} & a_{22} & a_{23} \\ a_{31} & a_{32} & a_{33} \end{vmatrix}, \quad \begin{vmatrix} a_{11} & a_{12} & a_{13} \\ a_{21} & a_{22} & a_{23} \\ a_{31} & a_{32} & a_{33} \end{vmatrix}$$

즉 기준이 되는 원소가 a_{11}, a_{21}, a_{31}일 때, 각각의 원소에 따른 2차 행렬식은 그 원소가 속한 행과 열을 제외한 나머지 원소로 구성된다는 것이다. 이와 같이 원래의 행렬식에서 하나의 원소를 중심으로 구성되는 낮은 차수의 행렬식을 **소행렬식**minor이라고 한다.

행렬 $\mathrm{A} = [a_{jk}]$에 대한 소행렬식은 원소 a_{jk}를 기준으로 할 때, A_{jk}와 같이 표현한다. 즉 식 (8.27)을 소행렬식으로 표현하면 다음과 같이 나타낼 수도 있다.

$$\begin{aligned} D &= a_{11}\begin{vmatrix} a_{22} & a_{23} \\ a_{32} & a_{33} \end{vmatrix} - a_{21}\begin{vmatrix} a_{12} & a_{13} \\ a_{32} & a_{33} \end{vmatrix} + a_{31}\begin{vmatrix} a_{12} & a_{13} \\ a_{22} & a_{23} \end{vmatrix} \\ &= a_{11}A_{11} - a_{21}A_{21} + a_{31}A_{31} \end{aligned}$$

위 식의 소행렬식에 부호가 바뀌는 것까지 포함한 포함한 **여인자**cofactor를 다음과 같이 정의할 수 있다.

$$C_{jk} = (-1)^{j+k}A_{jk} \tag{8.28}$$

▪ 여인자의 정의

여인자를 사용하면 식 (8.27)을 다음과 같이 나타낼 수 있다.

$$\begin{aligned} D &= a_{11}\begin{vmatrix} a_{22} & a_{23} \\ a_{32} & a_{33} \end{vmatrix} - a_{21}\begin{vmatrix} a_{12} & a_{13} \\ a_{32} & a_{33} \end{vmatrix} + a_{31}\begin{vmatrix} a_{12} & a_{13} \\ a_{22} & a_{23} \end{vmatrix} \\ &= a_{11}C_{11} + a_{21}C_{21} + a_{31}C_{31} \end{aligned}$$

또한 식 (8.27)의 3차 행렬식을 풀어 쓰면 다음과 같이 된다.

$$\begin{vmatrix} a_{11} & a_{12} & a_{13} \\ a_{21} & a_{22} & a_{23} \\ a_{31} & a_{32} & a_{33} \end{vmatrix} \tag{8.29}$$
$$= a_{11}a_{22}a_{33} - a_{11}a_{23}a_{32} + a_{21}a_{13}a_{32} - a_{21}a_{12}a_{33} + a_{31}a_{12}a_{23} - a_{31}a_{13}a_{22}$$

n차 행렬식

■ n차 행렬식의 정의

일반적인 경우인 $n \times n$ 정방행렬 $\mathrm{A} = [a_{jk}]$에 대한 행렬식을 **n차 행렬식**이라 하고, 다음과 같이 정의한다.

$$D = \det \mathrm{A} = \begin{vmatrix} a_{11} & a_{12} & \cdots & a_{1n} \\ a_{21} & a_{22} & \cdots & a_{2n} \\ \vdots & \vdots & \ddots & \vdots \\ a_{n1} & a_{n2} & \cdots & a_{nn} \end{vmatrix} \tag{8.30}$$

$n \geq 2$의 경우에 대해 여인자를 활용하면, n차 행렬식은

$$D = a_{j1}C_{j1} + a_{j2}C_{j2} + \cdots + a_{jn}C_{jn} \quad (\text{단, } j = 1,\ 2,\ \cdots,\ n) \tag{8.31}$$

과 같이 첨자 j를 선택하여 행(j)에 대해 전개할 수도 있다. 또한

$$D = a_{1k}C_{1k} + a_{2k}C_{2k} + \cdots + a_{nk}C_{nk} \quad (\text{단, } k = 1,\ 2,\ \cdots,\ n) \tag{8.32}$$

와 같이 첨자 k를 선택하여 열(k)에 대해 전개할 수도 있다. 그 결과 식 (8.31)과 식 (8.32)는 각각 다음과 같이 나타낼 수 있다.

$$D = \sum_{k=1}^{n} a_{jk}C_{jk} = \sum_{k=1}^{n} (-1)^{j+k} a_{jk}A_{jk} \quad (\text{단, } j = 1,\ 2,\ \cdots,\ n) \tag{8.33}$$

$$D = \sum_{j=1}^{n} a_{jk}C_{jk} = \sum_{j=1}^{n} (-1)^{j+k} a_{jk}A_{jk} \quad (\text{단, } k = 1,\ 2,\ \cdots,\ n) \tag{8.34}$$

예제 8-12 2차 행렬식 계산

다음 2차 행렬식에서 a, b, c 값을 구하라.

$$\begin{vmatrix} 3 & b \\ 2 & a \end{vmatrix} = \begin{vmatrix} 2 & 1 \\ c & b \end{vmatrix} = \begin{vmatrix} c & a \\ 2 & 3 \end{vmatrix} = 1$$

key point

$$\begin{vmatrix} a_{11} & a_{12} \\ a_{21} & a_{22} \end{vmatrix} = a_{11}a_{22} - a_{12}a_{21}$$

풀이

2차 행렬식은 다음과 같이 계산할 수 있다.

$$\begin{vmatrix} 3 & b \\ 2 & a \end{vmatrix} = 3a - 2b = 1, \quad \begin{vmatrix} 2 & 1 \\ c & b \end{vmatrix} = 2b - c = 1, \quad \begin{vmatrix} c & a \\ 2 & 3 \end{vmatrix} = 3c - 2a = 1$$

위의 행렬식에서 얻은 세 방정식을 연립방정식으로 풀면 다음과 같이 a, b, c 값을 구할 수 있다.

$$a = 1,\ b = 1,\ c = 1$$

유제 8-12

다음 2차 행렬식에서 a, b, c 값을 구하라.

$$\begin{vmatrix} 3 & 1 \\ 1 & a \end{vmatrix} = \begin{vmatrix} -2 & b \\ 1 & 1 \end{vmatrix} = \begin{vmatrix} c & 2 \\ 3 & 3 \end{vmatrix} = 1$$

예제 8-13 3차 행렬식 계산

다음 3차 행렬식 값을 구하고, 여인자 C_{11}, C_{21}, C_{31} 값을 구하라.

$$D_3 = \begin{vmatrix} 1 & 2 & 3 \\ 4 & 5 & 6 \\ 7 & 8 & 9 \end{vmatrix}$$

key point

$$C_{jk} = (-1)^{j+k} A_{j+k}$$

풀이

3차 행렬식은 식 (8.27)을 이용하여 다음과 같이 계산할 수 있다.

$$D_3 = \begin{vmatrix} 1 & 2 & 3 \\ 4 & 5 & 6 \\ 7 & 8 & 9 \end{vmatrix} = 1\begin{vmatrix} 5 & 6 \\ 8 & 9 \end{vmatrix} - 4\begin{vmatrix} 2 & 3 \\ 8 & 9 \end{vmatrix} + 7\begin{vmatrix} 2 & 3 \\ 5 & 6 \end{vmatrix}$$
$$= (45-48) - 4(18-24) + 7(12-15) = 0$$

위의 행렬식을 소행렬식으로 표현하면 다음과 같다.

$$D_3 = 1\begin{vmatrix} 5 & 6 \\ 8 & 9 \end{vmatrix} - 4\begin{vmatrix} 2 & 3 \\ 8 & 9 \end{vmatrix} + 7\begin{vmatrix} 2 & 3 \\ 5 & 6 \end{vmatrix} = A_{11} - 4A_{21} + 7A_{31}$$
$$A_{11} = \begin{vmatrix} 5 & 6 \\ 8 & 9 \end{vmatrix},\quad A_{21} = \begin{vmatrix} 2 & 3 \\ 8 & 9 \end{vmatrix},\quad A_{31} = \begin{vmatrix} 2 & 3 \\ 5 & 6 \end{vmatrix}$$

한편, 여인자의 정의를 나타낸 식 (8.28)을 이용하면

$$C_{11} = (-1)^2 A_{11} = A_{11},\quad C_{21} = (-1)^3 A_{21} = -A_{21},\quad C_{31} = (-1)^4 A_{31} = A_{31}$$

이 됨을 알 수 있으므로 각각의 여인자는

$$C_{11} = \begin{vmatrix} 5 & 6 \\ 8 & 9 \end{vmatrix} = 45-48 = -3,$$
$$C_{21} = -\begin{vmatrix} 2 & 3 \\ 8 & 9 \end{vmatrix} = -(18-24) = 6,$$
$$C_{31} = \begin{vmatrix} 2 & 3 \\ 5 & 6 \end{vmatrix} = 12-15 = -3$$

과 같이 계산할 수 있다.

유제 8-13

다음 3차 행렬식 값을 구하고, 여인자 C_{11}, C_{21}, C_{31} 값을 구하라.

$$D_3 = \begin{vmatrix} 1 & 4 & 7 \\ 2 & 5 & 8 \\ 3 & 6 & 9 \end{vmatrix}$$

8.4.2 행렬식의 성질

행렬식의 성질에 대해 정리하고, 예제를 통해 각각의 성질을 확인해보자.

정리 8-1 행의 교환

행렬식에서 두 행을 교환하는 것은 그 행렬식의 값에 -1을 곱하는 것과 같다.

예제 8-14 정리 증명 : 행의 교환

다음의 2차 행렬식을 이용하여 [정리 8-1]을 증명하라.

$$A = \begin{vmatrix} a & b \\ c & d \end{vmatrix}, \quad B = \begin{vmatrix} c & d \\ a & b \end{vmatrix}$$

풀이

A와 B는 a, b가 원소인 행과 c, d가 원소인 행이 서로 바뀌어 있는 2차 행렬식이다. 그러므로 $A = -B$가 성립하면 [정리 8-1]을 증명할 수 있다. A, $-B$를 행렬식으로 나타내면 다음과 같다.

$$A = \begin{vmatrix} a & b \\ c & d \end{vmatrix} = ad - bc,$$

$$-B = -\begin{vmatrix} c & d \\ a & b \end{vmatrix} = -(cb - ad) = ad - bc$$

$A = -B$가 성립하므로 [정리 8-1]을 만족한다.

유제 8-14

다음의 2차 행렬식의 값을 구하여 비교하라.

$$A = \begin{vmatrix} 1 & 2 \\ 3 & 4 \end{vmatrix}, \quad B = \begin{vmatrix} 3 & 4 \\ 1 & 2 \end{vmatrix}$$

정리 8-2 행의 상수배 덧셈

행렬식에서 한 행의 상수배를 다른 행에 더해도 행렬식의 값은 변하지 않는다.

예제 8-15 정리 증명 : 행의 상수배 덧셈

행렬 A $=\begin{bmatrix} a & b \\ c & d \end{bmatrix}$에 대해, 다음 식을 만족하는지 확인하라.

$$\begin{vmatrix} a & b \\ c & d \end{vmatrix} = \begin{vmatrix} a & b \\ c+2a & d+2b \end{vmatrix}$$

풀이

좌변과 우변의 행렬식을 각각 계산하면

$$(\text{좌변}) = \begin{vmatrix} a & b \\ c & d \end{vmatrix} = ad-bc$$

$$(\text{우변}) = \begin{vmatrix} a & b \\ c+2a & d+2b \end{vmatrix} = a(d+2b)-b(c+2a)$$

$$= ad+2ab-bc-2ab = ad-bc$$

와 같이 되어 좌변과 우변이 같음을 알 수 있다. 따라서 [정리 8-2]가 성립한다.

유제 8-15

2차 행렬식 $A=\begin{vmatrix} 2 & 3 \\ 4 & 5 \end{vmatrix}$, $B=\begin{vmatrix} 2 & 3 \\ 4+(2\times 2) & 5+(3\times 2) \end{vmatrix}$ 값을 구하여 비교하라.

정리 8-3 행의 상수배

행렬식에서 한 행에 상수배를 한 것은 행렬식의 값을 상수배한 것과 같다.

예제 8-16 정리 증명 : 행의 상수배

행렬 A $=\begin{bmatrix} a & b \\ c & d \end{bmatrix}$에 대해, 다음 식을 만족하는지 확인하라.

$$\begin{vmatrix} 2a & 2b \\ c & d \end{vmatrix} = 2\begin{vmatrix} a & b \\ c & d \end{vmatrix}$$

풀이

위 식은 행렬 A의 첫 행 원소인 a, b에 각각 2배로 한 행렬의 행렬식과, 행렬 A의 행렬식에 2배를 한 것과 같다는 의미이다.

좌변과 우변의 행렬식을 각각 계산하면

$$(\text{좌변}) = \begin{vmatrix} 2a & 2b \\ c & d \end{vmatrix} = 2ad-2bc$$

$$(\text{우변}) = 2\begin{vmatrix} a & b \\ c & d \end{vmatrix} = 2(ad-bc) = 2ad-2bc$$

와 같이 되어 좌변과 우변이 같음을 알 수 있다. 따라서 [정리 8-3]이 성립한다.

유제 8-16

행렬 $\mathrm{A} = \begin{bmatrix} 2 & 2 \\ 3 & 5 \end{bmatrix}$에 대해, 다음 행렬식의 값을 구하여 비교하라.

$$B = \begin{vmatrix} 2\times 2 & 2\times 2 \\ 3 & 5 \end{vmatrix}, \quad C = 2\begin{vmatrix} 2 & 2 \\ 3 & 5 \end{vmatrix}$$

정리 8-4 전치와 행렬식

임의의 행렬과 그 전치행렬의 행렬식 값은 동일하다.

예제 8-17 정리 증명 : 전치와 행렬식

행렬 $\mathrm{A}=\begin{bmatrix} a & b \\ c & d \end{bmatrix}$에 대해, $\det\mathrm{A}$와 $\det\mathrm{A}^T$를 구하라.

풀이

먼저 행렬 A의 행렬식부터 구한다.

$$\det\mathrm{A} = \begin{vmatrix} a & b \\ c & d \end{vmatrix} = ad-bc$$

A의 전치행렬은 $\mathrm{A}^T=\begin{bmatrix} a & c \\ b & d \end{bmatrix}$이므로 그 행렬식은 다음과 같다.

$$\det\mathrm{A}^T = \begin{vmatrix} a & c \\ b & d \end{vmatrix} = ad-bc$$

이 결과로부터

$$\det\mathrm{A} = \det\mathrm{A}^T$$

라는 사실을 확인할 수 있다. 따라서 [정리 8-4]가 성립한다.

유제 8-17

행렬 $\mathrm{A} = \begin{bmatrix} 3 & 3 \\ 4 & 5 \end{bmatrix}$에 대해, $\det\mathrm{A}$와 $\det\mathrm{A}^T$ 값을 구하여 비교하라.

정리 8-5 영벡터와 행렬식

행렬에 0행이나 0열(영벡터)이 존재하면, 그 행렬식의 값은 0이 된다.

예제 8-18 정리 증명 : 영벡터와 행렬식

다음 등식이 성립함을 보여라.

$$\begin{vmatrix} a & b & c \\ 0 & 0 & 0 \\ d & e & f \end{vmatrix} = \begin{vmatrix} g & 0 & j \\ h & 0 & k \\ i & 0 & l \end{vmatrix}$$

풀이

3차 행렬식의 정의로부터 좌변에 있는 행렬식의 값을 구하면 다음과 같이 된다.

$$\begin{aligned} \begin{vmatrix} a & b & c \\ 0 & 0 & 0 \\ d & e & f \end{vmatrix} &= a\begin{vmatrix} 0 & 0 \\ e & f \end{vmatrix} - 0\begin{vmatrix} b & c \\ e & f \end{vmatrix} + d\begin{vmatrix} b & c \\ 0 & 0 \end{vmatrix} \\ &= a(0-0) - 0(bf-ec) + d(0-0) \\ &= 0 \end{aligned}$$

또한 우변에 있는 행렬식의 값을 구하면 다음과 같이 된다.

$$\begin{aligned} \begin{vmatrix} g & 0 & j \\ h & 0 & k \\ i & 0 & l \end{vmatrix} &= g\begin{vmatrix} 0 & k \\ 0 & l \end{vmatrix} - h\begin{vmatrix} 0 & j \\ 0 & l \end{vmatrix} + i\begin{vmatrix} 0 & j \\ 0 & k \end{vmatrix} \\ &= g(0-0) - h(0-0) + i(0-0) \\ &= 0 \end{aligned}$$

결과적으로 양변의 행렬식 값이 모두 0이 됨을 알 수 있다. 따라서 [정리 8-5]가 성립한다.

유제 8-18

다음 행렬식의 값을 구하여 비교하라.

$$A = \begin{vmatrix} 0 & 0 & 0 \\ a & b & c \\ d & e & f \end{vmatrix}, \quad B = \begin{vmatrix} g & j & 0 \\ h & k & 0 \\ i & l & 0 \end{vmatrix}$$

정리 8-6 비례하는 행[열]과 행렬식

임의의 행이나 열과 비례하는 값을 가진 행이나 열이 존재하면 그 행렬식의 값은 0이 된다. 따라서 똑같은 행이나 열이 존재해도 행렬식의 값은 0이 된다.

예제 8-19 정리 증명 : 비례하는 행[열]과 행렬식

다음 등식이 성립함을 보여라.

$$\begin{vmatrix} a & b & c \\ 2a & 2b & 2c \\ d & e & f \end{vmatrix} = \begin{vmatrix} g & 2j & j \\ h & 2k & k \\ i & 2l & l \end{vmatrix}$$

풀이

좌변은 2행이 1행의 2배가 되는 원소로 이루어진 행렬식이고, 우변은 2열이 3열의 2배가 되는 원소로 이루어진 행렬식이다. 즉 양변의 행렬식은 임의의 행과 열에 비례하는 값을 가진 행과 열을 가진 행렬식이라는 사실에 주목하자.

3차 행렬식의 정의로부터 좌변에 있는 행렬식의 값을 구하면 다음과 같이 된다.

$$\begin{aligned}\begin{vmatrix} a & b & c \\ 2a & 2b & 2c \\ d & e & f \end{vmatrix} &= a\begin{vmatrix} 2b & 2c \\ e & f \end{vmatrix} - 2a\begin{vmatrix} b & c \\ e & f \end{vmatrix} + d\begin{vmatrix} b & c \\ 2b & 2c \end{vmatrix} \\ &= a(2bf-2ec)-2a(bf-ec)+d(2bc-2bc) \\ &= 0\end{aligned}$$

또한 우변에 있는 행렬식의 값을 구하면 다음과 같이 된다.

$$\begin{aligned}\begin{vmatrix} g & 2j & j \\ h & 2k & k \\ i & 2l & l \end{vmatrix} &= g\begin{vmatrix} 2k & k \\ 2l & l \end{vmatrix} - h\begin{vmatrix} 2j & j \\ 2l & l \end{vmatrix} + i\begin{vmatrix} 2j & j \\ 2k & k \end{vmatrix} \\ &= g(2kl-2kl)-h(2jl-2jl)+i(2jk-2jk) \\ &= 0\end{aligned}$$

결과적으로 양변의 행렬식의 값이 모두 0이 됨을 알 수 있다. 따라서 [정리 8-6]이 성립한다.

유제 8-19

다음 행렬식의 값을 구하여 비교하라.

$$A = \begin{vmatrix} a & b & c \\ 2d & 2e & 2f \\ d & e & f \end{vmatrix}, \quad B = \begin{vmatrix} g & 2g & j \\ h & 2h & k \\ i & 2i & l \end{vmatrix}$$

지금까지 행렬식과 관련된 성질을 살펴보았다. 앞선 정리를 이해해 두면 행렬식을 응용하는 데 도움이 될 것이다.

8.4.3 크라메르 법칙

선형 연립방정식의 해를 구하는 유용한 방법으로 크라메르 법칙Cramer's rule이 있다. 여기서는 크라메르 법칙에 대해 단계별로 학습할 것이다.

2개의 미지수를 가진 연립방정식의 해

먼저 다음과 같이 2개의 미지수를 가진 연립방정식의 해를 구하는 방법에 대해 알아보자.

$$\begin{aligned} a_{11}x_1 + a_{12}x_2 &= r_1 \\ a_{21}x_1 + a_{22}x_2 &= r_2 \end{aligned} \tag{8.35}$$

위 식에 적당한 계수를 곱해 x_2를 소거하면

$$(a_{11}a_{22} - a_{12}a_{21})x_1 = a_{22}r_1 - a_{12}r_2$$

와 같은 식을 얻을 수 있다. 같은 방법으로 x_1을 소거하면

$$(a_{11}a_{22} - a_{12}a_{21})x_2 = a_{11}r_2 - a_{21}r_1$$

과 같은 식을 얻을 수 있다. 이제

$$D = a_{11}a_{22} - a_{12}a_{21}$$

로 가정한 다음, 앞서 얻은 두 식을 D로 나눠보자. 이때 D는 0이 아니어야 한다. 그러면

$$\begin{aligned} x_1 &= \frac{r_1a_{22} - a_{12}r_2}{D} = \frac{\begin{vmatrix} r_1 & a_{12} \\ r_2 & a_{22} \end{vmatrix}}{D} \\ x_2 &= \frac{a_{11}r_2 - r_1a_{21}}{D} = \frac{\begin{vmatrix} a_{11} & r_1 \\ a_{21} & r_2 \end{vmatrix}}{D} \end{aligned} \tag{8.36}$$

▪ 2차 행렬식을 이용한 크라메르 공식

와 같이 식 (8.35)의 해를 구할 수 있다.

3개의 미지수를 가진 연립방정식의 해

다음과 같이 3개의 미지수를 가진 선형 연립방정식의 해를 구하는 방법에 대해 알아보자.

$$\begin{aligned} a_{11}x_1 + a_{12}x_2 + a_{13}x_3 &= r_1 \\ a_{21}x_1 + a_{22}x_2 + a_{23}x_3 &= r_2 \\ a_{31}x_1 + a_{32}x_2 + a_{33}x_3 &= r_3 \end{aligned} \tag{8.37}$$

2개의 미지수를 가진 선형 연립방정식에서 해를 구할 때 사용한 방법으로 식 (8.37)의 해를 구해보자.

■ 3차 행렬식을 이용한 크라메르 공식

$$x_1 = \frac{\begin{vmatrix} r_1 & a_{12} & a_{13} \\ r_2 & a_{22} & a_{23} \\ r_3 & a_{32} & a_{33} \end{vmatrix}}{D}, \quad x_2 = \frac{\begin{vmatrix} a_{11} & r_1 & a_{13} \\ a_{21} & r_2 & a_{23} \\ a_{31} & r_3 & a_{33} \end{vmatrix}}{D}, \quad x_3 = \frac{\begin{vmatrix} a_{11} & a_{12} & r_1 \\ a_{21} & a_{22} & r_2 \\ a_{31} & a_{32} & r_3 \end{vmatrix}}{D} \tag{8.38}$$

여기서 D는 식 (8.37)의 계수를 원소로 하는 계수행렬로부터 얻은 행렬식이다. 즉 다음과 같다.

$$D = \begin{vmatrix} a_{11} & a_{12} & a_{13} \\ a_{21} & a_{22} & a_{23} \\ a_{31} & a_{32} & a_{33} \end{vmatrix}$$

그리고 식 (8.38)에서 각각의 해의 분자를 다음과 같이 두면

$$D_1 = \begin{vmatrix} r_1 & a_{12} & a_{13} \\ r_2 & a_{22} & a_{23} \\ r_3 & a_{32} & a_{33} \end{vmatrix}, \quad D_2 = \begin{vmatrix} a_{11} & r_1 & a_{13} \\ a_{21} & r_2 & a_{23} \\ a_{31} & r_3 & a_{33} \end{vmatrix}, \quad D_3 = \begin{vmatrix} a_{11} & a_{12} & r_1 \\ a_{21} & a_{22} & r_2 \\ a_{31} & a_{32} & r_3 \end{vmatrix} \tag{8.39}$$

선형 연립방정식의 해인 식 (8.38)은 다음과 같이 쓸 수 있다.

$$x_1 = \frac{D_1}{D}, \quad x_2 = \frac{D_2}{D}, \quad x_3 = \frac{D_3}{D} \tag{8.40}$$

여기서 한 가지 유의할 점은, 식 (8.39)와 같이 근의 분모 역할을 하는 행렬식 안에서 원소를 배열하는 방법이다. 식 (8.39)를 잘 살펴보면 알 수 있듯이, D의 첨자와 같은 수를 가진 계수 열을 연립방정식 $\mathbf{A}\mathbf{x} = \mathbf{r}$의 $\mathbf{r}$에 해당하는 열로 치환하면 된다. 즉 x_1의 경우, 분자가 D_1이므로 계수행렬에서 1열 원소인 a_{11}, a_{21}, a_{31}을 $\mathbf{r}$의 원소인 r_1, r_2, r_3로 바꾸면 된다. 이와 같은 원칙은 미지수의 개수에 상관없이 똑같이 적용된다.

n개의 미지수를 가진 연립방정식의 해

지금까지 해를 유도한 방법을 일반화해보자. 미지수의 수를 n개라고 가정한 선형 연립방정식의 형태는 다음과 같다.

$$\begin{aligned} a_{11}x_1 + a_{12}x_2 + \cdots + a_{1n}x_n &= r_1 \\ a_{21}x_1 + a_{22}x_2 + \cdots + a_{2n}x_n &= r_2 \\ &\vdots \\ a_{n1}x_1 + a_{n2}x_2 + \cdots + a_{nn}x_n &= r_n \end{aligned} \tag{8.41}$$

이때 식 (8.41)의 계수행렬의 행렬식은 다음과 같다.

$$D = \begin{vmatrix} a_{11} & a_{12} & \cdots & a_{1n} \\ a_{21} & a_{22} & \cdots & a_{2n} \\ \vdots & \vdots & \ddots & \vdots \\ a_{n1} & a_{n2} & \cdots & a_{nn} \end{vmatrix}$$

0이 아니라는 가정하에, 식 (8.41)의 해는 다음과 같이 나타낼 수 있다.

$$x_1 = \frac{D_1}{D},\ x_2 = \frac{D_2}{D},\ \cdots,\ x_n = \frac{D_n}{D} \tag{8.42}$$

여기서 근의 분자에 해당되는 D_1, D_2, $\cdots$, D_n은 다음과 같다.

$$D_1 = \begin{vmatrix} r_1 & a_{12} & \cdots & a_{1n} \\ r_2 & a_{22} & \cdots & a_{2n} \\ \vdots & \vdots & \ddots & \vdots \\ r_n & a_{n2} & \cdots & a_{nn} \end{vmatrix},$$

$$D_2 = \begin{vmatrix} a_{11} & r_1 & \cdots & a_{1n} \\ a_{21} & r_2 & \cdots & a_{2n} \\ \vdots & \vdots & \ddots & \vdots \\ a_{n1} & r_n & \cdots & a_{nn} \end{vmatrix},$$

$$\cdots,$$

$$D_n = \begin{vmatrix} a_{11} & a_{12} & \cdots & r_1 \\ a_{21} & a_{22} & \cdots & r_2 \\ \vdots & \vdots & \ddots & \vdots \\ a_{n1} & a_{n2} & \cdots & r_n \end{vmatrix}$$

식 (8.42)는 **크라메르 법칙**Cramer's rule에 따라 구한 선형 연립방정식의 일반해의 형태를 나타낸 것이다.

예제 8-20 크라메르 공식의 활용 ①

크라메르 공식을 이용하여 다음 선형 연립방정식의 해를 구하라.

$$5x_1 + 2x_2 = 3$$
$$3x_1 + 4x_2 = -1$$

풀이

2개의 미지수를 가진 연립방정식이므로 식 (8.36)을 이용하면 다음과 같이 해를 구할 수 있다.

$$x_1 = \frac{\begin{vmatrix} r_1 & a_{12} \\ r_2 & a_{22} \end{vmatrix}}{D} = \frac{\begin{vmatrix} 3 & 2 \\ -1 & 4 \end{vmatrix}}{14} = 1, \quad x_2 = \frac{\begin{vmatrix} a_{11} & r_1 \\ a_{21} & r_2 \end{vmatrix}}{D} = \frac{\begin{vmatrix} 5 & 3 \\ 3 & -1 \end{vmatrix}}{14} = -1$$

이때 분모로 사용되는 D는 계수행렬에서 $D = \begin{vmatrix} 5 & 2 \\ 3 & 4 \end{vmatrix} = 14$와 같이 구한다.

유제 8-20

크라메르 공식을 이용하여 다음 선형 연립방정식의 해를 구하라.

$$4x_1 + 3x_2 = 11$$
$$2x_1 + 5x_2 = 2$$

예제 8-21 크라메르 공식의 활용 ②

크라메르 공식을 이용하여 다음 선형 연립방정식의 해를 구하라.

$$\begin{aligned} x_1 + 3x_2 \qquad\quad &= 2 \\ 2x_1 + 6x_2 + 4x_3 &= 1 \\ x_1 \qquad\quad - 2x_3 &= 1 \end{aligned}$$

풀이

먼저 계수행렬에서 D를 구하면 다음과 같다.

$$D = \begin{vmatrix} 1 & 3 & 0 \\ 2 & 6 & 4 \\ 1 & 0 & -2 \end{vmatrix} = 1\begin{vmatrix} 6 & 4 \\ 0 & -2 \end{vmatrix} - 2\begin{vmatrix} 3 & 0 \\ 0 & -2 \end{vmatrix} + 1\begin{vmatrix} 3 & 0 \\ 6 & 4 \end{vmatrix} = 12$$

이렇게 구한 D 값과 식 (8.38)을 이용하면 다음과 같은 식을 얻을 수 있다.

$$x_1 = \frac{\begin{vmatrix} 2 & 3 & 0 \\ 1 & 6 & 4 \\ 1 & 0 & -2 \end{vmatrix}}{12}, \quad x_2 = \frac{\begin{vmatrix} 1 & 2 & 0 \\ 2 & 1 & 4 \\ 1 & 1 & -2 \end{vmatrix}}{12}, \quad x_3 = \frac{\begin{vmatrix} 1 & 3 & 2 \\ 2 & 6 & 1 \\ 1 & 0 & 1 \end{vmatrix}}{12}$$

분자의 행렬식을 계산하면 다음과 같은 값을 얻는다.

$$\begin{vmatrix} 2 & 3 & 0 \\ 1 & 6 & 4 \\ 1 & 0 & -2 \end{vmatrix} = 2\begin{vmatrix} 6 & 4 \\ 0 & -2 \end{vmatrix} - \begin{vmatrix} 3 & 0 \\ 0 & -2 \end{vmatrix} + \begin{vmatrix} 3 & 0 \\ 6 & 4 \end{vmatrix} = -6,$$

$$\begin{vmatrix} 1 & 2 & 0 \\ 2 & 1 & 4 \\ 1 & 1 & -2 \end{vmatrix} = \begin{vmatrix} 1 & 4 \\ 1 & -2 \end{vmatrix} - 2\begin{vmatrix} 2 & 0 \\ 1 & -2 \end{vmatrix} + \begin{vmatrix} 2 & 0 \\ 1 & 4 \end{vmatrix} = 10,$$

$$\begin{vmatrix} 1 & 3 & 2 \\ 2 & 6 & 1 \\ 1 & 0 & 1 \end{vmatrix} = \begin{vmatrix} 6 & 1 \\ 0 & 1 \end{vmatrix} - 2\begin{vmatrix} 3 & 2 \\ 0 & 1 \end{vmatrix} + \begin{vmatrix} 3 & 2 \\ 6 & 1 \end{vmatrix} = -9$$

그러므로 연립방정식의 해는 다음과 같이 구할 수 있다.

$$x_1 = -\frac{1}{2},\ x_2 = \frac{5}{6},\ x_3 = -\frac{3}{4}$$

유제 8-21

크라메르 공식을 이용하여 다음 선형 연립방정식의 해를 구하라.

$$\begin{aligned} x_1 + \ \ x_2 + \ \ x_3 &= 0 \\ 2x_1 + 5x_2 + 3x_3 &= 1 \\ -x_1 + 2x_2 + \ \ x_3 &= 2 \end{aligned}$$

8.5 역행렬

행렬 A 에 대한 **역행렬**inverse matrix은 A^{-1}로 표시하는데, 행렬과 그 역행렬과의 관계는 다음과 같이 정의한다.

$$AA^{-1} = A^{-1}A = I \tag{8.43}$$

▪ 정칙행렬과 특이행렬

모든 행렬에 대한 역행렬이 존재하는 것은 아니다. 역행렬을 갖는 행렬을 **정칙행렬**nonsingular matrix, 역행렬을 갖지 못하는 행렬을 **특이행렬**singular matrix이라고 한다. 이 절에서는 정방행렬의 역행렬에 대해서만 살펴볼 것이다.

정리 8-7 역행렬의 유일성 정리

행렬이 역행렬을 갖는다면, 그 역행렬은 여러 개 존재할 수 없는 유일한 것이다.

역행렬의 유일성 정리의 증명

행렬 B와 C가 행렬 A의 역행렬이라고 가정하면 다음과 같이 표현할 수 있다.

$$AB = I, \quad CA = I$$

위의 등식을 이용하면 다음과 같은 등식이 성립함을 알 수 있다.

$$B = IB = (CA)B = C(AB) = CI = C$$

결과적으로 B = C가 된다. 이는 행렬 A의 역행렬이 두 개라는 말이 아니라 동일한 대상을 다른 문자로 표현한 것일 뿐이다. 그러므로 역행렬은 여러 개 존재하지 않고, 유일하게 존재한다는 사실을 알 수 있다.

역행렬의 계산

이제 역행렬을 계산하는 방법에 대해 알아보자. 먼저 다음과 같은 2×2 행렬이 있다고 가정해보자.

$$A = \begin{bmatrix} a_{11} & a_{12} \\ a_{21} & a_{22} \end{bmatrix}$$

행렬 A의 역행렬은 다음과 같이 계산한다.

■ 2×2 역행렬의 계산

$$A^{-1} = \frac{1}{\det A}\begin{bmatrix} a_{22} & -a_{12} \\ -a_{21} & a_{11} \end{bmatrix} \tag{8.44}$$

역행렬 계산을 $n \times n$ 행렬로 일반화하면 다음과 같이 나타낼 수 있다. 여기서 $C_{11}, \cdots, C_{nn}$으로 표현된 것은 8.4절에서 살펴보았던 여인자이다.[1]

1 식 (8.28) 참조

■ $n \times n$ 역행렬의 계산

$$A^{-1} = \frac{1}{\det A}\begin{bmatrix} C_{11} & C_{21} & \cdots & C_{n1} \\ C_{12} & C_{22} & \cdots & C_{n2} \\ \vdots & \vdots & \ddots & \vdots \\ C_{1n} & C_{2n} & \cdots & C_{nn} \end{bmatrix} \tag{8.45}$$

식 (8.43)을 이용하여 3×3 행렬의 역행렬을 구해보자. 먼저 3×3 행렬 A를 다음과 같이 두자.

$$A = \begin{bmatrix} a_{11} & a_{12} & a_{13} \\ a_{21} & a_{22} & a_{23} \\ a_{31} & a_{32} & a_{33} \end{bmatrix}$$

행렬 A의 역행렬은 다음과 같이 계산한다.

$$A^{-1}=\frac{1}{\det A}\begin{bmatrix} C_{11} & C_{21} & C_{31} \\ C_{12} & C_{22} & C_{32} \\ C_{13} & C_{23} & C_{33} \end{bmatrix} \tag{8.46}$$

■ 3×3 역행렬의 계산

식 (8.43)을 잘 기억해 두면 모든 정방행렬의 역행렬을 계산할 수 있다. 특히 2×2 행렬의 역행렬은 자주 쓰이므로 식 (8.44)를 잘 기억해 두기 바란다.

예제 8-22 역행렬 계산 : $n=2$의 경우

다음 행렬의 역행렬을 구하라.

$$B=\begin{bmatrix} a & b \\ c & d \end{bmatrix}$$

풀이

행렬 B는 2×2 행렬이므로 식 (8.44)를 사용하면 된다.

$$B^{-1}=\frac{1}{\det B}\begin{bmatrix} d & -b \\ -c & a \end{bmatrix}$$

여기서 행렬식의 값은 다음과 같다.

$$\begin{aligned}\det B &= \begin{vmatrix} a & b \\ c & d \end{vmatrix} \\ &= ad-bc\end{aligned}$$

이 값을 대입하면 다음과 같이 역행렬을 구할 수 있다.

$$\begin{aligned}B^{-1} &= \frac{1}{ad-bc}\begin{bmatrix} d & -b \\ -c & a \end{bmatrix} \\ &= \begin{bmatrix} \frac{d}{ad-bc} & \frac{-b}{ad-bc} \\ \frac{-c}{ad-bc} & \frac{a}{ad-bc} \end{bmatrix}\end{aligned}$$

유제 8-22

다음 행렬의 역행렬을 구하라.

$$B=\begin{bmatrix} 1 & 2 \\ 3 & 4 \end{bmatrix}$$

예제 8-23 역행렬 계산 : $n=3$의 경우

다음 행렬의 역행렬을 구하라.

$$\mathrm{E}=\begin{bmatrix}-1 & 4 & -2\\ 2 & -9 & 5\\ 1 & -2 & 1\end{bmatrix}$$

풀이

행렬 E는 3×3 행렬이므로 식 (8.46)을 사용하면 된다. 먼저 행렬식 값부터 구해보자.

$$\begin{aligned}\det\mathrm{E} &= -\begin{vmatrix}-9 & 5\\ -2 & 1\end{vmatrix}-2\begin{vmatrix}4 & -2\\ -2 & 1\end{vmatrix}+\begin{vmatrix}4 & -2\\ -9 & 5\end{vmatrix}\\ &= -1-0+2=1\end{aligned}$$

이 값을 식 (8.46)에 대입하면 다음과 같은 식을 얻을 수 있다.

$$\begin{aligned}\mathrm{E}^{-1} &= \frac{1}{\det\mathrm{E}}\begin{bmatrix}C_{11} & C_{21} & C_{31}\\ C_{12} & C_{22} & C_{32}\\ C_{13} & C_{23} & C_{33}\end{bmatrix}\\ &= \frac{1}{1}\begin{bmatrix}C_{11} & C_{21} & C_{31}\\ C_{12} & C_{22} & C_{32}\\ C_{13} & C_{23} & C_{33}\end{bmatrix}\end{aligned}$$

위 식에서 각각의 여인자 값을 구하면 다음과 같다.

$$\begin{aligned}&C_{11}=\begin{vmatrix}-9 & 5\\ -2 & 1\end{vmatrix}=1, && C_{21}=-\begin{vmatrix}4 & -2\\ -2 & 1\end{vmatrix}=0, && C_{31}=\begin{vmatrix}4 & -2\\ -9 & 5\end{vmatrix}=2,\\ &C_{12}=-\begin{vmatrix}2 & 5\\ 1 & 1\end{vmatrix}=3, && C_{22}=\begin{vmatrix}-1 & -2\\ 1 & 1\end{vmatrix}=1, && C_{32}=-\begin{vmatrix}-1 & -2\\ 2 & 5\end{vmatrix}=1,\\ &C_{13}=\begin{vmatrix}2 & -9\\ 1 & -2\end{vmatrix}=5, && C_{23}=-\begin{vmatrix}-1 & 4\\ 1 & -2\end{vmatrix}=2, && C_{33}=\begin{vmatrix}-1 & 4\\ 2 & -9\end{vmatrix}=1\end{aligned}$$

위에서 구한 식에 여인자 값을 대입하면 다음과 같은 역행렬을 얻는다.

$$\mathrm{E}^{-1}=\begin{bmatrix}1 & 0 & 2\\ 3 & 1 & 1\\ 5 & 2 & 1\end{bmatrix}$$

유제 8-23

다음 행렬의 역행렬을 구하라.

$$\mathrm{E}=\begin{bmatrix}1 & 0 & 2\\ 3 & 1 & 1\\ 5 & 2 & 1\end{bmatrix}$$

역행렬의 성질

역행렬의 성질은 다음과 같이 정리할 수 있다.

❶ $(A^{-1})^{-1} = A$

❷ $(A^{-1})^{T} = (A^{T})^{-1}$

❸ $(AB)^{-1} = B^{-1}A^{-1}$

❹ 역행렬이 존재하기 위한 필요충분조건은 $\det A \neq 0$

위와 같은 역행렬의 성질을 잘 활용하면 행렬에 관한 계산을 좀 더 간편하게 할 수 있을 것이다.

예제 8-24 역행렬의 성질 ❸에 관한 증명

다음을 증명하라.

$$(AB)^{-1} = B^{-1}A^{-1}$$

풀이

먼저 행렬 AB와 위 식의 우항 $B^{-1}A^{-1}$를 곱하면 다음과 같은 식이 성립한다.

$$\begin{aligned} AB(B^{-1}A^{-1}) &= A(BB^{-1})A^{-1} \\ &= AIA^{-1} \\ &= AA^{-1} \\ &= I \end{aligned}$$

다음으로 행렬 AB에 위 식의 좌항 $(AB)^{-1}$를 곱하면

$$AB(AB)^{-1} = I$$

가 된다. 즉 행렬 AB를 위 식의 좌우항 어느 쪽에 곱해도 동일하게 단위행렬 I가 되므로 $(AB)^{-1} = B^{-1}A^{-1}$가 성립함을 알 수 있다.

Chapter 08 핵심요약

행렬

• 행렬의 합과 차

$$A+B=\begin{bmatrix} a_{11} & a_{12} & a_{13} \\ a_{21} & a_{22} & a_{23} \end{bmatrix}+\begin{bmatrix} b_{11} & b_{12} & b_{13} \\ b_{21} & b_{22} & b_{23} \end{bmatrix}=\begin{bmatrix} a_{11}+b_{11} & a_{12}+b_{12} & a_{13}+b_{13} \\ a_{21}+b_{21} & a_{22}+b_{22} & a_{23}+b_{23} \end{bmatrix}$$

$$A-B=\begin{bmatrix} a_{11} & a_{12} & a_{13} \\ a_{21} & a_{22} & a_{23} \end{bmatrix}-\begin{bmatrix} b_{11} & b_{12} & b_{13} \\ b_{21} & b_{22} & b_{23} \end{bmatrix}=\begin{bmatrix} a_{11}-b_{11} & a_{12}-b_{12} & a_{13}-b_{13} \\ a_{21}-b_{21} & a_{22}-b_{22} & a_{23}-b_{23} \end{bmatrix}$$

• 행렬의 전치

$$A=[a_{jk}]=\begin{bmatrix} a_{11} & a_{12} & \cdots & a_{1n} \\ a_{21} & a_{22} & \cdots & a_{2n} \\ \vdots & \vdots & \ddots & \vdots \\ a_{m1} & a_{m2} & \cdots & a_{mn} \end{bmatrix} \rightarrow A^T=[a_{kj}]=\begin{bmatrix} a_{11} & a_{21} & \cdots & a_{m1} \\ a_{12} & a_{22} & \cdots & a_{m2} \\ \vdots & \vdots & \ddots & \vdots \\ a_{1n} & a_{2n} & \cdots & a_{mn} \end{bmatrix}$$

행렬의 곱

• 두 행렬의 곱

($m \times n$ 행렬 A) × ($n \times q$ 행렬 B) = ($m \times q$ 행렬 C)

$$c_{jk}=\sum_{l=1}^{n} a_{jl}b_{lk}=a_{j1}b_{1k}+a_{j2}b_{2k}+\cdots+a_{jn}b_{nk}$$

(단, $j=1,\ 2,\ \cdots,\ m$과 $k=1,\ 2,\ \cdots,\ q$)

• 행렬의 곱의 성질

$cAB = c(AB) = (cA)B = A(cB)$

$ABC = A(BC) = (AB)C$

$(A+B)C = AC+BC$

$C(A+B) = CA+CB$

$AI = IA = A$

$(AB)^T = B^T A^T$

행렬과 선형 연립방정식($A\mathrm{x} = \mathrm{r}$)

$$\begin{bmatrix} a_{11} & a_{12} & \cdots & a_{1n} \\ a_{21} & a_{22} & \cdots & a_{2n} \\ \vdots & \vdots & \ddots & \vdots \\ a_{m1} & a_{m2} & \cdots & a_{mn} \end{bmatrix}\begin{bmatrix} x_1 \\ x_2 \\ \vdots \\ x_n \end{bmatrix}=\begin{bmatrix} r_1 \\ r_2 \\ \vdots \\ r_m \end{bmatrix}$$

■ 행렬식 계산

• 2차 행렬식 : $D = \det A = \begin{vmatrix} a_{11} & a_{12} \\ a_{21} & a_{22} \end{vmatrix} = a_{11}a_{22} - a_{12}a_{21}$

• 3차 행렬식 : $D = \begin{vmatrix} a_{11} & a_{12} & a_{13} \\ a_{21} & a_{22} & a_{23} \\ a_{31} & a_{32} & a_{33} \end{vmatrix} = a_{11}\begin{vmatrix} a_{22} & a_{23} \\ a_{32} & a_{33} \end{vmatrix} - a_{21}\begin{vmatrix} a_{12} & a_{13} \\ a_{32} & a_{33} \end{vmatrix} + a_{31}\begin{vmatrix} a_{12} & a_{13} \\ a_{22} & a_{23} \end{vmatrix}$

■ 크라메르 법칙

• 2개의 미지수 : $x_1 = \dfrac{\begin{vmatrix} r_1 & a_{12} \\ r_2 & a_{22} \end{vmatrix}}{D}$, $x_2 = \dfrac{\begin{vmatrix} a_{11} & r_1 \\ a_{21} & r_2 \end{vmatrix}}{D}$

• 3개의 미지수 : $x_1 = \dfrac{\begin{vmatrix} r_1 & a_{12} & a_{13} \\ r_2 & a_{22} & a_{23} \\ r_3 & a_{32} & a_{33} \end{vmatrix}}{D}$, $x_2 = \dfrac{\begin{vmatrix} a_{11} & r_1 & a_{13} \\ a_{21} & r_2 & a_{23} \\ a_{31} & r_3 & a_{33} \end{vmatrix}}{D}$, $x_3 = \dfrac{\begin{vmatrix} a_{11} & a_{12} & r_1 \\ a_{21} & a_{22} & r_2 \\ a_{31} & a_{32} & r_3 \end{vmatrix}}{D}$

■ 역행렬

• 역행렬의 정의

$AA^{-1} = A^{-1}A = I$

• 역행렬의 계산

2×2 행렬 : $A^{-1} = \dfrac{1}{\det A}\begin{bmatrix} a_{22} & -a_{12} \\ -a_{21} & a_{11} \end{bmatrix}$

3×3 행렬 : $A^{-1} = \dfrac{1}{\det A}\begin{bmatrix} C_{11} & C_{21} & C_{31} \\ C_{12} & C_{22} & C_{32} \\ C_{13} & C_{23} & C_{33} \end{bmatrix}$

• 역행렬의 성질

$(A^{-1})^{-1} = A$

$(A^{-1})^T = (A^T)^{-1}$

$(AB)^{-1} = B^{-1}A^{-1}$

역행렬이 존재하기 위한 필요충분조건은 $\det A \neq 0$이다.

Chapter 08 연습문제

※ **(문제 8.1~8.18)** 주어진 행렬을 사용해 다음 식의 답을 구하라. 단, 정의되지 않을 수도 있다.

$$A = \begin{bmatrix} 2 & 4 \\ -5 & 3 \end{bmatrix}, \quad B = \begin{bmatrix} 0 & 7 \\ 5 & -1 \end{bmatrix}, \quad C = \begin{bmatrix} -3 & 1 & 3 \\ 0 & 5 & 0 \end{bmatrix}, \quad D = \begin{bmatrix} 1 & -5 & 3 \\ 4 & 1 & 3 \end{bmatrix},$$

$$E = \begin{bmatrix} 2 \\ 5 \\ 0 \end{bmatrix}, \quad F = \begin{bmatrix} 1 & -1 & 0 \\ -2 & 5 & 3 \\ 4 & 0 & 3 \end{bmatrix}, \quad G = \begin{bmatrix} 4 & 5 \\ -4 & 0 \\ 1 & -2 \end{bmatrix}, \quad H = \begin{bmatrix} 0 & 2 & 5 \end{bmatrix},$$

$$I = \begin{bmatrix} 0 \\ 2 \\ 5 \end{bmatrix}, \quad J = \begin{bmatrix} 2 & 1 & 4 \\ 8 & 2 & 0 \\ -1 & 2 & 5 \end{bmatrix}$$

8.1 $A+B$, $B+A$

8.2 $A-B$, $B-A$

8.3 $\frac{1}{2}\left(C+\frac{1}{2}D\right)$, $\frac{1}{2}C+\frac{1}{4}D$

8.4 $A+D$, $C-D$

8.5 $2F-G$, $2F+J$

8.6 $\frac{1}{3}E+\frac{5}{6}I$, $\frac{1}{3}\left(E+\frac{5}{2}I\right)$

8.7 $G+2G$, $5G-2G$, $3G$

8.8 $3(7H)$, $21H$

8.9 HI, IH

8.10 FG, GF

8.11 GH, HG

8.12 JH, HJ

8.13 HFG

8.14 EHJ

8.15 $EHFI$

8.16 I^TI, II^T

8.17 $J+J^T$

8.18 GG^TJ^T, JGG^T

※ **(문제 8.19~8.24)** 다음 연립방정식의 해를 가우스 소거법으로 구하라.

8.19 $$\begin{aligned} x_1 + \frac{1}{2}x_2 &= 2 \\ 5x_1 - 2x_2 &= 1 \end{aligned}$$

8.20 $$\begin{aligned} 2x_1 + x_2 &= 0 \\ 3x_1 - 4x_2 &= 1 \end{aligned}$$

8.21 $$\begin{aligned} x_1 - x_2 - 2x_3 &= -2 \\ 3x_1 - x_2 + x_3 &= 6 \\ 2x_1 - 5x_2 - 4x_3 &= -1 \end{aligned}$$

8.22 $$\begin{aligned} x_1 + x_2 + 2x_3 &= 1 \\ 2x_1 - 3x_2 + x_3 &= 2 \\ 3x_1 + 3x_2 + 6x_3 &= 3 \end{aligned}$$

8.23 $$\begin{aligned} x_1 + x_2 - x_3 &= 1 \\ x_1 + 2x_2 - x_3 &= 2 \\ 2x_1 - 2x_2 + x_3 &= 1 \\ x_1 + x_2 + x_3 &= 6 \end{aligned}$$

8.24 $$\begin{aligned} x_1 + x_2 + x_3 &= 3 \\ -3x_1 - 17x_2 + x_3 + 2x_4 &= 1 \\ 4x_1 - 17x_2 + 8x_3 - 5x_4 &= 1 \\ -5x_2 - 2x_3 + x_4 &= 1 \end{aligned}$$

※ **(문제 8.25~8.30)** 다음 행렬식을 계산하라.

8.25 $\begin{vmatrix} a & -b \\ b & a \end{vmatrix}$

8.26 $\begin{vmatrix} 3 & -6 \\ -2 & 8 \end{vmatrix}$

8.27 $\begin{vmatrix} -\cos n\theta & \sin n\theta \\ \sin n\theta & \cos n\theta \end{vmatrix}$

8.28 $\begin{vmatrix} 1 & a & a^2 \\ 1 & b & b^2 \\ 1 & c & c^2 \end{vmatrix}$

8.29 $-\begin{vmatrix} a & b & c \\ b & c & a \\ c & a & b \end{vmatrix}$

8.30 $\begin{vmatrix} b^2+c^2 & ab & ca \\ ab & c^2+a^2 & bc \\ ca & bc & a^2+b^2 \end{vmatrix}$

※ **(문제 8.31~8.32)** 다음을 증명하라.

8.31 $(\mathrm{A}^{-1})^{-1} = \mathrm{A}$

8.32 $(\mathrm{A}^{-1})^{n} = (\mathrm{A}^{n})^{-1}$

※ **(문제 8.33~8.38)** 다음 행렬의 역행렬을 구하라.

8.33 $\begin{bmatrix} a & b \\ b & a \end{bmatrix}$

8.34 $\begin{bmatrix} \cos\alpha & \sin\alpha \\ \sin\alpha & -\cos\alpha \end{bmatrix}$

8.35 $\begin{bmatrix} \dfrac{1}{\sqrt{2}} & \dfrac{1}{\sqrt{2}} \\ \dfrac{1}{\sqrt{2}} & -\dfrac{1}{\sqrt{2}} \end{bmatrix}$

8.36 $\begin{bmatrix} 0 & 1 & 0 \\ 1 & 0 & 0 \\ 0 & 0 & 1 \end{bmatrix}$

8.37 $\begin{bmatrix} 5 & -1 & -6 \\ 1 & 2 & -8 \\ 0 & 0 & 10 \end{bmatrix}$

8.38 $\begin{bmatrix} 0 & 0 & c \\ 0 & b & 0 \\ a & 0 & 0 \end{bmatrix}$

Chapter

09

벡터미분법

Vector Differential Calculus

학습목표

- 벡터의 기본 개념과 기본 연산에 대해 분명히 이해한다.
- 벡터의 내적과 외적의 개념 및 성질을 이해하고, 계산 방법을 숙지한다.
- 벡터함수와 스칼라함수를 이해하고, 곡선 또는 곡면에 응용하는 방법을 익힌다.
- 벡터함수의 미분인 그래디언트의 개념을 정확히 이해하여 그래디언트의 응용에 대해 학습한다.
- 벡터장의 발산과 회전에 대한 벡터의 미분법을 익히고, 그 응용에 대해 학습한다.

벡터, 벡터함수, 그리고 벡터장은 여러 공학 분야에서 응용되는 중요한 개념이다. 특히 벡터함수와 벡터장은 항공기나 로봇 시스템의 기본이 되는 개념이기도 하다.

이 장에서는 벡터의 기본 개념을 익히고, 벡터의 기본 연산에 대한 여러 가지 내용을 논의할 것이다. 그러한 기본 위에서 전개되는 벡터함수와 스칼라함수를 사용한 곡선의 표현, 벡터함수의 미분에 해당하는 그래디언트, 발산, 회전에 대한 개념은 물리학, 공학 분야의 응용에서 매우 유용한 도구가 될 것이다.

알아 두어야 할 개념과 공식

Chapter 09

1. 벡터의 비교

벡터 a와 b가 존재할 때, 두 벡터의 방향과 크기가 같다면 두 벡터는 **같다**고 하며, a = b로 표현한다. 따라서 위치가 다르더라도 방향과 크기만 같으면 두 벡터는 같다고 할 수 있다. 아래 그림에서 (a)의 경우가 이에 해당한다. (b)는 크기는 같지만 방향이 다른 벡터, (c)는 방향은 같지만 크기가 다른 벡터, (d)는 크기도 방향도 다른 벡터를 나타낸 것이다.

2. 영벡터와 단위벡터

원점 $(0, 0, 0)$은 방향이 없고, 크기도 0이기 때문에 **영벡터**zero vector라고 하고, 0으로 나타낸다. 그리고 크기가 1인 벡터를 **단위벡터**unit vector라고 한다. 직교좌표계에서 x, y, z의 방향으로 각각 크기가 1인 벡터를 i, j, k로 나타내는데, 이들이 바로 각각의 축상에서의 단위벡터이다.

3. 오른손 법칙과 오른손 좌표계

좌표축 위의 세 벡터 a, b, c의 방향을 그림과 같이 오른손을 폈을 때 엄지, 검지, 중지가 가리키는 방향이라 가정하자. 벡터 a를 벡터 b의 방향으로 θ만큼 회전시킬 때의 벡터 c의 방향은, 오른나사right-handed screw를 돌릴 때의 회전방향에 따른 진행방향과 일치한다. 이와 같이 오른손 법칙이 적용되는 좌표계를 **오른손 좌표계**라고 한다.

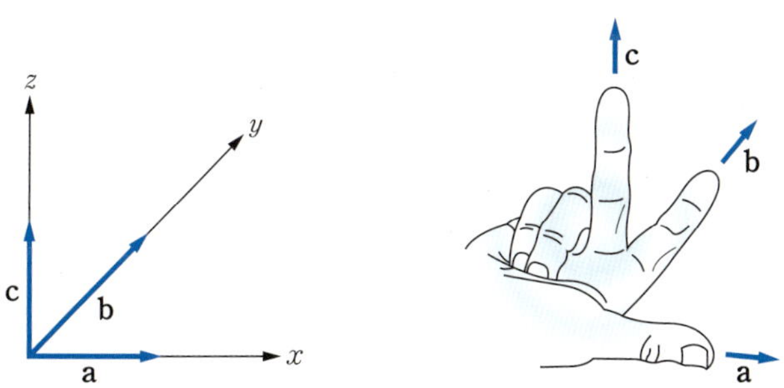

9.1 벡터의 기본 개념

■ 스칼라와 벡터의 정의

공학이나 물리학에서 중요하게 다루는 물리량으로 스칼라와 벡터가 있다. **스칼라** scalar는 크기에 의해서만 결정되는 양이고, **벡터** vector는 크기와 방향에 의해 결정되는 양이다. 예를 들어 질량과 속력은 스칼라이고, 힘과 속도는 크기와 방향을 가지므로 벡터에 해당된다.

벡터의 표현

■ 벡터의 시점과 종점

벡터는 화살표로 나타내는데, 벡터가 시작되는 부분인 화살표의 꼬리를 **시점** initial point이라고 하고, 벡터의 마지막 부분인 화살표의 머리를 **종점** terminal point이라고 한다. [그림 9-1]에서와 같이 어떤 도형이 평행이동한 경우를 벡터 $\mathbf{a}$로 나타내면, 벡터 $\mathbf{a}$는 시점인 P에서 종점인 Q까지의 벡터이므로 벡터 $\overrightarrow{PQ}$로 나타내기도 한다. 이때 방향과는 상관없이 화살표의 길이만을 나타내는 양을 벡터 $\mathbf{a}$의 **크기** magnitude [1]라 하고, $|\mathbf{a}|$와 같이 나타낸다.

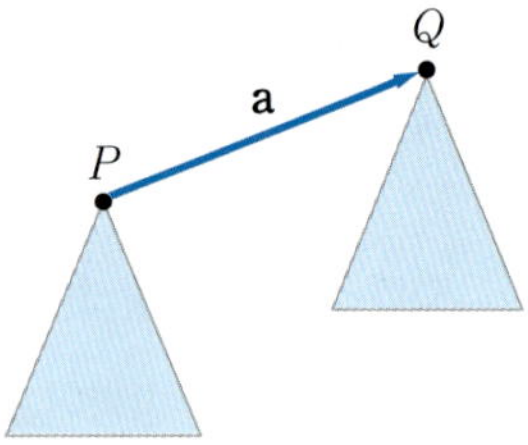

[그림 9-1] 벡터의 표현

1 크기는 길이 length, 정규 norm, 유클리드 Euclidean 정규라고 표현하기도 한다.

벡터의 성분

공간을 표현하는 데는 일반적으로 직교좌표계를 사용한다. [그림 9-2]는 직교좌표계에서 벡터 $\mathbf{a}$를 표현한 것이다. [그림 9-2]에서 벡터 $\mathbf{a}$의 시점 P와 종점 Q의 좌표가 각각 (p_1, p_2, p_3)와 (q_1, q_2, q_3)라고 할 때, 벡터 $\mathbf{a}$의 성분은 각각의 축에서 a_1, a_2, a_3로 나타나고, 수식으로는 다음과 같이 표현할 수 있다.

■ 벡터의 성분

$$a_1 = q_1 - p_1, \quad a_2 = q_2 - p_2, \quad a_3 = q_3 - p_3 \tag{9.1}$$

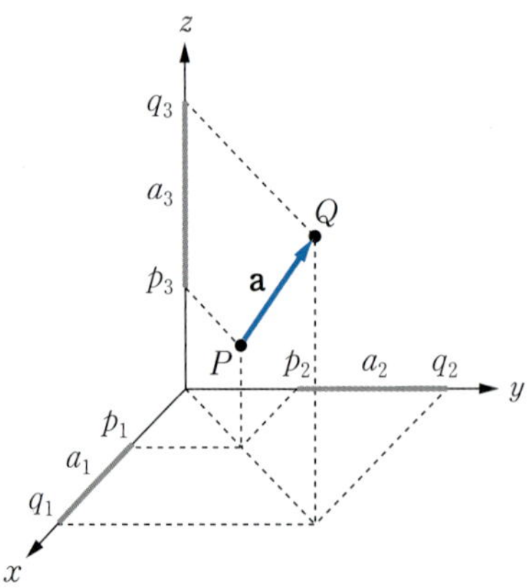

[그림 9-2] 직교좌표계에서 벡터 a의 성분

벡터 a는 다음과 같이 성분으로 표기할 수도 있다.

$$\mathbf{a} = [a_1,\ a_2,\ a_3] \tag{9.2}$$

앞에서 설명한 벡터 a의 크기를 성분으로 표시하면 다음과 같다.

$$|\mathbf{a}| = \sqrt{a_1^2 + a_2^2 + a_3^2} \tag{9.3}$$

■ 위치벡터의 정의

시점이 좌표계의 원점 $O(0,\ 0,\ 0)$인 벡터를 **위치벡터**position vector라 한다. 그러므로 종점이 $A(a_1,\ a_2,\ a_3)$인 위치벡터 r을 도시하면 [그림 9-3]과 같으며, 이 벡터의 크기는 $|\mathbf{r}| = \sqrt{a_1^2 + a_2^2 + a_3^2}$이다.

[그림 9-3]에 표시한 위치벡터는 $\mathbf{r} = [x,\ y,\ z]$이고 그 크기는 $|\mathbf{r}| = \sqrt{x^2 + y^2 + z^2}$과 같이 위치벡터의 성분으로 나타낼 수 있다.

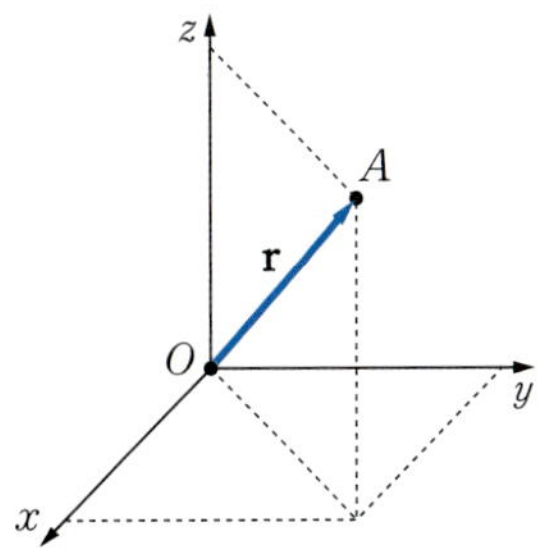

[그림 9-3] 위치벡터

예제 9-1 벡터의 성분과 크기

시점과 종점이 각각 $A(1,\ 2,\ 3)$과 $B(4,\ 5,\ 6)$인 벡터 c를 성분을 이용하여 표현하고, 그 크기 $|\mathbf{c}|$를 구하라.

key point
- $\mathbf{a} = [a_1,\ a_2,\ a_3]$
- $|\mathbf{a}| = \sqrt{a_1^2 + a_2^2 + a_3^2}$

풀이

벡터 c를 $\mathbf{c} = [c_1,\ c_2,\ c_3]$와 같이 둘 수 있다. 식 (9.1)을 이용하여 각각의 성분을 구하면 다음과 같다.

$$c_1 = 4 - 1 = 3,\quad c_2 = 5 - 2 = 3,\quad c_3 = 6 - 3 = 3$$

그러므로 벡터 c는

$$\mathbf{c} = [3,\ 3,\ 3]$$

과 같이 표현할 수 있고, 그 크기는 $|\mathbf{c}| = \sqrt{3^2 + 3^2 + 3^2} = 3\sqrt{3}$과 같이 구할 수 있다.

유제 9-1

시점과 종점이 각각 $A(-1,\ 4,\ 3)$과 $B(2,\ -3,\ 0)$인 벡터 c를 성분을 이용하여 표현하고, 그 크기 $|\mathbf{c}|$를 구하라.

벡터의 기본 연산

벡터의 기본적인 연산법에 대해 살펴보자. 벡터 $\mathbf{a} = [a_1, a_2, a_3]$와 $\mathbf{b} = [b_1, b_2, b_3]$가 있을 때, 두 벡터의 합은 다음과 같이 각각의 성분의 합으로 정의한다.

▪ 벡터의 합

$$\mathbf{a} + \mathbf{b} = [a_1 + b_1, a_2 + b_2, a_3 + b_3] \tag{9.4}$$

[그림 9-4]는 식 (9.4)를 xy평면에서 도시한 것이다.

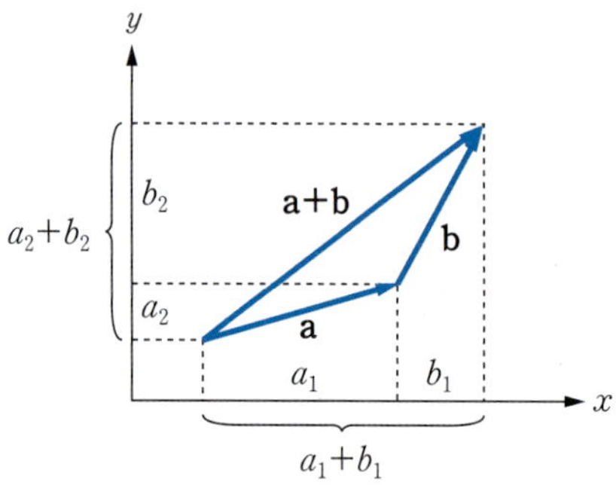

[그림 9-4] 벡터의 합

이때 벡터의 합은 다음과 같은 성질을 갖는다.

❶ $\mathbf{a} + \mathbf{b} = \mathbf{b} + \mathbf{a}$ (교환법칙)

❷ $(\mathbf{a} + \mathbf{b}) + \mathbf{c} = \mathbf{a} + (\mathbf{b} + \mathbf{c})$ (결합법칙)

❸ $\mathbf{a} + \mathbf{0} = \mathbf{a}$

❹ $\mathbf{a} + (-\mathbf{a}) = \mathbf{a} - \mathbf{a} = \mathbf{0}$

❹에서 사용한 벡터 $-\mathbf{a}$라는 표현은 벡터 $\mathbf{a}$와 크기는 같지만 방향이 반대인 벡터를 나타낸다.

이제 스칼라와 벡터를 곱하는 연산에 대해 알아보자. 스칼라량 c(실수)를 벡터 $\mathbf{a}$에 곱한다는 의미는 벡터 $\mathbf{a}$의 각 성분에 스칼라 c를 곱한다는 뜻이다. 따라서 이를 식으로 표현하면 다음과 같다.

▪ 스칼라와 벡터의 곱

$$c\mathbf{a} = [ca_1, ca_2, ca_3] \tag{9.5}$$

스칼라량을 벡터에 곱하는 연산은 다음과 같은 성질을 갖는다. 여기서 c, d는 스칼라이다.

❶ $c(\mathbf{a}+\mathbf{b}) = c\mathbf{a}+c\mathbf{b}$
❷ $(c+d)\mathbf{a} = c\mathbf{a}+d\mathbf{a}$
❸ $c(d\mathbf{a}) = (cd)\mathbf{a} = cd\mathbf{a}$

예제 9-2 벡터의 기본 연산

벡터 $\mathbf{a}=[3, -2, 5]$와 $\mathbf{b}=[-5, 2, 3]$이 있을 때, 다음을 구하라.

(a) $2\mathbf{a}+\mathbf{b}$

(b) $\mathbf{a}-2\mathbf{b}$

key point
- $\mathbf{a}+\mathbf{b} = [a_1+b_1, a_2+b_2, a_3+b_3]$
- $c\mathbf{a} = [ca_1, ca_2, ca_3]$

풀이

(a) 식 (9.5)를 이용하여 벡터 $2\mathbf{a}$를 구하면

$$2\mathbf{a} = [2\cdot 3, 2\cdot(-2), 2\cdot 5] = [6, -4, 10]$$

이 되므로 벡터 $2\mathbf{a}+\mathbf{b}$는 식 (9.4)를 이용하여 다음과 같이 구할 수 있다.

$$2\mathbf{a}+\mathbf{b} = [6+(-5), (-4)+2, 10+3] = [1, -2, 13]$$

(b) 식 (9.5)를 이용하여 벡터 $-2\mathbf{b}$를 구하면

$$-2\mathbf{b} = [(-2)\cdot(-5), (-2)\cdot 2, (-2)\cdot 3] = [10, -4, -6]$$

이 되므로 벡터 $\mathbf{a}-2\mathbf{b}$는 식 (9.4)를 이용하여 다음과 같이 구할 수 있다.

$$\mathbf{a}+(-2\mathbf{b}) = [3+10, -2-4, 5-6] = [13, -6, -1]$$

유제 9-2

[예제 9-2]와 동일한 벡터 $\mathbf{a}$와 $\mathbf{b}$가 있을 때, 다음을 구하라.

(a) $\mathbf{a}+\mathbf{b}$

(b) $5\mathbf{a}-\mathbf{b}$

각각의 축에서 크기가 1인 **단위벡터**unit vector $\mathbf{i}$, $\mathbf{j}$, $\mathbf{k}$의 합을 이용하여 임의의 벡터를 표현할 수도 있다. 먼저 각각 x, y, z축의 단위벡터인 $\mathbf{i}$, $\mathbf{j}$, $\mathbf{k}$를 성분으로 나타내면 다음과 같다.

$$\mathbf{i} = [1, 0, 0],\ \mathbf{j} = [0, 1, 0],\ \mathbf{k} = [0, 0, 1] \qquad (9.6)$$

▪ 단위벡터의 성분

[그림 9-5]는 단위벡터 i, j, k를 도시한 것이다.

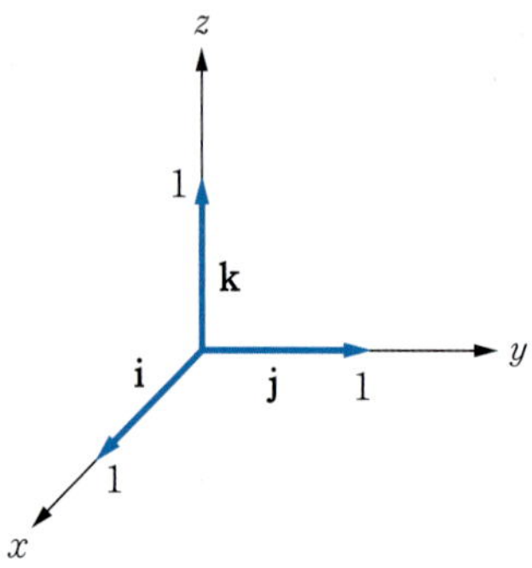

[그림 9-5] 각 축에서의 단위벡터

성분 a_1, a_2, a_3를 갖는 벡터 a는 식 (9.6)을 이용하면 다음과 같이 나타낼 수 있다.

▪ 단위벡터를 이용한 벡터의 표현

$$\mathbf{a} = [a_1,\ a_2,\ a_3] = a_1\mathbf{i} + a_2\mathbf{j} + a_3\mathbf{k} \tag{9.7}$$

예제 9-3 단위벡터를 이용한 벡터의 표현

벡터 $\mathbf{a} = [1,\ 2,\ 3]$, $\mathbf{b} = [4,\ 5,\ 6]$과 그 합인 $\mathbf{a}+\mathbf{b}$를 단위벡터를 이용하여 표현하라.

key point
$\mathbf{a} = [a_1,\ a_2,\ a_3] = a_1\mathbf{i} + a_2\mathbf{j} + a_3\mathbf{k}$

풀이

식 (9.7)을 이용하면 벡터 a와 b를 다음과 같이 표현할 수 있다.

$$\mathbf{a} = [1,\ 2,\ 3] = \mathbf{i} + 2\mathbf{j} + 3\mathbf{k}$$
$$\mathbf{b} = [4,\ 5,\ 6] = 4\mathbf{i} + 5\mathbf{j} + 6\mathbf{k}$$

두 벡터의 합인 $\mathbf{a}+\mathbf{b}$는 단위벡터로 나타낸 성분들의 합으로 나타낼 수 있다.

$$\begin{aligned}\mathbf{a}+\mathbf{b} &= (1+4)\mathbf{i} + (2+5)\mathbf{j} + (3+6)\mathbf{k} \\ &= 5\mathbf{i} + 7\mathbf{j} + 9\mathbf{k}\end{aligned}$$

유제 9-3

벡터 $\mathbf{a} = [-2,\ 3,\ -5]$, $\mathbf{b} = [-1,\ 4,\ 3]$과 그 합인 $\mathbf{a}+\mathbf{b}$를 단위벡터를 이용하여 표현하라.

9.2 벡터의 내적

벡터의 **내적**inner product[2]은 벡터의 곱이 스칼라량으로 산출되는 연산이다. 두 벡터 a와 b의 내적을 정의하면 다음과 같다.

2 내적은 dot product라고도 한다.

$$\mathbf{a} \cdot \mathbf{b} = |\mathbf{a}||\mathbf{b}|\cos\theta \tag{9.8}$$

식 (9.8)에서 θ는 두 벡터의 사잇각을 의미한다. 이는 두 벡터가 모두 0이 아닌 경우의 사잇각이다. 왜냐하면 영벡터와의 사잇각은 정의되지 않기 때문이다.

두 벡터가 각각 $\mathbf{a} = [a_1, a_2, a_3]$, $\mathbf{b} = [b_1, b_2, b_3]$이면 다음과 같이 벡터의 성분을 이용하여 내적을 표현할 수도 있다.

$$\mathbf{a} \cdot \mathbf{b} = a_1b_1 + a_2b_2 + a_3b_3 \tag{9.9}$$

[그림 9-6]은 두 벡터의 내적과 사잇각과의 관계를 나타낸 것이다.

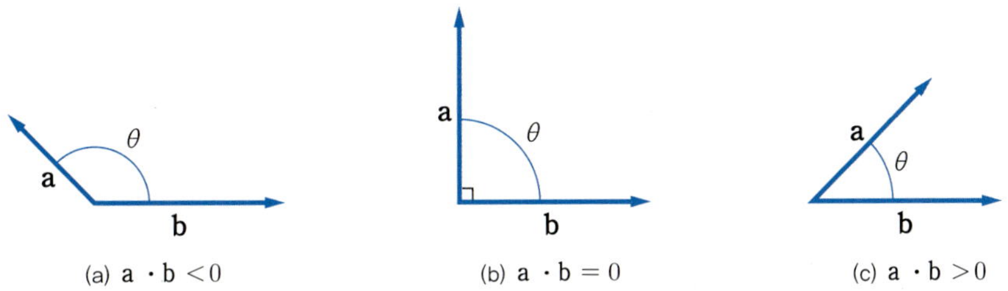

[그림 9-6] 벡터의 내적과 사잇각과의 관계

[그림 9-6(b)]와 같은 경우, 즉

■ 벡터의 직교성

$$\mathbf{a} \cdot \mathbf{b} = 0 \tag{9.10}$$

이 성립할 때 두 벡터 a와 b는 **직교**orthogonal한다고 한다. 이와 같이 두 벡터가 직교하는 성질(두 벡터의 내적이 0일 때)을 **직교성**orthogonality이라고 한다.

식 (9.8)에서의 두 벡터를 동일한 벡터 a라고 가정하면 벡터의 내적, 즉 자신과의 내적은 다음과 같이 정의한다.

$$\mathbf{a} \cdot \mathbf{a} = |\mathbf{a}|^2 \tag{9.11}$$

따라서 다음과 같이 쓸 수 있다.

$$|\mathbf{a}| = \sqrt{\mathbf{a} \cdot \mathbf{a}} \tag{9.12}$$

두 벡터의 사잇각에 대한 코사인 값은 다음과 같이 나타낼 수 있다.

$$\cos\theta = \frac{\mathbf{a} \cdot \mathbf{b}}{|\mathbf{a}||\mathbf{b}|} = \frac{\mathbf{a} \cdot \mathbf{b}}{\sqrt{\mathbf{a} \cdot \mathbf{a}}\sqrt{\mathbf{b} \cdot \mathbf{b}}} \tag{9.13}$$

벡터의 내적에 관한 성질

벡터 a, b, c로 내적에 대한 성질을 정리하면 다음과 같다. 이때 m과 n은 스칼라량으로서 실수이다.

■ 내적의 성질

❶ $\mathbf{a} \cdot \mathbf{b} = \mathbf{b} \cdot \mathbf{a}$ (대칭성)

❷ $(m\mathbf{a}+n\mathbf{b}) \cdot \mathbf{c} = m\mathbf{a} \cdot \mathbf{c} + n\mathbf{b} \cdot \mathbf{c}$ (선형성)

❸ $\mathbf{a} \cdot \mathbf{a} = |\mathbf{a}|^2 = 0$이면 $\mathbf{a} = 0$ (양의 값의 성질positive-definiteness)

❹ $|\mathbf{a} \cdot \mathbf{b}| \le |\mathbf{a}||\mathbf{b}|$ (코시-슈발츠 부등식 Cauchy-Schwarz inequality)

❺ $|\mathbf{a}+\mathbf{b}| \le |\mathbf{a}|+|\mathbf{b}|$ (삼각형 부등식)

❻ $|\mathbf{a}+\mathbf{b}|^2+|\mathbf{a}-\mathbf{b}|^2 = 2(|\mathbf{a}|^2+|\mathbf{b}|^2)$ (평행사변형 등식)

예제 9-4 두 벡터의 내적과 사잇각

벡터 $\mathbf{a} = [1, 2, 3]$, $\mathbf{b} = [2, 4, 6]$의 내적을 구하고, 두 벡터의 사잇각이 θ일 때 $\cos\theta$ 값을 구하라.

key point
$\mathbf{a} \cdot \mathbf{b} = |\mathbf{a}||\mathbf{b}|\cos\theta$

풀이

식 (9.9)를 사용하여 벡터의 내적을 다음과 같이 구할 수 있다.

$$\mathbf{a} \cdot \mathbf{b} = a_1b_1+a_2b_2+a_3b_3 = 1 \cdot 2+2 \cdot 4+3 \cdot 6 = 28$$

식 (9.13)으로부터 다음이 성립한다.

$$\cos\theta = \frac{\mathbf{a} \cdot \mathbf{b}}{|\mathbf{a}||\mathbf{b}|}$$

식 (9.3)을 이용하면 두 벡터의 크기 $|\mathbf{a}|$와 $|\mathbf{b}|$를 다음과 같이 구할 수 있다.

$$|\mathbf{a}| = \sqrt{1^2+2^2+3^2} = \sqrt{14}$$
$$|\mathbf{b}| = \sqrt{2^2+4^2+6^2} = \sqrt{56} = 2\sqrt{14}$$

이 값들을 위에서 구한 식에 대입하면 다음과 같이 $\cos\theta$ 값을 구할 수 있다.

$$\cos\theta = \frac{28}{\sqrt{14} \cdot 2\sqrt{14}} = 1$$

유제 9-4

벡터 $\mathbf{a} = [3,\ 2,\ -5]$, $\mathbf{b} = [2,\ -2,\ -4]$의 내적을 구하고, 두 벡터 간의 사잇각이 θ일 때 $\cos\theta$ 값을 구하라.

예제 9-5 응용 물체에 힘이 작용할 때 한 일 구하기

[그림 9-7]과 같이 어떤 물체에 일정한 힘 $\mathbf{f}$가 작용하는 상황을 가정하자. 물체에 작용한 힘에 의해 물체가 거리 $\mathbf{d}$만큼 이동했다면, 힘이 한 일 $\mathbf{w}$는 얼마인가?

> **key point**
> $\mathbf{w}$(일) = $\mathbf{f}$(힘) $\times$ $\mathbf{d}$(거리)

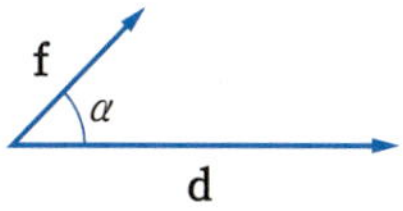

[그림 9-7] 물체에 힘이 작용하는 상황의 벡터

풀이

일을 물리적으로 표현하면 힘과 거리를 곱한 식으로 나타낼 수 있다. 이 예제의 경우, 힘이 물체가 옮겨지는 방향과 α의 각도를 이루는 방향으로 작용하고 있으므로 다음과 같은 식으로 일을 나타낼 수 있다.

$$\mathbf{w} = |\mathbf{f}||\mathbf{d}|\cos\alpha$$

위 식은 벡터의 내적을 정의하는 식과 동일하므로

$$\mathbf{w} = \mathbf{f} \cdot \mathbf{d}$$

와 같이 표현할 수 있다. 따라서 일은 힘과 거리의 내적으로 계산할 수 있음을 확인할 수 있다.

예제 9-6 응용 수직으로 교차하는 직선의 방정식 구하기

직선 $x+y-1=0$에 수직으로 교차하는 직선의 방정식 L을 구하라. 단, L은 점 $(2,\ 3)$을 지나는 직선이다.

> **key point**
> $\mathbf{a} \cdot \mathbf{b} = 0$은 두 벡터가 직교한다는 사실을 나타낸다.

풀이

직선 L이 $a_1x+a_2y=c$와 같이 표현되는 직선이라고 가정하자. 이때 $\mathbf{a} = [a_1,\ a_2]$, $\mathbf{r} = [x,\ y]$로 두면 직선 L은 $\mathbf{a} \cdot \mathbf{r} = c$로 나타낼 수 있다. 또 직선 L과 평행하면서 원점을 지나는 직선 $a_1x+a_2y=0$은 $\mathbf{a} \cdot \mathbf{r} = 0$과 같이 나타낼 수 있다.

벡터의 직교성에 의하면 $\mathbf{a} \cdot \mathbf{r} = 0$은 벡터 $\mathbf{a}$와 벡터 $\mathbf{r}$이 수직이라는 의미이다. 직선의 방정식으로 볼 때, 직선 L인 $\mathbf{a} \cdot \mathbf{r} = c$도 평행하는 직선이므로 같은 의미를 갖는다. 이때 벡터 $\mathbf{a}$를 그와 같은 직선의 **법선벡터** normal vector라고 한다. 따라서 두 직선이 수직으로 교차하려면 법선벡터가 수직이면 되므로 법선벡터 간에 직교성이 성립하면 되는 것이다.

주어진 직선 $x+y=1$의 법선벡터는 $\mathbf{b}=[1, 1]$과 같이 표현할 수 있다. 그러므로 $x+y=1$이 $a_1x+a_2y=c$와 수직으로 만나기 위해서는 두 법선벡터의 내적 $\mathbf{a}\cdot\mathbf{b}=0$이 되어야 한다. 따라서 다음과 같이 된다.

$$\mathbf{a}\cdot\mathbf{b}=a_1+a_2=0$$
$$a_2=-a_1$$

이 값을 직선의 방정식 $a_1x+a_2y=c$에 대입한 후 계산하면 다음과 같다.

$$a_1x-a_1y=c$$
$$x-y=\frac{c}{a_1}=c^*$$

이 직선은 점 (2, 3)을 지난다는 조건이 있었으므로

$$c^*=2-3=-1$$

이 된다. 위의 값을 대입하면 직선의 방정식 L은

$$x-y+1=0$$

과 같다.

유제 9-5

직선 $x-2y+2=0$에 수직으로 교차하는 직선의 방정식 L을 구하라. 단, L은 점 (1, 4)를 지나는 직선이다.

9.3 벡터의 외적

벡터 $\mathbf{a}$와 $\mathbf{b}$의 **외적**cross product은 다음과 같이 정의된다.

▪ 벡터의 외적의 정의

$$\mathbf{v}=\mathbf{a}\times\mathbf{b} \tag{9.14}$$

벡터의 내적은 스칼라로 나타나는 데 비해, 벡터의 외적은 벡터로 나타난다는 사실을 알 수 있다.

식 (9.14)에 표현한 벡터의 외적의 크기는 다음과 같다.

▪ 벡터의 외적의 크기

$$|\mathbf{v}|=|\mathbf{a}||\mathbf{b}|\sin\theta \tag{9.15}$$

식 (9.15)는 벡터 a와 b로 이루어지는 평행사변형의 면적을 나타낸다. [그림 9-8]은 벡터 a와 b로 이루어지는 평행사변형과 그 외적 a × b를 나타낸 것이다.

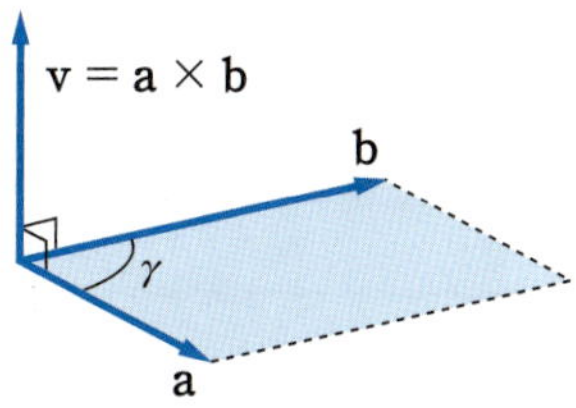

[그림 9-8] 벡터의 외적 및 평행사변형

벡터의 외적 a × b의 방향은 벡터 a와 b 모두에 수직이다. 또 a × b의 방향은 a, b, v의 순서대로 오른손 법칙을 만족한다.

벡터의 외적을 성분으로 표시하면 다음과 같다.

$$\begin{aligned} \mathrm{v} &= [v_1,\ v_2,\ v_3] \\ &= [a_2b_3 - a_3b_2,\ a_3b_1 - a_1b_3,\ a_1b_2 - a_2b_1] \end{aligned} \tag{9.16}$$

3차 행렬식을 이용하면 식 (9.16)을 다음과 같이 나타낼 수 있다.

$$\mathrm{v} = v_1\mathbf{i} + v_2\mathbf{j} + v_3\mathbf{k} = \begin{vmatrix} \mathbf{i} & \mathbf{j} & \mathbf{k} \\ a_1 & a_2 & a_3 \\ b_1 & b_2 & b_3 \end{vmatrix} \tag{9.17}$$

예제 9-7 벡터의 외적과 크기 ①

벡터 a = [1, 1, 0], b = [0, 2, 2]의 외적과 그 크기를 구하라. 단, 벡터 a와 b가 이루는 각은 $\frac{\pi}{3}$이다.

> **key point**
> $|\mathrm{v}| = |\mathrm{a}||\mathrm{b}|\sin\theta$

풀이

식 (9.16)을 이용하여 두 벡터의 외적을 구하면

$$\mathrm{v} = [a_2b_3 - a_3b_2,\ a_3b_1 - a_1b_3,\ a_1b_2 - a_2b_1] = [2,\ -2,\ 2]$$

가 된다. 위 결과에서 벡터의 크기를 구하는 것이 훨씬 간단하지만, 여기서는 식 (9.15)를 이용하여 외적의 크기를 구해보자. 그러기 위해서는 먼저 두 벡터의 크기부터 구해야 한다.

$$|\mathrm{a}| = \sqrt{a_1^2 + a_2^2 + a_3^2} = \sqrt{2},$$
$$|\mathrm{b}| = \sqrt{b_1^2 + b_2^2 + b_3^2} = 2\sqrt{2}$$

두 벡터의 크기를 구한 후 식 (9.15)를 이용하면

$$|\mathrm{v}| = \sqrt{2} \cdot 2\sqrt{2} \cdot \sin\frac{\pi}{3} = 2\sqrt{3}$$

과 같이 벡터 a, b의 외적인 v의 크기를 구할 수 있다.

유제 9-6

벡터 a = [2, 2, 0], b = [0, 4, 0]의 외적과 그 크기를 구하라. 단, 벡터 a와 b가 이루는 각은 $\frac{\pi}{4}$이다.

예제 9-8 벡터의 외적과 크기 ②

다음 두 벡터의 외적 v = a × b와 그 크기를 구하라.

$$a = i + 2j - 3k, \quad b = i + 2j$$

key point

$$v = \begin{vmatrix} i & j & k \\ a_1 & a_2 & a_3 \\ b_1 & b_2 & b_3 \end{vmatrix}$$

풀이

식 (9.17)을 이용하여 두 벡터의 외적을 구하면

$$v = \begin{vmatrix} i & j & k \\ a_1 & a_2 & a_3 \\ b_1 & b_2 & b_3 \end{vmatrix} = \begin{vmatrix} i & j & k \\ 1 & 2 & -3 \\ 1 & 2 & 0 \end{vmatrix} = 6i - 3j$$

가 되고, 성분으로 표시하면 다음과 같다.

$$v = [v_1, v_2, v_3] = [6, -3, 0]$$

외적의 크기는 위 벡터의 크기를 구하는 것이므로

$$|v| = \sqrt{6^2 + (-3)^2 + 0^2} = 3\sqrt{5}$$

와 같이 구할 수 있다.

유제 9-7

다음 두 벡터의 외적 v = a × b와 그 크기를 구하라.

$$a = i + j, \quad b = i - 2j + 3k$$

벡터의 외적에 관한 성질

벡터 a, b, c를 사용하여 벡터의 외적에 대한 성질을 정리해보자.

▪ 외적의 성질

❶ $a \times (b + c) = (a \times b) + (a \times c)$ (분배법칙)
❷ $(a + b) \times c = (a \times c) + (b \times c)$ (분배법칙)
❸ $b \times a = -(a \times b)$
❹ $a \times (b \times c) \neq (a \times b) \times c$

위 식에서 ❸과 ❹는 각각 교환법칙과 결합법칙이 성립하지 않음을 나타낸 것이다.

스칼라 삼중곱

벡터 $\mathbf{a}$, $\mathbf{b}$, $\mathbf{c}$를 곱하는 다른 방법으로 스칼라 삼중곱이 있다. **스칼라 삼중곱**scalar triple product은 벡터 $\mathbf{b} = [b_1,\ b_2,\ b_3]$와 $\mathbf{c} = [c_1,\ c_2,\ c_3]$의 외적을 벡터 $\mathbf{a} = [a_1,\ a_2,\ a_3]$와 내적한 것으로 다음과 같이 정의한다.

$$\mathbf{a} \cdot (\mathbf{b} \times \mathbf{c}) = \begin{vmatrix} a_1 & a_2 & a_3 \\ b_1 & b_2 & b_3 \\ c_1 & c_2 & c_3 \end{vmatrix} \tag{9.18}$$

스칼라 삼중곱을 다음과 같이 쓰기도 한다.

$$\mathbf{a} \cdot (\mathbf{b} \times \mathbf{c}) = (\mathbf{a}\ \ \mathbf{b}\ \ \mathbf{c})$$

9.4 벡터 및 스칼라함수와 곡선

9.4.1 벡터함수와 스칼라함수

이 절에서는 벡터함수와 스칼라함수의 미분법을 살펴볼 것이다. 먼저 벡터함수에 대해 논의하기 위해 9.1절에서 설명한 위치벡터를 이용할 것이다. 위치벡터를 단위벡터로 나타내면 다음과 같이 쓸 수 있다.

$$\mathbf{r} = [x,\ y,\ z] = x\mathbf{i} + y\mathbf{j} + z\mathbf{k} \tag{9.19}$$

위 식에서 성분 x, y, z를 임의의 변수를 가진 함수 $r_1(P)$, $r_2(P)$, $r_3(P)$라고 생각하면 다음과 같이 나타낼 수 있다.

$$\begin{aligned} \mathbf{r} = \mathbf{r}(P) &= [r_1(P),\ r_2(P),\ r_3(P)] \\ &= r_1(P)\mathbf{i} + r_2(P)\mathbf{j} + r_3(P)\mathbf{k} \end{aligned} \tag{9.20}$$

식 (9.20)은 벡터를 함숫값으로 하고 있다. 따라서 $\mathbf{r}(P)$와 같은 형태를 **벡터함수**vector function라고 한다. 또 이와 같은 벡터함수가 정의되어 있는 공간을 **벡터장**vector field이라고 한다.

▪ 벡터함수와 벡터장

식 (9.20)에서 각각의 성분 $r_1(P)$, $r_2(P)$, $r_3(P)$는 점 P에서 함숫값이 스칼라로 주어지는 함수를 의미한다. 이와 같은 함수는 직교좌표계에서

$$f = f(P) = f(x,\ y,\ z) \tag{9.21}$$

■ 스칼라함수와 스칼라장

와 같이 정의할 수 있으며, 이를 **스칼라함수** scalar function 라고 한다. 스칼라함수가 정의되어 있는 공간은 **스칼라장** scalar field 이라고 한다.

벡터함수를 직교좌표계에서 정의하면 다음과 같이 표현할 수도 있다.

$$\begin{aligned} \mathrm{r}(P) &= \mathrm{r}(x,\ y,\ z) \\ &= [r_1(x,\ y,\ z),\ r_2(x,\ y,\ z),\ r_3(x,\ y,\ z)] \end{aligned} \tag{9.22}$$

공간상에 존재하는 임의의 곡선에서 각 점에서의 접선벡터가 벡터함수의 예이다. 점의 위치에 따라 크기와 방향이 달라지기 때문이다. 반면, 고정된 점에서 임의의 점까지의 거리를 나타내는 함수는 스칼라함수이다. 방향은 상관없이 크기(거리)만 달라지는 함수이기 때문이다.

예제 9-9 스칼라함수

고정된 점 $P_1(x_1,\ y_1,\ z_1)$에서 점 $P(x,\ y,\ z)$까지의 거리를 나타내는 스칼라함수 $f(P)$를 구하고, $f(P)$를 이용하여 점 $Q(1,\ -1,\ -2)$에서 점 $P(2,\ 3,\ -1)$까지의 거리를 구하라.

풀이

점 $P_1(x_1,\ y_1,\ z_1)$에서 점 $P(x,\ y,\ z)$까지의 거리 $f(P)$는 다음과 같이 구할 수 있다.

$$f(P) = f(x,\ y,\ z) = \sqrt{(x-x_1)^2+(y-y_1)^2+(z-z_1)^2}$$

위에서 구한 스칼라함수를 이용하려면 점 $P_1(x_1,\ y_1,\ z_1)$을 점 Q로 바꾸면 된다. 점 $Q(1,\ -1,\ -2)$에서 점 $P(2,\ 3,\ -1)$까지의 거리는 다음과 같이 구한다.

$$f(P) = \sqrt{(2-1)^2+\{3-(-1)\}^2+\{-1-(-2)\}^2} = 3\sqrt{2}$$

유제 9-8

[예제 9-9]의 함수 $f(P)$를 이용하여 원점에서 점 $P(2,\ 1,\ -1)$까지의 거리를 구하라.

예제 9-10 벡터함수

다음은 시간에 따라 변화하는 벡터함수이다. $t=0$, π, 2π일 때의 함숫값을 구하라.

$$\mathbf{r} = \mathbf{r}(t) = \cos t\mathbf{i} + t\mathbf{j} + \sin t\mathbf{k}$$

풀이

벡터함수 $\mathbf{r}(t)$의 값은 시간에 따라 달라진다. 먼저 $t=0$이면

$$\begin{aligned}\mathbf{r}(0) &= \cos 0\mathbf{i} + 0\mathbf{j} + \sin 0\mathbf{k} \\ &= \mathbf{i}\end{aligned}$$

가 되고, $t=\pi$일 때와 $t=2\pi$일 때는 각각 다음과 같다.

$$\begin{aligned}\mathbf{r}(\pi) &= \cos \pi\mathbf{i} + \pi\mathbf{j} + \sin \pi\mathbf{k} \\ &= -\mathbf{i} + \pi\mathbf{j} \\ \mathbf{r}(2\pi) &= \cos 2\pi\mathbf{i} + 2\pi\mathbf{j} + \sin 2\pi\mathbf{k} \\ &= \mathbf{i} + 2\pi\mathbf{j}\end{aligned}$$

유제 9-9

다음 벡터함수에서 $t=0$, $\frac{\pi}{4}$, $\frac{\pi}{2}$일 때의 함숫값을 구하라.

$$\mathbf{r} = \mathbf{r}(t) = t\mathbf{i} + \sin 2t\mathbf{j} + \cos t\mathbf{k}$$

벡터함수의 미분

다음과 같은 벡터함수 $\mathbf{r}(t)$가 존재할 때

$$\begin{aligned}\mathbf{r}(t) &= [r_1(t),\ r_2(t),\ r_3(t)] \\ &= r_1(t)\mathbf{i} + r_2(t)\mathbf{j} + r_3(t)\mathbf{k}\end{aligned} \tag{9.23}$$

벡터함수 $\mathbf{r}(t)$의 도함수 $\mathbf{r}'(t)$는 다음과 같이 정의한다.

$$\mathbf{r}'(t) = [r_1'(t),\ r_2'(t),\ r_3'(t)] \tag{9.24}$$

▪ 벡터함수의 도함수 정의

벡터함수에서의 각 성분은 스칼라함수이므로 벡터함수의 미분법은 스칼라함수의 미분법과 동일하다.

다음은 벡터함수의 미분에 관한 법칙이다.

■ 벡터함수의 미분에 관한 법칙

❶ $(\mathrm{u}+\mathrm{v})' = \mathrm{u}' + \mathrm{v}'$

❷ $(\mathrm{u}\cdot\mathrm{v})' = \mathrm{u}'\cdot\mathrm{v} + \mathrm{u}\cdot\mathrm{v}'$

❸ $(\mathrm{u}\times\mathrm{v})' = \mathrm{u}'\times\mathrm{v} + \mathrm{u}\times\mathrm{v}'$

❹ $(\mathrm{u}\quad\mathrm{v}\quad\mathrm{w})' = (\mathrm{u}'\quad\mathrm{v}\quad\mathrm{w}) + (\mathrm{u}\quad\mathrm{v}'\quad\mathrm{w}) + (\mathrm{u}\quad\mathrm{v}\quad\mathrm{w}')$

벡터함수의 편도함수도 스칼라함수의 미분법과 똑같이 적용된다는 사실도 기억해 두자.

예제 9-11 벡터함수의 도함수

다음 벡터함수의 도함수를 구하라.

(a) $\mathrm{r}(t) = [t,\ t^2,\ t^3]$

(b) $\mathrm{v}(t) = e^t\mathrm{i} + \cos t\mathrm{j} + \sin t\mathrm{k}$

(c) $\mathrm{r}(t)\cdot\mathrm{v}(t)$

key point

$(\mathrm{u}\cdot\mathrm{v})' = \mathrm{u}'\cdot\mathrm{v} + \mathrm{u}\cdot\mathrm{v}'$

풀이

(a) $\mathrm{r}'(t) = [(t)',\ (t^2)',\ (t^3)'] = [1,\ 2t,\ 3t^2]$

(b) $\mathrm{v}'(t) = (e^t)'\mathrm{i} + (\cos t)'\mathrm{j} + (\sin t)'\mathrm{k} = e^t\mathrm{i} - \sin t\mathrm{j} + \cos t\mathrm{k}$

(c) 성분으로 표현하면

$$\mathrm{r}(t) = [t,\ t^2,\ t^3], \qquad \mathrm{v}(t) = [e^t,\ \cos t,\ \sin t]$$
$$\mathrm{r}'(t) = [1,\ 2t,\ 3t^2], \qquad \mathrm{v}'(t) = [e^t,\ -\sin t,\ \cos t]$$

와 같이 표현할 수 있으므로 다음과 같이 계산할 수 있다.

$$\begin{aligned}(\mathrm{r}\cdot\mathrm{v})' &= \mathrm{r}'\cdot\mathrm{v} + \mathrm{r}\cdot\mathrm{v}' \\ &= [e^t,\ 2t\cos t,\ 3t^2\sin t] + [te^t,\ -t^2\sin t,\ t^3\cos t] \\ &= [e^t(1+t),\ t(2\cos t - t\sin t),\ t^2(3\sin t + t\cos t)]\end{aligned}$$

유제 9-10

다음 벡터함수의 도함수를 구하라.

(a) $\mathrm{r}(t) = e^t\mathrm{i} + t\mathrm{j} + 2\sin t\mathrm{k}$ (b) $\mathrm{v}(t) = [t^2,\ \sin t,\ t\cos t]$ (c) $\mathrm{r}(t)\cdot\mathrm{v}(t)$

예제 9-12 크기가 일정한 벡터함수의 도함수

$|\mathbf{r}(t)| = c$와 같이 크기가 일정한 상수인 벡터함수가 있다. 벡터함수 $\mathbf{r}(t)$의 도함수가 자신과 직교함을 증명하라.

> **key point**
> $\mathbf{a} \cdot \mathbf{b} = 0$은 두 벡터가 직교한다는 사실을 나타낸다.

풀이

벡터함수 $\mathbf{r}(t)$의 자신과의 내적을 구하면

$$\mathbf{r} \cdot \mathbf{r} = |\mathbf{r}|^2 = c^2$$

이 된다. 위 식을 미분하면 다음과 같은 식이 성립한다.

$$(\mathbf{r} \cdot \mathbf{r})' = \mathbf{r} \cdot \mathbf{r}' + \mathbf{r}' \cdot \mathbf{r} = 2\mathbf{r} \cdot \mathbf{r}' = 2|\mathbf{r}||\mathbf{r}|' = (c^2)' = 0$$

결과적으로 $2\mathbf{r} \cdot \mathbf{r}' = 0$에 주목하면

$$\mathbf{r} \cdot \mathbf{r}' = 0$$

이 성립하므로 벡터의 직교성에 의해 벡터함수 $\mathbf{r}(t)$와 그 도함수 $\mathbf{r}'(t)$가 직교함을 알 수 있다.

9.4.2 벡터함수와 곡선

다음과 같은 벡터함수 $\mathbf{r}(t)$는 3차원 공간에서 곡선 C를 나타내는 것으로 생각할 수 있다. 그러므로 식 (9.25)는 t를 매개변수로 하는 곡선의 방정식이 된다.

▪곡선의 방정식

$$\mathbf{r}(t) = [x(t),\ y(t),\ z(t)] = x(t)\mathbf{i} + y(t)\mathbf{j} + z(t)\mathbf{k} \tag{9.25}$$

▪곡선의 방향

식 (9.25)는 곡선의 방향을 나타내기도 하는데, t가 증가할 때 곡선이 향하는 방향을 곡선의 **양의 방향**positive sense, t가 감소할 때 곡선이 향하는 방향을 곡선의 **음의 방향**negative sense이라고 한다.

대표적인 곡선의 벡터함수 표현

▪직선의 표현법

[그림 9-9]와 같이 점 A를 지나고, 상수벡터 $\mathbf{b}$의 방향으로 진행하는 직선은 다음과 같이 나타낸다.

$$\begin{aligned}\mathbf{r}(t) &= \mathbf{a} + t\mathbf{b} \\ &= [a_1 + tb_1,\ a_2 + tb_2,\ a_3 + tb_3]\end{aligned} \tag{9.26}$$

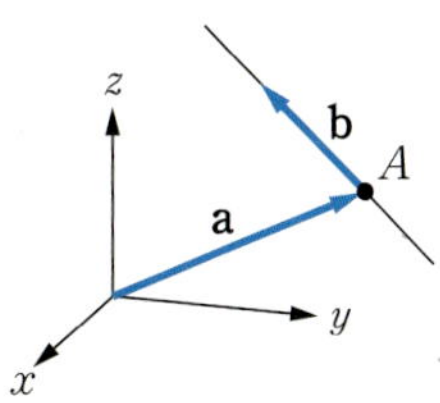

[그림 9-9] 직선의 표현

식 (9.26)에서 벡터 $\mathbf{a}$는 점 A의 위치를 나타내는 위치벡터이다.

원점을 중심으로 하고 xy평면상에 존재하는 타원은 다음과 같이 나타낸다.

■ 타원 및 원의 표현법

$$\mathbf{r}(t) = a\cos t\mathbf{i} + b\sin t\mathbf{j} = [a\cos t,\ b\sin t,\ 0] \tag{9.27}$$

식 (9.27)에서 $x(t) = a\cos t$, $y(t) = b\sin t$이므로

$$\cos t = \frac{x}{a},\ \sin t = \frac{y}{b}$$

이고, 각각 양변을 제곱하여 두 식을 더하면 다음과 같다.

$$\frac{x^2}{a^2} + \frac{y^2}{b^2} = \cos^2 t + \sin^2 t$$

이때 $\cos^2 t + \sin^2 t = 1$, $z = 0$이므로 다음과 같은 타원의 방정식이 된다.

■ 타원의 방정식

$$\frac{x^2}{a^2} + \frac{y^2}{b^2} = 1,\ z = 0$$

위 식에서 $a = b$이면

■ 원의 방정식

$$x^2 + y^2 = a^2,\ z = 0$$

과 같이 반지름이 a인 원의 방정식이 된다. [그림 9-10]과 같이 원기둥을 감으며 이동하는 곡선을 **원나선**circular helix이라고 하며, 원나선은 다음과 같은 벡터 함수로도 표현할 수 있다.

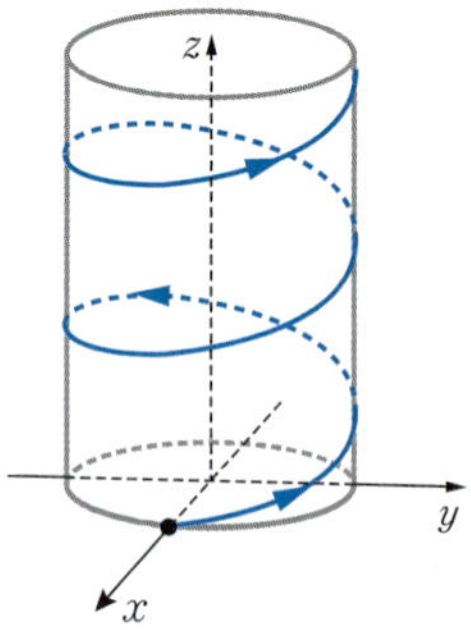

[그림 9-10] 원나선의 표현

■ 원나선의 표현법

$$\mathbf{r}(t) = a\cos t\mathbf{i} + b\sin t\mathbf{j} + ct\mathbf{k} = [a\cos t,\ b\sin t,\ ct] \tag{9.28}$$

예제 9-13 직선의 벡터함수 표현

xy평면에서 점 $A(2,\ 3)$을 지나고 기울기가 1인 직선의 방정식을 벡터함수로 표현하라.

key point
$\mathbf{r}(t) = \mathbf{a} + t\mathbf{b}$

풀이

직선이 지나는 점 $A(2,\ 3)$으로부터 위치벡터 $\mathbf{a}$를, 기울기가 1이라는 사실로부터 상수벡터 $\mathbf{b}$를 다음과 같이 구할 수 있다.

$$\mathbf{a} = [2,\ 3,\ 0],\ \mathbf{b} = [1,\ 1,\ 0]$$

그러므로 식 (9.26)을 이용하면 직선의 방정식은 다음과 같이 된다.

$$\mathbf{r}(t) = \mathbf{a} + t\mathbf{b} = [2+t,\ 3+t,\ 0]$$

유제 9-11

yz 평면에서 점 $A(1,\ 1)$을 지나고 기울기가 2인 직선의 방정식을 벡터함수로 표현하라.

곡선의 접선, 길이, 호의 길이

[그림 9-11]과 같이 곡선 위에 있는 임의의 점 A에서 곡선의 양의 방향에 따라 이동하는 경우, 미소변위 $d\mathbf{r}$은 다음과 같이 표현할 수 있다.

$$d\mathbf{r} = \mathbf{r}(t+dt) - \mathbf{r}(\mathrm{t}) \tag{9.29}$$

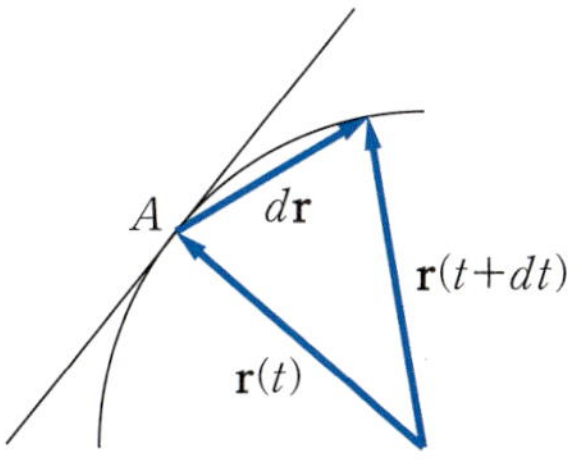

[그림 9-11] 곡선의 접선

식 (9.29)에서 $dt \to 0$이 되면 곡선에 접하는 벡터가 된다. 그러므로 곡선의 **접선벡터**tangent vector는 다음과 같은 식으로 나타낼 수 있다.

$$\mathbf{r}'(t) = \frac{d\mathbf{r}(t)}{dt} = \frac{d}{dt}\{\mathbf{r}(t+dt) - \mathbf{r}(t)\} \tag{9.30}$$

▪ 곡선의 접선벡터

곡선의 접선벡터는 접선과 같은 방향을 갖는다. 또한 $\mathbf{r}'(t)$ 방향의 단위벡터를 **단위접선벡터**unit tangent vector라고 하고, 다음과 같이 표현한다.

$$\mathbf{u} = \frac{d\mathbf{r}}{|d\mathbf{r}|} = \frac{\mathbf{r}'}{|\mathbf{r}'|} \tag{9.31}$$

▪ 단위접선벡터

구간 $t_0 \le t \le t_n$인 곡선 $\mathbf{r}(t)$의 **길이**length는 다음 식으로 구할 수 있다.

$$l = \int_{t_0}^{t_n} \sqrt{\mathbf{r}'(t) \cdot \mathbf{r}'(t)}\, dt \tag{9.32}$$

식 (9.32)의 적분구간에서 상한을 나타내는 상수 t_n을 변수인 t로 바꾸면, 다음과 같이 **호의 길이함수**arc length function[3]를 구할 수 있다.

3 호의 길이라고도 한다.

$$s(t) = \int_{t_0}^{t} \sqrt{\mathbf{r}'(\tilde{t}) \cdot \mathbf{r}'(\tilde{t})}\, d\tilde{t} \tag{9.33}$$

식 (9.33)에서 적분변수로 $\tilde{t}$를 사용한 이유는 적분의 상한으로 t를 사용했기 때문이다. 일반적으로 $t_0 = 0$으로 하는 경우가 많다.

식 (9.33)을 미분하여 제곱하면 다음과 같은 식을 얻을 수 있다.

$$\left(\frac{ds}{dt}\right)^2 = \frac{d\mathbf{r}}{dt} \cdot \frac{d\mathbf{r}}{dt} = |\mathbf{r}'(t)|^2 = \left(\frac{dx}{dt}\right)^2 + \left(\frac{dy}{dt}\right)^2 + \left(\frac{dz}{dt}\right)^2 \tag{9.34}$$

곡선의 벡터함수를

$$\mathbf{r}(t) = [x(t),\ y(t),\ z(t)] = x(t)\mathbf{i} + y(t)\mathbf{j} + z(t)\mathbf{k}$$

와 같이 표현하므로 $d\mathbf{r}$은 다음과 같이 쓸 수 있다.

$$d\mathbf{r}(t) = [dx(t),\ dy(t),\ dz(t)] = dx(t)\mathbf{i} + dy(t)\mathbf{j} + dz(t)\mathbf{k} \tag{9.35}$$

그러므로

■ 곡선의 선소

$$ds^2 = d\mathbf{r} \cdot d\mathbf{r} = dx^2 + dy^2 + dz^2 \tag{9.36}$$

이 되고, 위의 ds를 곡선의 **선소**linear element라고 한다.

예제 9-14 타원에서의 접선벡터

타원 $\dfrac{x^2}{a^2} + \dfrac{y^2}{b^2} = 1$의 접선벡터를 구하라.

> **key point**
> 곡선의 접선벡터
> $\mathbf{r}'(t) = \dfrac{d\mathbf{r}(t)}{dt}$

풀이

식 (9.27)에 따라 타원의 방정식 $\dfrac{x^2}{a^2} + \dfrac{y^2}{b^2} = 1$을 나타내는 벡터함수는

$$\mathbf{r}(t) = a\cos t\mathbf{i} + b\sin t\mathbf{j} = [a\cos t,\ b\sin t,\ 0]$$

이므로 $\mathbf{r}(t)$의 접선벡터는 식 (9.30)에 의해 다음과 같이 구할 수 있다.

$$\begin{aligned}\mathbf{r}'(t) &= (a\cos t)'\mathbf{i} + (b\sin t)'\mathbf{j} = -a\sin t\mathbf{i} + b\cos t\mathbf{j} \\ &= [-a\sin t,\ b\cos t,\ 0]\end{aligned}$$

유제 9-12

타원 $\frac{x^2}{4}+\frac{y^2}{9}=1$의 접선벡터를 구하라.

예제 9-15 곡선의 길이

다음 벡터함수로 표현되는 곡선에서 구간 $0 \le t \le a$일 때의 길이를 구하라.

$$\mathbf{r}(t) = t\mathbf{i} + \cosh t\mathbf{j}$$

> **key point**
> 곡선의 길이
> $l = \int_{t_0}^{t_n} \sqrt{\mathbf{r}'(t) \cdot \mathbf{r}'(t)}\, dt$

풀이

$$\mathbf{r}'(t) = (t)'\mathbf{i} + (\cosh t)'\mathbf{j} = \mathbf{i} + \sinh t\mathbf{j}$$

따라서 다음과 같이 $\mathbf{r}' \cdot \mathbf{r}'$을 알 수 있다.

$$\mathbf{r}' \cdot \mathbf{r}' = 1 + \sinh^2 t$$

또한 $\mathbf{r}' \cdot \mathbf{r}' = |\mathbf{r}'|^2$이기 때문에

$$|\mathbf{r}'| = \sqrt{1+\sinh^2 t} = \cosh t$$

가 된다. 따라서 식 (9.32)를 이용하여 다음과 같이 곡선의 길이를 계산할 수 있다.

$$l = \int_0^a \sqrt{\mathbf{r}'(t) \cdot \mathbf{r}'(t)}\, dt = \int_0^a |\mathbf{r}'(t)|\, dt = \int_0^a \cosh t\, dt = \sinh a$$

유제 9-13

벡터함수 $\mathbf{r}(t) = \cos t\mathbf{i} + \sin t\mathbf{j} + \sqrt{2}t\mathbf{k}$로 표현되는 곡선에서 구간 $0 \le t \le 4$일 때의 길이를 구하라.

9.5 벡터의 미분법 : 그래디언트

벡터보다는 스칼라를 더 다루기가 쉽다. 이 절에서 소개할 그래디언트는 그런 면을 십분 활용할 수 있는 개념이다. 왜냐하면 벡터장을 스칼라장으로부터 얻을 수 있는 방법이 바로 그래디언트에 의해 정해지기 때문이다. 공간변화율, 법선벡터 등 벡터의 미분법에 해당되는 그래디언트는 유용하게 이용되는 면이 많다. 그러므로 여기서 소개하는 그래디언트의 개념을 확실히 이해하는 것이 매우 중요하다.

4 기울기라고도 한다.

먼저 **그래디언트**gradient [4]의 정의부터 알아보자. 스칼라함수 $f(x, y, z)$의 그래디언트는 $\mathrm{grad}\, f$ 혹은 ∇f라고 표기하며, 다음과 같은 벡터함수로 나타낸다.

$$\mathrm{grad}\, f = \nabla f = \frac{\partial f}{\partial x}\mathbf{i} + \frac{\partial f}{\partial y}\mathbf{j} + \frac{\partial f}{\partial z}\mathbf{k} = \left[\frac{\partial f}{\partial x}, \frac{\partial f}{\partial y}, \frac{\partial f}{\partial z}\right] \tag{9.37}$$

5 del 또는 nabla라고 읽는다.

이때 **미분연산자** ∇ [5]만을 고려하면 다음과 같이 나타낸다.

$$\nabla = \frac{\partial}{\partial x}\mathbf{i} + \frac{\partial}{\partial y}\mathbf{j} + \frac{\partial}{\partial z}\mathbf{k} \tag{9.38}$$

예제 9-16 스칼라함수의 그래디언트

스칼라함수 $f(x, y, z) = ax^2 + by^2 + cz^2$의 그래디언트를 구하라.
단, a, b, c는 상수이다.

key point

$$\nabla f = \left[\frac{\partial f}{\partial x}, \frac{\partial f}{\partial y}, \frac{\partial f}{\partial z}\right]$$

풀이

식 (9.37)을 이용할 수 있도록 각각의 성분을 구하면 다음과 같다.

$$\frac{\partial f}{\partial x} = \frac{\partial}{\partial x}(ax^2 + by^2 + cz^2) = 2ax,$$

$$\frac{\partial f}{\partial y} = \frac{\partial}{\partial y}(ax^2 + by^2 + cz^2) = 2by,$$

$$\frac{\partial f}{\partial z} = \frac{\partial}{\partial z}(ax^2 + by^2 + cz^2) = 2cz$$

그러므로 주어진 스칼라함수의 그래디언트는 다음과 같이 구할 수 있다.

$$\begin{aligned}\mathrm{grad}\, f = \nabla f &= 2ax\,\mathbf{i} + 2by\,\mathbf{j} + 2cz\,\mathbf{k} \\ &= [2ax, 2by, 2cz]\end{aligned}$$

유제 9-14

스칼라함수 $f(x, y, z) = 5xy + y^2 + 2z$의 그래디언트를 구하라.

방향도함수

스칼라함수 f가 공간상에서 특정 방향에 따라 변화하는 비율을 알고자 하는 것이 **방향도함수**directional derivative이다. f의 방향도함수는 다음 식 (9.39)와 같이 정의한다. 이때 방향도함수의 방향은 벡터 $\mathbf{m}$이 공간상의 한 점 P에서 Q로 진행하는 방향이다.

$$D_{\mathrm{m}} f = \frac{df}{ds} = \lim_{s \to 0} \frac{f(Q) - f(P)}{s} \tag{9.39}$$

식 (9.39)에서 s는 점 P에서 Q까지의 거리이다. 벡터 $\mathbf{m}$을 단위벡터라고 가정하면 직선의 방정식은 다음과 같이 나타낼 수 있다.

$$\mathbf{r}(s) = x(s)\mathbf{i} + y(s)\mathbf{j} + z(s)\mathbf{k} = \mathbf{p}_0 + s\mathbf{m} \quad (\text{단, } s \geq 0) \tag{9.40}$$

식 (9.40)에서 $\mathbf{p}_0$는 점 P의 위치벡터이다. 함수 f는 호의 길이 s에 대한 함수 $f[x(s),\ y(s),\ z(s)]$이므로 사슬법칙을 이용하면 식 (9.39)는

$$D_{\mathrm{m}} f = \frac{df}{ds} = \frac{\partial f}{\partial x}\frac{dx}{ds} + \frac{\partial f}{\partial y}\frac{dy}{ds} + \frac{\partial f}{\partial z}\frac{dz}{ds}$$

와 같이 되고, 결국

$$D_{\mathrm{m}} f = \frac{df}{ds} = \frac{\partial f}{\partial x}x'(s) + \frac{\partial f}{\partial y}y'(s) + \frac{\partial f}{\partial z}z'(s) \tag{9.41}$$

와 같이 표현할 수 있다. 식 (9.40)을 미분하면

$$\mathbf{r}'(s) = x'(s)\mathbf{i} + y'(s)\mathbf{j} + z'(s)\mathbf{k} = \frac{d}{ds}[\mathbf{p}_0 + s\mathbf{m}] = \mathbf{m}$$

이 된다. 또한 식 (9.41)은

$$\begin{aligned} D_{\mathrm{m}} f &= \frac{\partial f}{\partial x}x'(s) + \frac{\partial f}{\partial y}y'(s) + \frac{\partial f}{\partial z}z'(s) \\ &= \{x'(s)\mathbf{i} + y'(s)\mathbf{j} + z'(s)\mathbf{k}\} \cdot \left(\frac{\partial f}{\partial x}\mathbf{i} + \frac{\partial f}{\partial y}\mathbf{j} + \frac{\partial f}{\partial z}\mathbf{k}\right) \\ &= \mathbf{r}' \cdot \nabla f \end{aligned}$$

가 된다. 결과적으로 방향도함수 $D_{\mathrm{m}} f$는

$$D_{\mathrm{m}} f = \frac{df}{ds} = \mathbf{m} \cdot \nabla f \tag{9.42}$$

와 같이 표현할 수 있다. 또한 단위벡터가 아닌 일반벡터 $\mathbf{a}$가 진행되는 방향으로 방향도함수는 다음과 같이 나타낸다.

$$D_{\mathrm{a}} f = \frac{df}{ds} = \frac{1}{|\mathbf{a}|}\mathbf{a} \cdot \nabla f \tag{9.43}$$

예제 9-17 방향도함수

점 $P(-1,\ 1,\ -1)$에서 벡터 $\mathbf{a}$의 방향으로 스칼라함수 $f(x,\ y,\ z)$의 방향도함수를 구하라. $\mathbf{a} = -\mathbf{i} + \mathbf{k}$이고, $f = 5xy + y^2 + 3z$이다.

key point

- $\nabla f = \left[\dfrac{\partial f}{\partial x},\ \dfrac{\partial f}{\partial y},\ \dfrac{\partial f}{\partial z}\right]$
- $D_{\mathbf{a}} f = \dfrac{1}{|\mathbf{a}|}\mathbf{a} \cdot \nabla f$

풀이

식 (9.37)을 이용하여 스칼라함수 $f(x,\ y,\ z)$의 그래디언트를 구하면

$$\text{grad}\, f = \nabla f = 5y\mathbf{i} + (5x + 2y)\mathbf{j} + 3\mathbf{k}$$

가 되고, 점 $P(-1,\ 1,\ -1)$에서는 다음과 같다.

$$\text{grad}\, f = \nabla f(\mathbf{a}) = 5\mathbf{i} - 3\mathbf{j} + 3\mathbf{k}$$

벡터 $\mathbf{a}$는 단위벡터가 아니므로 식 (9.43)을 이용하면

$$D_{\mathbf{a}} f = \frac{df}{ds} = \frac{1}{\sqrt{2}}(-\mathbf{i} + \mathbf{k}) \cdot (5\mathbf{i} - 3\mathbf{j} + 3\mathbf{k}) = -\sqrt{2}$$

와 같이 방향도함수의 값을 구할 수 있다. 방향도함수의 값이 음수로 나타나는 것은 점 P에서 벡터 $\mathbf{a}$의 방향으로 이동할 때 f가 감소함을 의미한다.

유제 9-15

점 $P(-1,\ 2,\ 1)$에서 벡터 $\mathbf{a}$의 방향으로 스칼라함수 $f(x,\ y,\ z)$의 방향도함수를 구하라. 단, $\mathbf{a} = \mathbf{i} - \sqrt{3}\mathbf{k}$이고, $f = x^2 + y^2 + z^2$이다.

곡면법선벡터

공간 위에서의 곡선 C가 다음과 같이 표현된다고 가정하자.

$$\begin{aligned}\mathbf{r}(t) &= [x(t),\ y(t),\ z(t)] \\ &= x(t)\mathbf{i} + y(t)\mathbf{j} + z(t)\mathbf{k}\end{aligned} \tag{9.44}$$

이 곡선이 존재할 수 있는 곡면은 다음과 같이 나타난다.

$$f(x(t),\ y(t),\ z(t)) = c \tag{9.45}$$

위 식에서 c는 상수이다. 그리고 위에서 나타낸 곡선의 접선벡터는 식 (9.30)을 이용하면 다음과 같이 나타낼 수 있다.

$$\mathbf{r}'(t) = x'(t)\mathbf{i} + y'(t)\mathbf{j} + z'(t)\mathbf{k} \tag{9.46}$$

한편, 곡면 위의 한 점 P에서는 많은 접선벡터를 생각할 수 있을 것이고, 그 접선벡터들은 하나의 면을 이루게 될 것이다. 그 평면을 **접평면**tangent plane이라고 하며, 이 접평면에 대한 법선을 **곡면법선**surface normal, 곡면법선과 평행인 벡터를 **곡면법선벡터**surface normal vector라고 한다.

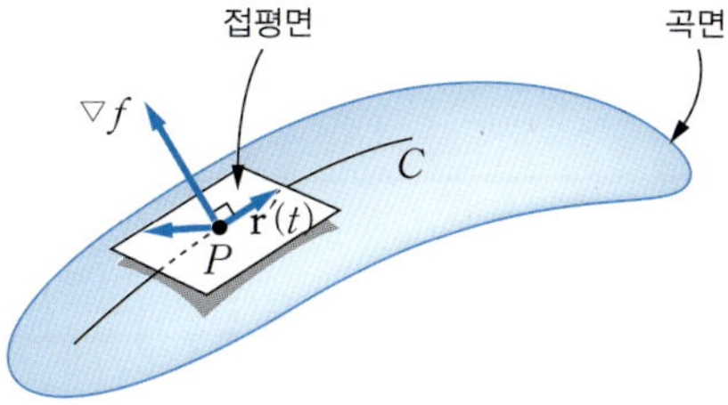

[그림 9-12] 접평면과 곡면법선벡터

식 (9.45)에 사슬법칙을 적용하여 t로 미분하면 다음과 같이 된다.

$$\begin{aligned}\frac{df}{dt} &= \frac{\partial f}{\partial x}x'(t)+\frac{\partial f}{\partial y}y'(t)+\frac{\partial f}{\partial z}z'(t)\\&=\left(\frac{\partial f}{\partial x}\mathbf{i}+\frac{\partial f}{\partial y}\mathbf{j}+\frac{\partial f}{\partial z}\mathbf{k}\right)\cdot(x'\mathbf{i}+y'\mathbf{j}+z'\mathbf{k})\\&=\nabla f\cdot\mathbf{r}'=0\end{aligned}$$

$\nabla f\cdot\mathbf{r}'=0$이 되는 것은 식 (9.45)에서 나타낸 것처럼 $f=c$(상수)이기 때문이다. 결과적으로 벡터의 직교성에 의해 ∇f는 모든 접선벡터 $\mathbf{r}'$, 즉 접평면과 수직임을 확인할 수 있다. 따라서 곡면을 나타내는 함수 f의 그래디언트인 ∇f는 곡면법선벡터의 역할을 한다.

따라서 **단위곡면법선벡터**unit surface normal vector는 다음과 같이 계산할 수 있다. ▪단위곡면법선벡터

$$\mathbf{n}=\frac{\nabla f}{|\nabla f|} \tag{9.47}$$

예제 9-18 곡면법선벡터

점 $P(1,\ -1,\ 1)$에서 $f(x,\ y,\ z)=ax^2+by^2+cz^2$의 곡면법선벡터와 단위곡면법선벡터를 구하라. 단, $a,\ b,\ c$는 상수이다.

key point
$\mathbf{n}=\dfrac{\nabla f}{|\nabla f|}$

풀이

식 (9.37)을 이용하여 $f(x,\ y,\ z)$의 그래디언트를 구하면

$$\text{grad}\,f=\nabla f=2ax\,\mathbf{i}+2by\,\mathbf{j}+2cz\,\mathbf{k}$$

가 되는데, 이는 곡면법선벡터를 나타낸다. 점 $P(1,\ -1,\ 1)$에서의 곡면법선벡터는 다음과 같다.

$$\text{grad}\, f = \nabla f = 2a\mathbf{i} - 2b\mathbf{j} + 2c\mathbf{k}$$

식 (9.47)을 이용하여 단위곡면법선벡터를 구하면 다음과 같다.

$$\begin{aligned} \mathbf{n} &= \frac{2a\mathbf{i} - 2b\mathbf{j} + 2c\mathbf{k}}{|2a\mathbf{i} - 2b\mathbf{j} + 2c\mathbf{k}|} \\ &= \frac{a\mathbf{i} - b\mathbf{j} + c\mathbf{k}}{\sqrt{a^2 + b^2 + c^2}} \end{aligned}$$

유제 9-16

점 $P(0, 1, -1)$에서 $f(x, y, z) = 2x^2 - 2y^2 + z^2$의 곡면법선벡터와 단위곡면법선벡터를 구하라.

9.6 벡터의 미분법 : 발산, 회전

9.6.1 벡터장의 발산

v_1, v_2, v_3를 성분으로 하는 벡터함수 $\mathbf{v}(x, y, z)$가 존재할 때, $\mathbf{v}$에 의해 정의되는 벡터장의 **발산**divergence은 다음과 같이 정의한다.

■ 벡터장의 발산

$$\text{div}\,\mathbf{v} = \nabla \cdot \mathbf{v} = \frac{\partial v_1}{\partial x} + \frac{\partial v_2}{\partial y} + \frac{\partial v_3}{\partial z} \tag{9.48}$$

$\mathbf{v}$의 성분이 v_1, v_2, v_3이기 때문에 $\mathbf{v}$를 다음과 나타낼 수 있다.

$$\mathbf{v}(x, y, z) = [v_1, v_2, v_3] = v_1\mathbf{i} + v_2\mathbf{j} + v_3\mathbf{k}$$

그러므로 $\nabla \cdot \mathbf{v}$는 다음과 같이 계산됨을 알 수 있다.

$$\begin{aligned} \nabla \cdot \mathbf{v} &= \left(\frac{\partial}{\partial x}\mathbf{i} + \frac{\partial}{\partial y}\mathbf{j} + \frac{\partial}{\partial z}\mathbf{k}\right) \cdot (v_1\mathbf{i} + v_2\mathbf{j} + v_3\mathbf{k}) \\ &= \frac{\partial}{\partial x}v_1 + \frac{\partial}{\partial y}v_2 + \frac{\partial}{\partial z}v_3 \\ &= \frac{\partial v_1}{\partial x} + \frac{\partial v_2}{\partial y} + \frac{\partial v_3}{\partial z} \end{aligned}$$

이때 ∇f는 벡터인데 반해, 발산 $\nabla \cdot \mathbf{v}$는 스칼라라는 사실을 기억해 두자.

예제 9-19 벡터함수의 발산

벡터함수 $\mathbf{v}(x, y, z) = ax^2\mathbf{i} + by^2\mathbf{j} + cz^2\mathbf{k}$ 의 발산을 구하라. 단, a, b, c 는 상수이다.

key point

$$\operatorname{div}\mathbf{v} = \frac{\partial v_1}{\partial x} + \frac{\partial v_2}{\partial y} + \frac{\partial v_3}{\partial z}$$

풀이

식 (9.48)을 이용하여 $\mathbf{v}(x, y, z)$의 발산은

$$\operatorname{div}\mathbf{v} = \nabla\cdot\mathbf{v} = \frac{\partial(ax^2)}{\partial x} + \frac{\partial(by^2)}{\partial y} + \frac{\partial(cz^2)}{\partial z} = 2ax + 2by + 2cz$$

와 같이 구할 수 있다. 발산의 결과는 스칼라이다.

유제 9-17

벡터함수 $\mathbf{v}(x, y, z) = x^2\mathbf{i} + 2yz\mathbf{j} - xz\mathbf{k}$ 의 발산을 구하라.

예제 9-20 한 점에서 벡터장의 발산

점 $(1, -1, 1)$에서 벡터장 $\mathbf{v}(x, y, z) = x^2\mathbf{i} + y^2\mathbf{j} + z^2\mathbf{k}$ 의 발산을 구하라.

key point

$$\operatorname{div}\mathbf{v} = \frac{\partial v_1}{\partial x} + \frac{\partial v_2}{\partial y} + \frac{\partial v_3}{\partial z}$$

풀이

식 (9.48)을 이용하여 $\mathbf{v}(x, y, z)$의 발산을 구하면

$$\operatorname{div}\mathbf{v} = \frac{\partial(x^2)}{\partial x} + \frac{\partial(y^2)}{\partial y} + \frac{\partial(z^2)}{\partial z} = 2x + 2y + 2z$$

와 같이 되므로 점 $(1, -1, 1)$에서의 발산은 다음 값을 갖는다.

$$\operatorname{div}\mathbf{v} = 2$$

유제 9-18

점 $(-1, 2, 1)$에서 벡터장 $\mathbf{v}(x, y, z) = x^2y\mathbf{i} + y^2\mathbf{j} - (2x + z)\mathbf{k}$ 의 발산을 구하라.

두 번 미분가능한 스칼라함수 $f(x, y, z)$가 있을 때, 그래디언트는

$$\nabla f = \frac{\partial f}{\partial x}\mathbf{i} + \frac{\partial f}{\partial y}\mathbf{j} + \frac{\partial f}{\partial z}\mathbf{k}$$

와 같이 표현하므로 그래디언트에 대한 발산은 식 (9.48)에 의해 다음과 같이 된다.

$$\text{div}(\nabla f) = \nabla \cdot (\nabla f) = \left(\frac{\partial}{\partial x}\mathbf{i} + \frac{\partial}{\partial y}\mathbf{j} + \frac{\partial}{\partial z}\mathbf{k}\right) \cdot \left(\frac{\partial f}{\partial x}\mathbf{i} + \frac{\partial f}{\partial y}\mathbf{j} + \frac{\partial f}{\partial z}\mathbf{k}\right)$$

그러므로

$$\text{div}(\nabla f) = \nabla \cdot (\nabla f) = \frac{\partial^2 f}{\partial x^2} + \frac{\partial^2 f}{\partial y^2} + \frac{\partial^2 f}{\partial z^2} \qquad (9.49)$$

라는 식이 성립하게 되고, 결과적으로 다음과 같은 식을 얻게 된다.

$$\text{div}(\nabla f) = \nabla^2 f \qquad (9.50)$$

6 라플라시안이라고도 한다.

식 (9.50)에서 ∇^2을 **라플라스 연산자**Laplace operator[6]라고 하고, $\nabla^2 f = 0$을 라플라스 방정식이라고 한다.

예제 9-21 그래디언트의 발산(라플라스 연산자)

스칼라함수 $f(x, y, z) = ax^2 + by^2 + cz^2$의 $\text{div}(\nabla f)$를 구하라. 단, a, b, c는 상수이다.

key point

$$\text{div}(\nabla f) = \frac{\partial^2 f}{\partial x^2} + \frac{\partial^2 f}{\partial y^2} + \frac{\partial^2 f}{\partial z^2}$$

풀이

스칼라함수 $f(x, y, z)$의 그래디언트를 구하면

$$\text{grad}\, f = \nabla f = 2ax\mathbf{i} + 2by\mathbf{j} + 2cz\mathbf{k}$$

와 같다. 주어진 스칼라함수의 $\text{div}(\nabla f)$는 다음 두 가지 방법으로 구할 수 있다.

첫 번째 방법

$$\begin{aligned}\text{div}(\nabla f) &= \left(\frac{\partial}{\partial x}\mathbf{i} + \frac{\partial}{\partial y}\mathbf{j} + \frac{\partial}{\partial z}\mathbf{k}\right) \cdot (2ax\mathbf{i} + 2by\mathbf{j} + 2cz\mathbf{k}) \\ &= 2a + 2b + 2c\end{aligned}$$

두 번째 방법

식 (9.49)를 이용하면 다음과 같다.

$$\text{div}(\nabla f) = \frac{\partial^2 f}{\partial x^2} + \frac{\partial^2 f}{\partial y^2} + \frac{\partial^2 f}{\partial z^2} = 2a + 2b + 2c$$

유제 9-19

스칼라함수 $f(x, y, z) = x^2 + y^2 + z^2$의 $\text{div}(\nabla f)$를 구하라.

발산의 값이 양이면 **소스**source, 음이면 **싱크**sink가 주어진다고 한다. 소스는 물이 쏟아져 나오는 수도꼭지, 싱크는 물이 빠져 나가는 배수구와 유사한 역할이라고 생각하면 된다. 즉 발산의 값이 양이면 들어오는 것이 나가는 것보다 많다는 의미이고, 발산의 값이 음이면 들어오는 것보다 나가는 것이 더 많다는 의미이다. 발산의 값이 0이라는 것은 유입량과 유출량이 동일하다는 의미이다.

▪ 소스와 싱크

9.6.2 벡터장의 회전

다음과 같이 v_1, v_2, v_3를 성분으로 하는 벡터함수가 있다고 하자.

$$\mathbf{v}(x, y, z) = [v_1, v_2, v_3] = v_1\mathbf{i} + v_2\mathbf{j} + v_3\mathbf{k}$$

벡터함수 $\mathbf{v}$에 의해 정의되는 벡터장의 **회전**curl[7]은 다음과 같이 정의한다.

7 curl 대신 rot를 사용하기도 한다.

$$\text{curl}\,\mathbf{v} = \nabla \times \mathbf{v} = \begin{vmatrix} \mathbf{i} & \mathbf{j} & \mathbf{k} \\ \dfrac{\partial}{\partial x} & \dfrac{\partial}{\partial y} & \dfrac{\partial}{\partial z} \\ v_1 & v_2 & v_3 \end{vmatrix} \tag{9.51}$$

식 (9.51)의 행렬식을 풀어서 다음과 같이 표현할 수 있다.

$$\begin{aligned} \text{curl}\,\mathbf{v} &= \nabla \times \mathbf{v} \\ &= \left(\frac{\partial v_3}{\partial y} - \frac{\partial v_2}{\partial z}\right)\mathbf{i} + \left(\frac{\partial v_1}{\partial z} - \frac{\partial v_3}{\partial x}\right)\mathbf{j} + \left(\frac{\partial v_2}{\partial x} - \frac{\partial v_1}{\partial y}\right)\mathbf{k} \end{aligned} \tag{9.52}$$

그래디언트의 회전은 다음과 같은 결과를 낳는다.

$$\text{curl}(\nabla f) = \nabla \times (\nabla f) = \mathbf{0} \tag{9.53}$$

위 식은 벡터함수가 스칼라함수의 그래디언트(∇f)라면, 그 벡터의 회전은 $\mathbf{0}$(영벡터)이 된다는 사실을 나타낸다.

또한 **회전의 발산**에 대해 확인해보면

$$\text{div}(\text{curl}\,\mathbf{v}) = \nabla \cdot (\nabla \times \mathbf{v}) = 0 \tag{9.54}$$

과 같이 되는 것을 알 수 있다. 즉 벡터함수의 회전으로부터는 발산(들어오는 양과 나가는 양의 차이)이 발생하지 않는다는 결론을 내릴 수 있다.

예제 9-22 벡터함수의 회전

다음 벡터함수의 회전을 구하라.

$$\mathbf{v}(x,\ y,\ z) = -cy\mathbf{i} - az\mathbf{j} - bx\mathbf{k}$$

key point

$$\nabla \times \mathbf{v} = \begin{vmatrix} \mathbf{i} & \mathbf{j} & \mathbf{k} \\ \dfrac{\partial}{\partial x} & \dfrac{\partial}{\partial y} & \dfrac{\partial}{\partial z} \\ v_1 & v_2 & v_3 \end{vmatrix}$$

풀이

벡터함수 $\mathbf{v}(x,\ y,\ z)$의 회전은

$$\begin{aligned} \operatorname{curl}\mathbf{v} &= \nabla \times \mathbf{v} \\ &= \begin{vmatrix} \mathbf{i} & \mathbf{j} & \mathbf{k} \\ \dfrac{\partial}{\partial x} & \dfrac{\partial}{\partial y} & \dfrac{\partial}{\partial z} \\ -cy & -az & -bx \end{vmatrix} \end{aligned}$$

와 같이 표현된다. 식 (9.52)를 이용하면

$$\begin{aligned} \nabla \times \mathbf{v} &= \left\{\frac{\partial(-bx)}{\partial y} - \frac{\partial(-az)}{\partial z}\right\}\mathbf{i} + \left\{\frac{\partial(-cy)}{\partial z} - \frac{\partial(-bx)}{\partial x}\right\}\mathbf{j} + \left\{\frac{\partial(-az)}{\partial x} - \frac{\partial(-cy)}{\partial y}\right\}\mathbf{k} \\ &= (0+a)\mathbf{i} + (0+b)\mathbf{j} + (0+c)\mathbf{k} \\ &= a\mathbf{i} + b\mathbf{j} + c\mathbf{k} \end{aligned}$$

와 같이 주어진 벡터함수의 회전을 구할 수 있다.

유제 9-20

다음 벡터함수의 회전을 구하라.

$$\mathbf{v}(x,\ y,\ z) = xy^2\mathbf{i} - 4yz\mathbf{j} + x^2z\mathbf{k}$$

Check it up!

✔ 그래디언트의 회전과 회전의 발산은 0

먼저 그래디언트의 회전 $\text{curl}(\nabla f) = 0$부터 살펴보자. 그래디언트 ∇f는

$$\nabla f = \frac{\partial f}{\partial x}\mathrm{i} + \frac{\partial f}{\partial y}\mathrm{j} + \frac{\partial f}{\partial z}\mathrm{k}$$

이므로 이것을 식 (9.51)에 대입하면 다음과 같이 계산된다.

$$\begin{aligned}\text{curl}(\nabla f) &= \nabla \times (\nabla f) \\ &= \begin{vmatrix} \mathrm{i} & \mathrm{j} & \mathrm{k} \\ \frac{\partial}{\partial x} & \frac{\partial}{\partial y} & \frac{\partial}{\partial z} \\ \frac{\partial f}{\partial x} & \frac{\partial f}{\partial y} & \frac{\partial f}{\partial z} \end{vmatrix} \\ &= \left(\frac{\partial^2 f}{\partial y \partial z} - \frac{\partial^2 f}{\partial z \partial y}\right)\mathrm{i} + \left(\frac{\partial^2 f}{\partial z \partial x} - \frac{\partial^2 f}{\partial x \partial z}\right)\mathrm{j} + \left(\frac{\partial^2 f}{\partial x \partial y} - \frac{\partial^2 f}{\partial y \partial x}\right)\mathrm{k} \\ &= 0\end{aligned}$$

다음으로 회전의 발산 $\text{div}(\text{curl } \mathbf{v}) = 0$을 확인해보자. 식 (9.52)를 통해 다음과 같이 발산의 성분을 알 수 있다.

$$\nabla \times \mathbf{v} = \left[\frac{\partial v_3}{\partial y} - \frac{\partial v_2}{\partial z},\ \frac{\partial v_1}{\partial z} - \frac{\partial v_3}{\partial x},\ \frac{\partial v_2}{\partial x} - \frac{\partial v_1}{\partial y}\right]$$

이를 식 (9.54)에 적용하면 다음과 같은 값을 얻을 수 있다.

$$\begin{aligned}\text{div}(\text{curl } \mathbf{v}) &= \nabla \cdot (\nabla \times \mathbf{v}) \\ &= \nabla \cdot \left(\frac{\partial v_3}{\partial y} - \frac{\partial v_2}{\partial z},\ \frac{\partial v_1}{\partial z} - \frac{\partial v_3}{\partial x},\ \frac{\partial v_2}{\partial x} - \frac{\partial v_1}{\partial y}\right) \\ &= \frac{\partial^2 v_3}{\partial x \partial y} - \frac{\partial^2 v_2}{\partial x \partial z} + \frac{\partial^2 v_1}{\partial y \partial z} - \frac{\partial^2 v_3}{\partial y \partial x} + \frac{\partial^2 v_2}{\partial z \partial x} - \frac{\partial^2 v_1}{\partial z \partial y} \\ &= 0\end{aligned}$$

그러므로 그래디언트의 회전 $\text{curl}(\nabla f)$와 회전의 발산 $\text{div}(\text{curl } \mathbf{v})$가 모두 0이 된다는 사실을 증명할 수 있다.

Chapter 09 핵심요약

벡터의 기본 개념

- 벡터의 성분 표현 : $\mathbf{a} = [a_1, a_2, a_3]$
- 벡터의 크기 : $|\mathbf{a}| = \sqrt{a_1^2 + a_2^2 + a_3^2}$
- 단위벡터를 이용한 벡터의 표현 : $\mathbf{a} = [a_1, a_2, a_3] = a_1\mathbf{i} + a_2\mathbf{j} + a_3\mathbf{k}$

벡터의 내적

- 벡터의 내적 : $\mathbf{a} \cdot \mathbf{b} = |\mathbf{a}||\mathbf{b}|\cos\theta = a_1b_1 + a_2b_2 + a_3b_3$
- 벡터의 직교성 : $\mathbf{a} \cdot \mathbf{b} = 0$
- 벡터의 사잇각의 코사인함수 : $\cos\theta = \dfrac{\mathbf{a} \cdot \mathbf{b}}{|\mathbf{a}||\mathbf{b}|} = \dfrac{\mathbf{a} \cdot \mathbf{b}}{\sqrt{\mathbf{a} \cdot \mathbf{a}}\sqrt{\mathbf{b} \cdot \mathbf{b}}}$

벡터의 외적

- 벡터의 외적 : $\mathbf{v} = \mathbf{a} \times \mathbf{b}$
- 벡터의 외적 크기 : $|\mathbf{v}| = |\mathbf{a}||\mathbf{b}|\sin\theta$
- 벡터의 외적 계산 : $\mathbf{v} = v_1\mathbf{i} + v_2\mathbf{j} + v_3\mathbf{k} = \begin{vmatrix} \mathbf{i} & \mathbf{j} & \mathbf{k} \\ a_1 & a_2 & a_3 \\ b_1 & b_2 & b_3 \end{vmatrix}$
- 벡터의 외적에 관한 성질
  1. $\mathbf{a} \times (\mathbf{b} + \mathbf{c}) = (\mathbf{a} \times \mathbf{b}) + (\mathbf{a} \times \mathbf{c})$
  2. $(\mathbf{a} + \mathbf{b}) \times \mathbf{c} = (\mathbf{a} \times \mathbf{c}) + (\mathbf{b} \times \mathbf{c})$
  3. $\mathbf{b} \times \mathbf{a} = -(\mathbf{a} \times \mathbf{b})$
  4. $\mathbf{a} \times (\mathbf{b} \times \mathbf{c}) \neq (\mathbf{a} \times \mathbf{b}) \times \mathbf{c}$

벡터 및 스칼라함수와 곡선

- 벡터함수 : $\mathbf{r} = \mathbf{r}(P) = [r_1(P), r_2(P), r_3(P)] = r_1(P)\mathbf{i} + r_2(P)\mathbf{j} + r_3(P)\mathbf{k}$
- 스칼라함수 : $f = f(P) = f(x, y, z)$

- 벡터의 미분 : $\mathbf{r}'(t) = [r_1'(t),\ r_2'(t),\ r_3'(t)]$

- 벡터함수와 곡선

  ❶ **직선** : $\mathbf{r}(t) = \mathbf{a} + t\mathbf{b} = [a_1 + tb_1,\ a_2 + tb_2,\ a_3 + tb_3]$

  ❷ **타원, 원** : $\mathbf{r}(t) = a\cos t\mathbf{i} + b\sin t\mathbf{j} = [a\cos t,\ b\sin t,\ 0]$

  ❸ **원나선** : $\mathbf{r}(t) = a\cos t\mathbf{i} + b\sin t\mathbf{j} + ct\mathbf{k} = [a\cos t,\ b\sin t,\ ct]$

■ 벡터의 미분법 : 그래디언트

- 그래디언트(기울기) : $\nabla f = \dfrac{\partial f}{\partial x}\mathbf{i} + \dfrac{\partial f}{\partial y}\mathbf{j} + \dfrac{\partial f}{\partial z}\mathbf{k} = \left[\dfrac{\partial f}{\partial x},\ \dfrac{\partial f}{\partial y},\ \dfrac{\partial f}{\partial z}\right]$

- 방향도함수

  ❶ **단위벡터** m : $D_{\mathbf{m}} f = \dfrac{df}{ds} = \lim_{s\to 0}\dfrac{f(Q) - f(P)}{s} = \mathbf{m} \cdot \nabla f$

  ❷ **일반벡터** a : $D_{\mathbf{a}} f = \dfrac{df}{ds} = \dfrac{1}{|\mathbf{a}|}\mathbf{a} \cdot \nabla f$

■ 벡터의 미분법 : 발산, 회전

- 벡터장의 발산 : $\operatorname{div}\mathbf{v} = \nabla \cdot \mathbf{v} = \dfrac{\partial v_1}{\partial x} + \dfrac{\partial v_2}{\partial y} + \dfrac{\partial v_3}{\partial z}$

- 벡터장의 회전 : $\operatorname{curl}\mathbf{v} = \nabla \times \mathbf{v} = \begin{vmatrix} \mathbf{i} & \mathbf{j} & \mathbf{k} \\ \dfrac{\partial}{\partial x} & \dfrac{\partial}{\partial y} & \dfrac{\partial}{\partial z} \\ v_1 & v_2 & v_3 \end{vmatrix}$

Chapter 09 연습문제

※ **(문제 9.1~9.4)** 다음과 같은 시점 P와 종점 Q를 가진 벡터 $\mathbf{a}$의 성분과 크기를 구하라. 단, a, b, c는 상수이다.

9.1 $P(0,\ 0,\ 0)$, $Q(\sqrt{2}a,\ a,\ -a)$

9.2 $P(1,\ 1,\ 1)$, $Q(3,\ 3,\ 3)$

9.3 $P(-1.5,\ -2.5,\ 3.5)$, $Q(-3.5,\ 1.5,\ 5.5)$

9.4 $P(a,\ b,\ c)$, $Q(-a,\ -b,\ c)$

※ **(문제 9.5~9.12)** 벡터 $\mathbf{a} = [2,\ -2,\ 1]$, $\mathbf{b} = [-3,\ 5,\ 2]$, $\mathbf{c} = [2,\ 6,\ 1]$이 있을 때, 다음을 구하라.

9.5 $\mathbf{a}+\mathbf{b}+\mathbf{c}$, $2(\mathbf{a}+\mathbf{b}+\mathbf{c})-(\mathbf{a}+\mathbf{b}+\mathbf{c})$

9.6 $(\mathbf{a}+\mathbf{b})+\mathbf{c}$, $\mathbf{a}+(\mathbf{b}+\mathbf{c})$

9.7 $3(\mathbf{a}+\mathbf{b})-2\mathbf{c}$, $2(1.5\mathbf{a}+1.5\mathbf{b}-\mathbf{c})$

9.8 $3\mathbf{a}+2\mathbf{b}+\mathbf{c}$, $-\mathbf{c}-2\mathbf{b}-3\mathbf{a}$

9.9 $\mathbf{a}\cdot\mathbf{b}$, $\mathbf{b}\cdot\mathbf{c}$, $\mathbf{c}\cdot\mathbf{a}$

9.10 $(\mathbf{a}+\mathbf{b})\cdot\mathbf{c}$, $\mathbf{a}\cdot(\mathbf{b}+\mathbf{c})$

9.11 $\mathbf{a}\cdot(\mathbf{b}-\mathbf{c})$, $(\mathbf{a}-\mathbf{b})\cdot\mathbf{c}$

9.12 $5\mathbf{a}\cdot\mathbf{b}+5\mathbf{a}\cdot\mathbf{c}$, $5\mathbf{a}\cdot(\mathbf{b}+\mathbf{c})$

9.13 [그림 9-13]에서 벡터 $\mathbf{u}$는 벡터 $\overrightarrow{AB}$의 단위벡터이다. 벡터 $\overrightarrow{AB}$와 $\overrightarrow{BC}$를 벡터 $\mathbf{u}$와 $\mathbf{a}$로 표시하라.

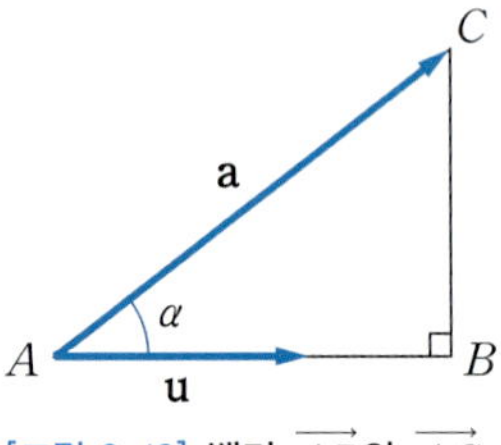

[그림 9-13] 벡터 $\overrightarrow{AB}$와 $\overrightarrow{AC}$

9.14 다음과 같이 표현되는 삼각형 부등식을 증명하라.

$$|\mathbf{a}+\mathbf{b}| \le |\mathbf{a}|+|\mathbf{b}|$$

※ **(문제 9.15~9.17)** 벡터 $\mathbf{a} = [2, -2, 1]$, $\mathbf{b} = [-3, 5, 2]$, $\mathbf{c} = [2, 6, 1]$에 대해 다음을 구하라.

9.15 $\mathbf{a} \times \mathbf{b}$, $\mathbf{b} \times \mathbf{c}$, $\mathbf{c} \times \mathbf{a}$

9.16 $\mathbf{c} \times (\mathbf{a} + \mathbf{b})$, $\mathbf{a} \times \mathbf{c} + \mathbf{b} \times \mathbf{c}$

9.17 $\mathbf{a} \cdot (\mathbf{b} \times \mathbf{c})$, $(\mathbf{a} \times \mathbf{b}) \cdot \mathbf{c}$

※ **(문제 9.18~9.21)** 벡터함수로 표현되는 곡선 $\mathbf{r}(t)$에 대해 점 P에서의 접선벡터와 단위접선벡터를 구하라.

9.18 $\mathbf{r}(t) = t^2\mathbf{i} + 2t\mathbf{j}$, $P(1, 2, 0)$

9.19 $\mathbf{r}(t) = \cos t\mathbf{i} + \sin t\mathbf{j}$, $P(1, 0, 0)$

9.20 $\mathbf{r}(t) = t\mathbf{i} + 2t^2\mathbf{j} + 3t^3\mathbf{k}$, $P(1, 2, 3)$

9.21 $\mathbf{r}(t) = 2\sin t\mathbf{i} + 2\cos t\mathbf{j} + 4t\mathbf{k}$, $P(2, 0, 2\pi)$

※ **(문제 9.22~9.24)** 벡터함수로 표현되는 곡선 $r(t)$에 대해 주어진 구간의 길이를 구하라.

9.22 $\mathbf{r}(t) = \cos t\mathbf{i} + \sin t\mathbf{j} + \frac{1}{2}t\mathbf{k}$, 점 $(1, 0, 0)$과 점 $(1, 0, \pi)$를 잇는 선분

9.23 $\mathbf{r}(t) = (\cos t + t\sin t)\mathbf{i} + (\sin t - t\cos t)\mathbf{j}$, $0 \le t \le \pi$

9.24 $\mathbf{r}(t) = \cos^3 t\mathbf{i} + \sin^3 t\mathbf{j}$, $0 \le t \le 2\pi$

※ **(문제 9.25~9.28)** 다음 함수의 그래디언트 ∇f를 구하라.

9.25 $f(t) = 4x^2 + y^2$

9.26 $f(t) = \sqrt{x^2 + y^2 + z^2}$

9.27 $f(t) = e^x \sin y$

9.28 $f(t) = (x + y + z)^3$

※ **(문제 9.29~9.32)** 주어진 곡선에 대해 점 P에서의 단위곡면법선벡터를 구하라.

9.29 $y = 2x + 3$, $P(1, 2)$

9.30 $x^2 + y^2 = 1$, $P(1, 1)$

9.31 $z = \sqrt{x^2 + y^2}$, $P(3, 4, 5)$

9.32 $x^3 + y^2 + z^3 = 16$, $P(2, 2, 2)$

※ **(문제 9.33~9.36)** 다음 벡터함수의 발산 div $\mathbf{v}$를 구하라.

9.33 $\mathbf{v}(t) = ax\mathbf{i} + by\mathbf{j} + cz\mathbf{k}$ (단, a, b, c는 상수)

9.34 $\mathbf{v}(t) = (x^3 + y^3 + z^3)(\mathbf{i} + \mathbf{j} + \mathbf{k})$

9.35 $\mathbf{v}(t) = e^x \sin y\mathbf{i} + e^x \cos y\mathbf{j}$

9.36 $\mathbf{v}(t) = \dfrac{1}{(x^2 + y^2 + z^2)^{\frac{3}{2}}}(x\mathbf{i} + y\mathbf{j} + z\mathbf{k})$

※ **(문제 9.37~9.40)** 다음 벡터함수의 회전 curl $\mathbf{v}$ 를 구하라.

9.37 $\mathbf{v}(t) = [ax, by, cz]$ (단, a, b, c는 상수)

9.38 $\mathbf{v}(t) = [xy, x^2 - y^2, x]$

9.39 $\mathbf{v}(t) = [e^{xy}, e^{-xy}]$

9.40 $\mathbf{v}(t) = \left[\dfrac{x}{(x^2 + y^2 + z^2)^{\frac{3}{2}}}, \dfrac{y}{(x^2 + y^2 + z^2)^{\frac{3}{2}}}, \dfrac{z}{(x^2 + y^2 + z^2)^{\frac{3}{2}}}\right]$

Chapter

10

벡터적분법

Vector Integral Calculus

학습목표

- 선적분의 개념을 벡터의 적분에 적용하는 법을 익힌다.
- 선적분과 적분경로의 상관성에 대해 이해한다.
- 그린 정리에서 이중적분과 선적분이 적용되는 원리를 이해한다.
- 가우스 발산정리에서 면적분과 삼중적분이 적용되는 원리를 이해한다.
- 스톡스 정리에서 면적분과 선적분이 적용되는 원리를 이해한다.
- 선적분, 면적분, 체적적분(삼중적분) 간 변환이 적용되는 정리를 숙지한다.

앞 장에서 다룬 벡터의 미분법에 이어 이 장에서는 벡터의 적분법에 대해서 살펴본다. 적분도 시간에 대한 것과 공간에 대한 것으로 나누어 생각할 수 있지만, 여기서는 공간적분에 대해 논의할 것이 많다. 공간에서의 적분 개념은 유체역학, 고체역학, 열역학 등 공학의 응용에 많이 활용되기 때문이다.

벡터의 적분법도 선이나 면뿐만 아니라 입체까지 확장해서 생각할 수 있다. 이 장에서는 벡터의 적분에 대한 기본적인 내용을 익힌 다음, 적분 간의 변환에 대해 학습할 것이다. 즉 선적분에서 이중적분으로의 변환에 대한 그린 정리Green's theorem, 면적분에서 삼중적분으로의 변환에 대한 가우스Gauss 정리, 그리고 선적분에서 면적분으로의 변환에 대한 스톡스 정리Stokes' theorem가 바로 적분 간의 변환에 대한 이론이다.

벡터의 미분법에서와 마찬가지로 이 장에서 소개할 벡터의 적분법도 세상에서 펼쳐지는 물리현상의 의미를 이해하는 데 도움이 되는 이론이다. 그러므로 수식의 전개와 결과에만 매달리기보다 수식이 물리적으로 어떤 의미를 가지고 전개되는지를 이해하는 것이 더욱 중요하다.

알아 두어야 할 개념과 공식

Chapter 10

1. 정적분의 기본 성질

- $\int_a^a f(x)\,dx = 0$
- $\int_a^b f(x)\,dx = -\int_b^a f(x)\,dx$
- $\int_a^c f(x)\,dx = \int_a^b f(x)\,dx + \int_b^c f(x)\,dx$
- $\int_a^b \{f(x) \pm g(x)\}\,dx = \int_a^b f(x)\,dx \pm \int_a^b g(x)\,dx$

2. 좌표계의 변환

벡터 해석에서는 직교좌표계 Cartesian coordinates 외에 원통좌표계 cylindrical coordinates와 구좌표계 spherical coordinates 도 자주 등장한다. 직교좌표계와 원통좌표계 및 구좌표계 간의 변수를 변환하는 방법은 다음과 같다.

직교좌표 ⇔ 원통좌표

$$\begin{pmatrix} x = r\cos\theta \\ y = r\sin\theta \\ z = z \end{pmatrix} \Leftrightarrow \begin{pmatrix} r^2 = x^2 + y^2 \\ \tan\theta = \dfrac{y}{x} \\ z = z \end{pmatrix}$$

직교좌표 ⇔ 구좌표

$$\begin{pmatrix} x = r\sin\theta\cos\phi \\ y = r\sin\theta\sin\phi \\ z = r\cos\theta \end{pmatrix} \Leftrightarrow \begin{pmatrix} r^2 = x^2 + y^2 + z^2 \\ \tan\theta = \dfrac{\sqrt{x^2+y^2}}{x} \\ \tan\phi = \dfrac{y}{x} \end{pmatrix}$$

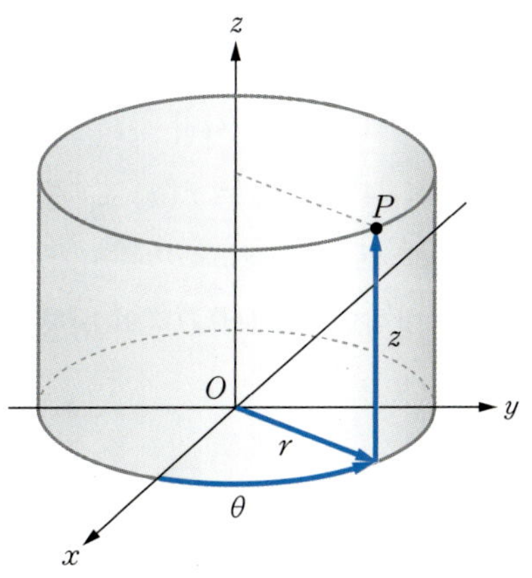

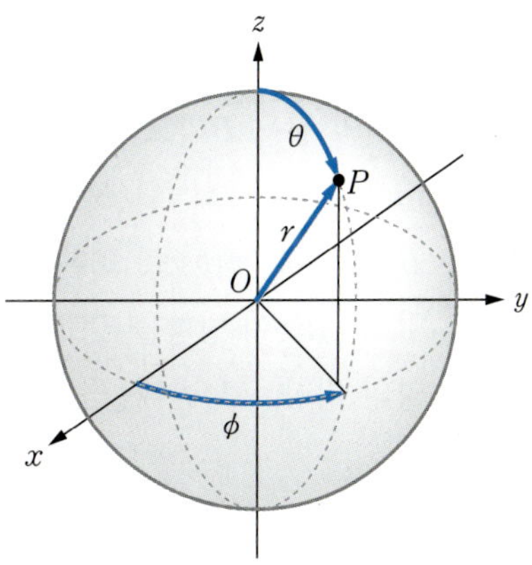

10.1 선적분에 의한 벡터적분법

10.1.1 선적분의 기본 개념

▪ 정적분의 표현

선적분line integral은 일반적인 미분적분학에서 학습한 **정적분**definite integral 개념을 임의의 곡선에 대해 일반화시킨 것으로, 다음과 같은 식으로 나타낸다.

$$\int_a^b f(x)dx \tag{10.1}$$

식 (10.1)을 선적분 개념으로 보면, x축 위에 있는 점 a(시점)부터 b(종점)까지 x축을 따라가면서 적분한 값을 나타낸 것이다. 적분한 구간의 시점과 종점을 바꾸면 다음과 같은 식이 성립한다. 즉 적분구간을 반대방향으로 적용하면 적분 값의 부호가 바뀐다.

$$\int_a^b f(x)dx = -\int_b^a f(x)dx \tag{10.2}$$

선적분의 개념을 벡터함수에 대해 확장하기 위해 구간이 $a \leq t \leq b$로 정해진 곡선을 벡터함수로 표현하면 다음과 같이 된다.

▪ 선(곡선)의 벡터함수 표현법

$$\begin{aligned}\mathbf{r}(t) &= [r_1(t),\ r_2(t),\ r_3(t)] \\ &= r_1(t)\mathbf{i} + r_2(t)\mathbf{j} + r_3(t)\mathbf{k} \quad (\text{단},\ a \leq t \leq b)\end{aligned} \tag{10.3}$$

[그림 10-1]은 선적분을 하기 위한 곡선에서 양의 방향, 시점과 종점을 나타낸 것이다. 식 (10.3)으로 표현한 곡선을 C라고 하고, $t=a$에서의 점을 A, $t=b$에서의 점을 B라고 할 때, C를 **적분경로**path of integration, A를 시점, B를 종점이라고 한다. 식 (10.3)의 벡터함수에서 보면 시점 $A(t=a)$는 $\mathbf{r}(a)$로, 종점 $B(t=b)$는 $\mathbf{r}(b)$로 표현할 수 있다. 곡선 C는 벡터로 표현된 것으로 미루어 알 수 있듯이 방향을 갖고 있으므로 t가 증가하는 방향인 A에서 B로의 방향을 양의 방향, 그 반대를 음의 방향이라고 한다.

▪ 적분경로와 시점·종점

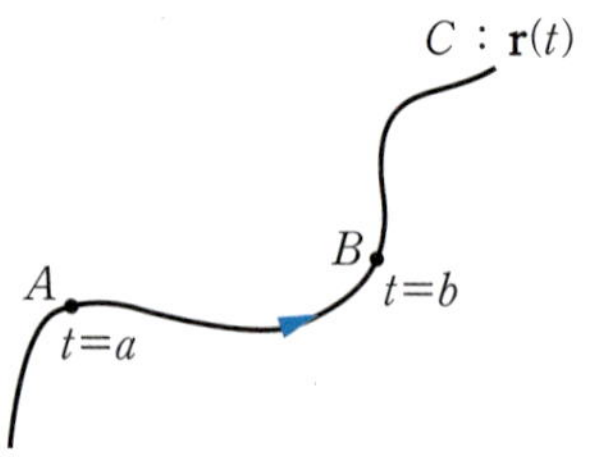

[그림 10-1] 선적분의 대상 곡선

일반적으로 곡선 위의 각 점에서의 접선방향이 연속적으로 변할 정도로 부드러운 곡면을 가진 곡선을 **원활곡선**smooth curve 또는 **매끄러운 곡선**이라고 한다. 선적분이 행해지는 모든 적분경로는 조각마다piecewise 매끄러운, 즉 매우 많은 원활곡선의 합으로 이루어져 있다고 가정한다. 곡선에서 양의 방향이 정의되고, $\mathbf{r}(t)$가 미분가능하면 원활곡선이라고 할 수 있다.

▪ 원활곡선의 정의

선적분의 정의

임의의 곡선 C에서 벡터함수 $\mathbf{F}(\mathbf{r})$의 선적분은 다음과 같이 정의된다.

$$\int_C \mathbf{F}(\mathbf{r}) \cdot d\mathbf{r} = \int_a^b \mathbf{F}(\mathbf{r}(t)) \cdot \frac{d\mathbf{r}}{dt} dt = \int_a^b \mathbf{F}(\mathbf{r}(t)) \cdot \mathbf{r}'(t) dt \quad (10.4)$$

▪ 선적분의 정의식

식 (10.4)의 구성요소는 각각

$$\mathbf{F}(\mathbf{r}(t)) = F_1(x, y, z)\mathbf{i} + F_2(x, y, z)\mathbf{j} + F_3(x, y, z)\mathbf{k} \quad (10.5)$$

$$d\mathbf{r}(t) = dx\,\mathbf{i} + dy\,\mathbf{j} + dz\,\mathbf{k} \quad (10.6)$$

$$\frac{d\mathbf{r}}{dt} = \mathbf{r}'(t) = \frac{dx}{dt}\mathbf{i} + \frac{dy}{dt}\mathbf{j} + \frac{dz}{dt}\mathbf{k} \quad (10.7)$$

와 같이 나타낼 수 있으므로 식 (10.4)는 다음과 같이 표현할 수 있다.

$$\begin{aligned} \int_C \mathbf{F}(\mathbf{r}) \cdot d\mathbf{r} &= \int_C (F_1\,dx + F_2\,dy + F_3\,dz) \\ &= \int_a^b \left(F_1 \frac{dx}{dt} + F_2 \frac{dy}{dt} + F_3 \frac{dz}{dt}\right) dt \end{aligned} \quad (10.8)$$

식 (10.8)과 같이 벡터의 성분으로 선적분을 표현해보면, 벡터함수를 선적분하는 식의 피적분함수가 벡터함수가 아닌 스칼라함수라는 사실을 알 수 있다.

예제 10-1 직선경로에서의 선적분 계산

벡터함수가 $\mathbf{F} = [3y, -x]$이고 적분경로 C가 $(0, 0)$에서 $\left(2, \frac{1}{2}\right)$까지의 직선경로일 때, $\mathbf{F}$의 선적분 값을 구하라.

key point

$$\int_C \mathbf{F}(\mathbf{r}) \cdot d\mathbf{r} = \int_C (F_1\,dx + F_2\,dy)$$

풀이

식 (10.8)을 이용하여 F의 선적분을 나타내면 다음과 같다.

$$\int_C \mathrm{F}(\mathrm{r}) \cdot d\mathrm{r} = \int_C (F_1\,dx + F_2\,dy) = \int_C (3y\,dx - x\,dy)$$

(0, 0)에서 $\left(2, \frac{1}{2}\right)$까지의 직선경로를 생각하면 $x = 2t$와 $y = \frac{1}{2}t$의 비율로 변화하므로 $x = 4y$, 즉 $y = \frac{1}{4}x$의 관계식을 이용할 수 있다. 이 식을 이용하면 위의 선적분 값은 다음과 같이 얻을 수 있다.

$$\int_C (3y\,dx - x\,dy) = \int_0^2 \frac{3}{4}x\,dx - \int_0^{\frac{1}{2}} 4y\,dy = 1$$

유제 10-1

벡터함수가 $\mathrm{F} = [y, x]$이고 적분경로 C가 (0, 0)에서 (a, a)까지의 직선경로일 때, F의 선적분 값을 구하라.

예제 10-2 곡선경로에서의 선적분 계산

벡터함수가 $\mathrm{F} = [x^2, y]$이고 적분경로 C가 $y = 1 - x^2$(단, $0 \le x \le 1$)과 같이 주어질 때, F의 선적분 값을 구하라.

> **key point**
> $$\int_C \mathrm{F}(\mathrm{r}) \cdot d\mathrm{r} = \int_C (F_1\,dx + F_2\,dy)$$

풀이

식 (10.8)을 이용하여 F의 선적분을 나타내면 다음과 같다.

$$\int_C \mathrm{F}(\mathrm{r}) \cdot d\mathrm{r} = \int_C (F_1\,dx + F_2\,dy) = \int_C (x^2\,dx + y\,dy)$$

경로를 나타내는 곡선 $y = 1 - x^2$을 이용하여 적분변수를 모두 x로 바꾸어서 계산하면, 선적분 값은 다음과 같이 구할 수 있다.

$$\begin{aligned}\int_C x^2\,dx + y\,dy &= \int_0^1 x^2\,dx + \int_0^1 (1 - x^2)(-2x)\,dx \\ &= \int_0^1 (x^2 - 2x + 2x^3)\,dx = -\frac{1}{6}\end{aligned}$$

유제 10-2

벡터함수가 $\mathrm{F} = [x^2, y^2]$이고 적분경로 C가 $y = 1 - x^2$(단, $-1 \le x \le 1$)과 같이 주어질 때, F의 선적분 값을 구하라.

예제 10-3 벡터함수로 표현된 곡선에서의 선적분 계산

곡선이 벡터함수 $\mathbf{r}(t) = [\sin t, \cos t, 0]$ $\left(\text{단, } 0 \le t \le \frac{\pi}{2}\right)$와 같이 주어질 때, $\mathbf{F}(\mathbf{r}(t)) = [y, -x, 0]$의 선적분 값을 구하라.

key point

$$\int_C \mathbf{F}(\mathbf{r}) \cdot d\mathbf{r} = \int_a^b \mathbf{F}(\mathbf{r}(t)) \cdot \mathbf{r}'(t)dt$$

풀이

곡선을 나타내는 벡터함수의 식 $\mathbf{r}(t) = [x(t), y(t), z(t)] = [\sin t, \cos t, 0]$에서 $x(t) = \sin t$, $y(t) = \cos t$, $z(t) = 0$임을 알 수 있으므로

$$\mathbf{F}(\mathbf{r}(t)) = [y, -x, 0] = [\cos t, -\sin t, 0] = \cos t\mathbf{i} - \sin t\mathbf{j}$$

와 같이 표현할 수 있다. $\mathbf{r}(t)$를 미분하면

$$\mathbf{r}'(t) = [\cos t, -\sin t, 0] = \cos t\mathbf{i} - \sin t\mathbf{j}$$

이므로 식 (10.4)를 이용하여 선적분하면 다음과 같은 값을 얻을 수 있다.

$$\begin{aligned}\int_a^b \mathbf{F}(\mathbf{r}(t)) \cdot \mathbf{r}'(t)\,dt &= \int_0^{\frac{\pi}{2}} (\cos t\mathbf{i} - \sin t\mathbf{j}) \cdot (\cos t\mathbf{i} - \sin t\mathbf{j})\,dt \\ &= \int_0^{\frac{\pi}{2}} (\cos^2 t + \sin^2 t)\,dt = \frac{\pi}{2}\end{aligned}$$

유제 10-3

곡선이 벡터함수 $\mathbf{r}(t) = [\sin t, \cos t, 3t]$(단, $0 \le t \le 2\pi$)와 같이 주어질 때, $\mathbf{F}(\mathbf{r}(t)) = [z, -x, y]$의 선적분 값을 구하라.

선적분의 성질

선적분은 미분적분학에서 다루는 정적분의 성질을 그대로 따른다. 그것을 간단히 정리하면 다음과 같다.

❶ $\int_C k\mathbf{F} \cdot d\mathbf{r} = k\int_C \mathbf{F} \cdot d\mathbf{r}$

❷ $\int_C (\mathbf{F} + \mathbf{G}) \cdot d\mathbf{r} = \int_C \mathbf{F} \cdot d\mathbf{r} + \int_C \mathbf{G} \cdot d\mathbf{r}$

❸ $\int_C \mathbf{F} \cdot d\mathbf{r} = \int_{C_1} \mathbf{F} \cdot d\mathbf{r} + \int_{C_2} \mathbf{F} \cdot d\mathbf{r}$

위에서 사용된 곡선의 적분경로 C는 모두 같은 방향이고, 똑같은 적분경로 C를 두 개의 경로로 나눈 것이 C_1과 C_2이다.

Check it up!

✔ **시간적분과 공간적분**

어떤 함수가 시간과 공간 모두에 종속되는 함수라면, 그 함수에 대한 적분은 시간에 대한 적분과 공간에 대한 적분으로 각각 취급되어야 한다.

시간에 대한 독립변수 t를 갖는 벡터함수 $\mathbf{r}(t) = r_1(t)\mathbf{i} + r_2(t)\mathbf{j} + r_3(t)\mathbf{k}$를 적분할 때는 다음과 같이 각 성분을 시간에 대해 적분하는 것으로 충분하다.

$$\int \mathbf{r}(t)\,dt = \mathbf{i}\int r_1(t)\,dt + \mathbf{j}\int r_2(t)\,dt + \mathbf{k}\int r_3(t)\,dt$$

하지만 공간에 대해 적분할 때는 주어진 공간의 어떤 집합에 대한 적분인지를 구분해줘야 한다. 따라서 선적분, 면적분, 체적적분 등으로 구분하여 취급해야 한다. 즉 시간적분과 공간적분은 적분할 물리량(피적분함수)을 어떤 변수로 적분할지에 따라 다음과 같이 분류된다고 보면 된다.

$$\int (\text{물리량})(\text{시간적분}) = \int (\text{물리량})\,dt$$

$$\int (\text{물리량})(\text{공간적분}) = \int (\text{물리량})\,d(\text{space})$$

10.1.2 선적분과 적분경로

선적분은 기본적으로 적분경로와 관련성을 갖고 있지만, 조건에 따라 무관할 수도 있다. 지금부터 선적분과 경로와의 관련성에 대해 알아본 후, 선적분이 경로와 무관할 수 있는 조건에 대해 살펴보기로 하자.

적분경로와 상관 있는 선적분

▪ 선적분과 적분경로와의 관련성에 대한 정리

일반적인 선적분은 적분경로와 상관이 있다. 즉 적분경로에 따라 선적분 값이 달라진다는 것이다. 선적분과 적분경로와의 관련성을 다음과 같은 정리로 나타낼 수 있다.

정리 10-1 선적분의 적분경로 관련성

다음과 같은 식으로 정의된 선적분은 경로의 시점과 종점인 A, B와 관련이 있을 뿐 아니라 일반적으로 적분을 수행하는 적분경로와도 상관이 있다.

$$\int_C \mathbf{F}(\mathbf{r}) \cdot d\mathbf{r} = \int_a^b \mathbf{F}(\mathbf{r}(t)) \cdot \mathbf{r}'(t)\,dt$$

[정리 10-1]에 대해서는 직접적인 예를 들어 증명해보자.

예제 10-4 선적분의 적분경로 관련성

[그림 10-2]에서 직선 C_1과 곡선 C_2를 나타내는 벡터함수 $\mathbf{r}_1$, $\mathbf{r}_2$가

$$\mathbf{r}_1(t) = [t,\ t,\ 0],\ \mathbf{r}_2(t) = [t,\ t^2,\ 0] \quad (\text{단, } 0 \le t \le 1)$$

과 같이 주어질 때, $\mathbf{F}(\mathbf{r}) = [xy,\ 0,\ 0]$의 선적분 값을 구하라.

key point

$$\int_C \mathbf{F}(\mathbf{r}) \cdot d\mathbf{r} = \int_a^b \mathbf{F}(\mathbf{r}(t)) \cdot \mathbf{r}'(t)dt$$

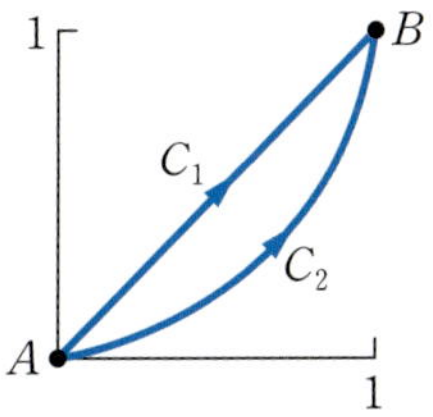

[그림 10-2] [예제 10-4]의 그림

풀이

식 (10.4)를 이용하여 선적분을 구하려면 다음 식의 값을 각각의 직선과 곡선에 적용해야 한다.

$$\int_C \mathbf{F}(\mathbf{r}) \cdot d\mathbf{r} = \int_0^1 \mathbf{F}(\mathbf{r}(t)) \cdot \mathbf{r}'(t)dt$$

따라서 $\mathbf{F}(\mathbf{r}_1) \cdot \mathbf{r}_1'$과 $\mathbf{F}(\mathbf{r}_2) \cdot \mathbf{r}_2'$ 값을 다음과 같이 구할 수 있다.

$$\mathbf{F}(\mathbf{r}_1) \cdot \mathbf{r}_1' = [t^2,\ 0,\ 0] \cdot [1,\ 1,\ 0] = t^2$$
$$\mathbf{F}(\mathbf{r}_2) \cdot \mathbf{r}_2' = [t^3,\ 0,\ 0] \cdot [1,\ 2t,\ 0] = t^3$$

따라서 직선 C_1과 곡선 C_2의 선적분 값은 각각 다음과 같다.

$$\int_0^1 \mathbf{F}(\mathbf{r}_1(t)) \cdot \mathbf{r}_1'(t)\, dt = \int_0^1 t^2 dt = \frac{1}{3}$$
$$\int_0^1 \mathbf{F}(\mathbf{r}_2(t)) \cdot \mathbf{r}_2'(t)\, dt = \int_0^1 t^3 dt = \frac{1}{4}$$

위의 결과로부터 적분경로에 따라 선적분 값이 달라진다는 사실을 확인할 수 있다.

유제 10-4

[예제 10-4]에서 $\mathbf{F}(\mathbf{r}) = [0,\ xy,\ 0]$인 경우의 선적분 값을 구하라.

적분경로와 무관한 선적분

지금부터 선적분을 다음과 같이 나타낼 때

$$\int_C \mathbf{F}(\mathbf{r}) \cdot d\mathbf{r} = \int_C (F_1\,dx + F_2\,dy + F_3\,dz) \tag{10.9}$$

▪ 선적분과 적분경로 무관성

선적분 값이 적분경로와 무관하게 되는 조건은 다음과 같은 정리로 표현할 수 있다.

정리 10-2 선적분과 적분경로의 무상관 조건 ①

만약 $\mathbf{F} = [F_1, F_2, F_3]$가 임의의 함수 f의 기울기가 된다면 F_1, F_2, F_3에 대한 선적분은 적분경로와는 상관이 없게 된다. 이 조건을 식으로 나타내면 다음과 같다.

$$\mathbf{F} = \nabla f,\ \text{즉}\ F_1 = \frac{\partial f}{\partial x},\ F_2 = \frac{\partial f}{\partial y},\ F_3 = \frac{\partial f}{\partial z}$$

[정리 10-2]의 조건이 되는 식은 곧 다음과 같은 식이 성립한다는 의미이다.

$$\int_A^B (F_1\,dx + F_2\,dy + F_3\,dz) = f(B) - f(A) \tag{10.10}$$

정리 10-3 선적분과 적분경로의 무상관 조건 ②

만약 모든 폐곡선을 따라 적분한 값이 0이면, 식 (10.9)와 같이 표현되는 선적분 값은 적분경로와 무관하다.

정리 10-4 선적분과 적분경로의 무상관 조건 ③

만약 $\mathbf{F}$가 다음과 같은 식을 만족하게 되면, 식 (10.9)와 같이 표현되는 선적분 값은 적분경로와 무관하다.

$$\operatorname{curl}\mathbf{F} = \nabla \times \mathbf{F} = 0,$$

$$\text{즉}\ \frac{\partial F_3}{\partial y} = \frac{\partial F_2}{\partial z},\ \frac{\partial F_1}{\partial z} = \frac{\partial F_3}{\partial x},\ \frac{\partial F_2}{\partial x} = \frac{\partial F_1}{\partial y}$$

예제 10-5 적분경로와 무관한 선적분(그래디언트)

$\mathbf{F} = [2x,\ 2y,\ 2z]$의 선적분 $\int_C \mathbf{F}(\mathbf{r})\cdot d\mathbf{r}$ 이 임의의 영역에서 적분경로와 무관한 f를 구하고, $O(0,\ 0,\ 0)$에서 $A(1,\ 1,\ 1)$까지의 선적분 값을 구하라.

key point

- $\mathbf{F} = \nabla f$
- $F_1 = \dfrac{\partial f}{\partial x}$
- $F_2 = \dfrac{\partial f}{\partial y}$
- $F_3 = \dfrac{\partial f}{\partial z}$
- $\int_A^B \mathbf{F}(\mathbf{r})\cdot d\mathbf{r} = f(B) - f(A)$

풀이

선적분이 적분경로와 무관하려면 $\mathbf{F} = [2x,\ 2y,\ 2z] = \nabla f$를 만족해야 하므로 $F_1 = \dfrac{\partial f}{\partial x}$, $F_2 = \dfrac{\partial f}{\partial y}$, $F_3 = \dfrac{\partial f}{\partial z}$가 성립하는 f를 구해야 한다.

먼저 $\dfrac{\partial f}{\partial x} = 2x$를 적분하면 다음과 같다.

$$f = x^2 + k(y,\ z)$$

이 식을 $\dfrac{\partial f}{\partial y} = 2y$에 대입하면 $\dfrac{\partial f}{\partial y} = k'(y,\ z) = 2y$가 되므로

$$k(y,\ z) = y^2 + l(z)$$

가 된다. 이 값을 다시 f에 대입하면

$$f = x^2 + y^2 + l(z)$$

가 되고, 이 f를 $\dfrac{\partial f}{\partial z} = 2z$에 대입하면 $\dfrac{\partial f}{\partial z} = l'(z) = 2z$가 되므로

$$l(z) = z^2 + c \quad (\text{단, } c\text{는 상수})$$

가 된다. 그러므로 $\mathbf{F} = \nabla f$를 만족하는 f 값은 $f = x^2 + y^2 + z^2 + c$와 같이 얻을 수 있는데, $c = 0$으로 두면 다음과 같이 된다.

$$f = x^2 + y^2 + z^2$$

따라서 $O(0,\ 0,\ 0)$에서 $A(1,\ 1,\ 1)$까지의 선적분 값은 식 (10.10)을 이용하여 다음과 같이 구할 수 있다.

$$\begin{aligned}\int_O^A (2x\,dx + 2y\,dy + 2z\,dz) &= f(A) - f(O)\\ &= \left(x^2 + y^2 + z^2\right)\Big|_{(0,\,0,\,0)}^{(1,\,1,\,1)}\\ &= 3\end{aligned}$$

유제 10-5

$\mathbf{F} = [1,\ y,\ 1]$의 선적분 $\int_C \mathbf{F}(\mathbf{r})\cdot d\mathbf{r}$ 이 임의의 영역에서 적분경로와 무관한 f를 구하고, $O(0,\ 0,\ 0)$에서 $A(1,\ 1,\ 1)$까지의 선적분 값을 구하라.

예제 10-6 적분경로와 무관한 선적분(회전)

$\mathbf{F} = [y,\ x+3z,\ 3y]$의 선적분 $\int_C \mathbf{F}(\mathbf{r}) \cdot d\mathbf{r}$과 적분경로와의 관계성을 조사하라.

key point
- $\mathrm{curl}\,\mathbf{F} = \nabla \times \mathbf{F} = 0$
- $\dfrac{\partial F_3}{\partial y} = \dfrac{\partial F_2}{\partial z}$
- $\dfrac{\partial F_1}{\partial z} = \dfrac{\partial F_3}{\partial x}$
- $\dfrac{\partial F_2}{\partial x} = \dfrac{\partial F_1}{\partial y}$

풀이

[정리 10-4], 즉 $\mathrm{curl}\,\mathbf{F} = 0$을 이용하면 적분경로와의 관련성을 알 수 있다. 즉 $\dfrac{\partial F_3}{\partial y} = \dfrac{\partial F_2}{\partial z}$, $\dfrac{\partial F_1}{\partial z} = \dfrac{\partial F_3}{\partial x}$, $\dfrac{\partial F_2}{\partial x} = \dfrac{\partial F_1}{\partial y}$을 만족하는지를 조사하면 된다.

$F_1 = y$, $F_2 = x+3z$, $F_3 = 3y$이므로 위 식에 각각의 함수를 대입하면

$$\frac{\partial F_3}{\partial y} = \frac{\partial(3y)}{\partial y} = 3, \quad \frac{\partial F_2}{\partial z} = \frac{\partial(x+3z)}{\partial z} = 3, \quad \rightarrow \quad \frac{\partial F_3}{\partial y} = \frac{\partial F_2}{\partial z}$$

$$\frac{\partial F_1}{\partial z} = \frac{\partial(y)}{\partial z} = 0, \quad \frac{\partial F_3}{\partial x} = \frac{\partial(3y)}{\partial x} = 0, \quad \rightarrow \quad \frac{\partial F_1}{\partial z} = \frac{\partial F_3}{\partial x}$$

$$\frac{\partial F_2}{\partial x} = \frac{\partial(x+3z)}{\partial x} = 1, \quad \frac{\partial F_1}{\partial y} = \frac{\partial(y)}{\partial y} = 1, \quad \rightarrow \quad \frac{\partial F_2}{\partial x} = \frac{\partial F_1}{\partial y}$$

이 되어, $\mathrm{curl}\,\mathbf{F} = 0$을 만족하므로 주어진 함수의 선적분은 적분경로와 무관함을 알 수 있다.

유제 10-6

$\mathbf{F} = [e^z,\ e^y,\ e^x]$의 선적분 $\int_C \mathbf{F}(\mathbf{r}) \cdot d\mathbf{r}$과 적분경로와의 관련성을 조사하라.

10.2 그린 정리

10.2.1 이중적분

이중적분double integral은 피적분함수 $f(x,\ y)$를 xy평면에서 폐곡선으로 이루어진 영역에 대해 적분하는 것이다. 유한한 영역 R에서 임의의 함수 $f(x,\ y)$의 이중적분은 다음과 같이 나타낸다.

$$\iint_R f(x,\ y)\,dA = \iint_R f(x,\ y)\,dx\,dy \tag{10.11}$$

앞선 식과 같은 이중적분은 두 번의 적분을 연속해서 행하는 것이므로 변수를 구분하여 적분해야 한다.

먼저 y에 대해 적분한 다음, x에 대해 적분하는 경우에는 다음과 같은 방법으로 적분을 수행한다.

$$\iint_R f(x,\ y)\,dA = \int_a^b \left\{ \int_{g(x)}^{h(x)} f(x,\ y)\,dy \right\} dx \tag{10.12}$$

반대로 x에 대해 적분한 다음, y에 대해 적분하는 경우에는 다음과 같은 방법으로 적분을 수행한다.

$$\iint_R f(x,\ y)\,dA = \int_c^d \left\{ \int_{q(y)}^{p(y)} f(x,\ y)\,dx \right\} dy \tag{10.13}$$

[그림 10-3]은 위 식에서 이중적분을 계산하는 방법을 나타낸 것이다.

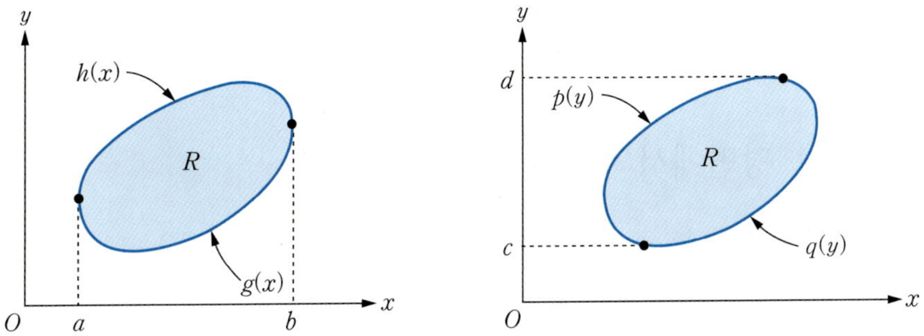

(a) 식 (10.12)의 계산

(b) 식 (10.13)의 계산

[그림 10-3] 이중적분의 계산 방법

예제 10-7 이중적분의 계산

$f(x,\ y) = 2x^2y^3$일 때, $0 \le x \le 3$, $1 \le y \le 3$의 범위에서 식 (10.12)와 식 (10.13)을 이용하여 이중적분한 값을 구하라. 그리고 그 값이 동일함을 보여라.

key point

$$\iint_R f(x,\ y)\,dA = \int_a^b \left\{ \int_{g(x)}^{h(x)} f\,dy \right\} dx$$
$$\int_c^d \left\{ \int_{q(y)}^{p(y)} f\,dx \right\} dy$$

풀이

주어진 이중적분을 표현하면 다음과 같다.

$$\iint_R f(x,\ y)\,dA = \iint_R 2x^2y^3\,dxdy$$

식 (10.12)를 이용하여 앞선 식을 계산하면 다음과 같이 되고,

$$\begin{aligned}\iint_R 2x^2y^3\,dxdy &= \int_0^3\left(\int_1^3 2x^2y^3\,dy\right)dx \\ &= \int_0^3 40x^2\,dx = 360\end{aligned}$$

식 (10.13)을 이용하여 계산하면

$$\begin{aligned}\iint_R 2x^2y^3\,dxdy &= \int_1^3\left(\int_0^3 2x^2y^3\,dx\right)dy \\ &= \int_1^3 18y^3\,dy = 360\end{aligned}$$

이 된다. 따라서 식 (10.12), 식 (10.13)의 어느 쪽을 사용해도 이중적분 값이 동일하다는 사실을 알 수 있다.

유제 10-7

$f(x,\ y) = xy + y^2$일 때, $0 \le x \le 2$, $0 \le y \le 1$의 범위에서 식 (10.12)와 식 (10.13)을 이용하여 이중적분한 값을 각각 구하라.

10.2.2 평면에서의 그린 정리

▪ 평면에서의 그린 정리

평면에서 임의의 영역 전체에 대한 이중적분은 그 영역의 경계선을 따라 선적분하는 식으로 변환할 수 있으며, 그것의 역변환도 가능하다. 즉 선적분을 이중적분으로 변환할 수도 있다. 이와 같은 이론을 **평면에서의 그린 정리**Green's theorem라고 한다.

앞서 이야기한 것처럼 평면에서 이중적분과 선적분 간의 변환을 나타내는 그린 정리는 다음과 같이 표현한다.

$$\iint_R\left(\frac{\partial F_2}{\partial x} - \frac{\partial F_1}{\partial y}\right)dxdy = \oint_C (F_1\,dx + F_2\,dy) \qquad (10.14)$$

▪ 단순폐곡선

식 (10.14)에서 적분기호에 붙여진 R은 임의의 유한영역을 나타내고, C는 R의 경계인 단순폐곡선을 나타낸다. 그리고 적분기호 $\oint$는 폐곡선의 적분을 나타낸다. 여기서 **단순폐곡선**simple closed curve이란 곡선이 교차하거나 접하지 않고, 시점과 종점이 일치하는 곡선을 의미한다. 간단한 예로 원이나 타원 같은 폐곡선을 생각하면 된다.

[그림 10-4]는 두 개의 경계선으로 구성되는 영역에 대한 폐곡선의 진행방향을 나타낸 것이다. 바깥쪽 폐곡선 C_1은 반시계방향, 안쪽 폐곡선 C_2는 시계방향으로 진행된다.

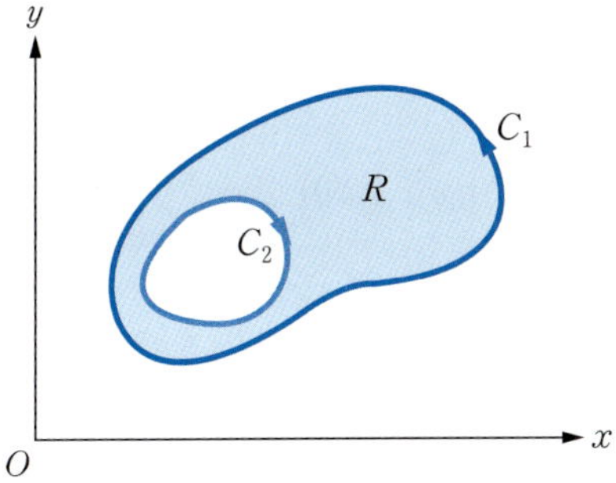

[그림 10-4] 두 개의 경계선으로 구성되는 영역

$\mathrm{F} = [F_1, F_2]$로 두면, 식 (10.14)는 다음과 같이 벡터 형식으로 표현할 수 있다.

$$\iint_R (\mathrm{curl}\,\mathrm{F}) \cdot \mathrm{k}\, dx dy = \oint_C \mathrm{F} \cdot d\mathrm{r} \tag{10.15}$$

예제 10-8 평면에서의 그린 정리

$\mathrm{F} = [y, x^2]$이고, 단순폐곡선 C가 $-1 \le x \le 1$, $-1 \le y \le 1$을 경계로 하는 사각형일 때, $\int_C \mathrm{F}(\mathrm{r}) \cdot d\mathrm{r}$을 계산하라.

key point

$$\oint_C \mathrm{F} \cdot d\mathrm{r} = \iint_R \left(\frac{\partial F_2}{\partial x} - \frac{\partial F_1}{\partial y} \right) dx dy$$

풀이

$F_1 = y$, $F_2 = x^2$이므로 그린 정리인 식 (10.14)를 이용하면 다음과 같이 선적분 값을 구할 수 있다.

$$\begin{aligned}\oint_C \mathrm{F} \cdot d\mathrm{r} &= \iint_R \left(\frac{\partial F_2}{\partial x} - \frac{\partial F_1}{\partial y} \right) dx dy = \iint_R \left\{ \frac{\partial (x^2)}{\partial x} - \frac{\partial (y)}{\partial y} \right\} dx dy \\ &= \iint_R (2x-1)\, dx dy = \int_{-1}^{1} \int_{-1}^{1} (2x-1)\, dx dy \\ &= \int_{-1}^{1} (-2)\, dy = -4\end{aligned}$$

유제 10-8

$\mathrm{F} = [2xy, y^2]$이고, 단순폐곡선 C가 $0 \le x \le 2$, $0 \le y \le 1$을 경계로 하는 사각형일 때, $\int_C \mathrm{F}(\mathrm{r}) \cdot d\mathrm{r}$을 계산하라.

한 개의 폐곡선으로 이루어진 영역의 면적

이제 평면에서의 그린 정리를 이용하여 하나의 폐곡선으로 이루어진 영역의 면적을 구하는 식을 유도해보자.

먼저 $F_1 = 0$, $F_2 = x$를 선택하여 식 (10.14)에 대입하면

$$\iint_R \left\{ \frac{\partial(x)}{\partial x} - \frac{\partial(0)}{\partial y} \right\} dxdy = \oint_C (0 \cdot dx + x\,dy)$$

가 되어, 결과적으로 다음 식을 얻는다.

$$\iint_R dxdy = \oint_C x\,dy \tag{10.16}$$

그 다음으로 $F_1 = -y$, $F_2 = 0$을 선택하여 식 (10.14)에 대입하면, 위와 똑같은 과정을 거쳐 다음의 식을 얻을 수 있다.

$$\begin{aligned} \iint_R \left\{ \frac{\partial(0)}{\partial x} - \frac{\partial(-y)}{\partial y} \right\} dxdy &= \oint_C \{(-y)\,dx + 0 \cdot dy\} \\ \iint_R dxdy &= -\oint_C y\,dx \end{aligned} \tag{10.17}$$

식 (10.16)과 (10.17)을 더하면 다음과 같이 된다.

$$2\iint_R dxdy = \oint_C x\,dy - \oint_C y\,dx$$

위 식에서 $\iint_R dxdy$는 하나의 폐곡선으로 이루어진 영역의 면적을 의미하므로 최종적으로 다음과 같은 식을 얻을 수 있다.

▪ 한 개의 폐곡선으로 이루어진 영역의 면적

$$A = \iint_R dxdy = \frac{1}{2}\oint_C (x\,dy - y\,dx) \tag{10.18}$$

위 식은 매개변수 t에 대해 다음과 같이 표현할 수도 있다.

$$A = \frac{1}{2}\oint_C (xy' - yx') = \frac{1}{2}\oint_C \left(x\frac{dy}{dt} - y\frac{dx}{dt} \right) dt \tag{10.19}$$

예제 10-9 응용 폐곡선으로 이루어진 영역의 면적 계산

원 $x^2+y^2=a^2$(단, a는 상수)은 $x=a\cos t$, $y=a\sin t$와 같이 매개변수로 나타낼 수 있다. 이 원의 면적을 구하라. 단, $0\le t\le 2\pi$이다.

> **key point**
> $A=\frac{1}{2}\oint_C\left(x\frac{dy}{dt}-y\frac{dx}{dt}\right)dt$

풀이

$x=a\cos t$, $y=a\sin t$를 각각 매개변수 t로 미분하면 다음과 같다.

$$\frac{dx}{dt}=-a\sin t,\quad \frac{dy}{dt}=a\cos t$$

식 (10.19)에 위의 도함수를 대입하여 계산하면

$$\begin{aligned}A&=\frac{1}{2}\oint_C\left(x\frac{dy}{dt}-y\frac{dx}{dt}\right)dt\\&=\frac{1}{2}\int_0^{2\pi}\{(a\cos t)(a\cos t)-a\sin t(-a\sin t)\}\,dt\\&=\frac{1}{2}\int_0^{2\pi}a^2(\cos^2 t+\sin^2 t)\,dt=\pi a^2\end{aligned}$$

과 같이 주어진 원으로 둘러싸인 영역의 면적을 구할 수 있다.

유제 10-9

타원 $\frac{x^2}{4}+\frac{y^2}{9}=1$은 $x=2\cos t$, $y=3\sin t$와 같이 매개변수로 나타낼 수 있다. 이 타원의 면적을 구하라. 단, $0\le t\le 2\pi$이다.

10.3 가우스 발산정리

10.3.1 면적분과 삼중적분

이 절에서 다룰 가우스 발산정리는 면적분과 삼중적분 간의 변환에 대한 것이다. 우선 면적분과 삼중적분에 대해 살펴보자.

면적분

앞서 논의한 선적분이 곡선에서 적분을 하는 것이라면, 면적분은 곡면에서 적분을 하는 것이다. 그러면 공간상에서 곡면을 표현하는 방법부터 알아야 할 것이

다. 곡선을 표현할 때 매개변수 t를 이용했던 것처럼 곡면을 표현할 때도 매개변수를 이용할 수 있다. 하지만 곡선은 1차원이므로 매개변수가 하나만 필요했던 데에 반해, 곡면은 2차원이므로 매개변수 두 개가 필요하다. 매개변수 두 개를 이용하여 곡면의 벡터를 표현하면 다음과 같다.

$$\begin{aligned}\mathbf{r}(u,v) &= [x(u,v),\ y(u,v),\ z(u,v)] \\ &= x(u,v)\mathbf{i} + y(u,v)\mathbf{j} + z(u,v)\mathbf{k}\end{aligned} \tag{10.20}$$

곡면 S 위의 한 점을 P라고 할 때, 점 P를 지나는 곡면 S의 접선벡터들은 평면을 이루게 된다. 그렇게 구성된 평면을 점 P에서 곡면 S의 **접평면**tangent plane이라고 하고, 접평면에 수직인 벡터를 점 P에서 곡면 S의 **법선벡터**normal vector라고 한다. [그림 10-5]는 곡면 위의 점 P에서 접평면과 법선벡터를 나타낸 것으로, $\mathbf{n}$은 **단위법선벡터**unit normal vector라고 한다.

■ 접평면과 법선벡터의 정의

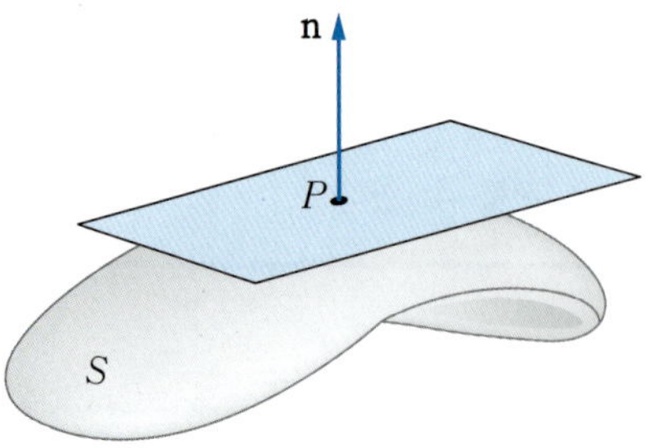

[그림 10-5] 접평면과 법선벡터

곡면에서의 **면적분**surface integral은 다음과 같이 표현한다.

■ 면적분의 정의식

$$\iint_S \mathbf{F}\cdot d\mathbf{A} = \iint_S \mathbf{F}\cdot\mathbf{n}\,dA \tag{10.21}$$

식 (10.21)은 다음과 같이 직교좌표계에서 면적분을 이중적분으로 변환하는 식으로 표현할 수도 있다.

$$\iint_S \mathbf{F}\cdot d\mathbf{A} = \iint_S (F_1\,dydz + F_2\,dzdx + F_3\,dxdy) \tag{10.22}$$

삼중적분

삼중적분triple integral은 이중적분을 한 차원 더 확장한 개념으로, 3차원 공간에서 임의의 영역 V에서 피적분함수 $f(x, y, z)$를 적분하는 것을 의미한다.
삼중적분은 다음과 같이 나타낸다.

$$\iiint_V f(x,\ y,\ z)\,dV = \iiint_V f(x,\ y,\ z)\,dxdydz \qquad (10.23)$$

▪삼중적분의 정의식

식 (10.23)에서 보는 바와 같이 삼중적분은 적분을 연속해서 세 번 반복하므로 적분을 두 번 연속으로 하는 이중적분과 계산 방법이 유사하다.

예제 10-10 면적분 계산

벡터함수 $\mathrm{F} = (x+y)\mathbf{k}$는 z방향으로 향하는 속도장이다. $1 \le x \le 3$, $0 \le y \le 2$, $z = 0$으로 정의되는 면 A에서의 면적분을 구하라.

key point

$$\iint_S \mathrm{F}_z \cdot \mathbf{k}\,d\mathrm{A} = \iint_S F_z\,dxdy$$

풀이

문제에 주어진 벡터장(속도장) $\mathrm{F} = (x+y)\mathbf{k}$를 [그림 10-6]과 같이 나타낼 수 있다. 그림에서 보듯이 주어진 면은 xy평면이고, 그 면에 대한 법선은 z방향이다. 그러므로 $d\mathrm{A} = dxdy\mathbf{k}$로 나타낼 수 있고, 다음과 같은 식을 얻는다.

$$\mathrm{F} \cdot d\mathrm{A} = (x+y)\mathbf{k} \cdot dxdy\mathbf{k} = (x+y)\,dxdy$$

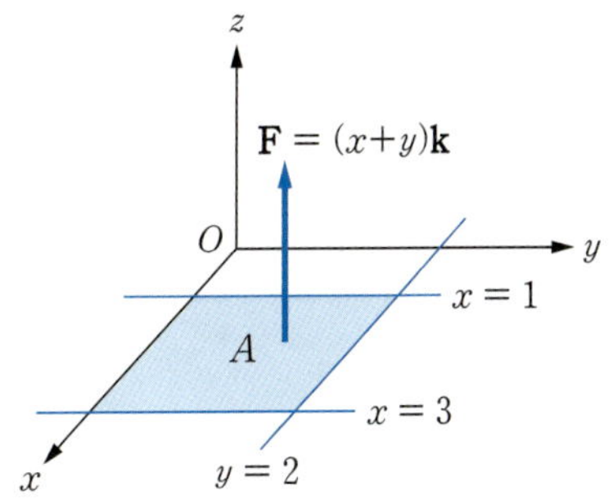

[그림 10-6] [예제 10-10]의 그림

위 식을 식 (10.22)에 대입하면 다음과 같이 면적분을 계산할 수 있다.

$$\begin{aligned}\iint_S \mathrm{F} \cdot d\mathrm{A} &= \iint_S (x+y)\,dxdy \\ &= \int_0^2 \int_1^3 (x+y)\,dxdy \\ &= \int_0^2 (2y+4)\,dy \\ &= 12\end{aligned}$$

유제 10-10

벡터함수 $\mathrm{F} = (y+z)\mathbf{i}$는 x방향으로 향하는 속도장이다. $0 \le y \le 2$, $1 \le z \le 2$, $x = 0$으로 정의되는 면 A에서의 면적분을 구하라.

예제 10-11 삼중적분 계산

함수 $f(x, y, z)=x+y+z$를 x, y, z 모두 0에서 1까지의 범위에서 삼중적분한 값 V를 구하라.

key point
삼중적분도 적분의 순서를 정해서 차례대로 변수에 따라 적분하고, 적분의 범위에 따라 계산하면 된다.

풀이

주어진 식은 다음과 같이 삼중적분식으로 나타낼 수 있다.

$$V=\int_{z=0}^{z=1}\int_{y=0}^{y=1}\int_{x=0}^{x=1}(x+y+z)\,dxdydz$$

위 식을 차례로 계산하면 다음과 같이 답을 구할 수 있다.

$$V=\int_0^1\int_0^1\int_0^1(x+y+z)\,dxdydz=\int_0^1\int_0^1\left(\frac{1}{2}+y+z\right)dydz$$
$$=\int_0^1(z+1)\,dz=\frac{3}{2}$$

유제 10-11

함수 $f(x, y, z)=x^2+y^2+z^2$을 x, y, z 모두 0에서 1까지의 범위에서 삼중적분한 값 V를 구하라.

10.3.2 가우스 발산정리

가우스에 의해 증명된 **발산정리**divergence theorem는 곡면 S에서의 면적분을 체적volumn V에 대한 삼중적분인 체적적분으로 변환시키는 내용을 담고 있다. 9.6절에서 정의한 것과 같이, 임의의 벡터함수 $\mathbf{F}$에 대한 발산은 다음과 같다.

▪ 발산의 정의

$$\mathrm{div}\,\mathbf{F}=\nabla\cdot\mathbf{F}=\frac{\partial F_1}{\partial x}+\frac{\partial F_2}{\partial y}+\frac{\partial F_3}{\partial z} \qquad (10.24)$$

발산의 정의를 포함한 가우스 발산정리는 다음 식으로 표현된다.

▪ 발산정리

$$\iiint_V \mathrm{div}\,\mathbf{F}\,dV=\iint_S \mathbf{F}\cdot\mathbf{n}\,dA \qquad (10.25)$$

식 (10.25)에서 면적분을 수행할 때는 곡면에 수직인 벡터의 방향을 체적에서 바깥으로 나오는 방향으로 선택하여 계산한다. 식 (10.25)는 다음과 같이 벡터의 성분으로 표현할 수 있다.

$$\iiint_V \left(\frac{\partial F_1}{\partial x} + \frac{\partial F_2}{\partial y} + \frac{\partial F_3}{\partial z} \right) dxdydz$$
$$= \iint_S (F_1\, dydz + F_2\, dzdx + F_3\, dxdy) \qquad (10.26)$$

예제 10-12 발산정리를 이용한 적분 계산 ①

벡터함수 $\mathbf{F} = [ax^2,\ ay^2,\ az^2]$이 $0 \le x \le a,\ 0 \le y \le a,\ 0 \le z \le a$에서 정의되는 경우, $\iint_S \mathbf{F} \cdot \mathbf{n}\, dA$ 값을 구하라. 여기서 a는 상수이다.

풀이

식 (10.26)을 이용하여 체적적분 값을 구하면 된다. 먼저 $\mathbf{F}$의 발산은

$$\mathrm{div}\, \mathbf{F} = \frac{\partial (ax^2)}{\partial x} + \frac{\partial (ay^2)}{\partial y} + \frac{\partial (az^2)}{\partial z} = 2ax + 2ay + 2az$$

가 되므로 이 값을 식 (10.26)에 대입하면 다음과 같이 계산된다.

$$\iiint_V (2ax + 2ay + 2az)\, dxdydz = 2\int_0^a \int_0^a \int_0^a (ax + ay + az)\, dxdydz$$
$$= 2\int_0^a \int_0^a \left(\frac{a^3}{2} + a^2 y + a^2 z \right) dydz = 2\int_0^a (a^4 + a^3 z)\, dz = 3a^5$$

유제 10-12

벡터함수 $\mathbf{F} = [2x^2,\ y^2,\ z^2]$이 $0 \le x \le 2,\ 0 \le y \le 2,\ 0 \le z \le 2$에서 정의되는 경우, $\iint_S \mathbf{F} \cdot \mathbf{n}\, dA$ 값을 구하라.

예제 10-13 발산정리를 이용한 적분 계산 ②

가우스 발산정리를 이용하여 다음 적분을 계산하라. 여기서 S는 [그림 10-7]에 나타난 것처럼 원통형 폐곡면이다.

$$A = \iint_S (x^3\, dydz + x^2 y\, dzdx + x^2 z\, dxdy)$$

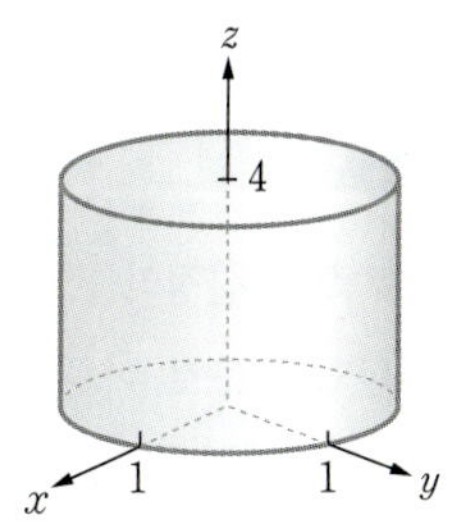

[그림 10-7] [예제 10-13]의 그림

풀이

곡면 S는 [그림 10-7]에 나타낸 것처럼 원기둥 $x^2+y^2=1$, $0 \le z \le 4$와 $z=0$ 및 $z=4$에서의 원판 $x^2+y^2 \le 1$로 구성되는 폐곡면이다. 식 (10.26)을 이용하면 문제의 면적분을 체적적분으로 바꿀 수 있다. 문제의 적분식에서 $F_1 = x^3$, $F_2 = x^2 y$, $F_3 = x^2 z$이므로 발산을 취하면 다음과 같은 식을 얻을 수 있다.

$$\operatorname{div} \mathbf{F} = \frac{\partial(x^3)}{\partial x} + \frac{\partial(x^2 y)}{\partial y} + \frac{\partial(x^2 z)}{\partial z} = 5x^2$$

그러므로 식 (10.26)을 사용하면 다음과 같은 식이 된다.

$$A = \iiint_V \left(\frac{\partial F_1}{\partial x} + \frac{\partial F_2}{\partial y} + \frac{\partial F_3}{\partial z} \right) dx dy dz = \iiint_V (5x^2)\, dx dy dz$$

위의 적분을 계산할 때는 원통좌표계를 이용하는 것이 편리하므로 다음과 같이 적분변수를 변환하여 원통좌표로 고친다.

$$x = r\cos\theta,\ y = r\sin\theta,\ z = z,\ dx dy dz = r dr d\theta dz$$

그러면 적분영역도 원통좌표계에 맞춰 다음과 같이 변형된다.

$$0 \le r \le 1,\ 0 \le \theta \le 2\pi,\ 0 \le z \le 4$$

위의 변수 및 적분범위에 따라 적분을 계산하면

$$\begin{aligned} A &= \iiint_V (5x^2)\, dx dy dz \\ &= \int_0^4 \int_0^{2\pi} \int_0^1 (5r^2 \cos^2\theta) r\, dr d\theta dz \\ &= 5 \int_0^4 \int_0^{2\pi} \left(\frac{1}{4} \cos^2\theta \right) d\theta dz \\ &= 5 \int_0^4 \frac{\pi}{4} dz = 5\pi \end{aligned}$$

와 같이 체적적분으로 변환된 적분값을 구할 수 있다.

유제 10-13

가우스 발산정리를 이용하여 $A = \iint_S (x\, dy dz + z\, dz dx)$를 계산하라. 여기서 S는 $x^2+y^2+z^2=a^2$으로 표현되는 구로 이루어진 폐곡면이다.

10.4 스톡스 정리

스톡스 정리 Stokes' theorem는 평면에서의 그린 정리를 일반화한 것이다. 즉 선적분에서 면적분으로 혹은 그 역변환이라고 할 수 있는 면적분에서 선적분으로의 변환을 정의하는 정리이다.

스톡스 정리에는 벡터함수의 회전curl에 대한 개념이 포함되므로 벡터함수 F 의 회전에 대해 먼저 정의해 두자.[1]

1 회전의 개념은 9장 9.6.2절을 참조

$$\mathrm{curl}\,\mathbf{F} = \nabla\times\mathbf{F} = \begin{vmatrix} \mathbf{i} & \mathbf{j} & \mathbf{k} \\ \dfrac{\partial}{\partial x} & \dfrac{\partial}{\partial y} & \dfrac{\partial}{\partial z} \\ F_1 & F_2 & F_3 \end{vmatrix} \tag{10.27}$$

그런 다음, 벡터함수 F 에 대한 스톡스 정리를 식으로 나타내면 다음과 같다.

$$\iint_S \mathrm{curl}\,\mathbf{F}\cdot d\mathbf{A} = \oint_C \mathbf{F}\cdot d\mathbf{r} \tag{10.28}$$

▪ 스톡스 정리식

식 (10.28)을 단위법선벡터를 사용하여 나타내면 다음과 같다.

$$\iint_S \mathrm{curl}\,\mathbf{F}\cdot\mathbf{n}\,dA = \oint_C \mathbf{F}\cdot\mathbf{r}'(s)\,ds \tag{10.29}$$

식에 들어 있는 곡면 S, 적분경로 C와 단위법선벡터 $\mathbf{n}$, 그리고 $\mathbf{r}'$의 방향에 대해 나타낸 것이 [그림 10-8]이다.

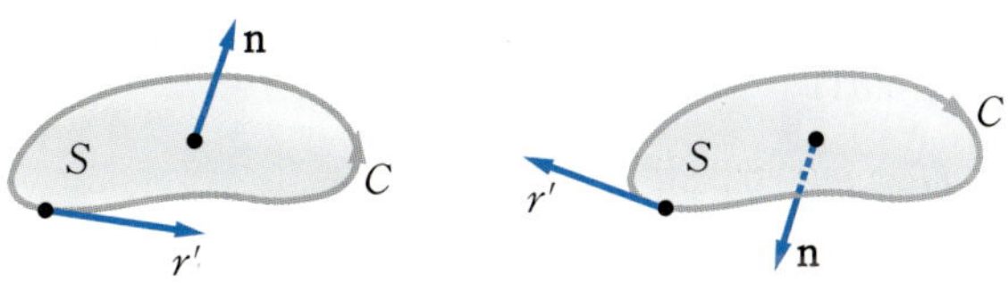

[그림 10-8] 스톡스 정리에 대한 개념

적분경로 C의 방향에 따라 $\mathbf{r}'$, 즉 $d\mathbf{r}$ 의 방향이 결정되지만, 단위법선벡터 $\mathbf{n}$ 의 방향은 적분경로의 방향에 따라 결정되며 오른손 법칙으로 알 수 있다.

예제 10-14 스톡스 정리에서의 적분 계산 ①

벡터장이 $\mathbf{F} = [z^2, 4x, 0]$이고 적분경로는 평면 $z = 1$에서 $0 \le x \le 1$, $0 \le y \le 1$의 경계를 갖는 정사각형을 반시계방향으로 설정할 때, $\iint_S \operatorname{curl}\mathbf{F} \cdot d\mathbf{A}$ 값을 구하라.

key point

$\iint_S \operatorname{curl}\mathbf{F} \cdot d\mathbf{A} = \iint_S \operatorname{curl}\mathbf{F} \cdot \mathbf{n}\, dA$

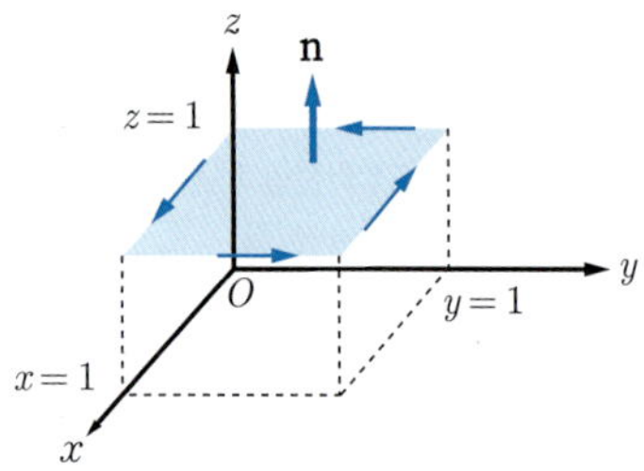

[그림 10-9] [예제 10-14]의 그림

풀이

곡면 $S: 0 \le x \le 1,\ 0 \le y \le 1,\ z = 1$에 대하여 $\iint_S \operatorname{curl}\mathbf{F} \cdot d\mathbf{A}$ 값을 계산하는 문제이다. [그림 10-9]에서 보듯이 스톡스 정리에서 $\mathbf{n}$은 x축의 양의 방향을 가리키므로 $\mathbf{n} = \mathbf{k}$이다. 또한 평면 $z = 1$에서 $\mathbf{F}$는

$$\mathbf{F} = [1, 4x, 0]$$

과 같고, 위 식을 이용하여 $\operatorname{curl}\mathbf{F}$를 계산하면 다음과 같다.

$$\operatorname{curl}\mathbf{F} = \begin{vmatrix} \mathbf{i} & \mathbf{j} & \mathbf{k} \\ \dfrac{\partial}{\partial x} & \dfrac{\partial}{\partial y} & \dfrac{\partial}{\partial z} \\ 1 & 4x & 0 \end{vmatrix} = 4\mathbf{k}$$

그러므로 $\iint_S \operatorname{curl}\mathbf{F} \cdot d\mathbf{A}$ 값은 다음과 같이 계산할 수 있다.

$$\begin{aligned} \iint_S \operatorname{curl}\mathbf{F} \cdot d\mathbf{A} &= \iint_S \operatorname{curl}\mathbf{F} \cdot \mathbf{n}\, dA \\ &= \iint_S 4\mathbf{k} \cdot \mathbf{k}\, dA \\ &= \int_0^1 \int_0^1 4\, dx dy = 4 \end{aligned}$$

유제 10-14

벡터장이 $\mathbf{F} = [z^3, 2x^2, 0]$이고 적분경로는 평면 $z = 1$에서 $0 \le x \le 1$, $0 \le y \le 1$의 경계를 갖는 정사각형을 반시계방향으로 설정할 때, $\iint_S \operatorname{curl}\mathbf{F} \cdot d\mathbf{A}$ 값을 구하라.

[그림 10-10]은 스톡스 정리에 대한 모델을 한 면이 열린 정육면체로 나타낸 것이다. 왼쪽 그림은 윗면이 없는 경우, 오른쪽 그림은 아랫면이 없는 경우에 대해 적분경로 C의 방향과 면에 대한 법선벡터 $d\mathbf{A}$ 의 방향을 나타냈다.

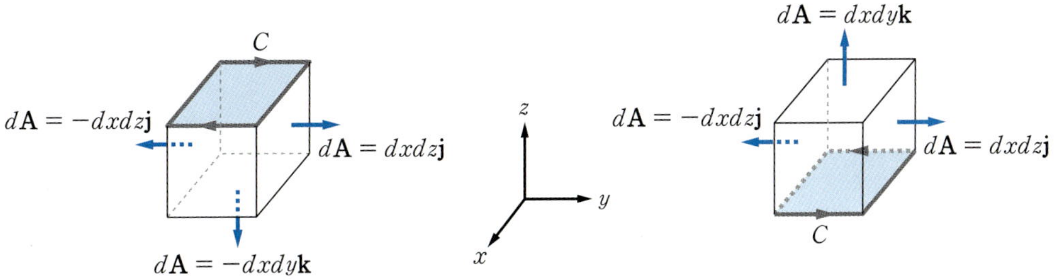

[그림 10-10] 오른손 법칙에 의해 결정되는 법선벡터의 방향

예제 10-15 스톡스 정리에서의 적분 계산 ②

$0 \le x \le 1$, $0 \le y \le 1$, $0 \le z \le 1$로 주어진 영역에 정육면체가 있다. 6개의 면 중에서 $z=0$인 면은 열려 있다. 이 모델은 [그림 10-10]의 오른쪽 그림과 같으며, 적분경로도 동일하다고 가정한다. 이 영역을 통과하는 벡터장이 $\mathbf{F} = [x+y,\ y+z,\ z+x]$일 때, $\iint_S \operatorname{curl}\mathbf{F} \cdot d\mathbf{A}$ 값을 구하라.

> **key point**
> 법선벡터의 성분을 확인하여 남은 성분으로 벡터의 회전을 계산하는 것이 편리하다.

풀이

주어진 정육면체에서 열린 윗면을 제외한 5개의 면에 대해 면적분을 수행한다. 먼저 앞면($x = 1$)부터 살펴보자. $d\mathbf{A} = dydz\,\mathbf{i}$ 이므로 $\mathbf{i}$ 성분만으로 계산하면

$$\operatorname{curl}\mathbf{F} \cdot d\mathbf{A} = \left\{\frac{\partial(z+x)}{\partial y} - \frac{\partial(y+z)}{\partial z}\right\} dydz = -dydz$$

가 된다. 그러므로 적분을 계산하면 다음과 같다.

$$\iint_{\text{앞면}} \operatorname{curl}\mathbf{F} \cdot d\mathbf{A} = -\int_0^1\int_0^1 dydz = -1$$

같은 방법으로 뒷면($x = 0$)을 살펴보자. $d\mathbf{A} = -dydz\,\mathbf{i}$ 이므로 $\mathbf{i}$ 성분만 남기 때문에 다음과 같은 값을 얻는다.

$$\operatorname{curl}\mathbf{F} \cdot d\mathbf{A} = \left\{\frac{\partial(z+x)}{\partial y} - \frac{\partial(y+z)}{\partial z}\right\}(-dydz) = dydz$$

그러므로 다음과 같다.

$$\iint_{\text{뒷면}} \operatorname{curl}\mathbf{F} \cdot d\mathbf{A} = \int_0^1\int_0^1 dydz = 1$$

다음 왼쪽면($y=0$)은 $dA = -dxdz\mathbf{j}$ 이고, $\mathbf{j}$ 성분만으로 계산하면

$$\operatorname{curl}\mathbf{F}\cdot d\mathbf{A} = \left\{\frac{\partial(x+y)}{\partial z} - \frac{\partial(z+x)}{\partial x}\right\}(-dxdz) = dxdz$$

가 된다. 적분을 계산하면 다음과 같다.

$$\iint_{\text{왼쪽면}} \operatorname{curl}\mathbf{F}\cdot d\mathbf{A} = \int_0^1\int_0^1 dxdz = 1$$

동일한 방법으로 오른쪽면($y=1$)과 윗면($z=1$)에 대해 계산해보자. 오른쪽면은 $dA = dxdz\mathbf{j}$ 이므로

$$\operatorname{curl}\mathbf{F}\cdot d\mathbf{A} = \left\{\frac{\partial(x+y)}{\partial z} - \frac{\partial(z+x)}{\partial x}\right\}dxdz = -dxdz$$

$$\iint_{\text{오른쪽면}} \operatorname{curl}\mathbf{F}\cdot d\mathbf{A} = -\int_0^1\int_0^1 dxdz = -1$$

이 된다. 윗면은 $dA = dxdy\mathbf{k}$ 이므로, $\mathbf{k}$ 성분으로 계산하면

$$\operatorname{curl}\mathbf{F}\cdot d\mathbf{A} = \left\{\frac{\partial(y+z)}{\partial x} - \frac{\partial(x+y)}{\partial y}\right\}dxdy = -dxdy$$

$$\iint_{\text{윗면}} \operatorname{curl}\mathbf{F}\cdot d\mathbf{A} = -\int_0^1\int_0^1 dxdy = -1$$

이 된다. 따라서 모든 면의 적분 값을 더하면 다음과 같이 적분 값을 구할 수 있다.

$$\begin{aligned}\iint_S \operatorname{curl}\mathbf{F}\cdot d\mathbf{A} &= \text{앞면}+\text{뒷면}+\text{왼쪽면}+\text{오른쪽면}+\text{윗면}\\ &= -1+1+1-1-1 = -1\end{aligned}$$

유제 10-15

[예제 10-15]와 같은 정육면체가 있다고 하자. 이번에는 [그림 10-10]의 왼쪽 그림과 같이 $z=1$인 면이 열려 있을 때, $\iint_S \operatorname{curl}\mathbf{F}\cdot d\mathbf{A}$ 값을 구하라.

예제 10-16 스톡스 정리에서의 적분 계산 ③

[예제 10-15]와 같은 조건에서 $\oint_C \mathbf{F}\cdot d\mathbf{r}$ 값을 구하라.

key point
적분경로가 위치한 면을 중심으로 적분할 대상을 먼저 파악하자.

풀이

적분경로 C에 대해 선적분을 계산하는 문제이다. 경로 C는 $z=0$인 면이므로 $dz=0$이 된다. 그러므로 위의 선적분을 계산하기 전에 알아야 할 $\mathbf{F}\cdot d\mathbf{r}$ 값은 다음과 같이 정해진다.

$$\begin{aligned}\mathbf{F}\cdot d\mathbf{r} &= [x+y,\ y+z,\ z+x]\cdot[dx,\ dy,\ dz] \\ &= (x+y)\,dx + y\,dy\end{aligned}$$

$y=0$인 면에서는 $dy=0$, $\mathbf{F}\cdot d\mathbf{r} = x\,dx$가 된다. 적분하면

$$\oint_{y=0}\mathbf{F}\cdot d\mathbf{r} = \int_0^1 x\,dx = \frac{x^2}{2}\bigg|_0^1 = \frac{1}{2}$$

이고, $x=1$인 면에서는 $dx=0$, $\mathbf{F}\cdot d\mathbf{r} = y\,dy$가 되므로 적분하면

$$\oint_{x=1}\mathbf{F}\cdot d\mathbf{r} = \int_0^1 y\,dy = \frac{y^2}{2}\bigg|_0^1 = \frac{1}{2}$$

이다. 또한 $y=1$인 면에서는 $dy=0$, $\mathbf{F}\cdot d\mathbf{r} = (x+1)\,dx$가 된다. 단, 여기서는 경로가 $x=1$에서 $x=0$으로 가고 있다는 점에 유의하여 적분한다.

$$\oint_{y=1}\mathbf{F}\cdot d\mathbf{r} = \int_1^0 (x+1)\,dx = \left(\frac{x^2}{2}+x\right)\bigg|_1^0 = -\frac{3}{2}$$

마지막으로 $x=0$인 면에서는 $dx=0$, $\mathbf{F}\cdot d\mathbf{r} = y\,dy$가 된다. 여기서도 역시 경로가 $y=1$에서 $y=0$으로 가고 있다는 점에 유의하여 적분한다.

$$\oint_{x=0}\mathbf{F}\cdot d\mathbf{r} = \int_1^0 y\,dy = \frac{y^2}{2}\bigg|_1^0 = -\frac{1}{2}$$

이제 모든 경로의 적분 값을 더하면 다음과 같은 선적분 값을 갖는다는 사실을 알 수 있다.

$$\begin{aligned}\oint_C \mathbf{F}\cdot d\mathbf{r} &= \oint_{y=0} + \oint_{x=1} + \oint_{y=1} + \oint_{x=0} \\ &= \frac{1}{2}+\frac{1}{2}-\frac{3}{2}-\frac{1}{2} = -1\end{aligned}$$

유제 10-16

[유제 10-15]와 같은 조건에서 $\oint_C \mathbf{F}\cdot d\mathbf{r}$ 값을 구하라.

[예제 10-15]와 [예제 10-16]을 통해 조건이 동일한 경우에는 면적분 값인 $\iint_S \mathrm{curl}\,\mathbf{F}\cdot d\mathbf{A}$ 와 선적분 값인 $\oint_C \mathbf{F}\cdot d\mathbf{r}$ 이 같다는 사실을 확인했다.

Chapter 10 핵심요약

선적분에 의한 벡터적분법

• 곡선의 벡터표현

$$\mathbf{r}(t)=[r_1(t),\ r_2(t),\ r_3(t)]=r_1(t)\mathbf{i}+r_2(t)\mathbf{j}+r_3(t)\mathbf{k} \quad (\text{단, } a \le t \le b)$$

• 선적분의 정의식

$$\int_C \mathbf{F}(\mathbf{r})\cdot d\mathbf{r} = \int_a^b \mathbf{F}(\mathbf{r}(t))\cdot \frac{d\mathbf{r}}{dt}dt = \int_a^b \mathbf{F}(\mathbf{r}(t))\cdot \mathbf{r}'(t)dt$$

• 선적분과 적분경로

선적분은 적분을 수행하는 경로와 상관이 있는 것이 일반적이지만, 조건에 따라 경로와 무관할 수도 있다.

• 선적분과 적분경로의 무상관 조건

❶ $\mathbf{F}=\nabla f$ ➜ $F_1=\dfrac{\partial f}{\partial x},\ F_2=\dfrac{\partial f}{\partial y},\ F_3=\dfrac{\partial f}{\partial z}$

$$\int_A^B (F_1\,dx+F_2\,dy+F_3\,dz)=f(B)-f(A)$$

❷ $\text{curl}\,\mathbf{F}=\nabla\times\mathbf{F}=\mathbf{0}$ ➜ $\dfrac{\partial F_3}{\partial y}=\dfrac{\partial F_2}{\partial z},\ \dfrac{\partial F_1}{\partial z}=\dfrac{\partial F_3}{\partial x},\ \dfrac{\partial F_2}{\partial x}=\dfrac{\partial F_1}{\partial y}$

그린 정리

• 이중적분

$$\iint_R f(x,\ y)\,dA=\int_a^b\left\{\int_{g(x)}^{h(x)} f(x,\ y)\,dy\right\}dx$$

$$\iint_R f(x,\ y)\,dA=\int_c^d\left\{\int_{q(y)}^{p(y)} f(x,\ y)\,dx\right\}dy$$

• 평면에서의 그린 정리

$$\iint_R\left(\frac{\partial F_2}{\partial x}-\frac{\partial F_1}{\partial y}\right)dxdy=\oint_C (F_1\,dx+F_2\,dy)$$

$$\iint_R (\text{curl}\,\mathbf{F})\cdot\mathbf{k}\,dxdy=\oint_C \mathbf{F}\cdot d\mathbf{r}$$

• 한 개의 폐곡선으로 이루어진 영역의 면적

$$A=\iint_R dxdy=\frac{1}{2}\oint_C (x\,dy-y\,dx)$$

가우스 발산정리

• 곡면의 벡터표현

$$\mathbf{r}(u, v) = [x(u,v), y(u, v), z(u, v)] = x(u, v)\mathbf{i} + y(u, v)\mathbf{j} + z(u, v)\mathbf{k}$$

• 면적분의 정의식

$$\iint_S \mathbf{F} \cdot d\mathbf{A} = \iint_S \mathbf{F} \cdot \mathbf{n}\, dA$$

• 삼중적분

$$\iiint_V f(x, y, z)\, dV = \iiint_V f(x, y, z)\, dx dy dz$$

• 가우스 발산정리

$$\iiint_V \operatorname{div} \mathbf{F}\, dV = \iint_S \mathbf{F} \cdot \mathbf{n}\, dA$$

$$\iiint_V \left(\frac{\partial F_1}{\partial x} + \frac{\partial F_2}{\partial y} + \frac{\partial F_3}{\partial z} \right) dx dy dz = \iint_S (F_1\, dy dz + F_2\, dz dx + F_3\, dx dy)$$

스토크스 정리

$$\iint_S \operatorname{curl} \mathbf{F} \cdot d\mathbf{A} = \oint_C \mathbf{F} \cdot d\mathbf{r}$$

$$\iint_S \operatorname{curl} \mathbf{F} \cdot \mathbf{n}\, dA = \oint_C \mathbf{F} \cdot \mathbf{r}'(s)\, ds$$

Chapter 10 연습문제

10.1 벡터함수가 $\mathbf{F} = [2y,\ x]$이고 적분경로 C가 $(0,\ 0)$에서 $\left(2,\ \frac{1}{2}\right)$까지의 직선경로일 때, $\mathbf{F}$의 선적분 값을 구하라.

10.2 $\mathbf{F} = [y^2,\ -x^2]$, $\mathbf{r} = \left[\frac{1}{t},\ t\right]$일 때의 선적분을 구하라. 단, $1 \le x \le 3$이다.

10.3 $\mathbf{r} = [t,\ t^{\frac{3}{2}}]$일 때, 적분경로가 $O(0,\ 0)$에서 $A(0,\ 1)$까지인 $\mathbf{F} = [e^{y^{\frac{2}{3}}},\ e^{x^{\frac{3}{2}}}]$의 선적분을 구하라.

10.4 $\mathbf{F} = [y^2,\ -x^2]$일 때, 다음과 같은 적분경로에 대해 $O(0,\ 0)$에서 $A(1,\ 4)$까지의 선적분을 각각 구하라.

(a) $y = 4x$ (b) $y = 4x^2$

10.5 $\mathbf{F} = [5y,\ xy,\ z^2]$일 때, $O(0,\ 0,\ 0)$에서 $A(2,\ 2,\ 4)$까지의 선적분을 구하라. 적분경로를 나타내는 벡터함수는 다음과 같고, $0 \le t \le 2$이다.

(a) $\mathbf{r}_1(t) = [t,\ t,\ 2t]$ (b) $\mathbf{r}_2(t) = [t,\ t,\ t^2]$

10.6 $\mathbf{F} = [x^2 + y^2,\ 2xy]$일 때, $O(0,\ 0)$에서 $A(1,\ 1)$까지의 선적분을 구하라. 단, 적분경로는 다음과 같다.

(a) $y = x^2$ (b) $y^2 = x$

※ **(문제 10.7~10.9)** 다음 함수의 선적분이 적분경로와 무관한 f를 구하라.

10.7 $\mathbf{F} = [2xy,\ x^2,\ 3z^2]$

10.8 $\mathbf{F} = [e^{xyz}yz,\ e^{xyz}zx,\ e^{xyz}xy]$

10.9 $\mathbf{F} = [y\cos xy,\ x\cos xy,\ -1]$

※ **(문제 10.10~10.12)** 다음 함수의 선적분과 적분경로와의 관련성을 조사하라.

10.10 $\mathbf{F} = [\cos x,\ z,\ y]$

10.11 $\mathbf{F} = [e^{xy}y,\ e^{xy}x^2,\ 1]$

10.12 $\mathbf{F} = [0,\ 3y^2e^z,\ y^3e^z]$

※ **(문제 10.13~10.16)** 다음 이중적분을 계산하라.

10.13 $\int_0^1 \int_0^x (x+y)\,dydx$

10.14 $\int_0^3 \int_{-y}^y (x^2-y^2)\,dxdy$

10.15 $\int_0^1 \int_x^{x^2+1} xy^2\,dydx$

10.16 $\int_0^{\frac{\pi}{2}} \int_0^{\cos y} x^2 \sin y\,dxdy$

※ **(문제 10.17~10.20)** 그린 정리를 이용하여 주어진 C의 반시계방향으로 $\int_C \mathbf{F}(\mathbf{r}) \cdot d\mathbf{r}$을 구하라.

10.17 $\mathbf{F} = [3x^2,\ -4xy]$, C : 사각형 $0 \le x \le 3,\ 0 \le y \le 2$

10.18 $\mathbf{F} = [y,\ -x]$, C : 타원 $-3\sqrt{1-y^2} \le x \le 3\sqrt{1-y^2},\ -1 \le y \le 1$

10.19 $\mathbf{F} = [y,\ -x]$, C : 원 $-\sqrt{1-y^2} \le x \le \sqrt{1-y^2},\ -1 \le y \le 1$

10.20 $\mathbf{F} = [xy^2,\ -x^2y]$, C : 포물선 $0 \le x \le 1,\ 0 \le y \le 1-x^2$

※ **(문제 10.21~10.25)** 다음 함수들을 주어진 영역 V에서 삼중적분한 값을 구하라.

10.21 $f = xyz$, $V : 0 \le x \le 2,\ 0 \le y \le 2,\ 0 \le z \le 2$

10.22 $f = 3x^2+2y^2+z^2$, $V : 0 \le x \le 3,\ 0 \le y \le 2,\ 0 \le z \le 1$

10.23 $f = x^2+y^2$, $V : x^2+y^2 \le 9,\ 0 \le z \le 2$

10.24 $f = \cos x \sin y$, $V : 0 \le x \le \frac{\pi}{2},\ 0 \le y \le \pi,\ 0 \le z \le 3$

10.25 $f = y + z, \qquad V : 0 \le x \le a,\ -\dfrac{b}{2} \le y \le \dfrac{b}{2},\ 0 \le z \le \dfrac{c}{2}$

※ **(문제 10.26~10.28)** 가우스 발산정리를 이용하여 면적분 $\iint_S \mathbf{F} \cdot \mathbf{n}\, dA$를 구하라.

10.26 $\mathbf{F} = [x,\ y,\ z], \qquad S : 0 \le x \le a,\ 0 \le y \le b,\ 0 \le z \le c$

10.27 $\mathbf{F} = [e^x,\ \cosh y,\ \sinh z], \qquad S : 0 \le x \le a,\ 0 \le y \le a,\ 0 \le z \le a$

10.28 $\mathbf{F} = [z + 2x,\ 2y + z,\ x + y], \qquad S : x^2 + y^2 + z^2 = 9$

※ **(문제 10.29~10.32)** 스톡스 정리를 이용하여 다음의 조건으로 주어지는 면에 대해 $\iint_S \operatorname{curl} \mathbf{F} \cdot d\mathbf{A}$를 계산하라.

10.29 $\mathbf{F} = [3z^2,\ 3x^2,\ 3y^2], \qquad S : 0 \le x \le 2,\ 0 \le y \le 2,\ z = 1$ (반시계방향)

10.30 $\mathbf{F} = [\cos y,\ \cosh z,\ x], \qquad S : 0 \le x \le 1,\ 0 \le y \le 1,\ z = 1$ (반시계방향)

10.31 $\mathbf{F} = [y^3,\ -x^3,\ 0], \qquad S : x^2 + y^2 \le 1,\ z = 0$ (시계방향)

10.32 $\mathbf{F} = [2xy + yz^2,\ x^2 + xz,\ 3y^2 + z], \qquad S : \dfrac{x^2}{4} + y^2 = 1,\ z = 2$ (시계방향)

Chapter

11

푸리에 급수

Fourier Series

학습목표

- 푸리에 급수의 쓰임새를 이해한다.
- 푸리에 급수의 가장 기본적인 형태인 삼각급수의 구성에 대해 숙지한다.
- 푸리에 급수의 계수를 구하는 과정을 이해하고, 오일러 공식을 숙지한다.
- 삼각함수와 직교성의 관계에 대해 이해한다.
- 주기함수, 우함수, 기함수의 개념을 충분히 이해하여 푸리에 급수에 적용한다.
- 표현하고자 하는 함수의 형태를 확장하여 푸리에 급수를 전개하는 방법에 대해 학습한다.

프랑스의 수학자이자 물리학자인 푸리에는 고체 안에서의 열전도 모델링을 위해 푸리에 방정식을 유도하였으며, 이 방정식의 해법으로 푸리에 해석 이론을 제창하였다. 당시 푸리에는 "고체 안의 각 점에서의 열의 이동 속도는 그 점의 온도 기울기에 비례한다."라는 '푸리에 법칙'을 발견하기도 했다. 푸리에 해석이란 푸리에 급수, 푸리에 적분과 푸리에 변환을 의미한다. 이들은 선형 미분방정식의 해를 구하기 위한 도구로 사용되기도 하고, 광학 특성, 음향 분석 및 진동 현상 등 다양한 공학 분야의 연구에 폭넓게 이용되고 있다.

푸리에 해석의 관문이라고 할 수 있는 푸리에 급수는 일정한 주기를 가진 주기함수를 서로 다른 주기를 갖는 사인함수와 코사인함수의 합으로 표현하는 방법이다. 주로 소리나 빛 등의 파동역학 연구에 많이 쓰인다. 특히 테일러 급수로 표현할 수 없는 불연속적인 함수도 표현할 수 있기 때문에 훨씬 실용적이다.

알아 두어야 할 개념과 공식

Chapter 11

1. 푸리에

푸리에 급수, 적분, 변환과 이 세 가지를 통칭하는 푸리에 해석으로 널리 알려진 '푸리에Fourier'는 프랑스의 수학자이자 물리학자인 장 밥티스트 조세프 푸리에Jean Baptiste Joseph Fourier, 1768~1830의 이름에서 따 온 것이다. 따라서 이 단어를 사용할 때는 첫 글자를 항상 대문자(F)로 써야 한다.

2. 코사인함수와 사인함수

코사인함수와 사인함수는 모두 주기함수이다. 가장 기본적인 형태인 $\cos x$와 $\sin x$의 주기는 2π이다. 또 아래의 그림에서 보듯이 코사인함수는 세로축을 중심으로 좌우가 대칭을 이루고, 사인함수는 원점을 중심으로 $180°$ 회전된 형태를 보인다. 이런 형태의 함수를 각각 우함수와 기함수 혹은 짝함수와 홀함수라고 부른다. 아울러 기본주기인 $2\pi\ (-\pi \le x \le \pi)$의 구간에서 코사인함수와 사인함수의 정적분 값을 살펴보면 두 함수 모두 양의 면적과 음의 면적이 같아져서 정적분 값이 0이 된다는 사실을 알 수 있다.

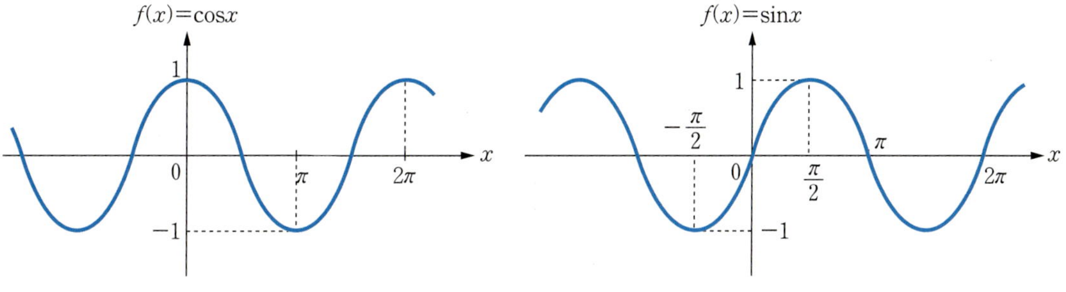

3. 삼각함수의 곱을 합과 차로 표현하는 공식

- $\sin x \cos y = \frac{1}{2}\{\sin(x+y) + \sin(x-y)\}$
- $\cos x \sin y = \frac{1}{2}\{\sin(x+y) - \sin(x-y)\}$
- $\cos x \cos y = \frac{1}{2}\{\cos(x+y) + \cos(x-y)\}$
- $\sin x \sin y = -\frac{1}{2}\{\cos(x+y) - \cos(x-y)\}$

11.1 푸리에 급수와 주기함수

11.1.1 푸리에 급수

푸리에Fourier는 18~19세기에 걸쳐 활동한 프랑스의 수학자이자 물리학자인 장 밥티스트 조제프 푸리에Jean Baptiste Joseph Fourier의 이름에서 따 온 것이다. 그는 수리물리학의 발전에 큰 공헌을 한 학자로, 푸리에 급수도 그가 정립한 이론에 근거한 것이기에 그렇게 이름이 붙여졌다.

▪ 푸리에 급수와 주기함수와의 관계

푸리에 급수 Fourier series의 쓰임새를 한 마디로 표현하면, '**주기함수**periodic function를 표현하기 위한 도구'라고 말할 수 있다. 여기서 주기함수란 일정한 주기를 가진 임의의 모양이 반복되는 형태의 함수를 말한다. 물리학적으로나 공학적으로나 주기적으로 반복되는 현상이 응용되는 예는 매우 많다. 우리에게 가장 익숙한 주기함수의 모습이라면 사인함수sine function나 코사인함수cosine function 같은 삼각함수가 있을 것이다. 실제 예를 들자면, 일반 가정에서 사용하는 전압의 특성이 60 Hz라고 할 때, 이는 일정한 파형이 1초에 60번 반복된다는 뜻이다. 즉 가정에 공급되는 전압 또한 주기함수 형태라는 사실이다. [그림 11-1]을 참고하라.

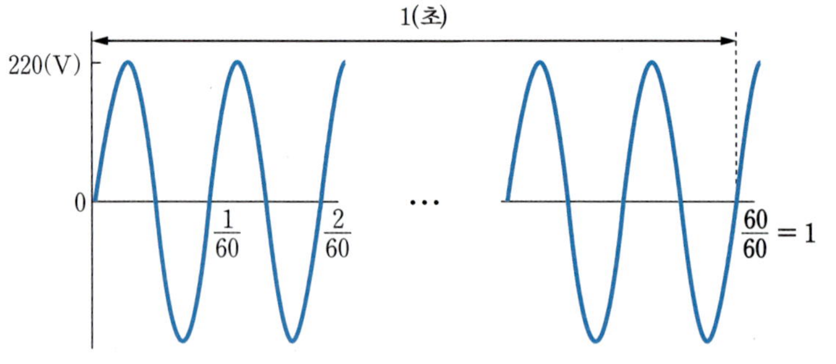

[그림 11-1] 주기함수

11.1.2 주기함수

▪ 주기함수의 정의

가장 잘 알려진 주기함수인 사인함수나 코사인함수와 같은 형태가 아니더라도 동일한 모양이 반복해서 나타나는 함수라면 무엇이든 주기함수라고 할 수 있다. [그림 11-2]를 참고하라. 이때 [그림 11-2(c)]와 같이 파형이 시간적으로 연속되지 않는 불연속함수일지라도 형태가 반복된다면 주기함수에 포함된다.

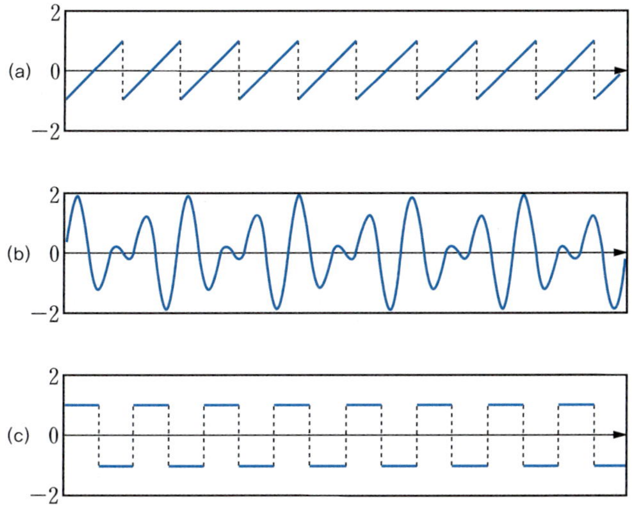

[그림 11-2] **주기함수의 예**

일정한 주기를 갖고 반복적으로 나타나는 함수를 수학적으로 정의해보자. 변수 x에 따라 표현되는 임의의 함수를 $f(x)$라고 할 때, [그림 11-3]과 같이 좌표축에 주기함수를 표현할 수 있다. 이때 반복되는 파형의 시간 간격인 T가 바로 주기를 나타내는 값이다. ▪주기함수 표현

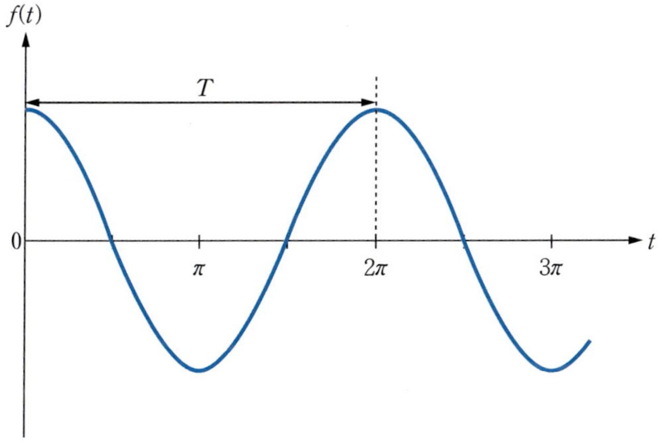

[그림 11-3] **주기함수 표현**

이와 같은 관계를 일반적인 수식으로 나타내면 다음과 같이 쓸 수 있다.

$$f(x+T)=f(x) \tag{11.1}$$

▪주기함수 관계

즉 함수 $f(x)$가 모든 실수 x에 대해 정의되고, 양수 T로 식 (11.1)을 만족할 때, 함수 $f(x)$를 **주기함수**라고 한다. 여기서 T를 **주기**period라고 한다.

식 (11.1)을 가로축에서 좀 더 넓게 생각해보면

$$\cdots = f(x-2T) = f(x-T) = f(x) = f(x+T) = f(x+2T) = \cdots \tag{11.2}$$

와 같이 됨을 알 수 있다. 그 이유는 가로축인 x축에서 주기 T만큼을 반복해서 빼거나 더해도 x축이 가리키는 위치에서의 세로축 $f(x)$ 값은 동일하기 때문이다. 식 (11.2)를 일반적인 식으로 표현하려면 T 앞에 붙은 상수 $\cdots$, -2, -1, 0, 1, 2, $\cdots$ 등을 모두 포함하는 임의의 정수인 n을 사용하면 된다.

$$f(x+nT) = f(x) \tag{11.3}$$

즉 n이 임의의 정수일 때도 식 (11.1)과 같은 관계가 성립하므로 $f(x)$는 주기함수라고 할 수 있다. 결국 T만 주기가 되는 것이 아니라 T의 정수배라면 무엇이든 주기함수 $f(x)$의 주기가 될 수 있다는 의미이다. 주기 중에서 가장 짧은 주기를 나타내는 T를 주기함수 $f(x)$의 **기본주기**fundamental period 혹은 **원시주기**primitive period라고 한다. [그림 11-4]는 이와 같은 주기들의 관계를 그림으로 나타낸 것이다.

■ 기본주기

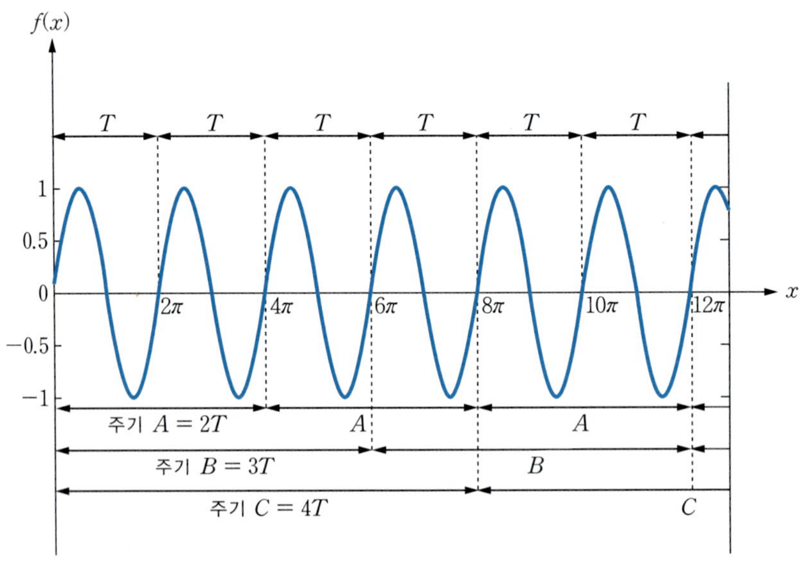

[그림 11-4] 주기함수에서의 주기개념

여기서 한 가지 주의할 점은 항상 일정한 상수를 나타내는 $f(x)=c$도 식 (11.3)을 만족하므로 주기함수로 취급할 수 있다는 사실이다. 하지만 상수함수 $f(x)=c$는 주기를 정할 수 없으므로 기본주기를 갖지는 않지만 임의의 양수를 주기로 갖는다고 할 수 있다.

또한 임의의 주기함수에 다른 주기함수를 더해도 주기함수가 된다는 성질에도 유의해야 한다. 간단히 말하면, 사인함수에 코사인함수를 더하여 이루어진 함수도 주기함수라는 사실이다. 일반화하여 표현하자면 [정리 11-1]과 같이 정리할 수 있다. 하나의 주기함수가 여러 주기함수의 합인 푸리에 급수로 나타날 수 있는 기본적인 성질이기도 하다.

정리 11-1 주기함수의 선형성

$f(x)$와 $g(x)$가 각각 주기 T인 주기함수라면, $h(x)=af(x)+bg(x)$도 주기 T인 주기함수이다. 단, a, b는 상수이다.

예제 11-1 주기함수의 기본주기

다음 [그림 11-5]에서 보이는 주기함수의 기본주기를 구하라.

> **key point**
> 기본주기란 가장 짧은 주기를 말한다.

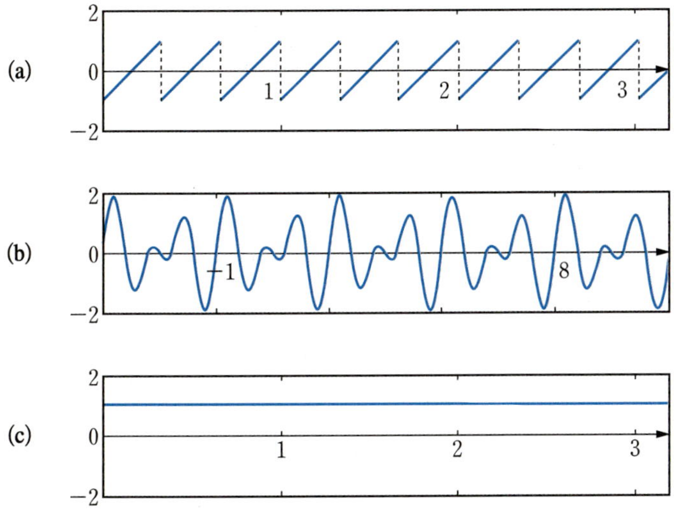

[그림 11-5] [예제 11-1]의 그림

풀이

(a) 가장 짧은 주기가 3번 반복된 위치의 값이 1이므로 기본주기는 $\frac{1}{3}$이다.

(b) 3번의 주기가 반복된 구간이 -1~8까지이므로 기본주기는 3이다.

(c) 상수를 나타낸 것으로, 기본주기를 정할 수 없다.

예제 11-2 기본주기의 계산

다음 함수의 기본주기를 구하라.

(a) $\sin ax$ (단, a는 상수) (b) $\cos 2\pi fx$ (c) $\cos 2x + \sin 3x$

key point
$f(x+T) = f(x)$

풀이

(a) 주기함수가 되려면 $f(x+T) = f(x)$를 만족해야 한다.

$$f(x+T) = \sin a(x+T) = f(x) = \sin ax \rightarrow ax + aT = ax$$

결국 aT가 2π의 정수배가 되어야 한다. 기본주기는 그중 가장 짧은 주기이므로 $aT = 2\pi$를 만족하는 $\frac{2}{a}\pi$가 기본주기가 된다.

(b) 주어진 함수의 기본주기는 (a)와 동일한 과정으로 구할 수 있다.

$$f(x+T) = f(x)$$
$$\cos\{2\pi f(x+T)\} = \cos(2\pi fx + 2\pi fT) = \cos 2\pi fx$$

$2\pi fT = 2n\pi$로, n이 정수이므로 기본주기는 $\frac{1}{f}$이다.

(c) $\cos 2x$의 기본주기는 π이고, $\sin 3x$의 기본주기는 $\frac{2}{3}\pi$임을 알고 있다. 한편, 두 함수를 합한 합성파형의 주기는 두 함수의 주기가 같아지는 교집합 부분이어야 한다. $\cos 2x$의 주기는 π, 2π, 3π, 4π, 5π, 6π, $\cdots$이고, $\sin 3x$의 주기는 $\frac{2}{3}\pi$, $\frac{4}{3}\pi$, 2π, $\frac{8}{3}\pi$, $\frac{10}{3}\pi$, 4π, $\cdots$로 나타나므로 더해진 함수 $\cos 2x + \sin 3x$의 기본주기는 2π이다.

유제 11-1

다음 함수의 기본주기를 구하라.

(a) $\cos \omega x$ (b) $\cos x + \sin 2x$

Check it up!

✔ 주기함수의 선형성 증명

$f(x)$와 $g(x)$가 각각 주기 T인 주기함수라고 하자. 두 주기함수에 적당한 크기의 상수 a와 b를 각각 곱해서 더한(선형결합) $h(x) = af(x) + bg(x)$는 주기함수일까?

$f(x)$와 $g(x)$가 주기 T인 주기함수라는 가정으로부터 $f(x+T) = f(x)$, $g(x+T) = g(x)$가 성립한다. $h(x)$가 주기함수가 되려면 $h(x+T) = h(x)$가 성립해야 한다. 다음과 같이 대입해보면

$$h(x+T) = af(x+T) + bg(x+T) = af(x) + bg(x) = h(x)$$

가 되어 $h(x+T) = h(x)$임을 입증할 수 있으므로 $h(x)$도 주기 T인 주기함수임을 알 수 있다.

11.2 삼각급수 : 주기 2π의 푸리에 급수

11.2.1 삼각급수의 정의

11.1절에서 이야기한 바와 같이 푸리에 급수는 '주기함수를 표현하기 위한 도구'라고 말할 수 있다. 이를 위해 푸리에 급수는 가장 간단한 주기함수인 사인함수 및 코사인함수 그리고 주기는 정해져 있지 않지만 주기함수로 취급될 수 있는 상수항을 사용한다. 그중에서도 가장 이해하기 쉬운 경우는 주기가 2π인 사인함수 및 코사인함수를 이용하는 방법일 것이다. 가장 기본적인 사인함수, 코사인함수의 형태인 $\sin x$와 $\cos x$의 주기는 2π이다. 이 함수들의 일반적인 형태인 $\sin nx$, $\cos nx$(단, n은 정수)를 고려해보자. [그림 11-6]은 임의의 n에 대해 $\sin nx$와 $\cos nx$를 나타낸 것이다.

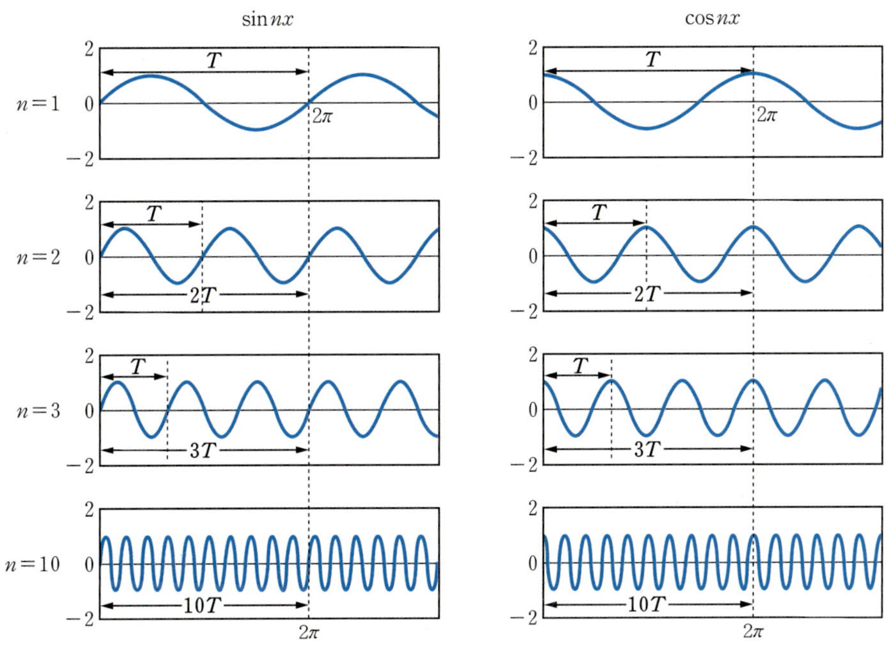

[그림 11-6] n에 따른 사인함수 및 코사인함수의 주기

[그림 11-6]을 살펴보면 n이 커질수록 기본주기가 짧아지기는 하지만, 2π 역시 주기가 된다는 사실을 확인할 수 있다. 즉 그림에 표현된 모든 사인함수 및 코사인함수의 공통된 주기는 2π이다. 그러면 2π가 주기가 되는 사인함수와 코사인함수의 성분들을 더한 식에 (정해진 주기는 없지만) 어떤 주기를 대입해도 주기함수식을 만족하는(즉, 주기가 2π라고도 생각할 수 있는) 상수항을 더하면 다음과 같은 식으로 나타낼 수 있다.

$$1 + \cos x + \cos 2x + \cos 3x + \cdots + \cos nx + \cdots$$
$$+ \sin x + \sin 2x + \sin 3x + \cdots + \sin nx + \cdots$$

위 식의 각 성분들은 기본적인 크기 1을 갖는 것으로 표현되어 있으므로, 각 성분이 임의의 크기를 가질 수 있도록 상수계수를 각각 곱해보자.

$$a_0 + a_1 \cos x + a_2 \cos 2x + a_3 \cos 3x + \cdots + a_n \cos nx + \cdots$$
$$+ b_1 \sin x + b_2 \sin 2x + b_3 \sin 3x + \cdots + b_n \sin nx + \cdots$$

위 식은 모든 항들의 공통적인 주기가 2π가 되는 급수 형태이다. 바로 이 급수가 상수항과 사인함수 및 코사인함수의 항들로 주기 2π를 갖는 주기함수를 표현한다. 이는 다음과 같은 식으로 나타낼 수 있다.

$$\begin{aligned} f(x) &= a_0 + a_1 \cos x + a_2 \cos 2x + \cdots + b_1 \sin x + b_2 \sin 2x + \cdots \\ &= a_0 + \sum_{n=1}^{\infty} a_n \cos nx + \sum_{n=1}^{\infty} b_n \sin nx \\ &= a_0 + (a_1 \cos x + b_1 \sin x) + (a_2 \cos 2x + b_2 \sin 2x) + \cdots \end{aligned}$$

▪ 삼각급수와 삼각급수의 계수

이와 같이 주기가 2π인 경우의 푸리에 급수를 **삼각급수**trigonometric series라고 하고, 이 식에 사용되는 계수인 a_0, a_n 및 b_n을 **삼각급수의 계수**라고 한다.

위 식을 찬찬히 살펴보면 n 값에 따라 사인함수와 코사인함수의 형태가 결정되지만, 사인함수 및 코사인함수 앞에 붙은 계수들은 미정계수이다. 상수항인 a_0 또한 정해지지 않은 상태이다. 그러므로 주기가 2π인 함수를 삼각급수로 나타내려면 상수항의 계수 a_0와 사인함수 및 코사인함수에 곱해지는 계수 a_n과 b_n 값을 알아야 한다.

11.2.2 삼각급수의 계수

주기가 2π일 때의 푸리에 급수인 삼각급수는 다음과 같이 나타낼 수 있다.

$$f(x) = a_0 + \sum_{n=1}^{\infty} (a_n \cos nx + b_n \sin nx) \tag{11.4}$$

임의의 주기함수를 나타내기 위해서는 식 (11.4)에서 미정계수로 남아 있는 삼각급수의 계수 a_0, a_n, b_n을 구해야 한다. 그러므로 지금부터 삼각급수의 계수를 구하는 방법을 살펴보기로 하자.

상수항의 계수 a_0

먼저 상수항의 계수부터 구해보자. 이를 위해서는 식 (11.4)의 양변을 $-\pi \sim \pi$ 범위에 대해 적분해야 한다. 적분하면

$$\int_{-\pi}^{\pi} f(x)\,dx = \int_{-\pi}^{\pi}\left\{a_0 + \sum_{n=1}^{\infty}(a_n \cos nx + b_n \sin nx)\right\}dx$$
$$= a_0\int_{-\pi}^{\pi} dx + \sum_{n=1}^{\infty}\left(a_n\int_{-\pi}^{\pi}\cos nx\,dx + b_n\int_{-\pi}^{\pi}\sin nx\,dx\right)$$

인데, 적분구간 때문에 $\int_{-\pi}^{\pi}\cos nx\,dx = 0$, $\int_{-\pi}^{\pi}\sin nx\,dx = 0$이 되므로

$$\int_{-\pi}^{\pi} f(x)\,dx = a_0\int_{-\pi}^{\pi} dx = a_0 \cdot 2\pi$$

가 된다. 결과적으로 상수항은 다음과 같은 식으로 정해진다.

$$a_0 = \frac{1}{2\pi}\int_{-\pi}^{\pi} f(x)\,dx \tag{11.5}$$

▪ 상수항의 계수

코사인함수항의 계수 a_n

코사인함수항의 계수를 구하려면 다음과 같이 양변에 $\cos mx$를 곱한 다음 $-\pi \sim \pi$ 범위에 대해 적분해야 한다. 단, m은 양수이다.

$$\int_{-\pi}^{\pi} f(x)\cos mx\,dx = \int_{-\pi}^{\pi}\left\{a_0 + \sum_{n=1}^{\infty}(a_n \cos nx + b_n \sin nx)\right\}\cos mx\,dx$$
$$= a_0\int_{-\pi}^{\pi}\cos mx\,dx + \sum_{n=1}^{\infty}\left(a_n\int_{-\pi}^{\pi}\cos nx\cos mx\,dx + b_n\int_{-\pi}^{\pi}\sin nx\cos mx\,dx\right)$$

첫 번째 항을 계산하면

$$a_0\int_{-\pi}^{\pi}\cos mx\,dx = a_0 \cdot 0 = 0$$

이 되고, 뒤에 이어지는 삼각함수 곱의 적분 계산은 다음과 같은 공식을 이용하여 진행한다.

$$\cos\alpha\cos\beta = \frac{1}{2}\{\cos(\alpha+\beta) + \cos(\alpha-\beta)\}$$
$$\sin\alpha\cos\beta = \frac{1}{2}\{\sin(\alpha+\beta) + \sin(\alpha-\beta)\}$$

a_n이 곱해진 항을 계산하면

$$a_n\int_{-\pi}^{\pi}\cos nx\cos mx\,dx = \frac{a_n}{2}\left\{\int_{-\pi}^{\pi}\cos(n+m)x\,dx + \int_{-\pi}^{\pi}\cos(n-m)x\,dx\right\}$$

가 되는데, $n \neq m$인 경우에는

$$\int_{-\pi}^{\pi}\cos(n+m)x\,dx = 0,\quad \int_{-\pi}^{\pi}\cos(n-m)x\,dx = 0$$

이다. 한편, $n = m$인 경우에는 $\int_{-\pi}^{\pi}\cos(n+m)x\,dx = 0$이 되지만

$$\int_{-\pi}^{\pi}\cos(n-m)x\,dx = \int_{-\pi}^{\pi}dx = 2\pi$$

이기 때문에

$$\begin{aligned} a_n\int_{-\pi}^{\pi}\cos nx\cos mx\,dx &= \frac{a_n}{2}\int_{-\pi}^{\pi}\cos(n-m)x\,dx \\ &= \frac{a_n}{2}\cdot 2\pi = a_n\pi \quad (\text{단, } n = m) \end{aligned}$$

가 된다. 같은 식으로 b_n이 곱해진 항을 계산하면

$$b_n\int_{-\pi}^{\pi}\sin nx\cos mx\,dx = \frac{b_n}{2}\left\{\int_{-\pi}^{\pi}\sin(n+m)x\,dx + \int_{-\pi}^{\pi}\sin(n-m)x\,dx\right\}$$

로 바꿀 수 있지만, 어떤 경우라도

$$\int_{-\pi}^{\pi}\sin(n+m)x\,dx = 0,\quad \int_{-\pi}^{\pi}\sin(n-m)x\,dx = 0$$

이기 때문에 결과적으로

$$b_n\int_{-\pi}^{\pi}\sin nx\cos mx\,dx = 0$$

이 된다. 따라서 지금까지의 결과를 정리하면

$$\begin{aligned} &\int_{-\pi}^{\pi}f(x)\cos mx\,dx \\ &= a_0\int_{-\pi}^{\pi}\cos mx\,dx + \sum_{n=1}^{\infty}\left(a_n\int_{-\pi}^{\pi}\cos nx\cos mx\,dx + b_n\int_{-\pi}^{\pi}\sin nx\cos mx\,dx\right) \\ &= \qquad 0 \qquad + \qquad a_m\pi \qquad + \qquad 0 \end{aligned}$$

이 되므로 다음과 같은 결과를 얻을 수 있다.

$$a_m = \frac{1}{\pi}\int_{-\pi}^{\pi} f(x)\cos mx\,dx \tag{11.6}$$

■ 코사인함수항의 계수

식 (11.6)의 m은 n으로 바꿔 쓸 수 있다.

사인함수항의 계수 b_n

마지막으로 사인함수항의 계수를 구하려면 양변에 $\sin mx$를 곱한 다음 $-\pi \sim \pi$ 범위에 대해 적분해야 한다. 단, m은 양수이다.

$$\begin{aligned}\int_{-\pi}^{\pi} f(x)\sin mx\,dx &= \int_{-\pi}^{\pi}\left\{a_0 + \sum_{n=1}^{\infty}(a_n\cos nx + b_n \sin nx)\right\}\sin mx\,dx \\ &= a_0\int_{-\pi}^{\pi}\sin mx\,dx + \sum_{n=1}^{\infty}\left(a_n\int_{-\pi}^{\pi}\cos nx\sin mx\,dx\right. \\ &\qquad\left. + b_n\int_{-\pi}^{\pi}\sin nx\sin mx\,dx\right)\end{aligned}$$

위 식에서 첫 번째 항은

$$a_0\int_{-\pi}^{\pi}\sin mx\,dx = a_0\cdot 0 = 0$$

이 되고, a_n이 곱해진 항은

$$a_n\int_{-\pi}^{\pi}\cos nx\sin mx\,dx = \frac{a_n}{2}\left\{\int_{-\pi}^{\pi}\sin(n+m)x\,dx - \int_{-\pi}^{\pi}\sin(n-m)x\,dx\right\}$$

가 되는데, 사인함수로만 이루어져 있으므로 0이 될 수밖에 없다. 한편, b_n이 곱해진 항을 계산하면

$$b_n\int_{-\pi}^{\pi}\sin nx\sin mx\,dx = \frac{b_n}{2}\left\{\int_{-\pi}^{\pi}\cos(n-m)x\,dx - \int_{-\pi}^{\pi}\cos(n+m)x\,dx\right\}$$

가 되는데, 위 식 역시 코사인함수항의 계수를 구할 때처럼 $n \neq m$이면 0이 되고, $n = m$인 경우에만 다음과 같이 값이 존재한다.

$$\int_{-\pi}^{\pi}\cos(n-m)x\,dx = \int_{-\pi}^{\pi}dx = 2\pi$$

그러므로

$$\begin{aligned} b_n \int_{-\pi}^{\pi} \sin nx \sin mx \, dx &= \frac{b_n}{2} \int_{-\pi}^{\pi} \cos(n-m)x \, dx \\ &= \frac{b_m}{2} \cdot 2\pi = b_m \pi \quad (\text{단, } n = m) \end{aligned}$$

가 된다. 따라서 지금까지의 결과를 정리하면

$$\begin{aligned} &\int_{-\pi}^{\pi} f(x) \sin mx dx \\ &= a_0 \int_{-\pi}^{\pi} \sin mx dx + \sum_{n=1}^{\infty} \left(a_n \int_{-\pi}^{\pi} \cos nx \sin mx dx + b_n \int_{-\pi}^{\pi} \sin nx \sin mx dx \right) \\ &= \qquad 0 \qquad + \qquad 0 \qquad + \qquad b_m \pi \end{aligned}$$

가 되므로 다음과 같은 결과를 얻을 수 있다.

■ 사인함수항의 계수

$$b_m = \frac{1}{\pi} \int_{-\pi}^{\pi} f(x) \sin mx \, dx \tag{11.7}$$

식 (11.7)의 m은 n으로 바꿔 쓸 수 있다.

지금까지 삼각급수의 계수를 결정하는 식을 구한 결과를 정리하면 다음과 같다.

■ 삼각급수의 계수 (오일러 공식)

$$\begin{aligned} a_0 &= \frac{1}{2\pi} \int_{-\pi}^{\pi} f(x) \, dx, \\ a_n &= \frac{1}{\pi} \int_{-\pi}^{\pi} f(x) \cos nx \, dx, \\ b_n &= \frac{1}{\pi} \int_{-\pi}^{\pi} f(x) \sin nx \, dx \end{aligned} \tag{11.8}$$

이와 같이 주기함수를 급수로 나타내는 것을 '푸리에 급수로 전개한다'고 표현한다. 식 (11.8)은 **오일러 공식** Euler's formula 이라고도 한다.

예제 11-3 삼각급수의 주기

$f(x) = a_0 + \sum_{n=1}^{\infty} (a_n \cos nx + b_n \sin nx)$가 주기가 2π인 주기함수임을 보여라.

> **key point**
> 삼각급수의 식 x에 $x+2\pi$를 대입한다.

풀이

주기가 2π인 주기함수라면 $f(x+2\pi) = f(x)$가 성립해야 한다.

따라서

$$\begin{aligned} f(x+2\pi) &= a_0 + a_1\cos(x+2\pi) + b_1\sin(x+2\pi) + a_2\cos 2(x+2\pi) + b_2\sin 2(x+2\pi) + \cdots \\ &= a_0 + a_1\cos(x+2\pi) + b_1\sin(x+2\pi) + a_2\cos(2x+4\pi) + b_2\sin(2x+4\pi) + \cdots \\ &= a_0 + a_1\cos x + b_1\sin x + a_2\cos 2x + b_2\sin 2x + \cdots \\ &= f(x) \end{aligned}$$

가 되어, $f(x+2\pi) = f(x)$임을 확인할 수 있다. 따라서 삼각급수 $f(x)$의 주기가 2π임을 알 수 있다.

예제 11-4 삼각급수의 전개

[그림 11-7]과 같은 함수를 삼각급수로 전개하라.

key point

- $a_0 = \dfrac{1}{2\pi}\displaystyle\int_{-\pi}^{\pi} f(x)\,dx$
- $a_n = \dfrac{1}{\pi}\displaystyle\int_{-\pi}^{\pi} f(x)\cos nx\,dx$
- $b_n = \dfrac{1}{\pi}\displaystyle\int_{-\pi}^{\pi} f(x)\sin nx\,dx$

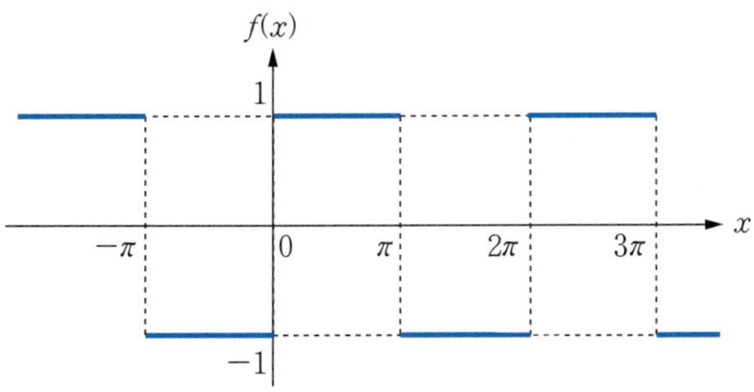

[그림 11-7] [예제 11-4]의 그림

풀이

주기가 2π인 함수이므로 삼각급수로 전개하면 된다. 식 (11.8)을 이용하여 삼각급수의 계수를 구하면 다음과 같이 된다.

$$a_0 = \frac{1}{2\pi}\int_{-\pi}^{\pi} f(x)\,dx = \frac{1}{2\pi}\left\{\int_{-\pi}^{0}(-1)\,dx + \int_{0}^{\pi}(1)\,dx\right\} = 0$$

$$\begin{aligned} a_n &= \frac{1}{\pi}\int_{-\pi}^{\pi} f(x)\cos nx\,dx = \frac{1}{\pi}\left\{\int_{-\pi}^{0}(-1)\cos nx\,dx + \int_{0}^{\pi}\cos nx\,dx\right\} \\ &= \frac{1}{\pi}\left(-\frac{\sin nx}{n}\bigg|_{-\pi}^{0} + \frac{\sin nx}{n}\bigg|_{0}^{\pi}\right) = 0 \end{aligned}$$

$$\begin{aligned} b_n &= \frac{1}{\pi}\int_{-\pi}^{\pi} f(x)\sin nx\,dx = \frac{1}{\pi}\left\{\int_{-\pi}^{0}(-1)\sin nx\,dx + \int_{0}^{\pi}\sin nx\,dx\right\} \\ &= \frac{1}{\pi}\left(\frac{\cos nx}{n}\bigg|_{-\pi}^{0} - \frac{\cos nx}{n}\bigg|_{0}^{\pi}\right) \\ &= \frac{2}{n\pi}(1-\cos n\pi) \\ &= \frac{2}{n\pi}\{1-(-1)^n\} \end{aligned}$$

앞선 계수들을 삼각급수의 식에 대입하면

$$f(x) = a_0 + \sum_{n=1}^{\infty}(a_n \cos nx + b_n \sin nx)$$
$$= \sum_{n=1}^{\infty} \frac{2}{n\pi}\{1-(-1)^n\}\sin nx$$

가 되는데, 급수를 풀어서 전개하면 다음과 같이 나타낼 수도 있다.

$$f(x) = \frac{4}{\pi}\left(\sin x + \frac{1}{3}\sin 3x + \frac{1}{5}\sin 5x + \cdots\right)$$

유제 11-2

[그림 11-8]과 같은 함수를 삼각급수로 전개하라.

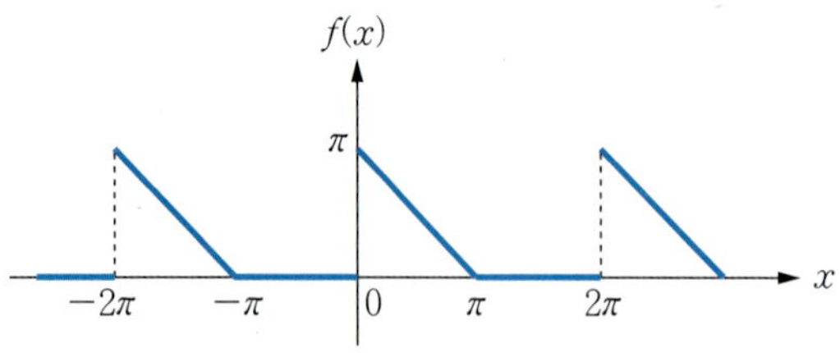

[그림 11-8] [유제 11-2]의 그림

Check it up!

✔ 사인함수 및 코사인함수의 직교성

$-\pi \le x \le \pi$ 범위에서 두 함수를 곱한 값의 정적분이 0이 될 때, 이 두 함수를 직교함수orthogonal function라 한다. 사인함수 및 코사인함수는 $-\pi \le x \le \pi$ 구간에서 직교함수이다. 즉 $f(x)$와 $g(x)$가 코사인함수나 사인함수인 경우에 다음 식이 성립한다.

$$\int_{-\pi}^{\pi} f(x)g(x)dx = 0$$

코사인함수와 사인함수를 직접 대입하여 검토해보자. 여기서 m, n은 임의의 정수이다.

❶ $f(x) = \cos mx$, $g(x) = \cos nx$ 인 경우

$$\int_{-\pi}^{\pi} \cos mx \cos nx \, dx = 0 \quad (\text{단, } n \ne m)$$

❷ $f(x) = \sin mx$, $g(x) = \sin nx$ 인 경우

$$\int_{-\pi}^{\pi} \sin mx \sin nx \, dx = 0 \quad (\text{단, } n \ne m)$$

❸ $f(x) = \cos mx$, $g(x) = \sin nx$ 혹은 $f(x) = \sin mx$, $g(x) = \cos nx$ 인 경우

$$\int_{-\pi}^{\pi} \cos mx \sin nx \, dx = 0$$

$$\int_{-\pi}^{\pi} \sin mx \cos nx \, dx = 0$$

삼각급수의 계수인 식 (11.8)을 유도할 때, $n = m$ 인 경우를 제외하고 모든 정적분 값이 0이 되었던 이유는 바로 사인함수 및 코사인함수가 직교함수이기 때문이다.

앞에서 설명한 직교성의 예를 그림으로 한번 살펴보자. 위 식에서 $m = 1$, $n = 2$의 경우에 대해 그래프를 그려보았다.

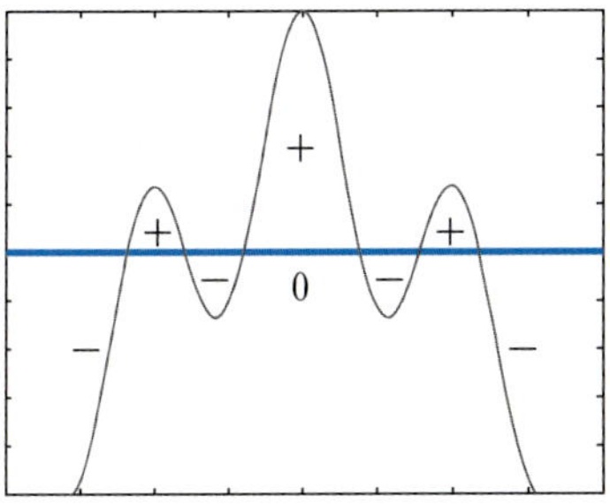

(a) $f(x) = \cos x \cos 2x$

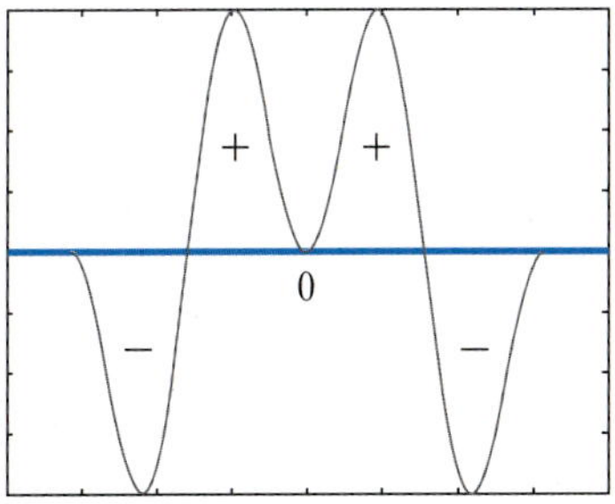

(b) $f(x) = \sin x \sin 2x$

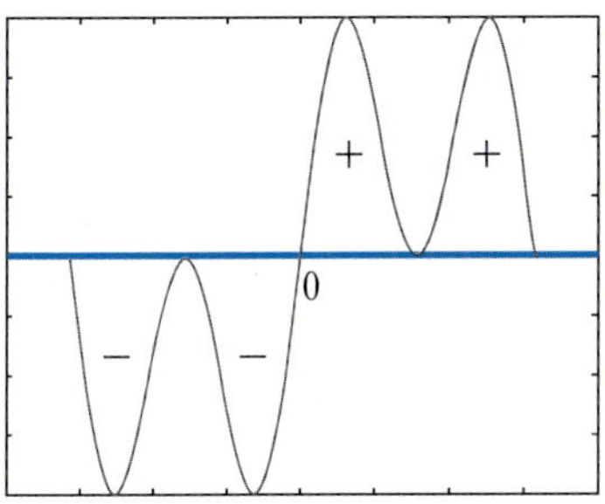

(c) $f(x) = \cos x \sin 2x$

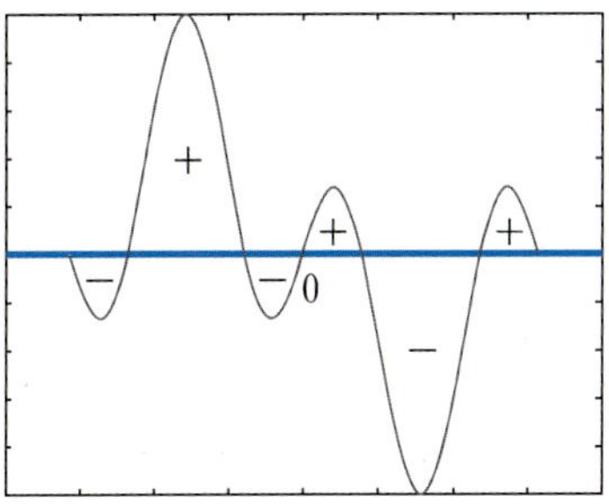

(d) $f(x) = \sin x \cos 2x$

[그림 11-9] **사인함수와 코사인함수 곱에서의 직교성**

[그림 11-9]에서 보듯이 $-\pi \leq x \leq \pi$ 구간에서는 양의 면적과 음의 면적이 같기 때문에, 그 구간에서의 정적분 값은 0이 될 수밖에 없다. m, n(단, $m \neq n$)에 다른 값을 대입하여 그래프를 확인해봐도 똑같은 결과를 얻을 것이다. 따라서 직교함수에서 설명했던 것처럼, 두 함수의 곱을 정적분한 값이 0이 된다는 사실을 위의 그래프를 통해 좀 더 쉽게 확인할 수 있을 것이다.

11.3 푸리에 급수와 푸리에 계수

가장 간단한 푸리에 급수의 형태는 11.2절에서 소개한 삼각급수라고 할 수 있다. 우리에게 가장 익숙한 주기인 2π를 주기로 하는 주기함수이기 때문이다. 하지만 주기함수라고 해서 항상 2π가 주기일 수는 없다. 오히려 그렇지 않은 경우가 더욱 많다. 그러므로 이 절에서는 삼각급수를 일반화시킨 일반적인 푸리에 급수를 다루고자 한다.

일반적인 푸리에 급수라고 해서 삼각급수에 비해 더 복잡한 것은 아니다. 삼각급수와 다른 점은 주기가 2π가 아니라는 점 하나뿐이다. 그 점을 고려하여 임의의 크기 $2L$을 주기로 하는 주기함수의 푸리에 급수에 대해 생각해보자.

이를 위해 11.2절에서 구한 삼각급수인 식 (11.4)를 변수 t를 사용하는 함수 $g(t)$로 바꿔서 다음과 같이 둔다.

$$g(t) = a_0 + \sum_{n=1}^{\infty}(a_n \cos nt + b_n \sin nt) \tag{11.9}$$

여기서 계수들은 식 (11.8)에 x를 t로, $f(x)$를 $g(t)$로 바꿔 다음과 같이 쓸 수 있다.

$$\begin{aligned} a_0 &= \frac{1}{2\pi}\int_{-\pi}^{\pi} g(t)\,dt, \\ a_n &= \frac{1}{\pi}\int_{-\pi}^{\pi} g(t)\cos nt\,dt, \\ b_n &= \frac{1}{\pi}\int_{-\pi}^{\pi} g(t)\sin nt\,dt \end{aligned} \tag{11.10}$$

이제 우리는 주기 2π를 $2L$이란 크기scale로 바꿔야 한다. 주기 2π와 변수 t를 사용하는 함수 $g(t)$에서 주기 $2L$과 변수 x를 사용하는 함수로 변환할 것을 고려하여, 크기를 변화시키는 식은 $t = kx$와 같이 둘 수 있다. 그러면 t를 변수로 사용할 때의 주기 $t = 2\pi$와 x를 변수로 할 때의 주기 $x = 2L$과의 관계를 설정할 수 있기 때문이다.

먼저 $t = kx$에 $t = 2\pi$와 $x = 2L$을 대입하면 $2\pi = k(2L) = 2kL$이 된다. 이제 크기를 변형하는 데 사용한 상수값이 $k = \frac{\pi}{L}$임을 알았다. 이렇게 결정된 k를 대입하면 $t = kx = \frac{\pi}{L}x$가 되고, 도함수는 $dt = \frac{\pi}{L}dx$와 같이 계산할 수 있다.

이 식들을 주기 2π를 $2L$로 변환하기 전의 식 $g(t)$에 대입하여 주기가 $2L$인 푸리에 급수로 나타내면 다음과 같다.

$$\begin{aligned} g(t) &= g(kx) = g\left(\frac{\pi}{L}x\right) \\ &= a_0 + \sum_{n=1}^{\infty}\left(a_n \cos\frac{n\pi x}{L} + b_n \sin\frac{n\pi x}{L}\right) \end{aligned}$$

주기를 $2L$로 하는 새로운 급수는 애초에 설정한 대로 변수를 x로 하고 있다. 위 식을 $f(x)$로 두면 다음과 같이 주기가 $2L$인 푸리에 급수를 표현하는 식이 된다.

$$f(x) = a_0 + \sum_{n=1}^{\infty}\left(a_n \cos\frac{n\pi x}{L} + b_n \sin\frac{n\pi x}{L}\right) \tag{11.11}$$

▪ 주기 $2L$에 사용하는 푸리에 급수

다음에 식 (11.10)을 식 (11.11)로 변환한 설정에 맞게 바꿔 쓰면

$$\begin{aligned} a_0 &= \frac{1}{2\pi}\int_{-\pi}^{\pi} g(t)\,dt = \frac{1}{2\pi}\int_{-\pi}^{\pi} g\left(\frac{\pi}{L}x\right)\left(\frac{\pi}{L}dx\right) \\ &= \frac{1}{2L}\int_{-L}^{L} f(x)\,dx, \\ a_n &= \frac{1}{\pi}\int_{-\pi}^{\pi} g(t)\cos nt\,dt = \frac{1}{\pi}\int_{-\pi}^{\pi} g\left(\frac{\pi}{L}x\right)\cos n\left(\frac{\pi}{L}x\right)\left(\frac{\pi}{L}dx\right) \\ &= \frac{1}{L}\int_{-L}^{L} f(x)\cos\frac{n\pi x}{L}\,dx, \\ b_n &= \frac{1}{\pi}\int_{-\pi}^{\pi} g(t)\sin nx\,dx = \frac{1}{\pi}\int_{-\pi}^{\pi} g\left(\frac{\pi}{L}x\right)\sin n\left(\frac{\pi}{L}x\right)\left(\frac{\pi}{L}dx\right) \\ &= \frac{1}{L}\int_{-L}^{L} f(x)\sin\frac{n\pi x}{L}\,dx \end{aligned}$$

와 같은 식이 된다. 위 식을 정리하여 쓰면 다음과 같다.

$$\begin{aligned} a_0 &= \frac{1}{2L}\int_{-L}^{L} f(x)\,dx, \\ a_n &= \frac{1}{L}\int_{-L}^{L} f(x)\cos\frac{n\pi x}{L}\,dx, \\ b_n &= \frac{1}{L}\int_{-L}^{L} f(x)\sin\frac{n\pi x}{L}\,dx \end{aligned} \tag{11.12}$$

▪ 주기 $2L$에 사용하는 푸리에 계수

이는 임의의 주기 $2L$을 갖는 푸리에 급수의 계수, 즉 **푸리에 계수** Fourier coefficient 를 구하는 식이 된다.

예제 11-5 푸리에 급수의 주기

푸리에 급수 $f(x) = a_0 + \sum_{n=1}^{\infty}\left(a_n \cos\frac{n\pi x}{L} + b_n \sin\frac{n\pi x}{L}\right)$가 주기를 $2L$로 하는 주기함수임을 보여라.

> **key point**
> $f(x+2L) = f(x)$

풀이

주기가 $2L$인 주기함수라면 $f(x+2L) = f(x)$가 성립해야 한다.

$$
\begin{aligned}
f(x+2L) &= a_0 + \sum_{n=1}^{\infty}\left\{a_n \cos\frac{n\pi}{L}(x+2L) + b_n \sin\frac{n\pi}{L}(x+2L)\right\} \\
&= a_0 + a_1 \cos\frac{\pi}{L}(x+2L) + b_1 \sin\frac{\pi}{L}(x+2L) + a_2 \cos\frac{2\pi}{L}(x+2L) + b_2 \sin\frac{2\pi}{L}(x+2L) + \cdots \\
&= a_0 + a_1 \cos\left(\frac{\pi x}{L} + 2\pi\right) + b_1 \sin\left(\frac{\pi x}{L} + 2\pi\right) + a_2 \cos\left(\frac{2\pi x}{L} + 4\pi\right) + b_2 \sin\left(\frac{2\pi x}{L} + 4\pi\right) + \cdots \\
&= a_0 + a_1 \cos\frac{\pi x}{L} + b_1 \sin\frac{\pi x}{L} + a_2 \cos\frac{2\pi x}{L} + b_2 \sin\frac{2\pi x}{L} + \cdots \\
&= f(x)
\end{aligned}
$$

전개 결과로 보아 푸리에 급수 $f(x)$의 주기가 $2L$임을 확인할 수 있다.

예제 11-6 임의의 함수의 푸리에 급수 전개

다음 물음에 답하라.

(a) 다음 식과 같은 주기함수(주기 4)의 푸리에 급수를 구하라.

$$
f(x) = \begin{cases} -2 & (-2 < x < 0) \\ 2 & (0 < x < 2) \end{cases}
$$

(b) $n = 1,\ 3,\ 5$인 경우의 함수를 각각 그림으로 표현하라.

> **key point**
> - $a_0 = \dfrac{1}{2L}\displaystyle\int_{-L}^{L} f(x)\,dx$
> - $a_n = \dfrac{1}{L}\displaystyle\int_{-L}^{L} f(x)\cos\frac{n\pi x}{L}\,dx$
> - $b_n = \dfrac{1}{L}\displaystyle\int_{-L}^{L} f(x)\sin\frac{n\pi x}{L}\,dx$

풀이

(a) 주기는 4, 즉 $2L = 4$이므로 $L = 2$이다. 따라서 식 (11.12)를 이용하여 푸리에 계수를 구하면 다음과 같다.

$$
\begin{aligned}
a_0 &= \frac{1}{2L}\int_{-L}^{L} f(x)\,dx = \frac{1}{4}\int_{-2}^{2} f(x)\,dx \\
&= \frac{1}{4}\left\{\int_{-2}^{0}(-2)\,dx + \int_{0}^{2}(2)\,dx\right\} \\
&= 0, \\
a_n &= \frac{1}{L}\int_{-L}^{L} f(x)\cos\frac{n\pi x}{L}\,dx = \frac{1}{2}\int_{-2}^{2} f(x)\cos\frac{n\pi x}{2}\,dx \\
&= \frac{1}{2}\left\{\int_{-2}^{0}(-2)\cos\frac{n\pi x}{2}\,dx + \int_{0}^{2}(2)\cos\frac{n\pi x}{2}\,dx\right\} = 0,
\end{aligned}
$$

$$b_n = \frac{1}{L}\int_{-L}^{L} f(x)\sin\frac{n\pi x}{L}\,dx = \frac{1}{2}\int_{-2}^{2} f(x)\sin\frac{n\pi x}{2}\,dx$$
$$= \frac{1}{2}\left\{\int_{-2}^{0}(-2)\sin\frac{n\pi x}{2}\,dx + \int_{0}^{2}(2)\sin\frac{n\pi x}{2}\,dx\right\}$$
$$= \frac{2}{n\pi}\left(\cos\frac{n\pi x}{2}\Big|_{-2}^{0}\right) - \frac{2}{n\pi}\left(\cos\frac{n\pi x}{2}\Big|_{0}^{2}\right)$$
$$= \frac{4}{n\pi}(1-\cos n\pi) = \frac{4}{n\pi}\{1-(-1)^n\}$$

위의 계수들을 대입하면 다음과 같다.

$$f(x) = \sum_{n=1}^{\infty}\frac{4}{n\pi}\{1-(-1)^n\}\sin\frac{n\pi x}{2}$$
$$= \frac{8}{\pi}\left(\sin\frac{\pi x}{2} + \frac{1}{3}\sin\frac{3\pi x}{2} + \frac{1}{5}\sin\frac{5\pi x}{2} + \cdots\right)$$

(b) $n=1,\ 3,\ 5$인 경우는 다음과 같다.

$n=1$일 때 : $f_1(x) = \frac{8}{\pi}\sin\frac{\pi}{2}x$

$n=3$일 때 : $f_3(x) = \frac{8}{\pi}\left(\sin\frac{\pi}{2}x + \frac{1}{3}\sin\frac{3\pi}{2}x\right)$

$n=5$일 때 : $f_5(x) = \frac{8}{\pi}\left(\sin\frac{\pi}{2}x + \frac{1}{3}\sin\frac{3\pi}{2}x + \frac{1}{5}\sin\frac{5\pi}{2}x\right)$

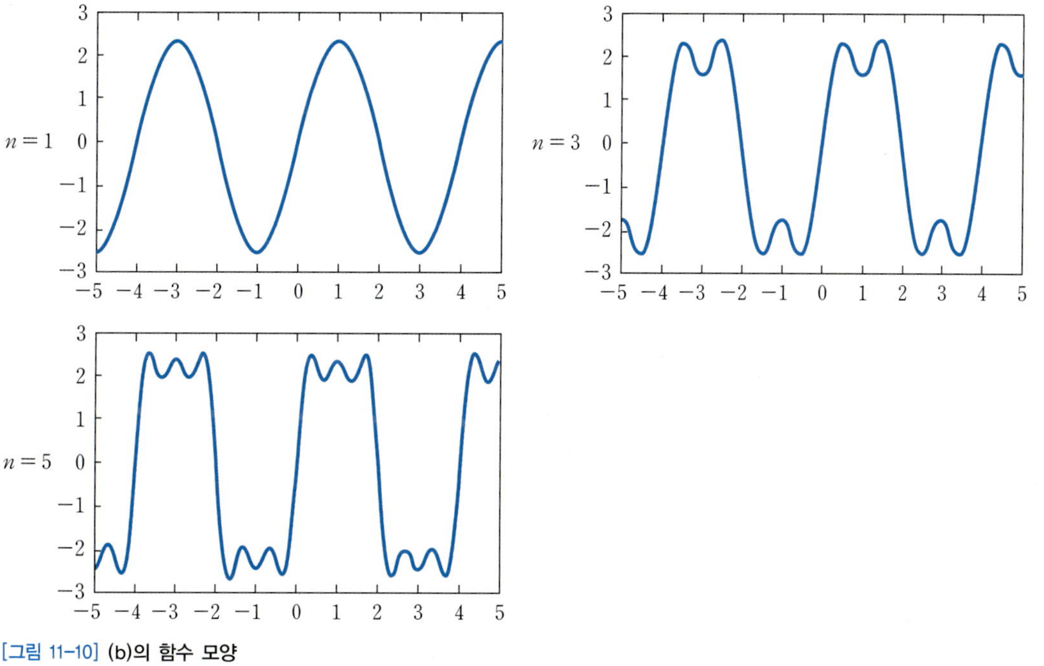

[그림 11-10] (b)의 함수 모양

유제 11-3

다음 식과 같은 주기함수의 푸리에 급수를 구하라.

$$f(x) = \begin{cases} 0 & (-2 < x < -1) \\ 1 & (-1 < x < 1) \\ 0 & (1 < x < 2) \end{cases}$$

11.4 우함수와 기함수의 푸리에 급수

11.4.1 우함수와 기함수

앞에서 살펴본 예제들을 통해 열심히 계산한 푸리에 계수가 0이 되는 경우를 경험했을 것이다. 푸리에 급수의 특성에 대해 잘 알고 있다면 계산해보지 않아도 0이 됨을 추정할 수 있는 계수가 있다. 이는 푸리에 급수로 표현하고자 하는 주기함수의 성질을 파악해보면 알 수 있다.

푸리에 급수로 나타내고자 하는 함수가 우함수[even function]나 기함수[odd function]의 성질을 갖고 있다면, 푸리에 계수 중에서 반드시 0이 되는 항목이 발생한다. 우함수의 푸리에 급수는 우함수인 코사인함수에 대한 급수로, 기함수의 푸리에 급수는 기함수인 사인함수에 대한 급수로 나타내는 것을 기본으로 한 푸리에 급수 표현법이다. 이러한 급수들을 각각 **푸리에 코사인 급수**[Fourier cosine series], **푸리에 사인 급수**[Fourier sine series]라고 한다.

■ 우함수와 기함수의 푸리에 급수 표현

우함수와 기함수의 기본 성질

우함수와 기함수의 푸리에 급수를 이해하기 위해 먼저 우함수와 기함수의 성질에 대해 살펴보자. 우리가 가장 잘 알고 있는 우함수와 기함수의 예는 삼각함수인 코사인함수와 사인함수이다. [그림 11-11]은 우함수와 기함수의 예인 코사인 및 사인함수를 나타낸 것이다.

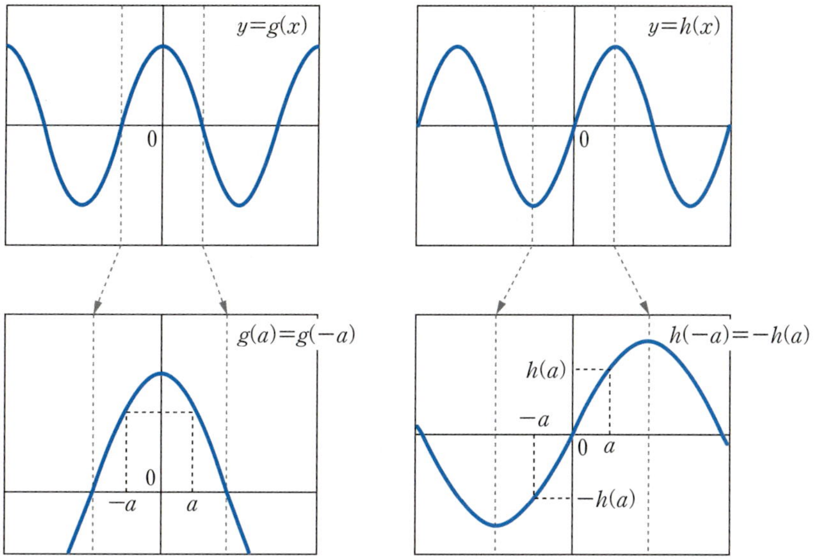

[그림 11-11] **코사인함수(우함수)와 사인함수(기함수)**

[그림 11-11]에서 알 수 있듯이 우함수인 코사인함수는 y축에 대해 대칭이며, 기함수인 사인함수는 원점에 대해 대칭인 모양을 보인다. 이와 같은 성질 때문에 크기는 같으면서 다른 부호를 가진 변수의 값에 대응되는 함수의 부호가 다르게 나타난다. 그러한 우함수와 기함수의 기본적인 특성을 다음과 같이 수식으로 표현할 수 있다.

$g(x)$가 우함수, $h(x)$가 기함수일 때, 다음과 같은 기본 성질을 갖는다.

$$\begin{aligned} g(-x) &= g(x) \\ h(-x) &= -h(x) \end{aligned} \tag{11.13}$$

이와 같은 성질을 활용하면 다음과 같은 특성을 띤다는 사실도 알 수 있다.

❶ 우함수[기함수]의 합이나 차 역시 우함수[기함수]이다.
❷ 우함수의 곱은 우함수이고, 기함수의 곱은 우함수이다.
❸ 우함수와 기함수의 곱은 기함수이다.

이들 성질을 정리하면 다음 [정리 11-2]와 같다.

정리 11-2 우함수와 기함수의 연산 특성

$g(x)$가 우함수, $h(x)$가 기함수라고 가정할 때,

❶ $G(x) = g_1(x) + g_2(x)$이면 $G(-x) = G(x)$

$H(x) = h_1(x) + h_2(x)$이면 $H(-x) = -H(x)$

❷ $G(x) = g_1(x)g_2(x)$이면 $G(-x) = G(x)$

$H(x) = h_1(x)h_2(x)$이면 $H(-x) = H(x)$

❸ $Q(x) = g(x)h(x)$이면 $Q(-x) = -Q(x)$

■ 정리의 증명

❶ 우함수의 합을 $G(x) = g_1(x) + g_2(x)$와 같이 나타낼 때

$$G(-x) = g_1(-x) + g_2(-x) = g_1(x) + g_2(x) = G(x)$$

가 되어, 우함수의 합은 우함수의 성질을 갖는다는 사실을 알 수 있다.
또한 기함수의 합을 $H(x) = h_1(x) + h_2(x)$와 같이 나타낼 때

$$\begin{aligned} H(-x) = h_1(-x) + h_2(-x) &= -h_1(x) - h_2(x) \\ &= -\{h_1(x) + h_2(x)\} = -H(x) \end{aligned}$$

가 되어, 기함수의 합은 기함수의 성질을 갖는다.

❷ 우함수의 곱을 $G(x) = g_1(x)g_2(x)$와 같이 나타낼 때

$$G(-x) = g_1(-x)g_2(-x) = g_1(x)g_2(x) = G(x)$$

가 되어, 우함수의 곱은 우함수의 성질을 갖는다는 사실을 알 수 있다.
또한 기함수의 곱을 $H(x) = h_1(x)h_2(x)$와 같이 나타낼 때

$$\begin{aligned} H(-x) &= h_1(-x)h_2(-x) = \{-h_1(x)\}\{-h_2(x)\} \\ &= h_1(x)h_2(x) = H(x) \end{aligned}$$

가 되어, 기함수의 곱은 우함수의 성질을 갖는다.

❸ 우함수와 기함수의 곱을 $Q(x) = g(x)h(x)$와 같이 나타낼 때

$$\begin{aligned} Q(-x) &= g(-x)h(-x) = g(x)\{-h(x)\} \\ &= -g(x)h(x) = -Q(x) \end{aligned}$$

가 되어, 우함수와 기함수의 곱은 기함수의 성질을 갖는다는 사실을 알 수 있다.

우함수와 기함수의 정적분

이번에는 원점을 중심으로 양의 축과 음의 축으로 같은 범위를 가진 구간에서 우함수와 기함수의 정적분에 대해 생각해보자. 이에 대한 해답은 일일이 계산하지 않아도 우함수와 기함수의 그림으로도 간단히 얻을 수 있다.

[그림 11-12]는 전형적인 우함수 형태를 가진 함수들이다. 우함수 $g(x)$를 적분한다고 할 때, 정적분구간인 $-a$와 a 혹은 $-c$와 c를 구간으로 해서 적분하지 않아도 된다. 우함수 $g(x)$는 y축에 대칭된 모양이므로 반구간인 $0 \sim a$ 혹은 $0 \sim c$를 적분구간으로 하여 계산한 값의 2배를 취하면 되기 때문이다.

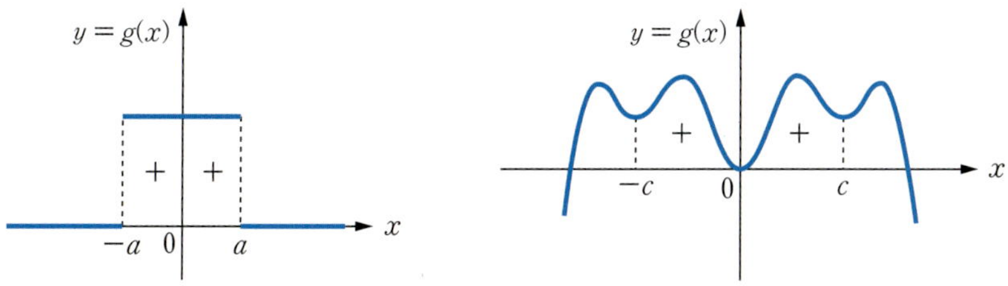

[그림 11-12] **우함수의 정적분**

[그림 11-13]은 전형적인 기함수 형태를 가진 함수들이다. 기함수 $h(x)$를 적분하는 경우에는 정적분구간인 $-b \sim b$ 혹은 $-d \sim d$에서는 양의 면적과 음의 면적이 똑같다. 따라서 계산할 필요도 없이 정적분 값이 0이 되는 것을 알 수 있다. 이와 같은 관계를 식으로 나타내면 다음과 같다.

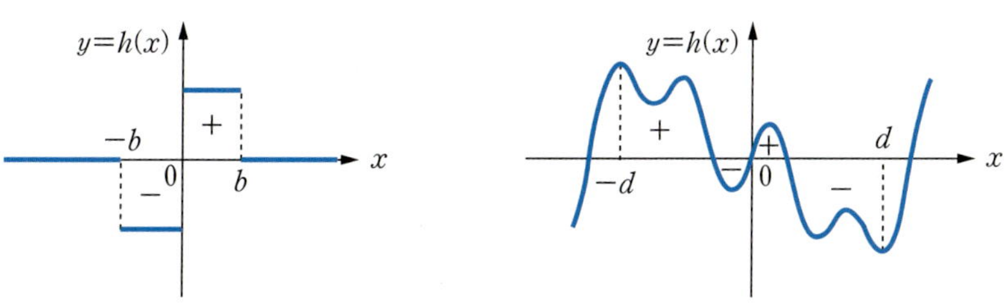

[그림 11-13] **기함수의 정적분**

- 우함수 $g(x)$의 적분 : $\int_{-a}^{a} g(x)dx = 2\int_{0}^{a} g(x)dx$
- 기함수 $h(x)$의 적분 : $\int_{-a}^{a} h(x)dx = 0$

(11.14)

▪ 우함수와 기함수의 정적분 특성

예제 11-7 우함수와 기함수의 정적분 계산

다음 적분을 계산하라.

(a) $\int_{-\pi}^{\pi}(A\sin Bx + C\cos Dx)\,dx$

(b) $\int_{-\pi}^{\pi}\cos\omega x\sin\omega x\,dx$

(c) $\int_{-\pi}^{\pi}\sin x\sin 2x\,dx$

key point

- 우함수 적분 : $2\int_{0}^{a} g(x)dx$
- 기함수 적분 : $\int_{-a}^{a} h(x)dx = 0$

풀이

(a) $\sin Bx$는 사인함수이므로 기함수이고 그 적분은 다음과 같다.

$$\int_{-\pi}^{\pi} A\sin Bx\,dx = 0$$

$\cos Dx$는 코사인함수이므로 우함수이고 그 적분은 다음과 같이 된다.

$$\int_{-\pi}^{\pi} C\cos Dx\,dx = 2\int_{0}^{\pi} C\cos Dx\,dx = \frac{2C}{D}\sin D\pi$$

따라서 기함수와 기함수의 합의 적분은 다음과 같이 계산할 수 있다.

$$\int_{-\pi}^{\pi}(A\sin Bx + C\cos Dx)\,dx = 0 + \frac{2C}{D}\sin D\pi = \frac{2C}{D}\sin D\pi$$

(b) $\cos\omega x$는 우함수, $\sin\omega x$는 기함수이다. 우함수와 기함수의 곱은 기함수이므로 식 (11.14)에서 보인 바와 같이 기함수의 적분은 0이 된다.

$$\int_{-\pi}^{\pi}\cos\omega x\sin\omega x\,dx = 0$$

(c) $\sin x$와 $\sin 2x$ 모두 사인함수이므로 기함수이다. 기함수와 기함수의 곱은 우함수이므로 식 (11.14)에서 보인 바와 같이 적분 값은 반구간을 적분한 값의 2배로 계산하면 된다.

$$\begin{aligned}\int_{-\pi}^{\pi}\sin x\sin 2x\,dx &= 2\int_{0}^{\pi}\sin x\sin 2x\,dx \\ &= \int_{0}^{\pi}\cos(-x)\,dx - \int_{0}^{\pi}\cos 3x\,dx \\ &= \sin x\Big|_{0}^{\pi} - \frac{1}{3}\sin 3x\Big|_{0}^{\pi} = 0\end{aligned}$$

이 경우 기함수 간의 곱이 우함수이므로 2배로 계산해도 답이 0이 되는 것은 사인함수의 직교성 때문이다(11.2.2절의 [Check it up!] 참조).

유제 11-4

다음 적분을 계산하라.

(a) $\int_{-\pi}^{\pi}\left(\sin 5x + \sin\frac{5}{3}x\right)dx$

(b) $\int_{-\pi}^{\pi} 100\sin 2x\cos 7x\,dx$

11.4.2 푸리에 코사인 급수와 푸리에 사인 급수

먼저 주기가 $2L$인 푸리에 급수인 식 (11.11)을 살펴보자.

$$f(x)=\boxed{a_0}+\sum_{n=1}^{\infty}\left(a_n\boxed{\cos\frac{n\pi x}{L}}+b_n\boxed{\sin\frac{n\pi x}{L}}\right)$$

우함수 기함수

상수인 a_0항은 우함수이고, 코사인함수로 이루어진 항들도 모두 우함수이다. 또 사인함수로 이루어진 항들은 모두 기함수이다. 이와 같이 원래의 푸리에 급수는 우함수와 기함수의 합으로 구성되어 있으므로 우함수와 기함수 성분을 모두 갖고 있다.

먼저 푸리에 급수로 전개할 함수가 우함수인 경우를 생각해보자. $f(x)$가 우함수인 점을 감안하여 식 (11.12)의 푸리에 계수의 구성을 살펴보자.

$$a_0=\frac{1}{2L}\int_{-L}^{L}\underbrace{f(x)}_{\text{우함수}}dx,$$

$$a_n=\frac{1}{L}\int_{-L}^{L}\underbrace{f(x)}_{\text{우함수}}\underbrace{\cos\frac{n\pi x}{L}}_{\times\text{ 우함수}}dx,$$

$$b_n=\frac{1}{L}\int_{-L}^{L}\underbrace{f(x)}_{\text{우함수}}\underbrace{\sin\frac{n\pi x}{L}}_{\times\text{ 기함수}}dx$$

[정리 11-2]와 식 (11.14)를 참고하면 다음과 같이 푸리에 계수를 바꿔 쓸 수 있다.

$$a_0=\frac{1}{2L}\left\{2\int_0^L f(x)dx\right\}=\frac{1}{L}\int_0^L f(x)dx,$$

$$a_n=\frac{1}{L}\left\{2\int_0^L f(x)\cos\frac{n\pi x}{L}dx\right\}=\frac{2}{L}\int_0^L f(x)\cos\frac{n\pi x}{L}dx,$$

$$b_n=\frac{1}{L}\int_{-L}^{L}(\text{기함수})dx=0$$

결과적으로 $f(x)$가 우함수인 경우에는 우함수 항인 a_0와 a_n 값은 존재하지만, 기함수 항인 b_n 값은 0이 된다는 사실을 알 수 있다. 이와 같은 형태의 푸리에 급수를 **푸리에 코사인 급수**Fourier cosine series라고 한다. 따라서 푸리에 코사인 급수와 그 계수들은 다음과 같이 정리할 수 있다.

■ 푸리에 코사인 급수의 정의

$$f(x) = a_0 + \sum_{n=1}^{\infty} a_n \cos\frac{n\pi x}{L} \tag{11.15}$$

$$a_0 = \frac{1}{L}\int_0^L f(x)dx \tag{11.16}$$

$$a_n = \frac{2}{L}\int_0^L f(x)\cos\frac{n\pi x}{L}dx \tag{11.17}$$

이번에는 푸리에 급수로 전개할 함수가 기함수인 경우를 생각해보자. $f(x)$가 기함수인 점을 감안하여 식 (11.12)의 푸리에 계수의 구성을 살펴보자.

$$a_0 = \frac{1}{2L}\int_{-L}^{L} \underbrace{f(x)}_{\text{기함수}}dx,$$

$$a_n = \frac{1}{L}\int_{-L}^{L} \underbrace{f(x)}_{\text{기함수}}\underbrace{\cos\frac{n\pi x}{L}}_{\times\text{ 우함수}}dx,$$

$$b_n = \frac{1}{L}\int_{-L}^{L} \underbrace{f(x)}_{\text{기함수}}\underbrace{\sin\frac{n\pi x}{L}}_{\times\text{ 기함수}}dx$$

[정리 11-2]와 식 (11.14)를 참고하면 다음과 같이 푸리에 계수를 바꿔 쓸 수 있다.

$$a_0 = \frac{1}{2L}\int_{-L}^{L}(\text{기함수})dx = 0,$$

$$a_n = \frac{1}{L}\int_{-L}^{L}(\text{기함수})dx = 0,$$

$$b_n = \frac{1}{L}\left\{2\int_0^L f(x)\sin\frac{n\pi x}{L}dx\right\}$$

$$= \frac{2}{L}\int_0^L f(x)\sin\frac{n\pi x}{L}dx$$

결국 $f(x)$가 기함수인 경우에는 우함수 항인 a_0와 a_n 값은 0이 되므로 기함수 항인 b_n 값만 구하면 된다. 이와 같은 형태의 푸리에 급수를 **푸리에 사인 급수** Fourier sine series라고 하는데, 푸리에 사인 급수와 그 계수는 다음과 같이 정리할 수 있다.

$$f(x) = \sum_{n=1}^{\infty} b_n \sin\frac{n\pi x}{L} \tag{11.18}$$

▪ 푸리에 사인 급수의 정의

$$b_n = \frac{2}{L}\int_0^L f(x)\sin\frac{n\pi x}{L}dx \tag{11.19}$$

푸리에 급수로 전개하려는 함수가 우함수나 기함수로 정해져 있다면, 푸리에 코사인 급수나 푸리에 사인 급수를 이용하는 편이 훨씬 편리하다는 사실을 반드시 기억해 두자.

예제 11-8 푸리에 코사인 급수 전개

다음 함수를 푸리에 급수로 전개하라.

$$f(x) = \begin{cases} x + \frac{1}{2} & (-1 < x < 0) \\ -x + \frac{1}{2} & (0 < x < 1) \end{cases}$$

key point

- $f(x) = a_0 + \sum_{n=1}^{\infty} a_n \cos\frac{n\pi x}{L}$
- $a_0 = \frac{1}{L}\int_0^L f(x)dx$
- $a_n = \frac{2}{L}\int_0^L f(x)\cos\frac{n\pi x}{L}dx$

풀이

주어진 함수를 그래프로 그려보면 다음과 같다.

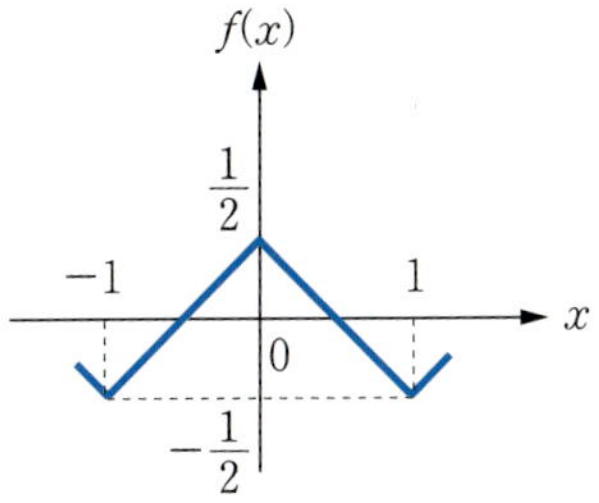

[그림 11-14] 그림으로 표현한 $f(x)$ 함수

[그림 11-14]를 보면 푸리에 급수로 전개할 함수가 우함수임을 알 수 있으므로, 푸리에 코사인 급수로 전개하면 된다. 주기 $2L = 2$이므로 $L = 1$이지만, 실제로 적용되는 적분구간은 $0 \sim 1$이라고 생각하면 된다. 그러므로

$$a_0 = \frac{1}{L}\int_0^L f(x)dx = \int_0^1 \left(-x + \frac{1}{2}\right)dx = \left(-\frac{1}{2}x^2 + \frac{1}{2}x\right)\Big|_0^1 = 0,$$

$$\begin{aligned} a_n &= \frac{2}{L}\int_0^L f(x)\cos\frac{n\pi x}{L}dx = 2\int_0^1 \left(-x + \frac{1}{2}\right)\cos n\pi x\, dx \\ &= 2\left\{\int_0^1 (-x\cos n\pi x)\, dx + \frac{1}{2}\int_0^1 \cos n\pi x\, dx\right\} \\ &= 2\left\{-\left(\frac{x}{n\pi}\sin n\pi x\right)\Big|_0^1 + \frac{1}{n\pi}\int_0^1 \sin n\pi x\, dx\right\} \\ &= \frac{2}{n^2\pi^2}(1 - \cos n\pi) \end{aligned}$$

와 같이 푸리에 계수를 계산할 수 있다. 이렇게 구한 푸리에 계수를 푸리에 코사인 푸리에 급수의 표현식인 식 (11.15)에 대입하면

$$f(x) = a_0 + \sum_{n=1}^{\infty} a_n \cos\frac{n\pi x}{L}$$
$$= \sum_{n=1}^{\infty} \frac{2}{n^2\pi^2}(1-\cos n\pi)\cos n\pi x$$

가 된다. 이 급수를 전개하여 다음과 같이 쓸 수도 있다.

$$f(x) = \frac{4}{\pi^2}\left(\cos\pi x + \frac{1}{9}\cos 3\pi x + \frac{1}{25}\cos 5\pi x + \cdots\right)$$

유제 11-5

다음 함수를 푸리에 급수로 전개하라.

$$f(x) = \begin{cases} x+1 & (-1 < x < 0) \\ -x+1 & (0 < x < 1) \end{cases}$$

예제 11-9 푸리에 사인 급수 전개

[그림 11-15]와 같이 표현한 함수를 푸리에 급수로 전개하라.

key point

- $f(x) = \sum_{n=1}^{\infty} b_n \sin\frac{n\pi x}{L}$
- $b_n = \frac{2}{L}\int_0^L f(x)\sin\frac{n\pi x}{L}dx$

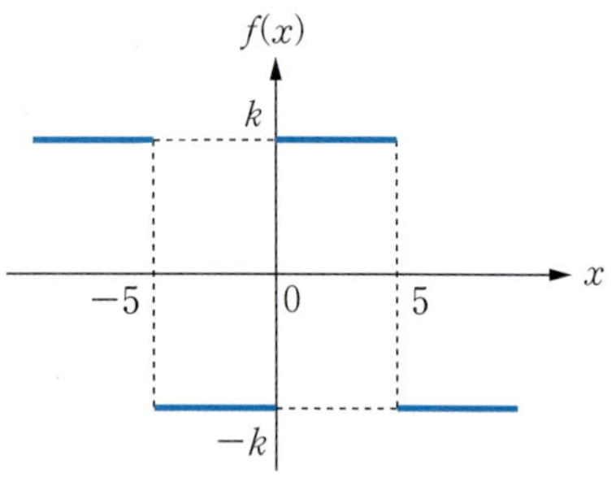

[그림 11-15] [예제 11-9]의 그림

풀이

그림으로 표현한 함수를 식으로 나타내보자.

$$f(x) = \begin{cases} -k & (-5 < x < 0) \\ k & (0 < x < 5) \end{cases}$$

주기 $2L = 10$이므로 $L = 5$이다. [그림 11-15]에서 보듯이 푸리에 급수로 전개할 함수는 기함수이므로 푸리에 사인 급수를 적용하면 된다. 그러므로 적용되는 적분구간은 $0 \sim 5$라고 생각하면 된다. 식 (11.19)에서

$$b_n = \frac{2}{L}\int_0^L f(x)\sin\frac{n\pi x}{L}dx = \frac{2}{5}\int_0^5 k\sin\frac{n\pi x}{5}dx$$

이고, 이를 부분적분으로 전개하면

$$b_n = \frac{2k}{5} \cdot \frac{5}{n\pi}\left(-\cos\frac{n\pi x}{5}\right)\bigg|_0^5 = \frac{2k}{n\pi}(1-\cos n\pi) = \frac{2k}{n\pi}\{1-(-1)^n\}$$

과 같이 푸리에 계수를 계산할 수 있다. 이를 푸리에 사인 급수의 표현식인 식 (11.18)에 대입하면, 다음과 같이 전개할 수 있다.

$$\begin{aligned} f(x) &= \sum_{n=1}^{\infty} b_n \sin\frac{n\pi x}{L} \\ &= \sum_{n=1}^{\infty} \frac{2k}{n\pi}(1-\cos n\pi)\sin\frac{n\pi x}{5} \\ &= \frac{4k}{\pi}\left(\sin\frac{\pi}{5}x + \frac{1}{3}\sin\frac{3\pi}{5}x + \frac{1}{5}\sin\pi x + \cdots\right) \end{aligned}$$

유제 11-6

다음 함수를 푸리에 급수로 전개하라.

$$f(x) = \begin{cases} -x-1 & (-1<x<0) \\ -x+1 & (0<x<1) \end{cases}$$

11.5 푸리에 코사인 및 사인 급수를 이용한 반구간 전개

[그림 11-16(a)]와 같이 정해진 구간에서 유효한 함수를 생각해보자. 이 함수는 주기함수도 아니고, 우함수나 기함수의 성질을 가지지도 않았다. 이런 함수를 푸리에 급수로 전개한다는 것은 기본적으로 불가능한 일이지만, 주기함수 형태로 확장시켜서 생각하면 이야기가 달라진다. 즉 원함수 형태를 [그림 11-16(b)]와 같이 우함수인 주기함수 혹은 [그림 11-16(c)]와 같이 기함수인 주기함수라고 가정하는 것이다.

그렇게 가정하면 푸리에 코사인 급수나 푸리에 사인 급수를 활용하여 이 주기함수를 표현할 수 있게 된다. 그런 다음에 주기함수로 확장시킨 가정 부분을 걷어내고 원래 유효했던 함수의 구간만 인정하면, 비주기함수였던 원함수를 표현할 수 있게 된다.

■ 반구간 전개

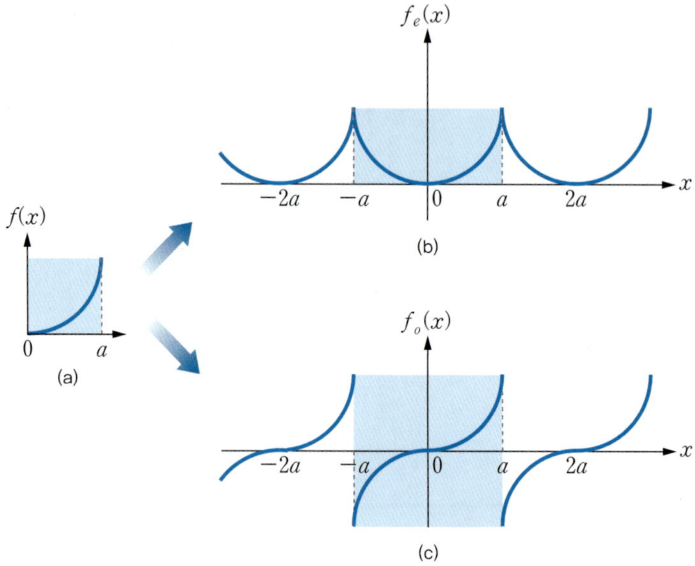

[그림 11-16] 일정 구간에서 유효한 함수의 반구간 전개

이와 같이 일정한 구간에서만 정의된 함수를 주기를 확장하여 우함수나 기함수의 형태로 고친 다음, 우함수의 경우에는 푸리에 코사인 급수, 기함수의 경우에는 푸리에 사인 급수를 이용하여 표현하는 방법을 **반구간 전개** half-range expansion 또는 **주기확장**이라고 한다.

실제적인 문제에서는 일정한 영역에서만 해석하면 되므로 그 영역에서만 함수를 정의하여 다루기도 한다. 그런 경우에는 방금 소개한 반구간 전개를 도입하면 정해진 구간에서의 함수를 손쉽게 표현할 수 있을 것이다.

예제 11-10 반구간 함수의 우함수 및 기함수 확장

구간 $0 \le x \le 2$에서 다음과 같이 주어진 함수를 생각하자.

$$f(x) = \begin{cases} x & (0 < x < 1) \\ 2-x & (1 < x < 2) \end{cases}$$

(a) 우함수 $f_e(x)$로 확장하여 푸리에 급수를 전개하라.

(b) 기함수 $f_o(x)$로 확장하여 푸리에 급수를 전개하라.

key point

- $f_e(x) = a_0 + \sum_{n=1}^{\infty} a_n \cos\frac{n\pi x}{L}$
- $f_o(x) = \sum_{n=1}^{\infty} b_n \sin\frac{n\pi x}{L}$

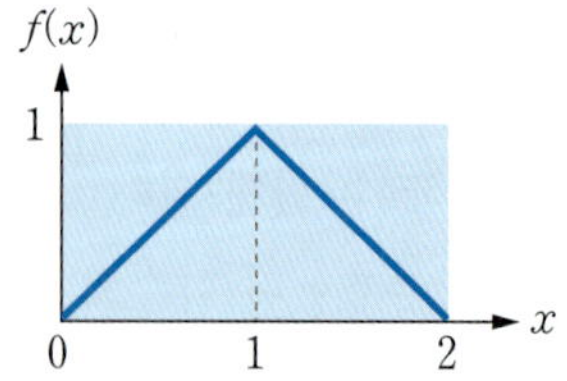

[그림 11-17] 그림으로 표현한 $f(x)$ 함수

풀이

먼저, 주어진 함수를 그려보면 [그림 11-17]과 같다.

(a) [그림 11-17]과 같이 일정 구간에서 유효한 함수 $f(x)$를 우함수로 전개하면 [그림 11-18] 형태의 $f_e(x)$로 표현할 수 있다.

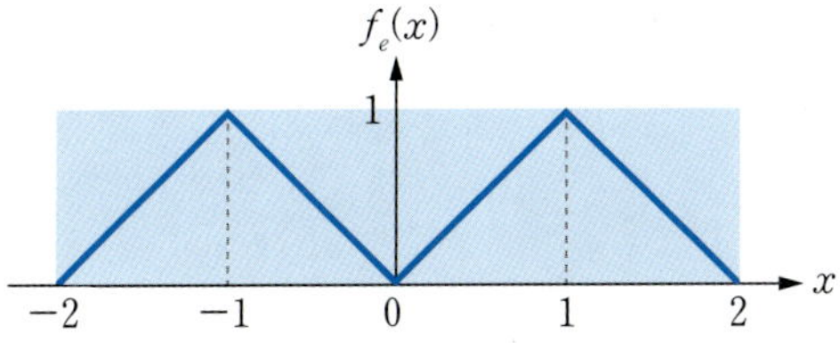

[그림 11-18] **그림으로 표현한 $f_e(x)$ 함수**

$f_e(x)$는 우함수인 주기함수이므로 푸리에 코사인 급수로 나타낼 수 있다. 그러므로 식 (11.15)를 이용하여

$$f_e(x) = a_0 + \sum_{n=1}^{\infty} a_n \cos\frac{n\pi x}{L} = a_0 + \sum_{n=1}^{\infty} a_n \cos\frac{n\pi x}{2}$$

와 같이 주기 $2L = 4$, 즉 $L = 2$인 급수로 나타낼 수 있다. 이 식을 만족하는 푸리에 계수를 구하면

$$\begin{aligned}
a_0 &= \frac{1}{L}\int_0^L f(x)\,dx = \frac{1}{2}\int_0^2 f(x)\,dx = \frac{1}{2}\left\{\int_0^1 x\,dx + \int_1^2 (2-x)\,dx\right\} \\
&= \frac{1}{2}\left\{\frac{1}{2}x^2\Big|_0^1 + \left(2x - \frac{1}{2}x^2\right)\Big|_1^2\right\} = \frac{1}{2}, \\
a_n &= \frac{2}{L}\int_0^L f(x)\cos\frac{n\pi x}{L}\,dx = \int_0^2 f(x)\cos\frac{n\pi x}{2}\,dx \\
&= \int_0^1 x\cos\frac{n\pi x}{2}\,dx + \int_1^2 (2-x)\cos\frac{n\pi x}{2}\,dx \\
&= \left\{\left(\frac{2x}{n\pi}\sin\frac{n\pi x}{2}\right)\Big|_0^1 - \frac{2}{n\pi}\int_0^1 \sin\frac{n\pi x}{2}\,dx\right\} + \left(\frac{4}{n\pi}\sin\frac{n\pi x}{2}\right)\Big|_1^2 \\
&\quad + \left\{-\left(\frac{2x}{n\pi}\sin\frac{n\pi x}{2}\right)\Big|_1^2 + \frac{2}{n\pi}\int_1^2 \sin\frac{n\pi x}{2}\,dx\right\} \\
&= \frac{4}{n^2\pi^2}\left(2\cos\frac{n\pi}{2} - \cos n\pi - 1\right)
\end{aligned}$$

이다. 위의 계수들을 푸리에 코사인 급수에 대입하면

$$\begin{aligned}
f_e(x) &= \frac{1}{2} + \sum_{n=1}^{\infty}\left\{\frac{4}{n^2\pi^2}\left(2\cos\frac{n\pi}{2} - \cos n\pi - 1\right)\right\}\cos\frac{n\pi x}{2} \\
&= \frac{1}{2} + \frac{4}{\pi^2}\sum_{n=1}^{\infty}\left\{\frac{1}{n^2}\left(2\cos\frac{n\pi}{2} - \cos n\pi - 1\right)\right\}\cos\frac{n\pi x}{2}
\end{aligned}$$

와 같이 표현할 수 있으므로 원래 나타내고 싶었던 함수는 다음과 같다.

$$f(x) = \frac{1}{2} + \frac{4}{\pi^2}\sum_{n=1}^{\infty}\left\{\frac{1}{n^2}\left(2\cos\frac{n\pi}{2} - \cos n\pi - 1\right)\right\}\cos\frac{n\pi x}{2}$$

$$= \frac{1}{2} - \frac{16}{\pi^2}\left(\frac{1}{2^2}\cos\pi x + \frac{1}{6^2}\cos 3\pi x + \cdots\right) \quad (\text{단, } 0 \le x \le 2)$$

(b) 함수 $f(x)$를 기함수로 전개하면 [그림 11-19] 형태의 $f_o(x)$로 표현할 수 있다.

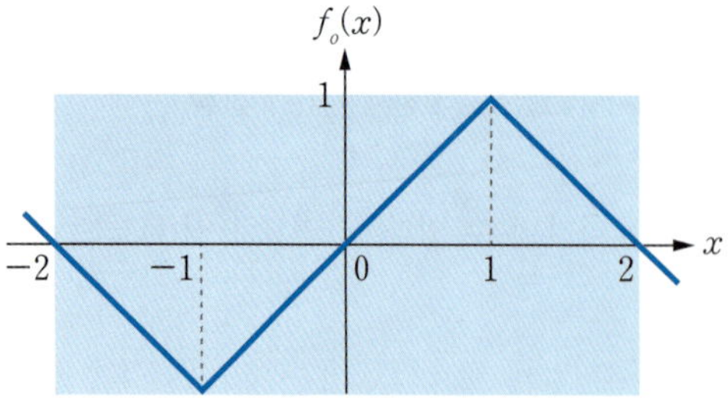

[그림 11-19] 그림으로 표현한 $f_o(x)$ 함수

$f_o(x)$는 기함수인 주기함수이므로 푸리에 사인 급수로 나타낼 수 있다. 따라서 식 (11.18)을 이용하여

$$f_o(x) = \sum_{n=1}^{\infty} b_n \sin\frac{n\pi x}{L} = \sum_{n=1}^{\infty} b_n \sin\frac{n\pi x}{2}$$

로 나타낼 수 있고, 푸리에 계수 b_n을 구하면 다음과 같다.

$$b_n = \frac{2}{L}\int_0^L f(x)\sin\frac{n\pi x}{L}dx = \int_0^2 f(x)\sin\frac{n\pi x}{2}dx$$

$$= \int_0^1 x\sin\frac{n\pi x}{2}dx + \int_1^2 (2-x)\sin\frac{n\pi x}{2}dx$$

$$= \left\{-\left(\frac{2x}{n\pi}\cos\frac{n\pi x}{2}\right)\Bigg|_0^1 + \frac{2}{n\pi}\int_0^1 \cos\frac{n\pi x}{2}dx\right\} - \left(\frac{4}{n\pi}\cos\frac{n\pi x}{2}\right)\Bigg|_1^2$$

$$+ \left\{\left(\frac{2x}{n\pi}\cos\frac{n\pi x}{2}\right)\Bigg|_1^2 - \frac{2}{n\pi}\int_1^2 \cos\frac{n\pi x}{2}dx\right\}$$

$$= \frac{8}{n^2\pi^2}\sin\frac{n\pi}{2}$$

푸리에 계수 b_n을 푸리에 사인 급수에 대입하면

$$f_o(x) = \sum_{n=1}^{\infty}\left(\frac{8}{n^2\pi^2}\sin\frac{n\pi}{2}\right)\sin\frac{n\pi x}{2} = \frac{8}{\pi^2}\sum_{n=1}^{\infty}\frac{1}{n^2}\sin\frac{n\pi}{2}\sin\frac{n\pi x}{2}$$

와 같이 표현할 수 있으므로 원래 나타내고 싶었던 함수는 다음과 같다.

$$f(x) = \frac{8}{\pi^2}\sum_{n=1}^{\infty}\frac{1}{n^2}\sin\frac{n\pi}{2}\sin\frac{n\pi x}{2}$$

$$= \frac{8}{\pi^2}\left(\sin\frac{\pi x}{2} - \frac{1}{3^2}\sin\frac{3\pi x}{2} + \frac{1}{5^2}\sin\frac{5\pi x}{2} + \cdots\right) \quad (\text{단, } 0 \le x \le 2)$$

Check it up!

✔ 결합된 함수들의 푸리에 급수 전개

푸리에 급수로 전개하고 싶은 함수 $f(x)$가 $f_1(x)$와 $f_2(x)$, 즉 2개의 함수로 구성되어 있는 경우에 푸리에 급수를 구할 수 있는 다른 방법이 있다. 원칙대로라면 합쳐져 있는 함수인 $f(x)=f_1(x)+f_2(x)$ 상태에서 푸리에 급수를 구해야 하지만, 꼭 그렇게 할 필요는 없다.

다른 방법이라고 해서 완전히 새로운 것은 아니고 일종의 선형성과 같다. 즉 $f_1(x)$의 푸리에 급수를 구하고, $f_2(x)$의 푸리에 급수를 구한 뒤 각각의 푸리에 계수를 합한 결과와, 합쳐진 함수로부터 푸리에 계수를 구한 결과가 동일하다는 데서 착안한 것이다. 식으로 표현하면 다음과 같다.

$$f(x)=f_1(x)+f_2(x)$$

이런 경우, 다음과 같은 식이 성립한다.

$$(f(x)\text{의 푸리에 계수}) = (f_1(x)\text{의 푸리에 계수}) + (f_2(x)\text{의 푸리에 계수})$$

여기서 함수들의 합에 관한 간단한 푸리에 급수 전개 예를 들어보자. 다음과 같은 그림으로 표현되는 함수 $f_a(x)$를 보자.

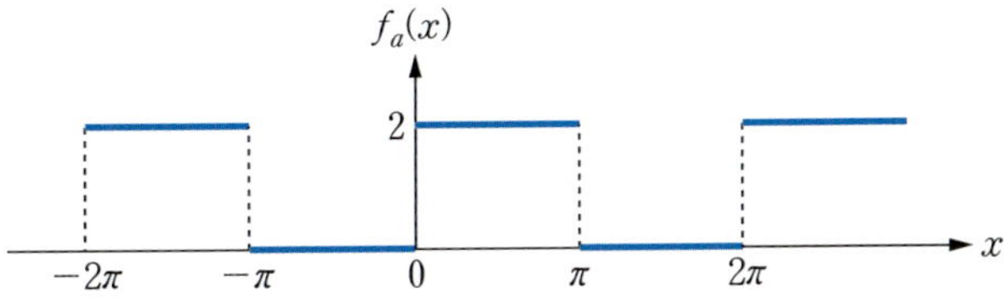

[그림 11-20] 그림으로 표현한 $f_a(x)$ 함수

$-\pi<x<\pi$ 범위에 대해 식으로 표현하면 다음과 같다.

$$f_a(x)=\begin{cases}0 & (-\pi<x<0)\\ 2 & (0<x<\pi)\end{cases}$$

[그림 11-20]의 형태를 보면 알 수 있듯이, 위 함수는 우함수도 기함수도 아니므로 푸리에 코사인 급수나 사인 급수를 사용할 수 없다.

이번에는 다음 [그림 11-21]과 같이 표현되는 함수 $f_b(x)$를 보자.

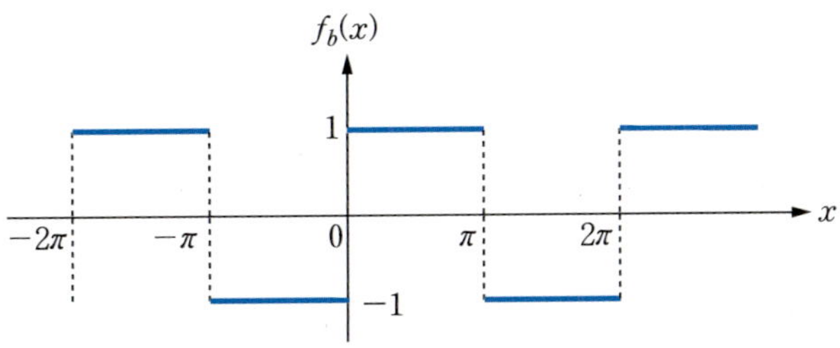

[그림 11-21] 그림으로 표현한 $f_b(x)$ 함수

함수의 형태에서 기함수임을 쉽게 알 수 있고, 푸리에 사인 급수를 적용하여 전개하면 다음과 같이 계수 b_n과 푸리에 급수를 구할 수 있다([예제 11-4] 참조).

$$f_b(x) = \frac{4}{\pi}\left(\sin x + \frac{1}{3}\sin 3x + \frac{1}{5}\sin 5x + \cdots\right)$$

$$b_n = \frac{2}{n\pi}(1 - \cos n\pi) = \frac{2}{n\pi}\{1 - (-1)^n\}$$

[그림 11-21]을 식으로 표현하면 다음과 같다.

$$f_b(x) = \begin{cases} -1 & (-\pi < x < 0) \\ 1 & (0 < x < \pi) \end{cases}$$

[그림 11-20]을 식으로 나타낸 것과 비교하면 $f_a(x) = f_b(x) + 1$이라는 사실을 쉽게 알 수 있다. 상수 1은 상수항 a_0만 존재하는 우함수에 해당된다. 따라서 $f_a(x)$는 $f_a(x)$형태 그대로 푸리에 계수를 구하기보다 1을 뺀 형태인 $f_b(x)$의 푸리에 계수를 구한 다음 1을 더해 주면 된다.

위의 설명을 정리해보면

$$f_a(x) = f_b(x) + f_c(x), \;\; f_c(x) = 1$$

의 형태를 이룬 함수의 푸리에 계수는 다음 식을 통해 얻을 수 있다.

($f_a(x)$의 푸리에 계수) = ($f_b(x)$의 푸리에 계수) + ($f_c(x)$의 푸리에 계수)

$f_b(x)$의 푸리에 계수는

$$a_0 = a_n = 0, \;\; b_n = \frac{2}{n\pi}(1 - \cos n\pi)$$

이고, $f_c(x)$의 푸리에 계수는 상수항 $a_0 = 1$일 뿐이므로 계수들을 더해

$$a_0 = 1, \;\; a_n = 0, \;\; b_n = \frac{2}{n\pi}(1 - \cos n\pi)$$

를 함수 $f_a(x)$의 푸리에 급수의 계수로 사용하면 다음과 같다.

$$f_a(x) = 1 + \frac{4}{\pi}\left(\sin x + \frac{1}{3}\sin 3x + \frac{1}{5}\sin 5x + \cdots\right)$$

Chapter 11 핵심요약

■ 푸리에 급수와 주기함수

- 푸리에 급수는 주기함수를 상수와 삼각함수로 표현하는 도구이다.
- 주기함수라면 $f(x+T)=f(x)$ 혹은 $f(x+nT)=f(x)$가 성립한다.
- $f(x)$와 $g(x)$가 각각 주기함수라면 $h(x)=af(x)+bg(x)$도 주기함수가 된다. 단, a, b는 상수이다.

■ 삼각급수

- 주기가 2π인 푸리에 급수를 의미한다.
- 삼각급수와 계수

$$f(x)=a_0+\sum_{n=1}^{\infty}(a_n\cos nx+b_n\sin nx)$$

$$a_0=\frac{1}{2\pi}\int_{-\pi}^{\pi}f(x)dx$$

$$a_n=\frac{1}{\pi}\int_{-\pi}^{\pi}f(x)\cos nx dx \quad (\text{단, } n=1,\ 2,\ 3,\ \cdots)$$

$$b_n=\frac{1}{\pi}\int_{-\pi}^{\pi}f(x)\sin nx dx$$

■ 푸리에 급수와 푸리에 계수

$$f(x)=a_0+\sum_{n=1}^{\infty}\left(a_n\cos\frac{n\pi x}{L}+b_n\sin\frac{n\pi x}{L}\right)$$

$$a_0=\frac{1}{2L}\int_{-L}^{L}f(x)dx$$

$$a_n=\frac{1}{L}\int_{-L}^{L}f(x)\cos\frac{n\pi x}{L}dx$$

$$b_n=\frac{1}{L}\int_{-L}^{L}f(x)\sin\frac{n\pi x}{L}dx$$

■ 우함수와 기함수의 푸리에 급수

- 우함수와 기함수의 기본 성질

❶ **우함수 $g(x)$** : $g(-x)=g(x)$

❷ **기함수 $h(x)$** : $h(-x)=-h(x)$

- 우함수와 기함수의 연산 특성
  ❶ 우함수[기함수]의 합이나 차 역시 우함수[기함수]이다.
  ❷ 우함수의 곱은 우함수이고, 기함수의 곱은 우함수이다.
  ❸ 우함수와 기함수의 곱은 기함수이다.

- 우함수와 기함수의 적분
  ❶ **우함수 $g(x)$의 적분** : $\int_{-a}^{a} g(x)dx = 2\int_{0}^{a} g(x)dx$

  ❷ **기함수 $h(x)$의 적분** : $\int_{-a}^{a} h(x)dx = 0$

- 우함수 성질을 가진 주기함수는 푸리에 코사인 급수로 전개하고, 기함수 성질을 가진 주기함수는 푸리에 사인 급수로 전개한다.

- 푸리에 코사인 급수와 계수

$$f(x) = a_0 + \sum_{n=1}^{\infty} a_n \cos\frac{n\pi x}{L}$$

$$a_0 = \frac{1}{L}\int_{0}^{L} f(x)dx$$

$$a_n = \frac{2}{L}\int_{0}^{L} f(x)\cos\frac{n\pi x}{L}dx$$

- 푸리에 사인 급수와 계수

$$f(x) = \sum_{n=1}^{\infty} b_n \sin\frac{n\pi x}{L}$$

$$b_n = \frac{2}{L}\int_{0}^{L} f(x)\sin\frac{n\pi x}{L}dx$$

■ 푸리에 코사인 및 사인 급수를 이용한 반구간 전개

반구간 전개 혹은 주기확장이란, 일정한 구간에서만 정의된 함수를 우함수인 주기함수로 확장하여 푸리에 코사인 급수를 이용하여 표현하거나, 기함수인 주기함수로 확장하여 푸리에 사인 급수를 이용하여 표현하는 것을 말한다.

Chapter 11 연습문제

※ **(문제 11.1~11.5)** 다음 함수들의 그래프를 그려라.

11.1 $f(x)=\begin{cases} 1 & (0<x<4) \\ -1 & (-4<x<0) \end{cases}$ • 주기 : 8

11.2 $f(x)=\begin{cases} \cos x & (0\le x\le \pi) \\ 0 & (\pi<x<2\pi) \end{cases}$ • 주기 : 2π

11.3 $f(x)=\begin{cases} 3 & (0\le x<1) \\ 6 & (1\le x<3) \\ 9 & (3\le x<6) \end{cases}$ • 주기 : 6

11.4 $f(x)=\begin{cases} -x+1 & (0\le x<1) \\ 1 & (1\le x<2) \end{cases}$ • 주기 : 2

11.5 $f(x)=\begin{cases} -2x & (-1\le x<0) \\ \dfrac{1}{2}x & (0\le x<2) \end{cases}$ • 주기 : 3

※ **(문제 11.6~11.9)** 다음 식을 증명하라.

11.6 $\int_{-L}^{L}\sin\frac{k\pi x}{L}dx=\int_{-L}^{L}\cos\frac{k\pi x}{L}dx=0$ (단, $k=1,\ 2,\ 3,\ \cdots$)

11.7 $\int_{-L}^{L}\cos\frac{m\pi x}{L}\cos\frac{n\pi x}{L}dx=\begin{cases} 0 & (m\ne n) \\ L & (m=n) \end{cases}$

11.8 $\int_{-L}^{L}\sin\frac{m\pi x}{L}\sin\frac{n\pi x}{L}dx=\begin{cases} 0 & (m\ne n) \\ L & (m=n) \end{cases}$

11.9 $\int_{-L}^{L}\sin\frac{m\pi x}{L}\cos\frac{n\pi x}{L}dx=0$

※ **(문제 11.10~11.14)** 다음 함수에 대한 삼각급수를 전개하라.

11.10

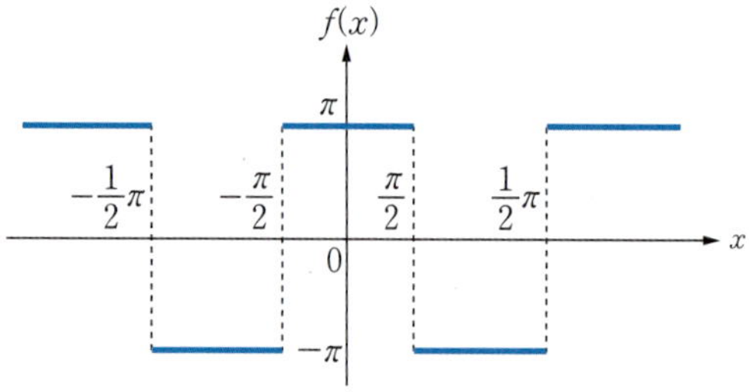

[그림 11-22] [연습문제 11.10]의 그림

11.11

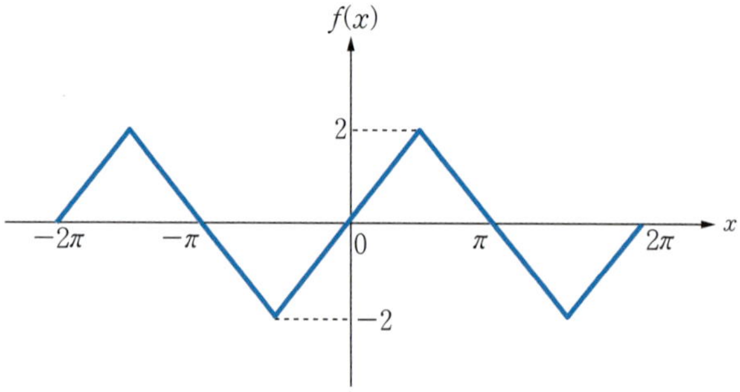

[그림 11-23] [연습문제 11.11]의 그림

11.12 $f(x) = e^x \ (-\pi < x < \pi)$ • 주기 : 2π

11.13 $f(x) = \begin{cases} \sin x & \left(-\frac{\pi}{2} < x < \frac{\pi}{2}\right) \\ 0 & \left(-\pi < x < -\frac{\pi}{2},\ \frac{\pi}{2} < x < \pi\right) \end{cases}$ • 주기 : 2π

11.14 $f(x) = x^2 \ (-\pi < x < \pi)$ • 주기 : 2π

※ **(문제 11.15~11.19)** 다음 함수에 대한 푸리에 급수를 전개하라.

11.15

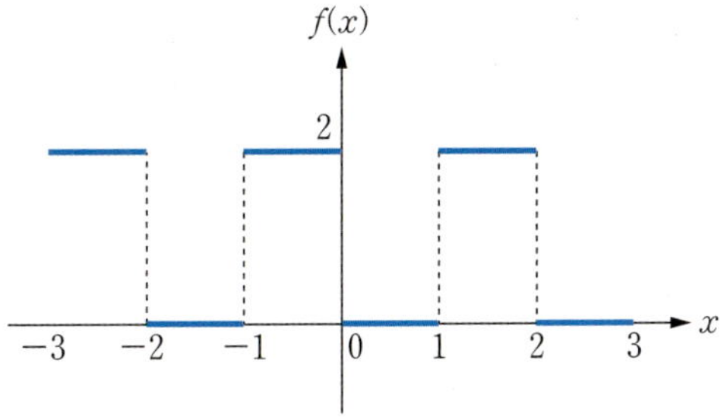

[그림 11-24] [연습문제 11.15]의 그림

11.16 $f(x)=\begin{cases} k & (-7<x<0) \\ -k & (0<x<7) \end{cases}$ • 주기 : 14

11.17 $f(x)=\begin{cases} 0 & (-5\le x<-3) \\ a & (-3\le x<3) \\ 0 & (3\le x<5) \end{cases}$ • 주기 : 10

11.18 $f(x)=\begin{cases} 3 & (0\le x<2) \\ -x+4 & (2\le x<4) \end{cases}$ • 주기 : 4

11.19 $f(x)=\begin{cases} 3x+3 & (-1\le x<0) \\ -3x+3 & (0\le x<1) \\ 0 & (-2\le x<1,\ 1<x<2) \end{cases}$ • 주기 : 4

※ **(문제 11.20~11.27)** 다음 함수들을 우함수, 기함수, 어디에도 속하지 않는 함수로 분류하라.

11.20 $f(x)=2x^6$

11.21 $f(x)=\sqrt{x^3}+1$

11.22 $f(x)=\cos^2 x$

11.23 $f(x)=\sin^2 2x\cdot\sin 3x$

11.24 $f(x)=e^{2x}\cos 2x$

11.25 $f(x)=\sin(x^2)\cdot\cos^2 x$

11.26 $f(x)=\begin{cases} 2x & (0<x<1) \\ -2x & (-1<x<0) \end{cases}$ • 주기 : 2

11.27 $f(x)=\sin x \quad \left(-\frac{\pi}{2}<x<\frac{\pi}{2}\right)$ • 주기 : π

※ **(문제 11.28~11.33)** 다음 함수들을 푸리에 코사인 급수 및 사인 급수로 전개하라.

11.28 $f(x) = 1 \quad (0 < x < 4)$

11.29 $f(x) = x - 1 \quad (0 < x < 4)$

11.30 $f(x) = (x-1)^2 \quad (0 < x < 2)$

11.31 $f(x) = \sqrt{e^x} \quad (0 < x < 3)$

11.32 $f(x) = 2 - x \quad (0 < x < 2)$

11.33 $f(x) = \begin{cases} x & \left(0 < x < \dfrac{\pi}{2}\right) \\ \dfrac{\pi}{2} & \left(\dfrac{\pi}{2} < x < \pi\right) \end{cases}$

Chapter

12

푸리에 적분과 변환

Fourier Integrals and Transforms

학습목표

- 푸리에 급수에서 푸리에 적분으로 넘어가는 과정을 이해한다.
- 푸리에 코사인 적분과 푸리에 사인 적분에 대해 이해한다.
- 복소 푸리에 적분으로 전환되는 과정을 이해한다.
- 푸리에 변환의 개념과 목적을 이해한다.

푸리에 적분은 푸리에 급수를 확장한 개념이다. 앞서 11장에서 배운 푸리에 급수는 주기함수를 나타낼 때만 사용할 수 있다는 한계가 있어, 비주기함수를 표현할 수 있는 방법을 푸리에 급수의 확장에서 찾았는데, 이것이 바로 푸리에 적분이다. 푸리에 적분은 푸리에 급수에서의 주기가 무한대라고 가정하는 데서부터 시작한다. 주기가 무한대라는 것은 무한대의 구간에서 어떤 모양이 단 한 번만 나타난다는 의미이기도 하다.

푸리에 변환은 정의식으로만 보면 푸리에 적분과 그다지 달라 보이지 않지만, 용도는 완전히 다르다. 앞에서 학습한 개념과 비교해보자면 푸리에 변환은 라플라스 변환의 특수한 경우, 즉 $\sigma = 0$인 경우에 해당된다고 볼 수 있다. 이 장에서 논의할 푸리에 변환도 라플라스 변환처럼 주파수영역에서 신호를 처리하기 위한 도구라고 생각할 수 있다. 현재 푸리에 변환은 신호처리 분야에서 대단히 중요한 역할을 하고 있다. 시간영역에서 처리하기에 까다롭거나 해석하기 힘든 부분을 주파수영역에서 간단히 처리할 수 있도록 해주기 때문이다.

이 장에서는 푸리에 적분이나 변환에 관해 깊이 다루지는 않을 것이다. 하지만 대학원이나 심화과정에서는 대단히 중요하게 다뤄지는 부분이므로 개념을 확실히 잡아 두기를 권한다.

알아 두어야 할 개념과 공식

1. 감쇠진동함수의 부정적분

지수함수에 삼각함수가 곱해져서 감쇠진동을 나타내는 함수는 신호를 나타내는 데 많이 사용된다.

- $\int e^{\alpha x}\cos\beta x\,dx = \dfrac{e^{\alpha x}}{\alpha^2+\beta^2}(\alpha\cos\beta x+\beta\sin\beta x)+c$
- $\int e^{\alpha x}\sin\beta x\,dx = \dfrac{e^{\alpha x}}{\alpha^2+\beta^2}(\alpha\sin\beta x-\beta\cos\beta x)+c$

2. 오일러 공식

오일러 공식은 삼각함수와 지수함수 간의 변환을 가능케 하므로 공학적 계산에서 많이 사용된다.

- $\cos\theta = \dfrac{e^{i\theta}+e^{-i\theta}}{2}$, $\sin\theta = \dfrac{e^{i\theta}-e^{-i\theta}}{2i}$
- $e^{i\theta} = \cos\theta + i\sin\theta$, $e^{-i\theta} = \cos\theta - i\sin\theta$

3. 신호

신호는 하나 이상의 변수를 독립변수로 하는 함수로서, 측정 가능한 양으로 정의된다. 실제로 신호의 예는 얼마든지 들 수 있지만, 수학적으로는 임의의 함수로 주어지는 것이다. 기본적인 예로 시간함수로 나타나는 전압이나 전류가 바로 전기 신호가 된다.

4. 주파수영역

주파수영역은 신호와 시스템을 논할 때 매우 중요한 개념이다. 신호를 해석할 때, 흔히 볼 수 있는 시간함수보다 주파수함수를 입력으로 사용하면 시스템을 분석하기가 훨씬 쉬워진다. 이 장에서 학습할 푸리에 변환은 시간함수를 주파수함수로 변환하는 도구이다. 주파수함수로 바뀐 신호는 주파수영역에서 처리되고, 주파수영역에서 처리가 끝나면 시간영역으로 되돌리기 위해 역변환을 수행하게 된다.

5. 스펙트럼

우리가 흔히 말하는 스펙트럼은 **주파수 스펙트럼**frequency spectrum으로, 임의의 시간함수를 푸리에 변환한 주파수함수의 절대치를 말한다. 주파수 스펙트럼의 제곱은 주파수 성분을 분석하는 데 많이 쓰이는데, 이를 **파워 스펙트럼**power spectrum이라고 부른다.

12.1 푸리에 적분

12.1.1 푸리에 급수에서 푸리에 적분으로

우리는 11장에서 주기함수를 표현하는 도구로서 푸리에 급수에 대해 배웠다. 주기함수도 다양하게 활용되지만, 비주기함수 역시 많이 쓰인다. 따라서 이 장에서는 주기함수를 표현할 수 있었던 푸리에 급수의 개념을 확장하여, 비주기함수를 표현할 수 있는 푸리에 적분이 도출되는 과정부터 살펴보기로 하자.

우선 푸리에 급수가 주기함수 periodic function 만 표현할 수 있으므로 주기가 $2L$인 푸리에 급수를 $f_p(x)$라고 두는 데서부터 시작하자.[1]

1 11장의 11.3절 참조

$$f_p(x) = a_0 + \sum_{n=1}^{\infty}\left(a_n \cos\frac{n\pi x}{L} + b_n \sin\frac{n\pi x}{L}\right) \tag{12.1}$$

식 (12.1)의 푸리에 급수는 다음과 같은 푸리에 계수를 갖는다.

$$\begin{aligned} a_0 = \frac{1}{2L}\int_{-L}^{L} f_p(x)dx, \quad a_n &= \frac{1}{L}\int_{-L}^{L} f_p(x)\cos\frac{n\pi x}{L}dx, \\ b_n &= \frac{1}{L}\int_{-L}^{L} f_p(x)\sin\frac{n\pi x}{L}dx \end{aligned} \tag{12.2}$$

식 (12.1)과 식 (12.2)에서 $\dfrac{n\pi}{L}$를 ω_n으로 바꾸고, 푸리에 계수를 정의한 식 (12.2)에서 변수를 x 대신 v로 두면 다음과 같이 쓸 수 있다.

$$f_p(x) = a_0 + \sum_{n=1}^{\infty}(a_n \cos\omega_n x + b_n \sin\omega_n x) \tag{12.3}$$

$$\begin{aligned} a_0 = \frac{1}{2L}\int_{-L}^{L} f_p(v)\,dv, \quad a_n &= \frac{1}{L}\int_{-L}^{L} f_p(v)\cos\omega_n v\,dv, \\ b_n &= \frac{1}{L}\int_{-L}^{L} f_p(v)\sin\omega_n v\,dv \end{aligned} \tag{12.4}$$

식 (12.3)에 식 (12.4)를 대입하면 다음과 같이 된다.

$$\begin{aligned} f_p(x) = &\frac{1}{2L}\int_{-L}^{L} f_p(v)\,dv \\ &+ \sum_{n=1}^{\infty}\left\{\cos\omega_n x\left(\frac{1}{L}\int_{-L}^{L} f_p(v)\cos\omega_n v\,dv\right) + \sin\omega_n x\left(\frac{1}{L}\int_{-L}^{L} f_p(v)\sin\omega_n v\,dv\right)\right\} \end{aligned}$$

$$f_p(x) = \frac{1}{2L}\int_{-L}^{L} f_p(v)\,dv$$
$$+ \frac{1}{L}\sum_{n=1}^{\infty}\left\{\cos\omega_n x\int_{-L}^{L} f_p(v)\cos\omega_n v\,dv + \sin\omega_n x\int_{-L}^{L} f_p(v)\sin\omega_n v\,dv\right\}$$

이때

$$\Delta\omega = \omega_{n+1} - \omega_n = \frac{(n+1)\pi}{L} - \frac{n\pi}{L} = \frac{\pi}{L}$$

와 같이 두면, 다음과 같은 식을 얻을 수 있다.

$$\frac{1}{L} = \frac{\Delta\omega}{\pi} \tag{12.5}$$

식 (12.5)를 $f_p(x)$에 대입하면

$$f_p(x) = \frac{1}{2L}\int_{-L}^{L} f_p(v)\,dv + \frac{1}{\pi}\sum_{n=1}^{\infty}\left\{\cos\omega_n x\int_{-L}^{L} f_p(v)\cos\omega_n v\,dv\right.$$
$$\left. + \sin\omega_n x\int_{-L}^{L} f_p(v)\sin\omega_n v\,dv\right\}\Delta\omega$$

가 되는데, 식 (12.5)에 주목하면 다음과 같이 생각할 수 있다.

$$\lim_{L\to\infty}\frac{1}{L} = \lim_{L\to\infty}\frac{\Delta\omega}{\pi} = 0$$

위 식에서 π는 0이 아니므로 $L\to\infty$일 때, 극한이 0이 된다는 것은 $\Delta\omega\to 0$이 되는 것과 같은 결과를 낳게 된다. $L\to\infty$는 주기가 무한대가 된다는 것을 의미하므로 결과적으로 비주기함수를 의미한다. 또한 수학적으로 $L\to\infty$는 $\Delta\omega\to 0$과 같은 뜻이고, $\Delta\omega\to 0$은 곧 ω_{n+1}과 ω_n의 간격이 0이 된다는 것을 뜻하므로 $\sum_{n=1}^{\infty}\Delta\omega$는 $\int_0^{\infty} d\omega$와 같다. 이와 같은 과정은 다음과 같은 수식으로 간단히 나타낼 수 있다.

$$\lim_{L\to\infty} f_p(x) = \lim_{\Delta\omega\to 0} f_p(x) = f(x)$$

위 식에서 $f(x)$는 비주기함수를 의미한다. 그러므로 전체적인 수식은

$$f(x) = \lim_{L\to\infty} f_p(x)$$
$$= \lim_{L\to\infty}\frac{1}{2L}\int_{-L}^{L} f_p(v)\,dv$$
$$+ \lim_{L\to\infty}\frac{1}{\pi}\sum_{n=1}^{\infty}\left\{\cos\omega_n x\int_{-L}^{L} f_p(v)\cos\omega_n v\,dv + \sin\omega_n x\int_{-L}^{L} f_p(v)\sin\omega_n v\,dv\right\}\Delta\omega$$

이고, 여기서 $\lim_{L\to\infty}\frac{1}{2L}\int_{-L}^{L} f_p(v)\,dv = 0$이 된다. 아울러 $\sum_{n=1}^{\infty}\Delta\omega$가 $\int_0^{\infty} d\omega$로 바뀐다는 점을 고려하면

$$f(x) = \frac{1}{\pi}\int_0^{\infty}\left\{\cos\omega x\int_{-\infty}^{\infty} f(v)\cos\omega v\,dv + \sin\omega x\int_{-\infty}^{\infty} f(v)\sin\omega v\,dv\right\}d\omega$$

와 같이 표현할 수 있다. 이때 ω_n도 연속적인 값을 갖게 되어 ω_n이 ω가 되고, $L\to\infty$를 대입한 것이다. 위 식은 다음과 같이 정리할 수 있다.

$$f(x) = \int_0^{\infty}\left\{\cos\omega x\left(\frac{1}{\pi}\int_{-\infty}^{\infty} f(v)\cos\omega v\,dv\right) + \sin\omega x\left(\frac{1}{\pi}\int_{-\infty}^{\infty} f(v)\sin\omega v\,dv\right)\right\}d\omega \tag{12.6}$$

식 (12.6)에서 소괄호 안의 계산식을 다음과 같이 두면

$$A(\omega) = \frac{1}{\pi}\int_{-\infty}^{\infty} f(v)\cos\omega v\,dv \tag{12.7}$$

$$B(\omega) = \frac{1}{\pi}\int_{-\infty}^{\infty} f(v)\sin\omega v\,dv \tag{12.8}$$

최종적으로 다음과 같은 식을 얻는다.

$$f(x) = \int_0^{\infty}\{A(\omega)\cos\omega x + B(\omega)\sin\omega x\}\,d\omega \tag{12.9}$$

■ 푸리에 적분과 그 계수

이와 같은 식 (12.9)를 **푸리에 적분**Fourier integral이라고 하고, 식 (12.7)과 식 (12.8)과 같이 정의된 $A(\omega)$와 $B(\omega)$를 **푸리에 적분의 계수**라고 한다.

예제 12-1 단일펄스의 푸리에 적분과 응용

다음 물음에 답하라.

(a) [그림 12-1]의 함수 $f(x)$의 푸리에 적분을 구하라.

(b) $\int_0^{\infty}\frac{\sin x}{x}\,dx$ 값을 구하라.

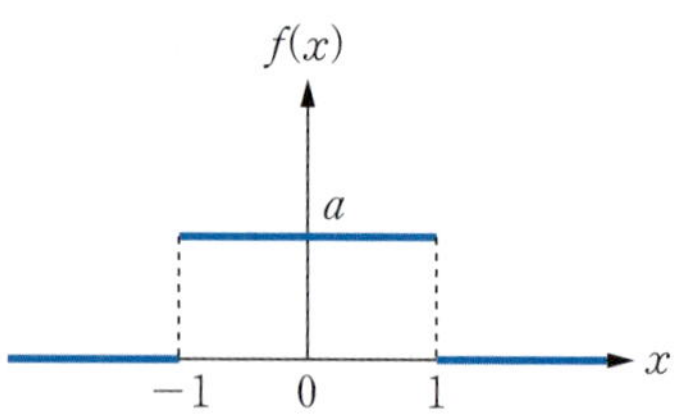

[그림 12-1] [예제 12-1]의 그림

key point

$f(0) = a$가 된다는 사실에 주목하자.

풀이

(a) [그림 12-1]을 식으로 나타내면 다음과 같다.

$$f(x) = \begin{cases} a & (|x| < 1) \\ 0 & (|x| > 1) \end{cases}$$

위 식의 푸리에 적분의 계수를 구하면

$$\begin{aligned} A(\omega) &= \frac{1}{\pi}\int_{-\infty}^{\infty} f(v)\cos\omega v\, dv \\ &= \frac{1}{\pi}\int_{-1}^{1} a\cos\omega v\, dv = \frac{a}{\pi}\left(\frac{1}{\omega}\sin\omega v\right)\Big|_{-1}^{1} = \frac{2a\sin\omega}{\pi\omega}, \\ B(\omega) &= \frac{1}{\pi}\int_{-\infty}^{\infty} f(v)\sin\omega v\, dv \\ &= \frac{1}{\pi}\int_{-1}^{1} a\sin\omega v\, dv = \frac{a}{\pi}\left(-\frac{1}{\omega}\cos\omega v\right)\Big|_{-1}^{1} = 0 \end{aligned}$$

이 된다. 이 푸리에 계수들을 식 (12.9)에 대입하면

$$\begin{aligned} f(x) &= \int_0^{\infty}\{A(\omega)\cos\omega x + B(\omega)\sin\omega x\}\, d\omega \\ &= \int_0^{\infty}\left(\frac{2a\sin\omega}{\pi\omega}\right)\cos\omega x\, d\omega = \frac{2a}{\pi}\int_0^{\infty}\frac{\sin\omega\cos\omega x}{\omega}\, d\omega \end{aligned}$$

와 같이 계산하여 다음과 같이 푸리에 적분식을 구할 수 있다.

$$f(x) = \frac{2a}{\pi}\int_0^{\infty}\frac{\sin\omega\cos\omega x}{\omega}\, d\omega \tag{12.10}$$

(b) $x = 0$에서 $f(x) = a$가 된다는 사실은 앞의 식뿐만 아니라 [그림 12-1]에서도 확인할 수 있다. 이와 같은 사실에 기초하여 **(a)**의 답인 $f(x) = \frac{2a}{\pi}\int_0^{\infty}\frac{\sin\omega\cos\omega x}{\omega}\, d\omega$에 $x = 0$과 $f(x) = a$를 대입해보자.

$$a = \frac{2a}{\pi}\int_0^{\infty}\frac{\sin\omega}{\omega}\, d\omega$$

위 식에서 $\int_0^{\infty}\frac{\sin\omega}{\omega}\, d\omega = \frac{\pi}{2}$임을 알 수 있다. 위 식에서 변수 ω를 x로 바꿔 쓰면 다음과 같이 된다.

$$\int_0^{\infty}\frac{\sin x}{x}\, dx = \frac{\pi}{2} \tag{12.11}$$

유제 12-1

$f(x) = \begin{cases} 1 & (|x| < a) \\ 0 & (|x| > a) \end{cases}$의 푸리에 적분을 구하라.

Check it up!

✔ 디리클레의 불연속 인자

단일펄스를 푸리에 적분으로 구한 식 (12.10)을 다시 살펴보자.

$$f(x)=\frac{2a}{\pi}\int_0^{\infty}\frac{\sin\omega\cos\omega x}{\omega}\,d\omega$$

위 식을 얻게 된 함수를 나타낸 [그림 12-1]을 보면, $x=-1$과 $x=1$에서는 함수 $f(x)$가 불연속이다. 이와 같이 함수 $f(x)$가 불연속인 점에서 푸리에 적분 값은 그 점에서 $f(x)$의 우측과 좌측의 극한값을 평균해서 나타낸다. 그러므로 $x=1$에서 $f(x)$ 값은 그 좌우측 극한값의 평균을 구해야 하므로

$$f(1)=\frac{f(1^+)+f(1^-)}{2}=\frac{0+a}{2}=\frac{a}{2}$$

와 같다. 이런 방법을 식 (12.10)에 적용하면

$$\int_0^{\infty}\frac{\sin\omega\cos\omega x}{\omega}\,d\omega=\begin{cases}\dfrac{\pi}{2} & (0\le x<1)\\ \dfrac{\pi}{4} & (x=1)\\ 0 & (x>1)\end{cases}\tag{12.12}$$

과 같은 결과를 얻을 수 있는데, 위와 같은 적분을 **디리클레의 불연속 인자**Dirichlet's discontinuous factor라고 한다.

12.1.2 푸리에 코사인 적분과 푸리에 사인 적분

2 11장의 11.4.2절 참조

표현하고자 하는 함수가 우함수나 기함수인 경우, 푸리에 급수가 푸리에 코사인 및 푸리에 사인 급수로 전개되었던 것[2]과 마찬가지로 푸리에 적분도 나타낼 함수의 성질에 따라 좀 더 간단하게 만들 수 있다. 즉 $f(x)$가 우함수이면, 푸리에 적분의 계수를 나타내는 식 (12.7)과 식 (12.8)은 다음과 같이 된다.

$$\begin{aligned}A(\omega)&=\frac{1}{\pi}\int_{-\infty}^{\infty}f(v)\cos\omega v\,dv=\frac{1}{\pi}\int_{-\infty}^{\infty}(\text{우함수})\times(\text{우함수})\,dv\\&=\frac{1}{\pi}\int_{-\infty}^{\infty}(\text{우함수})\,dv=\frac{2}{\pi}\int_0^{\infty}f(v)\cos\omega v\,dv\end{aligned}$$

$$\begin{aligned}B(\omega)&=\frac{1}{\pi}\int_{-\infty}^{\infty}f(v)\sin\omega v\,dv=\frac{1}{\pi}\int_{-\infty}^{\infty}(\text{우함수})\times(\text{기함수})\,dv\\&=\frac{1}{\pi}\int_{-\infty}^{\infty}(\text{기함수})\,dv=0\end{aligned}$$

따라서 푸리에 적분과 그 계수는 식 (12.9)와 식 (12.7)로부터

■ 푸리에 코사인 적분과 그 계수

$$f(x) = \int_0^{\infty} A(\omega)\cos\omega x\, d\omega \tag{12.13}$$

$$A(\omega) = \frac{2}{\pi}\int_0^{\infty} f(v)\cos\omega v\, dv \tag{12.14}$$

와 같이 구할 수 있다. 이와 같이 $f(x)$가 우함수인 경우의 푸리에 적분식 (12.13)을 **푸리에 코사인 적분**Fourier cosine integral이라고 한다.

그런 다음 $f(x)$가 기함수인 경우를 생각해보면, 식 (12.7)과 식 (12.8)은

$$\begin{aligned}A(\omega) &= \frac{1}{\pi}\int_{-\infty}^{\infty} f(v)\cos\omega v\, dv = \frac{1}{\pi}\int_{-\infty}^{\infty} (\text{기함수})\times(\text{우함수})\, dv \\ &= \frac{1}{\pi}\int_{-\infty}^{\infty} (\text{기함수})\, dv \\ &= 0\end{aligned}$$

$$\begin{aligned}B(\omega) &= \frac{1}{\pi}\int_{-\infty}^{\infty} f(v)\sin\omega v\, dv = \frac{1}{\pi}\int_{-\infty}^{\infty} (\text{기함수})\times(\text{기함수})\, dv \\ &= \frac{1}{\pi}\int_{-\infty}^{\infty} (\text{우함수})\, dv \\ &= \frac{2}{\pi}\int_0^{\infty} f(v)\sin\omega v\, dv\end{aligned}$$

와 같이 되므로 푸리에 적분과 그 계수는 식 (12.9)와 식 (12.8)로부터

■ 푸리에 사인 적분과 그 계수

$$f(x) = \int_0^{\infty} B(\omega)\sin\omega x\, d\omega \tag{12.15}$$

$$B(\omega) = \frac{2}{\pi}\int_0^{\infty} f(v)\sin\omega v\, dv \tag{12.16}$$

와 같이 구할 수 있다. 이와 같이 $f(x)$가 기함수인 경우의 푸리에 적분식 (12.15)를 **푸리에 사인 적분**Fourier sine integral이라고 한다.

푸리에 급수에서와 마찬가지로 푸리에 적분에서도 $f(x)$가 우함수나 기함수로 정해진 경우에는 푸리에 코사인 적분이나 푸리에 사인 적분을 이용하여 훨씬 간단하게 계산할 수 있다.

예제 12-2 푸리에 코사인 및 푸리에 사인 적분의 적용

다음 함수를 (a) 푸리에 코사인 적분, (b) 푸리에 사인 적분으로 나타내라.

$$f(x) = \begin{cases} 1-x & (0 < x < 1) \\ 0 & (x > 1) \end{cases}$$

key point

- 푸리에 코사인 적분

$$f(x) = \int_0^\infty A(\omega)\cos\omega x\, d\omega$$

- 푸리에 사인 적분

$$f(x) = \int_0^\infty B(\omega)\sin\omega x\, d\omega$$

풀이

함수 $f(x)$의 형태는 다음과 같다.

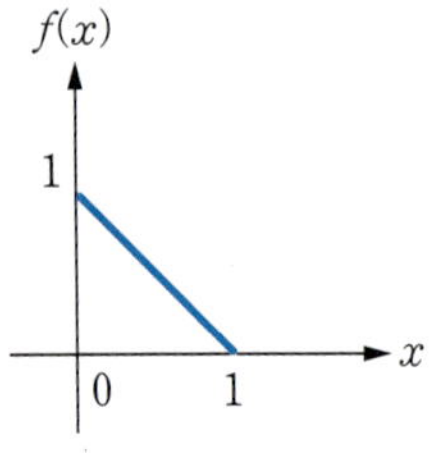

[그림 12-2] 함수 $f(x)$의 그래프

(a) [그림 12-2]에서 $x>0$인 부분을 우함수로 나타내보자.

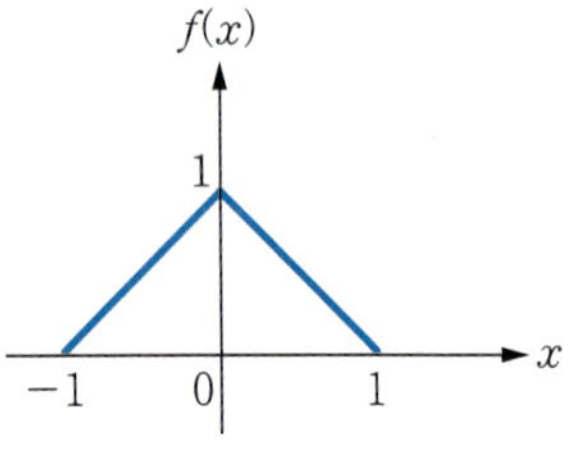

[그림 12-3] 푸리에 코사인 적분을 위한 우함수 $f(x)$

[그림 12-3]으로 표현한 함수를 식으로 나타내보자.

$$f(v) = \begin{cases} v+1 & (-1 < v < 0) \\ 1-v & (0 < v < 1) \end{cases}$$

위 함수를 푸리에 코사인 적분으로 나타내려면 먼저 계수인 $A(\omega)$를 구해야 한다. 식 (12.14)에서

$$\begin{aligned} A(\omega) &= \frac{2}{\pi}\int_0^\infty f(v)\cos\omega v\, dv \\ &= \frac{2}{\pi}\int_0^1 (1-v)\cos\omega v\, dv \\ &= \frac{2}{\pi}\left\{\frac{1}{\omega^2}(1-\cos\omega)\right\} \\ &= \frac{2}{\pi\omega^2}(1-\cos\omega) \end{aligned}$$

와 같이 구할 수 있는데, 이 식을 식 (12.13)에 대입하면 다음과 같이 된다.

$$f(x) = \int_0^\infty \left\{\frac{2}{\pi\omega^2}(1-\cos\omega)\right\}\cos\omega x\,d\omega$$
$$= \frac{2}{\pi}\int_0^\infty \frac{1}{\omega^2}(1-\cos\omega)\cos x\omega\,d\omega$$

(b) [그림 12-2]에서 $x > 0$인 부분을 기함수로 나타내보자.

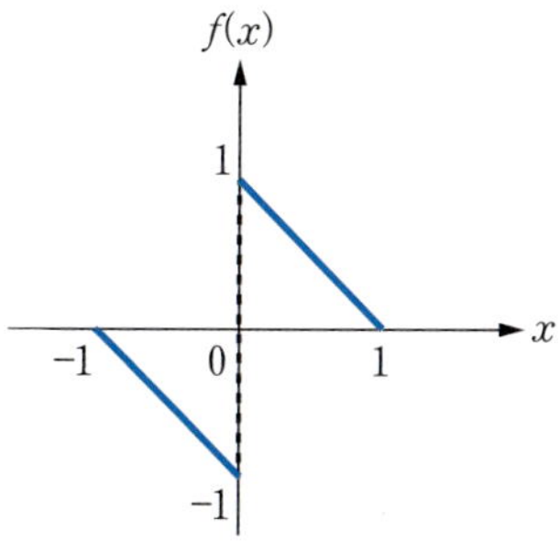

[그림 12-4] **푸리에 사인 적분을 위한 기함수 $f(x)$**

[그림 12-4]로 표현한 함수를 식으로 나타내보자.

$$f(v) = \begin{cases} -v-1 & (-1 < v < 0) \\ 1-v & (0 < v < 1) \end{cases}$$

위 함수를 푸리에 사인 적분으로 나타내려면 먼저 계수인 $B(\omega)$를 구해야 한다. 식 (12.16)에서

$$B(\omega) = \frac{2}{\pi}\int_0^\infty f(v)\sin\omega v\,dv = \frac{2}{\pi}\int_0^1 (1-v)\sin\omega v\,dv$$
$$= \frac{2}{\pi\omega}\left(1-\frac{\sin\omega}{\omega}\right)$$

와 같이 계산된다. 이 식을 식 (12.15)에 대입하면 다음과 같이 된다.

$$f(x) = \int_0^\infty \left\{\frac{2}{\pi\omega}\left(1-\frac{\sin\omega}{\omega}\right)\right\}\sin\omega x\,d\omega$$
$$= \frac{2}{\pi}\int_0^\infty \frac{1}{\omega}\left(1-\frac{\sin\omega}{\omega}\right)\sin x\omega\,d\omega$$

유제 12-2

다음 함수를 **(a)** 푸리에 코사인 적분, **(b)** 푸리에 사인 적분으로 나타내라.

$$f(x) = \begin{cases} 1 & (0 < x < 1) \\ 0 & (x > 1) \end{cases}$$

예제 12-3 응용 푸리에 코사인 적분 및 푸리에 사인 적분의 응용

[예제 12-2]에서 구한 푸리에 코사인 적분 및 푸리에 사인 적분 값을 이용하여 다음 함수의 값을 구하라. 단, $0 < x < 1$이다.

(a) $\displaystyle\int_0^{\infty}\left(\frac{\sin\omega}{\omega}+\frac{1-\cos\omega}{\omega^2}\right)\cos x\omega\, d\omega$

(b) $\displaystyle\frac{1}{\pi}\int_0^{\infty}\left(\frac{1}{\omega}-\frac{\sin\omega}{\omega^2}\right)\sin x\omega\, d\omega$

key point

$f(x)=1-x$를 나타내기 위한 푸리에 적분식

- $f(x)=\dfrac{2}{\pi}\displaystyle\int_0^{\infty}\frac{1}{\omega^2}(1-\cos\omega)\cos x\omega\, d\omega$
- $f(x)=\dfrac{2}{\pi}\displaystyle\int_0^{\infty}\frac{1}{\omega}\left(1-\frac{\sin\omega}{\omega}\right)\sin x\omega\, d\omega$

풀이

(a) [예제 12-2(a)]의 결과인 $f(x)=\dfrac{2}{\pi}\displaystyle\int_0^{\infty}\frac{1}{\omega^2}(1-\cos\omega)\cos x\omega\, d\omega$는 $f(x)=1-x$ (단, $0<x<1$)를 나타내기 위한 것이므로

$$\begin{aligned}f(x)&=\frac{2}{\pi}\int_0^{\infty}\frac{1}{\omega^2}(1-\cos\omega)\cos x\omega\, d\omega\\&=1-x\end{aligned}$$

가 된다. 그러므로 다음과 같은 값을 얻을 수 있다.

$$\int_0^{\infty}\frac{1}{\omega^2}(1-\cos\omega)\cos x\omega\, d\omega=\frac{\pi}{4}(1-x)$$

(b) [예제 12-2(b)]의 결과인 $f(x)=\dfrac{2}{\pi}\displaystyle\int_0^{\infty}\frac{1}{\omega}\left(1-\frac{\sin\omega}{\omega}\right)\sin x\omega\, d\omega$ 역시 $f(x)=1-x$(단, $0<x<1$)를 나타내기 위한 것이므로

$$\begin{aligned}f(x)&=\frac{2}{\pi}\int_0^{\infty}\frac{1}{\omega}\left(1-\frac{\sin\omega}{\omega}\right)\sin x\omega\, d\omega\\&=1-x\end{aligned}$$

가 된다. 그러므로 다음과 같은 값을 얻을 수 있다.

$$\frac{1}{\pi}\int_0^{\infty}\left(\frac{1}{\omega}-\frac{\sin\omega}{\omega^2}\right)\sin x\omega\, d\omega=\frac{1-x}{2}$$

유제 12-3

[유제 12-2]에서 구한 푸리에 코사인 적분 및 푸리에 사인 적분 값을 이용하여 다음 함수의 값을 구하라.

(a) $\displaystyle\int_0^{\infty}\frac{\sin\omega\cos x\omega}{\omega}\,d\omega$

(b) $\displaystyle\int_0^{\infty}\frac{(1-\cos\omega)\sin x\omega}{\omega}\,d\omega$

12.2 복소 푸리에 적분

지금까지 비주기함수를 나타낼 수 있는 도구로서 푸리에 적분에 대해 알아보았다. 푸리에 적분은 푸리에 급수를 확장한 개념이므로 푸리에 적분을 나타내는 식이나 계수도 기본적으로 삼각함수의 형태로 구성되어 있다. 이 절에서는 푸리에 적분의 형태를 복소수 형태로 나타내는 과정을 살펴보자.

먼저 푸리에 적분식[3]

3 식 (12.9) 참조

$$f(x) = \int_0^\infty \{A(\omega)\cos\omega x + B(\omega)\sin\omega x\}\, d\omega$$

에서 푸리에 적분의 계수인 $A(\omega)$와 $B(\omega)$에 곱해진 $\cos\omega x$와 $\sin\omega x$를 오일러 공식을 이용하여 지수함수로 나타내보자.

$$\cos\omega x = \frac{e^{i\omega x} + e^{-i\omega x}}{2}, \quad \sin\omega x = \frac{e^{i\omega x} - e^{-i\omega x}}{2i}$$

위 식을 식 (12.9)에 대입하면

$$\begin{aligned} f(x) &= \int_0^\infty \left\{ \frac{A(\omega)}{2}(e^{i\omega x} + e^{-i\omega x}) + \frac{B(\omega)}{2i}(e^{i\omega x} - e^{-i\omega x}) \right\} d\omega \\ &= \int_0^\infty \left[\frac{1}{2}\{A(\omega) - iB(\omega)\}e^{i\omega x} + \frac{1}{2}\{A(\omega) + iB(\omega)\}e^{-i\omega x} \right] d\omega \end{aligned}$$

가 된다. 여기서 $A(\omega)$와 $B(\omega)$의 함수적 특성을 살펴보면

$$\begin{aligned} A(-\omega) &= \frac{1}{\pi}\int_{-\infty}^\infty f(v)\cos(-\omega v)\, dv \\ &= \frac{1}{\pi}\int_{-\infty}^\infty f(v)\cos(\omega v)\, dv = A(\omega), \\ B(-\omega) &= \frac{1}{\pi}\int_{-\infty}^\infty f(v)\sin(-\omega v)\, dv \\ &= -\frac{1}{\pi}\int_{-\infty}^\infty f(v)\sin(\omega v)\, dv = -B(\omega) \end{aligned}$$

와 같이 되므로 $A(\omega)$는 우함수이고 $B(\omega)$는 기함수임을 알 수 있다. 그러므로 $C(\omega) = \frac{1}{2}\{A(\omega) - iB(\omega)\}$로 두면 $C(-\omega) = \frac{1}{2}\{A(-\omega) - iB(-\omega)\}$이고, 우함수와 기함수의 성질에 따라

$$A(-\omega) = A(\omega),\; B(-\omega) = -B(\omega)$$

가 되므로 다음 식이 성립한다.

$$C(-\omega) = \frac{1}{2}\{A(-\omega) - iB(-\omega)\} = \frac{1}{2}\{A(\omega) + iB(\omega)\}$$

따라서 $f(x)$는 다음과 같이 나타낼 수 있다.

$$f(x) = \int_0^{\infty} \{C(\omega)e^{i\omega x} + C(-\omega)e^{-i\omega x}\}\, d\omega \tag{12.17}$$

아울러 식 (12.17)은 다음과 같이 생각할 수 있다.

$$\begin{aligned} f(x) &= \int_0^{\infty} C(\omega)e^{i\omega x}\, d\omega + \int_0^{\infty} C(-\omega)e^{-i\omega x}\, d\omega \\ &= \int_0^{\infty} C(\omega)e^{i\omega x}\, d\omega + \int_{-\infty}^{0} C(\omega)e^{i\omega x}\, d\omega \\ &= \int_{-\infty}^{\infty} C(\omega)e^{i\omega x}\, d\omega \end{aligned}$$

$C(\omega)$를 $A(\omega)$와 $B(\omega)$로 표현한 식에 식 (12.7)과 식 (12.8)을 대입하면

$$\begin{aligned} C(\omega) &= \frac{1}{2}\{A(\omega) - iB(\omega)\} \\ &= \frac{1}{2}\left\{\frac{1}{\pi}\int_{-\infty}^{\infty} f(v)\cos\omega v\, dv - \frac{i}{\pi}\int_{-\infty}^{\infty} f(v)\sin\omega v\, dv\right\} \\ &= \frac{1}{2\pi}\int_{-\infty}^{\infty} f(v)(\cos\omega v - i\sin\omega v)\, dv \\ &= \frac{1}{2\pi}\int_{-\infty}^{\infty} f(v)e^{-i\omega v}\, dv \end{aligned}$$

가 된다. 따라서 위 식을 정리하면 다음과 같이 나타낼 수 있다.

▪ 복소 푸리에 적분

$$f(x) = \int_{-\infty}^{\infty} C(\omega)e^{i\omega x}\, d\omega \tag{12.18}$$

▪ 복소 푸리에 적분의 계수

$$C(\omega) = \frac{1}{2\pi}\int_{-\infty}^{\infty} f(v)e^{-i\omega v}\, dv \tag{12.19}$$

식 (12.18)은 **복소 푸리에 적분**complex Fourier integral이고, 식 (12.19)는 **복소 푸리에 적분의 계수**가 된다.

예제 12-4 복소 푸리에 적분 구하기

다음 함수의 복소 푸리에 적분을 구하라.

$$f(x) = \begin{cases} 1-x & (0 < x < 1) \\ 0 & (x < 0,\ x > 1) \end{cases}$$

key point

- $f(x) = \int_{-\infty}^{\infty} C(\omega)e^{i\omega x}\,d\omega$
- $C(\omega) = \dfrac{1}{2\pi}\int_{-\infty}^{\infty} f(v)e^{-i\omega v}\,dv$

풀이

식 (12.19)를 이용하여 푸리에 적분의 계수를 구하면

$$\begin{aligned} C(\omega) &= \frac{1}{2\pi}\int_{-\infty}^{\infty} f(v)e^{-i\omega v}\,dv \\ &= \frac{1}{2\pi}\int_{0}^{1} (1-v)e^{-i\omega v}\,dv \\ &= \frac{1}{2\pi\omega i}\left\{1+\frac{i}{\omega}(1-e^{-i\omega})\right\} \end{aligned}$$

이다. 위에서 구한 $C(\omega)$를 식 (12.18)에 대입하면

$$\begin{aligned} f(x) &= \int_{-\infty}^{\infty} C(\omega)e^{i\omega x}\,d\omega \\ &= \int_{-\infty}^{\infty} \frac{1}{2\pi\omega i}\left\{1+\frac{i}{\omega}(1-e^{-i\omega})\right\}e^{i\omega x}\,d\omega \\ &= \frac{1}{2\pi i}\int_{-\infty}^{\infty} \frac{1}{\omega}\left\{1+\frac{i}{\omega}(1-e^{-i\omega})\right\}e^{i\omega x}\,d\omega \end{aligned}$$

와 같이 복소 푸리에 적분 값을 구할 수 있다.

유제 12-4

다음 함수의 복소 푸리에 적분을 구하라.

$$f(x) = \begin{cases} 1 & (0 < x < 1) \\ 0 & (x < 0,\ x > 1) \end{cases}$$

12.3 푸리에 변환

이 절에서는 푸리에 해석의 나머지 부분인 푸리에 변환에 대해 이야기할 것이다. 푸리에 급수와 적분이 함수를 표현하는 도구로 쓰인다면, 푸리에 변환은 해석analysis을 위한 도구로 쓰인다. 예를 들어 임의의 신호를 해석한다는 것은 그 신호의 성질을 파악하는 것이라고 할 수 있는데, 흔히 시간함수로 표현되는 신호를 주파수함수로 표현되는 신호로 변환하면 주파수 성분을 분석할 수 있게 된다. 즉 **푸리에 변환**Fourier transform은 시간함수를 주파수함수로 바꿔주는 역할을 맡고 있기 때문에 해석적 도구라고 할 수 있다.

▪ 푸리에 변환의 역할

푸리에 변환과 역변환

푸리에 변환을 나타내는 식은 12.2절의 복소 푸리에 적분식으로부터 바로 구할 수 있다. 복소 푸리에 적분을 표현하는 식 (12.18)에 계수에 대한 식 (12.19)를 대입하여 원식을 그대로 나타내보자.

$$f(x) = \frac{1}{2\pi}\int_{-\infty}^{\infty}\left\{\int_{-\infty}^{\infty} f(v)e^{-i\omega v}\,dv\right\}e^{i\omega x}\,d\omega \tag{12.20}$$

식 (12.20)에서 중괄호 안의 식을 $F(\omega)$로 두면 다음과 같이 나타낼 수 있다.

$$F(\omega) = \int_{-\infty}^{\infty} f(v)e^{-i\omega v}\,dv \tag{12.21}$$

여기서 변수 v를 x로 바꾸면

▪ 푸리에 변환의 정의식

$$F(\omega) = \int_{-\infty}^{\infty} f(x)e^{-i\omega x}\,dx \tag{12.22}$$

이고, 식 (12.20)은 다음과 같이 쓸 수 있다.

$$f(x) = \frac{1}{2\pi}\int_{-\infty}^{\infty} F(\omega)e^{i\omega x}\,d\omega \tag{12.23}$$

식 (12.22)는 변수가 ω인 식이고, 식 (12.23)은 변수가 x인 식이다. 즉 일반적으로 변수 x를 사용하는 함수 $f(x)$를 변수 ω를 사용하는 함수 $F(\omega)$로 변환하는 것을 **푸리에 변환**Fourier transform이라고 한다.

반대로 변수 ω를 사용하는 함수 $F(\omega)$를 변수 x를 사용하는 함수 $f(x)$로 변환하는 것을 **푸리에 역변환**inverse Fourier transform이라고 한다. $f(x)$를 시간함수, $F(\omega)$를 주파수함수라고 생각하면 보다 이해하기 쉬울 것이다. 즉 시간함수를 주파수함수로 바꾸는 것이 푸리에 변환이고, 역으로 주파수함수를 시간함수로 바꾸는 것이 푸리에 역변환이다.

푸리에 변환과 역변환의 식을 다르게 나타내는 경우도 있다. 예를 들어 $\dfrac{1}{2\pi}$을 푸리에 역변환이 아니라 푸리에 변환 식에 붙이는 경우도 있고, 대칭성을 주기 위해서 $\dfrac{1}{\sqrt{2\pi}}$을 변환과 역변환 식에 모두 붙이는 경우도 있다. 하지만 변환과 역변환의 상호적인 면에서 의미가 달라지는 것은 아니므로 염두에 두지 않아도 된다. 식 (12.22)와 식 (12.23)은 푸리에 변환 관련 전문서적에서 상대적으로 많이 사용하는 형태이므로 여기서도 선택하였다는 점을 밝혀둔다.

예제 12-5 응용 푸리에 변환 및 주파수 스펙트럼 구하기

다음 함수 $f(x)$에 대하여 물음에 답하라.

$$f(x) = \begin{cases} 1 & (\,|x| < 1\,) \\ 0 & (\,|x| > 1\,) \end{cases}$$

key point

$$F(\omega) = \int_{-\infty}^{\infty} f(x)e^{-i\omega x}\,dx$$

(a) 푸리에 변환을 구하라.

(b) 주파수 스펙트럼을 구하라.

(c) (a)와 (b)에서 구한 값을 그림으로 나타내라.

풀이

(a) 푸리에 변환을 표현하는 식 (12.22)를 이용하면 다음과 같이 계산할 수 있다.

$$F(\omega) = \int_{-\infty}^{\infty} f(x)e^{-i\omega x}\,dx = \left.\frac{e^{-i\omega x}}{-i\omega}\right|_{-1}^{1} = \frac{e^{i\omega} - e^{-i\omega}}{i\omega}$$

위의 식에 오일러 공식을 이용하여 지수함수를 삼각함수 형태로 바꾸면

$$F(\omega) = \frac{2\sin\omega}{\omega}$$

와 같은 푸리에 변환 값을 구할 수 있다.

(b) **주파수 스펙트럼**은 푸리에 변환 값의 절대치이므로 주파수 스펙트럼 값은 다음과 같이 나타낼 수 있다.

$$|F(\omega)| = \frac{2}{\omega}|\sin\omega|$$

(c) 푸리에 변환 값 $F(\omega)=\dfrac{2\sin\omega}{\omega}$는 [그림 12-5(a)]와 같이, 주파수 스펙트럼 $|F(\omega)|=\dfrac{2}{\omega}|\sin\omega|$는 [그림 12-5(b)]와 같이 나타낼 수 있다.

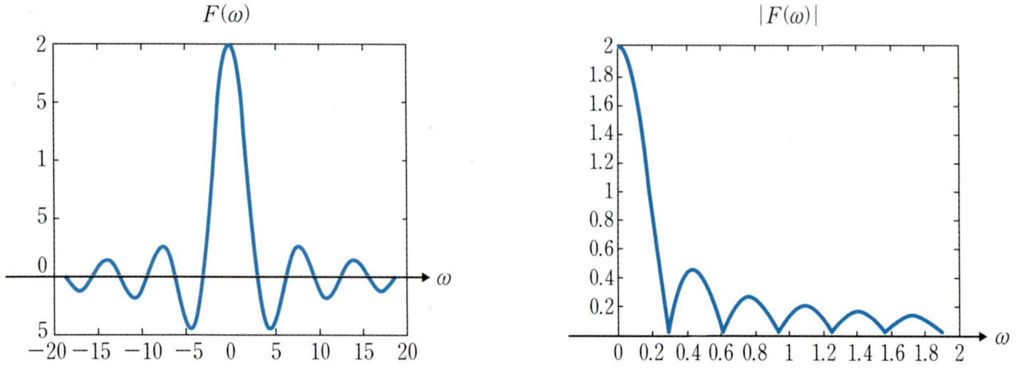

(a) 푸리에 변환 $F(\omega)$ (b) 주파수 스펙트럼 $|F(\omega)|$

[그림 12-5] **함수 $f(x)$의 푸리에 변환과 주파수 스펙트럼**

유제 12-5

다음 함수의 푸리에 변환을 구하라.

$$f(x)=\begin{cases}0 & (x<0)\\ e^{-x} & (x>0)\end{cases}$$

[예제 12-5]에서 보듯이 주파수 스펙트럼은 어떤 함수, 즉 어떤 신호의 주파수 성분을 한눈에 알아볼 수 있다는 장점이 있다. 그 때문에 푸리에 변환은 현대 신호처리 분야에서 대단히 중요한 역할을 하고 있다.

▪ 주기 및 비주기함수의 주파수 스펙트럼 형태

푸리에 변환은 주기함수뿐만 아니라 비주기함수에도 사용할 수 있는데, 주기함수인지 아닌지에 따라 주파수 스펙트럼의 형태가 다르게 나타난다. 주기함수의 스펙트럼은 불연속적인 값, 즉 이산적인[discrete] 값을 갖고, 비주기함수의 스펙트럼은 연속적인 값을 갖는다는 사실 또한 기억해 두기를 바란다.

Chapter 12 핵심요약

푸리에 적분

- 푸리에 적분은 비주기함수를 표현하는 도구이다.

$$f(x) = \int_0^\infty \{A(\omega)\cos\omega x + B(\omega)\sin\omega x\}\,d\omega$$

$$A(\omega) = \frac{1}{\pi}\int_{-\infty}^{\infty} f(v)\cos\omega v\,dv,\ B(\omega) = \frac{1}{\pi}\int_{-\infty}^{\infty} f(v)\sin\omega v\,dv$$

- 비주기 우함수는 푸리에 코사인 적분을 이용하여 표현한다.

$$f(x) = \int_0^\infty A(\omega)\cos\omega x\,d\omega,\ A(\omega) = \frac{2}{\pi}\int_0^\infty f(v)\cos\omega v\,dv$$

- 비주기 기함수는 푸리에 사인 적분을 이용하여 표현한다.

$$f(x) = \int_0^\infty B(\omega)\sin\omega x\,d\omega,\ B(\omega) = \frac{2}{\pi}\int_0^\infty f(v)\sin\omega v\,dv$$

복소 푸리에 적분

- 푸리에 적분을 복소수 형태로 나타낼 수도 있다.

$$f(x) = \int_{-\infty}^{\infty} C(\omega)e^{i\omega x}\,d\omega,\ C(\omega) = \frac{1}{2\pi}\int_{-\infty}^{\infty} f(v)e^{-i\omega v}\,dv$$

푸리에 변환

- 푸리에 변환은 시간함수를 주파수함수로 변환하는 도구이다.
- 푸리에 변환 : $F(\omega) = \int_{-\infty}^{\infty} f(x)e^{-i\omega x}\,dx$
- 푸리에 역변환 : $f(x) = \frac{1}{2\pi}\int_{-\infty}^{\infty} F(\omega)e^{i\omega x}\,d\omega$

Chapter 12 연습문제

※ **(문제 12.1~12.3)** 다음 함수의 푸리에 적분을 구하라.

12.1 $f(x) = \begin{cases} 2\pi & (|x| < 1) \\ 0 & (|x| > 1) \end{cases}$

12.2

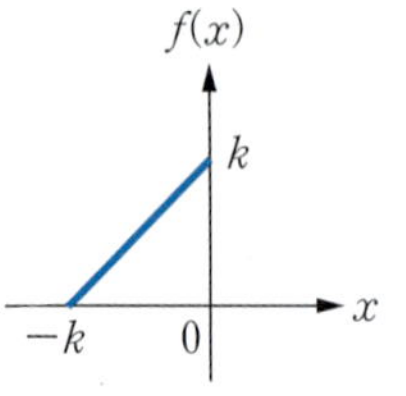

[그림 12-6] $f(x)$ 의 그래프

12.3 $f(x) = \begin{cases} x & (|x| < a) \\ 0 & (|x| > a) \end{cases}$

12.4 푸리에 적분을 이용하여 다음 식을 증명하라.

$$\frac{a}{\pi}\int_0^{\infty} \frac{\cos x\omega + \omega \sin x\omega}{\omega^2+1} d\omega = \begin{cases} 0 & (x<0) \\ \dfrac{a}{2} & (x=0) \\ ae^{-x} & (x>0) \end{cases}$$

※ **(문제 12.5~12.8)** 다음 함수의 푸리에 코사인 적분과 푸리에 사인 적분을 각각 구하라.

12.5 $f(x) = \begin{cases} -x+1 & (0<x<1) \\ 0 & (x>1) \end{cases}$

12.6 $f(x) = \begin{cases} \pi x^2 & (0<x<2) \\ 0 & (x>2) \end{cases}$

12.7 $f(x) = e^{-ax+a} \quad (x>0,\ a>0)$

12.8 $f(x) = \begin{cases} e^x & (0<x<1) \\ 0 & (x>1) \end{cases}$

12.9 $f(x) = \begin{cases} \cos x & (0<x<\pi) \\ 0 & (x>\pi) \end{cases}$ 의 푸리에 코사인 적분을 구하라.

12.10 $f(x) = \begin{cases} \sin x & (0<x<\pi) \\ 0 & (x>\pi) \end{cases}$ 의 푸리에 사인 적분을 구하라.

12.11 $f(x) = \begin{cases} ax & (0<x<k) \\ 0 & (x<0,\ x>k) \end{cases}$ 의 복소 푸리에 적분을 구하라.

※ **(문제 12.12~12.16)** 다음 함수의 푸리에 변환을 구하라.

12.12 $f(x) = \begin{cases} e^{ix} & (-1<x<1) \\ 0 & (x<-1,\ x>1) \end{cases}$

12.13 $f(x) = \begin{cases} x & (|x|<1) \\ 0 & (|x|>1) \end{cases}$

12.14 $f(x) = \begin{cases} xe^{-x} & (-1<x<0) \\ 0 & (x<-1,\ x>0) \end{cases}$

12.15 $f(x) = \begin{cases} -a & (-2<x<0) \\ a & (0<x<2) \\ 0 & (x<-2,\ x>2) \end{cases}$

12.16 $f(x) = e^{kx^2} \quad (k<0)$

Chapter

13

편미분방정식

Partial Differential Equations

학습목표

- 편미분방정식의 기본 개념을 이해한다.
- 현재까지 중요하게 전해오는 편미분방정식의 예를 숙지한다.
- 편미분방정식의 변수분리법에 대해 이해한다.
- 파동방정식의 구성, 초기조건의 활용 및 해법을 이해한다.
- 푸리에 급수가 편미분방정식의 해법에 활용되는 과정을 이해한다.

물리적인 상태를 모델링할 때 독립변수가 하나인 경우에는 상미분방정식으로 표현되고, 독립변수가 두 개 이상인 경우에는 편미분방정식으로 표현된다. 실제 문제에서는 변수가 여러 개인 경우가 많으므로 보다 세밀한 문제를 해결할 때는 상미분방정식보다 편미분방정식을 주로 사용한다.

이 장에서는 편미분방정식의 기본 개념을 충실히 이해하는 데 중점을 두었다. 중요한 편미분방정식을 먼저 소개하고, 그중 하나인 파동방정식을 이용하여 편미분방정식의 해법을 이해하도록 했다.

상미분방정식에 비해 다소 복잡해보일 수 있지만, 이 장에서 예로 든 파동방정식의 풀이를 찬찬히 살펴보면 지금까지 학습했던 부분이 편미분방정식의 해법에 그대로 활용되고 있음을 알 수 있다. 따라서 공학적인 문제를 해결한다는 것은 수학의 어느 한 부분이 아니라 여러 부분이 동시에 필요하다는 사실을 느낄 수 있는 좋은 사례가 될 것이다.

알아 두어야 할 개념과 공식

Chapter 13

1. 차원이란

차원dimension이란 보통 임의의 점을 지정하는 데 필요한 좌표의 수를 말한다. 선은 1차원, 면은 2차원, 공간은 3차원으로 규정한다. 따라서 직선상의 한 점은 하나의 좌표(x), 평면상의 한 점은 두 개의 좌표$(x,\ y)$, 공간상의 한 점은 세 개의 좌표$(x,\ y,\ z)$가 필요하게 된다. 인간이 인지할 수 있는 공간은 3차원까지이고, 여기에 시간 차원을 더해 4차원 시공간이라고 한다. 하지만 이론적으로는 그 이상의 차원도 생각할 수 있다.

2. 푸리에 코사인 급수와 푸리에 사인 급수

• 푸리에 코사인 급수와 계수

$$f(x) = a_0 + \sum_{n=1}^{\infty} a_n \cos\frac{n\pi x}{L}$$

$$a_0 = \frac{1}{L}\int_0^L f(x)\,dx$$

$$a_n = \frac{2}{L}\int_0^L f(x)\cos\frac{n\pi x}{L}\,dx$$

• 푸리에 사인 급수와 계수

$$f(x) = \sum_{n=1}^{\infty} b_n \sin\frac{n\pi x}{L}$$

$$b_n = \frac{2}{L}\int_0^L f(x)\sin\frac{n\pi x}{L}\,dx$$

3. 삼각함수의 곱을 합과 차로 표현하는 공식

• $\sin x \cos y = \frac{1}{2}\{\sin(x+y) + \sin(x-y)\}$

• $\cos x \sin y = \frac{1}{2}\{\sin(x+y) - \sin(x-y)\}$

• $\cos x \cos y = \frac{1}{2}\{\cos(x+y) + \cos(x-y)\}$

• $\sin x \sin y = -\frac{1}{2}\{\cos(x+y) - \cos(x-y)\}$

13.1 편미분방정식의 기본 개념

13.1.1 편미분방정식의 정의

편미분방정식을 간단히 말하면, 독립변수가 2개 이상인 미분방정식이라고 할 수 있다. 이런 정의에 입각하여 상미분방정식과 비교해보는 것도 편미분방정식을 이해하는 데 도움이 될 것이다.[1]

[1] 2장의 2.1절 참조

미분방정식 속의 독립변수를 이해하기 위해 우리가 인지하고 있는 세상에 대해 생각해보자. 흔히 우리가 사는 공간을 3차원이라고 한다. 1차원은 선, 2차원은 면, 3차원은 공간인 것이다. 따라서 1차원을 표시하려면 축이 1개 필요하고, 2차원을 표시하려면 축이 2개 필요하고, 3차원을 표시하려면 축이 3개 필요하다. 앞에서 이야기한 축을 표현하는 것이 바로 변수이다. 그러므로 우리들 세상에서 일어나는 일을 정확히 나타내려면 3차원에 해당되는 3개의 변수(일반적으로 x, y, z)가 필요하고, 여기에 거스를 수 없는 시간(t)까지 포함하면 4개의 변수가 필요하게 된다. 그래서 흔히 **4차원 시공간**이라고 표현한다.

이와 같이 우리 주변에서 벌어지는 물리적인 현상을 해석하려면 아무리 간단히 생각해도 1개의 독립변수는 필요하고(상미분방정식), 대부분 2개 이상의 변수(편미분방정식)를 두고 해석해야 할 경우가 많을 것이다. 따라서 변수가 여러 개 있을 때 각각의 변수가 무엇에 대해 변하는 것인지 알아야 하므로 편미분한 항이 들어가게 되고, 결과적으로 편미분방정식이 만들어질 수밖에 없다.

▪ 편미분방정식의 정의

편미분방정식을 좀 더 구체적으로 정의하면 다음과 같다. 즉 2개 이상의 독립변수를 갖는 함수와 그 변수들에 대한 편도함수를 포함하는 미분방정식을 **편미분방정식**partial differential equation이라고 한다.

▪ 2계 선형 편미분방정식의 형태

편미분방정식의 **계수**는 가장 많이 미분된 편도함수의 차수로 결정된다. 그리고 편미분방정식이 종속변수(해가 되는 함수)와 그 편도함수에 관해 1차이면 **선형**linear이라고 한다. 예를 들어, **2계 선형 편미분방정식**의 형태는 다음과 같이 나타낼 수 있다.

$$A\frac{\partial^2 u}{\partial x^2}+B\frac{\partial^2 u}{\partial x\partial y}+C\frac{\partial^2 u}{\partial y^2}+D\frac{\partial u}{\partial x}+E\frac{\partial u}{\partial y}+Fu=r(x,\ y) \qquad (13.1)$$

식 (13.1)에서 보는 바와 같이 편도함수의 최고차는 2이므로 식 (13.1)이 2계 편미분방정식이 된다. 식 (13.1)에서 $r(x,\ y)=0$이면 **제차** 편미분방정식이라고 하고 $r(x, y) \neq 0$이면 **비제차** 편미분방정식이라고 한다.

편미분방정식에 포함되어 있는 편도함수는 편미분되는 함수 옆에 아래첨자로 표현하기도 한다. 즉 식 (13.1)에 포함되어 있는 편도함수의 경우

$$\frac{\partial^2 u}{\partial x^2} = u_{xx}, \quad \frac{\partial^2 u}{\partial x \partial y} = u_{yx}, \quad \frac{\partial^2 u}{\partial y^2} = u_{yy}, \quad \frac{\partial u}{\partial x} = u_x, \quad \frac{\partial u}{\partial y} = u_y$$

와 같이 표현할 수 있으므로 식 (13.1)을 다음과 같이 나타낼 수도 있다.

$$Au_{xx} + Bu_{yx} + Cu_{yy} + Du_x + Eu_y + Fu = r(x, y) \tag{13.2}$$

식 (13.1)이나 식 (13.2)와 같은 편미분방정식에서의 독립변수는 x와 y이고, 독립변수에 따라 변하는 종속변수는 $u(x, y)$가 된다. 이 종속변수 u를 구하는 것이 바로 이 편미분방정식의 해를 구하는 것이다.

예제 13-1 편미분방정식의 분류

다음 편미분방정식의 계수와 독립 및 종속변수에 대해 설명하라.

(a) $A\frac{\partial u}{\partial x} = B\frac{\partial u}{\partial y}$ (단, A, B는 상수)

(b) $\frac{\partial^3 u}{\partial x^3} + 2\frac{\partial^2 u}{\partial y^2} + 3\frac{\partial u}{\partial z} = 0$

(c) $\left(\frac{\partial u}{\partial x}\right)^2 + \left(\frac{\partial u}{\partial y}\right)^2 = 1$

> **key point**
> 편도함수의 최고 미분 횟수가 편미분방정식의 계수이고, 편미분하는 변수는 독립변수, 편미분되는 함수는 종속변수이다.

풀이

(a) 편도함수의 최고차는 $\frac{\partial u}{\partial x}$, $\frac{\partial u}{\partial y}$ 모두 1이기 때문에 1계이다. 또 편미분하는 변수 x와 y는 독립변수이고, 편미분되는 변수 u는 종속변수이다.

(b) 편도함수의 최고차는 $\frac{\partial^3 u}{\partial x^3}$에서 3이므로 3계이고, 편미분하는 변수 x와 y, z는 독립변수, 편미분되는 변수 u는 종속변수이다.

(c) 편도함수의 최고차는 $\frac{\partial u}{\partial x}$, $\frac{\partial u}{\partial y}$의 1이므로 1계가 되고, 편미분하는 변수 x와 y는 독립변수, 편미분되는 u는 종속변수이다.

유제 13-1

다음 편미분방정식의 계수와 독립 및 종속변수에 대해 설명하라.

(a) $\frac{\partial^4 P}{\partial x^4} - \frac{\partial^2 P}{\partial y^2} = 0$

(b) $\frac{\partial^2 \theta}{\partial x^2} + \frac{\partial^2 \theta}{\partial y^2} + \frac{\partial^2 \theta}{\partial z^2} = 0$

(c) $\left(\frac{\partial Q}{\partial x}\right)^3 + \left(\frac{\partial Q}{\partial y}\right)^3 = 1$

13.1.2 편미분방정식의 해

간단한 편미분방정식의 해법을 알기 위해 다음과 같은 식을 생각해보자.

■ 상미분형태의 편미분방정식

$$\frac{\partial u(x,\ y)}{\partial x} = 0 \tag{13.3}$$

우선 편미분되어 있는 함수 $u(x,\ y)$는 변수를 2개 이상 갖고 있는 함수이고, 위 식에 포함된 $\frac{\partial u}{\partial x}$는 편도함수이다. 따라서 '2개 이상의 독립변수를 갖는 함수와 그 변수들에 대한 편도함수를 포함하는 미분방정식'이라는 편미분방정식의 정의에 합당한 식임을 확인할 수 있다.

그런 다음 편미분방정식 (13.3)의 해를 구하기 위해 적분하면

$$u(x,\ y) = c(y) \tag{13.4}$$

와 같은 식을 얻을 수 있다. 적분상수로 y의 함수인 $c(y)$가 나타난 것은, x로 편미분된 함수를 적분한 것이기 때문에 x를 포함하지 않는 함수 $c(y)$는 상수로 취급될 수 있기 때문이다. 그러므로 적분할 때 적분상수의 형태로 되살아난 것이다. 이런 점이 변수를 구분하지 않아도 상관없는 상미분방정식과 다른 점이다. 결국 식 (13.3)의 해가 식 (13.4)와 같이 얻어진다는 사실을 알 수 있다.

식 (13.3)은 상미분형태의 편미분방정식으로, 편미분방정식의 개념을 이해하여 기본적인 해법을 익히는 데 도움이 된다.

예제 13-2 상미분 형태의 편미분방정식

$u = u(x,\ y)$일 때, 다음 편미분방정식의 해를 구하라.

(a) $u_{yy} = u$ (b) $u_{yx} = u_y$

key point
$u_{xt} = \frac{\partial u}{\partial t \partial x}$

풀이

(a) $u_{yy} = u$를 풀어서 쓰면 $\frac{\partial}{\partial y}\left(\frac{\partial u}{\partial y}\right) - u = 0$이므로 $u'' - u = 0$ 형태로 풀면 된다. 원식이 x에 대한 도함수를 갖지 않으므로 $u = e^{\lambda y}$을 원식에 대입하면 $e^{\lambda y}(\lambda^2 - 1) = 0$이다. $\lambda^2 - 1 = 0$이므로 $\lambda_1 = 1$, $\lambda_2 = -1$이다.

상미분방정식의 경우라면 $u = c_1 e^{y} + c_2 e^{-y}$이라고 표현할 수 있겠지만, y의 편도함수만 포함한 편미분방정식이기 때문에 x는 상수로 취급해야 한다. 그러므로 상수를 x의 함수로 표현하여 편미분방정식의 해를 다음과 같이 쓸 수 있다.

$$u(x,\ y) = c_1(x)e^{y} + c_2(x)e^{-y}$$

(b) $u_{yx} = u_y$를 풀어서 쓰면 $\dfrac{\partial^2 u}{\partial x \partial y} = \dfrac{\partial}{\partial x}\left(\dfrac{\partial u}{\partial y}\right) = \dfrac{\partial u}{\partial y}$이다. 이 식에서 $u_y = \dfrac{\partial u}{\partial y} = p$라고 두면,

$$\frac{\partial^2 u}{\partial x \partial y} = \frac{\partial}{\partial x}\left(\frac{\partial u}{\partial y}\right) = \frac{\partial p}{\partial x} = p$$

가 된다. y에 대한 도함수가 없으므로 $\dfrac{dp}{dx} = p$의 해를 구하면 된다. 변수분리하면 $\dfrac{dp}{p} = dx$, 양변을 적분하면

$$\ln|p| = x + c_1(y)$$

가 된다. 그러므로 $p = e^{x+c_1(y)} = c_2(y)e^x$이 되고, 이는 곧 $p = \dfrac{\partial u}{\partial y} = c_2(y)e^x$이므로 y로 적분하면

$$u = e^x \int c_2(y)dy + P(x)$$

가 된다. $\int c_2(y)dy = Q(y)$로 두면 해는 다음과 같이 쓸 수 있다.

$$u(x, y) = P(x) + Q(y)e^x$$

유제 13-2

다음 편미분방정식의 해를 구하라.

(a) $u_{xt} = 0$ (단, $u = u(x, t)$)

(b) $u_{xy} = u_x$ (단, $u = u(x, y)$)

Check it up!

✔ 대표적인 2계 편미분방정식

❶ 1차원 열전도방정식

$$\frac{\partial u}{\partial t} = c^2 \frac{\partial^2 u}{\partial x^2}$$

❷ 1차원 파동방정식(현의 진동)

$$\frac{\partial^2 u}{\partial t^2} = c^2 \frac{\partial^2 u}{\partial x^2}$$

❸ 2차원 라플라스 방정식

$$\frac{\partial^2 u}{\partial x^2} + \frac{\partial^2 u}{\partial y^2} = 0$$

❹ 2차원 파동방정식(막, 면의 진동)

$$\frac{\partial^2 u}{\partial t^2} = c^2\left(\frac{\partial^2 u}{\partial x^2} + \frac{\partial^2 u}{\partial y^2}\right)$$

❺ 2차원 푸아송 방정식Poisson's equation

$$\frac{\partial^2 u}{\partial x^2} + \frac{\partial^2 u}{\partial y^2} = f(x, y)$$

❻ 3차원 라플라스 방정식

$$\frac{\partial^2 u}{\partial x^2} + \frac{\partial^2 u}{\partial y^2} + \frac{\partial^2 u}{\partial z^2} = 0$$

13.2 1차원 파동방정식의 변수분리법 및 경계조건

대표적인 편미분방정식 중의 하나인 1차원 파동방정식은 다음과 같다.

■ 1차원 파동방정식

$$\frac{\partial^2 u}{\partial t^2} = c^2 \frac{\partial^2 u}{\partial x^2} \tag{13.5}$$

1차원 파동방정식one-dimensional wave equation이란 현악기의 줄과 같은 탄성현의 진동을 나타내는 방정식을 말한다. 여기서 굳이 1차원이라고 표현하는 이유는 공간을 나타내는 변수(x, y, z) 중에서 x만 사용하기 때문이다. 식 (13.5)에서 해로 구해야 할 함수는 $u(x, t)$인데, $u(x, t)$는 1차원 파동방정식에서 현의 변위를 나타내는 함수이다.

■ 1차원 파동방정식의 경계 조건

이제 식 (13.5)의 1차원 파동방정식을 풀어보자. 1차원 파동방정식을 풀어서 해를 구하는 것은 현이 어떻게 운동하는지를 알기 위한 것이다. 그러므로 먼저 현이 고정된 위치로부터 다음과 같이 **경계조건**boundary condition을 얻을 수 있다.

$$u(0, t) = 0 \tag{13.6}$$

$$u(L, t) = 0 \tag{13.7}$$

위 조건은 $x = 0$과 $x = L$인 위치에서 현이 고정되어 있음을 의미한다. 즉 시간에 상관없이(모든 t에 대해) 그 위치에서 현이 움직일 수 없기 때문에 현의 변위를 나타내는 $u(x, t)$가 $x = 0$과 $x = L$인 점에서 0이 되는 것이다.

파동방정식에서의 변수분리법

그런 다음 파동방정식의 해가 되는 함수 $u(x, t)$의 변수를 분리하여 두 함수의 곱으로 표시한다.

$$u(x, t) = P(x)Q(t) \tag{13.8}$$

이때 $P(x)$와 $Q(t)$는 각각 x와 t에만 의존한다고 가정한다. 식 (13.8)을 변수 x로 미분하면

$$\frac{\partial^2 u}{\partial x^2} = P''Q$$

와 같은 식이 성립하고, 변수 t로 미분하면

$$\frac{\partial^2 u}{\partial t^2} = PQ''$$

과 같은 식이 성립한다. 앞선 두 식을 식 (13.5)에 대입하면

$$\frac{\partial^2 u}{\partial t^2} = PQ'' = c^2 \frac{\partial^2 u}{\partial x^2} = c^2 P'' Q$$

가 되어 다음과 같은 식이 성립한다.

$$PQ'' = c^2 P'' Q$$

위 식을 $c^2 PQ$로 나누면

$$\frac{1}{c^2} \cdot \frac{Q''}{Q} = \frac{P''}{P}$$

이 된다. 위 식에서 $\frac{Q''}{Q}$은 t에 대한 함수를 나타내고, $\frac{P''}{P}$은 x에 대한 함수를 나타내므로, 변수가 나타나는 한 같은 식이 될 수 없다. 따라서 위 식이 성립하려면

$$\frac{1}{c^2} \cdot \frac{Q''}{Q} = \frac{P''}{P} = k \quad (\text{단, } k\text{는 상수})$$

와 같이 상수로 나타나는 수밖에 없다. 위 식을 정리하면 다음과 같은 두 개의 상미분방정식을 얻을 수 있다.

■ 변수를 분리함으로써 얻은 1차원 파동방정식

$$P'' - kP = 0 \tag{13.9}$$

$$Q'' - c^2 kQ = 0 \tag{13.10}$$

위의 두 방정식은 해가 되는 함수의 변수를 분리하는 과정을 거침으로써 하나의 편미분방정식이 두 개의 상미분방정식으로 나뉜 것이다. 위의 방정식을 풀어서 각각의 해가 되는 $P(x)$와 $Q(t)$를 구하면, 그 곱인 $u(x, t) = P(x)Q(t)$를 알 수 있으므로 편미분방정식의 해를 구할 수 있게 된다.

파동방정식의 경계조건

식 (13.6)과 식 (13.7)에서 나타낸 바와 같이, 1차원 파동방정식의 경계조건은 다음과 같다.

$$u(0, t) = 0, \ u(L, t) = 0$$

이 경계조건을 $u(x,\ t) = P(x)Q(t)$에 대입하면 다음과 같다.

$$u(0,\ t) = P(0)Q(t) = 0,\ u(L,\ t) = P(L)Q(t) = 0 \qquad (13.11)$$

식 (13.11)이 $Q(t) = 0$이 되어 성립하면, $u(x,\ t) = 0$이 되므로 무의미한 해 trivial solution가 된다. 따라서 $Q(t) \neq 0$이고

$$P(0) = 0,\ P(L) = 0 \qquad (13.12)$$

이 되어야 한다. 이 조건을 식 (13.9)인 $P'' - kP = 0$에 대입해보자. 이때 상수 k의 성질에 따라 해 $P(x)$ 값이 다르게 나타나므로 다음과 같이 k를 구분하여 생각해보자.

❶ $k = 0$이면 $P'' = 0$이 되므로 두 번 적분하여 다음과 같은 일반해를 얻는다.

$$P(x) = Ax + B \quad (\text{단, } A,\ B\text{는 상수})$$

여기에 조건 $P(0) = 0$을 대입하면 $P(0) = B = 0$이 되고, $P(L) = 0$을 대입하면 $P(L) = AL + B = AL = 0$이 된다. 이때 $L \neq 0$이기 때문에 $A = 0$이 되어야 한다. 결과적으로 $A = B = 0$이 되어 $P(x) = 0$이라는 무의미한 해를 얻게 된다. 그러므로 $k \neq 0$이어야 한다.

❷ $k = \mu^2$, 즉 k가 양수인 경우에 대해 생각해보자. $P'' - kP = 0$은 $P'' - \mu^2 P = 0$으로 쓸 수 있다. 이 상미분방정식에 $P(x) = e^{\lambda x}$을 대입하면 특성방정식 $\lambda^2 - \mu^2 = 0$을 얻을 수 있고, 따라서 $\lambda = \pm\mu$이므로 다음과 같은 해를 구할 수 있다.

$$P(x) = Ae^{\mu x} + Be^{-\mu x} \quad (\text{단, } A,\ B\text{는 상수})$$

여기에 $P(0) = 0$을 대입하면 $P(0) = A + B = 0$이 되므로, $B = -A$가 된다. 그런 다음 $P(L) = 0$을 대입하면 $P(L) = Ae^{\mu L} - Ae^{-\mu L} = 0$이 되어야 하므로 $A\left(e^{\mu L} - e^{-\mu L}\right) = 0$이 성립해야 한다. 이 식에서 $e^{\mu L} - e^{-\mu L} \neq 0$이기 때문에 $A = 0$이 되어야 한다. 결국 $A = B = 0$이므로 $P(x) = 0$이 된다.

앞서 $k = \mu^2$(양수)인 경우에도 타당한 해를 구할 수 없으므로 k는 양수가 아님을 알 수 있다.

❸ $k = -p^2$, 즉 k가 음수인 경우에 대해 생각해보자. $k = -p^2$이면 $P'' + p^2 P = 0$이 된다. 이 상미분방정식에 $P = e^{\lambda x}$을 대입하면 특성방정식 $\lambda^2 + p^2 = 0$을 얻을 수 있고, 다음과 같은 해를 구할 수 있다.

$$P(x) = A\cos px + B\sin px \quad (\text{단, } A,\ B\text{는 상수}) \tag{13.13}$$

위 식에 $P(0) = 0$을 대입하면 $P(0) = A = 0$이 되고, $P(L) = 0$을 대입하면 $P(L) = B\sin pL = 0$이 되어야 한다. 이때 $B = 0$이 되면 $A = B = 0$이 된다. 결과적으로 $P(x) = 0$이 되므로 $P(x) \neq 0$이어야 하고, 따라서 $B \neq 0$이어야 한다. 즉 $\sin pL = 0$이 되어야 하고, 그러기 위해서는 $pL = n\pi$가 되어야 한다. 그러므로

$$p = \frac{n\pi}{L} \quad (\text{단, } n = 1,\ 2,\ 3,\ \cdots) \tag{13.14}$$

이고, 식 (13.13)에 식 (13.14)를 대입하면 다음과 같다.

$$P(x) = B\sin\frac{n\pi}{L}x \quad (\text{단, } n = 1,\ 2,\ 3,\ \cdots)$$

위 식은 n이 정수일 때 성립하므로

$$P_n(x) = B_n\sin\frac{n\pi}{L}x \quad (\text{단, } n\text{은 정수}) \tag{13.15}$$

로 쓸 수 있고, 식 (13.15)는 편미분방정식의 해 $u(x,\ t) = P(x)Q(t)$ 중에서 x를 변수로 하는 함수 $P(x)$를 의미하는 것이다.

다음에는 t를 변수로 하는 함수 $Q(t)$를 구하기 위해 다음과 같은 식을 풀어보자.

$$Q'' - c^2 kQ = 0$$

상수 k는 $k = -p^2$인 경우에 대해서만 해가 존재하므로 다음과 같은 식으로 나타낼 수 있다.

$$k = -p^2 = -\left(\frac{n\pi}{L}\right)^2 \tag{13.16}$$

식 (13.16)을 상미분방정식 $Q'' - c^2 kQ = 0$에 대입하면

$$Q'' + \left(\frac{cn\pi}{L}\right)^2 Q = 0 \tag{13.17}$$

이 되고

$$\lambda_n = \frac{cn\pi}{L} \tag{13.18}$$

라고 두면, 식 (13.17)은 다음과 같이 나타낼 수 있다.

$$Q'' + \lambda_n^2 Q = 0 \tag{13.19}$$

이제 식 (13.19)와 같은 상미분방정식에 $Q = e^{\lambda x}$을 대입하면 특성방정식 $\lambda^2 + \lambda_n^2 = 0$을 얻을 수 있고, $\lambda = \pm\lambda_n i$라는 근으로부터

$$Q(t) = C\cos\lambda_n t + D\sin\lambda_n t \quad (\text{단, } C,\ D\text{는 상수})$$

와 같은 해를 얻을 수 있다. 위 식 역시 n이 정수일 때 성립하는 식이므로 다음과 같이 나타낼 수 있다.

$$Q_n(t) = C_n\cos\lambda_n t + D_n\sin\lambda_n t \tag{13.20}$$

식 (13.20)은 편미분방정식의 해 $u(x,\ t) = P(x)Q(t)$ 중에서 t를 변수로 하는 함수 $Q(t)$에 해당된다. 그런데 해를 구하는 과정에서 n이 정수일 때 성립하는 함수들이 해의 성분이 된다는 사실을 알았으므로 $u(x,\ t) = P(x)Q(t)$를 $u_n(x,\ t) = P_n(x)Q_n(t)$와 같이 나타낼 수 있다. 따라서 편미분방정식의 해는 식 (13.15)와 식 (13.20)을 곱하여

$$u_n(x,\ t) = B_n\sin\frac{n\pi x}{L}(C_n\cos\lambda_n t + D_n\sin\lambda_n t)$$

가 되고, 위 식에서 상수 B_nC_n을 B_n으로, B_nD_n을 B_n^*이라고 두면 다음과 같이 편미분방정식의 해를 나타낼 수 있다.

▪1차원 파동방정식의 해

$$u_n(x,\ t) = \left(B_n\cos\lambda_n t + B_n^*\sin\lambda_n t\right)\sin\frac{n\pi x}{L} \quad (\text{단, } n\text{은 정수}) \tag{13.21}$$

▪진동현의 고유함수, 고윳값과 스펙트럼

식 (13.21)과 같이 나타나는 1차원 파동방정식의 해가 되는 함수들을 진동하는 현의 **고유함수**eigen function라고 하고, 식 (13.18)의 값 $\lambda_n = \dfrac{cn\pi}{L}$를 **고윳값**eigen value이라고 한다. $\{\lambda_1,\ \lambda_2,\ \lambda_3,\ \cdots\}$로 나타나는 집합을 **스펙트럼**spectrum이라고 한다.

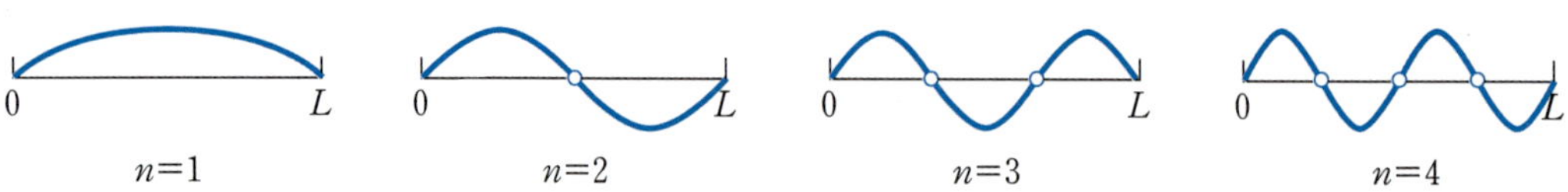

[그림 13-1] 진동하는 현의 정규진동

13.3 1차원 파동방정식의 초기조건

13.2절에서는 1차원 파동방정식의 경계조건을 살펴보았다. 이 절에서는 파동방정식의 초기조건에 대해 살펴볼 것이다.

파동방정식의 초기조건

이미 알고 있지만, 1차원 파동방정식은 진동하는 현의 움직임을 모델링한 식이라고 볼 수 있다. 그리고 1차원 파동방정식의 해 $u(x, t)$는 현의 변위를 나타내는 함수이다. 그러므로 1차원 파동방정식의 초기조건이란 진동하는 현이 있을 때, 그 현이 처음에 어떤 변위와 속도를 갖고 있었는지를 나타내주는 것이어야 한다.

■ 1차원 파동방정식의 초기조건

그렇다면 1차원 파동방정식에서 초기조건이 되는 초기변위와 초기속도를 식으로 나타내보자. 현이 운동하고 있을 때, 초기변위란 기준으로 하는 시각 $t = 0$에서의 변위를 의미하고, 초기속도 역시 시각 $t = 0$에서의 속도를 의미한다. 그렇다면 초기변위는 $u(x, 0)$이라고 할 수 있고, 초기속도는 $u(x, 0)$을 시간으로 미분하면 얻을 수 있다. 따라서 초기변위를 $f(x)$, 초기속도를 $g(x)$로 두면 다음과 같이 **초기조건**을 정의할 수 있다.

$$u(x, 0) = f(x) \tag{13.22}$$

$$\left.\frac{\partial u}{\partial t}\right|_{t=0} = g(x) \tag{13.23}$$

편미분방정식의 해와 푸리에 급수

식 (13.22)의 초기조건을 만족하는 해를 구해보자. 먼저 13.2절에서 구한 해인 식 (13.21)은 n이 정수인 점을 감안해 다음과 같이 바꿔 쓸 수 있다.

$$\begin{aligned} u(x, t) &= \sum_{n=1}^{\infty} u_n(x, t) \\ &= \sum_{n=1}^{\infty} \left(B_n \cos \lambda_n t + B_n^* \sin \lambda_n t\right) \sin \frac{n\pi x}{L} \end{aligned} \tag{13.24}$$

식 (13.22)와 식 (13.24)로부터 다음과 같은 식을 얻을 수 있다.

$$u(x,\ 0) = \sum_{n=1}^{\infty} B_n \sin\frac{n\pi x}{L} = f(x)$$

위 식을 다시 쓰면 다음과 같다.

$$f(x) = \sum_{n=1}^{\infty} B_n \sin\frac{n\pi x}{L} \tag{13.25}$$

2 11장의 11.4.2절 참조

위 식을 보면 푸리에 사인 급수와 같은 형태임을 알 수 있다.[2] 따라서 위 식에서 계수인 B_n은 푸리에 사인 급수의 계수로 생각할 수 있고, 푸리에 사인 급수의 계수를 나타내는 식을 적용하면 다음과 같이 나타낼 수 있다.

$$B_n = \frac{2}{L}\int_0^L f(x)\sin\frac{n\pi x}{L}dx \quad (\text{단, } n = 1,\ 2,\ 3,\ \cdots\ ) \tag{13.26}$$

이와 같이 초기조건 중 하나인 초기변위를 나타내는 식 (13.22)를 활용하면, 편미분방정식의 해에서 미지계수였던 B_n 값을 얻을 수 있다.

그 다음으로, 또 하나의 초기조건인 초기속도를 나타내는 식 (13.23)을 활용해 보자. 식 (13.24)를 t로 미분하면

$$\frac{\partial u(x,\ t)}{\partial t} = \sum_{n=1}^{\infty}\left(-\lambda_n B_n \sin\lambda_n t + \lambda_n B_n^* \cos\lambda_n t\right)\sin\frac{n\pi x}{L}$$

가 되고, 이 식에 초기조건인 식 (13.23)을 적용하면 다음과 같이 된다.

$$\left.\frac{\partial u}{\partial t}\right|_{t=0} = \sum_{n=1}^{\infty}\lambda_n B_n^* \sin\frac{n\pi x}{L} = g(x)$$

위 식은 다음과 같이 쓸 수 있다.

$$g(x) = \sum_{n=1}^{\infty}\lambda_n B_n^* \sin\frac{n\pi x}{L} \tag{13.27}$$

식 (13.27) 역시 푸리에 사인 급수와 같은 형태이다. 그러므로 계수는

$$\lambda_n B_n^* = \frac{2}{L}\int_0^L g(x)\sin\frac{n\pi x}{L}dx$$

와 같이 얻어진다. 식 (13.18)의 $\lambda_n = \dfrac{cn\pi}{L}$를 대입하고 B_n^*에 대해 정리하면 다음과 같이 나타낼 수 있다.

$$B_n^* = \frac{2}{cn\pi}\int_0^L g(x)\sin\frac{n\pi x}{L}dx \quad (\text{단, } n = 1,\ 2,\ 3,\ \cdots) \tag{13.28}$$

결국 초기조건을 대입하면 미지계수로 남아있던 B_n과 B_n^*을 알 수 있다. 그 결과 편미분방정식의 해를 완성할 수 있게 된다.

예제 13-3 응용 1차원 파동방정식의 응용(초기속도와 초기변위의 지정)

1차원 파동방정식의 해는 다음과 같다.

$$u(x,\ t) = \sum_{n=1}^{\infty}\left(B_n\cos\lambda_n t + B_n^*\sin\lambda_n t\right)\sin\frac{n\pi x}{L}$$

(a) 초기속도가 0인 경우의 해를 구하라.

(b) 초기속도가 0이고, 초기변위 $f(x)$가 다음과 같은 경우의 해를 구하라.

$$f(x) = \begin{cases} \dfrac{2a}{L}x & \left(0 < x < \dfrac{L}{2}\right) \\ \dfrac{2a}{L}(L-x) & \left(\dfrac{L}{2} < x < L\right) \end{cases}$$

key point

- $B_n^* = \dfrac{2}{cn\pi}\displaystyle\int_0^L g(x)\sin\frac{n\pi x}{L}dx$
- $B_n = \dfrac{2}{L}\displaystyle\int_0^L f(x)\sin\frac{n\pi x}{L}dx$

풀이

(a) 파동방정식의 해에서 초기속도 $g(x)$와 관련된 계수 B_n^*은 다음과 같은 식으로 계산할 수 있다.

$$B_n^* = \frac{2}{cn\pi}\int_0^L g(x)\sin\frac{n\pi x}{L}dx = 0$$

그러므로 위의 해는 다음과 같은 형태를 갖는다.

$$\begin{aligned} u(x,\ t) &= \sum_{n=1}^{\infty} B_n\cos\lambda_n t\sin\frac{n\pi x}{L} \\ &= \sum_{n=1}^{\infty} B_n\cos\frac{cn\pi t}{L}\sin\frac{n\pi x}{L} \end{aligned}$$

삼각함수의 곱을 합과 차로 표현하는 공식을 활용하면

$$u(x,\ t) = \sum_{n=1}^{\infty} B_n \cdot \frac{1}{2}\left\{\sin\frac{n\pi}{L}(x-ct) + \sin\frac{n\pi}{L}(x+ct)\right\}$$

가 된다. 이를 정리하면

$$u(x,\ t) = \frac{1}{2}\sum_{n=1}^{\infty} B_n\sin\frac{n\pi}{L}(x-ct) + \frac{1}{2}\sum_{n=1}^{\infty} B_n\sin\frac{n\pi}{L}(x+ct)$$

가 되어, 초기속도가 0인 경우의 파동방정식의 해가 된다.

(b) 초기변위 $f(x)$를 그림으로 나타내면 [그림 13-2]와 같다. **(a)**에서 계산한 것처럼 초기속도가 0이면 $B_n^* = 0$이 되므로 파동방정식의 해는 다음과 같이 나타낼 수 있다.

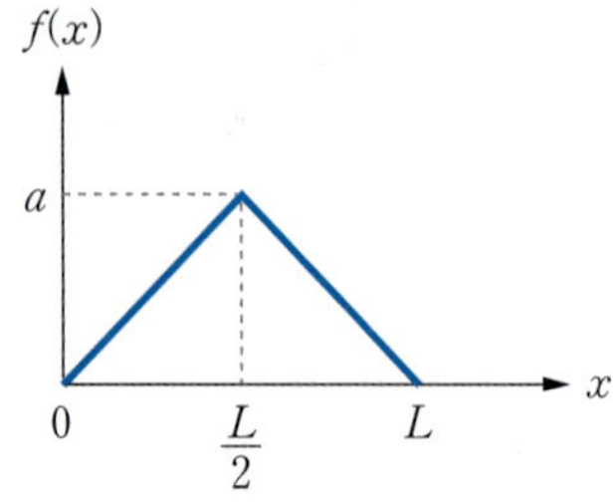

[그림 13-2] **초기변위의 형태**

$$u(x,\ t) = \sum_{n=1}^{\infty} B_n \cos\lambda_n t \sin\frac{n\pi x}{L} = \sum_{n=1}^{\infty} B_n \cos\frac{cn\pi t}{L}\sin\frac{n\pi x}{L}$$

그러므로 초기변위 $f(x)$와 관련된 계수 B_n은 다음과 같이 계산할 수 있다.

$$\begin{aligned} B_n &= \frac{2}{L}\int_0^L f(x)\sin\frac{n\pi x}{L}dx = \frac{2}{L}\left\{\int_0^{\frac{L}{2}} \frac{2ax}{L}\sin\frac{n\pi x}{L}dx + \int_{\frac{L}{2}}^{L}\frac{2a(L-x)}{L}\sin\frac{n\pi x}{L}dx\right\} \\ &= \frac{8a}{n^2\pi^2}\sin\frac{n\pi}{2} \end{aligned}$$

위 식에서 구한 B_n을 $u(x,\ t)$에 대입하면 다음과 같이 해를 구할 수 있다.

$$\begin{aligned} u(x,\ t) &= \frac{8a}{\pi^2}\sum_{n=1}^{\infty}\frac{1}{n^2}\sin\frac{n\pi}{2}\cos\frac{cn\pi t}{L}\sin\frac{n\pi x}{L} \\ &= \frac{8a}{\pi^2}\left(\sin\frac{\pi x}{L}\cos\frac{c\pi t}{L} - \frac{1}{3^2}\sin\frac{3\pi x}{L}\cos\frac{3c\pi t}{L} + \cdots\right) \end{aligned}$$

유제 13-3

[예제 13-3]과 같은 1차원 파동방정식의 해를 이용하여 초기속도가 0이고, 초기변위 $f(x)$가 다음과 같은 경우의 해를 구하라.

$$f(x) = \begin{cases} x & \left(0 < x < \frac{1}{2}\right) \\ 1-x & \left(\frac{1}{2} < x < 1\right) \end{cases}$$

Chapter 13 핵심요약

편미분방정식의 기본 개념

• 편미분방정식은 두 개 이상의 독립변수를 갖는 함수와 그 변수들에 대한 편도함수를 포함하는 미분방정식이다.

• 2계 선형 편미분방정식

$$A\frac{\partial^2 u}{\partial x^2}+B\frac{\partial^2 u}{\partial x\partial y}+C\frac{\partial^2 u}{\partial y^2}+D\frac{\partial u}{\partial x}+E\frac{\partial u}{\partial y}+Fu=r(x,\ y)$$

• $\frac{\partial u(x,\ y)}{\partial x}=0$과 같은 상미분방정식 형태의 편미분방정식은 편미분방정식 개념을 이해하여 기본적인 해법을 익히는 데 도움이 된다.

1차원 파동방정식

• 1차원 파동방정식의 형태

$$\frac{\partial^2 u}{\partial t^2}=c^2\frac{\partial^2 u}{\partial x^2}$$

• 1차원 파동방정식의 경계조건

$$u(0,\ t)=0,\ u(L,\ t)=0$$

• 1차원 파동방정식의 초기조건

$$u(x,\ 0)=f(x),\ \left.\frac{\partial u}{\partial t}\right|_{t=0}=g(x)$$

• 파동방정식에서 변수분리를 통해 유도된 상미분방정식

$$P''-kP=0,\ Q''-c^2kQ=0$$

• 1차원 파동방정식의 해

$$u(x,\ t)=\sum_{n=1}^{\infty}\left(B_n\cos\lambda_n t+B_n^*\sin\lambda_n t\right)\sin\frac{n\pi x}{L}$$

$$B_n=\frac{2}{L}\int_0^L f(x)\sin\frac{n\pi x}{L}dx \qquad (\text{단},\ n=1,\ 2,\ 3,\ \cdots)$$

$$B_n^*=\frac{2}{cn\pi}\int_0^L g(x)\sin\frac{n\pi x}{L}dx \qquad (\text{단},\ n=1,\ 2,\ 3,\ \cdots)$$

Chapter 13 연습문제

※ **(문제 13.1~13.6)** 다음 편미분방정식의 해를 구하라.

13.1 $u_{xx} = 0$

13.2 $u_{xx} = u$

13.3 $u_{xy} + u_x = 0$

13.4 $u_{yy} = -4u$

13.5 $u_x + 2xu = 0$

13.6 $u_{yy} + 6u_y + 9u = 0$

13.7 $u(x, y) = e^{-8y}\sin 2x$가 다음과 같은 경계조건을 갖는 편미분방정식의 해임을 보여라.

$$u_y - 2u_{xx} = 0,\ u(0, t) = u(\pi, t) = 0,\ u(x, 0) = \sin 2x$$

13.8 다음 편미분방정식에 대해 물음에 답하라.

$$u_x + 3u_y = 0$$

(a) f가 미분가능한 함수일 때, $u = f(y - 3x)$임을 보여라.

(b) 조건 $u(0, y) = 2\sin y$를 만족하는 특수해를 구하라.

13.9 다음 편미분방정식에 대해 물음에 답하라.

$$u_{yx} - x^2 y = 0$$

(a) 위의 편미분방정식의 해를 구하라.

(b) 조건 $u(x, 0) = x^2$, $u(1, y) = \cos y$를 만족하는 특수해를 구하라.

※ **(문제 13.10~13.13)** 1차원 파동방정식의 해가 다음 식과 같다고 하자.

$$u(x,\ t)=\sum_{n=1}^{\infty}\left(B_n\cos n\pi t+B_n^*\sin n\pi t\right)\sin n\pi x$$

초기속도는 0이고, 초기변위가 다음과 같은 $f(x)$인 경우의 해를 구하라.

13.10 $f(x)=\dfrac{1}{2}\sin 3\pi x$

13.11 $f(x)=\dfrac{1}{2}x(1-x)$

13.12 $f(x)=\begin{cases} x & \left(0\le x\le \dfrac{1}{4}\right) \\ -x+\dfrac{1}{2} & \left(\dfrac{1}{4}\le x\le \dfrac{3}{4}\right) \\ x-1 & \left(\dfrac{3}{4}\le x\le 1\right) \end{cases}$

13.13 $f(x)=\begin{cases} 2x(1-2x) & \left(0<x<\dfrac{1}{2}\right) \\ 0 & \left(\dfrac{1}{2}<x<1\right) \end{cases}$

13.14 편미분방정식 $\dfrac{\partial u}{\partial x}=3\dfrac{\partial u}{\partial y}$의 해 $u(x,\ y)$를 구하라. 이때 경계조건은 $u(0,\ y)=4e^{-2y}$이다.

13.15 1차원 열전도방정식의 해는 $u(x,\ t) = \sum_{n=1}^{\infty} B_n \sin \frac{n\pi x}{L} e^{-\alpha t}$이고, 초기온도 $f(x)$와 관련된 계수는 $B_n = \frac{2}{L}\int_0^L f(x) \sin \frac{n\pi x}{L} dx$이다. 여기서 L은 열을 전도하는 막대의 길이이고, 초기온도 $f(x)$는 초기조건 $u(x,\ 0) = f(x)$로부터 주어지는 함수이다. 길이 100 cm인 막대의 초기온도가 $100 \sin \frac{\pi x}{100}$℃ 일 때, $u(x,\ t)$를 구하라.

13.16 2차원 파동방정식은 $\frac{\partial^2 u}{\partial t^2} = c^2\left(\frac{\partial^2 u}{\partial x^2} + \frac{\partial^2 u}{\partial y^2}\right)$와 같고, 해는 3개의 변수를 가진 식 $u(x,\ y,\ t)$로 표현된다. [그림 13-3]과 같은 모양의 면이 진동막이라고 가정할 때, 위 식으로부터 3개의 상미분방정식을 유도하라. 이때 경계조건은 면을 이루는 선에서 $u = 0$이고, 초기조건은 초기속도 $\left.\frac{\partial u}{\partial t}\right|_{t=0} = g(x,\ y)$와 초기변위 $u(x,\ y,\ 0) = f(x,\ y)$를 가지는 것으로 한다.

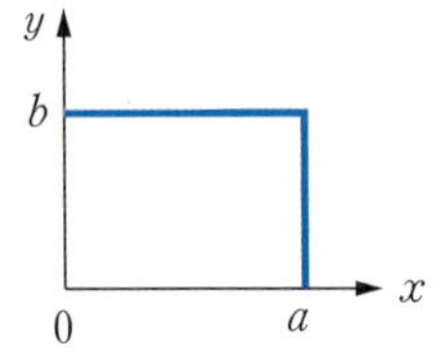

[그림 13-3] [연습문제 13.16]의 진동막

Chapter

14

복소수와 복소함수

Complex Numbers and Functions

학습목표

- 복소수의 기본적인 표현법과 극형식 표현에 대해 이해한다.
- 복소평면, 제곱근, 복소수의 연산법에 대해 이해한다.
- 복소변수와 복소함수, 복소함수의 도함수에 대해 이해한다.
- 해석함수와 코시-리만 방정식의 관계를 숙지한다.
- 지수함수, 로그함수, 삼각함수, 쌍곡선함수의 복소함수 형태를 이해한다.

복소수와 복소함수, 아울러 복소해석함수는 물리적 현상의 해석이나 공학적인 문제를 해결하기 위한 기본적인 도구를 제공하는 중요 개념이다. 전기회로 등에서 보이는 간단한 복소수 문제라면 고등학교에서 배운 복소수 이론으로도 해결할 수 있다. 하지만 좀 더 복잡한 문제일 때는 복소변수로 표현되는 함수, 즉 복소함수를 다룰 줄 알아야 한다. 아울러 해석적인 복소함수에 대해서도 이해해야 한다. 따라서 복소수 및 관련된 복소함수에 대한 전반적인 지식은 공학수학에서 반드시 필요한 사항이다.

알아 두어야 할 개념과 공식

Chapter 14

1. 복소수의 항등

두 복소수 $\alpha = a_1 + b_1 i$, $\beta = a_2 + b_2 i$가 있을 때, $\alpha = \beta$가 될 조건은 $a_1 = b_1$, $a_2 = b_2$이다. 즉 두 복소수의 실수부와 허수부가 각각 같다는 것이다. 이것을 복소수의 항등관계라고 한다.

2. 복소수의 연산에 대한 기본 법칙

$\alpha = a_1 + b_1 i$, $\beta = a_2 + b_2 i$, $\gamma = a_3 + b_3 i$와 같은 복소수가 있을 때, 그 덧셈과 곱셈에 있어서 다음과 같은 연산법칙이 성립한다.

- 교환법칙 : $\alpha + \beta = \beta + \alpha$, $\alpha\beta = \beta\alpha$
- 결합법칙 : $(\alpha + \beta) + \gamma = \alpha + (\beta + \gamma)$, $(\alpha\beta)\gamma = \alpha(\beta\gamma)$
- 분배법칙 : $\alpha(\beta + \gamma) = \alpha\beta + \alpha\gamma$

3. 직교좌표와 극좌표

평면상에서 x, y의 두 직선 축을 이용하여 임의의 점 P의 위치를 나타내는 좌표계를 **직교좌표계** rectangular coordinates라고 한다. 두 개의 직선은 서로 수직으로 교차되어 있고, 직선이 교차하는 점을 기준점으로 삼으며, 이 기준점을 **원점** origin이라고 한다. **극좌표** polar coordinates는 임의의 점 P의 위치를 원점에서의 거리와 방향(각도)으로 정하는 좌표를 말한다. 일반적으로 거리는 r로, 방향(각도)은 θ로 나타낸다. 다음 그림은 평면좌표계에 직교좌표와 극좌표를 동시에 표시한 것이다.

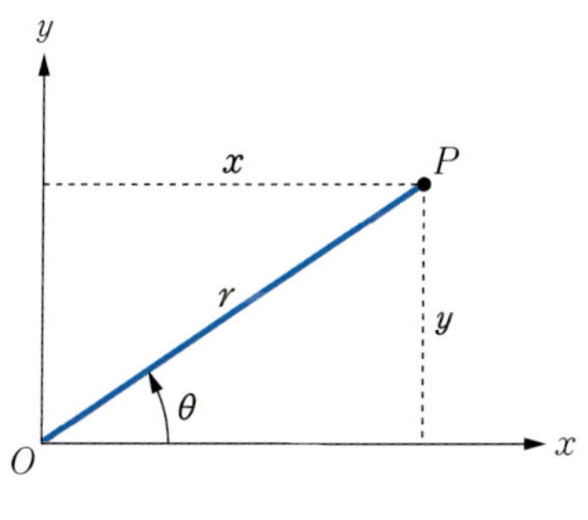

4. 삼각함수와 쌍곡선함수의 오일러 공식

- 삼각함수 : $e^{i\theta} = \cos\theta + i\sin\theta$, $e^{-i\theta} = \cos\theta - i\sin\theta$
- 쌍곡선함수 : $e^{\theta} = \cosh\theta + \sinh\theta$, $e^{-\theta} = \cosh\theta - \sinh\theta$

14.1 복소수의 기본 개념

14.1.1 복소수의 기본 성질

복소수의 정의

복소수complex number는 임의의 실수real number x, y와 허수imaginary number의 기본 단위인 $i = \sqrt{-1}$을 이용하여 다음과 같이 정의한다.

■ 복소수의 정의식

$$z = x + iy = (x,\ y) \tag{14.1}$$

식 (14.1)과 같이 나타낼 때, 흔히 복소수 z는 **실수부**real part x와 **허수부**imaginary part y로 구성되어 있다고 한다. 복소수의 실수부와 허수부는 각각 다음과 같이 표현한다.

■ 실수부와 허수부의 표현

$$\mathrm{Re}(z) = x,\ \ \mathrm{Im}(z) = y \tag{14.2}$$

식 (14.2)에서 실수부 $\mathrm{Re}(z) = x = 0$인 경우에는 허수부 $z = iy = (0,\ y)$만 남는데, 이러한 수를 **순허수**pure imaginary number라고 한다. 복소수를 $z = (x,\ y)$로 표현하는 방식으로 $i = (0,\ 1)$로 나타낼 수도 있는데, 이것을 **허수단위**imaginary unit라고 한다.

■ 허수단위

식 (14.1)에서 허수부의 부호만 다른 복소수를 z의 **공액복소수**conjugate complex number라고 정의하고, 다음과 같이 나타낸다.

■ 공액복소수의 정의

$$\overline{z} = x - iy = (x,\ -y) \tag{14.3}$$

복소수의 연산

복소수 간의 덧셈, 뺄셈, 곱셈, 나눗셈을 어떻게 정의하는지 알아보자. 복소수의 연산을 정의하기 위해 다음과 같은 두 복소수가 있다고 가정해보자.

$$z_1 = x_1 + iy_1 = (x_1,\ y_1),\ \ z_2 = x_2 + iy_2 = (x_2,\ y_2)$$

먼저 덧셈 $z_1 + z_2$와 뺄셈 $z_1 - z_2$는 다음과 같이 정의한다.

$$z_1 + z_2 = (x_1 + iy_1) + (x_2 + iy_2) = (x_1 + x_2) + i(y_1 + y_2)$$
$$z_1 - z_2 = (x_1 + iy_1) - (x_2 + iy_2) = (x_1 - x_2) + i(y_1 - y_2)$$

다음에 곱셈 $z_1 z_2$와 나눗셈 $\dfrac{z_1}{z_2}$은 다음과 같이 정의한다.

$$
\begin{aligned}
z_1 z_2 &= (x_1 + iy_1)(x_2 + iy_2) = (x_1 x_2 - y_1 y_2) + i(x_1 y_2 + x_2 y_1) \\
\frac{z_1}{z_2} &= \frac{x_1 + iy_1}{x_2 + iy_2} = \frac{(x_1 + iy_1)(x_2 - iy_2)}{(x_2 + iy_2)(x_2 - iy_2)} \\
&= \frac{(x_1 x_2 + y_1 y_2) + i(x_2 y_1 - x_1 y_2)}{x_2^2 + y_2^2}
\end{aligned}
$$

위 결과를 $z = x + iy = (x,\ y)$ 꼴로 나타내면 다음과 같다.

$$z_1 + z_2 = (x_1 + x_2) + i(y_1 + y_2) = (x_1 + x_2,\ y_1 + y_2) \tag{14.4}$$

■ 복소수의 기본 연산법

$$z_1 - z_2 = (x_1 - x_2) + i(y_1 - y_2) = (x_1 - x_2,\ y_1 - y_2) \tag{14.5}$$

$$
\begin{aligned}
z_1 z_2 &= (x_1 x_2 - y_1 y_2) + i(x_1 y_2 + x_2 y_1) \\
&= (x_1 x_2 - y_1 y_2,\ x_1 y_2 + x_2 y_1)
\end{aligned} \tag{14.6}
$$

$$\frac{z_1}{z_2} = \frac{x_1 x_2 + y_1 y_2}{x_2^2 + y_2^2} + i\frac{x_2 y_1 - x_1 y_2}{x_2^2 + y_2^2} = \left(\frac{x_1 x_2 + y_1 y_2}{x_2^2 + y_2^2},\ \frac{x_2 y_1 - x_1 y_2}{x_2^2 + y_2^2}\right) \tag{14.7}$$

복소수에서 $z = x + iy$가 실제적인 표현이지만, $z = (x,\ y)$의 형태로 간편하게 기억하는 것도 좋을 것이다.

이제 임의의 복소수와 그 공액복소수의 연산에 대해 생각해보자. 공액복소수는 원래의 복소수와 곱하면 허수가 없어지고 실수만 남는다. 복소수 $z = x + iy$와 공액복소수인 $\bar{z} = x - iy = (x,\ -y)$와의 사칙연산을 구하면 다음과 같다.

$$
\begin{aligned}
z + \bar{z} &= (x + x) + i(y - y) = 2x \\
z - \bar{z} &= (x - x) + i(y + y) = 2yi \\
z\bar{z} &= (x + iy)(x - iy) = x^2 + y^2 \\
\frac{\bar{z}}{z} &= \frac{x - iy}{x + iy} = \frac{(x - iy)^2}{(x + iy)(x - iy)} = \frac{x^2 - y^2}{x^2 + y^2} - i\frac{2xy}{x^2 + y^2}
\end{aligned}
$$

특히 공액복소수 간의 합과 차를 구해보면 재미있는 결과가 나오는데, 이는 다음과 같다.

$$x = \mathrm{Re}(z) = \frac{1}{2}(z + \bar{z}),\ \ y = \mathrm{Im}(z) = \frac{1}{2i}(z - \bar{z}) \tag{14.8}$$

두 복소수를 사칙연산한 결과의 공액에 대해서는 다음과 같은 성질이 성립한다.

■ 공액복소수 간의 연산

$$\overline{z_1+z_2}=\overline{z_1}+\overline{z_2}$$
$$\overline{z_1-z_2}=\overline{z_1}-\overline{z_2}$$
$$\overline{z_1\cdot z_2}=\overline{z_1}\cdot\overline{z_2} \tag{14.9}$$
$$\overline{\left(\frac{z_2}{z_1}\right)}=\frac{\overline{z_2}}{\overline{z_1}}$$

예제 14-1 복소수의 연산

$z_1=2-3i=(2,\ -3)$, $z_2=5+i=(5,\ 1)$일 때, 다음을 계산하라.

(a) z_1+z_2

(b) z_1-z_2

(c) z_1z_2

(d) $\dfrac{z_1}{z_2}$

풀이

(a) $z_1+z_2=(2-3i)+(5+i)=(2+5)+(-3+1)i=7-2i$

$z_1+z_2=(2,\ -3)+(5,\ 1)=(2+5,\ -3+1)=(7,\ -2)$

(b) $z_1-z_2=(2-3i)-(5+i)=(2-5)+(-3-1)i=-3-4i$

$z_1-z_2=(2,\ -3)-(5,\ 1)=(2-5,\ -3-1)=(-3,\ -4)$

(c) $z_1z_2=(2-3i)(5+i)=(10+3)+(2-15)i=13-13i$

$z_1z_2=(x_1x_2-y_1y_2,\ x_1y_2+x_2y_1)=(10+3,\ 2-15)=(13,\ -13)$

(d) $\dfrac{z_1}{z_2}=\dfrac{2-3i}{5+i}=\dfrac{(2-3i)(5-i)}{(5+i)(5-i)}=\dfrac{7-17i}{26}$

$$\frac{z_1}{z_2}=\left(\frac{x_1x_2+y_1y_2}{x_2^2+y_2^2},\ \frac{x_2y_1-x_1y_2}{x_2^2+y_2^2}\right)=\left(\frac{10-3}{25+1},\ \frac{-15-2}{25+1}\right)=\left(\frac{7}{26},\ \frac{-17}{26}\right)$$

유제 14-1

[예제 14-1]의 z_1과 z_2를 이용하여 다음을 계산하라.

(a) $\overline{z_1}+\overline{z_2}$

(b) $\overline{z_1}-\overline{z_2}$

(c) $\overline{z_1}\,\overline{z_2}$

(d) $\dfrac{\overline{z_2}}{\overline{z_1}}$

복소평면

복소수를 평면상의 점으로 표시하는 기하학적 방법에 대해 알아보자. 복소수는 실수부와 허수부로 이루어져 있다. 그러므로 평면상에 두 개의 직교하는 좌표축으로 하나의 평면을 구성하여, 두 좌표축 중 가로의 좌표축은 실수부를 나타내는 **실수축**real axis으로, 세로의 좌표축은 허수부를 나타내는 **허수축**imaginary axis으로 나타낸다. 이렇게 구성된 평면을 **복소평면**complex plane이라고 한다.

▪복소평면의 정의

[그림 14-1(a)]는 복소수 $z=x+iy$를 복소평면상에 나타낸 것이고, [그림 14-1(b)]와 [그림 14-1(c)]는 각각 복소수의 덧셈과 뺄셈을 복소평면상에 나타낸 것이다.

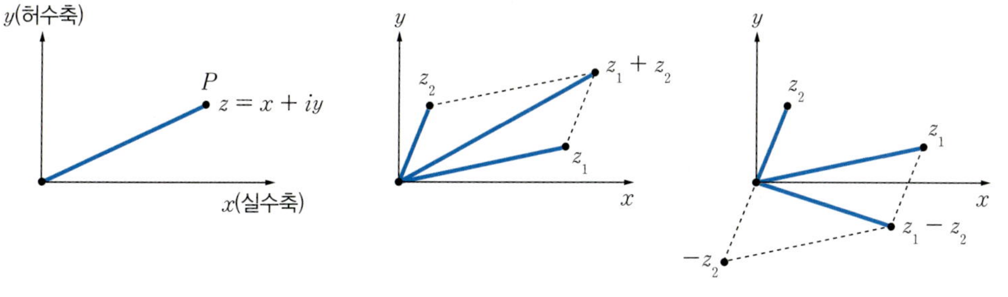

(a) 복소수 z (b) 덧셈 z_1+z_2 (c) 뺄셈 z_1-z_2

[그림 14-1] 복소평면상의 복소수 표현

예제 14-2 복소평면상의 복소수 표현

$z_1=1-2i=(1,\ -2)$, $z_2=2+i=(2,\ 1)$일 때, 다음 물음에 답하라.

(a) z_1+z_2를 구하라.

(b) z_1-z_2를 구하라.

(c) z_1, z_2, $-z_2$, z_1+z_2, z_1-z_2를 복소평면상에 표현하라.

풀이

(a)
$$\begin{aligned} z_1+z_2 &= (1-2i)+(2+i) \\ &= (1+2)+(-2+1)i \\ &= 3-i \end{aligned}$$

(b)
$$\begin{aligned} z_1-z_2 &= (1-2i)-(2+i) \\ &= (1-2)+(-2-1)i \\ &= -1-3i \end{aligned}$$

(c) z_1, z_2, $-z_2$, z_1+z_2, z_1-z_2를 복소평면상에 나타내면 [그림 14-2]와 같으며, 복소수의 덧셈과 뺄셈의 과정을 확인할 수 있다.

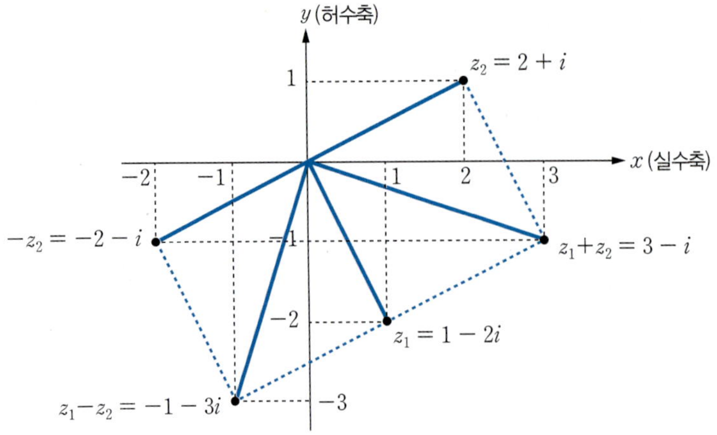

[그림 14-2] 복소평면상에 나타낸 결과

유제 14-2

[예제 14-2]의 z_1과 z_2를 이용하여 다음 물음에 답하라.

(a) $\overline{z_1}+\overline{z_2}$를 구하라.

(b) $\overline{z_1}-\overline{z_2}$를 구하라.

(c) $\overline{z_1}$, $\overline{z_2}$, $-\overline{z_2}$, $\overline{z_1}+\overline{z_2}$, $\overline{z_1}-\overline{z_2}$를 복소평면상에 표현하라.

14.1.2 복소수의 극형식

극형식

복소평면에서의 복소수 표현은 x, y축에 실수축과 허수축으로의 의미를 부여한 직교좌표에서 복소수를 나타낸 것이다. 한편, 복소수는 직교좌표계 (x, y)가 아닌 극좌표계 (r, θ)에서도 표현할 수 있다. 직교좌표에서의 한 점을 나타내는 변수 x, y를 극좌표로 바꾸려면 다음과 같이 변환하면 된다.

$$x = r\cos\theta, \; y = r\sin\theta \tag{14.10}$$

따라서 임의의 복소수 $z = x + iy$를 다음과 같이 나타낼 수 있으며, 이와 같은 표현을 복소수 z의 **극형식**polar form이라 한다.

■ 복소수의 극형식 표현

$$z = x+iy = r(\cos\theta + i\sin\theta) \tag{14.11}$$

식 (14.11)에서 $r = \sqrt{x^2+y^2}$ 은 복소수 z의 **크기**modulus라고 하며, $|z|$로 나타낸다. $|z|$는 원점에서 복소수 z가 위치한 점까지의 거리이기도 하다. 또한 θ는 복소수 z의 **편각**argument이라고 하며, $\arg(z)$로 나타낸다. 복소수의 크기와 편각을 식으로 나타내면 다음과 같다.

$$r = |z| = \sqrt{x^2+y^2}, \quad \theta = \arg(z) = \arctan\left(\frac{y}{x}\right) \tag{14.12}$$

▪ 복소수의 크기와 편각

[그림 14-3]은 극형식으로 복소수를 표현한 것이다.

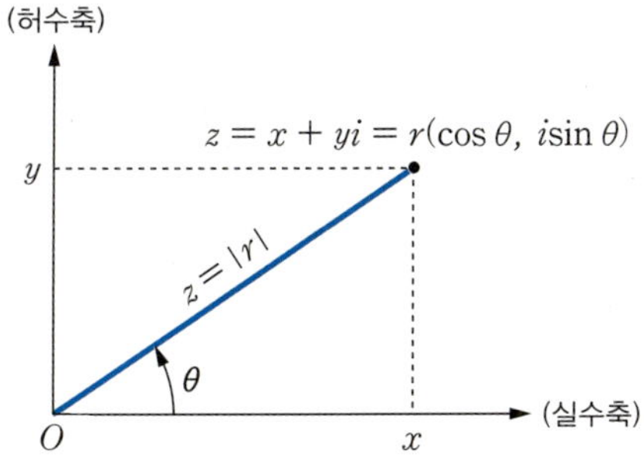

[그림 14-3] 복소수의 극형식 표현

[그림 14-3]에 나타낸 복소수의 점은 편각으로 몇 바퀴를 돈다고 해도 같은 위치에 온다. 그렇게 생각하면 복소수의 편각은 얼마든지 많아질 수 있다. 따라서 복소수의 편각 $\arg(z)$에 유일한 값이 정해져야 하는데, 그래서 정의된 것이 다음과 같은 **주편각**principal value of the argument이다.

$$-\pi < \mathrm{Arg}(z) \le \pi \tag{14.13}$$

▪ 주편각의 정의

주편각을 사용하면 복소수의 편각을 다음과 같이 나타낼 수 있다.

$$\theta = \arg(z) = \mathrm{Arg}(z) + 2n\pi \quad (\text{단, } n = \pm 1,\ \pm 2,\ \cdots) \tag{14.14}$$

예제 14-3 복소수의 극형식 표현

$z = 1+i$의 크기와 편각 및 주편각의 값을 구하고, 이를 바탕으로 극형식으로 나타내라.

key point
- $z = r(\cos\theta + i\sin\theta)$
- $|z| = \sqrt{x^2+y^2}$
- $\theta = \arctan\left(\frac{y}{x}\right)$

풀이

- 크기 : $|z| = \sqrt{1^2+1^2} = \sqrt{2}$
- 편각 : $\arg(z) = \arctan\left(\frac{1}{1}\right) = \frac{\pi}{4} \pm 2n\pi$ (단, $n = 0, 1, \cdots$)
- 주편각 : $\mathrm{Arg}(z) = \frac{\pi}{4}$
- 극형식 표현 : $z = \sqrt{2}\left(\cos\frac{\pi}{4} + i\sin\frac{\pi}{4}\right)$

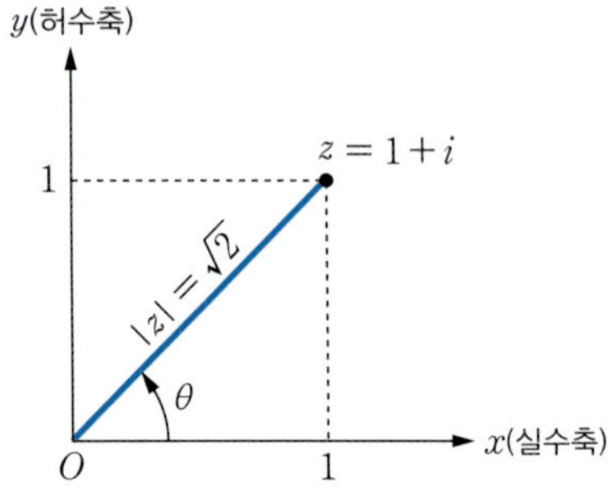

[그림 14-4] 극형식으로 표현한 결과

유제 14-3

$z = i$의 크기와 편각 및 주편각의 값을 구하고, 이를 바탕으로 극형식으로 나타내라.

한편, 오일러 공식

$$e^{i\theta} = \cos\theta + i\sin\theta \tag{14.15}$$

를 이용하면 복소수를 극형식으로 나타낸 식 (14.11)을 다음과 같이 표현할 수 도 있다.

$$z = r(\cos\theta + i\sin\theta) = re^{i\theta} \tag{14.16}$$

이때 식 (14.16)을 n거듭제곱하면

$$z^n = r^n(\cos\theta + i\sin\theta)^n = r^n e^{in\theta}$$

이 되고, $e^{in\theta}$은 오일러 공식을 이용하여 $e^{in\theta} = \cos n\theta + i\sin n\theta$로 나타낼 수 있으므로 위 식은 다음과 같이 된다.

$$z^n = r^n(\cos\theta + i\sin\theta)^n = r^n(\cos n\theta + i\sin n\theta)$$

결과적으로 얻은 식은

▪ 드 므아브르 공식

$$(\cos\theta + i\sin\theta)^n = \cos n\theta + i\sin n\theta \tag{14.17}$$

이고, 이 식을 **드 므아브르 공식**De Moivre's formula이라고 한다.

곱셈과 나눗셈

극형식을 이용한 복소수의 곱셈과 나눗셈에 대해 생각해보자. 우선 곱셈과 나눗셈을 행할 두 복소수를 다음과 같이 가정해볼 것이다.

$$z_1 = r_1(\cos\theta_1 + i\sin\theta_1) = r_1 e^{i\theta_1},\quad z_2 = r_2(\cos\theta_2 + i\sin\theta_2) = r_2 e^{i\theta_2}$$

먼저 두 복소수의 곱셈은 다음과 같이 계산되고

$$z_1 z_2 = (r_1 e^{i\theta_1})(r_2 e^{i\theta_2}) = r_1 r_2 e^{i(\theta_1 + \theta_2)} \tag{14.18}$$

나눗셈은 다음과 같이 계산된다.

$$\frac{z_1}{z_2} = \frac{r_1 e^{i\theta_1}}{r_2 e^{i\theta_2}} = \frac{r_1}{r_2} e^{i(\theta_1 - \theta_2)} \tag{14.19}$$

위 식에서 보듯 극형식으로 복소수의 곱셈과 나눗셈을 계산하는 것은 크기와 편각을 구분하여 계산하는 형태이므로 매우 편리하다.

식 (14.18)과 식 (14.19)에서 지수함수 형태를 오일러 공식을 이용하여 삼각함수 형태로 변환하면 다음과 같이 표현할 수 있다.

$$\begin{aligned} z_1 z_2 &= r_1 r_2 e^{i(\theta_1 + \theta_2)} \\ &= r_1 r_2 \{\cos(\theta_1 + \theta_2) + i\sin(\theta_1 + \theta_2)\} \end{aligned} \tag{14.20}$$

$$\begin{aligned} \frac{z_1}{z_2} &= \frac{r_1}{r_2} e^{i(\theta_1 - \theta_2)} \\ &= \frac{r_1}{r_2} \{\cos(\theta_1 - \theta_2) + i\sin(\theta_1 - \theta_2)\} \end{aligned} \tag{14.21}$$

또 위 식들에서 보듯이 곱셈과 나눗셈의 크기와 편각은 각각 다음과 같이 나타낼 수 있다.

$$|z_1 z_2| = |z_1||z_2|,\quad \arg(z_1 z_2) = \arg(z_1) + \arg(z_2) \tag{14.22}$$

$$\left|\frac{z_1}{z_2}\right| = \frac{|z_1|}{|z_2|},\quad \arg\left(\frac{z_1}{z_2}\right) = \arg(z_1) - \arg(z_2) \tag{14.23}$$

예제 14-4 극형식의 곱셈과 나눗셈

$z_1 = 1+i$, $z_2 = -\sqrt{3}+i$일 때, $z_1 z_2$와 $\dfrac{z_1}{z_2}$ 값을 구하라.

> **key point**
> - $z = r(\cos\theta + i\sin\theta)$
> - $|z| = \sqrt{x^2+y^2}$
> - $\theta = \arctan\left(\dfrac{y}{x}\right)$

풀이

먼저 z_1과 z_2의 크기와 편각을 구하면

$$|z_1| = \sqrt{1^2+1^2} = \sqrt{2}, \qquad \arg(z_1) = \tan^{-1}(1) = \frac{\pi}{4} \pm 2n\pi,$$
$$|z_2| = \sqrt{(-\sqrt{3})^2+1^2} = 2, \quad \arg(z_2) = \tan^{-1}\left(-\frac{1}{\sqrt{3}}\right) = -\frac{\pi}{6} \pm 2n\pi$$

와 같으므로 두 복소수를 극형식으로 표현하면 다음과 같다.

$$z_1 = \sqrt{2}\left(\cos\frac{\pi}{4} + i\sin\frac{\pi}{4}\right) = \sqrt{2}e^{i\frac{\pi}{4}},$$
$$z_2 = 2\left\{\cos\left(-\frac{\pi}{6}\right) + i\sin\left(-\frac{\pi}{6}\right)\right\} = 2e^{-i\frac{\pi}{6}}$$

극형식으로 나타낸 두 복소수의 곱셈 $z_1 z_2$와 나눗셈 $\dfrac{z_1}{z_2}$은 다음과 같이 계산할 수 있다.

$$z_1 z_2 = \sqrt{2}e^{i\frac{\pi}{4}} \cdot 2e^{-i\frac{\pi}{6}} = 2\sqrt{2}e^{i\frac{\pi}{12}},$$
$$= 2\sqrt{2}\left(\cos\frac{\pi}{12} + i\sin\frac{\pi}{12}\right)$$
$$\frac{z_1}{z_2} = \frac{\sqrt{2}e^{i\frac{\pi}{4}}}{2e^{-i\frac{\pi}{6}}} = \frac{\sqrt{2}}{2}e^{i\frac{5\pi}{12}}$$
$$= \frac{\sqrt{2}}{2}\left(\cos\frac{5}{12}\pi + i\sin\frac{5}{12}\pi\right)$$

유제 14-4

$z_1 = -1+i$, $z_2 = 3i$일 때, $z_1 z_2$와 $\dfrac{z_1}{z_2}$ 값을 구하라.

복소수의 제곱근

임의의 복소수가 $z = w^n$(단, $n = 0, 1, 2, \cdots$)으로 표현된다고 가정해보자. $z \neq 0$일 때 다음과 같은 식이 성립한다.

$$w = (w^n)^{\frac{1}{n}} = (z)^{\frac{1}{n}} = \sqrt[n]{z} \tag{14.24}$$

이렇게 결정된 w의 값 $\sqrt[n]{z}$를 **z의 n제곱근**n-th root이라고 한다. 이제 이 n제곱근 $\sqrt[n]{z}$를 극형식으로 나타내보자. 그러려면

$$z = r(\cos\theta + i\sin\theta),\ w = R(\cos\phi + i\sin\phi)$$

라고 두고,

$$z = w^n \ (\text{단, } n = 0,\ 1,\ 2,\ \cdots)$$

에 대입하면

$$z = r(\cos\theta + i\sin\theta) = R^n(\cos\phi + i\sin\phi)^n = w^n$$

이 된다. 드 므아브르 공식을 적용하면

$$r(\cos\theta + i\sin\theta) = R^n(\cos n\phi + i\sin n\phi)$$

이므로 다음과 같은 식이 성립한다.

$$R^n = r,\ n\phi = \theta + 2k\pi \quad (\text{단, } k\text{는 정수})$$

$2k\pi$를 더한 이유는 편각을 나타내기 위해서이다. 위 식은 다음과 같이 정리할 수 있다.

$$R = \sqrt[n]{r},\ \phi = \frac{\theta + 2k\pi}{n} \quad (\text{단, } k = 0,\ 1,\ 2,\ \cdots,\ n-1) \tag{14.25}$$

그러므로 식 (14.25)를 사용하여 $\sqrt[n]{z}$를 극형식으로 표현하면 다음과 같다.

$$\sqrt[n]{z} = \sqrt[n]{r}\left(\cos\frac{\theta + 2k\pi}{n} + i\sin\frac{\theta + 2k\pi}{n}\right) \quad (\text{단, } k = 0,\ 1,\ 2,\ \cdots,\ n-1) \tag{14.26}$$

■ $\sqrt[n]{z}$의 극형식 표현

$k = 0$을 대입하여 얻은 $\sqrt[n]{z}$ 값을 $\sqrt[n]{z}$의 **주값**principal value이라고 한다. $k = 0,\ 1,\ 2,\ \cdots,\ n-1$이 되는 이유는 복소수의 n제곱근 $\sqrt[n]{z}$는 n개의 서로 다른 값을 갖기 때문이다.

예제 14-5 복소수의 제곱근

$z=-i$의 제곱근을 구하라.

key point

$w=\sqrt{z}=\sqrt{-i}$

풀이

제곱근을 구해야 하므로 식 $w=\sqrt{z}=\sqrt{-i}$를 활용한다. 따라서 $w=R(\cos\phi+i\sin\phi)$로 두고, $w^2=-i$를 풀기 위해

$$\begin{aligned} w^2 &= R^2(\cos\phi+i\sin\phi)^2 \\ &= R^2(\cos 2\phi+i\sin 2\phi)=-i \end{aligned}$$

를 얻는다. 이렇게 구한 $-i$를 극형식으로 표현하면 다음과 같다.

$$|-i|=\sqrt{0^2+(-1)^2}=1,\qquad \arg(-i)=-\frac{\pi}{2}\pm 2k\pi$$

그러므로

$$\begin{aligned} w^2 &= R^2(\cos 2\phi+i\sin 2\phi) \\ &= \cos\left(-\frac{\pi}{2}+2k\pi\right)+i\sin\left(-\frac{\pi}{2}+2k\pi\right) \end{aligned}$$

가 성립하고, $R^2=1$과 $2\phi=-\frac{\pi}{2}+2k\pi$에서 다음을 얻을 수 있다.

$$R=1,\qquad \phi=-\frac{\pi}{4}+k\pi$$

따라서 $w=\sqrt{z}=\sqrt{-i}$ 식은 다음과 같이 전개된다.

$$w=\sqrt{z}=\cos\left(-\frac{\pi}{4}+k\pi\right)+i\sin\left(-\frac{\pi}{4}+k\pi\right)\quad (\text{단, } k=0,\ 1)$$

제곱근 $\sqrt{z}$는 두 개의 서로 다른 값을 가지므로 $k=0,\ 1$을 대입하면

$$\begin{aligned} w_0 &= \cos\left(-\frac{\pi}{4}\right)+i\sin\left(-\frac{\pi}{4}\right)=\frac{1}{\sqrt{2}}-i\frac{1}{\sqrt{2}} \quad (\text{단, } k=0 \text{ 대입}) \\ w_1 &= \cos\frac{3\pi}{4}+i\sin\frac{3\pi}{4}=-\frac{1}{\sqrt{2}}+i\frac{1}{\sqrt{2}} \quad (\text{단, } k=1 \text{ 대입}) \end{aligned}$$

과 같이 $z=-i$의 제곱근 값을 구할 수 있다.

유제 14-5

$z=i$의 제곱근을 구하라.

14.2 복소함수

복소함수

복소수의 집합을 S라고 해보자. S에서 정의되어 있는 함수 $f(z)$가 있을 때, z를 **복소변수**complex variable라 하고, 복소변수 z로 이루어진 점의 집합이 f의 **정의역**domain이 된다. 이때 복소변수 z로 나타낸 함수 $f(z)$는 **복소함수**complex function이다. ▪ 복소변수와 정의역의 정의

함수 $f(z)$는 복소수이므로 다음과 같이 표현할 수 있다.

$$f(z) = u(x, y) + iv(x, y) \tag{14.27}$$

식 (14.27)에서 $u(x, y)$와 $v(x, y)$는 복소변수 $z = x + iy$에 의존하므로 x, y에 대한 실함수이다.

복소함수의 학습은 복소평면상의 점집합에 대한 것이므로 복소평면 위에 표시되는 몇 가지 중요한 정의역에 대해 알아보자. [그림 14-5]는 반지름이 ρ, 중심이 z_0인 원을 나타낸 것이다.

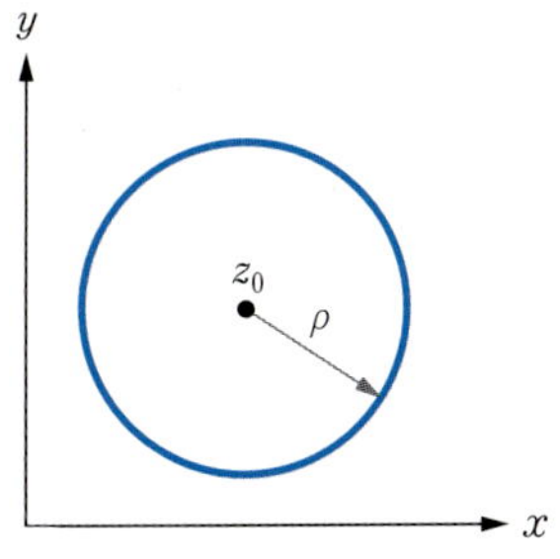

[그림 14-5] 복소평면상의 원

이를 식으로 나타내면 다음과 같다.

$$|z - z_0| = \rho \tag{14.28}$$

식 (14.28)로 나타낼 수 있는 원 중에서 중심이 원점이고, 반지름이 1인 경우를 **단위원**unit circle이라고 한다. 경계를 제외한 원판 $|z - z_0| < \rho$를 **열린 원판**open disk, 경계를 포함한 원판 $|z - z_0| \le \rho$를 **닫힌 원판**closed disk이라고 하며, $|z - z_0| > \rho$는 원의 외부를 나타낸다.

또한 도넛모양의 영역을 나타내는 $\rho_1 < |z - z_0| < \rho_2$를 **열린 환형**open annulus 이라고 하고, 경계를 포함하는 $\rho_1 \le |z - z_0| \le \rho_2$를 **닫힌 환형**closed annulus이라고 한다. [그림 14-6]은 중심이 z_0인 열린 환형을 나타낸 것이다.

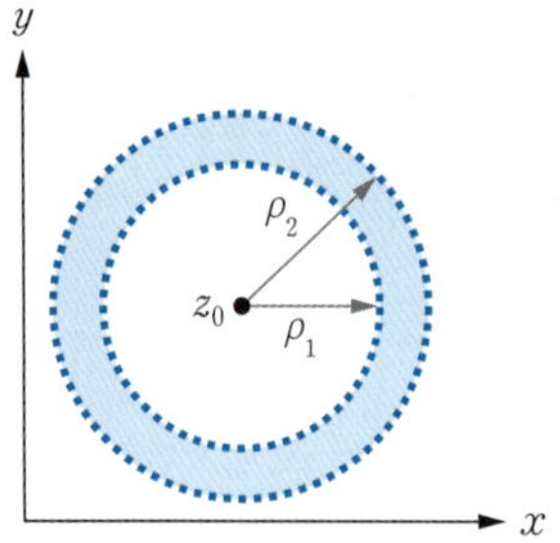

[그림 14-6] 복소평면상의 열린 환형

예제 14-6 복소함수

$f(z) = z^2 - 2\bar{z}$의 실수부와 허수부를 구하고, $z = 1 + 2i$인 경우의 $f(z)$를 구하라.

key point
- $z = x + iy$
- $f = u + iv$

풀이

$f(z)$에 $z = x + iy$, $\bar{z} = x - iy$를 대입하면

$$\begin{aligned} f(z) &= (x+iy)^2 - 2(x-iy) \\ &= (x^2 + 2xyi - y^2) - 2x + 2yi \\ &= (x^2 - 2x - y^2) + i(2xy + 2y) \end{aligned}$$

이므로, 실수부와 허수부는 다음과 같이 얻을 수 있다.

$$\begin{aligned} \mathrm{Re}\{f(z)\} &= x^2 - 2x - y^2 \\ \mathrm{Im}\{f(z)\} &= 2y(x+1) \end{aligned}$$

$z = 1 + 2i$인 경우는 $x = 1$, $y = 2$인 경우이므로 $f(z)$의 실수부와 허수부는 다음과 같이 계산할 수 있다.

$$\begin{aligned} \mathrm{Re}\{f(1+2i)\} &= 1^2 - 2 \cdot 1 - 2^2 = -5 \\ \mathrm{Im}\{f(1+2i)\} &= 4(1+1) = 8 \end{aligned}$$

그러므로 $f(z) = -5 + 8i$가 된다.

유제 14-6

$f(z) = 2z^2 + 3z$의 실수부와 허수부를 구하고, $z = 2 + i$인 경우의 $f(z)$를 구하라.

도함수와 해석함수

복소함수 $f(z)$가 점 $z = z_0$의 근방($|z - z_0| < \rho$)에서 다음과 같은 식을 만족하면, 함수 $f(z)$는 점 $z = z_0$에서 **연속** continuous이라고 한다.

$$\lim_{z \to z_0} f(z) = f(z_0) \tag{14.29}$$

■ 복소함수의 연속성

점 $z = z_0$에서 복소함수의 도함수는 다음과 같이 정의한다.

$$f'(z_0) = \lim_{\Delta z \to 0} \frac{f(z_0 + \Delta z) - f(z_0)}{\Delta z} = \lim_{z \to z_0} \frac{f(z) - f(z_0)}{z - z_0} \tag{14.30}$$

■ 복소함수의 도함수

이때 함수 $f(z)$는 점 $z = z_0$에서 미분가능하다고 한다. 식 (14.30)의 우측에 있는 식은 $\Delta z = z - z_0$를 대입한 것이다. 여기서 한 가지 짚고 넘어갈 대목이 있다. 함수 $f(z)$가 점 $z = z_0$에서 미분가능하다는 말은 z가 어떤 경로를 거쳐서 z_0에 가까워지더라도, 식 (14.30)의 값은 바뀌지 않고 일정해야 한다는 의미이다. 즉 도함수 값은 어떤 경로를 거치든 동일해야 한다는 뜻이다.

그러면 미분이 불가능한 예를 하나 살펴보자. 복소함수 $f(z) = \bar{z} = x - iy$인 경우, 즉 $z = x + iy$의 공액복소수인 경우이다. 이제 식 (14.30)에 포함되어 있는 식으로 다음을 계산하면

$$\frac{f(z + \Delta z) - f(z)}{\Delta z} = \frac{\overline{z + \Delta z} - \bar{z}}{\Delta z} = \frac{\overline{\Delta z}}{\Delta z} = \frac{\Delta x - i\Delta y}{\Delta x + i\Delta y}$$

가 된다. 이것을 도함수의 정의식 (14.30)에 대입하면

$$f'(z_0) = \lim_{\Delta z \to 0} \frac{\Delta x - i\Delta y}{\Delta x + i\Delta y}$$

가 된다. 위 식에서 $\Delta z \to 0$은 $\Delta x \to 0$, $\Delta y \to 0$을 의미한다.

[그림 14-7]에서 이 복소함수의 도함수를 구하기 위해 접근할 수 있는 두 경로를 제시했다. 경로 (I)은 $\Delta y \to 0$부터 시작하는 경로이고, 경로 (II)는 $\Delta x \to 0$부터 시작하는 경로이다. 그러므로 경로 (I)을 따라가면 도함수는

$$\lim_{\substack{\Delta y \to 0 \\ \Delta x \to 0}} \frac{\Delta x - i\Delta y}{\Delta x + i\Delta y} = \lim_{\Delta x \to 0} \frac{\Delta x}{\Delta x} = 1$$

이 되고, 경로 (II)를 따라가면 도함수가

$$\lim_{\substack{\Delta x \to 0 \\ \Delta y \to 0}} \frac{\Delta x - i\Delta y}{\Delta x + i\Delta y} = \lim_{\Delta y \to 0} \frac{-i\Delta y}{i\Delta y} = -1$$

이 된다. 결국 경로에 따라 도함수의 값이 달라지므로 복소함수 $f(z)$의 도함수는 존재하지 않고, 따라서 미분불가능한 경우가 되는 것이다.

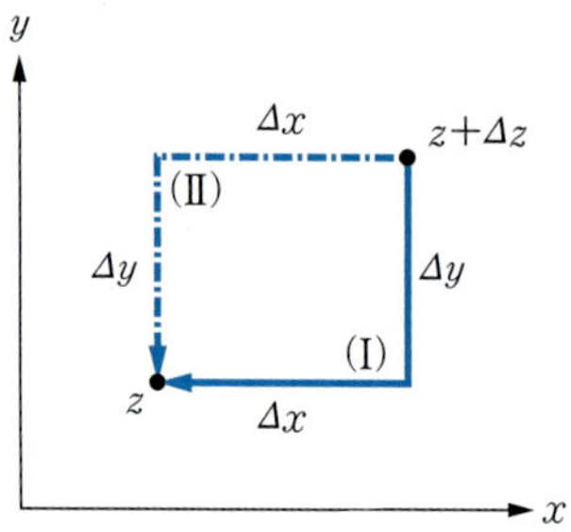

[그림 14-7] 경로와 도함수의 관계

예제 14-7 복소함수의 도함수

복소함수 $f(z) = 2z^2 + 3z$의 도함수를 구하라.

key point

$$f'(z_0) = \lim_{\Delta z \to 0} \frac{f(z_0 + \Delta z) - f(z_0)}{\Delta z}$$

풀이

식 (14.30)을 이용하면 $f(z) = 2z^2 + 3z$의 도함수를 다음과 같이 구할 수 있다.

$$\begin{aligned} f'(z) &= \lim_{\Delta z \to 0} \frac{f(z + \Delta z) - f(z)}{\Delta z} \\ &= \lim_{\Delta z \to 0} \frac{\{2(z + \Delta z)^2 + 3(z + \Delta z)\} - (2z^2 + 3z)}{\Delta z} \\ &= \lim_{\Delta z \to 0} \frac{4z\Delta z + z\Delta z^2 + 3\Delta z}{\Delta z} \\ &= \lim_{\Delta z \to 0} (4z + z\Delta z + 3) \\ &= 4z + 3 \end{aligned}$$

유제 14-7

복소함수 $f(z) = 3z^3 - z$의 도함수를 구하라.

■ 해석함수의 정의

함수 $f(z)$가 임의의 정의역 내의 점 $z = z_0$를 포함한 근방($|z - z_0| < \rho$)의 모든 점에서 미분가능하면 점 $z = z_0$에서 **해석적**anlaytic이라고 한다. 또한 정의역 내부의 모든 점에서 해석적이면 함수 $f(z)$를 **해석함수**analytic function라고 한다.

14.3 코시-리만 방정식

복소해석을 할 때 복소함수가 해석적인지 아닌지를 판단할 수 있는 중요한 방정식이 바로 코시-리만Cauchy-Riemann 방정식이다. 지금부터 코시-리만 방정식을 유도해보자.

다음과 같은 복소함수가 있다고 하자.

$$f(z) = u(x,\ y) + iv(x,\ y)$$

이 함수가 점 $z = x + iy$의 근방에서 미분가능하다면, 이 복소함수의 도함수는 다음과 같이 구할 수 있다.

$$f'(z) = \lim_{\Delta z \to 0} \frac{f(z + \Delta z) - f(z)}{\Delta z} \tag{14.31}$$

이때 $\Delta z = \Delta x + i\Delta y$를 대입하여 식 (14.31)을 복소함수 $f(z)$의 실수부와 허수부인 $u(x,\ y)$와 $v(x,\ y)$로 표현하면

$$\begin{aligned} f'(z) &= \lim_{\Delta z \to 0} \frac{f(x + iy + \Delta x + i\Delta y) - f(x + iy)}{\Delta x + i\Delta y} \\ &= \lim_{\Delta z \to 0} \frac{f((x + \Delta x) + i(y + \Delta y)) - f(x + iy)}{\Delta x + i\Delta y} \end{aligned}$$

와 같이 되고, 다음과 같은 형태의 식이 된다.

$$f'(z) = \lim_{\Delta z \to 0} \frac{\{u(x + \Delta x,\ y + \Delta y) + iv(x + \Delta x,\ y + \Delta y)\} - \{u(x,\ y) + iv(x,\ y)\}}{\Delta x + i\Delta y} \tag{14.32}$$

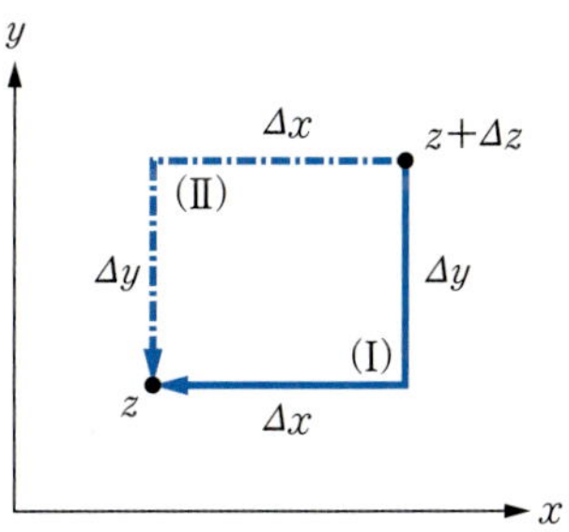

[그림 14-8] 경로에 따른 도함수

여기서 앞 절에서 논의했던 경로와 도함수에 대해 다시 생각해보자. 식 (14.32)의 도함수를 완성하기 위해 [그림 14-8]의 경로 (I)을 선택하면, $\Delta y \to 0$부터 시작하는 경로를 따르는 것이다. Δy가 0이 되면

$$\Delta z = \Delta x + i\Delta y = \Delta x + i \cdot 0 = \Delta x$$

가 되고, 이 결과를 적용하여 식 (14.32)를 다시 쓰면

$$f'(z) = \lim_{\Delta x \to 0} \frac{\{u(x+\Delta x,\ y) + iv(x+\Delta x,\ y)\} - \{u(x,\ y) + iv(x,\ y)\}}{\Delta x}$$

와 같은 식이 된다. 이제 위 식을 $u(x,\ y)$와 $v(x,\ y)$ 항으로 나눠 쓰면 다음과 같다.

$$f'(z) = \lim_{\Delta x \to 0} \frac{u(x+\Delta x,\ y) - u(x,\ y)}{\Delta x} + i \lim_{\Delta x \to 0} \frac{v(x+\Delta x,\ y) - v(x,\ y)}{\Delta x}$$

위 식에서 우변의 항들은 각각 x에 대한 $u(x,\ y)$와 $v(x,\ y)$의 편도함수가 된다. 그러므로 다음과 같이 표현할 수 있다.

$$f'(z) = \frac{\partial u(x,\ y)}{\partial x} + i\frac{\partial v(x,\ y)}{\partial x} \tag{14.33}$$

한편, 경로 (II)의 경우는 $\Delta x \to 0$부터 시작하는 적분이기 때문에 $\Delta x \to 0$을 적용하면 $\Delta z = i\Delta y$가 된다. 이것을 식 (14.32)에 대입하면

$$\begin{aligned} f'(z) &= \lim_{\Delta y \to 0} \frac{\{u(x,\ y+\Delta y) + iv(x,\ y+\Delta y)\} - \{u(x,\ y) + iv(x,\ y)\}}{i\Delta y} \\ &= \lim_{\Delta y \to 0} \frac{u(x,\ y+\Delta y) - u(x,\ y)}{i\Delta y} + i \lim_{\Delta y \to 0} \frac{v(x,\ y+\Delta y) - v(x,\ y)}{i\Delta y} \\ &= -i \lim_{\Delta y \to 0} \frac{u(x,\ y+\Delta y) - u(x,\ y)}{\Delta y} + \lim_{\Delta y \to 0} \frac{v(x,\ y+\Delta y) - v(x,\ y)}{\Delta y} \end{aligned}$$

가 되고, 다음과 같이 y에 대한 편도함수의 식으로 정리할 수 있다.

$$f'(z) = -i\frac{\partial u(x,\ y)}{\partial y} + \frac{\partial v(x,\ y)}{\partial y} \tag{14.34}$$

식 (14.33)과 식 (14.34)로 나타난 도함수는 경로만 다를 뿐 서로 같은 값을 가져야 한다. 따라서 각각의 실수부와 허수부를 비교하여 다음과 같은 식을 얻을 수 있다.

$$\frac{\partial u(x,\ y)}{\partial x} = \frac{\partial v(x,\ y)}{\partial y},\ \frac{\partial u(x,\ y)}{\partial y} = -\frac{\partial v(x,\ y)}{\partial x} \qquad (14.35)$$

■ 코시-리만 방정식

이때 식 (14.35)를 **코시-리만 방정식** Cauchy-Riemann equations이라 한다. 주어진 복소함수가 코시-리만 방정식을 만족하는지, 해석함수인지 아닌지에 대한 판단을 내리는 기준은 다음과 같이 정리할 수 있다.

정리 14-1 코시-리만 방정식

❶ $f(z) = u(x,\ y) + iv(x,\ y)$가 한 점 $z = x + iy$의 근방에서 연속이고 미분가능하면, 그 점에서 $u(x,\ y)$와 $v(x,\ y)$의 1계 편도함수가 존재하고, 코시-리만 방정식을 만족한다.

❷ 연속인 함수 $u(x,\ y)$와 $v(x,\ y)$가 어떤 정의역 D에서 코시-리만 방정식을 만족하며 연속인 1계 편도함수를 가지면, 그 복소함수 $f(z)$는 정의역 D에서 해석적이다.

예제 14-8 복소함수가 해석적인지 판단하기

복소함수 $f(z) = u(x,\ y) + iv(x,\ y)$가 다음과 같을 때, 해석적인지 아닌지 판단하라.

(a) $u(x,\ y) = x^3 + 3xy^2,\ v(x,\ y) = 3x^2y + y^3$

(b) $u(x,\ y) = x^3 - 3xy^2,\ v(x,\ y) = 3x^2y - y^3$

key point

- $\dfrac{\partial u(x,\ y)}{\partial x} = \dfrac{\partial v(x,\ y)}{\partial y}$
- $\dfrac{\partial u(x,\ y)}{\partial y} = -\dfrac{\partial v(x,\ y)}{\partial x}$

풀이

(a) $f(z) = u(x,\ y) + iv(x,\ y)$를 실수부와 허수부의 항으로 나타내면

$$u(x,\ y) = x^3 + 3xy^2,\ v(x,\ y) = 3x^2y + y^3$$

과 같다. 위 함수들을 코시-리만 방정식인 식 (14.35)에 각각 대입하면

$$\frac{\partial u(x,\ y)}{\partial x} = \frac{\partial (x^3 + 3xy^2)}{\partial x} = 3x^2 + 3y^2,\quad \frac{\partial v(x,\ y)}{\partial y} = \frac{\partial (3x^2y + y^3)}{\partial y} = 3x^2 + 3y^2$$

$$\frac{\partial u(x,\ y)}{\partial y} = \frac{\partial (x^3 + 3xy^2)}{\partial y} = 6xy,\qquad -\frac{\partial v(x,\ y)}{\partial x} = -\frac{\partial (3x^2y + y^3)}{\partial x} = -6xy$$

가 된다. 즉

$$\frac{\partial u(x,\ y)}{\partial x} = \frac{\partial v(x,\ y)}{\partial y},\ \frac{\partial u(x,\ y)}{\partial y} \neq -\frac{\partial v(x,\ y)}{\partial x}$$

가 되어, 코시-리만 방정식을 만족하지 않는다. 따라서 $f(z)$는 해석적이지 않다.

(b) $f(z) = u(x, y) + iv(x, y)$를 실수부와 허수부의 항으로 나타내면

$$u(x, y) = x^3 - 3xy^2, \quad v(x, y) = 3x^2y - y^3$$

과 같다. 위 함수들을 코시-리만 방정식인 식 (14.35)에 각각 대입하면

$$\frac{\partial u(x, y)}{\partial x} = \frac{\partial (x^3 - 3xy^2)}{\partial x} = 3x^2 - 3y^2, \quad \frac{\partial v(x, y)}{\partial y} = \frac{\partial (3x^2y - y^3)}{\partial y} = 3x^2 - 3y^2$$

$$\frac{\partial u(x, y)}{\partial y} = \frac{\partial (x^3 - 3xy^2)}{\partial y} = -6xy, \quad -\frac{\partial v(x, y)}{\partial x} = -\frac{\partial (3x^2y - y^3)}{\partial x} = -6xy$$

이 된다. 즉

$$\frac{\partial u(x, y)}{\partial x} = \frac{\partial v(x, y)}{\partial y}, \quad \frac{\partial u(x, y)}{\partial y} = -\frac{\partial v(x, y)}{\partial x}$$

가 되어, 코시-리만 방정식을 만족한다. 따라서 $f(z)$는 해석적이다.

유제 14-8

다음 복소함수들이 해석적인지 아닌지 판단하라.

(a) $f(z) = z^2$ (b) $f(z) = \bar{z}$

극형식을 이용하여 복소수를 표현하면 $z = r(\cos\theta + i\sin\theta)$이므로 복소함수는 다음과 같이 표현된다.

$$f(z) = u(r, \theta) + iv(r, \theta)$$

이와 같은 형태의 복소함수에 대한 코시-리만 방정식은 다음과 같이 표현할 수 있다.

▪ 극형식 코시-리만 방정식

$$\frac{\partial u(r, \theta)}{\partial r} = \frac{1}{r}\frac{\partial v(r, \theta)}{\partial \theta}, \quad \frac{\partial v(r, \theta)}{\partial r} = -\frac{1}{r}\frac{\partial u(r, \theta)}{\partial \theta} \qquad (14.36)$$

해석적인 복소함수인 해석함수는 복소해석complex analysis에서 매우 중요한 개념이다. 따라서 해석함수를 이용하려면 주어진 복소함수가 해석적인지의 여부부터 알아야 한다. 그런 판단이 필요하다는 점을 생각하면, 코시-리만 방정식이 복소해석에서 얼마나 중요한지 분명히 느낄 수 있을 것이다.

14.4 초등함수의 복소함수

초등함수 elementary function 란 지수함수, 로그함수, 다항함수, 삼각함수 등 기본적인 함수 자체와 그 합성으로 이루어진 함수를 말한다. 이 절에서는 이와 같은 초등함수들의 복소함수 형태에 대해 알아보자.

복소지수함수

공학에서 중요하게 사용되는 지수함수의 복소함수 형태인 **복소지수함수** complex exponential function 는 다음과 같이 정의된다.

$$\exp(z) = e^z = e^{x+iy} = e^x(\cos y + i\sin y) \tag{14.37}$$

▪ 복소지수함수의 정의

지금부터 복소지수함수의 성질을 정리해보자. 먼저 복소지수함수는 복소평면의 모든 점에서 해석적이며, 이와 같이 복소평면의 모든 점에서 해석적인 함수를 **완전함수** entire function 라고 한다. 이때 어떤 함수가 완전함수라는 것을 증명하려면 그 함수가 코시-리만 방정식을 만족한다는 사실을 보이면 된다.

또한 복소지수함수의 도함수는 다음과 같이 된다.

$$\frac{d}{dz}e^z = (e^z)' = e^z \tag{14.38}$$

▪ 복소지수함수의 도함수

즉 복소지수함수는 일반 미분적분학에서 보던 것과 동일한 성질을 갖는다. 복소지수함수의 표현식인 식 (14.37)의 도함수를 구해보면

$$\begin{aligned} f'(z) = (e^z)' &= \frac{\partial u}{\partial x} + i\frac{\partial v}{\partial x} = \frac{\partial(e^x\cos y)}{\partial x} + i\frac{\partial(e^x\sin y)}{\partial x} \\ &= (e^x\cos y) + i(e^x\sin y) = e^z \end{aligned}$$

과 같이 되어 식 (14.38)을 증명할 수 있다.

식 (14.37)에서 $x = 0$이라 가정하면 다음과 같은 결과를 얻는다.

$$e^z = \left[e^{x+iy}\right]_{x=0} = e^{iy} = \cos y + i\sin y$$

위 식은 바로 오일러 공식을 나타낸다.

오일러 공식인 식 $e^{iy} = \cos y + i\sin y$에서 $y = 2\pi$인 경우를 생각해보면

$$e^{i(2\pi)} = \cos(2\pi) + i\sin(2\pi) = 1 + i \cdot 0 = 1$$

이 되어, 다음과 같은 식을 얻을 수 있다.

$$e^{2\pi i} = 1 \tag{14.39}$$

따라서 식 (14.39)에 따라 복소지수함수 e^z은

$$e^{z+2\pi i} = e^z e^{2\pi i} = e^z,$$
$$e^{z+2(2\pi)i} = e^z e^{2(2\pi i)} = e^z (e^{2\pi i})^2 = e^z, \cdots,$$
$$e^{z+n(2\pi)i} = e^z e^{n(2\pi i)} = e^z (e^{2\pi i})^n = e^z$$

과 같이 계산할 수 있으므로 복소지수함수 e^z은 주기가 $2\pi i$인 주기함수이다. 이를 식으로 나타내면 다음과 같다.

■ 복소지수함수의 주기

$$e^{z+2n\pi i} = e^z \quad (\text{단, } n\text{은 정수}) \tag{14.40}$$

또한 식 $e^{iy} = \cos y + i\sin y$의 크기를 구하면

$$|e^{iy}| = |\cos y + i\sin y| = \sqrt{\cos^2 y + \sin^2 y} = 1$$

이 되므로 복소지수함수의 크기는 다음과 같이 계산된다.

$$|e^z| = |e^{x+iy}| = |e^x e^{iy}| = |e^x||e^{iy}| = |e^x| = e^x$$

이때 $e^x > 0$이기 때문에 양의 형태로 풀린다. 따라서 복소지수함수는 모든 z에 대해 다음과 같은 관계가 있음을 알 수 있다.

$$e^z \neq 0 \tag{14.41}$$

예제 14-9 복소지수함수

z가 다음과 같은 값을 가질 때, 복소지수함수 $f(z) = e^z$ 값을 구하라. 여기서 a와 b는 상수이다.

(a) $z = a + \pi i$　　　　(b) $z = b + 2\pi i$

> **key point**
> $e^z = e^{x+iy}$

풀이

(a) $f(z) = e^z = e^{a+\pi i} = e^a e^{i\pi}$과 같이 된다. 이 식에서 $e^{i\pi}$을 오일러 공식으로 전개하면 다음과 같다.

$$f(z) = e^a e^{i\pi} = e^a(\cos\pi + i\sin\pi) = -e^a$$

(b) $f(z)=e^z=e^{b+2\pi i}=e^b e^{i2\pi}$ 이고, $e^{i2\pi}$ 을 오일러 공식으로 전개하면 다음과 같이 된다.

$$f(z)=e^b e^{i2\pi}=e^b(\cos 2\pi+i\sin 2\pi)=e^b\cdot 1=e^b$$

유제 14-9

z가 다음과 같은 값을 가질 때, 복소지수함수 $f(z)=e^z$ 값을 구하라.

(a) $z=2\ln 5+\pi i$　　　　(b) $z=3+2\pi i$

복소삼각함수와 복소쌍곡선함수

복소변수에 대한 삼각함수, 즉 복소삼각함수를 정의하기 위해서는 오일러 공식이 필요하다. 즉 복소지수함수를 삼각함수로 나타내는 다음과 같은 오일러 공식

$$\cos\theta=\frac{e^{i\theta}+e^{-i\theta}}{2},\quad \sin\theta=\frac{e^{i\theta}-e^{-i\theta}}{2i}$$

에 복소함수의 개념을 적용하면 다음과 같은 식을 얻을 수 있다. 이 식이 바로 **복소삼각함수** complex trigonometric function 의 정의이다.

$$\cos z=\frac{e^{iz}+e^{-iz}}{2},\quad \sin z=\frac{e^{iz}-e^{-iz}}{2i} \tag{14.42}$$

■ 복소삼각함수의 정의

복소삼각함수의 도함수는 삼각함수의 도함수와 같은 형태로 얻어진다.

$$\begin{aligned}\frac{d}{dz}\cos z&=(\cos z)'=-\sin z\\ \frac{d}{dz}\sin z&=(\sin z)'=\cos z\\ \frac{d}{dz}\tan z&=(\tan z)'=\sec^2 z\end{aligned} \tag{14.43}$$

식 (14.42)에서 적용된 것처럼 다음과 같은 오일러 공식 또한 복소함수에서 사용될 수 있다.

$$e^{iz}=\cos z+i\sin z \tag{14.44}$$

복소삼각함수의 경우와 마찬가지로 오일러 공식을 이용하면 **복소쌍곡선함수** complex hyperbolic function 도 다음과 같이 정의할 수 있다.

■ 복소쌍곡선함수의 정의

$$\cosh z = \frac{e^z + e^{-z}}{2}, \ \sinh z = \frac{e^z - e^{-z}}{2} \tag{14.45}$$

복소쌍곡선함수의 도함수는 다음과 같다.

$$\begin{aligned} \frac{d}{dz}\cosh z &= (\cosh z)' = \sinh z \\ \frac{d}{dz}\sinh z &= (\sinh z)' = \cosh z \end{aligned} \tag{14.46}$$

■ 복소삼각함수와 복소쌍곡선함수의 관계

복소삼각함수와 복소쌍곡선함수 사이에는 다음과 같은 변환이 가능하다.

$$\cosh iz = \cos z, \ \sinh iz = i\sin z \tag{14.47}$$

$$\cos iz = \cosh z, \ \sin iz = i\sinh z \tag{14.48}$$

예제 14-10 복소삼각함수와 복소쌍곡선함수

다음 식을 증명하라.

$$\cos z = \cos x \cosh y - i \sin x \sinh y$$

key point

- $\cos z = \dfrac{e^{iz} + e^{-iz}}{2}$
- $\sin z = \dfrac{e^{iz} - e^{-iz}}{2i}$
- $\cosh z = \dfrac{e^z + e^{-z}}{2}$
- $\sinh z = \dfrac{e^z - e^{-z}}{2}$

풀이

복소삼각함수의 정의식 $\cos z = \frac{1}{2}(e^{iz} + e^{-iz})$에 $z = x + iy$를 대입하면

$$\cos z = \frac{1}{2}\left\{e^{i(x+iy)} + e^{-i(x+iy)}\right\} = \frac{1}{2}\left(e^{ix}e^{-y} + e^{-ix}e^{y}\right)$$

이 된다. 위 식의 e^{ix}과 e^{-ix}을 오일러 공식으로 변환하면

$$\begin{aligned} \cos z &= \frac{1}{2}e^{-y}(\cos x + i\sin x) + \frac{1}{2}e^{y}(\cos x - i\sin x) \\ &= \frac{1}{2}\cos x(e^{-y} + e^{y}) + \frac{1}{2}i\sin x(e^{-y} - e^{y}) \end{aligned}$$

이다. 한편, $\cosh y = \frac{1}{2}(e^y + e^{-y})$, $\sinh y = \frac{1}{2}(e^y - e^{-y})$이므로 위 식은

$$\begin{aligned} \cos z &= \cos x\left\{\frac{1}{2}(e^y + e^{-y})\right\} - i\sin x\left\{\frac{1}{2}(e^y - e^{-y})\right\} \\ &= \cos x \cosh y - i \sin x \sinh y \end{aligned}$$

와 같이 된다. 그러므로 주어진 식을 증명할 수 있다.

복소로그함수

복소로그함수complex logarithmic function는 다음과 같은 형태로 정의된다.

$$\ln z = \ln|z| + i\arg(z) \tag{14.49}$$

▪ 복소로그함수의 정의

위 식에서 편각을 나타내는 $\arg(z)$는 값을 많이 갖는 **다가함수**multi-valued function이기 때문에 복소로그함수 $\ln z$ 또한 다가함수일 수밖에 없다. 그러므로 유일한 값을 갖는 **단가함수**single-valued function로 정의하기 위해 주편각을 사용하여 식 (14.49)를

▪ 다가함수와 단가함수

$$\mathrm{Ln}z = \ln|z| + i\,\mathrm{Arg}(z) \tag{14.50}$$

와 같이 나타낸다. 이를 **복소로그함수의 주값**이라 한다. 주편각이 하나의 값을 가지므로 식 (14.50) 또한 하나의 값을 갖는 단가함수가 된다.

주편각과 편각과의 관계는 다음 식과 같으므로

$$\arg(z) = \mathrm{Arg}(z) + 2n\pi$$
$$(\text{단, } n = \pm 1,\ \pm 2,\ \cdots)$$

복소로그함수 $\ln z$는

$$\begin{aligned}\ln z &= \ln|z| + i\arg(z)\\ &= \ln|z| + i\{\mathrm{Arg}(z) + 2n\pi\}\\ &= \{\ln|z| + i\,\mathrm{Arg}(z)\} + 2n\pi i\end{aligned}$$

와 같이 되어 최종적으로 다음과 같은 식을 얻을 수 있다.

$$\ln z = \mathrm{Ln}|z| + 2n\pi i \quad (\text{단, } n = \pm 1,\ \pm 2,\ \cdots) \tag{14.51}$$

앞에서 논의한 여러 가지 초등함수들의 복소함수 형태를 보면, 일반적인 실함수에서는 연관성이 없어 보이던 함수들이 비슷한 형태의 복소함수에서는 연관성이 있는 경우를 많이 볼 수 있다. 그것이 곧 복소함수의 장점이기도 하다.

예제 14-11 복소로그함수

$z=1+i$에 대해 복소로그함수 $\ln z$와 그 주값을 구하라.

> **key point**
> • $\ln z = \ln|z| + i\arg(z)$
> • $\mathrm{Ln}z = \ln|z| + i\mathrm{Arg}(z)$

풀이

복소수 $z=1+i$의 크기 $|z|$와 편각 $\arg(z)$를 구하면 다음과 같다.

$$|z| = \sqrt{1^2+1^2} = 2,\ \ \arg(z) = \frac{\pi}{4}+2n\pi$$

그러면 $z=1+i$의 복소로그함수는

$$\ln z = \ln|z| + i\arg(z) = \ln\sqrt{2} + i\left(\frac{\pi}{4}+2n\pi\right)$$

이고 주편각은 $\mathrm{Arg}(z) = \frac{\pi}{4}$이므로 $\ln z$의 주값은 다음과 같다.

$$\mathrm{Ln}z = \ln|z| + i\mathrm{Arg}(z) = \frac{1}{2}\ln 2 + \frac{\pi}{4}i$$

유제 14-10

$z=1+\sqrt{3}i$에 대해 복소로그함수 $\ln z$와 그 주값을 구하라.

Chapter 14 핵심요약

복소수의 기본 개념

- 복소수의 정의식 : $z = x + iy = (x, y)$

- 복소평면은 가로축을 실수축으로, 세로축을 허수축으로 배정하여 복소수를 나타내기 위한 평면이다.

- 복소수의 극형식

$$z = x + iy = r(\cos\theta + i\sin\theta)$$

$$r = |z| = \sqrt{x^2 + y^2},\ \theta = \arg(z) = \arctan\left(\frac{y}{x}\right)$$

- 드 므아브르 공식 : $(\cos\theta + i\sin\theta)^n = \cos n\theta + i\sin n\theta$

- 복소수의 제곱근

$$\sqrt[n]{z} = \sqrt[n]{r}\left(\cos\frac{\theta + 2k\pi}{n} + i\sin\frac{\theta + 2k\pi}{n}\right)\quad (\text{단, } k = 0,\ 1,\ 2,\ \cdots,\ n-1)$$

복소함수

- 복소함수 : $f(z) = u(x, y) + iv(x, y)$

- 점 $z = z_0$에서 복소함수의 도함수

$$f'(z_0) = \lim_{\Delta z \to 0}\frac{f(z_0 + \Delta z) - f(z_0)}{\Delta z} = \lim_{z \to z_0}\frac{f(z) - f(z_0)}{z - z_0}$$

- 함수 $f(z)$가 임의의 정의역 내의 점 $z = z_0$를 포함한 근방의 모든 점에서 미분가능하면, 점 $z = z_0$에서 함수 $f(z)$는 해석적이라고 하고, 정의역 내부의 모든 점에서 해석적이면 해석함수라고 한다.

코시-리만 방정식

- 경로에 따른 복소함수의 도함수

$$f'(z) = \frac{\partial u(x, y)}{\partial x} + i\frac{\partial v(x, y)}{\partial x}$$

$$f'(z) = -i\frac{\partial u(x, y)}{\partial y} + \frac{\partial v(x, y)}{\partial y}$$

• 코시-리만 방정식

$$\frac{\partial u(x,\ y)}{\partial x} = \frac{\partial v(x,\ y)}{\partial y},\ \frac{\partial u(x,\ y)}{\partial y} = -\frac{\partial v(x,\ y)}{\partial x}$$

$$\frac{\partial u(r,\ \theta)}{\partial r} = \frac{1}{r}\frac{\partial v(r,\ \theta)}{\partial \theta},\ \frac{\partial v(r,\ \theta)}{\partial r} = -\frac{1}{r}\frac{\partial u(r,\ \theta)}{\partial \theta}$$

초등함수의 복소함수

• 복소지수함수

$$\exp(z) = e^z = e^{x+iy} = e^x(\cos y + i\sin y)$$

• 복소삼각함수

$$\cos z = \frac{e^{iz}+e^{-iz}}{2},\ \sin z = \frac{e^{iz}-e^{-iz}}{2i}$$

• 복소쌍곡선함수

$$\cosh z = \frac{e^{z}+e^{-z}}{2},\ \sinh z = \frac{e^{z}-e^{-z}}{2}$$

• 복소삼각함수와 복소쌍곡선함수와의 관계

$$\cosh iz = \cos z,\ \sinh iz = i\sin z$$

$$\cos iz = \cosh z,\ \sin iz = i\sinh z$$

• 복소로그함수

$$\ln z = \ln|z| + i\arg(z)$$

$$\ln z = \mathrm{Ln}|z| + 2n\pi i \quad (\text{단},\ n = \pm 1,\ \pm 2,\ \cdots)$$

$$\mathrm{Ln} z = \ln|z| + i\mathrm{Arg}(z)$$

Chapter 14 연습문제

※ **(문제 14.1~14.8)** $z_1 = a+bi$, $z_2 = c-di$인 복소수에 대해 다음을 구하라. 단, a, b, c, d는 실수이다.

14.1 $(z_1+z_2)^2$

14.2 $\overline{z_1}\,\overline{z_2}$

14.3 $\mathrm{Re}(z_1 z_2)$

14.4 $\mathrm{Im}(z_1\overline{z_2})$

14.5 $(z_1-z_2)/(z_1+z_2)$

14.6 $(z_1-z_2)^3$ (단, $a=-1$, $b=1$, $c=2$, $d=-7$)

14.7 $\dfrac{\mathrm{Re}(z_2)}{\mathrm{Re}(z_1)}$

14.8 $\dfrac{\mathrm{Im}(\overline{z_2})}{\mathrm{Im}(z_1)}$

※ **(문제 14.9~14.13)** 다음 복소수들을 극형식으로 표현하라.

14.9 ai (단, a는 양수)

14.10 $-ai$ (단, a는 양수)

14.11 $-b$ (단, b는 양수)

14.12 $2-2i$

14.13 $\dfrac{8+i}{2-3i}$

※ **(문제 14.14~14.16)** 다음 복소수의 세제곱근을 구하라.

14.14 $z=1$

14.15 $z=i$

14.16 $z=1+i$

※ **(문제 14.17~14.20)** 드 므아브르 공식을 이용하여 다음을 보여라.

14.17 $\sqrt{i} = \pm\dfrac{\sqrt{2}}{2}(1+i)$

14.18 $\sqrt{-i} = \pm\dfrac{\sqrt{2}}{2}(1-i)$

14.19 $\cos 3\theta = 4\cos^3\theta - 3\cos\theta$

14.20 $\sin 3\theta = 3\sin\theta - 4\sin^3\theta$

※ **(문제 14.21~14.25)** 다음 복소함수들이 해석적인지 아닌지 판정하라.

14.21 $f(z) = e^x \cos y + ie^x \sin y$

14.22 $f(z) = \dfrac{x}{x^2+y^2} - i\dfrac{y}{x^2+y^2}$

14.23 $f(z) = e^{3x}(\cos y + i \sin y)$

14.24 $f(z) = z^3$

14.25 $f(z) = \dfrac{i}{z^4}$

14.26 복소함수에 대한 코시-리만 방정식을 극좌표로 나타내면 다음과 같이 됨을 보여라.

$$\frac{\partial u(r,\ \theta)}{\partial r} = \frac{1}{r}\frac{\partial v(r,\ \theta)}{\partial \theta},\quad \frac{\partial v(r,\ \theta)}{\partial r} = -\frac{1}{r}\frac{\partial u(r,\ \theta)}{\partial \theta}$$

14.27 복소함수 $f(z)$의 도함수를 $\dfrac{df}{dz} = \dfrac{1}{e^{i\theta}}\dfrac{\partial}{\partial r}(u+iv)$와 같이 표현할 때, 복소함수의 거듭제곱 z^n에 대하여 $\dfrac{d}{dz}z^n = nz^{n-1}$이 성립함을 보여라.

14.28 복소지수함수 e^z에 대하여 $\dfrac{d}{dz}e^z = e^z$이 성립함을 보여라.

14.29 복소삼각함수와 복소쌍곡선함수에 대하여 다음 식이 성립함을 보여라.

$$\cosh z = \cosh x \cos y + i \sinh x \sin y$$
$$\sinh z = \sinh x \cos y + i \cosh x \sin y$$

14.30 복소로그함수 $\ln z$에 대하여 $\dfrac{d}{dz}\ln z = \dfrac{1}{z}$이 성립함을 보여라.

부록 A

Appendix

유제 정답

Chapter 01 유제

1-1 (a) $x_1 = \frac{2}{3}$, $x_2 = -3$

(b) $y_1 = 3 + \sqrt{5}$, $y_2 = 3 - \sqrt{5}$

(c) $x_1 = 4$, $x_{2,3} = -3 \pm \sqrt{22}$

(d) $y_1 = \sqrt{3}$, $y_2 = -\sqrt{3}$, $y_3 = i$, $y_4 = -i$

1-2 (a) $y' = 5x^4 - 3x^2 + 4x$

(b) $y' = \frac{2e^{2x}(x^2 - x + 1)}{(x^2+1)^2}$

1-3 (a) $2\ln(2x^2+3) + c$

(b) $\frac{1}{2}\ln(x^2+2x+2) + c$

1-4 (a) $(x^2 - 2x + 2)e^x + c$ (b) $x\ln x - x + c$

1-5 (a) $\frac{(3x+1)^{11}}{33} + c$ (b) $\ln(e^x+1) + c$

1-6 $\sqrt{13}\sin(\omega t + \alpha)$ 단, $\alpha = \tan^{-1}\left(\frac{3}{2}\right)$

1-7 $\cosh(x+y) = \cosh x \cosh y + \sinh x \sinh y$

$\tanh(x+y) = \frac{\tanh x + \tanh y}{1 + \tanh x \tanh y}$

Chapter 02 유제

2-1 (a) 2계 비선형 미분방정식

(b) 2계 선형 미분방정식

(c) 3계 비선형 미분방정식

(d) 3계 비선형 미분방정식

2-2 $\sin x + c$

2-3 $\sin x$

2-4 $y(x) = -\frac{1}{2}e^{-2x} + 4$

2-5 25m

2-6 (a) $\frac{x^2}{4} + y^2 = c$

(b) $y^2 = x - \frac{1}{2}\sin 2x + c$

(c) $y = \tan(x+c)$

2-7 1570년

2-8 $y = -\frac{x}{x+c}$

2-9 $2xydx + x^2dy = 0$ 또는 $y' = -\frac{2y}{x}$

2-10 생략

2-11 $x^2y = c$

2-12 $y = cx$

2-13 $F(y) = \frac{1}{y}$

2-14 $y(x) = -\frac{2}{3} + ce^{-3x}$

2-15 $y(x) = \cosh x$

2-16 $y = \frac{1}{cx - x^2}$

Chapter 03 유제

3-1 (a) $y'' + \frac{1}{2}xy' - \frac{1}{2}y = \frac{-1}{2x}e^{2x}$,

비제차 미분방정식

(b) $y'' - \frac{2x^5}{e^x}y' + \frac{4\ln x}{e^x}y = 0$,

제차 미분방정식

3-2 (a) $y_1 = e^x$, $y_2 = e^{-x}$

(b) $y = 2e^x + 3e^{-x}$

3-3 $y = c_1e^{3x} + c_2e^{-3x}$

3-4 일반해 : $y = c_1e^{-4x} + c_2e^{2x}$

특수해 : $y = e^{-4x} + 6e^{2x}$

3-5 $y = (c_1 + c_2x)e^{ax}$

3-6 $y = (c_1 + c_2x)e^{3x}$

3-7 $y = A\cos ax + B\sin ax$

3-8 $y = e^{-3x}(2\cos 2x + 3\sin 2x)$

3-9 $y = x^5 - \frac{1}{x^4}$

3-10 $y = x^4(1 + \ln x)$

3-11 $y = 2\cos(3\ln x)$

3-12 $y = c_1e^x + c_2e^{3x} + 2e^x\sin x - e^x\cos x$

3-13 $y = A\cos 2x + B\sin 2x + x^2 + 2$

3-14 $y = e^x + e^{-3x} - e^{-x}$

3-15 $y = (3x-1)e^{3x} + \frac{12}{169}\cos 2x + \frac{5}{169}\sin 2x$

3-16 $y = e^{2x}(\sin 2x - 4\cos 2x) + 3e^{2x} + \frac{6}{5}\cos 2x + \frac{3}{5}\sin 2x$

Chapter 04 유제

4-1 (a) $(3x^2D^2+5xD-6)y=0$

(b) $(2x^2D^2-4xD-7)y=0$

4-2 (a) $-4x^2+10x+4$

(b) $-2x^2+17x+26$

4-3 일반해 $y=c_1e^{-x}+c_2e^x+c_3e^{2x}$

특수해 $y=\frac{1}{2}e^{-x}-\frac{3}{2}e^x+2e^{2x}$

4-4 $y=c_1e^{\frac{b}{a}x}+c_2e^{\frac{d}{c}x}+c_3e^{\frac{f}{e}x}$

4-5 $y=c_1e^x+c_2e^{-x}+c_3e^{-\frac{1}{3}x}$

4-6 $y=c_1+c_2x+c_3x^2$

4-7 $y=c_1e^{-5x}+c_2+c_3x+c_4x^2+c_5x^3$

4-8 $y=c_1e^{2x}+A\cos 3x+B\sin 3x$

4-9 $y=e^x[(A+Cx)\cos 2x+(B+Dx)\sin 2x]$

4-10 $y=c_1+(c_2+c_3x)e^{-x}+x^2$

4-11 $y=c_1+c_2x+c_3e^x+c_4e^{4x}-\cos x$

4-12 $y=(1+x+x^2+3x^3)e^x$

Chapter 05 유제

5-1 $A=\begin{bmatrix} 2 & -4 \\ \frac{3}{2} & -\frac{3}{2} \end{bmatrix}$

5-2 $\lambda_1=-5,\ \mathbf{x}^{(1)}=\begin{bmatrix} 1 \\ -1 \end{bmatrix}$

$\lambda_2=-1,\ \mathbf{x}^{(2)}=\begin{bmatrix} 1 \\ 3 \end{bmatrix}$

5-3 $\mathbf{y}=c_1\begin{bmatrix} 2 \\ 3 \end{bmatrix}e^t+c_2\begin{bmatrix} -3 \\ 4 \end{bmatrix}e^{-t}$

5-4 일반해 : $\mathbf{y}=c_1\begin{bmatrix} 1 \\ 1 \end{bmatrix}e^{2t}+c_2\begin{bmatrix} 2 \\ 1 \end{bmatrix}e^{3t}$

특수해 : $\mathbf{y}=-3\begin{bmatrix} 1 \\ 1 \end{bmatrix}e^{2t}+4\begin{bmatrix} 2 \\ 1 \end{bmatrix}e^{3t}$

5-5 $\mathbf{y}=-4\begin{bmatrix} 2 \\ 1 \end{bmatrix}e^{-2t}+5\begin{bmatrix} 1 \\ 0.8 \end{bmatrix}e^{-0.8t}+\begin{bmatrix} 3 \\ 0 \end{bmatrix}$

5-6 $\mathbf{y}=c_1\begin{bmatrix} 1 \\ -1 \end{bmatrix}e^{-3t}+c_2\begin{bmatrix} 1 \\ 1 \end{bmatrix}e^{-t}+4\begin{bmatrix} 2 \\ 1 \end{bmatrix}e^{-2t}$

5-7 $\mathbf{y}^{(p)}=\begin{bmatrix} -\frac{13}{4} \\ \frac{7}{2} \end{bmatrix}+\begin{bmatrix} -\frac{5}{2} \\ 3 \end{bmatrix}t$

Chapter 06 유제

6-1 $y=a_0\left(1+\pi x+\frac{\pi^2}{2!}x^2+\frac{\pi^3}{3!}x^3+\cdots\right)=a_0e^{\pi x}$

6-2 $y=a_0\sum_{k=0}^{\infty}\frac{(-1)^k2^k}{k!}x^{2k}=a_0e^{-2x^2}$

6-3 $y=a_0\sum_{m=0}^{\infty}\frac{x^{2m}}{m!}$

$=a_0\left(1+x^2+\frac{1}{2!}x^4+\frac{1}{3!}x^6+\cdots+\frac{1}{m!}x^{2m}+\cdots\right)$

6-4 $y=a_0\left(1+\frac{2^2}{2!}x^2+\frac{2^4}{4!}x^4+\cdots\right)$

$+a_1\left(x+\frac{2^2}{3!}x^3+\frac{2^4}{5!}x^5+\cdots\right)$

6-5 $y_1(x)=a_0(x+1),\ y_2(x)=A_0\sqrt{x}$

6-6 $y_2(x)=y_1(x)\ln x+\sum_{m=0}^{\infty}A_mx^m$

6-7 $y_2(x)=ky_1(x)\ln x+\sum_{m=0}^{\infty}A_mx^{m-1}$

Chapter 07 유제

7-1 $\frac{\pi}{s}$

7-2 $\mathcal{L}(e^{at})=\frac{1}{s-a},\ \mathcal{L}(e^{-bt})=\frac{1}{s+b}$

7-3 $\frac{2}{s^3}$

7-4 (a) $\frac{1}{s-\omega}$ (b) $\frac{3}{s-1}+\frac{2}{s^2}$

7-5 (a) $\frac{2s}{s^2-\pi^2}$ (b) $\frac{1}{s+5}-\frac{5}{s}$

7-6 $\frac{s-2}{(s-2)^2+3^2}+\frac{2}{(s-3)^2+2^2}$

7-7 $\frac{200}{(s-1)^3}$

7-8 $\frac{\omega}{s^2+\omega^2}$

7-9 (a) $\frac{s^2+1}{(s^2-1)^2}$ (b) $\frac{s^2-1}{(s^2+1)^2}$

7-10 $\frac{1}{2}(1-\cos 2t)$

7-11 $\frac{1}{2}\left(t-\frac{\sin 2t}{2}\right)$

7-12 (a) $\frac{ke^{-s}}{s}(e^{-a}-e^{-b})$

(b) $\frac{se^{-2\pi s}}{s^2+1}$

7-13 (a) $f(t)=2\{u(t-\pi)-u(t-2\pi)\}+u(t-2\pi)\sin t$

(b) $\mathcal{L}(f)=\frac{2}{s}(e^{-\pi s}-e^{-2\pi s})+\frac{e^{-2\pi s}}{s^2+1}$

7-14 $u(t-2)+e^{3(t-3)}u(t-3)-\sin 2(t-4)u(t-4)-\cosh 2(t-5)u(t-5)$

7-15 $2\cos\frac{1}{2}t$

7-16 $2e^{3t}-e^{-t}$

7-17 $\begin{cases} 0 & (t<3) \\ \frac{1}{2}\{e^{-(t-3)}-e^{-3(t-3)}\} & (t>3) \end{cases}$

7-18 $y(t)=\cos 3t+\frac{1}{3}\sin 3t+\frac{1}{3}\{\sin 3(t-\pi)u(t-\pi)-\sin 3(t-2\pi)u(t-2\pi)\}$

7-19 $1+\frac{3}{2}e^{3t}-\frac{3}{2}e^{-3t}$

7-20 $-e^{-t}(t^2+t-1)$

7-21 $\mathcal{L}\{t\sin at\}=\frac{2as}{(s^2+a^2)^2}$,

$\mathcal{L}\{t\cos bt\}=\frac{s^2-b^2}{(s^2+b^2)^2}$

7-22 $\frac{2}{t}(1-\cos\omega t)$

7-23 $\ln\left(1+\frac{\omega^2}{s^2}\right)$

7-24 $1-\cos t$

Chapter 08 유제

8-1 3행 원소 $(m\ n\ o\ p\ q\ r)$

2열 원소 $(b\ h\ n\ t)$

8-2 $x=-1,\ y=0$

8-3 (a) $\begin{bmatrix} 7 & 5 & 5 \\ 9 & 9 & 7 \end{bmatrix}$ (b) $\begin{bmatrix} -5 & -1 & 1 \\ -1 & 1 & 5 \end{bmatrix}$

8-4 (a) $\begin{bmatrix} \alpha & d \\ \beta & e \\ \gamma & f \end{bmatrix}$ (b) $[2\ 4\ 5]$

8-5 (a) A는 3×2, B는 2×2, C는 2×3

(b) $\begin{bmatrix} -1 & 0 \\ 6 & 10 \\ -2 & -4 \end{bmatrix}$

(c) $\begin{bmatrix} 5 & 5 & -4 \\ 5 & 10 & -6 \\ -4 & -6 & 4 \end{bmatrix}$

(d) 구할 수 없음

8-6 $a^2+b^2+c^2+d^2+e^2$

8-7 $\mathbf{AB}=\begin{bmatrix} 7 & 4 \\ 12 & 7 \end{bmatrix}$, $\mathbf{BA}=\begin{bmatrix} 7 & 12 \\ 4 & 7 \end{bmatrix}$,

$\mathbf{CD}=\begin{bmatrix} 0 & 0 \\ 0 & 0 \end{bmatrix}$, $\mathbf{DC}=\begin{bmatrix} 1 & 1 \\ -1 & -1 \end{bmatrix}$

8-8 $(\mathbf{AB})^T=\begin{bmatrix} 3 & 7 \\ 1 & 0 \end{bmatrix}$, $\mathbf{B}^T\mathbf{A}^T=\begin{bmatrix} 3 & 1 \\ 7 & 0 \end{bmatrix}$

8-9 $a_{11}x_1+a_{12}x_2+a_{13}x_3=r_1$
$a_{21}x_1+a_{22}x_2+a_{23}x_3=r_2$

$\tilde{\mathbf{A}}=\begin{bmatrix} a_{11} & a_{12} & a_{13} & r_1 \\ a_{21} & a_{22} & a_{23} & r_2 \end{bmatrix}$

8-10 $x_1=-9,\ x_2=13,\ x_3=-4$

8-11 해가 존재하지 않는다.

8-12 $a=\frac{2}{3},\ b=-3,\ c=\frac{7}{3}$

8-13 $D_3=0,\ C_{11}=-3,\ C_{21}=6,\ C_{31}=-3$

8-14 $A=-2,\ B=2$

8-15 $A=-2,\ B=-2$

8-16 $B=8,\ C=8$

8-17 $\det\mathbf{A}=3,\ \det\mathbf{A}^T=3$

8-18 $A=0,\ B=0$

8-19 $A=0,\ B=0$

8-20 $x_1=\frac{7}{2},\ x_2=-1$

8-21 $x_1=-1,\ x_2=0,\ x_3=1$

8-22 $\begin{bmatrix} -2 & 1 \\ 1.5 & -0.5 \end{bmatrix}$

8-23 $\begin{bmatrix} -1 & 4 & -2 \\ 2 & -9 & 5 \\ 1 & -2 & 1 \end{bmatrix}$

Chapter 09 유제

9-1 $\mathbf{c} = [3, -7, -3],\ |\mathbf{c}| = \sqrt{67}$

9-2 (a) $[-2,\ 0,\ 8]$ (b) $[20,\ -12,\ 22]$

9-3 $-3\mathbf{i} + 7\mathbf{j} - 2\mathbf{k}$

9-4 $\mathbf{a} \cdot \mathbf{b} = 22,\ \cos\theta = \dfrac{11}{\sqrt{228}}$

9-5 $x + \dfrac{1}{2}y - 3 = 0$

9-6 $\mathbf{v} = [0,\ 0,\ 8],\ |\mathbf{v}| = 8$

9-7 $\mathbf{v} = 3\mathbf{i} - 3\mathbf{j} - 3\mathbf{k},\ |\mathbf{v}| = 3\sqrt{3}$

9-8 $\sqrt{6}$

9-9 $\mathbf{r}(0) = \mathbf{k},\ \mathbf{r}\left(\dfrac{\pi}{4}\right) = \dfrac{\pi}{4}\mathbf{i} + \mathbf{j} + \dfrac{1}{\sqrt{2}}\mathbf{k},$

$\mathbf{r}\left(\dfrac{\pi}{2}\right) = \dfrac{\pi}{2}\mathbf{i}$

9-10 (a) $\mathbf{r}'(t) = e^t\mathbf{i} + \mathbf{j} + 2\cos t\,\mathbf{k}$

(b) $\mathbf{v}'(t) = [2t,\ \cos t,\ \cos t - t\sin t]$

(c) $[e^t(2t + t^2),\ \sin t + t\cos t,$
$2\sin t\cos t + 2t\cos^2 t - 2\sin^2 t]$

9-11 $\mathbf{r}(t) = [0,\ 1+t,\ 1+2t]$

9-12 $[-2\sin t,\ 3\cos t,\ 0]$

9-13 $4\sqrt{3}$

9-14 $[5y,\ 5x + 2y,\ 2]$

9-15 $D_{\mathbf{a}} f = -1 - \sqrt{3}$

9-16 곡면법선벡터 $-4\mathbf{j} - 2\mathbf{k}$

단위곡면법선벡터 $\dfrac{-1}{\sqrt{5}}(2\mathbf{j} + \mathbf{k})$

9-17 $x + 2z$

9-18 -1

9-19 6

9-20 $4y\mathbf{i} - 2xz\mathbf{j} - 2xy\mathbf{k}$

Chapter 10 유제

10-1 a^2

10-2 $\dfrac{2}{3}$

10-3 π

10-4 곡선 C_1의 선적분 : $\dfrac{1}{3}$

곡선 C_2의 선적분 : $\dfrac{2}{5}$

10-5 $f = x + \dfrac{y^2}{2} + z,\ \dfrac{5}{2}$

10-6 적분경로와 관련성이 있다.

10-7 식 (10.12) 이용 : $\dfrac{5}{3}$

식 (10.13) 이용 : $\dfrac{5}{3}$

10-8 -4

10-9 6π

10-10 5

10-11 1

10-12 64

10-13 $\dfrac{4}{3}\pi a^3$

10-14 2

10-15 1

10-16 1

Chapter 11 유제

11-1 (a) $\dfrac{2}{\omega}\pi$ (b) 2π

11-2 $f(x) = \dfrac{\pi}{4} + \displaystyle\sum_{n=1}^{\infty}\left\{\dfrac{1-(-1)^n}{n^2\pi}\cos nx + \dfrac{1}{n}\sin nx\right\}$

11-3 $f(x) = \dfrac{1}{2} + \displaystyle\sum_{n=1}^{\infty}\left(\dfrac{2}{n\pi}\sin\dfrac{n\pi}{2}\right)\cos\dfrac{n\pi x}{2}$

11-4 (a) 0 (b) 0

11-5 $f(x) = \dfrac{1}{2} + \dfrac{4}{\pi^2}\left(\cos\pi x + \dfrac{1}{9}\cos 3\pi x + \dfrac{1}{25}\cos 5\pi x + \cdots\right)$

11-6 $f(x) = \dfrac{2}{\pi}\left(\sin\pi x + \dfrac{1}{2}\sin 2\pi x + \dfrac{1}{3}\sin 3\pi x + \cdots\right)$

Chapter 12 유제

12-1 $f(x)=\frac{2}{\pi}\int_0^\infty \frac{\sin\omega a\cos\omega x}{\omega}d\omega$

12-2 (a) $f(x)=\frac{2}{\pi}\int_0^\infty \frac{\sin\omega}{\omega}\cos x\omega d\omega$

(b) $f(x)=\frac{2}{\pi}\int_0^\infty \frac{1-\cos\omega}{\omega}\sin x\omega d\omega$

12-3 (a) $\frac{\pi}{2}$ (b) $\frac{\pi}{2}$

12-4 $f(x)=\frac{1}{2\pi i}\int_{-\infty}^\infty \frac{1}{\omega}(1-e^{-i\omega})e^{i\omega x}d\omega$

12-5 $\frac{1}{1+\omega i}$

Chapter 13 유제

13-1 (a) 4계, x와 y는 독립변수, P는 종속변수

(b) 2계, x, y와 z는 독립변수, θ는 종속변수

(c) 1계, x와 y는 독립변수, Q는 종속변수

13-2 (a) $u(x, t)=P(x)+Q(t)$

(b) $u(x, y)=e^y P(x)+Q(y)$

13-3 $u(x, t)=\frac{4}{\pi^2}\left(\sin\pi x\cos\pi t - \frac{1}{3^2}\sin3\pi x\cos3\pi t+\cdots\right)$

Chapter 14 유제

14-1 (a) $7+2i$ (b) $-3+4i$

(c) $13+13i$ (d) $\frac{7+17i}{26}$

14-2 (a) $3+i$ (b) $-1+3i$

(c)

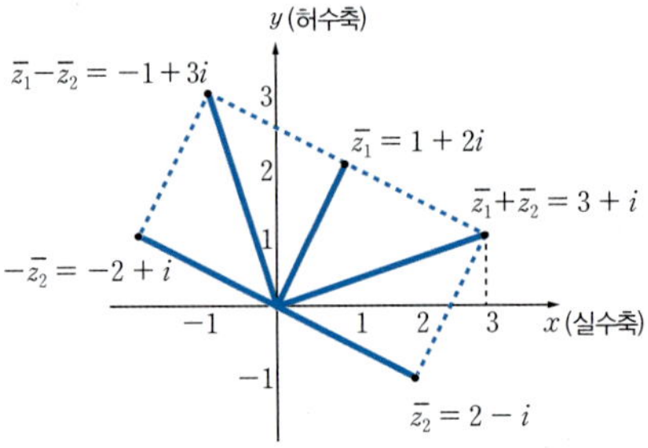

14-3 $|z|=1$,

$\arg(z)=\frac{\pi}{2}\pm 2n\pi$ (단, $n=0, 1, \cdots$),

$\text{Arg}(z)=\frac{\pi}{2}$,

$z=\cos\frac{\pi}{2}+i\sin\frac{\pi}{2}$

14-4 $z_1z_2=3\sqrt{2}\left\{\cos\left(\frac{5\pi}{4}\right)+i\sin\left(\frac{5\pi}{4}\right)\right\}$

$\frac{z_1}{z_2}=\frac{\sqrt{2}}{3}\left(\cos\frac{\pi}{4}+i\sin\frac{\pi}{4}\right)$

14-5 $w_0=\frac{1}{\sqrt{2}}+i\frac{1}{\sqrt{2}}$, $w_1=-\frac{1}{\sqrt{2}}-i\frac{1}{\sqrt{2}}$

14-6 $\text{Re}\{f(z)\}=2x^2+3x-2y^2$,

$\text{Im}\{f(z)\}=y(4x+3)$, $f(2+i)=12+11i$

14-7 $f'(z)=9z^2-1$

14-8 (a) 해석적이다.

(b) 해석적이지 않다.

14-9 (a) -25 (b) e^3

14-10 $\ln z=\ln2+i\left(\frac{\pi}{3}+2n\pi\right)$, $\text{Ln}z=\ln2+i\frac{\pi}{3}$

부록 B

Appendix

유용한 공식

B.1 그리스 문자표

문자	수식 표현	읽는 방법
α	alpha	알파
β	beta	베타
γ, Γ	gamma, Gamma	감마
δ, Δ	delta, Delta	델타
ϵ, ε	epsilon, varepsilon	입실론
ζ	zeta	제타
η	eta	에타
θ, ϑ, Θ	theta, vartheta, Theta	세타
ι	iota	이오타
κ	kappa	카파
λ, Λ	lambda, Lambda	람다
μ	mu	뮤
ν	nu	뉴
ξ	xi	크사이
o	omicron	오미크론
π, Π	pi, Pi	파이
ρ	rho	로우
σ, Σ	sigma, Sigma	시그마
τ	tau	타우
υ, Υ	upsilon, Upsilon	웁실론
ϕ, φ, Φ	phi, varphi, Phi	파이
χ	chi	카이
ψ, Ψ	psi, Psi	프사이
ω, Ω	omega, Omega	오메가

B.2 다양한 공식

■ 미분법

$$\frac{dy}{dx} = \frac{dy}{du} \cdot \frac{du}{dx} = f'\{g(x)\} \cdot g'(x)$$

$$df(x,\ y) = \frac{\partial f(x,\ y)}{\partial x}dx + \frac{\partial f(x,\ y)}{\partial y}dy$$

$$\{f(x)g(x)\}' = f'(x)g(x) + f(x)g'(x)$$

$$\left\{\frac{g(x)}{f(x)}\right\}' = \frac{g'(x)f(x) - g(x)f'(x)}{\{f(x)\}^2}$$

$$\{f(x)^n\}' = n\{f(x)\}^{n-1} \cdot f'(x)$$

■ 적분법

$$\int \frac{1}{x}dx = \ln|x| + c$$

$$\int \frac{f'(x)}{f(x)}dx = \ln|f(x)| + c$$

$$\int f(x)g'(x)dx = f(x)g(x) - \int f'(x)g(x)dx$$

$$\int uv' = uv - \int u'v$$

■ 삼각함수의 공식

$$\sin(x \pm y) = \sin x \cos y \pm \cos x \sin y$$

$$\cos(x \pm y) = \cos x \cos y \mp \sin x \sin y$$

$$\tan(x \pm y) = \frac{\tan x \pm \tan y}{1 \mp \tan x \tan y}$$

$$\sin 2x = 2\sin x \cos x$$

$$\cos 2x = \cos^2 x - \sin^2 x = 2\cos^2 x - 1 = 1 - 2\sin^2 x$$

$$\tan 2x = \frac{2\tan x}{1 - \tan^2 x}$$

$$A\sin\theta + B\cos\theta = \sqrt{A^2 + B^2}\sin(\theta + \alpha)$$

단, $\cos\alpha = \dfrac{A}{\sqrt{A^2 + B^2}}$, $\sin\alpha = \dfrac{B}{\sqrt{A^2 + B^2}}$, $\tan\alpha = \dfrac{B}{A}$

$$A\sin\theta + B\cos\theta = \sqrt{A^2 + B^2}\cos(\theta - \beta)$$

$$\text{단, } \cos\beta = \frac{B}{\sqrt{A^2+B^2}}, \ \sin\beta = \frac{A}{\sqrt{A^2+B^2}}, \ \tan\beta = \frac{A}{B}$$

라플라스 변환에 관한 정리

$$\mathcal{L}\{af(t) + bg(t)\} = a\mathcal{L}\{f(t)\} + b\mathcal{L}\{g(t)\}$$

$$\mathcal{L}\{e^{at}f(t)\} = F(s-a)$$

$$e^{at}f(t) = \mathcal{L}^{-1}\{F(s-a)\}$$

$$\mathcal{L}\{f'(t)\} = s\mathcal{L}\{f(t)\} - f(0)$$

$$\mathcal{L}\{f''(t)\} = s^2\mathcal{L}\{f(t)\} - sf(0) - f'(0)$$

$$\mathcal{L}\{f^{(n)}(t)\} = s^n\mathcal{L}\{f(t)\} - s^{n-1}f(0) - s^{n-2}f'(0) - \cdots - f^{(n-1)}(0)$$

$$\mathcal{L}\left\{\int_0^t f(\tau)\,d\tau\right\} = \frac{1}{s}\mathcal{L}\{f(t)\} = \frac{F(s)}{s}$$

$$\int_0^t f(\tau)\,d\tau = \mathcal{L}^{-1}\left\{\frac{F(s)}{s}\right\}$$

$$\mathcal{L}\{f(t-a)u(t-a)\} = e^{-as}F(s)$$

$$f(t-a)u(t-a) = \mathcal{L}^{-1}\{e^{-as}F(s)\}$$

$$\mathcal{L}\{tf(t)\} = -F'(s)$$

$$\mathcal{L}^{-1}\{F'(s)\} = -tf(t)$$

$$\mathcal{L}\left\{\frac{f(t)}{t}\right\} = \int_s^\infty F(\tilde{s})\,d\tilde{s}$$

$$\mathcal{L}^{-1}\left\{\int_s^\infty F(\tilde{s})\,d\tilde{s}\right\} = \frac{f(t)}{t}$$

벡터 미분적분법

$$\nabla f = \frac{\partial f}{\partial x}\mathrm{i} + \frac{\partial f}{\partial y}\mathrm{j} + \frac{\partial f}{\partial z}\mathrm{k} = \left[\frac{\partial f}{\partial x}, \frac{\partial f}{\partial y}, \frac{\partial f}{\partial z}\right]$$

$$\mathrm{div}\,\mathbf{v} = \nabla \cdot \mathbf{v} = \frac{\partial v_1}{\partial x} + \frac{\partial v_2}{\partial y} + \frac{\partial v_3}{\partial z}$$

$$\mathrm{curl}\,\mathbf{v} = \nabla \times \mathbf{v} = \begin{vmatrix} \mathbf{i} & \mathbf{j} & \mathbf{k} \\ \frac{\partial}{\partial x} & \frac{\partial}{\partial y} & \frac{\partial}{\partial z} \\ v_1 & v_2 & v_3 \end{vmatrix}$$

$$\int_C \mathbf{F}(\mathbf{r})\cdot d\mathbf{r} = \int_a^b \mathbf{F}(\mathbf{r}(t))\cdot \frac{d\mathbf{r}}{dt}dt = \int_a^b \mathbf{F}(\mathbf{r}(t))\cdot \mathbf{r}'(t)\,dt$$

$$\iint_R (\mathrm{curl}\,\mathbf{F})\cdot \mathbf{k}\,dx\,dy = \oint_C \mathbf{F}\cdot d\mathbf{r}$$

$$\iiint_V \mathrm{div}\,\mathbf{F}\,dV = \iint_S \mathbf{F}\cdot \mathbf{n}\,dA$$

$$\iint_S \mathrm{curl}\,\mathbf{F}\cdot \mathbf{n}\,dA = \oint_C \mathbf{F}\cdot \mathbf{r}'(s)\,ds$$

미분 공식

$(x^n)' = nx^{n-1}$ $\quad (\sin x)' = \cos x$ $\quad (\cot x)' = -\csc^2 x$ $\quad (\ln x)' = \frac{1}{x}$

$(e^x)' = e^x$ $\quad (\cos x)' = -\sin x$ $\quad (\sinh x)' = \cosh x$

$(a^x)' = a^x \ln a$ $\quad (\tan x)' = \sec^2 x$ $\quad (\cosh x)' = \sinh x$ $\quad (\log_a x)' = \frac{\log_a e}{x}$

적분 공식

$$\int e^{ax}\,dx = \frac{1}{a}e^{ax} + c$$

$$\int \sin x\,dx = -\cos x + c$$

$$\int \cos x\,dx = \sin x + c$$

$$\int \tan x\,dx = -\ln|\cos x| + c$$

$$\int \cot x\,dx = \ln|\sin x| + c$$

$$\int \sec x\,dx = \ln|\sec x + \tan x| + c$$

$$\int \csc x\,dx = \ln|\csc x - \cot x| + c$$

$$\int \frac{dx}{x^{2+}a^2} = \frac{1}{a}\arctan\left(\frac{x}{a}\right) + c$$

$$\int \frac{dx}{\sqrt{a^2 - x^2}} = \arcsin\left(\frac{x}{a}\right) + c$$

$$\int \frac{dx}{\sqrt{x^2 + a^2}} = \sinh^{-1}\left(\frac{x}{a}\right) + c$$

$$\int \frac{dx}{\sqrt{x^2 - a^2}} = \cosh^{-1}\left(\frac{x}{a}\right) + c$$

$$\int \sin^2 x\, dx = \frac{1}{2}x - \frac{1}{4}\sin 2x + c$$

$$\int \cos^2 x\, dx = \frac{1}{2}x + \frac{1}{4}\sin 2x + c$$

$$\int \tan^2 x\, dx = \tan x - x + c$$

$$\int \cot^2 x\, dx = -\cot x - x + c$$

$$\int \ln x\, dx = x \ln x - x + c$$

$$\int e^{ax} \sin bx\, dx = \frac{e^{ax}}{a^2 + b^2}(a \sin bx - b \cos bx) + c$$

$$\int e^{ax} \cos bx\, dx = \frac{e^{ax}}{a^2 + b^2}(a \cos bx + b \sin bx) + c$$

찾아보기 Index

숫자

가

나~라

마

바

사

아

자

차~타

파

하

A~B

C

D

E

F

I n d e x

P~R

S

T

U~Z